GESCHICHTE

DER

CHEMIE

VON DEN ÄLTESTEN ZEITEN BIS ZUR GEGENWART.

ZUGLEICH
EINFÜHRUNG IN DAS STUDIUM DER CHEMIE.

VON

DR. ERNST VON MEYER,
O. PROFESSOR DER CHEMIE
AN DER TECHNISCHEN HOCHSCHULE DRESDEN.

ZWEITE, VERBESSERTE UND VERMEHRTE AUFLAGE.

LEIPZIG,
VERLAG VON VEIT & COMP.
1895.

Druck von Metzger & Wittig in Leipzig.

Vorwort zur ersten Auflage.

Fünfundvierzig Jahre sind verflossen, seitdem Hermann Kopp's klassische „*Geschichte der Chemie*" zu erscheinen begann; und vor fünfzehn Jahren ließ derselbe unermüdliche Forscher seine „Entwickelung der Chemie in der neueren Zeit" folgen.

Nach der Veröffentlichung dieser umfassenden Werke, neben denen noch die *Histoire de la chimie* von Höfer genannt sei, und nachdem von Kopp selbst, sowie von anderen verschiedene historische Schriften, welche für kürzere Zeiträume die Entfaltung der Chemie schildern, erschienen sind, liegt der Gedanke nahe, daß ein reges Bedürfnis nach einem neuen chemischen Geschichtswerke nicht vorhanden sei.

Anstatt diese Frage näher zu erörtern, mögen der hiermit an die Öffentlichkeit tretenden Schrift einige Bemerkungen über Zweck und Anlage derselben vorausgeschickt werden.

Durch diese „Geschichte der Chemie" wird der Versuch gemacht, in engem Rahmen die Entwickelung des chemischen Wissens, insbesondere der daraus abgeleiteten allgemeinen Lehren der Chemie, von ihren Anfängen bis auf den heutigen Tag darzulegen. In jedem Zeitalter ist nach einer allgemeinen Darstellung der Hauptrichtungen, welche die Chemie eingeschlagen hat, die spezielle Ausbildung einzelner Zweige derselben mehr oder weniger eingehend besprochen.

Bei den allgemeinen Darlegungen war besonderer Wert zu legen auf die Entstehung einzelner wichtiger Ideen und deren Entfaltung zu bedeutsamen Lehrmeinungen oder umfassenden Theorien.

Dabei mußten die Träger und Förderer solcher Ansichten in ihrem Wirken geschildert werden, wenn eine lebendige Darstellung der einzelnen Zeitabschnitte und ihrer Eigentümlichkeiten erzielt werden sollte.

In den speziellen Teilen ist dagegen versucht, grundlegende Thatsachen, nach einzelnen Gebieten gesichtet und eng gedrängt, zusammenzufassen, um ein möglichst scharfes Bild des jeweiligen Standes der chemischen Kenntnisse zu geben.

Daß Vollständigkeit hierbei, sowie bei der Entwickelungsgeschichte theoretischer Ansichten nicht beabsichtigt war, braucht wohl kaum hervorgehoben zu werden. Aber die übersichtliche Darlegung der wichtigsten Lehren und Thatsachen, welche den heutigen Besitzstand der Wissenschaft begründet haben, ist angestrebt worden.

Die Entwickelung des chemischen Wissens in der neueren Zeit, seit Boyle, insbesondere seit Lavoisier, bildet naturgemäß den Schwerpunkt der nachfolgenden Schilderungen. — Der Schwierigkeiten, welche hier zu bewältigen sind und welche um so mehr wachsen, je näher die Geschichtschreibung an die Gegenwart herantritt, bin ich mir vollauf bewußt gewesen. Man steht den letzten Phasen der Ausbildung theoretischer Ansichten allzu nahe, um sich den sicheren, unbefangenen Blick zu wahren, welcher zur geschichtlichen Darlegung derselben erforderlich ist. Trotzdem habe ich den Versuch gewagt, die Geschichte der Chemie bis zur Gegenwart fortzuführen.

Bei dieser Aufgabe hat mich unablässig das Streben geleitet, nach besten Kräften objektiv zu bleiben, sowie der lebhafte Wunsch, zur Klärung widerstreitender Meinungen über die Entwickelung und Bedeutung der heutigen chemischen Lehren wirksam beizutragen. Hier gilt es, ja es ist Pflicht des Geschichtschreibers, schon jetzt die der jüngsten Vergangenheit angehörenden Leistungen namhafter Forscher einer gleichmäßigeren und gerechteren Beleuchtung zu unterwerfen, als von manchen Seiten geschehen ist.

Leipzig, 7. Oktober 1888.

Ernst von Meyer.

Vorwort zur zweiten Auflage.

Das Erscheinen der zweiten Auflage dieses Werkes darf wohl als erfreuliches Zeichen dafür gelten, daß ein reges Interesse an der geschichtlichen Entwickelung der Chemie vorhanden ist. Auch die englische, von Herrn Dr. G. Mac Gowan besorgte Übersetzung der ersten Auflage hat freundliche Aufnahme und weite Verbreitung gefunden.

Die jetzt vorgenommenen Änderungen bestehen vorwiegend in einer Bereicherung des thatsächlichen Inhaltes durch die Aufnahme der Ergebnisse neuer Forschungen und Publikationen. Wer die chemische Litteratur kennt, weiß, wie reich die Quellen sind, die stetig neue Nahrung und frisches Leben dem stattlichen Organismus der Chemie zuführen. Natürlich konnten nur besonders bedeutsame Experimentaluntersuchungen der letzten sechs Jahre berücksichtigt werden. — Aber auch durch andere Erscheinungen der Litteratur wurde gerade in diesem Zeitraume für die Geschichte der Chemie wichtiger Stoff herbeigebracht: es sei an den Briefwechsel von Justus Liebig mit Berzelius, mit Wöhler, an die Briefe und Aufzeichnungen von C. W. Scheele, die Briefe Priestley's, an die autobiographischen Mitteilungen Liebig's erinnert. — Dazu kamen manche sehr verdienstliche Werke, unter denen die gründlichen Forschungen Berthelot's über die Chemie des frühen Mittelalters hervorragen. Andere, zum Teil schon früher erschienene Schriften, wie die von Ladenburg, Schorlemmer, Thorpe, Grimaux, haben die Entwickelung der Chemie während kürzerer Zeiträume oder das Leben und Wirken einzelner Forscher zum Gegenstand.

Der Charakter dieses Buches ist trotz mancher Umgestaltung einzelner Abschnitte unverändert geblieben, und so gilt das im Vorwort zur ersten Auflage über Anlage und Zweck desselben Gesagte auch für die zweite Auflage, die, wie ich hoffe, nicht nur als eine vermehrte, sondern auch als eine verbesserte bezeichnet werden darf.

Dresden, 11. September 1894.

Ernst von Meyer.

Inhalt.

Erläuterung der bei Litteraturnachweisen gebrauchten Abkürzungen.

Ann. Chem.	Liebig's Annalen der Chemie und Pharmacie (seit 1832).
Ann. Chim.	Annales de Chimie et de Physique (seit 1816 6 Serien).
Ann. de Chimie	Dieselbe Zeitschrift 1789—1815.
Ann. of Phil.	Annals of Philosophy von Th. Thomson.
Ber.	Berichte der deutschen chemischen Gesellschaft (seit 1868).
Bull. soc. chim.	Bulletin de la société chimique de Paris (seit 1864).
Compt. rend.	Comptes rendus des séances de l'académie des sciences.
Crell's Ann.	Chemische Annalen von L. v. Crell (1784—1805).
Gilb. Ann.	Annalen der Physik von Gilbert und Gren (1798—1824).
Jahresber. Berz.	Jahresberichte über die Fortschritte der Chemie und Mineralogie von Berzelius (1821—1847).
Jahresber. d. Chemie	Jahresberichte über die Fortschritte der Chemie von Liebig u. a. (seit 1847).
Journ. de Phys.	Journal de Physique (1778—1794; 1798—1823).
Journ. chem. soc.	Journal of the chemical society (London, seit 1848).
Journ. pr. Chem.	Journal für praktische Chemie, seit 1834 (Neue Folge seit 1870).
Mon. scient.	Moniteur scientifique von Quesneville.
Philos. Tr.	Philosophical Transactions of the royal society (London, seit 1666).
Pogg. Ann.	Annalen der Physik und Chemie von Poggendorff, seit 1824 (Neue Folge seit 1877).
Proc. roy. soc.	Proceedings of the royal society of London.
Schweigg. Journ.	Journal für Chemie und Physik von Schweigger (1811 bis 1833).
Ztschr. Chem.	Zeitschrift für Chemie (1865—1871), aus der Kritischen Zeitschrift (1858—1864) hervorgegangen.
Ztschr. phys. Chem.	Zeitschrift für physikalische Chemie, Stöchiometrie und Verwandtschaftslehre (Ostwald und van't Hoff) (seit 1887).

Einleitung.

Die Chemie wird in neuerer Zeit, etwa seit zwei Jahrhunderten, als Lehre von der Zusammensetzung der Körper definiert. Ihre erste Aufgabe besteht demnach in der Ermittelung der Bestandteile, aus denen die uns umgebende Körperwelt zusammengesetzt ist, sowie in der Auffindung der Mittel und Wege, aus jenen Bestandteilen die ursprünglichen, sowie neue chemische Verbindungen aufzubauen. Mit diesen analytischen und synthetischen Problemen geht die weitere Aufgabe Hand in Hand, die Gesetze festzustellen, nach denen die chemische Vereinigung von Stoffen sich vollzieht.

Die hier angedeuteten Probleme beschäftigen die Chemiker noch heute im weitesten Sinne des Wortes. — Die Aufgaben der Chemie waren aber in früheren Zeiten andere, und gerade durch die Verschiedenheit ihrer Ziele charakterisieren sich die verschiedenen Zeitalter, in welche sich die Geschichte dieser Wissenschaft gliedern läßt.

Die ältesten Völker, von denen sichere Nachrichten zu uns gelangt sind, die Ägypter, Phönizier, Israeliten u. a., besaßen wohl vereinzelte, durch Zufall erlangte Kenntnisse von chemischen Vorgängen, die jedoch nur der praktischen Nutzanwendung, nicht dem Versuche einer zusammenfassenden wissenschaftlichen Erklärung unterlagen. Ähnlichen Verhältnissen begegnen wir bei den ersten Kulturvölkern Europas, den Griechen und Römern, welche ihre Bekanntschaft mit den meisten chemischen Thatsachen den oben genannten Völkern verdankten. Nirgends trat im Altertum das Streben hervor, durch zielbewußtes, planvolles Experimentieren Aufschluß über chemische Prozesse zu gewinnen. Obwohl die Alten solche, heutzutage als unentbehrlich erkannte Stützen, wie sie der exakte Versuch gewährt, nicht besaßen, scheuten sie dennoch vor Spekulationen nicht zurück, durch welche die Beschaffenheit der gesamten Welt erklärt werden sollte; ja, diese theoretischen Ansichten über das Wesen der Materie, über die Elemente, aus denen die Welt bestehen soll, haben dem ältesten Zeitalter der Chemie sein eigenstes Gepräge erteilt. Auch haben manche dieser Lehren, insbesondere die des Aristoteles von den Elementen, lange Zeit fortgewirkt und insbesondere während des ganzen Mittelalters einen geradezu herrschenden Einfluß ausgeübt.

Aus der eben erwähnten Ansicht über die Elemente entwickelte sich die Lehre von der Metallverwandlung, oder vielmehr der feste Glaubenssatz, daß ein Element in ein anderes umwandelbar sei. Schon seit Beginn unserer Zeitrechnung richtete sich, zuerst in Ägypten, das Streben vieler auf die Überführung von unedlen Metallen in edle, auf die „Erzeugung" von Gold und Silber.

Die Kunst, dies zu vollbringen, wurde nachweislich zuerst im vierten Jahrhundert, wahrscheinlich aber schon früher, Chemia (*χημεία*) genannt.[1] Daß diese Auffassung des Begriffs Chemie, bzw. der Aufgaben, welche sie zu lösen hat, während der folgenden Jahrhunderte die herrschende blieb, dafür sprechen viele Anzeichen; diese Auffassung liegt z. B. der Definition des im elften Jahrhundert lebenden encyklopädischen Schriftstellers Suidas zu Grunde: „Chemie, die künstliche Darstellung von Silber und Gold", wie auch lange Zeit „*χρυσοποΐα*" als eine sehr gebräuchliche Bezeichnung für Chemie angewendet wird.

Diese Aufgabe, deren Lösung die sogenannte Alchemie[2] anstrebte, kennzeichnet die alchemistische Zeit, welche, etwa von dem vierten Jahrhundert unserer Zeitrechnung beginnend, sich bis zur ersten Hälfte des sechzehnten erstreckt. Eine scharfe Bestimmung des Anfangs alchemistischer Bestrebungen ist unmöglich, da ihr Ursprung sich in unsicheres Dunkel verliert. Durch die Arbeiten der Alchemisten, welche auf alle nur denkbare Art den Stein der Weisen, mittels dessen nicht nur edle Metalle erzeugt, auch das Leben verlängert werden sollte, zu gewinnen suchten, wurde übrigens der Kreis von Kenntnissen chemischer Thatsachen bedeutend erweitert.

---

[1] Diese Bezeichnung ist ägyptischen Ursprunges und lehnt sich wahrscheinlich an das nordägyptische Wort *chêmi*, den Namen für Ägypten, an. Dasselbe bedeutet aber auch „schwarz", und so herrscht noch einiger Zweifel, ob unter *χημεία* in jener Zeit die ägyptische Kunst, oder — wie Hoffmann in dem Artikel „Chemie" des Handwörterbuches (herausgegeben von A. Ladenburg) nachzuweisen sucht — die Beschäftigung mit einem schwarzen, für alchemistische Zwecke wichtigen Präparate verstanden wurde. Die Schreibweise *χυμεία* und Ableitung dieses Wortes aus *χυμός* können als unrichtig betrachtet werden.

[2] Diese Bezeichnung mit dem arabischen Präfix al hat sich frühzeitig eingebürgert.

In der ersten Hälfte des sechzehnten Jahrhunderts, etwa gleichzeitig mit der Reformation, also mit dem Anheben der neueren Zeit in der Weltgeschichte, beginnt eine neue Richtung in der Chemie sich geltend zu machen, ohne daß die alchemistischen Tendenzen sogleich verlöschen. Die Chemie, welche der Medizin schon in den voraufgehenden Zeiten durch Herstellung wirksamer Arzneimittel reichen Nutzen gebracht hat, wurde damals ausersehen, als Grundlage der gesamten Heilkunde zu dienen. Auf chemische Vorgänge im menschlichen Körper wurde Gesund- und Kranksein zurückgeführt; nur durch chemische Präparate sollte im letzteren Falle der normale Zustand wieder hergestellt werden können: kurz, das Aufgehen der Medizin in der Chemie, das Zusammenschmelzen beider, war das Losungswort, welches von Paracelsus ausgegeben wurde. van Helmont, de le Böe Sylvius, Tachenius u. a. waren die Hauptvertreter dieser Richtung, welche das Zeitalter der medizinischen Chemie oder kurz das iatrochemische kennzeichnet. Daß nebenher, durch die Beschäftigung einzelner, wie des Georg Agricola, die technische Chemie gefördert wurde, blieb ohne Einfluß auf die jene Zeit beherrschende Gesamtrichtung.

Die iatrochemische Strömung wurde allmählich, von der Mitte des siebzehnten Jahrhunderts an, durch eine andere verdrängt. Die Chemie strebte kraftvoll danach, einen selbständigen Zweig der Naturforschung zu bilden und sich von anderen Wissenschaften unabhängig zu machen. Die Geschichte der eigentlichen, selbständigen Chemie beginnt mit Robert Boyle, der als ihre Hauptaufgabe die Erkenntnis der Zusammensetzung der Körper lehrte.

Seit Erfassung und Präzisierung dieser Aufgabe kann man von der Chemie als einer Wissenschaft reden, welche ohne Rücksicht auf praktische Zwecke, lediglich um die Wahrheit zu erkennen, ein ideales Ziel auf dem Wege exakten Forschens zu erreichen strebte.

Das wichtigste Problem, an dessen Lösung sich die hervorragenden Chemiker jener Zeit versuchten, bestand in der Frage nach der chemischen Ursache der Verbrennungserscheinungen. Seit Stahl's Erklärungsversuch der letzteren, erblickte man in dem — wie man meinte — bei jeder Verbrennung entweichenden hypothetischen Feuerstoff, dem Phlogiston, das gemeinsame Prinzip der Brennbarkeit. Diese Lehre beherrschte dermaßen die Chemiker am Ende des siebzehnten und während des größten Teils des achtzehnten Jahrhunderts, daß man berechtigt ist, diese Zeit nach dem Absterben der Iatrochemie als das Zeitalter der Phlogiston-Theorie zu bezeichnen.

Die Beseitigung der letzteren und ihr Ersatz durch das antiphlogistische System Lavoisier's, bedeuten den Beginn des Zeitalters der Chemie, in welchem wir noch leben. Denn auf dem Grund, den Lavoisier und seine Mitarbeiter schufen, und welcher von Dalton, Berzelius und vielen anderen gefestigt worden ist, erhebt sich das Gebäude der neuen Chemie. Die Begründung und Entwickelung der chemischen Atomtheorie, der Ausbau letzterer in allen Teilen der chemischen Wissenschaft, kennzeichnen diese neueste Epoche, welcher die Zeit der Reform der Chemie durch Lavoisier als notwendiges Übergangsstadium vorhergeht, am besten, so daß man dieselbe als das Zeitalter der chemischen Atomlehre bezeichnen kann. Die Einsicht in diese Verhältnisse konnte nur auf Grund sorgfältiger quantitativer Untersuchungen gewonnen werden; die Wage wurde seit Lavoisier das wichtigste Instrument des Chemikers. Darauf hin hat H. Kopp die mit dem französischen Forscher beginnende Periode mit vollem Rechte das Zeitalter der quantitativen Untersuchungen genannt. — Zu der Hauptaufgabe der Chemie, welche in gründlichster Erforschung der Zusammensetzung der Körper besteht, hat sich in neuerer Zeit namentlich noch die gesellt: Beziehungen zwischen den physikalischen Eigenschaften der Körper und ihrer chemischen Zusammensetzung festzustellen. Alles aber wird von dem Lichte der Atomtheorie durchstrahlt, so daß man diese als den Leitstern der heutigen Chemie betrachten muß.

I. Älteste Zeit bis zum Auftreten der Alchemie.

Nach der oben gegebenen Charakteristik dieses Zeitalters kann man dasselbe als das der rohen Empirie chemischen Thatsachen gegenüber bezeichnen. In schroffem Gegensatze zu der Abneigung der alten Völker gegen Experimente, durch welche der Natur die Geheimnisse abgelauscht werden müssen, steht ihre starke Hinneigung zur Spekulation, welche sich erkühnt, die letzte Ursache aller Dinge aufklären zu wollen. Aristoteles, der den Naturwissenschaften für lange Zeit die Richtung angab, hatte die Deduktion als den Weg bezeichnet, welcher zum Ziele führe. Statt sich auf Grund von genau beobachteten einzelnen Thatsachen zu allgemeinen Schlüssen zu erheben, wurde vorgezogen, vom Allgemeinen zum Besonderen herabzusteigen. Der Zustand der gesamten Naturwissenschaften, insbesondere der Chemie, in weit zurückliegenden Zeiten ist beredtes Zeugnis dafür, wie die ärgsten Irrtümer infolge des lediglich deduktiven Verfahrens sich eingeschlichen und fest eingebürgert haben.

Über die theoretischen Ansichten der Alten, insbesondere der Griechen und Römer, geben uns die philosophischen Schriften der beiden letzteren ziemlich genauen Aufschluß. Für Beurteilung des empirisch chemischen Wissens jener Zeiten sind von großem Werte einzelne Werke des Aristoteles, sowie seines Schülers Theophrast Schrift: „περὶ λίθων“. — Ganz besonders reichen Einblick in die Kenntnisse der Alten gewähren die von Dioskorides verfaßten Bücher über „*materia medica*“ und einzelne Kapitel der „*historia naturalis*“ des älteren Plinius. Dioskorides, gegen Mitte des ersten Jahrhunderts n. Chr. zu Anazarbos geboren, erweiterte seine schon bedeutenden Kenntnisse durch Erfahrungen, die er auf ausgedehnten Reisen sammelte; sein Ansehen als Arzt hat sich bei den türkischen Ärzten bis auf den heutigen Tag erhalten. — Das oben genannte Werk des Plinius enthält überaus wertvolle Berichte, welche den Zustand des naturwissenschaftlichen Erkennens seiner Zeit gut beurteilen lassen, zeigt aber auch, daß der Verfasser seinem ungeheuren Stoffe, den er aus älteren Schriften und Überlieferungen gesammelt,[1] nicht im geringsten aber durch Erfahrung sich zu eigen gemacht hatte, keineswegs gewachsen war.

Theoretische Ansichten über Zusammensetzung der Körper, insbesondere über die Elemente.[2]

Die Frage nach den letzten Bestandteilen der Körper, nach den Elementen, welche die Welt bilden, hat schon die ältesten Völker lebhaft beschäftigt. Eine erschöpfende Darstellung der darüber angestellten Spekulationen zu geben, liegt nicht im Plane dieses Werkes; vielmehr kommt es darauf an, nur diejenigen Ansichten hervorzuheben, welche einen nachhaltigen Einfluß auf die chemischen Anschauungen späterer Zeiten ausgeübt haben.

Dies gilt in hervorragender Weise von der Elementarlehre, welche von Empedokles herrührt, aber gewöhnlich den Namen des Aristoteles trägt, kaum dagegen von den Ideen älterer griechischer Philosophen über die Urstoffe, aus denen die Welt entstanden sein sollte. Ansichten wie die des Thales (im 6. Jahrhundert v. Chr.), daß das Wasser der Grundstoff sei, oder die des Anaximenes, Heraklit (im 6. Jahrh. v. Chr.), welche der Luft bezw. dem Feuer die gleiche Rolle zuschrieben, haben für die Entwickelung chemischer Kenntnisse keinerlei Bedeutung gehabt.

Demokrit (im 5. Jahrh. v. Chr.) ging bei seinen Spekulationen ebenfalls von einer Urmaterie aus, zergliederte diese aber weiter, indem er sie aus kleinsten Teilen, Atomen, bestehen ließ, welche durch Form und Größe, nicht dem Stoffe nach voneinander verschieden seien. Alle Veränderungen in der Welt sollen auf Trennung und Wiedervereinigung der Atome beruhen, die in fortwährender Bewegung gedacht wurden. Durch Epicur erfuhr diese Lehre, welche an die neuere chemische Atomtheorie zwar anzuklingen scheint, jedoch in Wirklichkeit nichts mit ihr gemein hat, einige Erweiterung, wie man namentlich aus dem Lehrgedichte des Lucretius „*de rerum natura*“ ersehen kann.

---

[1] Plinius, der Jüngere, charakterisierte das Werk seines Oheims als „opus diffusum, eruditum, nec minus varium, quam ipsa natura“, und gleiche Bewunderung wurde demselben von anderen zeitgenössischen Schriftstellern zu teil. — In höchst dankenswerter Weise hat neuerdings E. O. v. Lippmann in einer Abhandlung „die chemischen Kenntnisse des Plinius“ zusammenfassend beleuchtet (s. Mitteilungen aus dem Osterlande Bd. 5, 370 ff.).

[2] Vergl. Kopp, Gesch. d. Chemie I, 29 ff. II, 267 ff. Hoefer, Hist. de la chimie I, 72 ff.

Die bekannten vier sogenannten Elemente, Luft, Wasser, Erde, Feuer, wurden zuerst von dem geistesgewaltigen Philosophen Empedokles aus Agrigent (um 440 v. Chr.) als Grundlagen der Welt betrachtet, doch sind sie von ihm und Aristoteles, der sie in seine Naturlehre aufnahm, nicht als verschiedene Grundstoffe angesehen worden, sondern als verschiedene Eigenschaften, deren Trägerin eine einzige Urmaterie war.[1] Als Hauptqualitäten (*primae qualitates* der späteren Scholastiker) galten dem Aristoteles die sich durch den Tastsinn kundgebenden: warm, kalt, trocken, feucht. Jedes der vier sogenannten Elemente ist durch den Besitz von zwei dieser Eigenschaften gekennzeichnet, und zwar ist die Luft warm und feucht, das Wasser feucht und kalt, die Erde kalt und trocken, das Feuer trocken und warm. Die Verschiedenheit der Körperwelt soll also auf die der Materie innewohnenden Eigenschaften zurückgeführt werden. Aus der Annahme, daß diese letzteren sich verändern können, entsprang unmittelbar die Überzeugung, daß die Körper ineinander verwandelt werden können. So begreift man leicht, daß, gestützt auf derartige Spekulationen, der Glaube an die Überführung von Wasser in Luft sich festsetzen konnte; denn beide haben die Feuchtigkeit miteinander gemein, die dem Wasser eigentümliche Kälte könne aber durch Zufuhr von Wärme in die zweite Hauptqualität der Luft umgewandelt werden. Nahe genug liegt es, bei diesen Betrachtungen an die Aggregatzustände der Stoffe und an die Umwandlung des einen in den anderen zu denken. Durch Verallgemeinerung solcher Ideen wurde ohne Zweifel der den Grundzug des alchemistischen Zeitalters bildende Glaube an die Möglichkeit der Metallverwandlung groß gezogen.

Aristoteles hielt seine vier Elemente für unzulänglich, um die Erscheinungen der Natur zu erklären; er machte die weitere Annahme eines fünften, *οὐσία* genannten, welches eine ätherische, mehr geistige Beschaffenheit besitze und überall die Welt durchdringe. Als *„quinta essentia“* hat dasselbe bei den Anhängern der aristotelischen Lehre im Mittelalter eine große Rolle gespielt und zu arger Verwirrung Anlaß gegeben, insofern seine Bereitung von Vielen angestrebt wurde, welche, der Auffassung des Aristoteles entgegen, ein körperliches Wesen darin vermuteten.

Einen hohen Grad von Wahrscheinlichkeit besitzt die Annahme, dass Empedokles und Aristoteles die Elementenlehre nicht aus sich selbst, sondern aus anderen Quellen geschöpft haben; es sei

[1] Vergl. die geistvollen Ausführungen von Th. Gomperz in seinem Werke Griechische Denker (Leipzig, Veit & Comp. 1894) S. 183 ff.

darauf hingewiesen, daß in den ältesten indischen Schriften gelehrt wird, die Welt bestehe aus jenen vier Elementen[1] und dem Äther,[2] dessen Verwandtschaft mit der *οὐσία* des Aristoteles sehr wahrscheinlich ist.

Wie weit die oben erörterten Ansichten der griechischen Philosophen über Elemente von der Auffassung der neueren Chemie abweichen, braucht nicht hervorgehoben zu werden.

Auch hinsichtlich des Begriffs „chemische Verbindung" begegnet man, wenn auch nur spärlich, Meinungen, welche den heutigen geradezu entgegengesetzt sind: die Entstehung eines Körpers durch Wechselwirkung anderer wurde in jener Zeit als Erschaffung eines neuen Stoffes angesehen, und Vernichtung der ursprünglichen Substanzen, aus denen er hervorgegangen war, angenommen. Überall begnügte man sich mit theoretischen Erklärungen, ohne deren Richtigkeit mit Hilfe von Versuchen auf die Probe zu stellen. Dieser Mangel zeigt sich recht deutlich in der Art, wie sich die Alten den zahlreichen chemischen Thatsachen gegenüber verhielten, mit welchen sie auf empirischem Wege, meist sicherlich durch Zufall, bekannt wurden.

Empirisch-chemische Kenntnisse der Alten.[3]

Von den alten Kulturvölkern haben nachweislich in erster Linie die Ägypter ihre durch zufällige Beobachtungen erworbenen Kenntnisse von chemischen Vorgängen nützlich angewandt; das praktische Bedürfnis, der Wunsch, sich das Leben bequem zu gestalten, waren die Lehrmeister.

Ihr Land bildete eine Art Brennpunkt, in welchem sich das damalige chemische Wissen — wenn man ihre Bekanntschaft mit technischen Prozessen so nennen darf — vereinigte. Die Ägypter besaßen schon in frühesten Zeiten reiche Erfahrungen in der Bearbeitung von Metallen und Legierungen, in der Färberei, Glasbereitung, sowie in Herstellung und Anwendung pharmazeutischer und antiseptisch wirkender Präparate. Die eigentliche chemische Kunst, als „heilige" (*ἅγια τέχνη*) verehrt, wurde von der Priesterkaste als wertvoller, nutzbringender Schatz gehütet. Nur Auserwählte vermochten in diesen Schatz einzudringen. Daß Laboratorien, in

[1] Statt Luft wird als Element Wind aufgeführt.

[2] So lehrte Buddha, wie aus dem „Anguttara Nikâja Vol. I. fol. ce" hervorgeht (nach gütiger Mitteilung von Hrn. Dr. Pfungst). Daselbst wird als sechstes Element das Bewußtsein genannt.

[3] Vergl. Kopp, Gesch. d. Chemie Bd. III. u. IV. Höfer, a. a. O. I, 106 ff.

denen allerlei chemische Operationen ausgeführt wurden, mit den Tempeln verbunden waren, hat sich aus Inschriften klar ergeben, die in solchen Räumen aufgefunden sind (z. B. in Dendera, Edfu).

Von den Ägyptern haben, wie kaum zu bezweifeln, die Phönizier und Israeliten ihre Kenntnisse in der Herstellung wichtiger technischer Produkte empfangen. In gleicher, ja noch verstärkter Weise, ist den Griechen und später den Römern durch ihre innigen Beziehungen zu dem alten Lande *Chêmi* (s. S. 2 Anm.) ein Schatz von Erfahrungen erschlossen worden. An der Verbreitung solcher praktischen Kenntnisse hatten die Mitteilungen hervorragender Philosophen, eines Solon, Pythagoras, Demokrit, Platon, die das Vertrauen der ägyptischen Priester zu gewinnen verstanden, wesentlichen Anteil.

Alle diese so gewonnenen Kenntnisse aber waren und blieben empirische; die Zusammenfassung derselben unter gemeinschaftlichen wissenschaftlichen Gesichtspunkten, erfolgte in viel späterer Zeit. In diesem Abschnitte sind nur die im Altertum bekannten Teile der angewandten Chemie zu besprechen. Daß ein Volk von der großen Begabung wie die Griechen es nicht verstanden hat, die zahlreich vorhandenen Beobachtungen auf diesen Gebieten zusammenzufassen und aus denselben Schlüsse zu ziehen, lag an der ganzen geistigen Richtung, insbesondere an der Mißachtung der induktiven Methode. Die Meinung des Aristoteles, daß „gewerbliches Schaffen zu niederer Sinnesart führe", war dabei gewiß maßgebend; diesem Grundsatze entsprechend hielten sich die gebildeten Griechen von der Ausübung und Beobachtung technisch chemischer Prozesse fern; eine theoretische Erklärung der dabei sich abspielenden Vorgänge lag außerhalb des Kreises ihrer Interessen. Dieser Teilnahmlosigkeit ist es gewiß zuzuschreiben, daß nur höchst selten die Entdeckung selbst der wichtigsten chemischen Prozesse sich an die Namen bestimmter historischer Personen knüpft, während die alten Schriftsteller über die Männer, welche haltlose Ansichten über die Zusammensetzung der Welt geäußert haben, genau berichten.

Bevor der Zustand der praktisch chemischen Kenntnisse im Altertum beschrieben wird, sei beiläufig bemerkt, daß infolge der Bezeichnung verschiedener Produkte mit einem und demselben Namen häufig große Unsicherheit geherrscht hat. Die Körper wurden nicht nach ihrem chemischen Verhalten, dessen Untersuchung den alten Völkern zu fern lag, unterschieden, sondern nach ihrem Aussehen und nach ihrer Herkunft beurteilt, so daß Verwechselung oder Identifizierung ähnlicher Körper oft vorkommen. Die gleichen Stoffe, z. B. Soda, hielt man je nach ihrem Vorkommen für verschieden, wenn der äußere Habitus eine Ungleichheit anzuzeigen schien. Sorgfältiger Kritik hat es bedurft, und solche ist immer noch nötig, um die dadurch entstandenen Unklarheiten in den Angaben alter Schriftsteller zu beseitigen.

Metallurgie der alten Völker.[1]

In den frühesten Urkunden der Kulturvölker (Ägypter, Israeliten, Inder u. a.) stößt man auf genaue Bekanntschaft mit der Bearbeitung verschiedener Metalle. Als diejenigen, welche diese Kunst gelehrt haben, werden auch von jüngeren Kulturvölkern mythische Personen genannt, bei den Griechen z. B. Prometheus, Kadmus etc. Sind die Übersetzungen der hebräischen, „Metalle“ bedeutenden Worte des Alten Testamentes richtig, so haben die Israeliten sechs Metalle, nämlich: Gold, Silber, Kupfer, Eisen, Blei und Zinn gekannt; mit Sicherheit ist dies von den vier ersten zu behaupten, welche in der Natur gediegen vorkommen oder leicht gewonnen werden. Auf dem ältesten Denkmal finden sich diese in der eben angegebenen Reihenfolge verzeichnet.

Der Name „*Metalle*“ kommt nach Plinius daher, daß dieselben nie vereinzelt auftreten, sondern in Gängen hintereinander, *μετ' ἄλλα*, gefunden werden.[2] Als charakteristisch für ein Metall wurde schon früh sein Glanz, sowie die Dehnbarkeit und Festigkeit desselben betrachtet. Über die Entstehung von Metallen und Erzen im Innern der Erde, hatten sich die Alten die abenteuerlichsten Vorstellungen gebildet; sie glaubten auf Grund des gewichtigen Zeugnisses von Aristoteles, daß dieselben durch Zutritt von Luft zu den Eingeweiden der Erde erzeugt würden, und nahmen dem entsprechend an, daß in abgebauten Strecken der Bergwerke ein Nachwachsen der Erze stattfände.

Manche metallurgische Prozesse waren den Griechen und namentlich den Römern näher bekannt; man findet bei Dioskorides, Plinius und späteren Schriftstellern ziemlich genaue Angaben über Erzeugung und Schmelzen der Erze; aber eine Erklärung der dabei stattfindenden chemischen Vorgänge wurde nicht im geringsten versucht.

---

[1] Benutzt wurden folgende Werke: R. Andree: Die Metalle bei den Naturvölkern (Veit & Comp., Leipzig 1884). Beck, Geschichte des Eisens (Vieweg, Braunschweig, 1884. 2. Auflage 1891). O. Schrader: Sprachvergleichung und Urgeschichte (Jena 1883). Ferner verschiedene Abhandlungen von K. B. Hofmann, dem der Verfasser für mancherlei Mitteilungen zu großem Danke verpflichtet ist.

[2] Bei Herodot bedeutet *μέταλλον* Bergwerk.

Die edlen Metalle Gold und Silber, deren Beständigkeit im Feuer den Alten nicht entgangen war, sind am frühesten, schon in vorgeschichtlicher Zeit bekannt und hoch geschätzt gewesen, was durch ihr gediegenes Vorkommen und die Leichtigkeit ihrer Verarbeitung hinlänglich erklärt wird.[1] Die ungewöhnliche Dehnbarkeit des Goldes erregte im hohen Maße das Staunen der alter Völker und ermöglichte frühzeitig die Vergoldung von Gegenständen, durch Bedecken mit dünnen Blättchen des Metalls. Die später gelernte Applikation eines Goldüberzuges mittels des Amalgamierungsverfahrens war zu Plinius' Zeit schon länger bekannt.

Im zweiten Jahrhundert v. Chr. begegnen wir den ersten Angaben[2] über ein Kupellationsverfahren, durch welches das Gold von Beimengungen befreit werden soll, und zwar ist damals eine der sogenannten Bleiarbeit ähnliche Operation ausgeübt werden (Goldstaub wurde mit Blei und Salz tagelang geschmolzen). Auch die Reinigung des Goldes mittels Quecksilbers war zur Zeit des Plinius bekannt.

Das Silber, welches die rührigen Phönizier mutmaßlich aus Armenien und Spanien, wo reiche Silbererze noch jetzt vorkommen, den übrigen Kulturvölkern zuführten, wurde nach Strabo's Bericht, also zu Beginn unserer Zeitrechnung, auf ganz ähnliche Weise wie das Gold durch Zusammenschmelzen mit Blei gereinigt. Die Trennung des Silbers von dem Gold ist vor unserer Zeitrechnung, wie es scheint, nicht bekannt gewesen; Archimedes wenigstens war nach einer bekannten Erzählung[3] nicht im Besitz eines Mittels, jene zu bewerkstelligen. Aus Andeutungen des Plinius geht jedoch hervor, daß zu seiner Zeit eine Art von Cementationsprozeß ausgeübt wurde, der wahrscheinlich in der Behandlung von silberhaltigem Gold mit Salz und Alaunschiefer bestanden hat.

Übrigens wurde die Legierung von Gold und Silber im Alter-

---

[1] Die Goldbergwerke Nubiens (der ägyptische Name *nub* = Gold hängt vielleicht mit der Bezeichnung jenes Landes zusammen) wurden von den Ägyptern sehr stark ausgebeutet; nach des Agatharchides, sowie Diodorus Siculus Berichten, die sich nicht ohne Mitgefühl für die zur Arbeit verwandten Sklaven lesen, schlemmte man das feingemahlene goldhaltige Erz und schmolz den schweren Rückstand; zu Ramses II. Zeit sollen die Bergwerke jährlich Gold im Werte von 2500 Millionen Mark geliefert haben. Das goldreiche Land Ophir, aus welchem die Phönizier das geschätzte Metall holten, wird in Indien, in Midian (Arabien) oder an der Ostküste Afrikas gesucht. Dasselbe regsame Handelsvolk erschloß den Griechen die ersten Goldbergwerke auf der Insel Thasos.

[2] Dieselben rühren von Agarthides her und finden sich bei Diodor.

[3] Archimedes sollte feststellen, ob und wieviel Silber die Krone des Königs Hiero enthalte; er versuchte die Lösung dieser Aufgabe durch Bestimmung des spezifischen Gewichtes, also auf physikalischem, nicht auf chemischem Wege.

tum als besonderes, eigenartiges Metall betrachtet und von den Ägyptern *asem*, von den Griechen *ἤλεκτρος* genannt (Bernstein ist zum Unterschiede *τὸ ἤλεκτρον*). Auch daraus dürfte sich ergeben, daß ein Mittel zur Scheidung beider Elemente damals nicht bekannt war.

Die Angaben über das Kupfer (*Erz* genannt: *χαλκός*, *aes*[1]), welches seit dem grauen Altertum bekannt ist (erstes Vorkommen in der neolithischen Steinzeit), beziehen sich häufig auf Legierungen desselben mit anderen Metallen, namentlich auf Bronze, welche bekanntlich sehr frühe Verwendung zu Waffen, Schmuck, sowie Gerätschaften gefunden hat. Das Kupfer, dessen Anwendung überall in prähistorische Zeiten zurückreicht, drängte sich an manchen Orten, z. B. in Ägypten, wo es gediegen vorkommt, gewissermaßen zum Gebrauch auf oder wurde aus Malachit und ähnlichen Kupfererzen leicht erschmolzen. Bronze kannten alle die genannten Kulturvölker, bevor sie den anderen Gemengteil derselben, das metallische Zinn, bereiten lernten. In altägyptischen Urkunden wird dieses niemals erwähnt. Über die Schmelzprozesse, durch welche das „Erz" der Alten gewonnen wurde, ist nichts Sicheres überliefert.

Das Eisen, dessen Gewinnung und Bearbeitung, obwohl erst nach der des Kupfers und der Bronze erfunden, dennoch bis in die ältesten Zeiten hinaufreicht,[2] wurde in Schmelzöfen bereitet; Näheres über diesen Schmelzprozeß ist durch alte Schriftsteller nicht überliefert worden.[3] Die Erze, welche zur Verwendung gelangten, waren mutmaßlich Brauneisenstein und Magneteisenstein; daß meteorisches Eisen zuerst benutzt worden sei, ist eine unbewiesene, auch unwahrscheinliche Annahme. Frühzeitig (im alten Ägypten) lernte man das Härten des Eisens, zur Zeit des Plinius kannte man seine unliebsame Eigenschaft, welche als Brüchigkeit bezeichnet wird; auch dessen Fähigkeit, durch Berührung mit dem Magnetstein die Eigentümlichkeit des letzteren vorübergehend anzunehmen, wurde beobachtet.

---

[1] Das römische *aes* hat gleichen Stamm mit dem Sanskritwort *ayas* für Erz; die spätere Bezeichnung *cuprum* für Kupfer gilt als Abkürzung von *aes cyprium*, so genannt wegen seines Vorkommens auf Cypern.

[2] Nach Lepsius war das Eisen bei den Ägyptern bereits vor 5000 Jahren in Gebrauch und diente vorzugsweise zur Anfertigung harter Instrumente, während aus Bronze Gerätschaften aller Art hergestellt wurden.

[3] Altrömische Schmelzöfen nebst Zubehör sind kürzlich bei Eisenberg in der Pfalz ausgegraben worden. — Die Form von ägyptischen Geräten, welche beim Ausschmelzen des Eisens in Gebrauch waren, läßt sich annähernd aus Inschriften u. s. w. erkennen; bemerkenswert ist, daß die Form altägyptischer Blasebälge sich in den Ländern Innerafrikas noch bis auf den heutigen Tag erhalten hat.

Das Blei[1] ist ebenfalls schon in ältester Zeit bekannt gewesen; es wurde insbesondere von den Griechen, sowie Römern in größtem Maßstabe gewonnen und verwertet. Über die Schmelzprozesse, welche wahrscheinlich auf Treibherden vorgenommen wurden, wissen wir wenig, da des Plinius Schilderungen unklar sind. Wohl aber ist uns Manches über die Verwendung des Bleies zu Wasserleitungsröhren, zu Schreibtafeln, zu Münzen u. a. überliefert. Das Löten mit Blei oder mit einer Legierung von diesem und Zinn war wohl bekannt. Da häufig Kochgefäße aus Blei hergestellt wurden, so hatte man häufig das Auftreten der Bleikrankheit beobachtet. Trotzdem galt das Metall als Heilmittel.

Das Zinn ist, wie neue Funde in ägyptischen Gräbern gelehrt haben, schon in alter Zeit ziemlich rein hergestellt und zu mancherlei Zwecken verwendet worden. In römischer Zeit wurde es als *Plumbum candidum*[2] von dem *Plumbum nigrum*, dem Blei, unterschieden. Seine Legierung mit diesem spielt, wie schon erwähnt, als „Lot" eine wichtige technische Rolle. — Noch älter und bedeutungsvoller ist die Anwendung der Bronze,[3] der man schon bei den ältesten Kulturvölkern begegnet.

Das Zink[4] ist als Metall im Altertum gewiß nicht bekannt gewesen; wohl aber haben seine Legierungen mit Kupfer (*χαλκός*, *ὀρειχαλκος*) verbreitetste Anwendung gefunden.

Das Messing, dessen zuerst bei Aristoteles als „Erz der Mossinöken" (daraus soll Mössing abgeleitet sein) Erwähnung geschieht, wurde lange Zeit als Kupfer, welches durch Schmelzen mit

---

[1] Vergl. K. B. Hofmann: Das Blei bei den Völkern des Altertums (Berlin 1885).

[2] Das Wort „*stannum*", welches jetzt „Zinn" bedeutet, scheint zu Plinius' Zeit eine Legierung von Zinn und Blei oder Werkblei bezeichnet zu haben. Ob das *κασσίτερος* der Ilias metallisches Zinn bedeutet hat, ist ebenfalls zweifelhaft. Ebenso ungewiß erscheint es, woher die Phönizier das also bezeichnete Metall (resp. eine Legierung) geholt haben, ob aus Indien, wohin sie Handelsverbindungen hatten, oder aus Britannien und Iberien. Die Lautverwandtschaft des Sanskritwortes „*kastira*" mit *κασσίτερος* ist als Argument zu Gunsten der ersteren Annahme geltend gemacht worden (vergl. Al. v. Humboldt Kosmos II, S. 409).

[3] Der Name, über dessen Entstehung viel gestritten wird, rührt nach K. B. Hofmann wahrscheinlich von dem, eine Legierung bedeutenden *βροντήσιον* her, welches Wort vielleicht dem Persischen entlehnt ist. Die schon zu Plinius Zeit verbreitete Auffassung, daß Bronze aus (*aes*) *Brundusinum* hervorgegangen sei, soll sich nicht als stichhaltig erweisen.

[4] Vergl. K. B. Hofmann's Abhandlung in der Zeitschr. für Berg- und Hüttenwesen Bd. 41, Nr. 46—51.

einer Erde *cadmia*[1] gelb gefärbt war, angesehen, erst viel später als Legierung erkannt. Die Farbenänderung des Kupfers durch gewisse Zusätze hat dann im alchemistischen Zeitalter bei der Frage der Metallverwandlung eine wichtige Rolle gespielt.

Über Quecksilber findet man die ersten Nachrichten bei Theophrast (um 300 v. Chr.), welcher die Gewinnung desselben aus Zinnober mittels Kupfer und Essig angiebt und dasselbe als „*flüssiges Silber*" bezeichnet. Dioskorides beschreibt die Darstellung des Quecksilbers, welches er zuerst *ὑδράργυρος* nannte, aus Zinnober und Eisen, also einen Vorgang einfacher Wahlverwandtschaft, ohne jedoch den geringsten Versuch einer Erklärung des Prozesses zu machen. Man bediente sich zur Ausführung dieser Operation eines höchst unvollkommenen Destillationsapparates. Plinius erwähnt die Reinigung des Metalles mittels Durchpressens durch Leder, auch seine Giftigkeit. Daß andere Metalle, namentlich Gold, durch Quecksilber verändert werden, war den Alten nicht entgangen (vergl. S. 11); ja Vitruvius gab eine genaue Vorschrift, wie man aus abgetragenen gestickten Gewändern mittels Quecksilbers das Gold wiedergewinnen könne. — Über einige im Altertum bekannte Metallverbindungen soll weiter unten berichtet werden.

Anfänge technischer Chemie bei den Alten.

Glasbereitung. — Die Kunst, Gefäße aus Glas zu verfertigen, hat ihren Ursprung in China und Ägypten, und besonders in Theben lange Zeit ihren Hauptsitz gehabt; sie gelangte von da zu den Phöniziern und anderen Völkern des Morgenlandes, nachweislich erst im fünften Jahrhundert v. Chr. zu den Griechen. Bei Plinius findet sich die erste bestimmte Angabe, daß Glas durch Schmelzen von Sand und Soda bereitet werde.[2]

Frühzeitig verstand man die künstliche Färbung von Gläsern mit Metalloxyden, namentlich mit Kupferoxyd. Nach den mancherlei altägyptischen Funden muß die damalige Glasbereitung auf einer sehr hohen Stufe gestanden haben; denn man war mit der Herstellung von Emaillen sowie künstlichen Edelsteinen vertraut. Nach

[1] Die „*cadmia*" wird schon 300 v. Chr. als Heilmittel gerühmt und bedeutet wohl sog. Ofenbruch (Zinkoxyd) oder auch zinkreiche Erze. Nach K. B. Hofmann ist es nicht unwahrscheinlich, daß das Wort *Galmei* aus *cadmia* hervorgegangen ist.

[2] Die Entstehung von Glas ist jedenfalls durch Zufall beobachtet worden, als man in Ägypten zum Ausschmelzen des goldhaltigen Sandes diesem Soda als Flußmittel zugesetzt hatte.

Plinius verstand man Beryll, Opal, Saphir, Türkis, Amethyst u. a. nachzuahmen, aber dieselben auch von den wahren Edelsteinen zu unterscheiden (durch ihre größere Weichheit und Leichtigkeit).

Die älteste Glasfabrikation setzt jedenfalls die Bekanntschaft mit Soda oder Pottasche voraus; erstere wurde als Naturprodukt an gewissen Seen (z. B. in Macedonien, Ägypten) gefunden, das kohlensaure Kali aber schon in alten Zeiten durch Auslaugen der Asche von Pflanzen, nach Dioskorides auch durch Brennen von Weinstein gewonnen. Wegen ihrer ähnlichen Wirkungen wurden beiden Salze[1] häufig verwechselt; sie fanden ausgedehnte Verwendung zur Seifenbereitung, wie direkt zum Waschen von Zeugen, Reinigen von Häuten, sowie der Zähne (ähnlich wie jetzt noch die an kohlensaurem Kali reiche Tabaksasche manchmal zu gleichem Zwecke dient), auch als Zusatz zu Arzneien. Endlich wird Pflanzenasche, sowie Salpeter, als wirksames Düngemittel gerühmt.

Der Töpferkunst ist mindestens ein ebenso hohes Alter zuzuschreiben, als der Bearbeitung edler Metalle und des Glases. Schon die alten Ägypter verstanden die ursprünglich einfachen irdenen Gefäße mit bunter Emaille zu überziehen. In späterer Zeit blühte die keramische Industrie bei den Etruskern, sowie in manchen Städten Süditaliens und Kleinasiens. Das Porzellan, von den Chinesen entdeckt und gebraucht, blieb den alten Kulturvölkern gänzlich unbekannt.

Seifenbereitung. — Von nicht geringem Interesse ist die Thatsache, daß die Verseifung von Fetten mittels Alkalien behufs Gewinnung von Seife, also ein komplizierter Prozeß der organischen Chemie, schon in alten Zeiten ausgeübt wurde. Des Plinius Angaben darüber machen es wahrscheinlich, daß man in Germanien und in Gallien Seife aus tierischem Fett und Aschenlauge, welche durch Zusatz von Kalk verstärkt (kaustisch gemacht) wurde, bereitete; ja, es wurde ein Unterschied gemacht zwischen weicher und harter Seife, je nachdem Pottasche oder Soda — letztere aus der Asche von Strandpflanzen in Gallien gewonnen — zu deren Bereitung diente.[2]

Die Färberei gehörte ebenfalls zu den Künsten, in welchen es die Ägypter, Lydier, Phönizier und Israeliten weit gebracht hatten.

---

[1] Das hebräische „*neter*“ bedeutet wahrscheinlich Soda, während das lateinische „*nitrum*“ von Plinius für beide Alkalisalze gebraucht wird. Die Bezeichnung Alkali rührt von den Arabern her.

[2] Zweifelhaft erscheint es nach K. B. Hofmann's Forschungen, ob das *sapo* der Römer Seife bedeutet hat, und nicht vielmehr eine Haarbeize.

So war denselben die Fixierung gewisser Farbstoffe auf Zeugen mittels Beizen bekannt, wobei der Alaun[1] eine wichtige Rolle spielte; die Purpurfärberei hatte bei den Phöniziern einen hohen Grad der Ausbildung erlangt. Plinius kennt die Anwendung des Krappfarbstoffes, sowie der Orseille (des gätulischen Purpurs). Indigblau scheint damals mehr zum Malen als zum Färben gedient zu haben; sonst wurden als Malfarben mineralische Stoffe gebraucht, zur Zeit des Plinius hauptsächlich folgende: Bleiweiß, Zinnober, Mennige, Smalte,[2] Grünspan, Eisenoxyd, Kienruß. Letzterer diente, mit Gummi gemischt, auch als Tinte. Schwefelblei (Bleiglanz) hat — wie sich aus zahlreichen Untersuchungen[3] der neueren Zeit ergeben hat — die Grundlage der viel benutzten altägyptischen Schminke *mesdem* gebildet, nicht das natürliche Schwefelantimon, wie man früher annahm. Das *mesdem* war auch ein sehr geschätztes Heilmittel. Die Verwendung von Antimonpräparaten gehört späteren Zeiten an. — Die Schwefelarsenverbindungen, Realgar und Auripigment, dienten sowohl zum Färben, wie auch als Heilmittel, obwohl man deren giftige Wirkungen kannte. Kurz, eine stattliche Zahl färbender chemischer Verbindungen war den Alten zugänglich. Einige unter denselben sind die ältesten chemischen Präparate gewesen, welche fabrikmäßig dargestellt wurden.

Die zum Teil schon erwähnte Anwendung solcher künstlich bereiteter Produkte in der Medizin reicht ebenfalls bis in alte Zeiten zurück, wenn auch da nur von ersten Anfängen einer pharmazeutischen Chemie die Rede sein kann; aber ein Zusammenhang zwischen der chemischen Kunst und Pharmazie stellte sich schon sehr frühe her, z. B. bei den Ägyptern, welche wohl die ersten waren, die eigentlich chemische Präparate zu Heilzwecken anwandten. So dienten Grünspan, Bleiweiß, Bleiglätte, Alaun, Soda, Salpeter zur Anfertigung von Salben und anderen Medikamenten; die Herstellung von Bleipflastern aus Bleiglätte und Öl wurde zur Zeit des Dios-

---

[1] Unter *στυπτηρία* oder alumen der Alten sind allgemein Substanzen von adstringierenden Eigenschaften zu verstehen, meist bedeuten jene Worte Alaun, welcher infolge seiner Gewinnung aus Alaunschiefer mit Eisenvitriol verunreinigt war.

[2] Davy hat in antiken Gläsern Kobalt nachgewiesen und angenommen, daß zu ihrer Herstellung Smalte gedient habe. Nach Angabe von Fouqué (Compt. rend. **108**, 325) enthalten ägyptische Gläser als färbenden Stoff nur Kupferoxyd. Jedoch sind neuerdings wieder an ägyptischen Figuren Kobalt enthaltende Schmelzfarben nachgewiesen worden (K. B. Hofmann).

[3] Zusammengestellt und kritisch gesichtet von K. B. Hofmann in seinem Vortrage: Über Mesdem (Mitteilungen des Vereins der Ärzte in Steiermark 1894, Nr. 1. u. 2).

korides viel betrieben. Eisenrost war ein sehr altes Heilmittel, dessen Verwendung man auf Äskulap zurückführte, Schwefel, sowie eisenhaltiger Kupfervitriol (*Chalcanthum*) gehörten schon vor unserer Zeitrechnung dem Arzneischatze an, während die so wichtigen Antimon- und Quecksilberpräparate erst im alchemistischen Zeitalter auftauchten.

Die meisten eben genannten offizinellen Verbindungen fanden auch zu anderen Zwecken Verwendung, wie schon für einige angegeben ist. Das Verbrennungsprodukt des Schwefels z. B. benutzte man zum Räuchern (Homer), zum Reinigen von Stoffen, zum Konservieren des Weines, zum Zerstören unechter Farbstoffe (Plinius), Kupfervitriol und Alaun zu Färbereizwecken. — Um die Übersicht über die Kenntnisse der Alten hinsichtlich chemischer Verbindungen abzuschließen, sei noch folgender Körper gedacht, zu deren Nutzanwendung schon früh Veranlassung gegeben war. Der Kalk wurde schon in alten Zeiten gebrannt und nach dem Löschen zur Bereitung von Mörtel benutzt, auch, wie schon erwähnt, zum Kaustisieren von Soda (S. 15). — Von Säuren kannten die Alten am längsten die Essigsäure[1] als rohen Weinessig; in allen sauren Pflanzensäften nahm man die Gegenwart derselben an. Die für die chemische Technik so wichtigen Mineralsäuren wurden erst im folgenden Zeitalter entdeckt.

Andere zu Beginn unserer Zeitrechnung und wohl schon früher bekannte organische Verbindungen waren Stärke[2] (aus Weizen), manche fette Öle aus Samen und Früchten (welche ausgepreßt oder durch Auskochen mit Wasser vom Öl befreit wurden), Erdöl (Naphta), sowie Terpentinöl, welches durch Destillation des Fichtenharzes in sehr unvollkommenen Apparaten hergestellt wurde.[3] Von fetten Ölen waren Oliven-, Mandel-, Ricinusöl u. a. bekannt und dienten zu mancherlei Zwecken, das erstere z. B. zum Extrahieren von Duft-

[1] Von der auflösenden Kraft des Essigs, Mineralsubstanzen gegenüber, hatten die alten Völker abenteuerlichste Vorstellungen, wie namentlich aus den übereinstimmenden Berichten des Livius und Plutarch hervorgeht, daß Hannibal auf seinem Zuge über die Alpen Felsen mittels Essigs aus dem Wege geräumt habe. Auch an die Erzählung des Plinius sei erinnert, nach welcher Kleopatra zur Bewahrheitung ihrer Versicherung, in einer Mahlzeit 1 Million Sesterzien verzehren zu können, kostbare Perlen in Essig aufgelöst habe, um sodann diesen Trank zu sich zu nehmen.

[2] ἄμυλον, welches nach seiner Bereitung ohne Mühlsteine so genannt wurde, und dessen Gewinnung Dioskorides beschrieben hat.

[3] Nach gütiger Mitteilung von Hrn. Prof. K. B. Hofmann findet sich die erste Beschreibung einer *destillatio per descensum* bei Aëtius (Ed. Aldina fol. 10).

stoffen aus Blumen, Blättern etc. Ätherische Öle kannte und verwendete man in großer Zahl. — Eine bedeutsame Rolle spielten in der Heilkunde die thierischen Fette; bemerkenswert ist u. a. die nach Plinius häufige Verwendung des Wollfettes, welches heute als Lanolin zu neuem Leben gelangt ist. — Den Rohrzucker scheint Plinius nicht gekannt zu haben. Häufig finden sich bei ihm Angaben über das Vorkommen und die merkwürdigen Wirkungen von Pflanzengiften (Alkaloiden).

Die bei den mancherlei Gärungsprozessen (bei der Wein-, Bier- und Brotbereitung) sich bildenden Körper (Weingeist, Kohlensäure etc.) blieben den alten Völkern unbekannt. Wohl bemerkten sie hier wie bei anderen Gelegenheiten, z. B. bei Beobachtung natürlicher Gasausströmungen, das Auftreten einer die Atmung hemmenden, unter Umständen tödlich wirkenden Luftart; jedoch lag es ihnen fern, in dieser ein von der atmosphärischen Luft verschiedenes Gas zu erkennen.

Dieser Mangel an Beobachtungsgabe, diese Abneigung, einer Erscheinung auf den Grund zu gehen, ja eine gewisse Indolenz natürlichen Vorgängen gegenüber sind charakteristische Merkmale der Naturbetrachtung der Alten. Statt Versuche mit Naturprodukten anzustellen, wurde vielmehr die Spekulation zu Hilfe gerufen, und auf die oberflächlichsten Beobachtungen hin entstanden Meinungen, welche, wenn von angesehener Seite geäußert, die Macht von Lehrsätzen erhielten. Wie anders als aus einem hochgradigen Mangel an Beobachtungstrieb könnte man des Aristoteles Behauptung erklären, daß ein mit Asche gefülltes Gefäß ebenso viel Wasser aufnehme, als ein leeres! Als weiteres Beispiel für die Leichtgläubigkeit in jener Zeit diene die von Plinius ausgesprochene, allgemein geteilte Überzeugung, daß Luft in Wasser und umgekehrt dieses in Luft übergehen könne, daß ferner aus Wasser Erde entstehe, und der Bergkrystall daraus hervorgegangen sei. Die Annahme, daß Wasser in Erde umgewandelt werden könne, ist häufig wieder aufgetaucht und hat bis in die neue Zeit hinein die Geister beschäftigt; wir werden darauf, als Gegenstand einer wichtigen Streitfrage, zurückkommen.

II. Zeitalter der Alchemie.

In der Einleitung ist Ägypten als das Mutterland der alchemistischen Bestrebungen bezeichnet worden. Für die Ausbreitung und das Bekanntwerden derselben war die alexandrinische Akademie in den ersten Jahrhunderten unserer Zeitrechnung besonders thätig; sie war Trägerin und Vermittlerin der alchemistischen Ideen insbesondere zu der Zeit, als das weströmische Reich aus den Fugen ging.

Die Versuche, unedle Metalle in edle umzuwandeln, haben ihre Quelle in oberflächlichen Beobachtungen gehabt, die den Glauben an die Metallverwandlung kräftig zu stützen schienen. Zu solchen zufälligen Wahrnehmungen gehörte die der Abscheidung von Kupfer aus Grubenwassern, welche sich in Kupferbergwerken angesammelt, und aus denen sich Kupfer auf eiserne Gerätschaften niedergeschlagen hatte. Was war natürlicher als eine Transmutation des Eisens in Kupfer anzunehmen! Für die Erzeugung von Gold oder Silber aus Kupfer schien die Überführung des letzteren in gelbe oder weiße Legierungen mittels erdiger Substanzen (Galmei, Arsenik) zu sprechen. Endlich wurde das Zurückbleiben von Gold und Silber aus ihren Amalgamen oder Legierungen mit Blei, nach dem Abtreiben des letzteren, sowie des Quecksilbers, als eine Erzeugung dieser edlen Metalle gedeutet.

Diesen, die Überzeugung von der Metallveredlung verstärkenden Umständen praktischer Natur, welche auf grober Selbsttäuschung der Beobachter beruhten, zum Teil aber von schlauen Betrügern verwertet wurden, gesellte sich die zuerst in diesem Zeitalter auftretende Neigung hinzu, chemische Thatsachen unter gemeinsamen Gesichtspunkten theoretisch zusammenzufassen.

Gerade in der Art, wie man die Zusammensetzung der Metalle zu deuten versuchte, lag ein mächtiger, fort und fort wirkender Reiz, an die Metallveredlung zu glauben und diese immer von neuem zu versuchen. Die ersten Anfänge einer experimentellen Richtung, welcher wir schon früh im alchemistischen Zeitalter begegnen, sind noch sehr unvollkommen, bedeuten aber dennoch einen wesentlichen Fortschritt, gegenüber der zuvor allein herrschenden deduktiven Methode, deren Frucht meist in der Aufstellung mystischer Kosmogenien bestand. Die wenigen Beobachtungen waren auf solche Weise vereinzelt, ohne ein geistig sie verknüpfendes Band geblieben.

Daß die Anläufe, um zur Erkenntnis von Naturvorgängen auf induktivem Wege zu gelangen, auch in dem alchemistischen Zeitalter nur schwach waren, erklärt sich aus der Herrschaft der aristotelischen Ideen, welche, verquickt mit neuplatonischer Philosophie, die Geister fast während des ganzen Mittelalters in Fesseln schlugen. Selbst die christliche Theologie mußte mit diesem System paktieren; das Produkt gemeinsamer Arbeit war die Scholastik, welche allen geistigen Bestrebungen jener Zeit ihr Gepräge erteilte und dieselben an freier Entwickelung hemmte. Die Verwandtschaft alchemistischer Tendenzen mit der aristotelischen Philosophie wurde schon angedeutet (S. 7).

Die Begrenzung dieses Zeitalters von dem ersten bestimmten Auftreten alchemistischer Vorstellungen (4. Jahrh.) bis zu dem kühnen Versuch des Paracelsus, der Chemie die Medizin dienstbar zu machen (Anfang des 16. Jahrh.), ist deshalb naturgemäß, weil innerhalb dieses Zeitalters ein und derselbe Grundton in allen auf Chemie bezüglichen Fragen durchklingt: die Idee der Metallveredlung. Von der Ausführbarkeit der letzteren war man Jahrhunderte hindurch so fest überzeugt, daß fast Alle, welche der Chemie ihre Kräfte weihten, und noch viele Unberufene hoffnungsvoll nach diesem ersehnten Ziele strebten. Die frühzeitig auftretende Beimengung astrologischen und kabbalistischen Unsinns zu den alchemistischen Bestrebungen läßt recht deutlich die Ausartung der letzteren erkennen.

Mit dem Erscheinen der neuen iatrochemischen Lehre hört die Alchemie keineswegs auf zu existieren, aber für die mehr und mehr in wissenschaftliche Bahnen einlenkende Chemie tritt sie zurück; wohl durchleuchten ihre verführerischen Probleme noch oft unheimlich das Lager der Chemiker und üben auf diese, selbst die hervorragendsten unter ihnen, einen merklichen Einfluß aus; aber auf die Hauptrichtung, welche die chemische Wissenschaft seit Boyle eingeschlagen hat, haben die alchemistischen Phantasien wesentlich nicht mehr eingewirkt. — Trotz dieses geringen Einflusses darf eine kurze Darlegung des Zustandes der Alchemie in den letzten vier Jahrhunderten nicht ganz fehlen und ist daher als Anhang diesem Abschnitte angefügt.

Allgemeine Geschichte der Alchemie.[1]

Ursprung und erstes Auftreten alchemistischer Bestrebungen[2].

Die Quellen, aus denen der Glaube an die Ausführbarkeit der Metallverwandlung Nahrung erhielt, und welche im Laufe der Jahrhunderte zu dem breiten Strome ärgster Verirrungen anwuchsen, haben ihren Ursprung im grauen Altertume. Die Sicherheit eines Nachweises derselben hört hier vollständig auf; man steht mythischen und mystischen Überlieferungen gegenüber. Die ersten geschichtlichen Quellen fließen ebenfalls recht trüb und spärlich. Bei verschiedenen Völkern begegnet man bestimmten Anzeichen dafür, daß die Alchemie als eine geheime Wissenschaft betrieben und in Ehren gehalten worden ist.

Wenn man sich die Bedeutung des alten Ägyptens vergegenwärtigt, als eines Sitzes hoher Kultur, und insbesondere eines Landes, wo die chemische Kunst gepflegt wurde, so wird man sich nicht wundern, daß von dort die ältesten sicheren Nachrichten über Alchemie herrühren. Ägyptische Quellen, teils solche, welche uns der Papyrus von Leiden (3. Jahrh. n. Chr.) erhalten hat, teils Schriften der Alexandriner aus dem 3.—7. Jahrh. n. Chr. bilden die wichtigsten Hilfsmittel zum Nachweise des historischen Ursprunges der Alchemie. Der Einfluß der in diesen Werken enthaltenen Lehren und praktischen Vorschriften auf die Alchemie des ganzen Mittelalters ist nachzuweisen.

Die Sage, nach der mit anderem Wissen auch die Kunst, Metalle zu veredeln, von Dämonen aus dem Himmel auf die Erde gebracht sei, war in den ersten Jahrhunderten unserer Zeitrechnung allgemein verbreitet; nach Zosimos von Panopolis soll das geheimnisvolle Buch, in welchem die Kunst jener gelehrt wurde, *χῆμεν*,

---

[1] Vergl. Kopp, *Gesch. d. Chemie* I, 40 ff. II, 141 ff.; ferner sein Werk: *Die Alchemie in älterer und neuerer Zeit* (Heidelberg 1886).

[2] Vergl. besonders M. Berthelot: *Les origines de l'alchimie* (Paris 1885) und *Introduction à l'étude de la chimie des anciens et du moyen-âge* (Paris 1889); ferner die treffliche Schrift von H. W. Schaefer; *Die Alchemie. Ihr ägyptisch-griechischer Ursprung etc.* Flensburg 1887. (Schulprogramm.) M. Berthelot hat sich durch Herausgabe, bezw. kritische Bearbeitung alter alchemistischer Werke (z. B. Papyrus von Leiden, griechischer, sowie arabischer Handschriften) sehr großes Verdienst erworben (in neuester Zeit sind von ihm in Verbindung mit Philologen herausgegeben: *Collection des anciens Alchimistes Grecs* und *La chimie en moyen-âge*).

und letztere χημεία bezeichnet worden sein. Diese Mythe entspringt gewiß einer ganz ähnlichen, in dem Apokryphenbuch Henoch aufbewahrten; ja, Anklängen an dieselbe begegnet man schon in der Genesis. Die späteren Alchemisten waren sogar geneigt, den Ursprung der Alchemie in die Zeit vor der Sintflut zu legen, in der Meinung, durch das hohe Alter erhalte ihre Kunst eine besondere Weihe. Überhaupt stempelten dieselben, unter Hinweis auf Stellen der heiligen Schrift, verschiedene biblische Persönlichkeiten zu Alchemisten, z. B. Moses und seine Schwester Mirjam, sowie den Evangelisten Johannes. Wenn solche, im Mittelalter entstandene Märchen Glauben fanden, so kann man sich nicht wundern, daß jene von alten Zeiten her überlieferten Erzählungen von dem Ursprunge dieser Kunst lange Zeit in Ansehen blieben.

Die erste Persönlichkeit, an welche die Alchemie ihren Ursprung anknüpfte, ist Hermes Trismegistos,[1] der dreimal Größte, gewesen; von ihm sollen Bücher über die heilige Kunst verfaßt worden sein; er wurde überhaupt als Erfinder aller Künste und Wissenschaften gefeiert. Die damals beliebten Ausdrücke Hermetik, hermetische Schriften, hermetische Kunst[2] haben noch bis in unser Jahrhundert hinein an diese durchaus mythische Persönlichkeit erinnert. Im römischen Ägypten waren zu Ehren dieses Hermes Säulen errichtet, auf denen man alchemistische Vorschriften in Hieroglyphen eingegraben hatte.

Wer ist nun dieser Hermes gewesen? Ohne Zweifel hat man in ihm, wie aus alten Überlieferungen hervorgeht, die personifizierte Idee einer Kraft zu suchen, nämlich die altägyptische Gottheit Thot (synon. Theuth), welche, mit dem Schlangenstabe als Symbol der Klugheit ausgestattet, von den Griechen mit ihrem Hermes verglichen wurde, daher diese letzte Bezeichnung auf den ägyptischen Gott überging.[3] Als heilige, göttliche Kunst wurde die Alchemie, deren Aufgabe insbesondere die Bearbeitung der Metalle war, geheim gehalten, von der Priesterkaste gehegt und gepflegt; nur den Söhnen des Königs durften ihre Mysterien enthüllt werden. Ihr Ansehen

[1] Diese Benennung findet sich wohl zuerst bei dem griechischen Schriftsteller Tertullian (Ende des 2. Jahrhunderts unserer Zeitrechnung). Vergl. Schaefer a. a. O. S. 4 ff.

[2] Die Bezeichnung: spagirische Kunst (von σπάω, scheiden und ἀγείρω vereinigen abgeleitet) kommt erst im 16. Jahrhundert auf.

[3] Als interessante Bestätigung dieser Identität ist der Umstand zu betrachten, daß in den Inschriften des dem *Thot* geweihten Tempels zu Dakke (am Nil) die drei Namen *Thot*, *Hermes*, *Mercurius*, ersterer in Hieroglyphen, Hermes in griechischen, der letzte in lateinischen Lettern vorkommen (Schaefer S. 7).

wuchs in dem Maße, als der Glaube sich festsetzte, Ägypten verdanke der Alchemie seine Reichthümer.

Wann und auf welche Art sich Einflüsse anderer Völker auf die Alchemie der Ägypter geltend gemacht haben, ist schwer festzustellen. Von den Sterndeutern Babylons ist ohne Zweifel eine Verschmelzung mit der Astrologie und Magie vorgenommen worden; insbesondere die während vieler Jahrhunderte angenommenen Wechselbeziehungen zwischen der Sonne resp. den Planeten und den Metallen sind altbabylonischen Ursprungs. Nach der Mitteilung des Neuplatonikers Olympiodor (im 5. Jahrh. n. Chr.) entspricht das Gold der Sonne, das Silber dem Monde, das Kupfer der Venus, das Eisen dem Mars, das Zinn dem Merkur, das Blei dem Saturn.[1] Lange Zeit, bis Ende des vorigen Jahrhunderts, sind die Metalle mit den Namen der Gestirne bezeichnet worden.

In den ersten Jahrhunderten unserer Zeitrechnung wurde — darauf lassen Stellen in den Werken des Dioskorides, Plinius und der Gnostiker schließen — die Umwandlung von Kupfer und Erzen in Silber und Gold als Thatsache angesehen.[2] Die schon bei Schriftstellern des ersten Jahrhunderts vorkommende „Verdoppelung der Metalle“, welche auch im Papyrus von Leiden eine wichtige Rolle spielt, scheint ebenfalls auf Metallverwandlung hinzuweisen. Die Bezeichnung *„Chemie“* für diese Kunst kommt wohl zuerst in einem astrologischen Traktat des Julius Firmicus (im 4. Jahrh.) vor.

Die Angaben über die alchemistischen Bestrebungen mehren sich seit dieser Zeit, und zwar ist in den Schriften der damaligen alexandrinischen Gelehrten, namentlich von Zosimos, Synesius, Olympiodor manches darüber erhalten worden. Außer den eben Genannten sind noch einige pseudonyme Autoren, insbesondere Pseudodemokrit, als Zeugen für die Verbreitung der Alchemie herangezogen worden, jedoch ist die philologisch-historische Kritik noch nicht im stande gewesen, die Zeit genau festzustellen, in welcher die Werke jener verfaßt sind. Im Mittelalter scheute man sich nicht, die Schriften des falschen Demokrit, sowie eines Pseudo-Aristoteles als solche zu betrachten, welche von den berühmten Philosophen Demokrit und Aristoteles herrührten. Auch auf Thales, Heraklit, Platon führten die späteren Alchemisten unechte Schrif-

[1] Schon bei Galen finden sich Andeutungen über den Einfluß der Planeten auf die Metalle.

[2] Auch in China beschäftigte man sich damals mit Alchemie; die Umwandlung von Zinn in Silber, von diesem in Gold galt als thatsächlich ausgeführt.

ten zurück, um das hohe Ansehen dieser Männer für ihre Zwecke zu benutzen.

Zosimos von Panopolis, encyklopädischer Schriftsteller des 4. Jahrh., als eine der größten Autoritäten von den damaligen und den späteren Alchemisten verehrt, soll 28 Bücher, welche von Alchemie handelten, geschrieben haben, von denen aber nur spärliche Reste erhalten sind. Seine mystischen Rezepte lauten ganz unverständlich, doch ist von der Fixierung des Quecksilbers, von der Tinktur,[1] welche Silber in Gold umwandelt, sowie einem göttlichen Wasser (*Panacee*) deutlich die Rede. Auf das Werk des Pseudodemokrit: *φυσικὰ καὶ μυστικὰ* wird häufig Bezug genommen. Die bilderreiche geheimnisvolle Sprache des Zosimos ist offenbar auf die Werke der späteren Alexandriner, sowie weiterhin auf die der mittelalterlichen Alchemisten von maßgebendem Einfluß geblieben.

Die Zeit am Ende des 4. und Anfang des 5. Jahrh. ist offenbar die Periode der höchsten Blüte alchemistischer Studien bei den Alexandrinern gewesen; die auf uns gekommenen Werke des Synesius, sowie des Olympiodor, welcher den Beinamen *ποιήτης* (*operator*) trug, über Alchemie und Magie lassen freilich nur wenig Sicheres in Bezug auf bestimmte Operationen und Kenntnisse chemischer Thatsachen erkennen.

Wie viele für die Geschichte der Chemie wertvolle Werke mit dem durch Zerstörung des Serapeums besiegelten Zusammensturz hellenischer Kultur in Ägypten verloren gegangen sind, läßt sich nicht entfernt ermessen. Daß aber die Kenntnisse chemischer Operationen, überhaupt chemisches Wissen und Können nicht gänzlich zu Grunde gingen, dafür hatten einmal die frühzeitig entwickelten Beziehungen zwischen den Alexandrinern und byzantinischen Gelehrten gesorgt; denn vom 6. Jahrh. an fand die angewandte Chemie, zu welcher auch die alchemistischen Bestrebungen gezählt werden können, eine Pflanzstätte in Byzanz. Sodann aber wurden in Agypten selbst die chemischen Kenntnisse durch jene Katastrophe nicht völlig ausgerottet; sie erwiesen sich dadurch lebensfähig, daß sie das Aufblühen gewisser Industriezweige beförderten, welche ohne sie vielleicht gar nicht zur Entwickelung gelangt wären. Endlich hatte sich die Überzeugung von der Metallveredelung schon zu fest gesetzt, als daß man diese Kunst, zu Reichtümern zu gelangen, hätte einschlummern lassen.

---

[1] Der später oft gebrauchten Bezeichnung „*mercurius philosophorum*“ begegnet man zuerst bei Synesius.

Die Alchemie bei den Arabern. — Zu neuer Blüte gelangten die in den Köpfen weniger Philosophen verborgenen Keime chemischer Kenntnisse durch die Araber, welche im 7. Jahrhundert Ägypten als Eroberer überfluteten. Dieselben schienen die Künste und Wissenschaften eher vernichten zu wollen, als daß man von ihnen eine Wieberbelebung derselben hätte erwarten sollen. Wunderbar, daß dieses ursprünglich der Wissenschaft fremde Volk zu einer Zeit, da in den meisten Ländern Europas die Kultur auf niedrigster Stufe verharrte, und alles unter dem Druck der durch die Völkerwanderung geschaffenen Umstände niedergebeugt war, sich der Pflege der Wissenschaften annahm und dieselben zu ungeahnter Blüte kommen ließ.[1]

Das Auftreten der Araber in Agypten, wo sie manche kostbare litterarische Schätze durch Feuer vernichteten, ließ eine derartige Sinnesänderung nicht ahnen; aber bald verstanden dieselben, die Elemente der Bildung von den unterjochten Völkern[2] in sich aufzunehmen, und so sehen wir, namentlich nach der Eroberung Spaniens (zu Anfang des 8. Jahrh.) viele Stätten der Gelehrsamkeit entstehen, zu denen in den nächsten Jahrhunderten die übrigen Länder Europas, zumal Frankreich, Italien, Deutschland, Scharen von Wißbegierigen sandten, welche daselbst vorzugsweise den Studien der Medizin, Mathematik und Optik obliegen konnten. Namentlich von den arabischen Akademien in Cordova und anderen Städten Spaniens aus, wo auch die Alchemie eifrig gepflegt wurde, fand diese ihren Weg nach den übrigen Abendländern, in denen sie jedoch erst im 13. Jahrhundert zu voller Entwickelung gelangen sollte.

Zu besonderer Berühmtheit und einem das ganze Mittelalter beherrschenden Ansehen gelangte der Arzt und Alchemist *Dschafar*, der unter dem Namen *Geber* den Abendländern bekannt blieb. Über

[1] Al. v. Humboldt gab dieser Bedeutung der Araber in folgenden Sätzen Ausdruck (Kosmos II, S. 239): „Die Araber, ein semitischer Urstamm, verscheuchen teilweise die Barbarei, welche das von Völkerstürmen erschütterte Europa bereits seit 2 Jahrhunderten bedeckt hat. Sie führen zurück zu den ewigen Quellen griechischer Philosophie; sie tragen nicht bloß dazu bei, die wissenschaftliche Kultur zu erhalten, sie erweitern sie und eröffnen der Naturforschung neue Wege."

[2] Auf den wichtigen Anteil, welcher den Nestorianern an der Übertragung wissenschaftlichen Geistes und praktisch-chemischer Kenntnisse auf die Araber zufällt, sei kurz hingewiesen. Auf Grund der neuesten Forschungen (Berthelot u. a.) besteht kein Zweifel darüber, daß gerade in Bezug auf chemisches Wissen die Araber dieser syrischen Kultur vieles, wenn nicht das meiste entlehnt haben.

sein Leben, das in das 9. und 10. Jahrhundert verlegt wird, weiß man nichts. Möglich auch, daß zuweilen Verwechselungen zwischen ihm und seinem (aus Tarsus stammenden) Schüler *Dschabir* vorgekommen sind.

Daß mit dem Namen *Geber* die Erinnerung an eine Persönlichkeit fortlebte, in der sich das chemische Wissen ihrer Zeit vereinigte, ist nicht in Abrede zu stellen. Aber erwiesen ist seit kurzem durch die verdienstvollen Bemühungen Berthelot's,[1] daß die, Geber zugeschriebenen lateinischen Schriften nicht von ihm herrühren können. Die älteste dieser, die berühmte *summa perfectionis magisterii* ist nicht vor Mitte des 14. Jahrhunderts geschrieben; noch späterer Zeit gehören die früher als echt angesehenen an: *De investigatione veritatis; de investigatione perfectionis metallorum.* Überhaupt sind alle vermeintlich Geber'schen Schriften apokryph. — Die auf uns gekommenen, von dem wahren Geber herrührenden arabischen Handschriften, die durch Berthelot's Bemühungen jetzt bekannt geworden sind, lassen erkennen, daß ihm bisher Kenntnisse und Meinungen zugeschrieben sind, die er nicht gehabt hat. Vielmehr lehnt Geber sich eng an griechisch-alexandrinische Alchemisten an und weist viele mystische Elemente auf, z. B. den Glauben an den Einfluß der Sterne auf die Metalle. — Von der ihm zugeschriebenen Theorie der Metalle (s. u.) findet sich in den erhaltenen Handschriften kein deutliches Anzeichen. — Hiernach kann also Geber die Bedeutung, die man ihm, als vermeintlichem Verfasser der lateinischen Schriften lange beigemessen hat, nicht zukommen. In diesen letzteren haben sich die in den auf Geber folgenden 4—5 Jahrhunderten angegesammelten Kenntnisse niedergeschlagen.

Seine Nachfolger, berühmte arabische Ärzte, wie **Maslema**, **Rhazes**, **Avicenna**, **Avenzoar**, **Abukases**, **Averrhoes**, mögen auf die Entwickelung der Heilkunde und Pharmazie nachhaltigen Einfluß geübt haben. Ob sie die Chemie wesentlich bereichert haben, ist höchst zweifelhaft. Als bemerkenswert sei erwähnt, daß Rhazes die Transmutation der Metalle bestimmt annimmt, während Avicenna dieselbe bestreitet.

---

[1] S. Note 2 auf S. 21; vergl. auch zwei Abhandlungen Berthelot's in der *Revue des deux mondes 1893* (15. Septbr. u. 1. Oktbr.).

Alchemie in den christlichen Abendländern während des Mittelalters.

Die Lehren der ägyptisch-griechischen, sowie der arabischen Alchemisten fanden allmählich den Weg nach Frankreich, Italien, Deutschland; auch haben gewiß byzantinische Gelehrte, wie Michael Psellus, zur Verbreitung alchemistischer Ideen beigetragen. In der That läßt das erste mit Sicherheit nachgewiesene Auftreten eines Alchemisten in Deutschland am Hofe Adalberts von Bremen (um 1063), über welches Adam von Bremen berichtet, diesen östlichen Einfluß bestimmt erkennen; ein getaufter Jude Paulus nämlich behauptete, in Griechenland die Kunst, Kupfer in Gold umzuwandeln, erlernt zu haben, und hat, wie es scheint, jenen Kirchenfürsten bethört. Dieser frühesten Nachricht alchemistischer Bestrebungen in Deutschland folgen bestimmte Mitteilungen erst im 13. Jahrhundert. In dieser Zeit gelangte die Alchemie, getragen von Namen, welche den Ruf größter Gelehrsamkeit in sich vereinigten, zu hoher Blüte.

Die Umwandlung unedler Metalle in edle mittels des Steines der Weisen bildete damals den Angelpunkt, um den sich alles chemische Wissen drehte. Von Vinzenz von Beauvais (in der ersten Hälfte des 13. Jahrh.) mit einiger Sicherheit behauptet, galt die Transmutation der Metalle Männern wie Albertus Magnus, Roger Baco, Arnaldus Villanovanus, Raymund Lullus, die nach der Zeit ihres Hauptwirkens dem 13. Jahrh. angehörten, für eine unumstößliche Thatsache. Nach ihren Behauptungen existiert der Stein der Weisen und besitzt die wunderbarsten Kräfte (s. u.). Ihre Lehrmeinungen wurzeln in denen der Aristoteliker, sowie der ägyptisch-griechischen Alchemisten. Im Anschluß an diese bedeutendsten Vertreter der Chemie, welche sämtlich dem geistlichen Stande angehörten, sei noch der berühmte Thomas von Aquino genannt, der zwar nicht die chemischen Kenntnisse wesentlich gefördert, wohl aber sich verschiedentlich für die Wahrheit der Metallveredelung ausgesprochen hat.

Der Bedeutung der vier zuvor Genannten für die Geschichte der Chemie entspricht es, einige biographische Notizen über sie einzuflechten; ihre Ansichten über das alchemistische Problem, sowie ihre praktischen chemischen Kenntnisse, sind in besonderen Abschnitten erörtert. An die Schriften jener Männer muß die Kritik mit Vorsicht herantreten, da viele in späterer Zeit verfaßte alchemistische Traktate unter ihren Namen in die Welt gegangen sind.

Albertus Magnus, eigentlich Albert von Bollstädt, i. J. 1193 zu Lauingen an der Donau geboren, lehrte als Dominikaner öffentlich in Hildesheim, Regensburg, Köln, Paris, wurde 1260 Bischof von Regensburg, zog aber schon 5 Jahre später die klösterliche Stille dem geräuschvollen Leben vor und starb im Dominikanerkloster zu Köln, nachdem er noch 15 Jahre lang sich wissenschaftlichen Arbeiten gewidmet hatte. Albertus Magnus stand schon bei seinen Zeitgenossen, mehr noch während des späteren Mittelalters im Rufe größter Gelehrsamkeit und vielseitigsten Wissens; die Stufenleiter desselben bezeichnet ein Schriftsteller des 15. Jahrhunderts, Tritheim, durch folgende Worte: „Magnus in magia naturali, major in philosophia, maximus in theologia." Auch wegen seines edlen Charakters wurde ihm die höchste Verehrung zu teil. Unter seinen zahlreichen Schriften nehmen die beiden: *De Alchymia* und *De rebus metallicis et mineralibus* für die Beurteilung seiner Stellung zur Alchemie die hervorragendste Bedeutung in Anspruch.

Roger Baco, um das Jahr 1214 in der Grafschaft Sommerset geboren, erwarb sich in Oxford und Paris neben theologischen naturwissenschaftliche Kenntnisse. Der Hochachtung vor seinem Staunen erregenden vielseitigen Wissen gab die Nachwelt Ausdruck in dem ihm beigelegten Titel *Doctor Mirabilis.* Da Baco sich nicht scheute, in manchen Fragen gegen den Autoritätsglauben seiner Zeit aufzutreten, so hatte er härteste Verfolgung und Strafen zu dulden; sein Tod fällt wahrscheinlich in das Jahr 1294.

Mit dem reichen Maß an Aufklärung, welche er besaß und verbreitete, steht in seltsamem, kaum begreiflichem Widerspruche seine feste Überzeugung von der Kraft des Steines der Weisen, der nicht nur ein millionenfaches Gewicht unedles Metall in Gold zu verwandeln, auch das Leben zu verlängern vermöge. Dieser offenen Anerkennung von Wunderwirkungen, dieser Hinneigung zum Unfaßlichen stellt sich die Thatsache schroff gegenüber, daß Roger Baco als eine besondere Art der Forschung, durch welche neue Mittel zur Erkenntnis der Natur geschaffen werden, die bewußte überlegte Anstellung von Versuchen lehrte. Er ist als der intellektuelle Urheber der experimentalen Forschung anzusehen, wenn man an einen Namen das Einschlagen dieser Richtung anknüpfen will, welche, von der Chemie mehr und mehr adoptiert, dieser Wissenschaft ihr eigenartiges Gepräge aufgedrückt und ihre stetige Fortentwickelung gesichert hat. Die bedeutendsten Werke von Roger Baco sind die folgenden: *Opus majus. Speculum alchemiae. Breve breviarium de dono Dei.*

Der Ausbreitung und Erweiterung praktisch chemischer Kenntnisse hat Baco allem Anschein nach nur wenig genützt.

In dem Leben und Wirken der beiden namhaften Alchemisten Arnaldus Villanovanus und Raymund Lullus spiegelt sich recht deutlich das alchemistische Treiben jenes Jahrhunderts; freilich herrscht bezüglich vieler Punkte namentlich im Leben des Lullus sowie auch bezüglich der ihm zugeschriebenen Werke große Unsicherheit. Beide Männer haben jedenfalls bei ihren Lebzeiten und während der folgenden Jahrhunderte in großem Ansehen bei allen Alchemisten gestanden. Arnald Villanovanus, dessen Herkunft ungewiß ist, wirkte in der zweiten Hälfte des 13. Jahrhunderts in Barcelona als Arzt, mußte aber, da seine Lehrmeinungen bei der Geistlichkeit großes Ärgernis erregten, von dort fliehen und fand erst, nachdem er weder in Paris noch in verschiedenen Städten Italiens Ruhe und Schutz vor Verfolgungen hatte erlangen können, ein Asyl in Sizilien bei dem König Friedrich II. Zu dem schwer erkrankten Papst Clemens V. nach Avignon gerufen, kam er auf dem Wege dorthin durch Schiffbruch ums Leben (etwa i. J. 1313). Von der Art und Wirksamkeit des Steines der Weisen hatte Arnald seine besonderen Ansichten, auch bezüglich der mit jenem erzeugten edlen Metalle (s. u.). Von seinen Schriften seien folgende genannt: *Rosarius philosophorum. De vinis. De venenis.*

Ein ähnlich unstetes Leben, wie das eben geschilderte, war dem Raymund Lullus beschieden, ein Leben, welches die größten Gegensätze und Exzentrizitäten in sich schloß. Bald nach seinem Tode Gegenstand sagenhafter Verherrlichung, besaß Lullus bei allen Alchemisten den Ruf, das höchste, was ihre Kunst zu leisten vermöge, ausgeführt zu haben. Die historische Kritik hat ihm gegenüber einen besonders schweren Stand; denn einmal sind viele der ihm zugeschriebenen Schriften sicher unecht und für die Frage, welche wirklich echt sind, fehlt es an Anhaltspunkten. Sodann schwebt ein tiefes Dunkel darüber, ob der Alchemist Raymund Lullus mit dem berühmten Grammatiker und Dialektiker dieses Namens, welchen seine Bewunderer den *Doctor Illuminatissimus* nannten, wirklich identisch ist; gegen diese von vielen gehegte Meinung sprechen aber sehr deutlich manche in des letzteren Werken sich findende Urteile über Alchemie.

Über das Leben des Raymund Lullus kommen die meisten Angaben dahin überein, daß derselbe um das Jahr 1235 geboren, einer edlen spanischen Familie entstammt, zuerst am aragonischen Hofe sich einem wüsten Leben hingab, vom dreißigsten Jahre ab aber den Freuden der Welt entsagte und sich den Wissenschaften widmete. Wahrscheinlich haben Baco und Villanovanus ihn in die Geheimnisse der Alchemie eingeführt. In höherem Alter begeisterte sich Lullus für das Werk der Bekehrung von Ungläubigen, unternahm selbst zu diesem Zweck Reisen nach Afrika, fand aber dort mehrmals die übelste Aufnahme, zuletzt den Tod durch Steinigung (i. J. 1315). Die Sage ließ ihn nach dieser Zeit noch viele Jahre lang in rastloser Beschäftigung mit der Alchemie leben, doch ist die Unhaltbarkeit dieser Überlieferung nicht zu bezweifeln.

Seine alchemistischen Lehrmeinungen sind sehr dunkel gehalten; noch unverständlicher, in tiefes mystisches Dunkel gehüllt sind seine Vorschriften zur Metallveredelung. Kein Alchemist hat wohl vor ihm dem Stein der Weisen solche Leistungsfähigkeit zugeschrieben; denn er konnte übermütig ausrufen: „Das Meer wollt ich in Gold verwandeln, wenn es von Quecksilber wäre!" Aber nicht nur Gold, auch alle Edelsteine und das höchste Gut, Gesundheit, sowie langes Leben, sollten durch den Stein der Weisen erzielt werden. Von seinen Schriften werden das *testamentum*, *Codicillus seu Vademecum* und *Experimenta* als echt angesehen.

Bald nach dem Tode des Lullus mögen die ersten lateinischen Schriften (z. B. die S. 26 genannte *Summa*) als von Geber verfaßt verbreitet worden sein. Bemerkenswert und für die ungefähre Feststellung ihres Alters wichtig ist, daß weder Albertus Magnus, noch Raymund Lullus auf diese Schriften Bezug nehmen, die seit Ende des 14. Jahrhunderts in wachsendem Ansehen standen. Die Kenntnisse, die sich aus den Werken Pseudo-Geber's ergeben, sind recht ansehnlich. Große Fortschritte offenbaren sich in den klaren Vorschriften zur Herstellung von Präparaten; die Anwendung von Gerätschaften, z. B. Wasserbad, Aschebad, verbesserten Öfen, die Beschreibung von Operationen, wie Sublimation, Filtrieren, Krystallisieren, Destillieren u. a. m.: Alles dies läßt den hohen Stand der praktisch-chemischen Kenntnisse Pseudo-Geber's deutlich erkennen. — Auf die wichtige Ansicht von der Zusammensetzung der Metalle aus Quecksilber und Schwefel ist weiter unten einzugehen.

Sonst weist in dem 14. und der ersten Hälfte des 15. Jahrhunderts die Geschichte der Alchemie keinen einzigen Vertreter auf, der sich mit den oben geschilderten Philosophen — so nannten sich mit Vorliebe die Alchemisten — messen könnte.

Damit soll jedoch nicht gesagt sein, daß die vermeintliche Kunst, Gold zu machen, eingeschlummert sei; vielmehr hat dieselbe in jener Zeit die seltsamsten Blüten getrieben. Wenn man die Pflege der Alchemie an einzelne Namen knüpfen will, so können als solche, die im Besitz des wunderkräftigsten Steines der Weisen gewesen sein sollen, der Franzose Nikolaus Flamel, Isaak Hollandus der Ältere und der Jüngere, der Graf Bernhard von Trevigo, der Engländer Ripley genannt werden. Eine wertvolle Erweiterung des chemischen Wissens durch diese Männer hat die Geschichte der Chemie nicht zu verzeichnen.

An vielen Höfen Europas hatte zu jener Zeit die Alchemie Schutz und Pflege gefunden; nichts erschien ja einfacher, als mit Hilfe künstlichen Goldes die meist kläglichen Finanzen der Länder zu heben, wie man dies schon zu Zeiten des römischen Kaiserreichs zu erzielen gehofft hatte. Über die häufigen Enttäuschungen, welche früher oder später eintreten mußten, finden sich manche Dokumente in der Geschichte jener Jahrhunderte: Verbote der Beschäftigung mit Alchemie, Bedrohung der Zuwiderhandelnden mit den schwersten Strafen und Berichte über Entdeckungen großartigster Betrügereien. Besonderer Zuneigung erfreute sich die Alchemie am Hofe Heinrichs VI. von England, trotzdem die vorher regierenden Könige für ihren Hang zur hermetischen Kunst schwer hatten büßen müssen, auch ein strenges Gesetz gegen dieselbe von Heinrich IV. erlassen worden war. Die Folge der von jenem Könige ihr zugewandten Gunst war die Anfertigung großer Massen falschen Goldes, welches, ausgeprägt, die Nachbarländer überschwemmte. In Frankreich, welches damals von England mit Krieg überzogen war, versuchte Karl VII., irregeleitet durch einen Alchemisten Le Cor, das gleiche Experiment und vermehrte dadurch die Schuldenlast seines Landes beträchtlich; zu den von ihm in Umlauf gesetzten, aus alchemistischem Gold verfertigten Münzen kamen noch die aus England eingeführten „Rosenobles". Solche in großem Maßstabe betriebene Falschmünzerei war nicht dazu angethan, das Ansehen der Alchemie zu heben.

Unter der Mißachtung, welche dieser zu teil wurde, litt in jener Zeit die Chemie selbst, die durch keinerlei bemerkenswerte Thatsachen bereichert wurde; sie erhielt neues Leben erst durch das Wirken des Basilius Valentinus, dessen praktisch chemische Kenntnisse noch jetzt hohes Staunen erregen. Dieser merkwürdige Mann ist der eigentliche Vorläufer des iatrochemischen Zeitalters gewesen, wenn er sich auch von den Fesseln alchemistischen Glaubens nicht hat loslösen können. Über das Leben des Basilius ist so gut wie nichts bekannt; aus seinen Schriften kennt man seinen Namen, ungefähr die Zeit, in welcher er lebte, nämlich die zweite Hälfte des 15. Jahrhunderts, und weiß, daß er ein aus Oberdeutschland gebürtiger Benediktinermönch gewesen. Die wichtigsten seiner

Werke wurden zu Anfang des 17. Jahrhunderts von einem Ratskämmerer Tölde in Frankenhausen (Thüringen) veröffentlicht; ob dabei Änderungen und Zusätze mit untergelaufen sind, läßt sich nicht mehr feststellen. Soviel ist gewiß, daß Basilius Valentinus schon am Ende des 15. und zu Beginn des 16. Jahrhunderts von den Alchemisten als Orakel verehrt und höher als Geber, ja als Raymund Lullus geschätzt, auch von vielen der Alchemie ferner Stehenden bewundert wurde. Seine Werke verbreiteten sich durch Abschriften und erregten die Aufmerksamkeit des Kaisers Maximilian I. derart, daß dieser im Jahre 1515 eine genaue Untersuchung veranlaßte, in welchem Benediktinerkloster der gefeierte Verfasser gelebt habe; doch blieben die Nachforschungen ohne Erfolg und ebenso erging es späteren Bemühungen.

Über seine theoretischen Ansichten, sowie umfassenden praktisch chemischen Kenntnisse ist weiter unten zu berichten. Die mutmaßlich echten und zugleich wichtigsten Schriften von Basilius Valentinus sind folgende: *Triumphwagen des Antimonii. — Von dem großen Stein der uralten Weisen. — Offenbarung der verborgenen Handgriffe. — Letztes Testament. — Schlußreden.*

In dem erstgenannten Werk besitzen wir eine für jene Zeit bewundernswerte Monographie über ein Element und seine Verbindungen, deren Kenntnis zumeist erst durch Basilius erschlossen worden ist. Häufig erscheint die Sprache desselben durch mystische Bilder und alchemistische Vorstellungen getrübt, wird daher manchmal unverständlich. Aber während er einerseits als schwärmerischer Phantast auftritt, erregt er andererseits die höchste Bewunderung durch die Fülle seiner nüchternen gewissenhaften Beobachtungen, sowie durch seine vernünftigen Ansichten über Gegenstände, welche damals meist irrig beurteilt wurden. Mit Rücksicht auf die reichen Erfahrungen, die Basilius sich in der praktischen Chemie anzueignen gewußt hat, muß er als der hervorragendste Chemiker des ganzen alchemistischen Zeitalters gelten. Dadurch daß er mit genialer Kühnheit die Anwendung chemischer Präparate zu Heilzwecken vorschlug, hat er eine Richtung vorgezeichnet, die bald nach seinem Tode zur Herrschaft gelangte: die iatrochemische, welche für das folgende Zeitalter maßgebend wurde. Trotzdem war Basilius durch und durch Alchemist und hatte als solcher die höchstgespannten Vorstellungen von der Wirksamkeit des Steines der Weisen, wie denn auch vielen Iatrochemikern der Hang zur Alchemie, somit der feste Glaube an die Möglichkeit der Metallveredelung und der Lebensverlängerung eingewurzelt blieb.

Theorieen und Probleme des alchemistischen Zeitalters.

Die alchemistischen Ideen mit ihrem Hauptsatze, daß Metalle in andere umgewandelt werden können, sind, wie oben dargelegt wurde, nachweislich zuerst in Ägypten aufgetaucht und systematisch gepflegt worden. Schon frühzeitig machte man dort den ersten Versuch, die angebliche Umwandelung der Metalle durch eine theoretische Auffassung von der Beschaffenheit der Metalle zu erklären. Dem gleichen Bestreben, nämlich die als unumstößliche Thatsache geltende Transmutation als Folge der Konstitution der Metalle hinzustellen, entsprang die in den Geber zugeschriebenen Werken enthaltene Lehre, welche im wesentlichen während des späteren alchemistischen Zeitalters die herrschende blieb; immer waren es die Metalle, welche zu den ersten chemischen Theorien Anlaß gaben.

Geht man auf den Kern der durch mystisches Beiwerk verschleierten Lehren der Alexandriner, so findet man, daß diese Philosophen von der Ansicht, die Metalle seien Legierungen verschiedener Zusammensetzung, durchdrungen waren. Daraus folgte weiter, daß durch Zuführung neuer oder durch Vertreiben schon vorhandener metallischer Substanzen eine Überführung von Metallen in andere möglich sein sollte. Solche Verwandlungen ähnlicher Körper ineinander erscheinen viel weniger wunderbar, als die von so unähnlichen, wie Luft, Wasser, Erde, welche nach den Lehren der Platoniker und Aristoteliker ineinander überführbar waren. Die Mittel, um dies mit den Metallen zu bewirken: die passenden Zusätze und vorzunehmenden Operationen wurden geheim gehalten oder bei Beschreibungen durch unklare bilderreiche Ausdrucksweise verdunkelt. Die verschiedene Farbe der Metalle und deren Veränderung durch Schmelzen mit anderen spielten bei den alchemistischen Prozessen eine hervorragende Rolle; dadurch, daß man einem unedlen Metall die Farbe eines edlen mitteilte, glaubte man viel erreicht zu haben. Färbung der Metalle war demnach für die Alexandriner und auch für die Alchemisten des Mittelalters gleichbedeutend mit Verwandlung insbesondere Veredelung derselben. Als Hauptoperationen finden sich die *Xanthosis* und *Leukosis*, sowie die *Melanosis* genannt, welche mit den beim Färben von Geweben ausgeführten Prozessen verglichen werden. Die alte Bezeichnung *tincturae* für die Mittel, jene Verwandelung zu bewirken, giebt der Vorstellung, daß die letztere in einer Färbung bestehe, deutlich Ausdruck.

Von einer bestimmten chemischen Vorstellung, einer Kenntnis der thatsächlichen Vorgänge, welche sich bei diesen vermeintlichen Metallwandelungen abspielen, ist, wie man annehmen darf, keine Spur vorhanden gewesen. Wohl aber lagen den Bemühungen der alexandrinischen Alchemisten, edle Metalle aus unedlen hervorzubringen, rein philosophische Spekulationen zu Grunde, welche den Glauben an die Metallverwandelung kräftig angeregt und verstärkt hatten. Dieselben leiteten sich zum Teil aus den Schriften des Platon, insbesondere seinem „*Timäus*" her, der bei den Alexandrinern im höchsten Ansehen stand, teilweise entstammten sie der Philosophie des Aristoteles. Die beiden Griechen vertraten die Auffassung, daß die sogen. Elemente im allgemeinen einer gegenseitigen Umwandelung fähig seien;[1] eine Ausdehnung dieser Idee führte zur Annahme, daß für die Metalle das gleiche gelte. Die schon angeführten Beobachtungen über vermeintliche Erzeugung edler Metalle aus unedlen wurden als Beweise für die Richtigkeit jener Voraussetzung angesehen.

Bei den großen abendländischen Alchemisten des 13. Jahrhunderts begegnen wir bestimmten Lehrmeinungen über die Zusammensetzung der Metalle. Albertus Magnus z. B. nahm als deren Bestandteile Arsenik, Schwefel und Wasser an, Arnald Villanovam und Lullus dagegen Quecksilber und Schwefel. Lullus trug sogar kein Bedenken, den Satz auszusprechen, daß alle Körper aus Quecksilber und Schwefel beständen!

Aus den bisher Geber zugeschriebenen Werken, die nach Berthelot nicht vor dem 14. Jahrhundert entstanden sind, tritt uns eine spezifisch chemische Theorie der Metalle entgegen, welche, durch die Autorität des berühmten Namens gestützt, im späteren Mittelalter allgemeine Anerkennung gefunden hat. Dieselbe enthält die ausgesprochen chemische Betrachtungsweise einer Körperklasse; sie sucht die Verschiedenheit der zu dieser gehörenden Substanzen durch Annahme einer eigentümlichen Zusammensetzung zu erklären. Die Metalle bestehen danach aus Schwefel und aus Quecksilber, welche in verschiedenen Mengenverhältnissen und in verschiedenen Graden der Reinheit, resp. mit unter sich abweichenden Eigenschaften darin enthalten sind.[2]

[1] Sehr klar geht diese Idee aus einer Stelle im Timäus hervor: „Wir glauben zu sehen, daß das Wasser durch Verdichtung zu Stein und Erde wird; durch Zerteilung wird es Wind und Luft; die entzündete Luft wird Feuer; dieses aber nimmt, verdichtet und ausgelöscht, wieder die Gestalt der Luft an, und letztere verwandelt sich in Nebel, welcher zu Wasser zerfließt. Aus diesem endlich gehen Steine und Erde hervor."

[2] Den obigen beiden Bestandteilen der Metalle gesellte Pseudo-Geber zuweilen Arsenik als möglichen dritten hinzu, ohne jedoch dieser Erweiterung Gewicht beizulegen. — Auch erscheint seiner Lehre von der Zusammensetzung

Die Metallverwandelung besteht nach ihm in einer willkürlichen Abänderung jener Zusammensetzung, die Veredelung speziell in einer Reinigung und Fixierung des Quecksilbers. Der Gedanke, ein Metall ganz neu zu schaffen, den wir üppig entwickelt bei den abendländischen Alchemisten antreffen, ist in den Werken des Pseudo-Geber nicht zu finden. Dies, sowie die Anwendung seiner Theorie ergiebt sich aus folgenden Sätzen, die sein theoretisch und praktisch chemisches Programm in sich fassen: „*Vorzugeben, einen Körper aus einem anderen auszuziehen, der ihn nicht enthält, ist Thorheit. Da aber alle Metalle aus Quecksilber und Schwefel bestehen, so kann man diesen das hinzufügen, was ihnen fehlt, oder das von ihnen fortnehmen, was im Überschusse vorhanden ist. Um dahin zu gelangen, wendet die Kunst an: die Calcination, die Sublimation, die Dekantation, die Auflösung, die Destillation, die Gerinnung* (d. i. Krystallisation) *und die Fixation. Die wirkenden Mittel sind die Salze, die Alaune, Vitriole, der Borax, der stärkste Essig und das Feuer.*“

Die ungleiche Herkunft der Geber bisher zugeschriebenen Werke liefert die Erklärung dafür, daß an manchen Stellen seiner Werke kein Unterschied gemacht wird zwischen den supponierten zwei Bestandteilen der Metalle und dem natürlichen Schwefel und Quecksilber, an anderen die Ansicht ausgesprochen wird, daß diese mit jenen nicht gleich seien. Das in den Metallen vermeintlich enthaltene Quecksilber, sowie der darin angenommene Schwefel wurden im letzteren Falle zu abstrakten Dingen gestempelt, zu Trägern gewisser Eigenschaften der Metalle: das Quecksilber erschien als Träger des Glanzes, der Dehnbarkeit, Schmelzbarkeit, also des eigentlich metallischen Verhaltens; der Schwefel dagegen wurde wegen seiner Brennbarkeit als Ursache der Veränderung vieler Metalle im Feuer, in diesen angenommen. Die edlen, im Feuer beständigen Metalle sollten demgemäß aus fast reinem Quecksilber bestehen, welches aber schon deshalb nicht dem bekannten gleich sein konnte, weil dieses flüchtig war; diese letztere Eigenschaft sollte ihren Grund darin haben, daß das gewöhnliche Quecksilber auch Schwefel enthielt. Mittels solcher und ähnlicher Annahmen setzte man sich leicht über die starken Widersprüche zwischen Theorie und Thatsachen hinweg; namentlich die Alchemisten späterer Zeiten leisteten darin Erstaunliches.

Um das im Sinne obiger Theorie mögliche Problem der Metallverwandelung zu lösen, sind nach Pseudo-Geber's Angaben sogenannte „Medizinen“ erforderlich, und zwar werden solche von verschiedener „Kraft und Tugend“ unterschieden. Die Medizinen

der Metalle hin und wieder die des Aristoteles über die vier verschiedenen Zustände der Materie beigemengt, und zwar werden die „vier Elemente“ gewissermaßen als entferntere, Quecksilber und Schwefel als nähere Bestandteile gedacht.

erster Ordnung bringen an unedlen Metallen wohl Veränderungen hervor, doch sind diese nicht von Bestand. Die der zweiten Ordnung sollen die Eigenschaften solcher Metalle zum Teil in die der edlen umwandeln;[1] die eigentliche Metallveredelung wird erst durch die Medizin dritter Ordnung hervorgerufen, welche als Stein der Weisen oder das *große Elixier* oder auch als *Magisterium* (Meisterstück) bezeichnet wird.[2] Die auf die Gewinnung der Medizinen höherer Ordnung bezüglichen Angaben von Pseudo-Geber sind völlig unverständlich; doch ist hervorzuheben, daß derselbe sich von den unglaublichen Übertreibungen fern gehalten hat, welche andere Alchemisten in Bezug auf die Wirksamkeit jener geheimnisvollen Präparate sich zu Schulden kommen ließen.

Man muß sich wundern, daß die mit ziemlich umfassenden chemischen Kenntnissen ausgerüsteten Alchemisten des 13. und 14. Jahrhunderts sich mit derartigen Spekulationen über die Zusammensetzung der Metalle begnügten, ohne zu versuchen, die in diesen und anderen Körpern angenommenen Stoffe wirklich darzustellen. Statt auf experimentellem Wege Einblick in die Zusammensetzung jener zu gewinnen, stellten sie, um naheliegende Einwürfe zu entkräften, neue Hypothesen auf, wie die, daß jene Bestandteile nicht den gewöhnlichen so benannten Stoffen gleich seien.

Eine Erweiterung durch Annahme eines dritten hypothetischen Bestandteiles, des Salzes, neben jenen beiden, erfuhr die obige Theorie der Metalle durch Basilius Valentinus.[3] Unter *Salz* wurde von ihm nicht eine bestimmte chemische Verbindung, etwa das gemeine Salz verstanden, vielmehr galt dasselbe als Prinzip des Starren und Feuerbeständigen, wie andererseits der Schwefel die Brennbarkeit, resp. Veränderlichkeit im Feuer, auch die Farbe bedingen, das Quecksilber aber den metallischen Charakter und die Flüchtigkeit mit sich bringen sollte. Basilius verallgemeinerte seine Ansicht derart, daß er die genannten drei Grundbestandteile in allen Körpern annahm, welche Auffassung später Paracelsus sich zu eigen machte und seinen iatrochemischen Lehren zu Grunde legte.

Waren demnach schon die Ansichten über die Zusammensetzung auch der einfachen Körper, der Metalle, höchst unklar und gänzlich falsch, so begreift man, daß chemische Vorgänge, wie sie mit der

---

[1] Die bei späteren Alchemisten vorkommenden *Partikulare* scheinen den Medizinen zweiter Ordnung entsprochen zu haben.

[2] Von dem großen wurde später das kleine Elixier unterschieden, welches unedle Metalle nur in Silber umwandelt.

[3] Schon vor Basilius war bei Isaak Hollandus die Rede von dem salzigen Grundstoff der Metalle.

Bildung neuer Verbindungen verknüpft sind, von den Alchemisten unmöglich richtig gedeutet werden konnten. Sehr unvollkommene Versuche, einzelne Beobachtungen theoretisch zu erklären, wurden gemacht, wobei sich die gröbsten Irrtümer einschlichen; die Verkalkung der Metalle z. B. sollte auf dem Entweichen von Feuchtigkeit oder von irgend einem anderen Bestandteile beruhen, eine Ansicht, welche in der späteren Phlogistonlehre in veränderter Gestalt wieder auflebte. Wie wenig man sich bemühte, die wahren chemischen Bestandteile von Körpern zu entdecken, dafür legt die obige Theorie von der Zusammensetzung der Metalle beredtes Zeugnis ab.

Man kann den Satz aussprechen, daß erst mit dem erfolgreichen Bestreben, die wirkliche Zusammensetzung der Körper aufzufinden, die wissenschaftliche Chemie beginnt. Von dieser kann noch nicht die Rede sein zu einer Zeit, in der man für ausgemacht ansah, die Bildung einer chemischen Verbindung sei mit Vernichtung ihrer ursprünglichen Komponenten gleichbedeutend, es finde dabei eine Erschaffung neuer Substanz statt. Solche Meinung ist während des späteren alchemistischen Zeitalters die fast allein herrschende gewesen, während in den Werken des Pseudo-Geber richtigere Ansichten über die Zusammensetzung mancher chemischer Verbindungen durchblicken (so erkannte er Quecksilber und Schwefel als Bestandteile des Zinnobers).

Hand in Hand mit solchen durch keine Thatsachen gestützten Theorien wurde das Problem, den Stein der Weisen,[1] *mercurius philosophorum*, zu gewinnen, auf jegliche nur denkbare Weise von den abendländischen Alchemisten bearbeitet. Von solchen, welche in den glücklichen Besitz dieses Mittels zur Metallveredelung gelangt zu sein behaupteten, wurden demselben die unglaublichsten Wirkungen zugeschrieben. Um einen Begriff von der hochgradigen, durch das alchemistische Problem hervorgerufenen Geistesverirrung jener Zeit zu geben, seien einige von derartigen schwindelhaften Behauptungen namhafter Alchemisten über die Herstellung und die Macht des Steines der Weisen mitgeteilt.

Zur Bereitung des letzteren — so wurde insbesondere vom 13. Jahrhundert an allgemeiner gelehrt — war eine *materia prima* erforderlich und, diese zu gewinnen, galt als das schwierigste der ganzen Sache. Die unglaublichsten Stoffe, Naturprodukte jeder Art, wurden als Rohmaterialien zur Darstellung dieses Präparates in Angriff genommen und nach allen Richtungen hin bearbeitet. Die-

[1] Vergl. Engler's Festrede: Der Stein der Weisen (Karlsruhe 1889).

jenigen, welche den Stein der Weisen zu besitzen vorgaben, hüteten sich wohl, das Geheimnis ihrer *materia prima* zu verraten. In völlig rätselhaften Vorschriften schilderten sie allerhand Operationen mit ihren Präparaten,[1] brauchten dabei mystische Bilder, wie die des Drachen, des roten oder grünen Löwen, der Lilie, des weißen Schwans u. a. m., und wußten dadurch ihre Nachahmer, deren sich früher ganze Scharen, später vereinzelte sogar bis in unser Jahrhundert hinein fanden, in steter Spannung zu erhalten und zur Nacheiferung anzuspornen. Daß dies möglich war, erklärte sich aus dem unerschütterlichen, im Mittelalter fast allgemeinen Glauben an die Metallveredelung mittels des Steines der Weisen.

Dem letzteren wurden die größten Wunderwirkungen zugesprochen; scheute sich doch ein Roger Baco nicht, zu behaupten, daß derselbe im stande sei, die millionenfache Menge unedlen Metalles in Gold zu verwandeln (*millies millia et ultra*). — Andere, z. B. Arnald Villanovanus, waren bescheidener in ihren Angaben über die Macht des Steines der Weisen, der die hundertfache Menge Quecksilber in Gold überzuführen vermöge. Wieder andere überboten dagegen die Versicherungen Baco's, wie aus folgender Stelle des dem Raymund Lullus zugeschriebenen *testamentum novissimum* hervorgeht: „Nimm von dieser köstlichen Medizin ein Stückchen, so groß als eine Bohne. Wirf es auf tausend Unzen Quecksilber, so wird dieses in ein rotes Pulver verwandelt. Von diesem giebt man eine Unze auf tausend Unzen Quecksilber, die davon in ein rotes Pulver verwandelt werden. Davon wieder eine Unze auf tausend Unzen Quecksilber geworfen, so wird alles zu Medizin. Derselben eine Unze wirf auf tausend Unzen neues Quecksilber, so wird es ebenfalls zur Medizin. Von dieser letzteren Medizin wirf nochmals eine Unze auf tausend Unzen Quecksilber, so wird es ganz in Gold verwandelt, welches besser ist als Gold aus den Bergwerken.“ Aus diesen und anderen schwindelhaften Behauptungen ersieht man klar, daß der einfache Standpunkt, den die ägyptisch-griechischen Alchemisten der Frage der Metallveredelung gegenüber eingenommen hatten, im späteren Mittelalter verlassen worden ist.

Solchen Ausschreitungen gegenüber, die eine Verhöhnung des gesunden Menschenverstandes in sich schließen, kann es nicht Wunder nehmen, zu erfahren, daß dem Stein der Weisen andere fast noch unbegreiflichere Wirkungen zugeschrieben wurden: Gesundheit und Leben sollten durch ihn, als eine Universalmedizin, gesichert und

[1] Der Prozeß des Fixierens, welcher Ausdruck das Festwerden des Quecksilbers bei der Veredelung andeuten sollte, war besonders wichtig.

erhalten werden. Derartige Behauptungen über die das Leben verlängernden Wirkungen des Elixiers sind ebenfalls im späteren Mittelalter aufgestellt worden, und es ist keine ungewöhnliche Versicherung. daß Adepten, die glücklichen Besitzer der *Panacee*, ihr Leben um 400 Jahre und mehr zu verlängern vermocht haben. Das lange Leben der Patriarchen wurde durch die Annahme erklärt, sie seien im Besitz jener Universalmedizin gewesen. Schon zur Zeit der arabischen Alchemisten hatte man dem künstlich dargestellten und sodann in trinkbare Form gebrachten Gold (*aurum potabile*) heilkräftige Wirkungen zugeschrieben, und aus solcher Meinung scheint der Glaube an die medizinische Kraft des Steines der Weisen hervorgegangen zu sein.

Die tollsten Blüten trieben die alchemistischen Vorstellungen gegen Ende des Mittelalters uud zu Anfang der neueren Zeit, als die Erzeugung lebender Wesen mittels des Steines der Weisen als möglich betrachtet, ja thatsächlich gelehrt wurde; damit war der höchste Grad der Geistesverirrung erreicht.

Das traurige Bild, welches die Zustände der Alchemie in verschiedenen Zeiten vor uns entrollen, erhält noch dunklere Farben und tiefere Schatten durch die Thatsache, daß man, um die wunderbaren Wirkungen des Steines der Weisen zu erklären, sich nicht scheute, die Leistung göttlicher Beihilfe zu behaupten und die Prädestination in Anspruch zu nehmen. Mit dem Namen Gottes, mit Gebeten und Bibelsprüchen wurde von den Alchemisten des 13. Jahrhunderts und in noch höherem Grade von ihren Nachfolgern der gröbste Mißbrauch getrieben. Auf solche Einzelheiten einzugehen, liegt hier keine Veranlassung vor; doch sollten derartige Verirrungen nicht unerwähnt bleiben, um die Art und Weise, wie die Probleme der Alchemie zu verschiedenen Zeiten behandelt wurden, im richtigen Lichte erscheinen zu lassen.

Auf die Entwickelung der Chemie als Wissenschaft haben die alchemistischen Lehren, insbesondere die Theorien über die Zusammensetzung der Metalle nur einen geringen, mittelbaren Einfluß gehabt. Ihre Ausschreitungen beanspruchen als arge Geistesverirrungen, die einen großen Teil der Gebildeten in Banden geschlagen hatten, einen noch größeren Wert für die Kulturgeschichte, als für die Geschichte der Chemie. Die Hauptbedeutung der Alchemie für letztere lag darin, daß durch das Streben nach Lösung des Problems der Metallveredelung die praktische Beschäftigung mit Stoffen aller Art angeregt wurde; die Folge davon war die nicht unerhebliche Erweiterung der praktisch-chemischen Kenntnisse im alchemistischen Zeitalter.

Praktisch-chemische Kenntnisse im Zeitalter der Alchemie.[1]

Wenn man sieht, auf Grund welch' oberflächlicher Beobachtungen sich die Überzeugung, daß unedle Metalle in edle umwandelbar seien, festsetzte, und wie leicht gänzlich haltlose Theorien über die Zusammensetzung der Körper aufgestellt und aufgenommen wurden, so wird man sich nicht darüber wundern können, daß die Erklärung der schon im Altertum bekannten zahlreichen chemischen Vorgänge in der darauf folgenden Epoche keine großen Fortschritte aufzuweisen hat. Auch die in diesen Jahrhunderten hinzugekommenen chemischen Kenntnisse blieben wesentlich empirische; nur selten wurde die Zusammensetzung chemischer Verbindungen einigermaßen richtig gedeutet. Die phantastische, den exakten Wissenschaften fremde Behandlung der Chemie hat sich zur Genüge aus dem vorigen Abschnitte ergeben. Übrigens ist der Zuwachs von neuen Thatsachen zu den aus dem früheren Zeitraum überlieferten, die Vermehrung der Erfahrungen, welche auf dem Gebiete der technischen und pharmazeutischen Chemie, sowie bei der Herstellung chemischer Präparate gesammelt worden sind, nicht unerheblich gewesen.

Technische Chemie. — Die Metallurgie, an der sich die ersten Kräfte einer früh sich entwickelnden Technik gemessen haben, weist im ganzen nur geringe Fortschritte auf. Zwar gesellen sich gegen Ende des alchemistischen Zeitalters zu den bekannten Metallen einige andere: das als Halbmetall betrachtete Antimon, sowie Wismut und Zink, doch haben diese in dem Kreise metallurgischer Prozesse nur untergeordnete Bedeutung zu beanspruchen. Vom 11. Jahrhundert an hebt sich der Bergbau in den Abendländern, der deutsche insbesondere im Harz, in Nassau und Schlesien. In der Bereitung und Reindarstellung der Metalle machen sich jedoch nur geringfügige Veränderungen geltend, soweit man darüber jetzt Kenntnis hat.[2]

---

[1] Vergl. Kopp, Gesch. d. Chemie Bd. III. u. IV. Höfer, Histoire etc. Bd. I, 317 ff. Auch Gmelin, Gesch. d. Chemie. Vergl. ferner M. Berthelot's Werk: *La transmission de la science antique au moyen-âge.*

[2] Das Werk eines gegen Ende des 11. Jahrhunderts lebenden Benediktiners, Theophilus Presbyter, betitelt: *schedula diversarum artium*, giebt ein treues Bild von dem Stande des damaligen Kunstgewerbes, insbesondere der Verarbeitung der Metalle, wobei zum Teil auch auf deren Gewinnung aus den Erzen Rücksicht genommen ist. — Ein aus dem 10. Jahrhundert stammendes Manuskript *Mappae clavicula*, von Berthelot herausgegeben, enthält eine Ab-

Die Gewinnung des Goldes, insbesondere seine Reinigung von anderen Metallen und Beimengungen geschah seit frühen Zeiten durch ein Kupellationsverfahren (Bleiarbeit), das Pseudo-Geber genau beschrieben hat. Demselben war bekannt, daß der gewünschte Erfolg durch Zusatz von Salpeter gesichert und beschleunigt wurde, ferner daß Kupfer und Zinn, aber nicht Silber sich auf diese Weise vom Golde trennen ließen. Im 15. Jahrhundert kam zu diesem Verfahren das der Reinigung des Goldes durch Schmelzen mit Spießglanzerz (Schwefelantimon), worüber Basilius Valentinus ausführlich berichtet hat. — Goldlegierungen wurden häufig in betrügerischer Absicht hergestellt.

Das Ausbringen des Silbers aus seinen Erzen wurde wie zu des Plinius Zeit durch Schmelzen mit Blei, *Aussaigern*, wie Basilius zuerst diese Operation nannte, bewerkstelligt. Das alleinige Mittel, Gold von Silber zu scheiden, blieb lange Zeit jener Cementationsprozeß der Alten. Auf nassem Wege mittels Salpetersäure diese Trennung herbeizuführen, scheint erst zu Albertus Magnus' Zeit gelungen zu sein, wenigstens begegnet man bei ihm den ersten Andeutungen darüber. Sichere Bekanntschaft mit diesem Verfahren finden wir zuerst bei Agricola (16. Jahrhundert).

Bei der Wichtigkeit, welche man der erfolgreichen Bearbeitung von Gold- und Silbererzen beilegte, begreift man, daß früzeitig die vollste Aufmerksamkeit der zahlenmäßig bestimmten Ausbeute an den edlen Metallen zugewandt wurde. Genaue Wagen kamen in Gebrauch, ihre Anwendung bei dem Kupellations- und Cementationsprozeß wurde auf gesetzlichem Wege bündig vorgeschrieben; man hat hier die ersten Anfänge der Dokimasie zu verzeichnen.

Bezüglich der metallurgischen Gewinnung von Eisen, Blei, Zinn und Kupfer in dem alchemistischen Zeitalter sind bemerkenswerte Neuerungen nicht zu nennen. Das letztere Metall wurde nach des Basilius Valentinus Angabe, also im 15. Jahrhundert, auch auf nassem Wege, als sogenanntes Cementkupfer, durch Ausfällen von Kupfervitriollösungen mittels Eisen gewonnen. Die Umwandelungen der genannten Metalle in der Hitze, sowie durch Behandeln mit chemischen Agentien, namentlich Säuren, wurden eifrig studiert; so erweiterten sich die Kenntnisse von Metallpräparaten wesentlich (s. unten).

Das Quecksilber, auf dessen wichtige Rolle in den theoretischen Ansichten der Alchemisten öfter Bezug genommen ist, wurde zu technischen Zwecken in großem Maßstabe durch Rösten des

handlung über die edlen Metalle und zeigt vielfach den nahen Zusammenhang mit ägyptisch-griechischer Alchemie durch Übereinstimmung mit Vorschriften des Leidener Papyrus.

Quecksilbererzes in verbesserten Öfen bereitet, zumal nach Aufschließung der reichen Quecksilberbergwerke in Idria (im 15. Jahrhundert). Die Darstellung des Metalles durch Destillation eines Gemisches von Sublimat und Ätzkalk war dem Basilius wohl bekannt. Zur Reinigung des Metalles gab es verschiedene Methoden, welche zum Teil von Pseudo-Geber beschrieben worden sind. Das Quecksilber wurde technisch insbesondere zum Ausziehen von Gold und Silber (beim sog. Amalgamationsverfahren), sowie zum Vergolden verwertet.

Zink und Wismut, sowie Kobalterz werden in den Schriften des Basilius wohl erwähnt, doch scheinen die Metalle selbst zu seiner Zeit eine technische Verwendung nicht gefunden zu haben; eher kann dies von einigen Zinkpräparaten gelten. Dem Antimon und seinen Verbindungen, deren Kenntnis Basilius Valentinus erschlossen hat, ist ein besonderer Platz unter den chemischen Präparaten anzuweisen (s. unten).

In der Töpferei und Glasbereitung sind während des alchemistischen Zeitalters vereinzelte wichtige Fortschritte zu verzeichnen, jedoch bemerkt man auch hier, daß das Interesse an den chemischen Vorgängen ein rein äußerliches bleibt, insofern kein Versuch gemacht wird, die empirisch gefundenen Thatsachen wissenschaftlich zu erklären. Erwähnenswert ist die allgemeine Anwendung der blei- und zinnhaltigen Glasuren irdener Gefäße, sowie das Einbrennen von Farben in das Glas, während früher durch Zusätze von Metalloxyden zu den Glasflüssen diese durch die ganze Masse gefärbt wurden.[1]

Die Färberei blieb bezüglich der chemischen Mittel, die Farbstoffe auf der Faser zu befestigen, im wesentlichen auf der alten Stufe stehen; Alaun als Beizmittel wurde allgemein angewandt und an verschiedenen Orten fabrikmäßig bereitet. Die Einführung der Kermesfarbe (Cochenille) in europäischen Ländern durch die Araber, sowie der schon den alten Römern bekannten Orseille aus dem Orient im 13. Jahrhundert, endlich die Verdrängung des aus Waid gezogenen Farbstoffes durch das mehr und mehr sich einbürgernde Indigoblau, sind die wichtigsten technisch-chemischen Ereignisse auf dem Gebiete der Färbekunst.

Zustand der pharmazeutischen Chemie. — Die Beschäftigung der Araber, sowie der späteren abendländischen Gelehrten

[1] In den S. 40 Note 2 genannten Manuskripten finden sich zahlreiche Vorschriften zur Herstellung von Glas verschiedenster Art, von Thonerde etc.

mit chemischen Operationen, durch welche dieselben zu Präparaten der verschiedensten Art gelangten, hat der pharmazeutischen Chemie in jenen Zeiten nur geringen Nutzen gebracht; erst Basilius Valentinus kündigte durch seine fast dreisten Versuche, chemische Präparate zu Heilzwecken anzuwenden, eine neue Ära an. Dem Zeitalter der Iatrochemie war die Entwickelung inniger Wechselbeziehungen zwischen Chemie und Medizin, durch welche die Pharmazie zu höherer Blüte kam, vorbehalten. Die Bereitung von Arzneien geschah bei den Arabern streng nach den von Galen, Andromachus u. a. herrührenden Vorschriften, welche ihnen nach Angabe des Leo Afrikanus die Nestorianer[1] überliefert haben sollen. Frühzeitig entstanden Apotheken, in denen die Heilmittel fast ausschließlich aus vegetabilischen Substanzen hergestellt wurden. Den Arabern gebührt das Verdienst, für diesen Zweck das Destillationsverfahren ausgebildet und dienstbar gemacht zu haben; das destillierte Wasser, ätherische Öle und andere durch Destillation gewonnene Produkte, namentlich der Weingeist, welchen Präparaten die wunderbarsten Wirkungen zugeschrieben wurden, kamen bald allgemein zur Verwendung.

Von den Arabern verpflanzten sich die Apotheken mit ihren Einrichtungen nach Spanien, Süditalien (nach Salerno im 11. Jahrhundert), etwas später nach Deutschland. Die Anleitungen jener Zeit zur Bereitung von Arzneien, unvollkommene Pharmakopöen,[2] lassen erkennen, daß die Lehren und Grundsätze des Galen und der arabischen Ärzte bis gegen Ende des 15. Jahrhunderts maßgebend geblieben sind. Das Verhältnis des Arztes zum Apotheker wurde durch gesetzliche Bestimmungen frühzeitig geregelt, da man für angezeigt hielt, einen scharfen Unterschied zu machen zwischen dem, der die Arzneien zu verordnen, und dem, welcher sie zu bereiten hat.

Von eigentlichen chemischen Präparaten kamen zu den früher schon als Heilmittel benutzten eine kleine Zahl neuer, z. B. das Quecksilber in Form der grauen Salbe und gegen Ende des 15. Jahrhunderts auf Vorschlag des Basilius einige Quecksilber- und namentlich Antimonpräparate (s. unten). Fast alle damaligen Ärzte nahmen den letzteren gegenüber eine feindliche Stellung ein, weil sie meinten, die zweifellos giftigen Eigenschaften derselben ständen mit ihrer inneren Anwendung im Widerspruch.

[1] Über deren Einfluß auf die Araber s. S. 25, Note 2.

[2] Das erste deutsche „Arzneibuch“ ist von Ortholph von Baierland verfaßt und 1477 erschienen.

Bekanntschaft der Alchemisten mit chemischen Verbindungen.

Daß die Erkenntnis der wahren Zusammensetzung chemischer Verbindungen in diesem Zeitraum nur wenig gefördert worden ist, wurde oben hervorgehoben; es handelt sich also hier um den Stand des empirischen Wissens bezüglich solcher künstlich bereiteter wie auch einiger natürlich vorkommender Körper.

Die Neigung, beobachtete Thatsachen unter gemeinschaftlichen Gesichtspunkten zusammenzufassen, machte sich frühzeitig bei Betrachtung der Salze geltend, von denen eine große Zahl bekannt war. Pseudo-Geber betrachtete die Auflöslichkeit derselben in Wasser als ein gemeinsames Merkmal; seitdem zählte man zu den Körpern, denen der Gattungsname *sal* beigelegt wurde, zahlreiche Substanzen, außer Pottasche, Soda, Salpeter, Alaun, z. B. die Vitriole. Aber auch ganz andere chemische Verbindungen, nämlich Alkalien und Säuren, wurden von vielen alchemistischen Schriftstellern der Klasse der Salze zugesellt, wodurch der Begriff *sal* stark ausgedehnt und verzerrt wurde; erst einem späteren Jahrhundert war es vorbehalten, denselben unzweideutig festzustellen. Neben der allgemeinen Bezeichnung *sal* für eine Reihe heterogener Körper kommt in den Schriften jener Zeit der Gattungsname *spiritus* für die flüchtigen Säuren, z. B. für Salzsäure (*spiritus salis*), sowie für das flüchtige Laugensalz (*spiritus urinae*) vor. Die einzelnen Salze werden durch dem Worte *sal* angefügte Zusätze bezeichnet (z. B. *sal petrae*, *sal maris* etc.); für Alkalien, z. B. Kalilauge, wird häufig der Ausdruck *nitrum alcalisatum* gebraucht. Einer strengen Unterscheidung des Kalis und Natrons, resp. ihrer kohlensauren Salze, begegnet man im alchemistischen Zeitalter nur selten, während andererseits die auf verschiedene Art erhaltenen Präparate von kohlensaurem Kali als ungleichartige Produkte angesehen wurden.[1]

Zu der Kenntnis des kohlensauren Natrons und Kalis gesellte sich die genauere Bekanntschaft mit den daraus mittels Kalk bereiteten Laugen, deren stark ätzende und auflösende Wirkung mannigfach verwertet wurde (z. B. zur Herstellung von Schwefelmilch). Der Name Alkali findet sich zuerst in den Geber zugeschriebenen Werken, während die Bezeichnung „kaustisch" schon von Dioskorides für gebrannten Kalk und später erst für Laugen gebraucht worden ist. — Die Frage nach dem Vorkommen der Alkalien in

[1] Das aus Pflanzenasche gewonnene Salz hieß *sal vegetabile*, das durch Verkohlung von Weinstein erhaltene *sal tartari*.

den Pflanzen wurde von den Alchemisten häufig aufgeworfen; wenn auch der wechselnde Aschen- und Alkaligehalt verschiedener Pflanzenteile einigen Beobachtern nicht entging, so nahmen doch nur wenige die Präexistenz des Alkalis in den Vegetabilien an, die meisten meinten vielmehr, durch das Einäschern der letzteren werde das Alkali erst geschaffen.

Man nahm bisher an, daß die Bekanntschaft mit den Säuren sich schon bei den Arabern stark erweitert hätte im Vergleich mit den Kenntnissen der Alten, denen die Mineralsäuren gänzlich fremd geblieben waren. Diese Annahme stützte sich darauf, daß Geber in dem ihm zugeschriebenen Werke: *De inventione veritatis* die Gewinnung der Salpetersäure durch Destillation eines Gemisches von Salpeter, Kupfervitriol und Alaun nach bestimmten Gewichtsverhältnissen lehrte; ihre Bezeichnung war *aqua dissolutiva*, Scheidewasser, oder *aqua fortis*. Jetzt weiß man, daß die genannte Schrift nicht älter ist, als das 14. Jahrhundert. Späteren Alchemisten war die Darstellung dieser Säure aus Salpeter und Schwefelsäure bekannt; Basilius Valentinus spricht davon als von einer schon seit längerer Zeit geübten Operation.

Die Schwefelsäure hat Pseudo-Geber ohne Zweifel unter Händen gehabt, denn er hebt als bemerkenswert hervor, daß aus dem Alaun durch starkes Erhitzen ein Spiritus abdestilliert, welcher im hohen Grade auflösende Kraft besitze; jedoch scheint er sich nicht näher mit demselben vertraut gemacht zu haben. Aus des Basilius Werken geht hervor, daß ihm und wohl auch seinen Vorgängern die Bereitung von Schwefelsäure aus Eisenvitriol, welcher, mit Kieselsteinen gemengt, destilliert werden soll, sowie aus Schwefel, der nach Zusatz von Salpeter entzündet wird, bekannt gewesen ist. Das eigentliche Verbrennungsprodukt des Schwefels, die schweflige Säure, wurde in wässeriger Lösung vielfach mit Schwefelsäure verwechselt.

Die Salzsäure lehrte zuerst Basilius durch Erhitzen eines Gemenges von Kochsalz und Eisenvitriol als Salzgeist, *spiritus salis*, in wässeriger Lösung darstellen, sowie deren Verhalten zu vielen Metallen und Oxyden dieser kennen. Daß die Mischung dieser Säure mit dem Scheidewasser das sog. Königswasser sei, welches nach Pseudo-Geber durch Auflösen von Salmiak in Salpetersäure bereitet und angewandt wurde, wußte ebenfalls Basilius.

Bei den Alchemisten des Abendlandes standen insbesondere die Salpetersäure und das Königswasser,[1] so genannt, weil es den König der Metalle, das Gold, löst, in hohem Ansehen. Die Beobachtung,

[1] Bei Albertus Magnus führen diese beiden die Namen: *aqua prima* und *aqua secunda*.

daß dieser Flüssigkeit, dem Königswasser, fast nichts widerstehe, daß selbst Schwefel von ihr „verzehrt“ werde, stärkte die Überzeugung, in derselben eine Lösung zu besitzen, die dem so eifrig gesuchten Alkahest, dem Universallösungsmittel, nahe komme. Aus ähnlichem Grunde war auch das Vitriolöl hochgeschätzt, ja, manche erblickten darin den *sulphur philosophorum* oder wenigstens eine für die Gewinnung der *materia prima* wichtige Substanz.

Von Salzen, die schon zu des Plinius' Zeit bekannt waren, sind als solche, deren Eigenschaften von den Alchemisten genauer erforscht wurden, besonders zu nennen: der Alaun und einige Vitriole. Ersterer wurde an verschiedenen Orten aus Alaunschiefer gewonnen. Pseudo-Geber lehrte seine Reinigung durch Umkrystallisieren aus Wasser und bezeichnete ihn nach der Hauptbezugsquelle, der Stadt Roccha, als *alumen de rocca*, welcher Name sich in dem späteren französischen *alun de roche* noch lange erhalten hat. Der Alkaligehalt des Alauns wurde übersehen, überhaupt seine Zusammensetzung nicht erkannt. — Der Eisen- sowie Kupfervitriol fanden zu chemischen Operationen vielfache Verwendung; ihre Reindarstellung durch Krystallisation beschrieb Pseudo-Geber, die Entstehung des ersteren durch Lösen von Eisen in Schwefelsäure Basilius Valentinus, der damit den Weg zur Erkennung der Zusammensetzung dieses Salzes wies, wenn er auch letztere noch nicht richtig deutete.

Wichtige Salze, welche erst im Zeitalter der Alchemie näher bekannt und zu chemischen Zwecken benutzt wurden, sind Salpeter, Salmiak und kohlensaures Ammon gewesen. Mit dem Kalisalpeter war der Verfasser der Geber zugeschriebenen Werke völlig vertraut, da ihm derselbe zur Bereitung von Salpetersäure diente; aller Wahrscheinlichkeit nach hat dieses Salz schon in früherer Zeit zur Herstellung von Feuerwerkssätzen und ähnlichem gedient, nachdem man seine Fähigkeit, mit glühenden Kohlen zu verpuffen, erkannt hatte. Die ältesten Bezeichnungen dafür sind *sal petrae* oder *sal petrosum* gewesen; Raymund Lullus nannte dasselbe auch *sal nitri*, unterschied es aber von dem *nitrum*, d. i. dem fixen Alkali der älteren Schriftsteller; erst im 16. Jahrhundert wandelte sich dieses Wort in Natron um, während der Name *nitrum* auf den Kalisalpeter überging.

Mit der Bezeichnung Salmiak, *sal ammoniacum* verhält es sich ähnlich wie mit dem *Nitrum*, insofern beide ursprünglich eine andere Bedeutung hatten; denn das *sal ammoniacum* der Alten war ohne Zweifel gewöhnliches Steinsalz; zur Zeit, als Pseudo-Geber's Schriften verfaßt wurden, kann dieser Name, der auch in *sāl arme-*

niacum (armenisches Salz) umgestaltet ist, nur Salmiak bedeuten; das bei Basilius vorkommende *sal armoniacum* hat zu der Abkürzung Salmiak geführt. Zuerst scheint dieses Salz teils aus Mist bereitet, teils als Naturprodukt vulkanischen Ursprungs aufgefunden und verwertet zu sein.

Kohlensaures Ammon, als flüchtiges Laugensalz (*spiritus urinae*), den Alchemisten des 13. Jahrhunderts wohl bekannt, wurde aus gefaultem Harn durch Destillation gewonnen; Basilius Valentinus lehrte seine Bereitung aus Salmiak und fixem (kohlensaurem) Alkali, welche Bildungsweise erst lange Zeit nachher zur richtigen Erkenntnis der Zusammensetzung des Salzes führen sollte. Die Einführung der beiden zuletzt besprochenen Ammoniumverbindungen in die Pharmazie gehört wahrscheinlich einer späteren Zeit an.

Eine ganz bedeutende Erweiterung haben die Kenntnisse der Metallsalze im Zeitalter der Alchemie erfahren. Dem in Königswasser gelösten Golde, unserem Goldchlorid, wurde ein besonderes Interesse entgegengebracht, da man von dem *aurum potabile* die heilkräftigsten Wirkungen erwartete. Salpetersaures Silber lehrte Pseudo-Geber in krystallinischem Zustande kennen, wie er auch die Fällung von dessen Lösung mit Salzwasser beobachtete: eine Reaktion, welche man zum Nachweis von Silber, resp. Kochsalz zu verwerten verstand. Die schöne Ausscheidung des Silbers aus der Lösung obigen Salzes mittels Quecksilber oder Kupfer blieb den Alchemisten ebenfalls nicht unbekannt.

Quecksilberverbindungen gewannen schon frühzeitig das Interesse derer, welche chemische Operationen ausführten. Pseudo-Geber beschrieb die Bereitung von Quecksilberoxyd durch Verkalkung des Metalles, ferner die von Sublimat (Quecksilberchlorid) durch Erhitzen eines Gemenges von Quecksilber, Kochsalz, Alaun und Salpeter, auch beschrieb er die Herstellung verschiedener Amalgame.[1] Basilius kannte das basisch schwefelsaure, sowie das salpetersaure Quecksilberoxyd; als Freund heroischer Arzneimittel empfahl er die medizinische Anwendung des letzteren und des Sublimats.

Zink- und Wismutpräparate (z. B. Zinkvitriol) sind gegen Ende des 15. Jahrhunderts wohl bekannt gewesen, jedoch fehlt die nähere Beschreibung ihrer Darstellung und Eigenschaften. Das Antimon dagegen und seine Verbindungen haben den Gegenstand unermüdlichen Arbeitens für Basilius Valentinus gebildet, wovon

[1] Dieses Wort findet sich zuerst bei Thomas von Aquino. Daß die Amalgame bei den vermeintlichen Metallverwandelungen eine Rolle gespielt haben, wurde oben angedeutet.

seine Schrift: „Triumphwagen des Antimonii“ beredtes Zeugnis ablegt. Er lehrte aus dem schon den Alten bekannten natürlichen Schwefelantimon (*antimonium* oder *stibium* genannt) durch Schmelzen mit Eisen oder verschiedenen Salzen das Antimon selbst bereiten. In seiner Schrift: „Wiederholung des großen Steins der uralten Weisen“ heißt es: „So man dem Spießglas[1] im Schmelzen etwas vom Stahleisen zugiebt, giebt's durch einen Handgriff einen wunderbarlichen Stern, so die Weisen vor mir den philosophischen Signatstern geheißen haben.“ Daß dem Antimon die Eigenschaften eines Metalles nicht im vollkommenen Maße zukommen, erkannte Basilius wohl und betrachtete daher dasselbe als eine Abart eines solchen, speziell des Bleies; zuweilen bezeichnet er es als *Blei des antimonii*. Die Verwendung des Antimons zu Legierungen, welche zur Herstellung von Buchdruckerlettern, Spiegeln und Glocken dienten, kam schon damals in Aufnahme. Dem Basilius war nicht entgangen, daß das „Spießglas“ Schwefel enthalte; auch das amorphe Schwefelantimon, sowie den Goldschwefel hat er gekannt. Bestimmte Vorschriften zur Bereitung von Chlorantimon (Antimonbutter), von Algarotpulver (basischem Chlorantimon), ferner von Antimonoxyd, antimonsaurem Kalium rühren ebenfalls von Basilius her, und es besteht kaum ein Zweifel, daß er diese Präparate zu innerlichem Gebrauche empfohlen und angewandt hat. Was die Zusammensetzung der genannten Verbindungen anlangt, so scheint er nur bezüglich des Schwefelantimons einigermaßen im Klaren gewesen zu sein.

Das dem Antimon chemisch nahe stehende Arsen, dessen Schwefelverbindungen schon den Alten zugänglich waren, wurde von den abendländischen Alchemisten im 13. Jahrhundert zuerst dargestellt; Basilius betrachtete es als einen dem Antimon verwandten „Bastard der Metalle“. Die arsenige Säure findet sich bestimmt bei Pseudo-Geber erwähnt, und zwar als Röstprodukt des Realgars; sie wurde als weißer Arsenik von dem roten und gelben (Realgar und Auripigment) unterschieden; ihr Vorkommen in dem Hüttenrauch aus Kiesen hatte der überall bewanderte Basilius wahrgenommen. Daß die Eigenschaft des Arsens, Kupfer weiß zu färben,[2] bei den alchemistischen Operationen eine hervorragende Rolle gespielt hat, ja zur Entstehung des Glaubens an die Möglichkeit,

---

[1] Dieser von Basilius für natürliches Schwefelantimon gebrauchte Name ändert sich erst später um in Spießglanz.

[2] Wegen dieses Verhaltens nennt Pseudo-Geber Arsenik „*medicina Venerem dealbans*“. Früher bezeichnete man das Arsen als *mercurius*, weil es gleich dem Quecksilber Kupfer weiß färbte.

Kupfer in Silber umzuwandeln, stark beigetragen hat, wurde schon besprochen.

Von Metalloxyden sind außer den schon erwähnten (Quecksilberoxyd, Antimonoxyd etc.) und dem schon früher bekannten Kupferoxyd, sowie den Bleioxyden das Zink- und das Eisenoxyd besonders zu nennen. Ersteres als Verbrennungsprodukt des Zinks in wolligen Flocken abgeschieden, daher *lana philosophica* genannt, scheint zwar Dioskorides bereits gekannt zu haben; die nähere Kenntnis des Zinkoxyds datiert aber erst aus alchemistischen Zeiten. Das Eisenoxyd ist den Alchemisten des Mittelalters in verschiedener Form, als rotes und gelbes, bekannt gewesen; bei Basilius findet sich zuerst die Bezeichnung *Kolkothar* für das geglühte Oxyd.

Die theoretische Bedeutung, welche man seit alter Zeit dem Schwefel als einem Bestandteile der Metalle und auch anderer Körper zugeschrieben hat, legt die Frage nahe, wie die thatsächliche Kenntnis dieses Elementes und seiner Verbindungen beschaffen war. Die Eigenschaft des Schwefels, sich in wässerigen Alkalien zu lösen und durch Säuren daraus als Schwefelmilch gefällt zu werden, findet sich in Pseudo-Geber's Schrift *„De inventione veritatis“* beschrieben; das Verschwinden des Schwefels durch Behandeln mit Königswasser betrachtete man ebenfalls als Lösung desselben. Der Schwefelblumen hat zuerst in bestimmter Weise Basilius Erwähnung gethan, ebenso der Fähigkeit mancher Öle, den Schwefel aufzunehmen, worauf die Herstellung von Schwefelbalsam beruhte.

Verschiedener Schwefelverbindungen wurde oben als der wichtigsten Materialien zur Gewinnung des Schwefels und anderer Körper gedacht, so des Schwefelquecksilbers, des Schwefelantimons u. a. Schon früher faßte man dieselben als eine eigene Gattung von Verbindungen unter dem Namen *marcasitae* zusammen (Albertus Magnus); Zinkblende, Kupfer- und Schwefelkies, Bleiglanz u. a. wurden dahin gerechnet. Die diesen Körpern gemeinsame Eigentümlichkeit, beim Rösten ein Produkt von so charakteristischem Geruch, wie ihn die schweflige Säure besitzt, zu entwickeln, mag wohl am meisten zur Vereinigung derselben in eine Gruppe geführt haben. Doch soll nicht unerwähnt bleiben, daß auch die Bildung einiger Schwefelmetalle unmittelbar aus ihren Komponenten beobachtet wurde, z. B. die des Zinnobers aus Quecksilber und Schwefel, wodurch die Erkenntnis von der Zusammensetzung dieser Verbindungen, wie man meinen sollte, wesentlich hätte gefördert werden müssen.

Von der Annahme, daß die Metalle, sowie fast alle Stoffe Schwefel enthielten, ging man trotz mancher unzweideutiger Beobachtungen, die das Gegenteil bewiesen, dennoch nicht ab. Auch die organischen Körper mußten sich dieser Voraussetzung fügen; ihre wahren Bestandteile blieben verborgen, wie denn überhaupt eine scharfe Trennung derselben von den unorganischen Verbindungen nicht gemacht wurde. Die spärlichen Versuche, die Bildung organischer Substanzen z. B. bei den Gärungsprozessen zu erklären, weisen nur konfuse, gänzlich haltlose Ansichten auf. Organische Präparate, die im alchemistischen Zeitalter bekannt wurden, gab es nur wenige. Eine hervorragende Stellung unter denselben nahm der Weingeist[1] ein, dessen Gewinnung, nachdem vervollkommnete Destillationsapparate schon durch die Alexandriner eingeführt waren, allmählich vereinfacht und verbessert wurde. Seiner Bedeutung für die Heilkunde und für alchemistische Zwecke entsprechend, führte derselbe meist die Bezeichnung *aqua vitae;* dem Namen Alkohol begegnet man erst bei Libavius (Ende des 16. Jahrhunderts). Die Herstellung starken Weingeistes als eines für manche Zwecke vorzüglichen Lösungsmittels durch öftere Destillation, sowie durch Entwässern mit geschmolzener Pottasche war schon Raymund Lullus bekannt. Zur Prüfung auf die Stärke des Präparates schrieb Basilius vor, eine Portion desselben abzubrennen und zu sehen, ob Wasser zurückblieb oder nicht. — Einige chemische Umwandlungen des Weingeistes sind letzterem bekannt gewesen, wenn auch die dadurch entstandenen Verbindungen nicht im Zustand der Reinheit erhalten wurden: so die Bildung von Äther mittels Schwefelsäure, die von Salpeteräther und Chloräthyl durch Einwirkung von Salpetersäure, resp. Salzsäure auf Weingeist. Unter „Versüßung" des letzteren ist das zu verstehen, was wir Ätherifizierung nennen. Daß der Weingeist erst durch die verschiedenen Gärungsprozesse, welche zur Gewinnung von Wein, Bier und Branntwein führten, erzeugt werde, haben selbst hervorragende Beobachter jener Zeit nicht eingesehen, so daß die Präexistenz desselben in ungegorenen Materialien angenommen wurde.

Wie dem Weingeiste, so wandte man auch dem Produkte der Essiggärung vermehrte Aufmerksamkeit zu; die Alchemisten des späteren Mittelalters lehrten die Verstärkung des Essigs durch Destillation, sowie verschiedene Salze der Essigsäure, z. B. Bleizucker nnd Bleiessig, kennen. Andere organische Säuren wurden in Pflanzensäften wohl bemerkt, aber meist mit Essigsäure verwechselt.

[1] Berthelot (Ann. Chim. Phys. (6) **23**, 433 ff.) ist mit großer Sorgfalt der Geschichte von der Auffindung des Weingeistes nachgegangen und hat gefunden, daß man schon zur Zeit des Marcus Gräcus (8. Jahrhundert) die Bereitung von Alkohol aus Wein durch Destillation genau gekannt hat.

— Die Vermehrung der Arzneimittel durch verschiedene Harze und Öle, namentlich ätherische Öle, welche durch Destillation in verbesserten Apparaten aus Pflanzen gewonnen wurden, bedeutet keinen wissenschaftlichen Fortschritt; dieser beginnt für die organische Chemie in Wirklichkeit erst mit der Auffindung von Mitteln, die Zusammensetzung organischer Körper festzustellen.

Schicksale der Alchemie in den letzten vier Jahrhunderten.

Die Alchemie tritt nach dem Wirken des Basilius Valentinus, insbesondere seit dem Beginn des iatrochemischen Zeitalters aus dem Rahmen der sich zu dem Range einer Wissenschaft erhebenden Chemie allmählich heraus. Obwohl demnach ein Bericht über die alchemistischen Bestrebungen oder vielmehr Verirrungen der letzten Jahrhunderte nicht eigentlich in eine kurze Geschichte der Chemie gehört, sind dieselben doch nicht ganz mit Stillschweigen zu übergehen; dazu geben schon die wichtigen Beziehungen Anlaß, in denen die hervorragendsten Chemiker des 16. und 17. Jahrhunderts zur Alchemie gestanden haben. In der Unterstützung, welche der letzteren durch solche Männer zu teil wurde, lag gewiß eine der mächtigsten Ursachen dazu, daß der Glaube an die Metallveredlung als eine unumstößliche Thatsache trotz der starken Erweiterung chemischer Kenntnisse nur selten erschüttert wurde. Ein anderes wirksames Mittel, den Fortbestand der Alchemie zu sichern, lag in der Gunst, welche ihr viele Fürsten entgegenbrachten; das, was diese so oft zu Opfern betrügerischer Alchemisten werden ließ, war die verlockende Aussicht auf leicht zu erwerbende Schätze.

Der zunehmende wirkliche Verfall der Alchemie, vorbereitet durch zahllose Enttäuschungen redlicher Beobachter und durch Aufdeckung mannigfacher Betrügereien, kann von der ersten Hälfte des vorigen Jahrhunderts an datiert werden, als bei den meisten Chemikern die Überzeugung von der Ausführbarkeit der Metallveredelung zu schwinden begann; aber noch bis in unser Jahrhundert hinein sehen wir tüchtige gebildete Männer in den Bann alchemistischer Phantasmen und in argen Widerspruch mit den einfachsten Regeln des Denkens geraten.

Im iatrochemischen Zeitalter muß ein Unterschied gemacht werden zwischen Alchemisten und Chemikern, insofern letztere einem wissenschaftlichen Probleme, nämlich der Erkenntnis der Beziehungen zwischen Chemie und Medizin, nachstrebten. Diese Trennung schloß nicht aus, daß die bedeutendsten Iatrochemiker von der Überzeugung, daß die Metallveredelung eine Thatsache sei, durchdrungen waren, ja einige unter ihnen im Besitz kräftigster alchemistischer Mittel zu sein behaupteten; aber nur selten waren die Chemiker zugleich praktische Alchemisten.

Paracelsus, zu abenteuerlichen Übertreibungen sehr geneigt, versicherte, die umfassendsten Kenntnisse in der Alchemie erworben zu haben. Van Helmont, dessen Autorität besonders gewichtig war, beschrieb sogar ausführlich die von ihm selbst ausgeführte Verwandelung von Quecksilber in Gold, resp. in Silber mittels einer sehr geringen Menge eines Gold und eines Silber machenden Steines der Weisen. Eine ähnliche Bedeutung für die Beurteilung, welche in jener Zeit die Alchemie erfuhr, hatte die Meinung, welche der hochangesehene Libavius von ihr und ihrer Leistungsfähigkeit hegte: Er betrachtete die Metallveredelung als zweifellos gelungen. Andere einflußreiche Ärzte des 16. Jahrhunderts, wie der auf dem Gebiete der Metallurgie so bewanderte, gut beobachtende Agricola, ferner Sennert und Angelus Sala waren in ihren Behauptungen zu Gunsten der Alchemie zurückhaltender, haben aber niemals die Möglichkeit der Transmutation ernstlich bestritten. Nur Tachenius, der letzte bedeutende Iatrochemiker, nahm gegenüber dem alchemistischen Problem eine durchaus skeptische Stellung ein; ihm erschienen die zu Gunsten der Metallveredelung vorgebrachten Beweise nicht genügend, während sein berühmter Lehrer Sylvius dem Glauben an die Metallverwandelung rückhaltlos ergeben war.

Die Macht dieses Glaubens war in dem damals beginnenden phlogistischen Zeitalter, in welchem die Chemie sich selbständig zu entwickeln strebte, noch so groß, daß er in den Köpfen selbst der einsichtsvollsten Männer, Boyle an der Spitze, festwurzelte. Letzterer war von der Möglichkeit der Überführung einzelner Metalle ineinander ganz überzeugt; auf gleicher Bahn des Irrtums wandelten viele seiner Zeitgenossen und Nachfolger, wie Glauber, Homberg, Kunkel, Stahl, Boerhave, an deren redlichem Streben nach Erkenntnis der Wahrheit man nicht zweifeln kann. Daß dieselben trotz unermüdlicher Versuche das ersehnte Ziel nicht erreichten, machte sie in ihrer Überzeugung von der Richtigkeit alchemistischer Behauptungen nicht irre, abgesehen von Stahl, welcher diese in seinen letzten Lebensjahren angezweifelt und seine Fachgenossen vor alchemistischen Betrügereien gewarnt hat. Die Lebensfähigkeit des Glaubens an Metallveredelung wurzelte meist in den theoretischen Meinungen, die jene Männer über die Zusammensetzung der Metalle hegten; so setzte sich der Grundirrtum Pseudo-Geber's und seiner Nachfolger Jahrhunderte lang über das alchemistische Zeitalter hinaus fort.

Boerhave war der letzte hervorragende Chemiker, welcher mit seiner großen Autorität für einige alchemistische Behauptungen eintrat; andere schwindelhafte Angaben wurden von ihm nicht scharf genug zurückgewiesen. Nach ihm hat sich überhaupt kein namhafter Vertreter der zum Range einer Wissenschaft emporgestiegenen Chemie zu Gunsten jener ausgesprochen. Um so größer war die Zahl der Schwindler und Betrüger, welche noch im vorigen Jahrhundert das ergiebige Feld der Goldmacherei bebaut haben. Die damals bei den wissenschaftlichen Chemikern sich befestigende Überzeugung von der Unmöglichkeit der Metallveredelung brach sich in weiteren Kreisen nur langsam Bahn; die Leichtgläubigkeit und die Hoffnung auf kostenlos zu erwerbende Reichtümer führten noch am Ende des vorigen und zu Anfang unseres Jahrhunderts viele Männer auf bedenkliche Abwege.[1] Erst in den letzten Dezennien unseres Jahrhunderts scheint das alchemistische Problem, welches so lange Zeit hindurch die Gebildeten in Spannung erhielt und selbst hervorragende Männer der Wissenschaft mit Blindheit schlug, allmählich auszuklingen.

Angesichts so mächtiger Wirkungen, welche von der Alchemie ausgegangen sind, fragt man sich, wie es mit den vermeintlichen Beweisen zu Gunsten der Metallveredelung bestellt gewesen, auf welche Beobachtungen hin die letztere als thatsächlich angesehen worden ist. Wenn man den Aussagen von solchen Männern, die sich als geübte Beobachter bewährt hatten, das größte Gewicht beilegen will, so müssen die Berichte des hervorragenden Arztes und Chemikers van Helmont (gegen Mitte des 17. Jahrhunderts) über die von ihm selbst ausgeführte Metallveredelung in erster Linie berücksichtigt werden; dieselben gehören zu den merkwürdigsten Zeugnissen für die Macht alchemistischer Wahnvorstellungen. Van Helmont hatte von unbekannter Seite kleine Proben des Steines der Weisen erhalten, mit welchem er, unter genauer Angabe der Gewichtsmenge, zu verschiedenen Malen Quecksilber in lauteres Gold verwandelt haben will; durch einen Gewichtsteil jenes Präparates sei etwa die 2000fache Menge des flüssigen Metalles in Gold überführt worden.

[1] Bezüglich mancher Einzelnheiten, namentlich der interessanten Beziehungen der Rosenkreuzer zu der Alchemie, der geheimen alchemistischen Gesellschaften u. s. w. sei auf das schon citierte Werk H. Kopp's „Die Alchemie in älterer und neuerer Zeit“ verwiesen, welches reichen Einblick in das Treiben der Alchemisten gewährt.

Bald nach van Helmont's Tode hat Helvetius, Leibarzt des Prinzen von Oranien, einen ganz ausführlichen Bericht geliefert über die Transmutation von Blei in Gold mittels einer winzigen Menge eines von fremder Hand ihm zugekommenen Präparates. An den Zeugnissen solcher Männer, welche bei allen Naturforschern jener Zeit in hohem Ansehen standen, glaubte man nicht zweifeln zu dürfen.

Greifbarere Beweise für die thatsächlich vollzogene Metallveredelung meinte man in den bis in das 18. Jahrhundert hinein öfters aus alchemistischem Golde geprägten Münzen oder aus daraus gefertigten Schmuckgegenständen zu besitzen;[1] der meist zu spät erbrachte Nachweis, daß die letzteren aus wertlosen Legierungen (z. B. vergoldeter Bronze) bestanden, wurde allzu schnell vergessen. Auch die Aussprüche von Gerichtshöfen zu Gunsten alchemistischer Operationen betrachtete man als Beweise für die thatsächlich ausgeübte Metallveredelung.

Eine große Zahl deutscher Fürsten, welche sich durch die Hoffnung auf reichen Gewinn leiten ließen, unterstützte, wie schon erwähnt, die alchemistischen Bestrebungen auf das nachhaltigste. Manche derselben beschäftigten sich selbst eifrig mit dem Problem der Transmutation, so Johann, Burggraf von Nürnberg, welcher den Beinamen „der Alchemist" erhielt, Kaiser Rudolf II., der mächtigste Beschützer der Goldmacher, Kurfürst August von Sachsen, Kurfürst Johann Georg von Brandenburg und viele andere. Die Höfe dieser Fürsten waren die Tummelplätze von Adepten, welche durch geschickte Experimente den Glauben an ihre Kunst eine zeitlang bei ihren Mäcenen zu erhalten wußten, bis sie — das war meist der Abschluß ihres Treibens — als Betrüger entlarvt und hart bestraft wurden, nachdem sie ihre Beschützer zu unmäßigen Aufwendungen veranlaßt hatten.

Auf Einzelheiten der abenteuerlichen Lebensläufe von Alchemisten, wie Leonhard Thurneisser, welcher als Arzt am Hofe Johann Georgs von Brandenburg thätig war, des Polen Sendivogius, der mit dem Grafentitel ausgestatteten Hochstapler Caëtano, St. Germain, Cagliostro u. a. kann hier nicht eingegangen werden; die letztgenannten gehörten Zeiten an, in welchen die Chemie als Wissenschaft genügend erstarkt war, um sich gegen die Schwindeleien der Alchemie selbst zu schützen. Der Widerspruch, den namhafte Chemiker im Laufe des vorigen Jahrhunderts, namentlich Geoffroy der Ältere, gegen die Alchemie erhoben — die früheren

[1] Vgl. H. Kopp's Alchemie I, 90 ff.

Warnungen eines Erasmus von Rotterdam, Athanasius Kircher, Palissy, waren wirkungslos geblieben — führte zu dem endlichen Verfalle derselben, welcher auch durch die Verquickung alchemistischer Bestrebungen mit denen geheimer Gesellschaften (Rosenkreuzer, Illuminaten) nicht aufgehalten werden konnte. Den eigentlichen Todesstoß hat der Glaube an die Möglichkeit der Metallveredelung durch die neue mit Lavoisier anhebende Chemie erhalten.[1]

Auf die traurigen Verirrungen, welche sich durch Hereinziehen mystisch-religiöser Elemente in die Alchemie bekundet haben, kann nur hingedeutet werden; die oft von Adepten ausgehenden Behauptungen, ihnen sei das Geheimnis, Gold zu machen, durch göttliche Gnade geoffenbart, vermögen nur widerwärtige Empfindungen zu erregen.[2] — Andere Schwindeleien, welche ebenfalls Produkte der alchemistischen Bestrebungen während des vorigen Jahrhunderts waren, aber auch schon in früheren Zeiten ihr Unwesen getrieben hatten, mußten geradezu die Satire herausfordern, z. B. die Bemühungen, aus der Luft mittels sogenannter Sternschnuppensubstanz (die an feuchten Orten vorkommende Alge *Nostoc commune* wurde dafür gehalten) oder aus „Luftsalz“ die *materia prima* darzustellen.

Der Nutzen, welcher in den letzten vier Jahrhunderten der Chemie durch die Sucht, Gold aus unedlen Metallen hervorzubringen, erwachsen ist, kann nur sehr gering angeschlagen werden; höchst selten entsprang aus alchemistischen Arbeiten eine technisch bedeutsame Entdeckung, wie die des Porzellans durch Böttger. Der Schaden dagegen, den die Alchemie in gedachtem Zeitraume angerichtet hat, ist sehr groß gewesen; denn die Thätigkeit vieler hervorragender Männer, welche, unbeeinflußt durch aufregende Phantasmen, die Wissenschaft ohne Zweifel mächtig gefördert haben

[1] Schmieder, welcher i. J. 1832 eine Geschichte der Alchemie (Halle) herausgab, hat sich nicht gescheut, die Metallveredelung, als thatsächlich von einigen Adepten ausgeführt, anzuerkennen. Mit größerer Vorsicht äußert sich derselbe über die vermeintlichen heilkräftigen und lebensverlängernden Wirkungen des Steines der Weisen. — Ja, noch in neuerer Zeit sind alchemistische Studien angeblich mit Erfolg, z. B. 1844 in Paris getrieben worden (vergl. Baudrimont, *Traité de chimie* I.).

[2] Wäre solcher Mißbrauch mit dem Namen Gottes und der Bibel zu alchemistischen Zwecken in der Zeit Luthers getrieben worden, wie dies namentlich später geschah, oder ihm bekannt geworden, er würde die Alchemie, welche er wegen ihrer Beziehungen zu religiösen Empfindungen schätzte, nicht so hoch gestellt haben. Im Gegensatz dazu ist die Beurteilung, welche Melanchthon der Alchemie angedeihen ließ, für die nüchterne Auffassung dieses Mannes bezeichnend (er nannte sie nämlich *imposturam quandam sophisticam*).

würden, ist lahm gelegt worden; sie selbst aber sind auf Abwege schlimmster Art geraten.

So abfällig muß man jetzt die Beschäftigung der Alchemisten mit ihrem Problem der Metallveredelung beurteilen, trotz der auffälligen, scheinbar unanfechtbaren Zeugnisse zu Gunsten der letzteren, trotzdem auch in neuester Zeit auf Grund von Spekulationen, welche nicht unbegründet erscheinen, eine starke Hinneigung zu dem Glauben bemerklich ist, daß chemisch ähnliche Elemente ineinander überführbar seien. Ein positiver Beweis hat bisher in keinem einzigen Falle beigebracht werden können.

Blickt man auf die alchemistischen Bestrebungen der letzten 15 Jahrhunderte zurück, so gelangt man zu dem Ergebnis, daß denselben als bewegende Ursache eine Reihe falsch gedeuteter chemischer Prozesse zu Grunde gelegen hat. Die daraus abgeleitete Aussicht auf den billigen Erwerb ungemessener Reichtümer, die *auri sacra fames* ist das mächtige Reizmittel zu den nutzlosen und doch stets erneuerten Anläufen der suchenden Menschheit gewesen.

Geschichte des iatrochemischen Zeitalters.

Der Autoritätsglaube, der während des Mittelalters alle Gebiete des Wissens beherrschte, hatte nicht am wenigsten seine Macht im Bereiche der Alchemie zur Geltung gebracht, waren doch fast alle, welche sich mit Chemie befaßten, durch den Wahn, Gold und andere Körper ließen sich künstlich erzeugen, in Fesseln geschlagen. Aber schon im Laufe des 15. Jahrhunderts wurde von manchen Seiten an diesem Joch, welches die Entwickelung einer freien Forschung hinderte, gerüttelt. Den früher fast nur in Klöstern betriebenen Wissenschaften waren an den sich damals mehrenden und kräftig entwickelnden Universitäten in Frankreich, England, Deutschland und anderen Ländern Pflegestätten bereitet, an denen durch regen Austausch der Gedanken eine freiere Entfaltung der Wissenschaften möglich war, als je zuvor. Daß die Entdeckung und Ausbreitung der Buchdruckerkunst zu dieser Entwickelung wesentlich beitrug, braucht kaum hervorgehoben zu werden; denn gerade neue Ideen, welche mit den bis dahin herrschenden im Widerspruch standen, und die sonst auf kleine Kreise beschränkt geblieben wären, fanden mit Hilfe jener Kunst schnell Verbreitung. Ein jeder konnte sich mittels der encyklopädischen Werke und der Spezialschriften, die in zunehmendem Maße zum Druck gelangten, über den Umfang der einzelnen Wissenschaften belehren. Die Fähigkeit, selbständig zu urteilen, wuchs infolgedessen, und damit wurde eins der wirksamsten Mittel gegen die Herrschaft der Scholastik geschaffen. Dazu gesellte sich als weiteres Hilfsmittel zur Bekämpfung scholastischer Prinzipien die allmählich eindringende induktive Methode, durch welche die experimentellen Wissenschaften ins Leben gerufen wurden.

Außer diesen Regungen eines freieren Geistes wirkte auf die Chemie besonders mächtig die durch Entdeckung des neuen Weltteils, namentlich durch Auffindung des Seewegs nach Ostindien angebahnte Erweiterung der naturwissenschaftlichen Kenntnisse ein.

Alle diese genannten Ereignisse waren Anzeichen dafür, daß eine neue Ära angebrochen sei, die auch bald in dem Werke der Reformation einen so gewaltigen Ausdruck fand.

Die Chemie hatte schon zu jener Zeit das offenbare Streben, sich von der alleinigen Herrschaft des alchemistischen Problems frei zu machen. Wenn auch eine vollständige Verdrängung des letzteren nicht erreicht wurde, so trat doch eine andere Aufgabe in den Vordergrund, welcher ein wissenschaftlicher Charakter nicht abzusprechen war; freilich waren die chemischen Kenntnisse noch zu unvollkommen, als daß eine Lösung dieser neuen Aufgabe hätte erwartet werden können. Die Chemie sollte nämlich aufs engste mit der Heilkunde verbunden werden; beide — so meinten viele — sollten einander hilfreich oder dienstbar sein. Dem Chemiker lag ob, die Heilmittel zu entdecken, sie zweckmäßig darzustellen und chemisch zu untersuchen, dem Arzte, dieselben auf ihre Wirkung zu prüfen und letztere zu erklären. Am besten sollten beide in einer Person vereinigt sein. Die Wechselwirkung der Chemie und der Medizin ist der rote Faden, der sich durch das iatrochemische Zeitalter hinzieht und diesem sein eigentümliches Gepräge erteilt.

Welcher Nutzen ergab sich daraus für beide Gebiete! Eine gegenseitige Befruchtung erfolgte, welche der Chemie fast noch mehr zu statten kam, als der Medizin. Denn jene wurde auf eine höhere Stufe gehoben; sie gelangte aus den Händen der meist ungebildeten Laboranten in die von Männern, welche, dem gelehrten Stande angehörend, ein reiches Maß wissenschaftlicher Bildung besaßen. Das iatrochemische Zeitalter ist somit eine wichtige Vorbereitungszeit für die Chemie gewesen, in welcher diese sich einen Teil des Rüstzeuges zulegte, mit dem ausgestattet sie seit Mitte des 17. Jahrhunderts als junge Wissenschaft neben ihrer älteren Schwester, der Physik, auftreten konnte. Jene Periode war für die Chemie im vollsten Sinne des Wortes eine Lehrzeit, durch welche sie die Fähigkeit mühsam erwarb, die Haltlosigkeit der iatrochemischen Lehren zu erkennen und sich ihren wahren Aufgaben zuzuwenden.

Allgemeine Geschichte der iatrochemischen Zeit, insbesondere ihrer theoretischen Ansichten.[1]

Die Hauptströmungen der iatrochemischen Zeit gingen von folgenden Männern aus, deren Einfluß sich durch Schulen von größerer oder geringerer Bedeutung weiter verbreitete: Paracelsus, van Helmont und de le Boë Sylvius, dem sich sein bedeutendster Schüler Tachenius anreiht. Neben diesen haben einige Männer selbständig gewirkt oder wenigstens sich nicht völlig der Autorität der eben Genannten untergeordnet; es seien Libavius, Glauber, Sala genannt. In ganz anderer Richtung bethätigten sich Männer wie Agricola, Palissy u. a., welche der technischen Chemie ihre volle Aufmerksamkeit zugewandt haben. —

Paracelsus und seine Schule.[2] — Der Mann, welcher in der ersten Hälfte des 16. Jahrhunderts der Medezin und der Chemie durch Vereinigung beider neue Wege gewiesen hat, ist Paracelsus gewesen. Ihm kommt das unbestreitbare Verdienst zu, durch klare Bezeichnung wissenschaftlicher Ziele die der Entwickelung der Chemie hinderlichen Fesseln der Alchemie gelockert zu haben. „Der wahre Zweck der Chemie“ — so lehrte derselbe — „ist nicht Gold zu machen, sondern Arzneien zu bereiten.“ Vor ihm waren zwar chemische Heilmittel hin und wieder angewandt worden; insbesondere Basilius Valentinus hatte solche vorgeschlagen, aber Paracelsus unterschied sich von diesem Vorgänger durch die theoretischen Beweggründe, welche ihn zum Gebrauch der chemischen Arzneien führten. Er sah in dem gesunden menschlichen Körper eine Vereinigung gewisser chemischer Stoffe; erfahren diese irgend welche Änderungen, so entstehen Krankheiten, welche demnach nur durch chemische Heilmittel gehoben werden können. Diese Sätze enthalten die Quintessenz der Lehre von Paracelsus. Mit letzterer waren die Grundsätze der alten Galen'schen Schule unvereinbar, welche überhaupt mit der Chemie nichts anzufangen vermochte.

Gegen die bei allen Ärzten eingenisteten alten Lehren trat Paracelsus mit großer Kühnheit und einer erstaunlich rücksichts-

[1] Vergl. Kopp, Gesch. d. Chemie I, 84 ff.

[2] Die neuen litterarischen Forschungen über Paracelsus — insbesondere Fr. Mook: Theophrastus Paracelsus (Würzburg 1876); E. Schubert u. K. Sudhoff: Paracelsus-Forschungen (Frankfurt 1887, 1889); Aberle: Grabdenkmal, Schädel und Abbildungen des Theophrastus Paracelsus etc. (Salzburg 1891) — haben wertvolle Aufschlüsse über das Leben und Wirken des merkwürdigen übergenialen Mannes gebracht; diese Schriften tragen zur Würdigung seiner wahren Verdienste nicht unwesentlich bei.

losen Energie in die Schranken. So entschieden man seine Übertreibung auf diesem Gebiete verurteilen muß, so hat er doch durch sein Vorgehen der zunehmenden Versumpfung der Heilkunde wirksam vorgebeugt und wohlthätige Neuerungen teils durchgesetzt, teils angeregt.

Sein Lebenslauf war nicht geeignet, sein Ansehen bei den Gegnern, also fast allen Ärzten jener Zeit, zu steigern. Paracelsus (sein vollständiger Name lautet: Philippus Aureolus Paracelsus Theophrastus Bombastus) zu Einsiedeln[1] in der Schweiz 1493 geboren, kam nach einem überaus unstäten Leben und den abenteuerlichsten Fahrten durch aller Herren Länder als ein durch seine Wunderkuren berühmter Arzt in sein Vaterland zurück (um 1525). Die Professur für Heilkunde in Basel wurde ihm damals übertragen, und diese Stellung, sowie sein ärztliches Ansehen benutzte Paracelsus, um die iatrochemische Lehre zu verkünden und gegen die alte medizinische Schule mit allen Mitteln der Dialektik anzukämpfen. Die bisher unangefochtene Autorität Galen's und Avicenna's zog er in den Staub und wußte sich durch die populären, in deutscher Sprache gehaltenen Vorträge, sowie die urwüchsige Art seines Auftretens einen großen Anhang zu verschaffen. Bald jedoch sah er sich infolge eines Zerwürfnisses mit dem Baseler Magistrat genötigt, die Stadt zu verlassen (1527); nach ruhelosem Umherschweifen im Elsaß, in Bayern, Österreich, der Schweiz kam er zuletzt nach Salzburg, wo er in zerrütteten Verhältnissen starb (1541). Die Angabe, daß Paracelsus dort einen gewaltsamen Tod durch Diener der ihm feindlichen Ärzte gefunden habe, ist als unbegründet nachgewiesen (s. Aberle, a. a. O.).

Die Beurteilung dieses begabten Mannes, dessen Leben in so schroffem Widerspruche mit seiner geistigen Befähigung stand, ist von jeher eine sehr verschiedenartige gewesen. Von seinen Schülern und auch vielen, die seinen Lehren nicht zustimmten, überschätzt, ja verherrlicht,[2] wurde er andererseits von seinen Gegnern und von Chemikern, welche als Geschichtsschreiber ihn beurteilten, herabgesetzt. Das wirklich Gute, das er durch seine Reformbestrebungen angeregt hat, fand selten die verdiente Anerkennung, weil demselben zu viel Charlatanerie und Roheit beigemengt waren; die Selbstüberschätzung,

[1] Der ihm manchmal beigelegte Name: Eremita soll an seine Vaterstadt erinnern.

[2] Vgl. A. N. Scherer's Schrift: Theophrastus Paracelsus (Petersburg 1821). Nüchterner urteilte der Kanzler Bacon, welcher das Bestreben des Paracelsus, durch Erfahrung die Wahrheit zu ergründen, rühmte.

in der er sich gefiel, trug dazu bei, ihn bei den besonnenen Ärzten lächerlich zu machen.

Seinen iatrochemischen Lehren, welche er auf reiche Erfahrungen zu gründen vermeinte, lag die schon erwähnte Vorstellung zu Grunde, daß die im menschlichen Körper sich abspielenden Prozesse chemische seien, und daß von der Zusammensetzung der Organe und Säfte der Gesundheitszustand abhänge. In Bezug auf die Bestandteile der organischen Körper schloß sich Paracelsus der Annahme des Basilius an, wonach dieselben aus Quecksilber, Schwefel und Salz zusammengesetzt seien. Trotz vieler Widersprüche in Einzelheiten seiner theoretischen Ansichten bildet diese Hypothese die Grundlage [1] seines ganzen Systems. Wenn einer dieser Grundstoffe vorwaltet oder unter sein normales Maß herabgeht, so entstehen Krankheiten. In höchst phantastischer Weise findet sich dieser Gedanke in den Schriften des seltsamen Mannes dargelegt, wie zur Genüge aus folgenden Andeutungen hervorgeht:

Das Überhandnehmen des Schwefels soll Fieber und die Pest, das des Quecksilbers Lähmungen und Schwermut, das Vorwalten des Salzes Durchfälle und Wassersucht hervorrufen. Durch Ausscheidung des Quecksilbers, so meint Paracelsus, entsteht Gicht, durch Destillieren desselben aus einem Organ in andere werden Tobsuchtsanfälle hervorgerufen und so fort. So unbegründet derartige Meinungen sind, so kann man doch einen Sinn damit verbinden. Dagegen werden gänzlich unverständlich seine Äußerungen über die Beziehungen der einzelnen Organe und Sekrete des menschlichen Körpers zu den Metallen resp. den Planeten, denen er einen mystischen Einfluß zuschreibt. Nicht weniger unbegreiflich ist seine Annahme eines Zusammenhanges zwischen der Pest und den Sternschnuppen.

Als Ursache verschiedener Krankheiten bezeichnet Paracelsus den *tartarus*, worunter Niederschläge aus Säften, welche in gesundem Zustande keine festen Teile enthalten, zu verstehen sind. Die Ablagerung von Konkrementen, welche er bei mancherlei Krankheiten (Gicht, Nieren- und Gallensteine) in den leidenden Organen beobachtet haben mag, werden ihn auf diesen teilweise richtigen Gedanken hingeleitet haben. Der Vergleich solcher Ausscheidungen mit bekannten Sedimenten, namentlich dem Weinstein, führte zur allgemeinen Bezeichnung *tartarus;* auch sollte vielleicht das Wort

[1] Die Medizin ruht, nach des Paracelsus konfuser Behauptung, auf vier Säulen, deren eine die Chemie ist; die drei anderen sind Philosophie, Astronomie und Tugend.

doppelsinnig an die Höllenqualen erinnern, welche die mit jenen Krankheiten Behafteten auszustehen hatten.

Während Paracelsus in dieser, wenn auch phantastischen, doch zum Teil rationellen Weise pathologische Prozesse des Körpers auf chemische Ursachen zurückzuführen strebte, nahm er seiner iatrochemischen Lehre zum Trotz bei einzelnen Vorgängen das Wirken besonderer Kräfte an, welche er sich in seiner drastischen Art personifiziert dachte. Namentlich die Verdauung sollte durch die dem Willen des Menschen sich entziehende Thätigkeit des *Archeus* geregelt werden, der als guter Geist die eingenommene Nahrung verdaulich macht, die Ausscheidung unverdaulicher Stoffe bewirkt und so für die Erhaltung des richtigen Gleichgewichts sorgt. Erkrankungen des Magens entstehen durch Krankwerden und Siechtum des *Archeus.* Bei der Deutung eines so spezifisch chemischen Prozesses, wie die Verdauung ist, wurde Paracelsus seinen Prinzipien untreu. Erst die späteren Iatrochemiker haben diese Inkonsequenz aus ihrem Lehrsystem ausgemerzt.

Gegen die Krankheiten werden die Heilmittel (*arcana*) gerichtet, deren Darstellung nach Paracelsus, wie schon erwähnt, Zweck der Chemie ist. Hier muß anerkannt werden, daß durch diesen Grundsatz neues Leben in die verrottete Arzneimittellehre kam; eine Fülle wichtiger Präparate wurde von Paracelsus der Medizin zugeführt. Die Art, wie er dieselben angewandt hat, entzieht sich meist der Kenntnis; aber festgestellt ist doch, daß er zahlreiche glückliche Kuren an Schwerkranken ausgeführt hat. Genaueres weiß man über die Präparate, welche Paracelsus anwandte: Die als Gifte gefürchteten Metallverbindungen, wie Kupfervitriol, Sublimat, Bleizucker, verschiedene Antimonverbindungen, wurden von ihm zu Heilmitteln gestempelt. Ferner brachte er verdünnte Schwefelsäure, mit Weingeist „versüßtes Vitriolöl" (das spätere Haller'sche Sauer), Eisentinkturen, Eisensaffran zur Anwendung, wie er auch die bessere Gewinnung und Benutzung verschiedener Essenzen und Extrakte kennen lehrte. Die größten Erfolge soll er durch zweckmäßige Verordnung von *Laudanum* erzielt haben.

Daß Paracelsus durch so umfassende Erweiterung des Arzneischatzes einen mächtigen Anstoß zur höheren Entwickelung des Apothekerwesens gab, liegt auf der Hand; denn bis auf seine Zeit waren die Apotheken nichts anderes, als Niederlagen von Wurzeln, Kräutern, Sirupen, sowie allerhand Konfekt, dessen ausschließliche Bereitung ihnen zustand. Die Herstellung der neuen Arzneimittel setzte Bekanntschaft mit chemischen Thatsachen und Vorgängen voraus; die Pharmazeuten mußten also sich fortan bemühen, diese Kenntnisse zu erwerben, und damit nahm die Pharmazie im eigentlichen Sinne ihren Anfang. Wenn demnach Paracelsus die Ärzte und Apotheker veranlaßte, sich mit der Chemie zu befassen, so ist ihm dieses Verdienst hoch anzurechnen; aber man darf nicht so weit gehen wie Scherer,[1] welcher meint, „die Pharmazie verdankt Paracelsus alles“.

Stürmische Bewegung unter den Zeitgenossen riefen die gewaltsamen Neuerungen hervor, welche Paracelsus einzuführen strebte. Durch seine zahlreichen, in verschiedenen Sprachen sich verbreitenden Schriften, welche meist aus der Zeit nach seiner Entfernung von Basel herrühren, erhielt diese von ihm veranlaßte Erregung stetig neue Nahrung. Der alten medizinischen Schule gaben dieselben häufig Gelegenheit zu heftigen Entgegnungen. Seine Schriften stehen hinsichtlich der Art der Abfassung auf einer sehr niedrigen Stufe; sie spiegeln das unstäte Leben, das rohe Gebahren des Autors getreu wieder. Aus jeder derselben spricht eine maßlose Selbstüberschätzung, ja viele sind in einer Schreibweise abgefaßt, welche eines Gebildeten unwürdig zu nennen ist. Die chemischen Kenntnisse von Paracelsus und seine Ansichten über die Entstehung der Krankheiten lassen sich am besten aus folgenden Werken erkennen: *Archidoxa; De tinctura physicorum; De morbis ex tartaro oriundis; Paramirum; Grosse Wundarznei.*

Die Folgen des Auftretens von Paracelsus ließen nicht lange anf sich warten. Seine Schüler, für die neuen Lehren begeistert, verherrlichten ihn als Reformator der Medizin; die Anhänger der alten Schule dagegen wehrten sich verzweifelt gegen die Neuerungen und Angriffe, welche ihr Ansehen untergruben. Ein heftiger Kampf entbrannte und setzte sich lange Zeit hindurch fort, bis derselbe, wenn auch nicht zu Gunsten des Paracelsus, so doch der gemäßigten Iatrochemiker entschieden wurde. Näher auf diese Streitigkeiten einzugehen, liegt nicht im Plane dieser Schrift, da es hier gilt, die Bedeutung der medizinisch-chemischen Ansichten für die Entwickelung der Chemie darzulegen. Nur sei erwähnt, daß der Schweizer Arzt Erastus (sein deutscher Name war Lieber), der Galen'schen Lehre treu, als Vorkämpfer gegen Paracelsus wirkte, und namentlich die argen, in des letzteren Schriften gehäuften Widersprüche aufzudecken verstand. Das ärztliche Lager wurde während des 16. Jahrhunderts durch Streitschriften beider Richtungen aufgeregt. Von den Schülern des Paracelsus, welche, weniger genial als ihr

[1] A. a. O.

Meister, dessen Ideen paraphrasierten und vorzugsweise seine üblen Eigentümlichkeiten, besonders sein marktschreierisches Wesen nachahmten, ihm aber in wissenschaftlicher Hinsicht nicht gleichkamen, ist Leonhard Thurneisser[1] (genannt *zum Thurn*) der bekannteste und wohl begabteste gewesen. Für die Chemie hat derselbe nichts Selbstständiges von einiger Bedeutung geleistet. Sein verunglücktes Auftreten als Adept sichert ihm dagegen einen Platz in der Geschichte der Alchemie (vergl. S. 54).

Das wüste Treiben von Männern seines Schlages, die durch rücksichtslose Anwendung von giftigen Präparaten als Arzneien großes Unheil stifteten, läßt es begreiflich erscheinen, daß man ihrem Unwesen durch gesetzliche Mittel zu steuern suchte; dies geschah z. B. durch das Verbot des Pariser Parlamentes, Antimonpräparate zu verordnen, sowie durch das Verdammungsurteil, welches die medizinische Fakultät zu Paris gegen jeden derartigen Neuerungsversuch in der Heilkunde schleuderte.

Zu der Schule des Paracelsus gehörten aber auch Männer, welche, wissenschaftlich hoch stehend, nicht allen Lehren desselben zustimmten, vielmehr kritisch an diese herantraten und in besonnener Weise das Gute daraus auszuwählen suchten. Als Iatrochemiker dieser Art sind am Ende des 16. und zu Anfang des 17. Jahrhunderts vorzugsweise zu nennen: Turquet de Mayerne und Libavius, sodann Oswald Croll und Adrian van Mynsicht. Dieselben, wenn auch teilweise Zeitgenossen van Helmont's, bilden den Übergang von Paracelsus zu diesem merkwürdigen Manne. Sie haben nicht nur der Medizin, sondern auch der Chemie Nutzen gebracht.

Turquet de Mayerne, 1573 in Genf geboren, wirkte als angesehener Arzt zu Paris, konnte sich aber, da er die in Verruf gekommenen Antimonpräparate als unentbehrlich bezeichnete und anwendete, unter den dortigen Ärzten nicht halten, so daß er vorzog, nach England als Leibarzt des Königs überzusiedeln, wo er 1655 starb. Seine chemischen Kenntnisse waren für jene Zeit hoch entwickelt; dem entsprechend wirkte er kräftig für die rationelle Anwendung chemischer Heilmittel, ohne in die Übertreibungen des Paracelsus zu verfallen oder andererseits alle Arzneien der Galen'schen Schule zu verwerfen.

---

[1] Über das Thun und Treiben Thurneisser's giebt das treffliche Werk Moehsen's: Beiträge zur Geschichte der Wissenschaften in der Mark Brandenburg etc. (Berlin u. Leipzig 1783) Aufschluß. Vergl. auch die geistvolle Rede A. W. Hofmann's: „Berliner Alchemisten und Chemiker" (1882).

In ähnlicher Weise und zu etwa gleicher Zeit waren die Ärzte Croll und van Mynsicht thätig, welche, im Besitz tüchtiger chemischer Kenntnisse, viele Medikamente des Paracelsus, sowie neue Präparate zu Ehren brachten; zu letzteren gehören das schwefelsaure Kali und das Bernsteinsalz, welche Croll, sowie der Brechweinstein, welchen van Mynsicht zuerst empfahl.

Andreas Libavius (Libau) fesselt durch seine kritische Stellung gegenüber den groben Verirrungen der paracelsischen Schule, namentlich auch durch mancherlei neue Beobachtungen, welche er der Chemie zugeführt hat, in hohem Maße unsere Aufmerksamkeit. Er war in Deutschland der erste namhafte Chemiker, welcher gegen die Ausschreitungen des Paracelsus energisch auftrat und die Mängel seiner Lehren, die Unverständlichkeit seiner Schriften, seine Phantastereien und Sophismen, sowie den Geheimmittelschwindel wirksam bekämpfte. Von Haus aus Arzt hatte Libavius sich tüchtige chemische Kenntnisse erworben und erweiterte diese noch, obwohl er sich mehr der Pflege historischer und sprachwissenschaftlicher Studien hingegeben hatte. Er ist i. J. 1616 als Direktor des Gymnasiums zu Koburg gestorben, nachdem er von 1591 bis 1607 als angesehener Arzt und Leiter der „lateinischen Schule" zu Rothenburg a/Tauber mit großem Erfolge thätig gewesen war. Dank seinem ärztlichen Wissen und seiner gründlichen allgemeinen Bildung verstand Libavius besser als seine Zeitgenossen den Einfluß, den die Chemie auf die Medizin ausüben sollte, zu würdigen; er nahm dabei eine vermittelnde Stellung ein zwischen Paracelsus und seinen Gegnern, welche die Chemie ganz aus der ärztlichen Wissenschaft verbannt wissen wollten. Trotz seines gesunden Urteils, das er in vielen Fragen bethätigte, konnte er sich doch nicht von der Vorliebe seiner Zeit für die Alchemie völlig frei machen.

Für die Chemie erwarb sich Libavius ein wirkliches Verdienst durch die Abfassung eines Lehrbuches, welches unter dem Titel *„Alchymia"* 1595 erschienen ist und die wichtigsten Thatsachen und Lehren, die in Betracht kamen, enthielt. Seine übrigen Schriften, in denen er teils die oben gedachten Mängel der paracelsischen Schule bekämpfte, teils neue chemische Beobachtungen niederlegte, sind kurz vor seinem Tode in drei Bänden erschienen (unter dem Titel *Opera omnia medico-chymica*). Seiner praktisch-chemischen Kenntnisse, die sich durch Entdeckung wichtiger Thatsachen bekundet haben, ist noch an manchen Stellen weiter unten zu gedenken.

Als bemerkenswert sei hervorgehoben, daß Libavius lebhaft für die Errichtung von chemischen Laboratorien eintrat, in denen wissenschaftliche Arbeiten ausgeführt werden sollten. Aus seinen dahin zielenden Vorschlägen erhellt, daß für die verschiedensten nützlichen, sowie angenehmen Einrichtungen in diesen Arbeitsstätten gesorgt sein sollte.[1]

Johann Baptist van Helmont und seine Zeitgenossen.

Als einer der bedeutendsten, selbständig beobachtenden Chemiker seiner Zeit beansprucht van Helmont einen ausgezeichneten Platz und eingehende Besprechung in der Geschichte des iatrochemischen Zeitalters. Mit reichen Kenntnissen und Erfahrungen in der Medizin und Chemie ausgestattet, überragte er seine in beiden Gebieten thätigen Zeitgenossen. Sein Leben war größtenteils das eines in der Stille wirkenden Gelehrten, wennschon seine glänzenden äußeren Verhältnisse — er gehörte einem edlen brabantischen Geschlechte an — damit nicht im Einklange standen. Im Jahre 1577 zu Brüssel geboren, wandte er sich frühreif philosophischen und theologischen Studien zu, denen er jedoch, da sie ihn unbefriedigt ließen, entsagte, um der Heilkunde zu dienen. Zunächst hing er der alten Schule der Galenisten an, erkannte jedoch bald ihre Mängel und wandte sich den Lehren des Paracelsus zu, die er aber nur teilweise annahm. Mit wachsender Begeisterung für seinen ärztlichen Beruf kämpfte er gegen das alte medizinische System und trug durch seine glänzenden Leistungen als Arzt und Iatrochemiker zur Beseitigung desselben wesentlich bei. Ohne van Helmont würde die Iatrochemie nicht zu der Höhe emporgestiegen sein, auf welche sie später durch Sylvius und Tachenius gebracht worden ist. Auch die reine Chemie hat van Helmont durch eine Fülle wichtiger Beobachtungen bereichert. Seine wissenschaftlichen Beschäftigungen waren ihm so lieb geworden, daß er glänzenden Anerbietungen von Fürsten nicht folgte, vielmehr es vorzog, in der Stille seiner Laboratoriums bei Brüssel die Geheimnisse der Natur zu erforschen; er ist daselbst im Jahre 1644 gestorben.

In van Helmont begegneten und vereinigten sich wunderbare Gegensätze. Mit seiner Gabe, scharf und nüchtern zu beobachten, kontrastierte eine mächtige Neigung zum Übernatürlichen, vielleicht Folge seiner mystischen und magischen Studien, denen er neben den theologischen gehuldigt hatte. So konnte derselbe Mann, welcher den Grund zur ersten Kenntnis der Gase legte und damit eine Schärfe der Wahrnehmung bekundete, wie sie kein Beobachter vor ihm besessen hatte, die Umwandelung unedler Metalle in Gold aufs

[1] Über Libavius' Leben und Wirken vergl. den Vortrag von Ottmann in Verhandlungen der Ges. Deutscher Naturforscher etc. **1894**, II. S. 79.

eifrigste verteidigen (vergl. S. 53); sein Glaube daran war so fest gewurzelt, daß Täuschungen vorkamen, welche uns unbegreiflich sind. Ebenso rätselhaft, ja lächerlich erscheinen bei seiner sonstigen Gabe, das Experiment zu befragen und entscheiden zu lassen, ernsthaft gemeinte Behauptungen, wie z. B. die, daß in einem Gefäße, welches Weizenmehl und ein schmutziges Hemd enthalte, Mäuse erzeugt würden.

Daß van Helmont von phantastischen Vorstellungen auch weniger bedenklicher Art nicht frei war, ist danach verständlich. Seine theoretischen Ansichten über die Elemente und seine iatrochemischen Lehren weisen manches Beispiel dafür auf; aber andererseits wußte er vieles so richtig, so viel besser als seine Vorgänger zu erklären, daß der Nutzen des Guten den üblen Einfluß der Irrtümer weit überwog.

Über die Grundstoffe in den Körpern hatte sich van Helmont eine eigene Ansicht gebildet; weder alle vier aristotelischen[1] noch die von Basilius angenommenen Elemente ließ er gelten, vielmehr betrachtete er das Wasser als Hauptbestandteil aller Stoffe; daß es in den organischen Körpern enthalten sei, schloß er daraus, daß er es als regelmäßiges Produkt ihrer Verbrennung nachwies. Ein Hauptargument dafür glaubte van Helmont durch den Versuch geliefert zu haben, wonach Pflanzen mit reinstem Wasser, das nach seiner Meinung deren alleiniges Nahrungsmittel sein konnte, zu regstem Wachstum gebracht wurden. Daß er demgemäß von der Umwandelung des Wassers in erdige Stoffe überzeugt war, erscheint begreiflich.

Während van Helmont hier dem nämlichen Irrtum huldigte, welcher vor und nach ihm in vielen Köpfen geherrscht hat, erkannte gerade er die Unveränderlichkeit des Stoffes in vielen Fällen schärfer, als alle seine Zeitgenossen; so hat er am meisten zur Beseitigung des Glaubens beigetragen, das aus Kupfervitriol durch Eisen abgeschiedene Kupfer sei neu geschaffen. Ferner lehrte er das Weiterbestehen eines Körpers in vielen seiner Verbindungen, z. B. des Silbers in seinen Salzen, der Kieselerde in dem Wasserglas, welches nach seinen denkwürdigen Beobachtungen durch Zersetzung mit Säuren, die ursprünglich angewandte Kieselsäure in gleicher Menge lieferte. Das waren Ansichten und Beobachtungen von großer Tragweite; denn entgegen den unklaren früheren Vorstellungen über die Bildung chemischer Verbindungen wurde von ihm gelehrt, daß der ursprüngliche Körper, auch wenn er chemischen Umwandelungen unterliegt, in den neuen Produkten erhalten bleibt.

[1] Bezüglich der Luft herrscht Zweifel, ob van Helmont sie als Element betrachtet habe. Dem Feuer sprach er überhaupt stoffliche Natur ab, wodurch er seinen ungewöhnlichen Scharfblick bekundete.

Er hatte demnach den Grundgedanken von der Erhaltung des Stoffes in einzelnen Fällen klar erfaßt.

van Helmont steht mit diesen Ideen originell da, und gerade der Chemie hat er durch dieselben neue Wege gewiesen. Auch die von ihm eifrig gepflegten Beziehungen zwischen Chemie und Heilkunde führten ihn zu Ansichten, denen eine teilweise Originalität nicht abzusprechen ist, schon deshalb, weil er durch Experimente mit Säften und anderen Ausscheidungen des tierischen Körpers theoretische Fragen zu entscheiden suchte. Ganz besonderen Wert hatte nach ihm die Reaktion der in letzterem vorkommenden Flüssigkeiten; denn diese sollten, je nachdem sie sauer oder neutral waren, die wichtigsten Funktionen des Organismus bedingen. Außer der chemischen Beschaffenheit der Säfte war nach van Helmont Hauptursache der organischen Prozesse die Gärung, über welche er jedoch sich weniger klar äußerte, als über die Bedeutung der chemischen Reaktion; bezüglich der Verdauung und damit zusammenhängender Prozesse konnte er sich von der Annahme, der *Archeus* beherrsche dieselben, nicht ganz frei machen. Dagegen blieb er mit seinen Erklärungen vitaler Vorgänge auf festerem Boden, sobald er die chemische Beschaffenheit der Säfte berücksichtigte. Die Säure des Magensaftes leitet nach ihm die Verdauung ein; ein Vorwalten jener erzeugt Unbehagen, Krankheiten, die um so bedenklicher werden, je mehr Säure vorhanden ist, welche dann nicht mehr wie bei normalem Zustande durch das Alkali der sich im Duodenum dem Magensafte beimengenden Galle neutralisiert werden kann. Gegen alle so entstehenden Krankheiten müssen nach van Helmont alkalische Mittel (Laugensalze u. s. w.) angewandt werden. Die infolge des entgegengesetzten Übels, des Mangels an Säuren, hervorgerufenen Krankheiten sollen dagegen durch saure Arzneien bekämpft werden. Die letzteren empfahl er auch gegen die Gicht, Steinleiden und ähnliche Übel, deren Entstehung ebenfalls aus der unzureichenden oder unrichtigen Mischung der Säfte abgeleitet wurde. In diesen Ansichten lag in der That ein bedeutender Fortschritt gegenüber denen des Paracelsus; denn dieser nahm willkürliche, nicht darstellbare Bestandteile in den organischen Materien an, van Helmont dagegen suchte die wirksamen Stoffe darin auf und verglich die Wechselwirkung verschiedenartiger Säfte, welche zusammentreffen mit den ähnlichen Reaktionen von Lösungen außerhalb der Organe: ein Verfahren, durch welches der erste, damals freilich noch unsichere Grund zur chemischen Physiologie gelegt wurde.

Als durchaus origineller Forscher, welcher der Chemie neue Wege gebahnt hat, bewährte sich van Helmont durch seine Untersuchungen über die Gase; er ist damit der eigentliche Begründer der pneumatischen Chemie gewesen, die allerdings erst über ein Jahrhundert nach ihm zu gedeihlicher Entwickelung gelangte, aber dann mit ihren Entdeckungen die große Reform der Wissenschaften einleitete. Erwägt man, daß vor Helmont's Arbeiten die verschiedensten Gase, wie Wasserstoff, Kohlensäure, schweflige Säure, nicht für wesentlich verschieden von der gewöhnlichen Luft angesehen wurden, daß er zuerst die luftförmigen Körper durch Ermittelung ihrer Eigenschaften als verschiedenartige kennzeichnete, so liegt sein großes Verdienst zu Tage. Von ihm ist der Gattungsname *„Gas"*[1] für dieselben eingeführt worden, und er unterschied sie von den Dämpfen, insofern letztere durch Abkühlung verflüssigt, erstere dagegen nicht verdichtet würden.

van Helmont lehrte namentlich die Kohlensäure näher kennen, und zwar zeigte er ihre Entstehung aus Kalkstein oder Pottasche mit Säuren, aus brennenden Kohlen, sowie bei der Wein- und Biergärung, bewies auch ihr Auftreten im Magen, sowie ihr Vorkommen in Mineralwässern und in manchen Höhlungen der Erde; er nannte dieselbe meist *Gas sylvestre.*[2] Dem Mangel an Hilfsmitteln, Gase aufzusammeln, ist die Unvollkommenheit mancher seiner Beobachtungen, so die Verwechselung der Kohlensäure mit anderen die Verbrennung ebenfalls nicht unterhaltenden Gasen zuzuschreiben; dagegen hat er einige brennbare Gase, Wasserstoff und Grubengas, als eigentümliche Luftarten beschrieben. — Wegen der mit der ersten wissenschaftlichen Untersuchung der Gase verknüpften Bedeutung für die Beurteilung der Leistungen van Helmont's ist dieser eigentlich in die Zusammenstellung der praktischen Kenntnisse gehörende Gegenstand in der allgemeinen Geschichte dieser Zeit behandelt worden. Die Schriften van Helmont's wurden von seinem Sohne unter dem Titel: *„Ortus medicinae vel opera et opuscula omnia"* 1648 herausgegeben.

van Helmont's Einfluß auf seine Zeitgenossen und auf die Weiterentwickelung der iatrochemischen Lehren muß sehr hoch angeschlagen werden. Die von ihm angestrebte Einführung chemischer Begriffe in die Heilkunde wirkte klärend, insofern die Anwendung chemischer Arzneien zur Bekämpfung der Krankheiten naturgemäß

---

[1] Bei der Wahl dieser Bezeichnung hat van Helmont vielleicht an Chaos gedacht oder auch an die Prozesse der Gärung (gären heißt im Holländischen „gisten").

[2] Durch die Bezeichnung *sylvestre* hat van Helmont wohl die Unmöglichkeit, das Gas zu verdichten, andeuten wollen; wenigstens sagt er einmal: *gas sylvestre sive incoërcibile, quod in corpus cogi non potest visibile.*

erschien; zudem hatte er durch sein *„Pharmacopolium ac dispensatorium modernum"* gute, zweckmäßige Vorschriften zur Bereitung von Heilmitteln bekannt gemacht. Der wissenschaftliche Geist, den er in die Medizin einzuführen strebte, wirkte im Gegensatze zu dem rohen Empirismus der paracelsischen Schule fördernd auf eine gesundere Entwickelung der Heilkunde.

In ähnlichem Sinne, wenn auch nicht mit gleich hohem Geistesfluge, waren einige andere Ärzte zu jener Zeit thätig, welche, ebenfalls mit chemischen Kenntnissen gut ausgerüstet, an die Ausübung der ärztlichen Kunst herangingen und infolge ihres klaren Blickes manche Übelstände, z. B. die aus der Anwendung von Geheimmitteln hervorgehenden, klar erkannten und bekämpften: Angelus Sala und Daniel Sennert sind hier zu nennen. Sala, in der ersten Hälfte des 17. Jahrhunderts als Leibarzt am mecklenburgischen Hofe thätig, überrascht uns durch seine klare Beurteilung sowohl der paracelsischen als der alten ärztlichen Schule, sowie durch seine für jene Zeit ausgedehnten chemischen Kenntnisse. Diese kamen im Verein mit seinen gediegenen medizinischen Erfahrungen vielfach der Pharmazie zu statten, aber auch der reinen Chemie, denn er hatte sich über die Zusammensetzung mancher chemischen Verbindungen, sowie über Reaktionen derselben richtige Vorstellungen gebildet, wie solche vor ihm noch nicht geäußert waren; z. B. sprach er aus, daß der Salmiak aus Salzsäure und flüchtigem Laugensalz besteht, ferner war ihm bekannt, daß durch die Schwefelsäure Salpetersäure aus ihren Salzen ausgetrieben wird u. s. w.

Sennert, als Professor in Wittenberg im ersten Drittel des 17. Jahrhunderts lebend, richtete seine Thätigkeit vorzugsweise darauf, den Ärzten die treffliche Wirkung chemischer Arzneimittel nachzuweisen, sobald diese richtig angewandt würden. Von manchen irrigen Auffassungen des Paracelsus, z. B. der Lehre von den drei Grundbestandteilen, konnte er sich zwar nicht losmachen, aber gegen die schweren Mißbräuche, die durch den Genannten in die Medizin eingedrungen waren, namentlich gegen die sogen. Universalmittel, trat er erfolgreich auf.

Sylvius und Tachenius. — Franz de le Boë (Dubois) Sylvius, 1614 zu Hanau geboren, lebte nach gründlichen naturwissenschaftlichen und medizinischen Studien zuerst als angesehener Arzt, später bis zu seinem Tode (1672) als berühmter Professor der Heilkunde zu Leiden. Mit seinen medizinischen Kenntnissen überragte er die meisten seiner Zeitgenossen. Der Unterschied des arteriellen und venösen Blutes war ihm bekannt, und als Ursache der roten Farbe des ersteren betrachtete er die durch das Atmen aufgenommene Luft. Verbrennung und Respiration waren für ihn durchaus ähnliche Vorgänge. Wie in diesem letzteren Falle, so richtete Sylvius überhaupt sein ganzes Bestreben darauf, die im menschlichen Körper sich vollziehenden Prozesse, seien sie normale oder pathologische, als rein chemische zu erfassen. Das spiritualistische Element, welches den Lehren des Paracelsus und van Helmont's beigemischt war, sollte ganz beseitigt werden. Die Verdauung z. B., deren Erklärung den beiden eben Genannten nur durch Herbeiziehen eines Geistes (*Archeus*) möglich erschien, betrachtete Sylvius als chemischen Vorgang, bei dem der Speichel in erster Linie, sodann der Magen- und Pankreassaft, sowie die Galle als wichtigste Agentien thätig sind. Der sauren, alkalischen oder neutralen Reaktion der Säfte des Körpers wurde von ihm eine gleiche, wenn nicht noch höhere Bedeutung zuerteilt, als von Helmont, dem er in diesen wie in ähnlichen Fragen folgte. Mit Vorliebe übertrug Sylvius chemische Erscheinungen in das Bereich physiologischer und pathologischer Prozesse, wobei er häufig auf Abwege geriet. Die gesamte Medizin sollte nach ihm angewandte Chemie werden. Daß diese einseitigen Bemühungen bei dem damaligen Stande des chemischen Wissens fehlschlagen mußten, liegt auf der Hand. Ebenso begreiflich ist aber, daß seine iatrochemischen Lehren weniger der Medizin Nutzen gebracht haben, als der Chemie, insofern die gebildeten Ärzte, wollten sie solche Lehren verstehen, genötigt waren, sich mit chemischen Fragen eingehend zu beschäftigen. Ganz besonders galt dies von den neuen Heilmitteln, deren Bereitung und rationelle Anwendung chemische Kenntnisse voraussetzten. Sylvius, der Verordnung heroischer Arzneien zugethan, scheute sich nicht, Höllenstein, Sublimat, Zinkvitriol zu innerlichem Gebrauche zu verabreichen; besonders begeistert war er für Antimon- und Quecksilberpräparate.

Während nur wenige neue Beobachtungen von Sylvius auf dem Gebiete der Chemie zu verzeichnen sind, hat sein Schüler Otto Tachenius sich als selbständig forschender Chemiker bewährt; von ihm sind überaus wertvolle Wahrnehmungen, sowie daraus abgeleitete Spekulationen überliefert. Über sein Leben weiß man nur, daß er, zu Herford in Westfalen geboren, nach unstätem Herumtreiben als Apothekergehilfe sich gegen Mitte des 17. Jahrhunderts in Italien dem Studium der Heilkunde zugewandt und in Venedig als Arzt gelebt hat. Obwohl er besonderen Wert auf klare Beziehungen der Medizin zur Chemie legte, trug er kein Bedenken, mit Geheimmitteln argen Unfug zu treiben. Tachenius ist der letzte namhafte Iatrochemiker gewesen, der mit Begeisterung die Lehren von Sylvius vertrat. Als Verteidiger ähnlicher Ansichten sei neben ihm sein Zeitgenosse, der berühmte englische Arzt Willis (gest. 1675) erwähnt.

Tachenius hat wertvolle Beobachtungen der Chemie zugeführt, auch das Problem derselben, welches von Boyle ab als das wichtigste galt, nämlich die Erkenntnis der wahren Zusammensetzung der Körper, nicht unwesentlich gefördert. Von ihm stammt die erste brauchbare Bestimmung des Begriffes *Salz* als der Verbindung von Säuren und Alkalien. Seine Angaben über die Zusammensetzung einiger Verbindungen verraten großen Scharfblick, der sich auch in der Verwertung gewisser Reaktionen zum Nachweis von Substanzen bekundete. Während Tachenius auf solche Weise systematischer als seine Vorgänger die Anfänge der qualitativen Analyse schuf, wandte sich sein Interesse auch den bei chemischen Prozessen stattfindenden, bisher kaum beachteten quantitativen Verhältnissen zu, wie er z. B. ziemlich genau die durch Überführung des Bleies in Mennige stattfindende Gewichtszunahme ermittelt hat. — Die Schriften des Tachenius, sowie seines Lehrers Sylvius behandeln meist Gegenstände von vorwiegend medizinischem Interesse, jedoch finden sich darin, wie aus letzteren Bemerkungen hervorgeht, auch für die Chemie bedeutsame Thatsachen und Ansichten verzeichnet.

Will man das Hauptergebnis, welches die iatrochemischen Lehren für die Chemie in ihrer Fortentwickelung gehabt haben, feststellen, so hat man vorzugsweise den schon berührten Umstand zu berücksichtigen, daß die Beschäftigung tüchtig gebildeter Ärzte mit der Chemie zur Einlenkung letzterer in wissenschaftliche Bahnen wesentlich beigetragen hat. Neben den zahlreichen Irrtümern und phantastischen Vorstellungen, in denen die Iatrochemiker befangen waren, finden sich manche überraschend zutreffende Ansichten, welche auf die ganze Richtung des nächsten Zeitalters merklich eingewirkt haben. Es sei an die Feststellung der näheren Bestandteile der Salze und an die schärfere Fassung des Begriffes einer chemischen Verbindung, sowie der chemischen Verwandtschaft erinnert, durch welche Erkennntnis die Hauptaufgabe der Chemie: Erforschung der wahren Zusammensetzung der Körper, wirksam gefördert wurde; ferner daran, daß die Vorgänge der Verbrennung bezw. der Verkalkung von Metallen und der Atmung als gleichartige angesprochen wurden. Damit setzten sich Meinungen von großer Tragweite fest. Auch die phlogistische Hypothese, die während des größten Teils des 18. Jahrhunderts geherrscht hat, ist bei manchen Iatrochemikern vorgezeichnet.

Die Beschäftigung van Helmont's endlich mit den Gasen war von größtem Einfluß auf die Entwickelung der pneumatischen Chemie, von welcher der Anstoß zu der wichtigen Reform unserer Wissenschaft am Ende des vorigen Jahrhunderts ausging.

Aus alledem ergiebt sich, daß viele Bestrebungen der Phlogistiker mit den eigentlich chemischen Beobachtungen und Ansichten der Iatrochemiker im engsten Zusammenhange stehen. Während ihre medizinisch-chemischen Lehren nach Mitte des 17. Jahrhunderts einem raschen Verfalle entgegengingen, leiteten die der Chemie angehörenden Thatsachen und Ansichten die letztere auf wissenschaftliche Wege.

Agricola, Palissy und andere Beförderer der angewandten Chemie während des iatrochemischen Zeitalters.[1]

Unabhängig von der iatrochemischen Hauptströmung haben einige Männer, die für ihre Zeit gediegene chemische Kenntnisse besaßen, die Chemie in ihrer Anwendung auf Gewerbe gepflegt. Die Hauptvertreter dieser Richtung sind Georg Agricola, welcher insbesondere der Metallurgie seine Aufmerksamkeit zuwandte, Bernhard Palissy, der die Entwickelung der Keramik förderte, und Johann Rudolf Glauber gewesen, welcher, obwohl nebenbei Iatrochemiker, doch vorwiegend der technischen Chemie seine Kräfte widmete. Inwieweit die Kenntnisse und Erfahrungen der Genannten der Wissenschaft Nutzen gebracht haben, darüber enthält der folgende Abschnitt einige Einzelheiten; hier ist die Bedeutung derselben vom allgemeineren Standpunkte aus zu beleuchten.

Georg Agricola[2] war 1494 zu Glauchau geboren und starb als angesehener Arzt und Bürgermeister zu Chemnitz im Jahre 1555, ist also Zeitgenosse des Paracelsus gewesen. Obwohl ebenfalls Arzt, ging er doch ganz andere Wege als dieser; ohne sich um die starke Bewegung seiner Zeit auf dem Gebiete der Medizin zu kümmern, widmete Agricola sich vorzugsweise dem Studium der Mineralogie und Metallurgie, wozu ihn das blühende Berg- und Hüttenwesen Sachsens trieb, während er die Heilkunde nur nebensächlich ausübte. Seine chemischen Kenntnisse und reichen Erfahrungen hat er in seinem Hauptwerke: *De re metallica libri XII*, niedergelegt, das als Handbuch der Metallurgie für lange Zeit von großer Bedeutung gewesen ist. In demselben, wie in seinen

[1] Vgl. Kopp, Gesch. d. Chem. I, 104. 128. J. Höfer, Histoire de la chimie II, 38. 67 ff.

[2] Vergl. die Dissertation von G. H. Jacobi: *Der Mineralog Georgius Agricola und sein Verhältnis zur Wissenschaft seiner Zeit* (Leipzig 1889).

anderen Schriften, von denen noch folgende mineralogisch besonders wichtige genannt seien: *De natura fossilium* (*libri X*) und *De ortu et causis subterraneorum*, weht ein ganz anderer Geist, als in denen des Paracelsus. Sie sind durch Klarheit der Ausdrucksweise, nüchterne Auffassung der darzulegenden Vorgänge, sowie anschauliche Beschreibung von Vorrichtungen, Gerätschaften und Prozessen ausgezeichnet, Eigenschaften, welche Agricola als wahren Naturforscher kennzeichnen. Durch seine Schriften, namentlich das erstgenannte Werk, wurden die wichtigsten Operationen der Verarbeitung von Erzen auf die darin enthaltenen Metalle zuerst allgemein bekannt, auch die Gewinnung anderer Hüttenprodukte, sowie technisch wichtiger Präparate beschrieb er als der erste in allgemein verständlicher Weise. Für die Geschichte der Metallurgie sind seine Werke unentbehrliche Quellen.

Seine ruhige objektive Denk- und Forschungsweise hinderte ihn übrigens nicht, dem Problem der Alchemie, die er in seiner Jugend eifrigst betrieben hatte, noch in gereifterem Alter einen gewissen Grad von Wahrscheinlichkeit zuzusprechen, wenn er auch den tollen Übertreibungen, welche noch damals vorkamen, nicht zustimmte.

In ähnlicher Richtung wie Agricola und etwa gleichzeitig mit ihm war der Italiener Biringuiccio (aus Siena) bestrebt, die Prozesse der Metallurgie in seinem 1540 erschienenen Werke „Pirotechnia" kennen zu lehren; auch dieses ist durch Klarheit und Genauigkeit der Beschreibung einzelner technischer Verfahren ausgezeichnet. Gegen die iatrochemischen Tagesfragen und die alchemistischen Lehren verhielt derselbe sich ablehnend.

Als hervorragender Forscher, der sich lediglich durch die mittels des Experimentes zu gewinnende Erfahrung leiten ließ, und zwar zu einer Zeit, ehe allgemeiner die induktive Methode als Mittel zur Erkenntnis der Wahrheit bezeichnet war, bethätigte sich Bernhard Palissy. Die Hauptarbeiten desselben bewegen sich auf dem Gebiete der Keramik; seine mit häufigen Enttäuschungen verknüpften unermüdlichen Versuche, Verbesserungen einzuführen, waren schließlich von Erfolg begleitet. Die einfach und klar geschriebenen Werke Palissy's lassen die Mühen und Kämpfe des merkwürdigen charakterfesten Mannes erkennen, welcher, als einfacher der höheren Bildung ermangelnder Töpfer beginnend, das Ansehen eines bahnbrechenden Geistes[1] zu erringen wußte. Aus dem Buche der Natur

[1] Höfer, welcher zuerst die Verdienste Palissy's eingehend gewürdigt hat, bezeichnet denselben als „un des plus grands hommes, dont la France puisse s'enorgueillir" (Histoire de la Chimie II, 92).

schöpfte er, wie er selbst sagt,[1] seine ersten Kenntnisse; die Erfahrungen, das Experiment stellte er in den Vordergrund und bekämpfte alle ohne diese Hilfsmittel aufgestellten Spekulationen, sowie besonders den Autoritätsglauben. Kaum werden damals vorurteilsfreiere Männer gelebt haben als er; dank seinem klaren Verstande und besonnenem Urteile verwarf er die Lehren des Paracelsus und zog mit den Waffen des Spottes gegen den alchemistischen Wahnglauben zu Felde. Sein Leben füllte nahezu das ganze 16. Jahrhundert aus und bestand aus einer langen Reihe von Wechselfällen. Man kann ihn neben Agricola als den Hauptvertreter der experimentellen Chemie jener Zeit bezeichnen. Sein Scharfblick bekundete sich auch auf den Gebieten der Mineralogie und Agrikulturchemie, zu deren Begründung er manchen Baustein herbeigeschafft hat.

Johann Rudolf Glauber (geb. 1604, gest. 1668 zu Amsterdam) hat die angewandte Chemie eifrig gepflegt und durch wertvolle Beobachtungen bereichert; hierin liegt der Schwerpunkt seiner Thätigkeit, die nur in untergeordnetem Maße den iatrochemischen Bestrebungen gewidmet war. Sein Leben verlief höchst unruhig und mag wohl seinem unstäten zur Unzufriedenheit hinneigenden Wesen entsprochen haben, das sich in vielen seiner Schriften zu erkennen giebt. Ohne klassische Bildung, den Vorurteilen seiner Zeit unterliegend, ist er wohl als Paracelsus des 17. Jahrhunderts bezeichnet worden. In der That war er phantastischen, abergläubischen Vorstellungen, daher auch den alchemistischen Schwindeleien zugänglich; auf der anderen Seite bethätigte er aber ein ausgeprägtes Talent, zu beobachten und Neues aufzufinden, worüber im nächsten Abschnitt einiges Nähere mitzuteilen ist. Auch in theoretisch-chemischen Fragen bewährte er seinen scharfen Verstand, wie er denn manche Wirkungen der chemischen Verwandtschaft bei Zersetzung von Salzen durch Säuren oder Basen und ähnliches gut zu erklären vermochte. Er war der erste, welcher einen Fall der sog. doppelten Wahlverwandtschaft: die Wechselwirkung von Quecksilberchlorid und Schwefelantimon sich klar zu machen wußte. — Zu erwähnen ist hier noch sein weiter Blick in nationalökonomischen Fragen, mit denen seine chemischen Mitteilungen, besonders in dem sechsbändigen Werke *Teutschlands Wohlfarth*, durchsetzt sind. Wiederholt suchte Glauber den Nachweis zu führen, daß sein Vaterland die eigenen Produkte selbst verarbeiten und veredeln müsse, aber dies nicht

[1] „Je n'ai point eu d'autre livre, que le ciel et la terre, lequel est connu de tous, et est donné à tous de connoistre et lire ce beau livre."

dem Ausland überlassen dürfe; statt von diesem die aus dem eigenen Boden stammenden Endprodukte teuer zu kaufen, solle Deutschland diese selbst darstellen und in andere Länder ausführen.

Mit Glauber und Tachenius schließt das iatrochemische Zeitalter ab; beide gehören mit manchen ihrer chemischen Ansichten, sowie mit ihren letzten Lebensjahren schon dem folgenden Zeitabschnitte an, der sich nicht ganz scharf von dem vorhergehenden abgrenzen läßt. Beide Männer haben der Chemie überaus wichtige Beobachtungen zugeführt und die experimentelle Methode wesentlich gefördert, die fortan zum sicheren Leitstern für die chemische Forschung wurde.

Erweiterung der praktisch-chemischen Kenntnisse im iatrochemischen Zeitalter.[1]

Wie sich aus der ganzen Tendenz dieses Zeitalters ergiebt, in welchem die Chemie mit der Medizin in innigste Verbindung trat, mußten sich die Kenntnisse besonders in dem Bereiche der chemischen Präparate, welche man als Heilmittel zu verwenden hoffte, erweitern. In dem Bestreben, neue Arzneimittel aufzufinden, wurden die schon bekannten, sowie die neu entdeckten chemischen Verbindungen genauer und wissenschaftlicher untersucht, als dies früher geschah. Die Beschäftigung mit den Produkten des Tierkörpers wurde eine regere; schwache Anfänge einer physiologischen Chemie machten sich bemerkbar in den Untersuchungen über Milch, Blut, Speichel etc. Dem entsprechend wuchs das Interesse an den organischen Verbindungen, und die Bekanntschaft mit solchen wurde angebahnt. Die technische Chemie hat nicht einen gleichen Zuwachs an neuen Kenntnissen aufzuweisen, wie die Chemie im Dienste der Medizin. Fortschritte in dem Erkennen der Zusammensetzung von Körpern und im Beobachten von Reaktionen, also in der qualitativen Analyse, sind erst gegen Ende der iatrochemischen Zeit bemerklich.

Technische Chemie. — Die wichtigsten Vertreter dieser Richtung, insbesondere Agricola und Palissy, sind oben gekennzeichnet worden. In ihren Werken, sowie in den der technischen Chemie gewidmeten Schriften von Biringuiccio, Caesalpin u. a. wird besondere Bedeutung den einzelnen Operationen, durch welche technische Produkte erzielt werden, beigelegt, wie sich aus der sehr genauen Beschreibung jener ergiebt.

[1] Vgl. Kopp, Gesch. d. Chemie II, 111. 126. III. u. IV.

In der Metallurgie weisen Agricola und Libavius zuerst den Weg, auf welchem eine annähernde Bestimmung des Gehaltes eines Erzes an Metall möglich ist; die Probierkunst hat sich allmählich aus solchen Anfängen entwickelt. Die wissenschaftliche Behandlung der angewandten Chemie erhellt ferner daraus, daß man Nebenprodukte, welche früher unbenutzt blieben, verwerten lernte, z. B. den beim unvollkommenen Rösten von Kiesen entweichenden Schwefel kondensierte, ferner den Ofenbruch von Zinkerzen auf Messing verarbeitete u. s. f.

Die Kenntnisse der einzelnen Metalle, ihrer Gewinnung und Verarbeitung erweiterten sich im 16. Jahrhundert dadurch, daß manches bisher nur wenigen Sachverständigen Bekannte durch Agricola und andere Schriftsteller zum Gemeingut wurde: so die Scheidung des Goldes vom Silber mittels Salpetersäure, welche seit Ende des 15. Jahrhunderts in Venedig zuerst im größeren Maßstabe ausgeführt wurde, ferner das Amalgamationsverfahren, das man zuerst in Mexiko (etwa um Mitte des 16. Jahrhunderts) zum Ausbringen des Silbers aus seinen Erzen anwandte, welches in Europa aber erst gegen Ende des vorigen Jahrhunderts Eingang fand. In das 16. Jahrhundert fallen die ersten sicheren Beobachtungen über die Herstellung von Rubinglas mittels Gold. Salze des letzteren, sowie des Silbers wurden genauer untersucht, mit besonderer Rücksicht auf ihre medizinische Anwendung; auch einige charakteristische Reaktionen dieser Salze beobachtete man, wodurch der Nachweis derselben möglich war.

Bezüglich des Kupfers und seiner Abscheidung aus Kupfervitriollösung mittels Eisens findet sich selbst bei einsichtsvollen Chemikern, z. B. Libavius, die alte Vorstellung festgewurzelt, daß eine Metallverwandelung vor sich gegangen sei; andere, wie van Helmont und Sala, erkannten dagegen die Präexistenz des Kupfers an. — Die metallurgischen Operationen zur Gewinnung des Eisens wurden durch Agricola's Beschreibungen[1] allgemein bekannt, so z. B. die zuerst von ihm gegebene Darlegung der Stahlerzeugung mittels des Frischprozesses; der Stahl selbst wurde noch allgemein als ein „reineres Eisen" betrachtet. — Von anderen Metallen lernte man Zink und Wismut allmählich kennen, jedoch herrschte noch Unsicherheit, so daß dieselben oft mit dem Antimon verwechselt wurden. Das Zinn endlich fand im 16. Jahrhundert häufig Anwendung zum Verzinnen des Eisens. Das Hauptinteresse wandte sich jedenfalls im iatrochemischen Zeitalter weniger den Metallen als den daraus be-

[1] Die Bedeutung Agricola's für dieses Gebiet erhellt deutlich aus der Schilderung seiner Leistungen in L. Beck's *Geschichte des Eisens* II, S. 22 ff. u. öfter.

reiteten Salzen zu, weil von diesen heilkräftige Wirkungen zu erwarten waren (siehe unter Präparaten).

Töpferei und Glasbereitung. — Die keramische Industrie machte insbesondere durch die rastlosen Bestrebungen Palissy's erhebliche Fortschritte; denn es gelang ihm, dem die auf tausendfältige Versuche gegründete Erfahrung die alleinige Lehrmeisterin war, die Herstellung dauerhafter schöner Emaille auf irdenen Gefäßen, speziell die der Fayence; seine Beobachtungen darüber, sowie über die Brauchbarkeit verschiedener Thonarten zu keramischen Zwecken und über das Einbrennen von Farben sind in seinem Werke *L'art de terre* niedergelegt, das zugleich die Tendenz hat, die Macht der experimentellen Methode gegenüber der unsicheren Theorie aufzudecken. — Auch Porta war um Mitte des 16. Jahrhunderts in ähnlichem Sinne wie Palissy thätig.

Die Glasbereitung blieb mit ihren Fortschritten nicht hinter der Töpferei zurück; von den venezianischen Fabriken, deren Produkte aus dem 16. Jahrhundert noch jetzt Kenner entzücken und in Staunen setzen, verbreitete sich die Kunst, Gläser in den mannigfaltigsten Farben und von verschiedenem Lichtbrechungsvermögen herzustellen, in andere Länder. Nicht unwesentlich mag zu dem Bekanntwerden einzelner Operationen das Werk des Florentiners Antonio Neri: *De arte vitraria* (1640 erschienen), beigetragen haben, worin derselbe seine reichen Erfahrungen auf diesem Gebiete niedergelegt hatte. Auch war schon damals große Geschicklichkeit in der Nachahmung von Edelsteinen erlangt, wie die von Porta dafür gegebenen Vorschriften erkennen lassen. — Als eine wichtige Entdeckung jener Zeit ist die des Kobaltblaues zu nennen, die dem sächsischen Glasbläser Christoph Schürer gelang, und zwar durch Zusammenschmelzen von sogen. Wismutgraupen (den kobalthaltigen Rückständen der Wismutbereitung) mit Glas; unter verschiedenen Namen (*Zaffer*, von *sapphir* abgeleitet, später *Smalte*) wurde dasselbe bald ein geschätztes Handelsprodukt.

Färberei. — Die Entdeckung Amerikas und des Seeweges nach Ostindien hatte die gesteigerte Einfuhr von Indigo und Cochenille zur Folge, durch welche die Tinktorialindustrie neuen Aufschwung nahm. Manche verbesserte Methoden, diese und andere Farbstoffe auf Zeugen zu fixieren, z. B. die Anwendung von Zinnlösung, sowie zweckmäßiges Beizen der Stoffe mit Alaun, Eisensolution etc. wurden im 16. Jahrhundert aufgefunden. Der Färber konnte sich aus dem ersten Handbuche, welches seine Kunst behandelte und den Venezianer

Rosetti zum Verfasser hatte (erschienen 1540), Rat holen. Auch Glauber hat durch seine zahlreichen Beobachtungen, welche sich auf Färbeprozesse bezogen, das Verständnis für letztere wesentlich gefördert.

Ein neues Gewerbe erstand in den gegen Ende des 15. Jahrhunderts stark zunehmenden Branntweinbrennereien; während bis dahin der Weingeist nur als Medikament galt, wurde er seitdem in genügender Verdünnung mehr und mehr als Getränk geschätzt. Die Entwickelung dieses Industriezweiges hatte mannichfache Verbesserungen der Destilliervorrichtungen im Gefolge, die auch den chemischen Laboratorien zu statten kamen. Wie groß das Interesse war, das sich diesem Gewerbe zuwandte, darauf lassen die zahlreichen, in jener Zeit erschienenen Werke über die Kunst des „Destillateurs“ schließen.

Die Chemie erstreckte sich in ihrer Anwendung auf die verschiedensten Gebiete, auch auf den Ackerbau, wenn schon in schüchternen Anfängen; so machte der geniale Palissy auf die Bedeutung der löslichen Salze in den Düngemitteln aufmerksam und empfahl Mineralsubstanzen, z. B. Mergel als Zusatz zum Dünger. Man hat es hier mit den ersten Anfängen einer rationellen Agrikulturchemie zu thun.

Entwickelung der Pharmazie und der Kenntnisse chemischer Präparate.

Die pharmazeutische Chemie ist recht eigentlich eine Schöpfung des iatrochemischen Zeitalters, in dem die Auffindung von künstlich herzustellenden Heilmitteln als Hauptzweck der Chemie gelehrt wurde. Dieser Tendenz entsprechend, prüfte man die schon bekannten, sowie die durch emsiges Suchen neu gefundenen Präparate auf ihre Wirkungen im Organismus. Der Kreis chemischer Thatsachen wurde infolge dieser iatrochemischen Bestrebungen nicht unerheblich erweitert. Auch in anderer Weise machte sich der Einfluß letzterer auf die Chemie geltend, insofern die Apotheken durch die zunehmende Beschäftigung mit künstlichen Präparaten Pflanzschulen tüchtiger Chemiker wurden, und diese waren namentlich im folgenden Zeitalter am Aufbau des wissenschaftlichen Lehrgebäudes ganz wesentlich beteiligt.

Unorganische Verbindungen. — Die Darstellung der Mineralsäuren hat Verbesserungen, ihre nähere Erforschung Fortschritte aufzuweisen, welche der erst später sich entwickelnden technischen Verwertung dieser Körper nützlich wurden. Glauber lehrte die leichte Gewinnung von Salzsäure aus Steinsalz und Schwefelsäure, sowie die von rauchender Salpetersäure aus Kalisalpeter und Arsenik.

Libavius machte sich um vereinfachte Herstellung der Schwefelsäure verdient und bewies, daß die auf verschiedenem Wege aus Alaun, Eisenvitriol, sowie Schwefel und Salpeter erzeugte Säure eine und dieselbe Substanz war. — Das Verhalten der genannten Säuren zu Metallen, Salzen, organischen Verbindungen führte zur Kenntnis einer großen Zahl von Körpern, die entweder unbekannt gewesen oder auf gleiche Weise noch nicht bereitet waren, so daß aus ihrer Entstehungsweise häufig Schlüsse auf ihre Zusammensetzung möglich wurden. Zu solchen Körpern gehörten die aus vielen Metallen mit Salzsäure sich bildenden Chloride, die man früher durch Erhitzen jener mit Sublimat herstellte, wonach die Anwesenheit von Quecksilber in den Produkten angenommen wurde. Glauber, dem gerade die Kenntnis vieler Chloride (z. B. des Zink- und Zinnchlorids, Arsen- und Kupferchlorürs) zu verdanken ist, widerlegte diese irrtümliche Annahme; er und mit ihm seine Zeitgenossen betrachteten dieselben als Verbindungen von Metall und Salzsäure.

Die Salze waren dazu ausersehen, in der Medizin eine besonders große Rolle zu spielen. Bezüglich der Klärung der Ansichten über den Begriff Salz und dessen Präzisierung finden sich oben Erörterungen, welche zugleich die von den Iatrochemikern dieser Körperklasse beigelegte Bedeutung erkennen lassen. Den Alkalisalzen wurde ein großes Interesse zugewandt, sowohl in theoretischer Hinsicht, sofern ihre Zusammensetzung Gegenstand häufiger Diskussionen war, als in praktischer, dank ihrer technischen und offizinellen Verwendung.

Der Kalisalpeter, wegen seiner zunehmenden Benutzung zur Schießpulverfabrikation in technischem Maßstabe bereitet,[1] wurde auch als Heilmittel (im geschmolzenen Zustande) geschätzt. Die für Erkenntnis seiner Zusammensetzung wichtige Beobachtung Geber's, daß der Salpeter durch Sättigen von Pottasche mit Salpetersäure entstehe, wurde erst im iatrochemischen Zeitalter technisch verwertet. — Schwefelsaures Kali und Chlorkalium fanden, auf mannichfache Weise dargestellt und verschieden benannt, als Heilmittel Verwendung, ersteres durch Paracelsus, letzteres durch Sylvius und Tachenius (als *sal febrifugum Sylvii*). — Auch kohlensaures Kali aus Weinstein und Pflanzenaschen galt als Medikament. Selbst

[1] Agricola hat in seinem Werke: *De re metallica* die Salpetersiederei ausführlich beschrieben.

namhafte Iatrochemiker, z. B. Tachenius, glaubten an eine chemische Verschiedenheit der Pottasche, je nach ihrer Entstehungsweise, welchen Irrtum erst Boyle beseitigte; noch häufiger begegnet man einer Verwechselung von Kaliumsalzen mit denen des Natriums, so bezüglich der Karbonate und der Chloride. Das schwefelsaure Natron von Glauber, aus dem bei der Salzsäurebereitung bleibenden Rückstande erhalten und als *sal mirabile* beschrieben, erfreute sich bei den Ärzten größten Ansehens. Ob Borax, der im iatrochemischen Zeitalter als Lötmittel genauer bekannt wurde, damals zu medizinischen Zwecken gedient hat, ist zweifelhaft.

Ammoniaksalze fanden zu jener Zeit ausgedehnte offizinelle und technische Verwendung, in erster Linie der Salmiak, dessen Fabrikation seit dem 17. Jahrhundert auch in Europa versucht wurde; seine künstliche Bildung aus flüchtigem Laugensalz und Salzsäure war den Iatrochemikern des 17. Jahrhunderts (Sala, Tachenius, Glauber) bekannt, jedoch wurde seine wahre Zusammensetzung erst viel später gedeutet. Die so erkannten nahen Beziehungen des kohlensauren Ammons zum Salmiak führten umgekehrt zur Darstellung des Ammoniumkarbonats aus letzterem mittels kohlensaurem Kalis; die aus scheinbar verschiedenen Wirkungen des flüchtigen Laugensalzes verschiedener Herkunft (aus Blut, Urin, Salmiak) gefolgerte Ungleichheit der Präparate wurde von Tachenius als unrichtig erkannt. Von anderen Ammonsalzen sind noch das schwefelsaure und das salpetersaure (durch Libavius, bezw. Glauber bekannt geworden), sowie das essigsaure Ammon, als geschätztes Arzneimittel, *spiritus Mindereri*, nach seinem Entdecker (dem Arzt Raymund Minderer) genannt, hervorzuheben.

Salze von Erden waren nur spärlich bekannt, auch herrschte noch Unsicherheit über ihre Zusammensetzung. Kalk- und Alaunerde z. B. hielt man nicht für wesentlich verschiedene Körper. Von Salzen derselben wurde Alaun, durch Zumischen von gefaultem Harn zu der rohen Alaunlauge bereitet, in der Technik besonders geschätzt und im großen Maßstabe fabriziert; der damals verwandte Alaun war demnach wesentlich Ammoniakalaun. Den Gips bezeichnete schon Agricola als Kalkerdeverbindung; auch Chlorcalcium und salpetersaurer Kalk waren im 17. Jahrhundert, vielleicht auch schon früher bekannt. — Daß die Kieselerde, die man lange Zeit zu den Erden zählte, mit Pottasche zu einem in Wasser löslichen Glase schmilzt, wußten Agricola und seine Zeitgenossen.

Von größter Bedeutung für die Iatrochemie und somit auch für die Entwickelung chemischer Kenntnisse jener Zeit, waren die Salze der schweren und edlen Metalle, sowie einige Präparate aus

Halbmetallen (Arsen, Antimon, Wismut). Schon vor dem Auftreten des Paracelsus und seiner Schule hatte Basilius Valentinus, wie oben bemerkt, eine große Anzahl Antimonpräparate kennen gelehrt und dieselben zu innerlichem Gebrauche empfohlen. Infolge des mit antimonhaltigen Geheimmitteln getriebenen Mißbrauches waren scharfe Verbote gegen deren Anwendung erlassen worden; trotzdem aber kamen die Antimonpräparate, namentlich durch die Bemühungen des Sylvius, mehr und mehr in Aufnahme. Auch Antimon selbst wurde in Pillen verordnet, welche die „ewigen" hießen, da man glaubte, sie könnten, lediglich durch Kontakt wirkend, nach dem Durchgange durch den Körper immer wieder von neuem benutzt werden.[1]

In jene Zeit fällt die Aufnahme des Kermes minerale, des Sulfaurats, des Algarotpulvers[2] in den Arzneischatz; auch antimonsaures Kali (durch Verpuffung von Schwefelantimon mit Kalisalpeter bereitet) fand als Heilmittel häufige Verwendung. Um die genauere chemische Kenntnis dieser und anderer Antimonverbindungen machte sich namentlich Glauber verdient.

Über Arsenik, das daraus bereitete metallische Arsen, sowie über andere Arsenverbindungen herrschte noch große Unklarheit; von letzteren ist das aus Arsenik durch Schmelzen mit Kalisalpeter bereitete arsensaure Kali zu erwähnen, welches von Paracelsus mit Vorliebe als Heilmittel *(arsenicum fixum)* angewandt zu sein scheint. Das Chlorarsen wurde zuerst von Glauber beobachtet. — Wismutpräparate fanden damals seltener Verwendung zu medizinischen Zwecken, obwohl die Ähnlichkeit des Wismuts mit dem Antimon, die manchen zu Verwechselungen beider geführt hatte, den Iatrochemikern nicht entgangen war. Das basisch salpetersaure Wismut wurde als eine geschätzte Schminke benutzt, das Wismutoxyd nach Agricola's Angabe als Farbe verwertet.

Von Zinkverbindungen lernte man im 16. Jahrhundert das Zinkoxyd, den Zinkvitriol *(chalcanthum candidum* nach Agricola), sowie das Chlorzink genauer kennen, welches Glauber durch starkes Erhitzen von Galmei mit Salzsäure, also vermengt mit basischem Chlorzink darstellte. — Aus dem Zinn erhielt Libavius durch Destillation mit Quecksilberchlorid Zinnchlorid, welches er, Quecksilber darin annehmend, *spiritus argenti vivi sublimati* nannte; später

[1] Lemery sagt in seinem „Cours de Chimie" (1675) über den nicht gerade einladenden Gebrauch dieser Pillen folgendes: „Lorsqu'on avale la pillule perpetuelle, elle est entrainée par sa pésanteur, et elle purge par bas; on la lave et on la redonne comme devant, et ainsi perpetuellement."

[2] Nach dem Veroneser Arzt Viktor Algarotus so genannt und von diesem als *pulvis angelicus* angepriesen.

hieß dasselbe gewöhnlich *spiritus fumans Libavii.* Die durch Behandeln des Zinns mit Königswasser erhaltene Lösung dieser Verbindung wurde von Drebbel seit etwa 1630 für manche Färbezwecke, als Beize, nutzbar gemacht.

Die Entdeckung und Untersuchung des Eisenchlorids und Chlorbleis, welch' letzteres statt Bleiweiß als Malfarbe verwendet wurde, verdankt man ebenfalls Glauber. Auch die Darstellung vieler früher schon bekannter Metallsalze erfuhr wesentliche Verbesserungen, wie beispielsweise aus Agricola's Beschreibung der Gewinnung von Eisen- und Kupfervitriol hervorgeht.

Große Aufmerksamkeit wandten die Iatrochemiker der Herstellung und medizinischen Verwendung von Quecksilberverbindungen zu. Den Bemühungen des Paracelsus gelang es, das Vorurteil vieler gegen die Mercurialarzneien zu überwinden, wenn auch die meisten Ärzte der alten Schule ganz und gar nicht von der Zulässigkeit derselben überzeugt wurden. Paracelsus und seine Schule scheuten nicht den Gebrauch von metallischem Quecksilber (fein zerteilt in Pillen), sowie von Sublimat und sog. Mineralturpeth (d. i. basisch kohlensaures, resp. schwefelsaures Quecksilberoxyd). Auf solche Weise vermehrten sich auch die Kenntnisse verschiedener Quecksilberverbindungen, teils bekannter, teils neu aufgefundener, ganz beträchtlich. Zu letzteren gehörten Calomel und weißes Präzipitat (aus Sublimat und Ammoniak); beide wurden damals schon als Heilmittel geschätzt. Die richtige Erkenntnis, daß der Zinnober aus Quecksilber und Schwefel bestehe, brach sich in jener Zeit Bahn, wie auch die, daß Quecksilber selbst nicht zu den Halbmetallen, sondern zu den wahren Metallen gehöre.

Von den Silberverbindungen erwies sich der Höllenstein, namentlich auf Sala's Empfehlung, als in der Medizin brauchbar, andere Silbersalze, schwefelsaures und Chlorsilber, wurden damals bekannt. Die Bildung des letzteren durch Fällen von Silberlösung mit Salzsäure oder Salzwasser und die umgekehrte Reaktion wurden analytisch zum Nachweis von Silber, resp. Chloriden verwertet.

Überhaupt hat man die Anfänge der qualitativen Analyse von Körpern auf nassem Wege im iatrochemischen Zeitalter zu suchen, insofern aus dem Aussehen und dem Verhalten von Fällungen, sowie von auskrystallisierten Salzen Schlüsse auf die Gegenwart des einen oder des anderen Stoffes gezogen wurden. Ganz besonderen Wert legte Tachenius auf die Unterscheidung solcher Niederschläge nach der Farbe und wußte mit Hilfe einiger Reagentien (Galläpfeltinktur, kohlensaures Kali und Ammon, Ätzkali u. a.) mehrere Metalle in Lösungen nebeneinander aufzufinden.

Organische Verbindungen wurden infolge der vermehrten Beschäftigung mit den Produkten des pflanzlichen und tierischen Stoffwechsels in stark zunehmendem Maße bekannt; die Kenntnisse solcher Körper blieben aber sehr oberflächlich und unvollkommen, da man über die Zusammensetzung derselben gänzlich im Unklaren war. Von Säuren lernte man in jener Zeit die Essigsäure genauer kennen und wandte mehrere Salze derselben in der Medizin erfolgreich an. Glauber war es nicht entgangen, daß das Destillat von Holz eine Säure enthielt, welche der des Essigs täuschend ähnlich war. Die verstärkte Essigsäure lehrten die Iatrochemiker durch Destillation von Grünspan darstellen (Kupferspiritus oder Radikalessig genannt); Tachenius war geneigt, dieselbe als Alkahest van Helmont's anzusprechen. Die schon früher bekannten Bleisalze, Bleizucker und Bleiessig wurden durch Libavius untersucht und als Heilmittel verwendet.[1]

Weinsaure Salze, von denen der Weinstein schon lange bekannt war, lernte man vom 16. Jahrhundert an als Heilmittel schätzen; die Entdeckung der freien Weinsäure gehörte einer viel späteren Zeit an. Die für Weinstein gebrauchte Bezeichnung *tartarus* wurde im iatrochemischen Zeitalter Gattungsname für sehr verschiedene Salze und ähnliche Körper, so für die Kalisalze, soweit sie aus calciniertem Weinstein bereitet waren, ferner für die Sedimente aus Lösungen, namentlich aus tierischen Sekreten. Welche Rolle der *tartarus* in den theoretischen Betrachtungen der Iatrochemie gespielt hat, darüber ist oben berichtet worden. Auch die Salze anderer Pflanzensäuren nannte man häufig *tartarus*, z. B. das Sauerkleesalz, das vielfach mit dem Weinstein verwechselt zu sein scheint. Das neutrale weinsaure Kali, nach seiner Darstellung aus Weinstein und Weinsteinsalz als *tartarus tartarisatus* bezeichnet, sowie das weinsaure Kali-Natron, nach dem, der es zufällig entdeckte, Seignettesalz genannt, wurden ebenfalls der Kenntnis der Chemiker erschlossen.

Eine größere Bedeutung für den Arzneischatz, als die eben erwähnten weinsauren Salze, hat der Brechweinstein, dessen Gewinnung aus Antimonoxyd und Weinstein der holländische Arzt Mynsicht und genauer noch Glauber lehrten.[2] Ein eisenhaltiger

[1] Die durch Erhitzen von Bleizucker übergetriebene Flüssigkeit, welche bekanntlich Aceton enthält, wurde mehrfach untersucht; nach der Bezeichnung: *Quintessenz* für dieselbe scheint man ihr einen besonders hohen Wert beigelegt zu haben.

[2] Daß schon früher der Genuß von geringen Mengen Brechweinstein, bereitet durch Stehenlassen von Wein in Kelchen aus Antimon, üblich war, sei kurz erwähnt.

Weinstein (*tartarus chalybeatus*) wurde durch Sala's *Tartarologia* bekannt. — Paracelsus verwandte das Destillat von Weinstein, welches bekanntlich Brenzweinsäure neben anderen Stoffen enthält, als Heilmittel (*spiritus tartari*).

Die Bernsteinsäure, deren nahe Beziehung zur Weinsäure erst in unserer Zeit aufgeklärt ist, wurde als Destillationsprodukt des Bernsteins von Libavius und Croll unter dem Namen Bernsteinsalz (*flos succini*) erwähnt; ihre saure Natur erkannte erst Lemery (um 1675). Der saure Saft der Äpfel und anderer Früchte fand zur Bereitung einiger Arzneien Verwendung (z. B. der *tinctura martis pomata*), ohne daß man versucht hätte, die Säure selbst zu isolieren. — Wohl aber wurde die freie Benzoësäure durch Sublimation aus Benzoëharz von dem französischen Arzte Blaise de Vigenère (1522—1596) gegen Ende des 16. Jahrhunderts aufgefunden und genau beschrieben; die verbesserte, noch heute angewandte Methode dieser Darstellung auf trockenem Wege lehrte Turquet de Mayerne. — Des gerbsäurehaltigen Saftes von Galläpfeln, sowie des Extraktes von Eichenrinde bedienten sich viele Iatrochemiker seit Paracelsus zum Nachweis des Eisens in Lösungen, namentlich in Mineralwässern; eine Isolierung der Gerbsäure, resp. Gallussäure, gelang aber damals noch nicht.

Die alte Wahrnehmung, daß die Fette von den Alkalien und Metalloxyden chemisch verändert werden, führte die Iatrochemiker zwar noch nicht zur Kenntnis der Fettsäuren, wohl aber manche, insbesondere den scharfsinnigen Tachenius, zu der richtigen Annahme, daß das „Öl oder Fett eine verborgene Säure enthält.“ Erst 160 Jahre später legten Chevreul's Arbeiten über die Fette den festeren Grund für die heutigen Ansichten über die chemische Konstitution dieser Körper.

Der Weingeist, dem als dem Lebenswasser (*aqua vitae*) während des alchemistischen Zeitalters eine stetig wachsende Bedeutung zuerkannt war, fand auch im iatrochemischen die höchste Beachtung, sowohl in theoretischer Hinsicht, als Produkt verschiedener Gärungsprozesse, denen man große Aufmerksamkeit schenkte, als auch in praktischer, insofern Paracelsus und seine Schule den Weingeist[1] zur Herstellung von Essenzen und Tinkturen ausgiebig verwerteten.

Die erste genaue Kenntnis des aus Weingeist mittels Schwefelsäure entstehenden Äthers verdankt man dem deutschen Arzt Vale-

[1] Die seit Libavius für den Weingeist aufkommende Bezeichnung Alkohol (*alcool*) hatte früher eine ganz andere Bedeutung, und zwar wurde dieselbe für einen fein zerteilten Körper, sowie für verschiedene Substanzen, z. B. Schwefelantimon, Essig etc. gebraucht.

rius Cordus, jedoch wurde erst nach seinem Tode die von ihm herrührende Vorschrift zur Gewinnung desselben veröffentlicht und der Äther als *oleum vitrioli dulce verum* in die Pharmakopöen aufgenommen (um 1560). Bald geriet diese Beobachtung so in Vergessenheit, daß sie selbst einem so bewanderten Chemiker wie Stahl unbekannt war. Ein Gemenge von Alkohol und Äther, welches später unter dem Namen Hoffmann'sche Tropfen sich großer Beliebtheit erfreute, hat wahrscheinlich schon Paracelsus als Medikament angewandt. Die Kenntnis von zusammengesetzten Äthern blieb eine recht spärliche, so daß seit den ersten Beobachtungen von Basilius Valentinus Fortschritte (S. 50) kaum zu verzeichnen sind.

Die Beschäftigung mit anderen organischen Stoffen führte wohl zu deren Nutzanwendung in der Medizin und im täglichen Leben, auch zu Verbesserungen der Darstellung solcher Produkte, z. B. bei der Extraktion von Zucker aus dem Zuckerrohr, dessen Saft durch Eiweiß und Kalk geklärt wurde; die wissenschaftliche Erkenntnis blieb jedoch solchen Körpern gegenüber auf der niedrigsten Stufe stehen.

Geschichte des Zeitalters der Phlogistontheorie: von Boyle bis Lavoisier.

Einleitung. — Die Begründung, weshalb dieses etwa 120 Jahre umfassende Zeitalter das der Phlogistontheorie oder der phlogistischen Chemie genannt wird, ist in Kürze schon gegeben worden. Für den ersten Abschnitt desselben erscheint diese Bezeichnung nicht völlig zutreffend, da der Mann, welcher in hervorragender Weise der Chemie eine neue Richtung vorgezeichnet hat, Robert Boyle, den phlogistischen Ansichten nicht zugestimmt hat. Der eigentliche Ausbau der Phlogistontheorie fällt auch erst in die Zeit nach seinem Tode. Nichtsdestoweniger kann man den Abschnitt von Boyle bis Lavoisier unter obigem Namen zusammenfassen; denn der wichtigste Teil der chemischen Forschung betraf die Erscheinungen der Verbrennung und der als analog erkannten Metallverkalkung. Alle hervorragenden Chemiker jener Zeit haben diesem Problem experimentell, sowie spekulativ ihre Aufmerksamkeit zugewandt. Dasselbe bildete namentlich gegen das Ende dieses Zeitalters den Angelpunkt, um den sich die gesamte Chemie drehte; es wurde zum Stein des Anstoßes für die alten Lehren und leitete zu einer Reform der Wissenschaft, unter deren nachhaltigem Einfluß die heutige Chemie noch immer steht.

Die iatrochemischen Theorien hatten dadurch, daß sie Unmögliches erstrebten, schnell abgewirtschaftet; die in ihnen sich ausprägende Einseitigkeit, die willkürlichen Erklärungen der Lebensvorgänge, sowie die gänzliche Vernachlässigung der Anatomie und Morphologie der Organe, machte ihren Verfall unausbleiblich. Der Chemie war damit Anlaß gegeben, sich durch Lockerung und schließliche Lösung der Banden, welche die Medizin um sie geschlungen, eine selbständige Stellung zu erringen. Noch immer blieb sie wenigstens eine Zeit lang unter dem Schutze der Heilkunde, der sie ohnedies eine unentbehrliche Hilfswissenschaft war; aber als das Hauptziel der Chemie wurde seit Boyle die Auffindung neuer chemischer Thatsachen aus reinem Interesse an der Wahrheit erkannt und erstrebt.

Der zu Ende des 16. und Anfang des 17. Jahrhunderts in die Naturwissenschaft eingedrungene Geist gesunder Forschung fing an, sich auch der Chemie mitzuteilen; ganz besonders die Entwickelung der Physik wirkte mächtig auf die jüngere Schwesterwissenschaft ein. Als Führerin gewann auch in dieser einen stetig wachsenden und dauernden Einfluß die induktive Methode, deren Wesen der Kanzler Francis Bacon durch folgende Worte treffend gekennzeichnet hat: „Der Mensch kann auf keine andere Weise die Wahrheit enthüllen, als durch Induktion und durch rastlose, vorurteilsfreie Beobachtung der Natur und Nachahmung ihrer Operationen. Thatsachen muß man zuerst sammeln, nicht durch Spekulation machen."[1] Mit solchen Grundsätzen ausgerüstet, konnte die Chemie in die Reihe der exakten Wissenschaften einrücken.

Von wesentlichem Einfluß auf ihre gedeihliche Entwickelung sind die in der zweiten Hälfte des 17. Jahrhunderts und zu Anfang des 18. ins Leben gerufenen gelehrten Gesellschaften gewesen, welche durch Veröffentlichung periodischer Schriften dafür sorgten, daß chemische Untersuchungen in weiten Kreisen bekannt wurden. Auch die von diesen Akademieen ausgehende Anregung zur Anstellung von Versuchen, welche der Prüfung und Mitbeobachtung von Fachgenossen zugänglich gemacht wurden, war nicht zu unterschätzen. Endlich beförderten diese Gesellschaften die so fruchtbare Wechselwirkung zwischen der Chemie und verwandten Zweigen der Naturwissenschaften dadurch, daß sie die Vertreter derselben in nähere Berührung brachten.

Die um die Mitte des 17. Jahrhunderts aus der Vereinigung der kleineren Oxforder und Londoner wissenschaftlichen Gesellschaften hervorgegangene Royal Society, welche seit dem Jahre 1665 die *Philosophical transactions* herausgab, liefert einen guten Beleg für die obigen Ausführungen. Die in Italien gegründeten Akademieen (namentlich die *Accademia del cimento* 1657 in Florenz) betrieben mehr physikalische und mathematische Studien. In Deutschland (Wien) trat etwa gleichzeitig (im Jahre 1652) die *Academia naturae curiosorum* zusammen, welche ihrem Gönner Leopold I. zu Ehren den Namen der *Caesarea*

[1] Bacon sprach damit keinen neuen Gedanken aus, sondern hob die große Bedeutung der Erfahrung so hervor, wie sie schon von seinen Vorgängern, einem Palissy, L. da Vinci, Paracelsus u. a., erkannt worden war. Wie unberechtigt es ist, Bacon als Schöpfer der induktiven Methode zu bezeichnen, und wie wenig er selbst vom Geiste wahrer Naturforschung durchdrungen war, das hat Liebig in einer Reihe von Aufsätzen schlagend nachgewiesen (s. seine „Reden und Abhandlungen", 1874).

Leopoldina annahm. In Paris entstand die *Académie royale* im Jahre 1666 aus freundschaftlichen Zusammenkünften, welche bei dem Physiker Mersenne stattzufinden pflegten; die *Mémoires de l'académie des sciences* begannen seit dem Jahre 1699 zu erscheinen. — Die Berliner Akademie, 1700 von Friedrich I. gestiftet, deren erster Präsident Leibniz war, gesellte sich jenen Körperschaften zu, und in der ersten Hälfte des 18. Jahrhunderts folgten die nordischen Länder mit Gründung gelehrter Gesellschaften nach (1725 wurde die Petersburger Akademie, 1739 die Stockholmer, 1743 die zu Kopenhagen gestiftet).

Daß für wissenschaftliche Fragen in jener Zeit ein ungewöhnlich großes Interesse vorhanden war, das ergiebt sich deutlich aus der damaligen Litteratur, welche aus Anlaß einzelner Entdeckungen, wie der des Phosphors, oder infolge streitiger Probleme, wie der Frage nach der Ursache der Verbrennung, stürmisches Leben, zuweilen eine fieberhafte Erregung atmet.

Die Art und Weise, chemische Fragen zu behandeln, näherte sich zwar in manchen Punkten der in neuer Zeit geübten Methode; in einer Richtung aber zeigt sich ein tiefgehender Unterschied. Die chemische Forschung des phlogistischen Zeitalters beachtete wenig und nur gelegentlich die Gewichtsverhältnisse der an chemischen Vorgängen beteiligten Körper; sie wandte ihre Aufmerksamkeit fast nur der qualitativen Seite der Erscheinungen zu. Die Aufstellung und Ausbildung der phlogistischen Lehren war nur infolge der ärgsten Vernachlässigung von quantitativen Verhältnissen möglich. Selbst scharfsinnige Denker, die durch Beobachtung der bei Verkalkung der Metalle stattfindenden Gewichtszunahme in scharfen Widerspruch mit der phlogistischen Ansicht hätten geraten müssen, wußten der einzig richtigen Auffassung jenes Vorganges und damit den Verbrennungserscheinungen durch geschraubte Erklärungsweisen aus dem Wege zu gehen. Diese Verblendung der Geister durch eine irrige Theorie infolge der Abwehr aller der Umstände, die zu ihrer Beseitigung hätten beitragen müssen, ist dem Zeitalter der phlogistischen Chemie eigentümlich.

Trotz des sich durch dasselbe hinziehenden Grundirrtums hat man aber dennoch diese Zeit als eine für die Chemie höchst fruchtbare zu bezeichnen; sie bildet die unentbehrliche Vorstufe zu deren neuester Entwickelungsphase. Wenn auch selbst in manchen falschen Vorstellungen befangen, hat das phlogistische Zeitalter doch auch zur Beseitigung von Irrtümern, z. B. der iatrochemischen Lehren und namentlich des alchemistischen Wahnglaubens, mächtig beigetragen.

Allgemeine Geschichte der phlogistischen Zeit.[1] Robert Boyle und seine Zeitgenossen.

Mit Recht hat man Boyle als den Forscher bezeichnet, welcher als bahnbrechender schöpferischer Genius dem beginnenden neuen Zeitalter die Richtung gewiesen hat; zutreffender wäre es, noch zu sagen, daß mit ihm dasselbe erst anhebt. Der Geist echter Naturforschung, frei von den Fesseln alchemistischer und iatrochemischer Vorstellungen, beseelte diesen merkwürdigen Mann, dem die Chemie es zu danken hat, daß sie ihren wahren Zielen nachzustreben lernte. Das wissenschaftliche Programm, welches er in seinem *Preliminary discourse* niederlegte, verdient hier, mit den einleitenden Gedanken, wiedergegeben zu werden: „Die Chemiker haben sich bisher durch enge Prinzipien, die der höheren Gesichtspunkte entbehren, leiten lassen. Sie erblickten ihre Aufgabe in der Bereitung von Heilmitteln, in der Extraktion und Transmutation der Metalle. Ich habe versucht, die Chemie von einem ganz anderen Gesichtspunkte zu behandeln, nicht wie dies ein Arzt oder Alchemist, sondern ein Philosoph thun sollte. Ich habe hier den Plan einer chemischen Philosophie gezeichnet, die, wie ich hoffe, durch meine Versuche und Beobachtungen vervollständigt werden wird. Läge den Menschen der Fortschritt der wahren Wissenschaft mehr am Herzen, als ihre eigenen Interessen, dann könnte man ihnen leicht nachweisen, daß sie der Welt den größten Dienst leisten würden, wenn sie alle ihre Kräfte einsetzten, um Versuche anzustellen, Beobachtungen zu sammeln und keine Theorie aufzustellen, ohne zuvor die darauf bezüglichen Erscheinungen geprüft zu haben."

Die experimentelle Methode[2] und die damit verknüpfte sorgfältige Beobachtung der zu Tage tretenden Erscheinungen müssen also nach Boyle die allein sichere Grundlage von Spekulationen bilden. Diesen Satz zum Gemeingut der Chemie gemacht zu haben, die fortan nur mittels des Experimentes die Grundgesetze zu erforschen strebte, ist das unsterbliche Verdienst Boyle's.

Sein Leben[3] war der Pflege der Naturwissenschaften, insbesondere der Chemie, geweiht; im Jahre 1626 (am 25. Januar) als vierzehntes Kind des *Earl of Cork* geboren, widmete er sich, nachdem er eine höchst

[1] Vgl. H. Kopp, Gesch. d Chemie I, 146 ff. Höfer, Hist. de la chimie II, 146 ff.

[2] Von dieser sagt Boyle, daß allein von ihr der Fortschritt alles nützlichen Wissens zu erwarten ist.

[3] Über Boyle's Leben und Wirken vergl. Thorpe's lebensvolle Schilderung in *Essays in historical chemistry* S. 1 ff.

sorgsame Erziehung in Eton genossen hatte, frühzeitig ernsten Studien in Genf und setzte dieselben in der Stille seines Landgutes Stalbridge fort, bis er nach Oxford (1654) übersiedelte, wo er mit namhaften Gelehrten in lebhaftesten Verkehr trat und einer Gesellschaft, dem *invisible college*, angehörte, deren Anregung wohl zur Gründung der *Royul Society* geführt hat. Von 1668 an lebte er in London, war dort, wie schon früher in Oxford, für die seit 1663 ins Leben getretene gelehrte Gesellschaft thätig, deren Präsident er im Jahre 1680 wurde und bis zu seinem Tode 1691 blieb. — Sein edler, allem Schein widerstrebender Charakter und die daraus fließende Bescheidenheit, sowie sein einfach religiöser Sinn haben bei der Mit- und Nachwelt Staunen und Bewunderung erregt. Welcher Gegensatz zwischen diesen Tugenden und der grobkörnigen Überhebung eines Paracelsus, der eigenen Wertschätzung van Helmont's und mancher anderer Gelehrten des iatrochemischen Zeitalters.

Boyle's Verdienste um die Entwickelung der Chemie liegen auf den verschiedensten Gebieten dieser letzteren. Einzelne wichtige Beobachtungen, durch die er die angewandte Chemie, die Kenntnis chemischer Verbindungen, die Analyse solcher, die Chemie der Gase, sowie die Pharmazie bereichert, ja in grundlegender Weise erweitert hat, sollen im speziellen Teile berücksichtigt werden. Hier handelt es sich um die allgemeine Bedeutung Boyle's und seiner theoretischen Ansichten für die Chemie.

Der Begriff Element, der vor ihm noch sehr schwankend und deshalb gänzlich unsicher war, erhielt durch Boyle eine festere Gestalt. In seinem Werke: *Chemista scepticus* (1661) trat er mit den Waffen der Kritik gegen die aristotelischen und die alchemistischen Elemente auf, die noch von vielen in der iatrochemischen Zeit angenommen worden waren. Er sprach als Grundsatz aus, daß die nachweisbaren, nicht zerlegbaren Bestandteile der Körper als Elemente zu betrachten seien; er hielt es für bedenklich, über die Elementareigenschaften im allgemeinen Ansichten aufzustellen, ohne eine feste Grundlage in den thatsächlichen Eigenschaften der Grundstoffe selbst gewonnen zu haben. Mit weitsehendem Blicke stellte er die Entdeckung einer viel größeren Zahl von Elementen in Aussicht, als damals angenommen wurden, und bestritt zugleich die einfache Natur mancher für Elemente gehaltener Stoffe.

Hand in Hand mit dieser von ihm angebahnten heilsamen Klärung der Ansichten über die Grundstoffe gingen fruchtbringende Vorstellungen über die Vereinigung der Elemente zu Verbindungen, sowie über die Verwandtschaft als Ursache der chemischen Vereinigung. Boyle sprach zuerst mit völliger Klarheit aus, daß eine chemische Verbindung Folge von der Vereinigung zweier Bestandteile sei, und daß sie ganz andere Eigenschaften besitze, als jeder der Komponenten für sich. Auf Grund dieses klaren Gedankens vermochte er einen scharfen Unterschied zwischen Gemengen und chemischen Verbindungen zu machen.

Zur Erklärung, warum eine Vereinigung oder Zersetzung von Körpern stattfindet, hatte Boyle eine *Korpuskulartheorie* aufgestellt, welche seinen Scharfsinn bekundete und zeigte, wie weit er seinen Zeitgenossen vorausgeeilt war. Nach seiner Ansicht bestehen alle Körper aus kleinsten Teilchen; die chemische Verbindung kommt durch Aneinanderlagerung der sich gegenseitig anziehenden Teilchen verschiedener Stoffe zu stande. Tritt mit dem neuen Körper ein anderer in Wechselwirkung, dessen kleinste Teilchen zu denen des einen Komponenten mehr Anziehung besitzen, als die Komponenten unter sich, dann erfolgt Zersetzung. Auf so einfache Weise suchte Boyle die Entstehung und Zerlegung chemischer Verbindungen zu erklären.

Keiner vor ihm hat das Hauptproblem der Chemie, die Erforschung der Zusammensetzung der Körper, so klar erfaßt und erfolgreich behandelt. Dabei hatte er den Boden der Erfahrung, des Experimentes unter den Füßen und konnte immer Beweise für die Wahrscheinlichkeit seiner Ansichten beibringen. Seinen Bemühungen, die Zusammensetzung der Körper zu ergründen, verdankt die analytische Chemie, die vor ihm kaum bestand, einen erfreulichen Aufschwung; ihm verdankt man die Feststellung des Begriffes der chemischen Reaktion. Von ihm scheint zuerst der Name *Analyse* in der seither üblichen Bedeutung gebraucht worden zu sein.

Der Frage nach der Ursache der Verbrennung und ähnlicher Erscheinungen wandte Boyle ebenfalls große Aufmerksamkeit zu, und wenn auch seine Versuche, dieselben zu erklären, wenig glücklich waren, so haben doch seine ausgezeichneten Experimente über die Rolle der Luft bei der Verbrennung die spätere Lösung des Problems wesentlich erleichtert. — Seine Beschäftigung mit Luft und Gasen führten ihn (1660) zur denkwürdigen Entdeckung des bekannten Gesetzes, daß die Gasvolume dem darauf lastenden Druck umgekehrt proportional sind (Mariotte entdeckte dasselbe von neuem 17 Jahre später).

Boyle's Schriften, die schon zu seinen Lebzeiten starke Verbreitung fanden, sind durch einfachen Stil und Klarheit des Ausdrucks ausgezeichnet; sie stehen in wohlthuendem Gegensatze zu den Werken mancher zeitgenössischer Chemiker, die durch eine bilderreiche geheimnisvolle Sprache den Mangel an klaren Gedanken und bestimmtem Wissen zu verdecken suchten. Außer mehreren Abhandlungen, welche in den *Philosophical transactions* veröffentlicht wurden, sind folgende Schriften Boyle's, die zugleich in englischer und lateinischer Sprache erschienen, namhaft zu machen: *Sceptical Chymist (Chemista scepticus)* (1661 zuerst anonym, dann in zahlreichen Ausgaben unter Boyle's Namen erschienen), *Tentamina quaedam physiologica* (1661), *Experimenta et considerationes de coloribus* (1663).

Aus dem Kreise regsamer Männer, welche mit Boyle vereint die Naturwissenschaften, insbesondere die Chemie, förderten, und von denen hier Willis, Hooke, Wren, Hawksbee kurz zu erwähnen sind, ist noch einer hervorzuheben, der, obwohl praktischer Arzt, doch gerade der Chemie durch seine Beobachtungen über die Verbrennung und die Verkalkung reichen Nutzen gebracht hat: John Mayow (geb. 1645). Seine Annahme, daß in der atmosphärischen Luft ein Körper[1] enthalten sei, der bei der Verkalkung von Metallen mit diesen sich vereinigt, auch im Salpeter vorhanden ist, sowie das Atmen unterhält und das venöse Blut zum arteriellen macht, mußte durch Vertiefung und Erweiterung der Beobachtungen, die dazu geführt hatten, zu der richtigen Deutung der Verbrennungsvorgänge leiten. Mayow's früher Tod (1679) ist vielleicht die Ursache gewesen, daß dies nicht geschah, und daß somit die Entwickelung der neuen Chemie wesentlich verzögert wurde.

Lemery und Homberg. — In Frankreich bildete die *Académie royale des sciences* den Vereinigungspunkt für die Chemie, die zur Zeit Boyle's namentlich während des letzten Viertels vom 17. Jahrhundert in Wilhelm Homberg und Nikolaus Lemery ihre Hauptvertreter hatte. Beide waren infolge ihrer guten Beobachtungsgabe vorwiegend für die Entwickelung der praktischen Chemie thätig, die besonders Homberg manchen wichtigen Zuwachs verdankte. In Bezug auf die wissenschaftliche Erklärung chemischer Prozesse stehen die Genannten weit unter Boyle; Homberg insbesondere war noch stark in alchemistischen Irrtümern befangen und hielt an der Annahme fest, die Körper beständen aus Schwefel, Quecksilber und Salz.

Lemery (geb. 1645) beteiligte sich selbständig kaum an der Behandlung theoretischer Fragen, wohl aber verstand er vortrefflich, die bekannten Thatsachen zu sichten und zusammenzustellen, wie das von ihm im Jahre 1675 herausgegebene Werk *Cours de Chymie*[2]

[1] Mayow nannte denselben *spiritus igno-aëreus* oder *nitro-aëreus*.

[2] Kurz vor der Herausgabe des *Cours de Chymie* waren in Paris zwei

zeigte, welches lange Zeit als das beste Lehrbuch der Chemie galt und eine so ausgedehnte Verbreitung fand, daß der Autor selbst 13 Auflagen desselben erlebte.

Hand in Hand mit diesem litterarischen Wirken Lemery's ging eine ersprießliche Lehrthätigkeit, die seine letzten 30 Lebensjahre ganz erfüllte, nachdem er früher infolge konfessioneller Wirren zu einer gleichmäßigen Bethätigung seiner Kenntnisse nicht hatte gelangen können.

Lemery bezeichnete die Chemie als eine „*demonstrative Wissenschaft*“ und versuchte demgemäß die chemischen Vorgänge durch passende Experimente zu erläutern. In theoretischen Fragen, z. B. in den Betrachtungen über Verbrennung, sowie über Zusammensetzung der Körper, schloß er sich meist den Ansichten Boyle's an.

Während also Lemery namentlich auf die wirksame Verbreitung seiner Wissenschaft bedacht war, hatte Homberg, welcher, 1652 geboren, nach einem unruhigen Leben und nach vielseitigen Studien eine bleibende Stätte in Paris fand, als Leibarzt und Alchemist des Herzogs von Orleans besonders günstige Gelegenheit, zahlreiche, teilweise wichtige Beobachtungen im Gebiete der praktischen Chemie zu machen; einige seiner Untersuchungen, z. B. über die Sättigung der Säuren durch Basen, enthielten fruchtbare Keime, die sich in der Hand später lebender Forscher gedeihlich entwickelt haben. — Die meisten Abhandlungen der beiden Männer, welche im gleichen Jahre, 1715, starben, sind in den Memoiren der französischen Akademie veröffentlicht.

Kunkel und Becher. — In Deutschland hatte die Chemie zur Zeit Boyle's ihren namhaftesten Vertreter in Kunkel, dem Becher anzureihen ist. Mit dem letzteren steht weiter Stahl in naher Beziehung, der Begründer der Phlogistontheorie, deren Keime sich schon in den Ansichten der beiden erstgenannten Männer finden.

Johann Kunkel, 1630 zu Rendsburg geboren, hat als geschickter Experimentator und scharfer Beobachter auf dem Gebiete der praktischen Chemie tüchtige Leistungen aufzuweisen. Ursprünglich Pharmazeut, neigte er sich frühzeitig der Alchemie zu, was für seine ganze Laufbahn entscheidend und verhängnisvoll wurde; er war zu redlich, um nicht zahlreiche Schwindeleien von Adepten zu

andere Lehrbücher, beide unter dem Titel: *Traité de chymie* erschienen, nämlich von Lefèvre (1660) und von Chr. Glaser (1663); unter letzterem hatte Lemery seine Studien begonnen. — Glaser's Buch behandelt vorwiegend die pharmazeutische, Lefèvre's Werk die theoretische Chemie, die übrigens dadurch nicht viel gewonnen hat.

durchschauen, aber doch so fest von der Möglichkeit der Metallveredelung überzeugt, daß er seine Lebensarbeit für dies Problem einsetzte. Als Alchemist im Dienste verschiedener Fürsten[1] thätig, denen er nicht das Gewünschte zu leisten vermochte, führte er ein unruhiges Leben, das er in Stockholm (1702) beschloß, wo er durch die Gunst Karl's XI. eine ehrenvollere Wirksamkeit, als ihm früher beschieden, gefunden hatte. — Kunkel's Vorurteile brachten es mit sich, daß seine Schriften von argen Irrtümern durchsetzt und durch alchemistisches Beiwerk geschädigt sind. Welch' ein Gegensatz zwischen ihm und Boyle! Während dieser die wahre Zusammensetzung der Körper, ihre nachweisbaren Bestandteile zu ermitteln suchte, glaubte Kunkel noch an den Gehalt aller Metalle an Quecksilber. Aber als Förderer der Experimentalchemie und somit der praktisch-chemischen Kenntnisse steht er darum doch in berechtigtem Ansehen.

Weniger für die Bereicherung dieser Seite seiner Wissenschaft, als für die theoretische Erklärung schon beobachteter Thatsachen wirkte etwa gleichzeitig Johann Joachim Becher (geb. 1635 zu Speyer, gest. 1682 zu London), der in seinem unstäten Lebenslaufe und in seinem Hange, Projekte zu machen, mit Kunkel manche Ähnlichkeit aufweist. Gleich diesem war er als Alchemist an verschiedenen Höfen (in Mainz, München, Wien) thätig, aber zu ehrlich, seine Gönner zu betrügen; infolge seiner freimütigen Offenheit konnte er sich nirgends lange halten. Seine kühnen Pläne zu technischen Anlagen verliefen fast immer im Sande; dieselben verraten nur zu sehr die mangelhaften praktisch-chemischen Kenntnisse ihres Urhebers. — In theoretischen Fragen über die Zusammensetzung der Körper versuchte Becher die alten Ansichten des Basilius und Paracelsus in veränderter Gestalt wieder zu beleben: an Stelle des Quecksilbers, Salzes und Schwefels traten drei „Erden“, aus welchen alle unorganischen („unterirdischen“) Körper bestehen sollen: die merkurialische, die verglasbare und die brennbare (*terra pinguis*). Von dem Mengenverhältnis, in welchem diese drei Grunderden zusammentreten, soll die Natur der Stoffe abhängen. Besonders wichtig war Becher's Auffassung, daß bei der Verbrennung von Körpern, resp. der Verkalkung der Metalle die *terra pinguis* entweiche, und daß in diesem Austreten die Ursache der Verbrennung liege; aus dieser Vorstellung entwickelte sich die Phlogistontheorie Stahl's. Auch die Ansichten Becher's über die Entstehung von

[1] Es seien genannt: die Herzöge von Lauenburg, Kurfürst Johann Georg von Sachsen und der große Kurfürst von Brandenburg.

Salzen und Säuren aus jenen Erden haben in den Köpfen seiner Nachfolger Anklang gefunden.

Diese theoretischen Anschauungen sind in Becher's erstem Werke, der *Physica subterranea* (1669) und in seinem letzten, den *Theses chymicae* (1682), niedergelegt. Zu besonderem Ansehen gelangten seine Lehrmeinungen durch Stahl, dessen Wirken zum größten Teil dem 18. Jahrhundert angehört, welches mit der von ihm aus jenen Spekulationen entwickelten Phlogistontheorie seine Signatur erhielt.

Stahl und die Phlogistontheorie.

Die Lehre der Verbrennungserscheinungen und analogen Vorgänge, welche durch die Annahme des hypothetischen *Phlogistons* ihre Erklärung finden sollen, ist für das 18. Jahrhundert der Mittelpunkt gewesen, um den sich die Chemiker der verschiedenen Länder scharten. Bis zum Auftreten Lavoisier's erhielt die Phlogistontheorie die Zustimmung der meisten Forscher.

Georg Ernst Stahl, im Jahre 1660 in Ansbach geboren, widmete sich dem Studium der Heilkunde und erlangte zu Jena, später in Halle, wohin er als Professor der Medizin und Chemie 1693 berufen war, das Ansehen eines ausgezeichneten akademischen Lehrers und Arztes. Im Jahre 1716 zum königlichen Leibarzt ernannt, siedelte er nach Berlin über, wo er bis zu seinem Tode (1734) erfolgreich für die Ausbreitung chemischer Kenntnisse wirkte. Er betrieb die Chemie in echt wissenschaftlichem Geiste; geleitet von dem Drange, die Wahrheit zu erforschen, wußte er für das gleiche Ziel begeisterte Schüler heranzuziehen. Die namhaftesten Chemiker, welche nach ihm in Berlin für die chemische Wissenschaft thätig waren, sind durch Stahl's Schule gegangen.

Schon bei seinen Lebzeiten wurden seine Lehrmeinungen, sowie eine Reihe wertvoller einzelner Beobachtungen durch seine Schriften, namentlich durch seine Vorträge, die verschiedene Schüler herausgaben, weit verbreitet.[1] Den größten Einfluß übte aber Stahl auf seine Zeitgenossen und die ihm nachfolgende Generation durch seine Phlogistontheorie aus, durch die seine übrigen chemischen Leistungen in den Hintergrund gedrängt wurden.

[1] Von Stahl's Werken sei die *Zymotechnia fundamentalis* etc. (1697), sein *Specimen Becherianum* etc. (1702), ferner „Zufällige Gedanken und nützliche Bedenken über den Streit von dem sogenannten *sulfure*" (1718) genannt. — Unter den Schülern Stahl's war namentlich Juncker für die Ausbreitung der Ansichten des Lehrers thätig.

Stahl hat selbst den engen Zusammenhang seiner Ansichten über Verbrennung und Verkalkung mit den Grundideen Becher's betont; er ging aber doch ganz anders zu Werke als dieser, wenngleich er seiner Lehre die Meinung desselben uber den verbrennlichen Bestandteil zu Grunde legte. Diese Annahme eines den brennbaren Körpern gemeinsamen Bestandteils (einer „Feuermaterie“, eines „Sulphur“ u. s. w.) war übrigens älter als die von Becher's *terra pinguis*, an welche Stahl unmittelbar anknüpfte, um auf Grund derselben die Phlogistontheorie aufzubauen. Diese ruht auf der Hypothese, daß die brennbaren Körper, zu denen auch die einer Verkalkung fähigen Metalle gerechnet wurden, das Phlogiston als gemeinsamen Bestandteil enthalten, der bei der Verbrennung und Verkalkung entweicht. Da sich, wie man meinte, alle einschlägigen Erscheinungen mit Hilfe einer solchen Annahme einfach erklären ließen, so hielt man nicht für nötig, den Nachweis der wirklichen Existenz des Phlogistons zu liefern. Stahl verstand es, mittels des letzteren eine große Zahl chemischer Vorgänge einheitlich zusammenzufassen und zu deuten. Je heftiger die Verbrennung eines Stoffes vor sich geht — so lehrte er —, desto reicher an Phlogiston ist derselbe; Kohle, welche sich vollständig verbrennen läßt, kann als nahezu reines Phlogiston betrachtet werden. Um die ursprünglichen Körper wieder herzustellen, muß man letzteres den Verbrennungsprodukten zuführen; auf solche Weise erklärt sich die „Wiederbelebung“ der Metalle aus ihren Kalken, welche nach Stahl's Auffassung aus ersteren durch Austritt von Phlogiston entstanden sind. Durch Erhitzen der Metallkalke mit Kohle vereinigt sich das in dieser reichlichst vorhandene Phlogiston mit denselben, so daß die Metalle wieder zum Vorschein kommen; demnach ist der Metallkalk Bestandteil des Metalles. Auf gleichem Trugschluß beruht Stahl's Annahme, daß der Schwefel aus Schwefelsäure und Phlogiston bestehe; er erblickt in der Bildung des Schwefels durch Erhitzen von Schwefelsäure, resp. schwefelsauren Salzen mit Kohle (Phlogiston) eine Synthese desselben und einen Beweis dafür, daß der Schwefel also zusammengesetzt ist. Der weiteren zwingenden Folgerung, daß die Verbrennungsprodukte als Bestandteile der ursprünglichen Körper leichter sein müssen als diese, wurde keine Bedeutung beigelegt. Die mancherlei Beobachtungen, daß dies nicht der Fall, daß z. B. mit der Verkalkung der Metalle eine Zunahme des Gewichtes letzterer verbunden ist, beachtete man nicht; solche Thatsachen sind es gewesen, die nach langen Kämpfen die Phlogistontheorie zu Falle gebracht haben.

Stahl muß das Verdienst zugesprochen werden, die Erscheinungen der Oxydation und Reduktion, wie man diese Vorgänge heute nennt, mit Hilfe einer allerdings irrigen Hypothese zusammengefaßt zu haben. Zufuhr von Phlogiston ist gleichbedeutend mit Reduktion, Entziehung oder Entweichung desselben deckt sich mit dem Begriff Oxydation. Die Analogie der Atmung und der Verwesung tierischer Stoffe mit der Verbrennung entging Stahl nicht; auch bei diesen Vorgängen wurde dem Phlogiston die Hauptrolle zugeteilt.

Der Wert seiner Theorie bestand demnach in der Deutung vieler Prozesse aus gemeinsamen Gesichtspunkten. Die Einfachheit der Erklärung blendete ihn selbst, sowie die ihm folgende Generation derart, daß sie alle die schroffen Widersprüche von Thatsachen mit der Phlogistonlehre nicht bemerkten. Trotzdem ist die letztere der Entwickelung der Chemie keineswegs nachteilig gewesen; denn die Chemiker, welche durch weittragende Entdeckungen ihre Wissenschaft ganz bedeutend bereichert haben, wie Black, Cavendish, Marggraf, Scheele, Bergman, Priestley, waren Phlogistiker in vollem Sinne des Wortes.

Hoffmann und Boerhave. — Bevor die weiteren Schicksale der Phlogistontheorie und im Zusammenhange damit der Zustand der Chemie jener Zeit zu schildern sind, muß der Wirksamkeit zweier Zeitgenossen Stahl's: Friedrich Hoffmann und Hermann Boerhave, gedacht werden, die zur Förderung chemischer Kenntnisse erheblich beigetragen haben. Beide, vorzügliche Ärzte, zugleich aber in der Chemie trefflich bewandert, sind nicht eigentlich Anhänger der Phlogistonlehre Stahl's gewesen, haben aber ähnliche Anschauungen über die Verbrennung gehegt.

Hoffmann, 1660, also in dem gleichen Jahre wie Stahl, in Halle geboren, war, nachdem er sich vorzügliche medizinische, mathematische und naturwissenschaftliche Kenntnisse erworben hatte, als praktischer Arzt, später als Professor der Heilkunde in Halle thätig und beschloß daselbst nach vorübergehendem Aufenthalt in Berlin sein Leben im Jahre 1742. Seine verdienstlichsten Leistungen gehören dem Gebiete der Medizin und der pharmazeutischen, bezw. analytischen Chemie an. Die in den Köpfen mancher Ärzte noch vorhandenen iatrochemischen Lehren des Sylvius und Tachenius bekämpfte er mit Erfolg dadurch, daß er das Ungereimte derselben aufdeckte und zeigte, zu welch' unsinnigen Folgerungen derartige Übertreibungen führten. Manche seiner Forschungen und Entdeckungen im Bereiche der pharmazeutischen und analytischen Chemie werden in der speziellen Geschichte dieser Zeit zu berühren sein. — Hoffmann's Auffassung der Verbrennungserscheinungen war der von Stahl sehr ähnlich; bezüglich der Verkalkung der Metalle und Reduktion der Metalloxyde äußerte er jedoch Ansichten, welche sich mehr den heutigen nähern; denn die Metallkalke sollten außer Metall ein *sal acidum* enthalten, welches bei ihrer Reduktion fortgehe. Durch eine derartige Annahme wurde die Gleichartigkeit der ähnlichen Vorgänge der Verbrennung und der Verkalkung aufgehoben; beide traten vielmehr in Gegensatz zu einander, und damit fiel der eigentliche Nutzen, den die Phlogistontheorie in sich schloß, fort. — Hoffmann war als Schriftsteller außerordentlich thätig, seine gesammelten Werke (*Opera omnia physico-medica)* zeigen Klarheit des Stils und Bestimmtheit des Ausdrucks.

Hermann Boerhave, 1668 in Voorhout bei Leiden geboren, ursprünglich für das Studium der Theologie bestimmt, widmete sich dem Fache der Heilkunde und eignete sich zugleich treffliche Kenntnisse in den Naturwissenschaften, speziell in der Chemie an. Seit 1709 konnte er als Professor der Medizin, Botanik und Chemie in Leiden seine vielseitige Bildung erfolgreich bethätigen und gelangte zu höchstem Ansehen; er starb daselbst im Jahre 1738.

Boerhave gehört der Geschichte der Chemie nicht wegen hervorragender Experimentaluntersuchungen an, sondern durch seine Gabe, mit außerordentlichem Scharfsinn die chemischen Erscheinungen von einem allgemeinen Gesichtspunkte aus zu betrachten und zusammenzufassen. Sein großes Lehrbuch: *Elementa chemiae* (1732) sollte die wichtigsten chemischen Arbeiten in sich schließen; es galt lange Zeit als trefflichster Leitfaden für das Studium der Chemie. Wohlthuend und zugleich erhebend ist seine Auffassung dieser letzteren, als einer durchaus selbständigen, sich keiner anderen unterordnenden Wissenschaft, welche die Erforschung und die Erkenntnis der chemischen Thatsachen zu erstreben hat. Dem entsprechend verurteilte er den Mißbrauch, welchen die Iatrochemiker mit der Chemie getrieben hatten. Den alchemistischen Bestrebungen trat er aber nicht scharf genug entgegen; bei seinem Bemühen, die Behauptungen der Alchemisten auf Stichhaltigkeit zu prüfen, glaubte er hin und wieder Bestätigung solcher Angaben zu finden, und war wohl infolge davon nicht abgeneigt, in Fällen, wo die Erfahrung noch nicht ihr letztes Wort gesprochen hatte, zu Gunsten der Adepten zu entscheiden. Andererseits widerlegte er manche Angaben, wie die über Fixierung von Quecksilber, sowie Bildung des letzteren aus Bleisalzen, und trug so zur Klärung und Berichtigung alchemistischer Ansichten und Behauptungen bei.

Mit der Phlogistontheorie scheint Boerhave in vielen Punkten übereingestimmt zu haben, wenigstens hat er keinen Widerspruch gegen die Grundansichten Stahl's ausgesprochen, wenn er auch nicht seine Annahme teilte, daß die Kalke der Metalle erdartige Elemente dieser seien. Mit der Frage nach dem bei der Verkalkung sich abspielenden Vorgange hat sich Boerhave gleich vielen anderen Forschern beschäftigt; ihm verdankt man die wichtige experimentelle Widerlegung der von Boyle u. a. aufgestellten Ansicht, daß bei diesem Prozesse wägbare Feuermaterie aufgenommen werde, durch welche die dabei beobachtete Gewichtszunahme der Metalle zu erklären sei.

Entwickelung der Chemie, insbesondere der Phlogistontheorie, seit Stahl.

In Deutschland offenbarte sich am unmittelbarsten der Einfluß der Stahl'schen Lehre, welche sich der fast ungeteilten Anerkennung der Chemiker zu erfreuen hatte, und zwar blieb Berlin der Mittelpunkt dieser Theorie. Von denen, die für sie eintraten und für ihre Verbreitung wirkten, nimmt Marggraf nach seinen wissenschaftlichen Verdiensten die hervorragendste Stelle ein. Mit Stahl gleichzeitig waren Kaspar Neumann (geb. 1683) und Johann Theodor Eller (geb. 1689) in der preußischen Hauptstadt thätige Anhänger der genannten Lehre. Beide waren als Professoren an der medizinisch-chirurgischen Bildungsanstalt der Ausbreitung und Verwertung chemischer Kenntnisse in hohem Maße förderlich. Ihre selbständigen Beobachtungen haben dagegen geringeren Wert; die Eller's bewegten sich vorwiegend auf medizinisch-physiologischem Gebiete und sind mit haltlosen Spekulationen reich durchsetzt. — Der eigentliche Nachfolger und Schüler Stahl's, Johann Heinrich Pott (1692 geb.), bereicherte die Chemie mit manchen nützlichen Wahrnehmungen; wenig Glück hatte er mit der Erklärung der letzteren, wie er z. B. die von ihm näher untersuchte Borsäure als aus Kupfervitriol und Borax bestehend ansah. Seiner unermüdlichen Ausdauer, die er beispielsweise bei seinen Versuchen, Porzellan zu bereiten, an den Tag legte, entsprach keineswegs der Erfolg. Der Phlogistonlehre zugethan, hat Pott keine neuen Stützen für dieselbe herbeigeschafft; über die Natur des Phlogistons selbst wußte er nicht mehr zu sagen, als daß dasselbe „eine Art Sulphur“ sei.

Andreas Sigismund Marggraf[1] (1709—1782) war in Deutschland der letzte und namhafteste Vertreter phlogistischer Anschauungen.

[1] Über sein Leben und Wirken s. A. W. Hofmann's anmutige „Erinnerungen aus der Berliner Vergangenheit“ S. 10 flg.

Ursprünglich für die Apothekerlaufbahn bestimmt, erwarb er sich als Assistent Neumann's und durch eifrige Studien auf den Hochschulen zu Frankfurt a. d. O., Straßburg, Halle, zuletzt an der Freiberger Bergakademie ausgebreitete chemische, pharmazeutische und hüttenmännische Kenntnisse und Erfahrungen, welche ihn zur Ausführung gediegener Untersuchungen befähigten; eine seltene Beobachtungsgabe unterstützte ihn dabei. Man braucht nur an seine wichtigen, in Anbetracht der damals noch höchst mangelhaften Analyse der Körper überraschenden Beobachtungen zu denken, an seine Arbeit über die Phosphorsäure, an den von ihm geführten Nachweis, daß die Thonerde und die sogen. Bittererde, die früher meist mit einander verwechselt wurden, verschiedene Körper sind, vor allem an seine Untersuchung des Saftes der Runkelrüben, in welchem er den Rohrzucker entdeckte (siehe spezielle Gesch. der neuen Zeit). Bei dieser Gelegenheit hat Marggraf das Mikroskop als wichtiges Hilfsmittel zum Nachweis charakteristischer Stoffe in die Chemie eingeführt.

Mit dem großen Talent, scharf zu beobachten, verband er die Gabe, auf Grund ruhiger Spekulation meist brauchbare Schlüsse aus seinen Wahrnehmungen zu ziehen. In einem Punkte jedoch war Marggraf, wie alle Phlogistiker, nicht imstande, den allein richtigen Schluß aus seinen Versuchen abzuleiten: obwohl er selbst die Gewichtszunahme, welche der Phosphor durch Übergang in Phosphorsäure erfährt, erwiesen hatte, konnte er sich dennoch nicht von der Vorstellung losmachen, daß bei diesem Verbrennungsvorgange Phlogiston entweiche. Von der Irrigkeit dieser Auffassung ließ er sich nicht abbringen, obgleich mehrere Jahre vor seinem Tode die antiphlogistische Lehre bekannt wurde. — Marggraf's Abhandlungen sind fast sämtlich in den Denkschriften der Berliner Akademie enthalten; eine Sonderausgabe der meisten erschien zu seinen Lebzeiten in zwei Bänden unter dem Titel: *Chemische Schriften.*

Französische Phlogistiker. — In Frankreich besaß während des 18. Jahrhunderts bis zum Sturz des phlogistischen Systems die Chemie in Geoffroy, Duhamel, Rouelle und Macquer ihre Hauptvertreter, welche im wesentlichen die Anschauungen Stahl's teilten. Dieselben haben die Chemie mit wichtigen Thatsachen, sowie hin und wieder durch Aufstellung brauchbarer theoretischer Ansichten bereichert.

Stephan Franz Geoffroy (der ältere, zum Unterschied von seinem jüngeren, weniger bedeutenden Bruder Claude Joseph, dessen Arbeiten sich vorzüglich auf pharmazeutisch-chemischem Gebiete bewegten), zu Paris 1672 geboren, in der Apotheke seines Vaters groß geworden, widmete sich chemischen, sowie medizinischen Studien und war seit 1712 als Professor der Medizin am *Jardin des plantes* bis zu seinem Tode (1731) mit großem Erfolge thätig. Geoffroy hat sich allgemeiner durch seine Untersuchungen über die chemische Verwandtschaft bekannt gemacht; seine *Tables des rapports* (Verwandtschaftstafeln), in denen die Ergebnisse seiner wichtigsten Beobachtungen zusammengefaßt sind, haben einen nachhaltigen Einfluß auf die Affinitätslehre ausgeübt. — Seine sonstigen theoretischen Ansichten waren weniger glücklich, wie er z. B. das in den Pflanzenaschen aufgefundene Eisen als künstliches, durch den Glühprozeß erzeugtes, betrachtete. In Fragen der Verbrennung und Verkalkung stand er der Auffassung Stahl's sehr nahe; die Metalle z. B. sah er als zusammengesetzt aus Erden und einer Art Schwefel an. — Ein wirkliches Verdienst erwarb sich Geoffroy durch seinen energischen Angriff auf die alchemistischen Schwindeleien, die er in seiner der französischen Akademie vorgelegten Denkschrift: „*Des supercheries concernant la pierre philosophale*“ beleuchtete.

Geoffroy's Abhandlungen sind theils in den *Philosophical transactions*, teils in den Memoiren der Pariser Akademie niedergelegt. Sein lange Zeit berühmtes Werk: *Tractatus de materia medica* läßt erkennen, wie hoch er die Chemie als Hilfswissenschaft der Medizin geschätzt hat.

Duhamel de Monceau (geb. 1700, gest. 1781) aus der Schule Lemery's und Geoffroy's hervorgegangen, verbrachte sein ganzes Leben in Paris, wo er durch seine vielseitige Thätigkeit zu hohem Ansehen gelangte. In der That bewegen sich die gediegenen Arbeiten dieses Mannes auf den Gebieten der Physik, Meteorologie, Physiologie, Botanik und namentlich der Chemie in ihrer Anwendung auf Agrikultur, Technik, sowie der reinen Chemie. Hier ist namentlich hervorzuheben, daß er den bestimmten Nachweis der Verschiedenheit des Kalis von dem Natron lieferte, indem er das letztere in reinem Zustande darstellte und untersuchte, auch zeigte, daß es die Base von dem Steinsalz, Borax, Glaubersalz und der Soda sei. Die ersten Vorschläge, Soda künstlich aus Steinsalz zu bereiten, rühren von ihm her und verraten seinen weit ausschauenden Blick.

Während Duhamel als Akademiker nur seinen Arbeiten lebte, war Wilhelm Franz Rouelle (geb. 1703, gest. 1770) vorzugsweise als anregender Lehrer[1] der Chemie thätig und hat einige hervor-

[1] Die mancherlei Überlieferungen, welche über die Thätigkeit Rouelle's

ragende Schüler, insbesondere Lavoisier und Proust, herangebildet. Aber auch als selbständiger Forscher bethätigte sich derselbe, wie manche treffliche Beobachtungen und die aus diesen gezogenen Schlüsse lehren. Rouelle stellte zuerst in umfassender Weise — mehr als van Helmont und Tachenius dies gethan — den Begriff Salz fest (in den Memoiren der Akademie für 1745). Die Zusammensetzung eines Körpers allein war nach ihm maßgebend dafür, ob derselbe zu den Salzen gehörte; diese werden durch Vereinigung von Säuren jeglicher Art mit verschiedensten Basen erzeugt; neben den neutralen Salzen unterschied er saure und basische. Mit so klaren Ansichten war Rouelle seinen Zeitgenossen weit vorangeeilt.

Zu diesen gehörte Peter Joseph Macquer (geb. 1718, gest. 1784), dessen Lehrthätigkeit am *Jardin des plantes* ebenfalls eine ersprießliche gewesen ist; auch durch seine Lehrbücher[1] hat derselbe die Verbreitung chemischer Kenntnisse wirksam gefördert. Seine selbständigen Leistungen sind weniger im Gebiet der theoretischen, als vielmehr in dem der angewandten Chemie zu suchen, die ihm schätzbare Erweiterungen verdankt (namentlich die Porzellanbereitung und Färberei).

Von Beginn seiner Laufbahn an war Macquer Phlogistiker und suchte eifrigst die mehr und mehr sich häufenden Widersprüche zwischen Theorie und Thatsachen fortzuräumen; die Gewichtsverhältnisse wurden von ihm nicht beachtet, denn nur so konnte er die Hypothese des Phlogistons aufrecht erhalten. Selbst als die letztere einige Jahre vor seinem Tode als unhaltbar und irrig erwiesen war, vermochte er sich nicht von ihr loszusagen.

Englische und schwedische Phlogistiker. — Auch in den beiden Ländern England und Schweden, wo die Chemie im 18. Jahr-

als Lehrer erhalten sind, machen es möglich, Einblick zu gewinnen in die damaligen Verhältnisse des chemischen Unterrichts, sowie sich die merkwürdige Persönlichkeit des Mannes zu vergegenwärtigen. — Die Vorlesungen über Chemie wurden in Paris zu jener Zeit von zwei Dozenten gehalten, von denen der eine über die Theorie chemischer Prozesse vortrug, der andere, im Anschluß daran, deren praktische Ausführung vorführte und erläuterte. Während jener (Bourdelin) durch seine abstrakten Betrachtungen seine Zuhörer ermüdete, begeisterte der Praktiker Rouelle dieselben durch die Lebhaftigkeit seines Vortrags, wobei er häufig so sehr ins Feuer geriet, daß er sich seiner Perrücke und einzelner Kleidungsstücke entledigte (vergl. Höfer, Hist. de la chimie II, 378).

[1] Hervorzuheben sind seine: *Elements de chymie théorique* (1749) und *Elements de chymie pratique* (1751), ferner sein *Dictionnaire de chymie* (1778).

hundert eifrigste Pflege genoß, sind die namhaftesten Forscher, denen die Wissenschaft einen außerordentlich reichen Zuwachs an wichtigen Thatsachen zu verdanken hat, fast ausnahmslos der phlogistischen Ansicht treu geblieben; und gerade durch die Forschungen dieser Männer, insbesondere Black, Cavendish, Priestley, Scheele und Bergman, wurde das Fundament der Phlogistontheorie erschüttert.

Joseph Black (geb. 1728, gest. 1799, als Professor zu Glasgow und Edinburg thätig) hat durch seine ausgezeichneten Experimentaluntersuchungen, welche in den *Philosophical transactions* veröffentlicht wurden, namentlich durch seine für jene Zeit meisterhaften, mit großem Scharfsinn angestellten und gedeuteten Versuche über die Kohlensäure und ihre Verbindungen mit Alkalien, sowie Erden, die Chemie mächtig gefördert. Seine Beobachtungen führten zur sicheren Kenntnis von Vorgängen, welche früher ganz falsch erklärt worden waren; sie lenkten insbesondere die Aufmerksamkeit der Forscher auf die Gase. Die Beschäftigung mit diesen leitete die Chemie in neue Bahnen und wurde Vorbedingung für das neueste Zeitalter derselben. Black hat außerdem der Physik ein neues Gebiet erschlossen durch seine Entdeckung der latenten Wärme (1762), wobei er seine Kunst zu experimentieren in glänzendster Weise bethätigte.[1]

Um seine Bedeutung in Vergleich mit Chemikern, die sich vor ihm mit ähnlichen Fragen, wie er, beschäftigt haben, zu würdigen, braucht man nur seine Untersuchungen über die alkalischen Erden und die Alkalien ins Auge zu fassen. Die kohlensauren Verbindungen derselben wurden vor Black für einfache Körper gehalten; man nahm weiter an, daß durch Brennen des Kalksteins Feuermaterie aufgenommen werde, die beim Kaustisieren von Soda und Pottasche mittels Kalk auf diese übergehe. Black bewies durch seine Versuche, daß umgekehrt beim Glühen des Kalksteins und der *Magnesia alba* etwas fortgehe, was einen Gewichtsverlust herbeiführe und identisch sei mit dem *gas sylvestre* van Helmont's. Dieses Gas, von ihm *fixe Luft* genannt, weil es von den ätzenden Alkalien, Kalk etc. gebunden oder *fixiert* wird, ist, wie er nachwies, auch in den milden Alkalien enthalten; diese werden zu ätzenden, wenn ihnen die Kohlensäure durch Kalk oder Magnesia entzogen wird. In dieser wahrhaft klassischen Untersuchung begegnet man Methoden, die das Gepräge einer neuen Richtung an sich tragen. — Daß Black den Gewichtsverhältnissen der in Reaktion tretenden Stoffe große Auf-

[1] Unabhängig von Black hat der schwedische Physiker J. C. Wilcke die latente Wärme entdeckt.

merksamkeit geschenkt hat, ergiebt sich aus allen seinen Versuchen; so ist es begreiflich, daß er, nachdem infolge der Entdeckung des Sauerstoffs die richtige Erklärung der Verbrennung und ähnlicher Vorgänge möglich geworden war, sich von der Phlogistontheorie abwandte und der Lehre Lavoisier's zustimmte.

Black hat durch seine grundlegenden Arbeiten zahlreiche Irrtümer beseitigt und dadurch der endgültigen Erkenntnis von der wahren Zusammensetzung wichtiger chemischer Verbindungen vorgearbeitet. Trotzdem wurden die klaren Folgerungen aus seinen Versuchen über die Kaustizität von vielen Chemikern seiner Zeit bemängelt, ja deren Richtigkeit bestritten; es ist befremdlich zu sehen, daß selbst ein Lavoisier sich nicht hat entschließen können, in einem Berichte über diese Frage Black's Verdienst unumwunden anzuerkennen, daß er vielmehr sich eher auf die Seite der Gegner desselben stellte, die in Wirklichkeit keines seiner Argumente entkräftet hatten.

Black hatte in seinem Landsmanne Heinrich Cavendish einen vorzüglichen Mitarbeiter, welcher zwar unabhängig von ihm, aber doch in ganz ähnlicher Richtung und mit gleichem Scharfsinn die Chemie bearbeitete und bereicherte. Derselbe, 1731 in Nizza geboren, widmete seine Kräfte in aller Stille, deshalb nicht minder wirksam, den Naturwissenschaften, in denen er, gestützt auf gründlichste Studien, heimisch war; insbesondere galt dies von der Physik und Chemie; er ist im Jahre 1810 in London gestorben.[1] Über sein Leben läßt sich kaum etwas sagen, da er als menschenscheuer Einsiedler vor jeder Berührung mit der Öffentlichkeit fast ängstlich zurückwich, also auch nur widerstrebend seine bedeutungsvollen Arbeiten veröffentlichte; so kam es, daß viele wertvolle Beobachtungen Jahrzehnte später bekannt wurden. — Trotzdem ihm ein immenses Vermögen zufiel, blieb er seiner einfachen Lebensweise treu.

Durch seine vom physikalischen, sowie chemischen Standpunkte aus wichtigen, für jene Zeit meisterhaften Untersuchungen über den Wasserstoff (*inflammable air*), den er zuerst als ganz eigentümlichen, von anderen Gasen verschiedenen Körper kennen lehrte, sowie über die Kohlensäure wurde er einer der Begründer der pneumatischen Chemie und somit der neuen Ära. Seinem Scharfsinn verdankt man den außerordentlich wichtigen Nachweis, daß das

[1] Über das Leben und das eigentümliche Wesen Cavendish' giebt eine Biographie von Wilson: Life of the Honourable H. C. Cavendish (1848) Aufschluß. Vergl. auch den geistvollen Aufsatz von Thorpe in *Essays in historical chemistry* (S. 70 flg.).

Wasser aus Wasserstoff und Sauerstoff besteht, ferner den, daß die atmosphärische Luft ein konstant zusammengesetztes Gemenge von Stickstoff und Sauerstoff ist, daß die Salpetersäure sich durch Vereinigung der beiden letzteren Gase herstellen läßt: Entdeckungen von der größten Tragweite. Durch dieselben schuf Cavendish selbst das mächtigste Werkzeug zum Sturz der Phlogistontheorie. Und dennoch sehen wir ihn bei dieser beharren. Sein Widerstreben gegen die antiphlogistische Lehre, die er durch seine Forschungen begründen half, läßt sich nur dadurch deuten, daß er die Gewichtsverhältnisse bei den Verbrennungsprozessen nicht streng genug berücksichtigte und die letzteren auf eine ihm genügend erscheinende Art erklärte, indem er nämlich den Wasserstoff für identisch mit Phlogiston hielt.

Cavendish hat übrigens gerade bei seinen Untersuchungen über Gase, deren spezifisches Gewicht und Volumverhältnisse bei chemischen Reaktionen er feststellte, eine staunenerregende Genauigkeit bethätigt. Mit welchem Scharfsinn er physikalische Experimente auszudenken und anzustellen verstand, ergiebt sich aus seinen Arbeiten über die spezifische Wärme von Metallen, sowie aus dem von ihm zuerst erfolgreich ausgeführten Versuch, das spezifische Gewicht der Erde zu ermitteln. In Anbetracht dieser außerordentlichen Vielseitigkeit und seiner gründlichen mathematischen Bildung muß man um so mehr staunen, daß Cavendish den Gewichtsverhältnissen bei chemischen Reaktionen zu geringen Wert beigemessen hat.

Der eifrigste Vorkämpfer für die phlogistische Auffassung war in jener Zeit Joseph Priestley, dem die Chemie der Gase außerordentlich viele neue Beobachtungen und wichtige Entdeckungen verdankt. Ein excentrischer Kopf, in dem sich phantastische Spekulationen mit einfach kindlichem Sinne gepaart fanden, hat Priestley wie kein anderer bis an sein in den Anfang dieses Jahrhunderts fallendes Lebensende (1804) die antiphlogistischen Lehren bekämpft, obwohl gerade seine Versuche häufig zur Stärkung, ja zur Begründung jener gedient haben. Ganz im Gegensatz zu dem ruhigen, allein der Wissenschaft gewidmeten Dasein von Black und und namentlich von Cavendish war Priestley ein unstätes, an Wechselfällen, ja an Verfolgungen reiches Leben[1] beschieden, meist wohl infolge seiner Stellung als freier Prediger gegenüber der englischen Kirche. Sein eigentliches Studium war das der Theologie ge-

[1] Über Priestley's Leben und seine vielseitige Thätigkeit giebt der treffliche Vortrag Thorpe's in seinen *Essays* S. 28 flg. reichen Aufschluß. Vergl. ferner Priestley's Briefe (*Scientific Correspondence*) herausgegeben von H. C. Bolton (New York 1892).

wesen, und erst spät kam er mit naturwissenschaftlichen Fragen näher in Berührung. Geboren i. J. 1733 in Fieldhead bei Leeds mußte Priestley, nach einer kümmerlichen Jugendzeit, als Sprachlehrer — er vermochte in Latein, Griechisch, Französisch, Italienisch, Hebräisch Unterricht zu erteilen — als Prediger mühsam sein Brot erwerben. Seine Vielseitigkeit erhellt ferner aus der Thatsache, daß er gelegentlich Vorträge über Logik, Geschichte, Gesetzeskunde, Anatomie u. a. hielt. Seine zahlreichen philosophischen und theologischen, z. Tl. sehr umfangreichen Werke sind wohl ganz in Vergessenheit geraten, obwohl Priestley selbst sie für seine besten Leistungen hielt. — Die nähere Bekanntschaft mit Benj. Franklin führte ihn zu naturwissenschaftlichen Forschungen. Seine *Geschichte der Elektrizität* entstand. Dank einer günstigen Privatstellung (bei Lord Shelburne) fand er Muße zu chemischen Arbeiten, deren wichtigste in diese Zeit (1772—1779) fielen. — Bald darauf mußte sich Priestley entschließen, nach Amerika auszuwandern, da er, als Prediger einer Dissidentengemeinde in Birmingham, zu einer Bewegung Anlaß gegeben hatte, die in offenen Aufstand des Pöbels ausartete und sich mit aller Schärfe gegen ihn richtete. So viel Dilettantisches sich in der Art, wie Priestley naturwissenschaftliche Fragen behandelte, offenbart, so fesselt doch sein ganzes Wesen durch den Reiz großer Originalität und Gedankenschärfe.

Ausgestattet mit einer ungewöhnlichen Gabe zu experimentieren und zu beobachten, wußte Priestley, obwohl ihm eine gründliche naturwissenschaftliche Bildung fehlte, die schwierigsten Probleme der pneumatischen Chemie zu behandeln. Die meisten Gasarten, die vor ihm — mit Ausnahme der Kohlensäure und des Wasserstoffes — so gut wie nicht bekannt waren, hat er dargestellt und untersucht. Unter allen seinen Entdeckungen ragt die des Sauerstoffes hervor (1774), über welche noch zu berichten ist. Nur Scheele hat früher als er die gleichen Beobachtungen gemacht, ohne jedoch sie schnell genug zu veröffentlichen.

Priestley's schöne Versuche mit Sauerstoff führten ihn jedoch nicht zur richtigen Deutung der Verbrennungsvorgänge, im Gegenteil blieb er, wie schon erwähnt, der Phlogistonlehre treu. Die irrige Auffassung jener und ähnlicher Prozesse hinderte ihn nicht, aus seinen Beobachtungen scharfsinnige Schlüsse bezüglich des Kreislaufes zu ziehen, dem der Sauerstoff in der organischen Welt durch den Stoffwechsel der Tiere und Pflanzen unterliegt, also die Erklärung eines weit verwickelteren Vorganges anzubahnen, als der einer einfachen Verbrennung ist, die er, gebannt durch eine irrige Hypothese, nicht zu deuten vermochte.

Zu gleicher Zeit mit den drei zuletzt besprochenen englischen Chemikern waren in Schweden zwei hervorragende Forscher. Torbern Bergman und Karl Wilhelm Scheele, beide im Sinne und Geiste der phlogistischen Betrachtungsweise thätig, und doch wurde diese gerade durch ihre glänzenden Entdeckungen und gediegenen Beobachtungen tief untergraben, so daß ihre Beseitigung unvermeidlich war. — Bergman hatte sich durch gründliches Studium der Naturwissenschaften und Mathematik so vielseitige Kenntnisse erworben, daß er als Professor der Physik, Mineralogie und Chemie in diesen von ihm gepflegten Disziplinen gleich tüchtige Leistungen aufweisen und treffliche Schüler heranbilden konnte. Geboren im Jahre 1735 hat er, wohl infolge von übermäßigem Arbeiten bei schwächlicher Konstitution, ein Alter von nur 49 Jahren erreicht. Seine wichtigsten Verdienste um die Chemie, der er seit 1767 seine Hauptkräfte weihte, liegen im Bereiche der Analyse, die er durch wichtige Methoden bereicherte und systematisch behandelte. Er verstand es vortrefflich, seine chemischen Erfahrungen zur Bestimmung und Klassifizierung der Mineralien nutzbar zu machen und legte dadurch den Grund zur mineralogischen Chemie und chemischen Geologie. — Die Betrachtungen über die bei Verbindungen und Zersetzungen sich äußernde chemische Verwandtschaft gewannen durch ihn an Bestimmtheit und Klarheit; der wissenschaftliche Charakter der Chemie wurde durch solche Bemühungen und Versuche bedeutend gehoben, der Überblick über die chemischen Vorgänge wesentlich erleichtert. Einzelheiten aus diesen Untersuchungen Bergman's sollen weiterhin hervorgehoben werden. — Seine Abhandlungen erschienen ursprünglich in den Akademieschriften von Stockholm und Upsala; sie wurden zusammengefaßt und unter dem Titel: *Opuscula physica et chemica* in 5 Bänden (1779—1788) herausgegeben.

Karl Wilhelm Scheele gehört zu den hervorragendsten Chemikern aller Zeiten; sein Ruhm wird nicht dadurch getrübt, daß er bis an sein Lebensende eifriger Anhänger der Phlogistonlehre geblieben ist. Denn obwohl er im Banne derselben verharrte, trotz ungünstiger Verhältnisse, in denen er lebte, und trotz der kurzen Dauer seines Lebens hat derselbe der von ihm gepflegten Wissenschaft dennoch eine Fülle neuer Beobachtungen, darunter die wichtigsten Entdeckungen, zugeführt, die noch den folgenden Generationen zu einem reich fließenden Quell von experimentellen Arbeiten und theoretischen Erörterungen geworden sind.

Über Scheele's Leben und seine wissenschaftlichen Thaten hat das jüngst von A. E. Nordenskiöld herausgegebene Werk: Carl Wilhelm Scheele. Nachgelassene Briefe und Aufzeichnungen (Stockholm 1892) hellstes Licht verbreitet. Die früheren biographischen Arbeiten von Crell, Sjöstén-Wilcke u. a. sind durch jenes wesentlich ergänzt worden, und namentlich hat man in die Entstehungsweise und Zeit der großartigen Entdeckungen Scheele's erst vollsten Einblick gewonnen; zugleich erfährt man, wie viele seiner Beobachtungen von großer Tragweite unbekannt geblieben sind.

Scheele, am 9. Dezember 1742 zu Stralsund, in dem damaligen Schwedisch-Pommern, geboren, begann im 15. Lebensjahre seine Lehrzeit bei dem Apotheker Bauch in Gothenburg, der bald die Begabung des Jünglings erkannte und würdigte. Fast nur auf einige veraltete Lehrbücher und auf das ziemlich reiche chemische Inventar der Apotheke angewiesen, machte sich Scheele durch unermüdliches Experimentieren mit den Eigenschaften und Reaktionen zahlreicher Körper so vertraut, daß er bei der Übersiedelung nach Malmö (1765), wenn auch noch als Lehrling, schon die meisten damaligen Chemiker an Erfahrungen überragte. In Malmö und seinen späteren Stellungen (1768—1770 Stockholm, 1770—1775 Upsala) erweiterte er seine Kenntnisse in den wichtigsten Gebieten der Chemie, ohne zunächst so bekannt zu werden, wie er es verdiente. Erst als er durch Vermittelung Gahn's mit Bergman in nähere Beziehung getreten war und sich aus einer zuerst vorhandenen Spannung und Verstimmung ein freundschaftliches Verhältnis zwischen beiden entwickelte, gelangte Scheele zu immer wachsender Anerkennung. Je mehr er sich seit der Übernahme der Apotheke in Köping (1775) wissenschaftlichen Arbeiten widmen konnte, desto glänzender waren die Ergebnisse derselben. In rascher Folge erschienen seine Untersuchungen in den Schriften der Stockholmer Akademie, die ihn, den *„studiosus pharmaciae"*, als Mitglied (1775) aufgenommen hatte; seine Versuche über Luft, Sauerstoff, Verbrennung und Atmung veröffentlichte er in dem 1777 erschienenen Werke: *Chemische Abhandlung von der Luft und dem Feuer.* Erst nach seinem Tode, der ihn schon im kaum vollendeten 44. Lebensjahre ereilte, wurden alle seine Abhandlungen herausgegeben, in deutscher Sprache von Hermbstädt (2 Bände. Berlin 1793): *„Sämmtliche physische und chemische Werke."*

Nicht nur als Forscher und Entdecker, auch als edler, anspruchsloser Mensch erregt Scheele unsere höchste Bewunderung. Sein Streben und Ziel war Erforschung der Wahrheit. Aus seinen Briefen tritt uns seine hohe wissenschaftliche Auffassung, sein echt philosophischer Sinn, seine einfache Denkweise in wohlthuendster Weise entgegen. *„Es ist ja nur die Wahrheit, die wir wissen wollen, und* *welche Freude bereitet es nicht, sie erforscht zu haben"*, mit diesen Worten kennzeichnet er selbst seine Bestrebungen.

Ohne auf die Einzelheiten seiner vielseitigen Untersuchungen einzugehen, soll hier nur im allgemeinen eine Darlegung seiner wissenschaftlichen Thätigkeit folgen, insofern die wichtigsten seiner Leistungen kurz zu berühren sind.

Mit einer geradezu wunderbaren Gabe, zu beobachten, ausgestattet, verstand es Scheele, seine mit so geringen Mitteln angestellten Versuche zum Sprechen zu bringen. Einen glänzenden Beweis dafür liefert seine Arbeit über den Braunstein (*de magnesia nigra*), welchen manche namhafte Forscher vor ihm zum Gegenstand ihres Studiums gemacht hatten, ohne über seine Natur ins Klare gekommen zu sein. Scheele entdeckte dabei in raschem Siegeslauf vier neue Substanzen, das Chlor, den Sauerstoff, das Mangan und die Baryterde, von denen namentlich die zwei ersteren von größter Bedeutung für die Auffassung chemischer Prozesse waren.

Die Art, wie er den Sauerstoff und schon zuvor eine lange Reihe bisher unbekannter Gase isoliert und gekennzeichnet hat, zeigt uns Scheele als großartigen Experimentator. Ebenso bethätigt er sich als unvergleichlicher Beobachter bei Auffindung analytischer Methoden und bei Erschließung ganz neuer Gebiete der unorganischen Chemie (s. spezielle Gesch.). Ihm wurde zuerst das Bestehen der verschiedenen Oxydationsstufen der Metalle, wie Eisen, Kupfer, Quecksilber, klar, trotzdem er die Hypothese des Phlogistons bei der Deutung ihrer Zusammensetzung festhielt. Mit solcher Erkenntnis war er Lavoisier, Proust u. a. weit vorangeeilt.

In erstaunlichster Weise bethätigte Scheele sein Entdeckergenie im Gebiete der kaum noch bebauten organischen Chemie; überall neue Wege zur Isolierung von Produkten des pflanzlichen und tierischen Stoffwechsels auffindend, stellte er eine große Zahl bisher unbekannter Säuren und anderer organischer Stoffe dar. So war Scheele fast in jedem Teile der Chemie bahnbrechend thätig, in Beobachtung und scharfem Erfassen von Thatsachen unvergleichlich, in der Deutung dieser allerdings nicht glücklich, da er sich von dem Grundirrtum der Phlogistontheorie nicht freimachen konnte. Wir werden den einzelnen Entdeckungen Scheele's in den verschiedenen Abschnitten der speziellen Geschichte der Chemie begegnen.

Um den Zustand der phlogistischen Lehre in dem 7. und 8. Jahrzehnt des vorigen Jahrhunderts, also kurz vor ihrem Zusammenbruche, deutlich zu erkennen und würdigen, muß zunächst die Entwickelung eines speziellen Teiles der Chemie, nämlich der pneumatischen, bis zu dieser Zeit besprochen werden. Die Beschäftigung mit den Gasen, insbesondere die Erkenntnis ihrer Eigenschaften und ihres Verhaltens, hat schließlich zur richtigen Erklärung der Verbrennungserscheinungen geführt. Mit diesen Betrachtungen treten wir ein in die spezielle Geschichte des phlogistischen Zeitalters.

Entwickelung einzelner Zweige der theoretischen und praktischen Chemie im Zeitalter der Phlogistontheorie.

Die pneumatische Chemie und ihre Beziehungen zur Phlogistonlehre.[1] — Welchen Einfluß die nähere Erforschung der Gase, insbesondere die des Sauerstoffes, auf die Gestaltung der Chemie ausgeübt hat, ist genugsam bekannt. Das Sauerstoffgas bildet gewissermaßen den Mittelpunkt der chemischen Forschung in dem letzten Viertel des vorigen Jahrhunderts, da zunächst durch die Erkenntnis seiner Rolle bei der Verbrennung und ähnlichen Vorgängen eine Lehre beseitigt wurde, die ein Jahrhundert lang alle theoretischen Anschauungen beherrscht hatte, sodann aber mit dem Studium der Sauerstoffverbindungen die wichtigsten Folgen verknüpft waren, insofern sich daraus die Atomtheorie entwickelt hat.

Die Verdienste der Männer, welche durch ihre Beobachtungen die Chemie der Gase am kräftigsten gefördert haben, sind schon oben im allgemeinen hervorgehoben worden; hier gilt es, wichtige Einzelbeobachtungen derselben und einiger anderer aufzuzeichnen. Boyle's Versuche schlossen zwar denen van Helmont's gegenüber durch die Art, die Gase aufzusammeln und mit ihnen umzugehen, einen erheblichen Fortschritt in sich, jedoch war er gleich seinen Zeitgenossen noch nicht völlig sicher, ob die Kohlensäure und der Wasserstoff, deren charakteristische Eigenschaften er kannte, wesentlich verschieden von Luft seien. Diese Unsicherheit haftete auch den Untersuchungen von späteren Forschern, z. B. Hales an; in den Köpfen der Chemiker hatte sich die falsche Auffassung festgesetzt, die Gase seien gewöhnliche Luft mit verschiedenartigen Beimengungen. Black kommt das Verdienst zu, zuerst für die Kohlensäure die bestimmte Verschiedenheit dieses Gases von der Luft bewiesen zu haben, dadurch, daß er die „Fixierung“ desselben durch ätzende Alkalien zeigte. Cavendish, der den Wasserstoff als eigenartiges Gas erkannte, trug zur vollständigen Beseitigung jenes Irrtums bei. Daß Scheele schon um 1770 zahlreiche Gase entdeckt und als eigenartige Körper erkannt hatte, ist durch seine

[1] Vergl. H. Kopp, Gesch. der Chemie III, 175 ff. Höfer, Histoire etc. II.

nachgelassenen Briefe und Aufzeichnungen (s. oben S. 107) klar erwiesen. Der in vorzüglicher Weise obige Arbeiten ergänzenden Untersuchungen der Kohlensäure durch Bergman (1774) sei hier noch kurz gedacht.

Die Methode, Gase aufzusammeln, hatte sich erheblich verbessert, seitdem durch Hales und vor ihm durch den wenig bekannten Moitrel d'Élément die Trennung des Entwickelungsgefäßes von dem Rezipienten bewerkstelligt war. Man lernte die Luft als ein meßbares Fluidum kennen, das Gewicht hat und gleich anderen Flüssigkeiten aus einem Gefäß in ein anderes übergefüllt werden kann. Die Apparate, deren sich Black, Priestley, Scheele und andere bedienten, endlich die heute gebrauchten Vorrichtungen haben sich aus dem Apparat von Hales allmählich entwickelt. Priestley beschrieb zuerst die Anwendung von Quecksilber zum Absperren von Gasen und gelangte mittels dieses Kunstgriffes zur Auffindung solcher Gase, welche man, so lange mit Wasser statt mit Quecksilber abgesperrt wurde, übersehen hatte: des Ammoniaks, Chlorwasserstoffs, Fluorsiliciums und der schwefligen Säure. — Scheele hatte schon vor Priestley einige von diesen, sowie andere Gase, Stickoxyd, Schwefelwasserstoff, isoliert (um 1770), seine Beobachtungen darüber jedoch nicht veröffentlicht.

Die Entdeckung so vieler gasiger Körper von verschiedenstem Charakter regte die chemische Welt gewaltig an. Die Eigenschaften der einzelnen Gase wurden sorgfältig untersucht; als Kriterium ihrer Verschiedenheit untereinander und von Luft betrachtete man das spezifische Gewicht derselben schon seit Mayow's Arbeiten, insbesondere seit den genaueren Bestimmungen von Cavendish. Auch die größere oder geringere Absorption von Gasen durch Wasser fand gebührende Beachtung als Kennzeichen einzelner; Bergman z. B. ermittelte ziemlich genau die Löslichkeit der Kohlensäure in Wasser. Aber die wahre Zusammensetzung gasiger Körper blieb während dieses Zeitalters verhüllt; selbst bezüglich der einfachsten Gase herrschte große Unklarheit, bis Lavoisier die elementare Natur des Sauerstoffs und Wasserstoffs ausgesprochen und wahrscheinlich gemacht hatte. Wie war dies auch anders möglich, so lange nach der phlogistischen Betrachtungsweise in den meisten Gasen Phlogiston angenommen wurde! Mit diesem selbst identifizierten viele Chemiker bald nach Mitte des 18. Jahrhunderts das Wasserstoffgas (nach dem Vorgange von Cavendish und Kirwan); andere hielten Kohle für reich an Phlogiston, wenn nicht für dieses selbst. Die verschiedenartigsten, häufig konfusesten Ansichten über die Zusammensetzung der Kohlensäure, des Kohlenoxyds, des Stickoxyds, der schwefligen Säure, des Schwefelwasserstoffes und anderer

Gase wurden geäußert und den jeweilig herrschenden Modifikationen der Phlogistonlehre angepaßt.

Von größerer Bedeutung, als diese schwankenden Meinungen über die Konstitution der genannten Gase, war die längere Zeit sich hinziehende Frage: „Ist die atmosphärische Luft ein einfacher Körper oder zusammengesetzt, und welches sind ihre Bestand-, bezw. Gemengteile?“ Diese Fragen sind experimentell von den der phlogistischen Zeit angehörenden Chemikern, insbesondere Scheele und Priestley, gelöst worden. Die richtige Erklärung ihrer grundlegenden Beobachtungen hat Lavoisier gegeben. Hier sind die wichtigsten von jenen zu Tage geförderten Thatsachen, die auf die Zusammensetzung der Luft Bezug haben, mitzuteilen.

Die Wahrnehmung, welche zuerst die alt überlieferte Annahme, Luft sei ein einfacher Körper, zu erschüttern geeignet war, betraf das Verhalten eines abgesperrten Volums Luft zu einem in ihr brennenden Körper, sowie zu gewissen Metallen, wenn diese darin erhitzt wurden. Durch seine Versuche darüber wurde Boyle zu der Vermutung gedrängt, daß ein Teil der Luft zum Atmen oder Verbrennen, sowie zum Verkalken der Metalle nötig sei; diesen Gemengteil zu isolieren, vermochte er aber nicht, ebenso wenig wie Mayow, der mit seiner Annahme eines die Verbrennung u. s. w. bewirkenden *spiritus igno-aereus* der richtigen Erklärung ziemlich nahe kam (vergl. S. 93). Erst 100 Jahre später, nachdem die Darstellung des Sauerstoffs und Stickstoffs gelungen war, kam die obige Frage ihrer Lösung näher. Den Stickstoff, den schon mehrere Forscher unter Händen gehabt, isolierte zuerst Scheele; ihm kam jedoch Rutherford (1772) mit der Veröffentlichung zuvor, der das Gas nach Absorption der durch Verbrennung oder Atmung in abgeschlossener Luft gebildeten Kohlensäure darstellte; aus ihren Beobachtungen folgte, daß dies Gas, das die eben genannten Prozesse nicht zu unterhalten vermag, der eine Gemengteil der Atmosphäre sein müsse. Den anderen isolierten und untersuchten unabhängig von einander Scheele und Priestley. Schon in den Jahren seines Aufenthaltes in Upsala (1771—1773) hat Scheele den Sauerstoff, wie sich aus den jetzt veröffentlichten Aufzeichnungen ergeben hat, durch Erhitzen von Braunstein und Schwefel- oder Arsensäure, aus salpetersauren Salzen, Quecksilber- und Silberoxyd bereitet und gut charakterisiert. Priestley, der ebenfalls das Gas etwa zu derselben Zeit beobachtet, dessen eigentümliche Natur aber nicht erkannt hatte, isolierte zuerst sicher dasselbe i. J. 1774 (am 1. August) durch Erhitzen von Quecksilberoxyd; da er seine Versuche früher, als Scheele die seinigen veröffentlichte, wurde bisher Priestley als der erste Entdecker des Sauerstoffes betrachtet; jetzt weiß man, daß das umgekehrte richtig ist. Beide Chemiker beobachteten, daß dieses Gas die Verbrennung und Atmung in gesteigertem Maße zu unterhalten vermag. Priestley nannte dasselbe dephlogistisierte Luft, Scheele zuerst *aer vitriolicus*, später Feuerluft, auch Lebensluft.

Durch die wichtige Entdeckung des Sauerstoffes wurden beide Forscher in den Stand gesetzt, die Luft als Gemenge zweier Gasarten zu erkennen;[1] den Stickstoff bezeichnete Priestley als phlogistisierte, Scheele als verdorbene Luft. Beide fanden Mittel, den einen Teil der Luft und zwar den Sauerstoff zu absorbieren. Scheele war auch hier vielseitiger als Priestley, der zu diesem Zweck *Salpeterluft* (Stickoxyd) benutzte, während ersterer Phosphor, Eisenhydroxydul, Gemische von Eisen und Schwefel, feuchte Eisenfeile zur Absorption des Gases verwandte. Sie machten ferner die wichtige Beobachtung, daß durch Brennen eines Lichtes im abgeschlossenen Luftraume ebenso viel fixe Luft (Kohlensäure) erzeugt wurde, wie Sauerstoff verschwand.

Trotzdem gelangten sie nicht zur richtigen Erklärung, worin das Brennen, Atmen und die Verkalkung bestanden, diese Prozesse, deren Analogie sie klar erkannt hatten; sie waren so sehr durch die Meinung, daß bei jenen Vorgängen Phlogiston entweiche, voreingenommen, daß der durch ihre richtigen Beobachtungen klar vorgezeichnete Weg von einem anderen beschritten wurde. Lavoisier war dazu berufen, da es ihm leicht wurde, die geringfügigen phlogistischen Vorurteile, die er bei Beginn seiner wissenschaftlichen Laufbahn noch hegte, abzustreifen. Jene dagegen scheuten selbst vor einer widerspruchsvollen Erklärung der Verbrennung und ähnlicher Prozesse nicht zurück, nur um der Phlogistonlehre nicht untreu zu werden. Daß aber Priestley und Scheele durch ihre erschöpfenden Untersuchungen über den Sauerstoff und seine Rolle bei den genannten Prozessen das experimentelle Material zur richtigen Erkenntnis geliefert haben, nicht Lavoisier, ist außer allem Zweifel.

Nach der Entdeckung des Sauerstoffes und seiner wesentlichen Eigenschaften waren die Tage der Phlogistontheorie gezählt, obwohl viele hervorragende Chemiker dieselbe trotz der sich erhebenden Widersprüche nicht aufgaben. Die größte Verlegenheit war dieser Lehre durch die schon seit langer Zeit bekannte Wahrnehmung

[1] Scheele giebt in seiner Abhandlung: „Von der Luft und dem Feuer“ als Überschrift einer Reihe seiner Versuche den Satz: „Die Luft muß aus elastischen Flüssigkeiten von zweierlei Art zusammengesetzt sein.“

bereitet, daß in den Fällen, wo Phlogiston entweichen sollte, die Produkte, statt geringeres Gewicht zu zeigen, schwerer geworden waren. Namentlich die exakten Versuche über die Verkalkung von Metallen[1] hätten, wenn sie ohne vorgefaßte Meinung gedeutet worden wären, am frühesten zu der richtigen Erklärung leiten müssen, daß ein Teil der Luft mit den Metallen sich zu deren Kalken vereinigt; denn nicht nur die Zunahme des Gewichtes, auch das Verschwinden eines Teiles der Luft war beobachtet worden. Statt aus solchen Befunden auf die Unhaltbarkeit der phlogistischen Hypothese zu schließen, suchte man dieser die Thatsachen durch eine geschraubte Deutung anzupassen. Selbst der scharfsinnige Boyle half sich mit der falschen Annahme, wägbare Feuermaterie[2] habe die Gewichtszunahme bewirkt. Daß Luft bei den Prozessen der Verkalkung und ähnlichen notwendig sei, wurde echt naturphilosophisch, ohne den Schein eines Beweises, zu erklären versucht, nämlich durch die Voraussetzung, Luft müsse vorhanden sein, um das entweichende Phlogiston aufzunehmen. Dies von Becher und Stahl gebrauchte Auskunftsmittel holten die nach ihnen lebenden Phlogistiker immer wieder hervor.

Während dieselben die Rolle der Luft richtig gedeutet zu haben meinten, legten sie nach dem Vorgange Stahl's den beobachteten Veränderungen des Gewichtes keine Bedeutung bei, betrachteten dieselben als zufällig oder machten gar die unglücklichsten Versuche zu einer Erklärung, wie Juncker, ein Schüler Stahl's, der darauf hinwies, die Metallkalke wären dichter, als die Metalle, und deshalb schwerer: eine arge Verwechselung des absoluten mit dem spezifischen Gewicht, auch eine falsche Angabe, da die Metallkalke spezifisch leichter sind, als die Metalle, was schon Boyle in einigen Fällen erwiesen hatte. Auf gleich unwissenschaftlichem Standpunkte befand sich die Annahme, das bei jenen Prozessen entweichende Phlogiston besitze negative Schwere, das zurückbleibende Produkt müsse daher schwerer sein; selbst Guyton de Morveau, sowie Macquer verfielen in diesen groben Irrtum. — Die meisten hervorragenden Chemiker der phlogistischen Zeit teilten zwar solche

[1] Die frühesten derartigen Untersuchungen, welche überaus wertvolle Beobachtungen über die Gewichtszunahme der Metalle und die Rolle der Luft bei der Verkalkung enthielten, sind von J. Rey, Hooke, Mayow, Boyle im 17. Jahrhundert angestellt worden. Rey und Mayow kamen der richtigen Erklärung ihrer Versuche ziemlich nahe.

[2] Die Hinfälligkeit einer solchen Annahme erwies schon Boerhave dadurch, daß er die Gleichheit des Gewichtes von Metallen, z. B. Silber, bei gewöhnlicher Temperatur und im glühenden Zustande feststellte. Derselbe sprach deshalb die Vermutung aus, die Gewichtszunahme bei der Verkalkung beruhe auf Zutritt „salziger Teilchen“ aus der Luft zu den Metallen.

haltlose Ansichten nicht, meinten aber, gleichgültig gegen die mit chemischen Vorgängen verbundenen Gewichtsänderungen, daß es Sache der Physiker sei, derartige Verhältnisse zu ergründen.[1] In der That war es dem Physiker Lavoisier vorbehalten, die richtige Erklärung derselben und damit die der Verbrennung und ähnlicher Prozesse zu geben.

Entwickelung einzelner theoretischer Ansichten im phlogistischen Zeitalter.

Man muß sich mit der Entwickelung der wichtigsten chemischen Begriffe und Vorstellungen dieser Zeit vertraut machen, um einmal die darin liegenden Fortschritte gegenüber den Anschauungen der vorhergehenden Periode zu würdigen, sodann aber den Zusammenhang, der zwischen den theoretischen Ansichten der phlogistischen und denen der mit Lavoisier beginnenden neuen Zeit besteht, zu begreifen. Hier handelt es sich um die Auffassung der Begriffe Element undchemische Verbindungen, sowie um die von den Phlogistikern gehegten Vorstellungen über die chemische Verwandtschaft.

Ansichten über Elemente und chemische Verbindungen. — Die Stellung Robert Boyle's zu der Frage nach den Grundstoffen ist schon gekennzeichnet worden; er hat den wissenschaftlichen Begriff Element festgestellt, insofern er die wirklich darstellbaren, für den Chemiker nicht in einfachere Stoffe zerlegbaren Bestandteile zusammengesetzter Körper als Elemente betrachtete. Mit dem Anwachsen der Hilfsmittel zur Entscheidung der Frage, ob eine Substanz in diesem Sinne ein Element ist, wurde die Grenze zwischen den Grundstoffen und chemischen Verbindungen mehr und mehr verschoben, aber zugleich sicherer bestimmt. Boyle neigte übrigens zu der Vorstellung, daß die dem Chemiker erreichbaren Elemente noch nicht die letzten Urbestandteile seien.

Trotz der Klarheit der Voraussetzungen, die nach diesem Forscher durch ein Element erfüllt werden müssen, sehen wir bei Zeitgenossen und Nachfolgern desselben ein Zurückgreifen auf alchemistische ja ein Anknüpfen an die aristotelischen Elemente. Willis, Lefèvre, Lemery gesellten zu den drei Grundstoffen des

[1] Nicht alle Chemiker hielten die vorliegenden Beobachtungen über die Zunahme des Gewichts der Metalle bei der Verkalkung für bedeutungslos Tillet z. B., welcher im Jahre 1762 der französischen Akademie über die Gewichtsvermehrung des Bleis berichtete, hob hervor, daß dafür eine zutreffende Erklärung noch fehle.

Basilius und Paracelsus die Erde und das Wasser; Becher behielt unter anderen Bezeichnungen jene drei bei und fügte noch das Wasser hinzu; selbst Stahl konnte sich nicht von derartigen Anschauungen losmachen.

Die irrtümliche Annahme der Phlogistontheorie, daß die Produkte der Verbrennung und Verkalkung, also Säuren und Metalloxyde einfach, die ursprünglichen Körper dagegen zusammengesetzt seien, hatte die schwerwiegendsten Folgen für die verspätete Kenntnis der wahren Elemente. Während noch Boyle sich der Annahme hinzuneigen schien, daß die Metalle zu den letzteren zu zählen seien, wurde seit Stahl bis zum Sturz der Phlogistonlehre die zusammengesetzte Natur derselben nicht mehr bezweifelt, wie andererseits die Metallkalke und folgerichtig auch die analog entstandenen Verbindungen, z. B. Schwefelsäure, Phosphorsäure, Wasser, als Elemente angesehen wurden; der Schwefel und Phosphor galten dagegen als zusammengesetzte Körper. Das Phlogiston selbst, dessen vermeintliche Existenz an dieser Umkehrung der thatsächlichen Verhältnisse Schuld war, betrachtete man als Element. Erst nach Beseitigung dieses der Phantasie entsprungenen Wesens durch den Nachweis, daß statt des Entweichens von Phlogiston die Aufnahme von Sauerstoff und statt der Assimilierung von jenem die Entziehung des Sauerstoffes gesetzt werden müsse, brachte Lavoisier Klarheit in die eingerissene, durch das Hinzukommen von widersprechenden Thatsachen stetig erhöhte Verwirrung.

Uber den Begriff chemische Verbindung und die Bildung einer solchen entwickelten sich in diesem Zeitalter Ansichten, die vieles Richtige in sich schlossen und gegenüber früheren Meinungen einen Fortschritt bedeuteten. Abzusehen ist natürlich von der falschen Auffassung, daß die später als einfach erkannten Körper (Metalle und einige Metalloïde) Verbindungen ihrer Oxyde mit Phlogiston seien. Boyle hat durch die Klarheit seiner Anschauungen die Einsicht in das Wesen der chemischen Verbindungen und die Erkenntnis ihres Gegensatzes zu den einfachen Körpern erheblich gefördert. Er sowie Mayow und namentlich Boerhave sprachen den wichtigen Satz aus, daß die charakteristischen Eigenschaften der sich chemisch vereinigenden Stoffe zwar verschwinden, daß aber dennoch die letzteren nicht abhanden kommen, sondern in den Verbindungen enthalten sind. Damals noch mußte diese Wahrheit, die später in dem Gesetz von der Erhaltung des Stoffes schärfer formuliert wurde, verteidigt werden gegenüber dem alten Wahn, daß die Bildung einer Verbindung mit der Erschaffung neuer Substanz gleichbedeutend sei.

Wie klar die genannten Forscher den Begriff „chemische Verbindung‘ erfaßt hatten, das ergiebt sich aus dem scharfen Unterschied, welchen sie zwischen einer solchen und einem Gemenge ihrer Komponenten zu machen verstanden.

Um die Zusammensetzung von Körpern zu erkennen, diente die allmählich entstehende analytische Chemie, welche die Möglichkeit schuf, gewisse Bestandteile von Salzen und anderen Verbindungen nachzuweisen. So lange aber die Analyse nur eine qualitative blieb, die Gewichtsverhältnisse der sich vereinigenden Stoffe also keine Berücksichtigung fanden, war eine gedeihliche Entwickelung des von Boyle und anderen so präzis erfaßten Begriffes der chemischen Verbindung nicht möglich; dies war dem kommenden Zeitalter vorbehalten.

Bei der mangelnden Kenntnis der quantitativen Zusammensetzung der Körper war man auf Analogieschlüsse angewiesen, wollte man einen Überblick über die bekannten Verbindungen gewinnen. Dem Streben, ähnliche Erscheinungen durch Annahme eines gemeinsamen Prinzips zu erklären, hatte ja auch die Phlogistontheorie ihre Entstehung zu verdanken. Als zusammengehörige Körper erkannte man auf Grund ihres Verhaltens und ihrer Bildungsweise die Metallkalke, ferner die Säuren, sowie die Salze. Die klare Erkenntnis, daß die letzteren durch Vereinigung von Säuren mit Basen erzeugt werden, gehört zu den bedeutsamsten Errungenschaften der phlogistischen Zeit. Ehe der Begriff Salz sich so bestimmt gestaltete, hat es an unklaren Ansichten darüber nicht gefehlt; es sei nur an die eines der namhaftesten Chemiker, Stahl, erinnert, der das Wort Salz ebenso für Säuren wie Alkalien und für die eigentlichen Salze anwandte. Nachdem durch Boerhave, Geoffroy, Duhamel die Vorstellungen über diese Körperklasse festere Gestalt angenommen hatten, vermochte Rouelle (1745) die Salze endgültig als Produkte der Vereinigung von Säuren mit Basen zu definieren, und zwar unterschied er scharf die neutralen Salze (*sels neutres parfaits*) von den basischen und sauren.

Das früher geltende Merkmal für Salze, ihre Löslichkeit in Wasser und ihr Geschmack, mußte damit fallen, wie denn auch Rouelle das ganz unlösliche Chlorsilber, sowie Quecksilberchlorür zu den Salzen stellte.

Während Rouelle speziell für die Alkalisalze ganz richtige Ansichten aufgestellt hatte, konnte er sich bezüglich der Vitriole und anderer Metallsalze von der früheren Ansicht, sie beständen aus Metall und Säure, nicht frei machen; erst Bergman zeigte die Irrigkeit dieser Auffassung durch den Nachweis, daß die Metallkalke, nicht die Metalle sich mit den Säuren zu Salzen verbinden.[1] Welch' ein Fortschritt lag doch in diesen bestimmten Vorstellungen über die Zusammensetzung der Salze gegenüber den vagen Ideen, welche selbst Stahl nicht lange zuvor geäußert hatte, die Salze seien zusammengesetzt aus einer Erde und aus Wasser!

Ansichten über die chemische Verwandtschaft und deren Ursachen. — Die alte Annahme, daß solche Körper einander verwandt seien, welche etwas Gemeinsames an sich haben, daß also das letztere gemäß dem Satze *similia similibus* die Verwandtschaft bedinge, hat sich bis in das vorige Jahrhundert hinein in spekulativen Köpfen erhalten. Das eine derartige Auffassung ausdrückende Wort *affinitas*, welches schon von Albertus Magnus gebraucht worden ist, setzt also die Ähnlichkeit der in Wechselwirkung tretenden Stoffe voraus. Mit aller Schärfe sprach dagegen Boerhave aus, daß gerade unähnliche Körper das größte Bestreben zeigen, sich chemisch miteinander zu verbinden; trotzdem also das Gegenteil von dem, was früher gelehrt wurde, als Ursache der Vereinigung von Stoffen bezeichnet wurde, nämlich deren Verschiedenartigkeit, hat man im allgemeinen doch den Namen chemische Verwandtschaft oder Affinität für diese Kraft beibehalten.[2]

Seit Glauber und namentlich Boyle schenkte man den Vorgängen, bei denen sich Verwandtschaftskräfte äußern, große Aufmerksamkeit. Fälle von sog. einfacher Wahlverwandtschaft — diese Bezeichnung: *attractio electiva simplex* rührt von Bergman her — wurden von den beiden genannten, sowie von Mayow richtig erklärt, z. B. die Austreibung des Ammoniaks aus Salmiak durch fixes Kali mittels der Annahme, die Anziehung des letzteren zur Salzsäure sei größer als die dieser Säure zum flüchtigen Laugensalz. Derartige Beobachtungen über das Austreiben oder Ausfällen von Basen, sowie Säuren aus Salzen durch Körper, welche mit stärkeren Verwandtschaftskräften ausgerüstet waren, regten die Chemiker früh dazu an, für analoge Stoffe die Reihenfolge festzustellen, in der die letzteren aus ihren Verbindungen durch andere abgeschieden wurden. Die Wahrnehmungen über Metallfällungen, über das Austreiben einiger Säuren aus Salzen durch Schwefelsäure und Salpetersäure u. a. mögen besonders die verschiedene Stärke der Verwandtschaft ähnlicher Körper klar gemacht haben. Durch Kombination zahlreicher

[1] Zur Zeit Pseudo-Geber's war man schon auf dem Wege der Beobachtung zu dieser richtigen Erkenntnis gelangt, wie die folgende Stelle seines *testamentum* erkennen läßt: *Ex metallis fiunt sales post ipsorum calcinationem.*

[2] Vorübergehend wurden diese Bezeichnungen durch andere ersetzt, z. B. *rapport* (Geoffroy), *attractio* (Bergman).

Versuche über das Verhalten von Säuren und Basen zu Salzen, sowie der Metalle zu Metallsalzen entstanden die Verwandtschaftstafeln, *tables des rapports* (zuerst von Geoffroy 1718 in den Denkschriften der Pariser Akademie publiziert), in welchen die ähnlichen Stoffe so angeordnet waren, daß ihre Verwandtschaft zu dem über der Tafel stehenden unähnlichen Körper stufenweise abnahm.

Die folgende Tabelle möge zur Erläuterung des Geoffroy'schen Prinzips dienen:

Schwefelsäure.	Fixes Alkali.
Fixes Alkali, Flüchtiges Alkali, Absorbierende Erde, Eisen, Kupfer, Silber.	Schwefelsäure, Salpetersäure, Salzsäure, Essig, Schwefel.

Diese Verwandtschaftstafeln erhielten sich ziemlich lange in Ansehen, obwohl sie sich als der Verbesserung sehr bedürftig erwiesen, und ungeachtet häufiger Modifikationen und Erweiterungen, die mit ihnen vorgenommen wurden. Die Mängel derselben traten besonders hervor, als man den Einfluß der Wärme auf den Verlauf chemischer Vorgänge genauer kennen lernte und bemerkte, daß bei erhöhter Temperatur Reaktionen, deren Wesen unter gewöhnlichen Umständen sicher erforscht war, geradezu umgekehrt verliefen; dies hatte z. B. schon Stahl richtig für die Wechselwirkung von Calomel und Silber bei niedriger und von Chlorsilber und von Quecksilber bei erhöhter Temperatur wahrgenommen. Solche *reciproke* Umsetzungen regten zu dem Vorschlage an, Verwandtschaftstafeln für mittlere und hohe Wärmegrade, und zwar für die auf nassem und auf trockenem Wege (durch Schmelzen) sich vollziehenden Reaktionen aufzustellen. Den Versuch, diesen Vorschlag Baumé's durch Prüfung des gegenseitigen Verhaltens einer sehr großen Zahl von Verbindungen zu verwirklichen, hat Bergman von dem Jahre 1775 an gemacht, mit dem Erfolge, daß die Lehre von der chemischen Verwandtschaft erheblich gefördert wurde, soweit dies durch solche empirische Versuche möglich war.

Die Ergebnisse seiner ausgedehnten Versuche verwertete Bergman zur Aufstellung einer Affinitätstheorie, die zweckmäßig im Zusammenhange mit Berthollet's Verwandtschaftslehre zu besprechen ist (s. Gesch. d. Affinitätslehre im neuen Zeitalter). — Aber schon vor den Bestrebungen dieser beiden Männer war die Ursache der Affinität vielfach Gegenstand des Nachdenkens und sogar weitgehender Spekulationen. Boyle's klare Vorstellung, daß die kleinsten Teilchen, aus welchen nach ihm die verschiedenen Körper bestehen, sich anziehen, wurde oben erwähnt. Der stärkere oder schwächere Grad der gegenseitigen Anziehung heterogener Stoffe hängt von der Gestalt und Lage jener kleinsten Teilchen ab. Diese seiner Korpuskulartheorie zu Grunde liegende Idee führte er jedoch nicht spezieller aus, wohl einfach deshalb, weil er als besonnener Naturforscher einsah, über die Form der Atome nichts wissen zu können. Lemery dagegen ließ über diese Frage seiner Phantasie freiesten Lauf; so meinte er, die Vereinigung zweier Körper, z. B. einer Säure mit einer Base, beruhe darauf, daß die kleinsten Teilchen des einen spitz, die des anderen porös seien; durch Eingreifen der Spitzen in die Höhlungen vollziehe sich die Verbindung. Auf ähnliche Weise suchte Lemery die Fällung von Niederschlägen, die Lösung von Metallen in Säuren u. s. w. zu erklären.

Die Kraft, welche die gegenseitige Anziehung der Teilchen hervorbringt, wurde von manchen, z. B. Buffon, der in theoretischen Fragen der Chemie zuweilen das Wort ergriff, als gleich mit der Gravitation betrachtet. Bergman, welcher sich ebenfalls dieser Annahme zuneigte, wies mit Recht darauf hin, daß infolge der äußerst geringen Abstände, in denen die Teilchen aufeinander wirken, jene Kraft sich anders äußern müsse, als die allgemeine Schwerkraft. J. Newton, der gleichfalls dieser Frage seine Aufmerksamkeit zuwandte, nahm Verschiedenheit der Affinität und der Gravitation an.

Das Gebiet der Verwandtschaftserscheinungen war in dem phlogistischen Zeitalter einer gedeihlichen Entwickelung noch nicht fähig, da die Gewichtsverhältnisse bei chemischen Vorgängen fast gar nicht berücksichtigt wurden. Aber auch die rein qualitative Erforschung einer Fülle von Reaktionen mit dem Zweck, aus deren Verlauf Schlüsse auf die Wechselwirkung der einzelnen Komponenten zu ziehen, hat manche gute Früchte gezeitigt, so daß die rastlosen Bemühungen der Chemiker, sich über solche Fragen Klarheit zu verschaffen, keineswegs als nutzlos zu bezeichnen sind. Das gilt überhaupt von den im allgemeinen nicht glücklichen theoretisch-chemischen Bestrebungen jenes Zeitalters; der Hauptgewinn lag auf der praktischen Seite, in dem stattlichen Beobachtungsmaterial, dessen volle Verwertung der neuen Ära vorbehalten war.

Die wichtigsten Errungenschaften auf praktisch-chemischem Gebiete während des in Rede stehenden Zeitraumes sollen im folgenden Abschnitte kurz beleuchtet werden, soweit dieselben nicht schon im allgemeinen Teile Berücksichtigung gefunden haben.

Geschichte der praktisch-chemischen Kenntnisse im phlogistischen Zeitalter.

Die Frage nach der Zusammensetzung der Körper, das seit Boyle als fundamental erkannte Problem, konnte nur auf experimentellem Wege gelöst werden; die analytische Chemie, die seit jener Zeit ausgebildet wurde, sollte zu dieser Erkenntnis führen. Dieser unentbehrliche Zweig der Chemie erwies sich nebst anderen praktischen Kenntnissen besonders nützlich für die angewandte Chemie, deren Entwickelung ebenfalls in diesem Abschnitte zu schildern ist. Die technisch wichtigen Körper leiten schließlich zu solchen chemischen Verbindungen, deren Kenntnis in jener Zeit überhaupt von Bedeutung war, also auch zu den pharmazeutischen Präparaten und damit zu einer Beleuchtung des Zustandes der Pharmazie in dem phlogistischen Zeitalter.

Entwickelung der analytischen Chemie. — Obgleich die Frage nach der Zusammensetzung chemischer Verbindungen noch sehr im Argen lag und also an eine Lösung derselben im Sinne der heutigen Forschung nicht gedacht werden konnte, so hat man doch im phlogistischen Zeitalter den Reaktionen, die den bestimmten Nachweis von Körpern ermöglichen, große Aufmerksamkeit zugewandt. Die qualitative Analyse, von der im iatrochemischen Zeitalter nur geringe Anfänge zu verzeichnen waren, entwickelte sich, Dank den Bemühungen von Boyle, Hoffmann, Marggraf, und namentlich Scheele und Bergman, derart, daß die darauf bezüglichen Beobachtungen von der antiphlogistischen Chemie als wertvolle Bereicherungen übernommen werden konnten. — Bei der damals herrschenden Vernachlässigung der Gewichtsverhältnisse von reagierenden Körpern kann es nicht Wunder nehmen, daß Methoden der quantitativen Analyse selten in Anwendung kamen, und doch begegnen wir einigen bemerkenswerten Anläufen, sowohl bei der Analyse fester als gasiger Körper.

Die analytischen Untersuchungen der Substanzen auf nassem Wege erfuhren durch Boyle eine ganz erhebliche Erweiterung und systematische Abrundung gegenüber den schon beachtenswerten, aber mehr zerstreuten Beobachtungen von Tachenius. Boyle führte zuerst das Wort *Analysis* für die chemischen Reaktionen ein, durch die sich einzelne Körper nebeneinander in Gemengen erkennen lassen. Zur Ausführung solcher Reaktionen bediente sich derselbe gewisser Reagenzien, von denen er eine für seine Zeit ausgedehnte Kenntnis besaß. Von ihm stammt die methodische Anwendung der Pflanzensäfte, als *Indikatoren*, entweder in Lösung oder auf Papier fixiert, zur Erkennung der Säuren, Basen sowie der neutralen Substanzen; zu diesem Zwecke beobachtete und benutzte er insbesondere die verschiedenen Färbungen des Saftes von Lackmus, Veilchen und Kornblumen. Neben diesen allgemeinen Mitteln, wichtige Körperklassen zu unterscheiden, hat Boyle viele charakteristische Reagenzien eingeführt, die einzelne Substanzen in Gestalt von Fällungen erkennen lassen. Zum Nachweis der Schwefelsäure resp. Salzsäure diente ihm die Lösung eines Kalk- resp. Silbersalzes, und umgekehrt schloß er auf diese Salze mit Hilfe jener Säuren. Ammoniak erkannte er an der Bildung der Nebel beim Zusammentreffen desselben mit Salzsäure oder Salpetersäure, Kupfersalze durch die blaue Lösung, welche sie mit überschüssigem flüchtigen Laugensalze geben, eisenhaltige Lösungen durch die schwarze Färbung mit gerbstoffhaltigen Tinkturen[1] (aus Galläpfeln, Eichenlaub etc.) u. s. f. Die sorgfältigen Beobachtungen über die Fällungen von Metallen durch andere verwertete er zuweilen glücklich zum Nachweise derselben.

Die von der Natur dargebotenen Salzlösungen, namentlich die Mineralquellen, hatten schon die Iatrochemiker zu Versuchen angeregt, darin enthaltene heilkräftige Stoffe aufzufinden. Erst am Ende des 17. und im vorigen Jahrhundert sind einige Fortschritte in der Analyse von Mineralwassern bemerkbar; gleichzeitig wurden die sich damit beschäftigenden Chemiker von dem Wunsche geleitet, diese Naturprodukte künstlich darzustellen; doch, um dies zu erreichen, fehlte selbst am Ende des 18. Jahrhunderts die nötige Kenntnis der wahren, namentlich quantitativen Zusammensetzung. Fr. Hoffmann lehrte durch Untersuchung einer großen Zahl Mineralquellen das Vorkommen und den Nachweis der Kohlensäure, des Eisens, Kochsalzes, von Magnesia- und Kalksalzen, ferner die Kennzeichen für alkalische und für Schwefelwasser. Andererseits zeigte er die Unrichtigkeit früherer Angaben über den Gehalt von Quellen an Gold, Silber, Arsen und brachte das Auftreten ungewöhnlicher Salze, z. B. von Alaun und Kupfervitriol, mit den Bodenverhältnissen in Zusammenhang. Als Unterscheidungsmerkmal der verschiedenen Salze wurde von ihm die Krystallgestalt derselben häufig verwertet.

Die Bekanntschaft mit geeigneten Reagenzien zur Auffindung von Stoffen erweiterte sich bedeutend durch Marggraf's Beobachtungen, die dann auch die Erkenntnis der Zusammensetzung man-

[1] Die Vorschrift zur Bereitung der schwarzen Eisentinte aus Galläpfeln und Eisenvitriol rührt von Boyle her.

cher Verbindungen wesentlich förderten. Er benutzte z. B. die Lösung des Blutlaugensalzes zum Nachweis von Eisen, ferner die verschiedene Färbung, welche Kalium- und Natriumsalze der Flamme erteilen, zu deren Erkennung, was auch Scheele, unabhängig von ihm, beobachtet hatte. Aus dem Verhalten mancher Salze zu Ätzkali schloß Marggraf auf ihre Zusammensetzung; so wies er nach, daß Gips aus Schwefelsäure und Kalk bestehe, und daß im Schwerspat Schwefelsäure enthalten sei. Wie schon erwähnt, wurde ferner von ihm das Mikroskop zu Rate gezogen, wenn es galt, Substanzen an ihrer Krystallgestalt zu erkennen.

Daß Scheele seine Meisterschaft im Auffinden neuer Körper der Gabe verdankte, aus gewissen Reaktionen auf die Gegenwart jener zu schließen, und daß er daher durch eine Fülle von Einzelbeobachtungen zur Bereicherung der analytischen Chemie wesentlich beigetragen hat, braucht kaum hervorgehoben zu werden. Obwohl er, wie gewiß keiner seiner Zeitgenossen, mit dem Verhalten der bekannten Substanzen vertraut war, so hat er doch diese seine Kenntnisse leider nicht systematisch verwertet, wie dies durch Bergman geschah, welcher die eigentliche Lehre der Reagenzien und damit die qualitative Analyse fest begründet hat. Die von letzterem angewandten Reaktionen zum Nachweis des Baryts, Kalks, Kupfers, Schwefelwasserstoffes, der Schwefel-, Oxal- und der arsenigen Säure, der Kohlensäure u. a. sind die heute üblichen. Auch auf die allgemeine Benutzung der fixen Alkalien zum Niederschlagen der Lösungen von Metallen und Erden und auf viele andere Reagenzien (Sublimat, Bleizucker, Schwefelleber), sowie auf Mittel zur Trennung von Niederschlägen und Salzen hat Bergman aufmerksam gemacht. Von ihm wurde die erste vollständige Anleitung zur Prüfung von Mineralien, namentlich Erzen, bekannt gemacht: die Behandlung derselben mit Salzsäure oder Salpetersäure, bezw. die Aufschließung mit kohlensaurem Kali. Übrigens ist nicht zu bezweifeln, daß er viele Beobachtungen den Mitteilungen Scheele's verdankt, der z. B. schon i. J. 1772/73 die Aufschließung von Silikaten mit Alkalien anwandte, den Unterschied zwischen löslicher und unlöslicher Kieselerde erkannte, ferner die Trennung von Eisen und Mangan mittels Essigsäure ausführte.

Die qualitative Analyse von Körpern auf trockenem Wege machte im 18. Jahrhundert erhebliche Fortschritte durch die zunehmende Verbreitung und Anwendung des Lötrohres, dessen Wert für die Untersuchung von Erzen namentlich in Schweden erkannt war. Außer dem Mineralogen Cronstedt haben vorzugsweise Gahn und Bergman dies Instrument in die Chemie eingeführt[1]; sie benutzten dabei Borax, Soda, Kobaltsolution und andere Reagenzien, sowie die Verschiedenheit der äußeren und inneren Flamme. Scheele hat offenbar zuerst die Ursache dieser Verschiedenheit richtig erkannt und gedeutet (1774). Zu allgemeinstem Gebrauche gelangte das Lötrohr als wichtiges Hilfsmittel der Analyse erst durch Berzelius.

Versuchen, die Stoffe nicht nur nachzuweisen, sondern auch ihrer Menge nach zu ermitteln, begegnet man bis zur Zeit Lavoisier's spärlich, und doch kann man aus manchen Angaben Boyle's, Homberg's, Marggraf's, Scheele's, Bergman's u. a. schließen, daß dieselben sich bemüht haben, den Gewichtsverhältnissen zuweilen Rechnung zu tragen. Wie anders als aus solchem Streben ist es zu erklären, daß Marggraf genau das Gewicht des durch Auflösen einer bestimmten Menge Silber und Fällen mit Kochsalz erhaltenen Niederschlages bestimmte, oder daß Black, um den konstanten Gehalt der Magnesia alba an fixer Luft zu beweisen, das Gewicht des Niederschlages ermittelte, welchen er durch Fällen einer Lösung von schwefelsaurer Magnesia, die einer bestimmten Quantität der Magnesia alba entsprach, erhalten hatte! Ferner sei an die Feststellung der Gewichte von Metallfällungen erinnert. Bergman hat wohl zuerst den Grundsatz ausgesprochen, daß ein Element oder eine Verbindung nicht selbst isoliert und dem Gewichte nach bestimmt, sondern in der passendsten Verbindungsform als unlöslicher Niederschlag abgeschieden werden solle, z. B. die Kalkerde als oxalsaurer Kalk, die Schwefelsäure als schwefelsaurer Baryt.

Auch in der pneumatischen Chemie war das Bedürfnis rege geworden, durch Reagenzien verschiedene Gase nebeneinander zu erkennen, und sie auch dem Volumen nach, also quantitativ, zu bestimmen. Man bediente sich zu diesem Zwecke einzelner Absorptionsmittel, durch deren Wirkung zuerst die Verschiedenheit der Gase bemerkt worden war; für Kohlensäure erkannte man in dem Ätzkali, für den Sauerstoff im Salpetergas (Stickoxyd) oder im Eisenoxydulhydrat, resp. feuchten Schwefeleisen, sowie Phospher die geeigneten Agentien, um diese Gase zu beseitigen und ihr Volum zu messen. Die Ergebnisse dieser quantitativen Analysen waren freilich noch sehr fehlerhaft.[2] Eine sehr genaue Bestimmung des Sauerstoffes in

---

[1] Auf Grund sorgsamer Nachforschungen hat J. Landauer (Ber. **26**, 898) den Nachweis geführt, daß Cronstedt das Hauptverdienst zukommt, nicht Anton Swab, wie neuerdings behauptet ist. Der erste Verfasser einer Anleitung zum Gebrauch des Lötrohres ist Engeström gewesen.

[2] Priestley und Scheele fanden den Sauerstoffgehalt der Luft infolge

der Luft erzielte Cavendish (1783) auf Grund der von Volta vorgeschlagenen Methode, dies Gas durch Verpuffung mit Wasserstoff zu ermitteln; er fand im Gegensatz zu den früheren Beobachtern die Zusammensetzung der Atmosphäre konstant, ihren Gehalt an Sauerstoff durchschnittlich 20,85%; das jetzt festgestellte Mittel beträgt 20,9.

Dem mit Lavoisier anhebenden neuen Zeitabschnitte standen jedenfalls, wie obiger kurzer Bericht erkennen läßt, auf dem Gebiete der analytischen Chemie zahlreiche Vorarbeiten zu Gebote, die vorzugsweise in der quantitativen Richtung vervollständigt und vertieft werden mußten. Die wichtigsten Grundzüge und Prinzipien der chemischen Analyse waren, der Entwickelung harrend, in jenen Vorarbeiten enthalten.

Zustand der technischen Chemie im phlogistischen Zeitalter.

Die Bemühungen hervorragender Chemiker — es seien Boyle, Kunkel, Marggraf, Macquer, Duhamel genannt — waren vielfach darauf gerichtet, die wissenschaftlichen Erfahrungen bezüglich chemischer Vorgänge zum Nutzen einzelner Industriezweige anzuwenden. Dem entsprechend machte in diesem Zeitraum die chemische Technik erfreuliche Fortschritte. Wir begegnen den Anfängen der chemischen Großindustrie und können die Ausbildung der Kenntnisse von wichtigen technisch-chemischen Präparaten verfolgen, deren Fabrikation allerdings erst in unserem Jahrhundert einen ungeahnten Aufschwung genommen hat.

Um die Mitte des vorigen Jahrhunderts ist der Unterschied zwischen der angewandten und der reinen Chemie allgemein erkannt und scharf erfaßt. An brauchbaren Lehr- und Handbüchern, in denen einzelne Zweige der technischen Chemie behandelt wurden, fehlte es nicht; auf solche Weise wurde das für das Gedeihen der letzteren so nötige Zusammengehen von Theorie und Praxis angestrebt. Auch die Analyse stellte man mit einigem Erfolge in den Dienst der chemischen Technik, namentlich bei der Verhüttung von Erzen. Schon i. J. 1686 hatte König Karl XI. von Schweden den Wert derartiger Untersuchungen erkannt und die Einrichtung eines technischen Laboratoriums veranlaßt, in welchem unter Leitung Hiärne's allerhand Naturprodukte, wie Erze und andere Mineralien,

---

ihrer sehr unvollkommenen Methoden sehr schwankend (zwischen 18 und 27 Proz.); die Bezeichnung Eudiometrie kam damals auf, weil man die Güte der Luft durch Ermittelung des Sauerstoffes zu erkennen vermeinte. Dieser Name ist später trotz der unzutreffenden Bedeutung auf die Gasanalyse übertragen worden.

Bodensorten etc. untersucht, auch Versuche angestellt wurden, um chemische Produkte nutzbar zu machen und verschiedene Erfahrungen für das tägliche Leben zu verwerten.

Im Bereiche der Metallurgie änderten sich die einzelnen Verfahrungsweisen nur wenig; aber es drang infolge der klareren Auffassung chemischer Vorgänge Licht in manche, früher falsch gedeutete Prozesse. Die Ergebnisse der Forschungen von Bergman, Gahn und Rinmann kamen der Bereitung des Eisens und des Stahls zu statten, deren Verschiedenheit erst am Ende der phlogistischen Zeit auf die wahre Ursache zurückgeführt wurde. — Marggraf lehrte die leichtere Gewinnung des Zinks aus Galmei in geschlossenen Räumen bei möglichstem Abschluß der Luft und machte dadurch dieses nützliche Metall der Industrie zugänglicher. — Die Fabrikation von Messing verdankte wesentliche Verbesserungen Duhamel de Monceau, die des Gußeisens und Stahls solche dem vielseitigen Réaumur. — Die Gewinnung einzelner Metalle und ihre Bearbeitung, z. B. das Gravieren, Verzinnen und Vergolden des Eisens, die Versilberung des Kupfers etc. erfuhren schon durch Boyle und Kunkel mancherlei Neuerungen.

Die Keramik gewann ein neues höchst ergiebiges Feld durch die zufällige Entdeckung des Porzellans, dessen Bereitung, obwohl im großen (in Meißen) ausgeführt, doch Geheimnis blieb, bis durch die planvoll angestellten Untersuchungen Réaumur's und die späteren anderer Chemiker, namentlich Macquer's, auch in Frankreich (in Sèvres) die Frage der Porzellangewinnung erfolgreich gelöst wurde (1769). — Im Gebiete der Glasbereitung haben sich Kunkel, sowie Boyle durch Fortschritte und Neuerungen, z. B. durch Angaben über Herstellung von Rubinglas und über Glasmalerei, verdient gemacht.

Auch die Färbekunst wurde durch die Erfahrungen tüchtiger Chemiker bereichert. Neue Farbstoffe, insbesondere das Berliner Blau, welches ganz zufällig von dem Farbenkünstler Diesbach i. J. 1710 entdeckt war, sowie Malfarben, z. B. Musivgold, Scheele's Grün, wurden durch chemische Arbeiten den Gewerben zugänglich gemacht. Aber nicht nur durch praktische Anweisung, färbende Materialien zu gewinnen und anzuwenden, auch durch Spekulation über die Art, wie die Färbeprozesse zu stande kommen, suchten die Chemiker, namentlich Stahl, Hellot, Macquer, den Praktikern zu nützen. Letzterer unterschied zwei Arten von Farbstoffen, je nach ihrer Fixierbarkeit auf Geweben mit oder ohne Beizen, welche verschiedenartigen Farbstoffe Bancroft (1794) *adjektive* und *substantive* nannte. — Die Bildung des als weiße Farbe geschätzten Bleiweiß erklärte zuerst Scheele in richtiger Weise.

Eine wichtige Vorstufe für die heutige chemische Industrie bildeten die technisch verwertbaren Präparate, deren genauere Kenntnis zuerst im phlogistischen Zeitalter erworben wurde. Damals richtete sich die Aufmerksamkeit der Chemiker mit Vorliebe auf die Frage, ob der oder jener Körper technisch nutzbar sei, ähnlich wie man im vorhergehenden Zeitalter die chemischen Verbindungen auf ihre Anwendbarkeit in der Heilkunde geprüft hatte. — Die Fabrikation von Säuren und Alkalien, dieser mächtige Hebel unserer Technik, steckte zwar noch während des vorigen Jahrhunderts in den Kinderschuhen, jedoch kam schon damals die Bereitung größerer Mengen von einigen derselben in Aufnahme. So wurde nach Boyle's Aussage Salpetersäure in besonderen „Brennereien" aus Salpeter fabriziert, dessen Gewinnung infolge der Anleitung und Vorschrift verschiedener Chemiker, z. B. Stahl, vorteilhafter als früher betrieben werden konnte. Die Verstärkung der Salpetersäure durch Destillation mit Vitriolöl hat Rouelle zuerst bekannt gemacht. — Die so wichtige Schwefelsäure wurde in größerem Maßstabe durch Verbrennen von Schwefel unter Zusatz von Salpeter zuerst in England gegen Mitte des vorigen Jahrhunderts dargestellt (von Ward in Richmond). Die vergänglichen und dazu kostbaren Glasballons, in denen dieser Prozeß vorgenommen wurde, ersetzte man bald durch Bleikammern (zuerst in Birmingham), welche noch den heutigen Schwefelsäurefabriken unentbehrlich sind; der kontinuierliche Betrieb dieser Kammern ist erst eine Errungenschaft unseres Jahrhunderts. Die Bereitung rauchender Schwefelsäure aus verwittertem Eisenvitriol war schon länger bekannt, als die des Vitriolöls, das übrigens diesen Namen nach seiner Entstehung aus Eisenvitriol erhalten hat. Die Fabrikation der rauchenden Schwefelsäure, an die alten Beobachtungen Pseudo-Geber's und Basil's anknüpfend, wurde zuerst in Nordhausen am Harz betrieben (weshalb sie noch heute die Bezeichnung Nordhäuser rauchende Schwefelsäure führt) und später nach Böhmen verlegt. — Die Zeit für die technische Verwertung von Salzsäure und daraus erzeugtem Chlor war noch nicht gekommen; wohl aber hatte die jener entsprechende Flußsäure zum Ätzen von Glas schon im 17. Jahrhundert durch den Nürnberger Schwanhardt Nutzanwendung gefunden.

Die Alkalien, resp. ihre Karbonate wurden wie seit ältesten Zeiten aus Pflanzenaschen, verkohltem Weinstein, sowie Bodenauswitterungen gewonnen, um zur Seifenbereitung, Glasfabrikation u. s. w. zu dienen. Die Auffindung einer praktischen Gewinnung der Soda aus Steinsalz, wodurch sich der großartigste Umschwung in der chemischen Industrie vollzog, war dem Beginne des neuen Zeitalters vorbehalten; aber schon in der ersten Hälfte des vorigen Jahrhunderts wurden höchst bemerkenswerte Beobachtungen gemacht, welche die Möglichkeit zeigten, das Steinsalz zuerst in schwefelsaures Natron und dieses in Soda umzuwandeln: Reaktionen, deren Kenntnis dem genialen Begründer der Sodaindustrie, Leblanc, nach seiner eigenen Aussage nützlich gewesen ist.[1]

Duhamel de Monceau, welcher zu denen gehört, die das Kochsalz in Soda überführen lehrten, hat sich durch Anleitungen zur zweckmäßigen Darstellung verschiedener technisch wertvoller Produkte, z. B. des Salmiaks, Stärkemehls, der Seife u. a., verdient gemacht. — So wurden einmal die schon seit langer Zeit geübten Verfahren durch Verbesserungen, die der klaren Kenntnis chemischer Vorgänge entsprangen, belebt, sodann manche neue Fabrikationszweige geschaffen oder durch grundlegende Beobachtungen vorbereitet, wie die Rübenzuckerindustrie durch Marggraf's schon erwähnte Entdeckung, die erst in neuerer Zeit reichste Früchte getragen hat und noch trägt.

Kenntnisse sonstiger wichtiger Körper während des phlogistischen Zeitalters.

Die Erweiterung der Kenntnisse von Elementen und chemischen Verbindungen, welche einen besonderen technischen Wert damals nicht hatten, diesen aber teilweise erlangen sollten, war in der phlogistischen Zeit ganz bedeutend, so daß es angezeigt ist, auch darüber einen kurzen Überblick zu geben. — Zu der Zahl bekannter Elemente, welche freilich damals nicht als solche angesprochen wurden, kamen mehrere neue, von denen hier der Phosphor, das Chlor, das Mangan (von Gahn 1774 isoliert), Kobalt (Brandt, 1742), Nickel (Cronstedt, 1750) und Platin (Watson, 1750) zu nennen sind. Der Auffindung derselben gingen meist gründliche Untersuchungen ihrer Verbindungen voraus, doch war auch manchmal der Zufall im Spiel, wie bei der Entdeckung des

[1] Als bemerkenswert sei die Beobachtung Scheele's (um 1770) hier erwähnt, daß Soda sich durch Behandeln von Salzlösung mit Bleioxyd und des Filtrates mit Kohlensäure darstellen läßt: ein Verfahren, das später (1787) von Turner patentiert wurde.

Phosphors. Diese letztere erregte, Dank den überraschenden Eigenschaften des neuen Körpers, ein ungeheures Aufsehen in den gebildeten Kreisen Deutschlands, Englands und Frankreichs, und versetzte die Chemiker in fieberhafte Spannung. Einem Hamburger Alchemisten Brand war es i. J. 1669 gelungen, durch Destillation von eingedampftem Harn Phosphor zu gewinnen, welcher den gleichen Namen erhielt, wie die schon früher bekannten Leuchtsteine. Die beiden hervorragendsten Chemiker jener Zeit, Boyle und Kunkel, bemühten sich jahrelang, den Schleier des Geheimnisses zu lüften; sie gelangten endlich dahin und trugen zur besseren Kenntnis des Phosphors bei.

Von künstlich bereiteten chemischen Verbindungen waren es insbesondere die Verbrennungs- und Verkalkungsprodukte der Elemente, also Säuren und Metalloxyde, welche gemäß der Tendenz des Zeitalters das Hauptinteresse anspornten; dazu gesellte sich eifriges Beobachten der aus diesen Körpern sich bildenden Salze. Manches auf die Kenntnis der genannten Substanzen Bezügliche ist schon oben berührt worden. Waren auch die Ansichten über die Zusammensetzung aller dieser Verbindungen durchaus irrig, so wurde doch durch die genaue Erforschung ihres Verhaltens die spätere richtige Auffassung derselben wesentlich vorbereitet und erleichtert.

Von Säuren als Verbrennungsprodukte ist hier zunächst die von Boyle entdeckte Phosphorsäure hervorzuheben, deren Natur durch eine treffliche Arbeit Marggraf's aufgeklärt wurde, welcher ihre Entstehung durch Verbrennen von Phosphor, sowie durch Behandeln desselben mit Salpetersäure kennen lehrte, auch die Bildung des Phosphors aus Urin aufklärte. Daß der Phosphorgehalt des letzteren mit der aufgenommenen Nahrung zusammenhänge, hob Marggraf deutlich hervor. Als Bestandteile der Knochen wurde die Phosphorsäure erst von Scheele und Gahn nachgewiesen. — Daß die erste genaue Kenntnis der Verbrennungsprodukte von Schwefel und Kohle, überhaupt die von den Sauerstoff enthaltenden Gasen, erst in die zweite Hälfte des vorigen Jahrhunderts fällt, wurde schon dargelegt. Die Zusammensetzung der Salpetersäure lehrte Cavendish durch ihre Synthese aus Stickstoff und Sauerstoff, jedoch wurde das so klare Ergebnis seiner Versuche durch phlogistisches Beiwerk verdunkelt. — Die Entdeckung und genaue Untersuchung der salpetrigen Säure, *„flüchtigen Salpetersäure“*, verdankt man Scheele (1768), dessen scharfsinnige Abhandlung erst mit seinen Briefen veröffentlicht worden ist (S. 9 des citierten Werkes).

Die häufigen Untersuchungen von Produkten der Verkalkung von Metallen und Halbmetallen förderten deren Kenntnis ganz erheblich; es sei daran erinnert, daß der weiße Arsenik als Kalk des regulinischen Arsens erkannt und durch Oxydation des ersteren die Arsensäure von Scheele 1775 erhalten wurde, ferner an die Entdeckung der Molybdän- und Wolframsäure durch Scheele, an die so erfolgreiche Untersuchung des Verhaltens von Quecksilberkalk beim Erhitzen (s. oben) u. a. m.

Die Erkenntnis, daß ein Salz aus Säure und Base besteht, erleichterte den Überblick über viele, weit auseinander liegende Verbindungen. So war es Marggraf u. a. möglich, die analoge Zusammensetzung des schwefelsauren Kalis mit dem so unähnlichen Gips und Schwerspat festzustellen. Die bestimmte Unterscheidung der Alaunerde von der Kalkerde, die der letzteren von der Magnesia[1] (Hoffmann und Black), die des Kalis vom Natron (Duhamel, Scheele u. a.): diese und viele andere Entdeckungen gehören der Blütezeit der phlogistischen Theorie an und sind dem nachfolgenden Zeitalter sehr nützlich geworden. — Eine große Zahl neuer Salze wurde damals bekannt, wie Mangan- und Wismutsalze (z. B. das als Schminkweiß beliebte basisch salpetersaure Wismut), Kobalt-, Nickel- und Platinverbindungen u. a. Die qualitative Zusammensetzung vieler Salze, deren Natur früher gänzlich verkannt war, wurde richtig gedeutet, z. B. die des Alauns, Borax, Galmeis und anderer Verbindungen.

Organische Präparate. — Die Kenntnis der organischen Verbindungen hat ebenfalls namhafte Fortschritte aufzuweisen, besonders durch Scheele's Arbeiten, der neue Methoden zur Auffindung und Isolierung organischer Säuren ausarbeitete. Während so am Ausgange des phlogistischen Zeitalters ganz neue Gebiete erschlossen wurden, hatte man nicht versäumt, auch die früher schon bekannten organischen Körper besser zu untersuchen. Die wahre Zusammensetzung aller dieser kohlenstoffhaltigen Verbindungen blieb allerdings selbst nach der qualitativen Seite hin unerkannt. Die vollständige Unwissenheit in diesem Bereiche versteckte sich hinter nichtssagenden Ausdrücken und Umschreibungen, wie man z. B. für Alkohol als Bestandteile Öl und Wasser oder ein brennbares und ein merkurialisches Prinzip annahm. Erst Lavoisier bahnte hier den richtigen Weg an durch den Nachweis, daß Kohlenstoff, Wasserstoff und Sauerstoff die Bestandteile dieses Körpers wie der meisten organischen

[1] Die Kieselsäure, die man noch lange Zeit zu den Erden als „verglasbare Erde“ zählte, wurde zuerst von Scheele (1773) als feuerfeste Säure angesprochen (Briefe S. 69 flg.).

Stoffe seien, sowie durch die Vorzeichnung der Methode, die Gewichtsverhältnisse der genannten Elemente zu bestimmen.

Der Weingeist und die aus ihm hervorgehenden Ätherarten, sowie der Äther selbst, waren im vorigen Jahrhundert oft Gegenstand von Untersuchungen; man lernte dieselben ziemlich rein darstellen. Den Weingeist speziell wandte man in der Analyse zur Trennung von Salzen an, versuchte auch aus dem spezifischen Gewichte seiner wässerigen Lösungen den Gehalt an Alkohol abzuleiten; Anfänge der Alkoholometrie finden sich bei Réaumur 1733 und bei Brisson 1768. Über seine Entstehung bei der geistigen Gärung waren die Ansichten sehr konfus; manche stellten die Bildung desselben in Abrede, nahmen vielmehr seine Präexistenz in dem Most u. s. w. an.

Der Äther (*spiritus vini vitriolatus* oder *aethereus* genannt) wurde durch die Arbeiten von Frobenius (um 1730), sowie von Hoffmann, Pott, Baumé u. a. bekannt, auch medizinisch im Gemisch mit Weingeist angewandt (Hoffmann'sche Tropfen). Die irrtümliche Auffassung, derselbe enthalte Schwefel, hielt sich lange Zeit, bis sie durch die Untersuchung von Valentin Rose dem Jüngeren (1800) dauernd beseitigt wurde.[1] Der Name *Schwefeläther* erinnert noch daran. Äther nannte man damals jede durchdringend riechende, leicht flüchtige Substanz.

Der Salpeteräther, Salzäther, Essigäther, nach ihrer Entstehung so benannte Körper, wurden ebenfalls sorgfältig untersucht, auch als offizinelle Präparate geschätzt. Für die Schärfe der Beobachtung Scheele's spricht der Umstand, daß er die Gegenwart einer Mineralsäure als notwendig für die Bildung der Äther von schwachen Säuren, z. B. der Essig- und Benzoesäure, erkannte, was vor ihm übersehen war.

Die Kenntnisse der organischen Säuren wurden im phlogistischen Zeitalter, namentlich gegen Ende desselben wesentlich erweitert. Die am längsten bekannte Essigsäure lernte man im konzentrierten, reinen Zustande als *Eisessig* kennen und beobachtete ihre Entzündbarkeit (Lauraguais). Die Gleichheit der durch Gärung erhaltenen und der aus dem Destillate von Holz isolierten Essigsäure glaubten Kunkel, Boyle u. a. behaupten zu können, ohne jedoch den sicheren Beweis dafür zu liefern; diesen erbrachte erst Thénard (1802). Die Ähnlichkeit der 1670 von Wray entdeckten Ameisensäure mit der Essigsäure wurde früh bemerkt, führte auch zu Verwechselungen beider, bis Marggraf ihre Verschiedenheit als sicher nachwies.

[1] Schon früher nahmen einige Chemiker (Hoffmann u. Macquer) richtig an, daß der Äther aus dem Alkohol durch Austritt von Wasser gebildet werde.

Eine stattliche Reihe von Säuren lehrte Scheele aus Pflanzensäften isolieren dadurch, daß er ihre Kalk- oder Bleisalze darstellte und diese mit passenden Mineralsäuren, meist Schwefelsäure, zerlegte. So entdeckte er die bis dahin trotz langen Bekanntseins des Weinsteins übersehene Weinsäure, ferner die Citronensäure, die Apfelsäure, die Oxalsäure, welch' letztere er aus Zucker mittels Salpetersäure darstellte und als identisch mit der aus Sauerklee von ihm gewonnenen „*Acetosellsäure*" erkannte. Die Behandlung von Milchzucker mit Salpetersäure führte ihn zur Auffindung der Schleimsäure, die Untersuchung der sauren Milch zum Nachweis der Milchsäure; in Harnsteinen fand er die Harnsäure. Für andere schon früher beobachtete Säuren gab er neue Wege zur besseren Darstellung an, z. B. für Gallussäure und Benzoësäure. Endlich ist seine Entdeckung der Blausäure (1782) denkwürdig, welche er durch Zersetzung von Blutlaugensalz mit Schwefelsäure bereitete und einer meisterhaften Bearbeitung unterzog; auf Grund seiner Versuche vermochte er ihre qualitative Zusammensetzung richtig anzugeben; man hat nur seine phlogistische Sprache in die neue chemische zu übertragen.

Die fetten Öle und tierischen Fette waren oft Gegenstand von Untersuchungen, ohne daß ihre Zusammensetzung und ihr chemisches Verhalten, namentlich zu den Alkalien, klarer geworden wären, trotz einer wichtigen Beobachtung Scheele's, der als Produkt der Zersetzung von Baumöl mit Bleiglätte das Glycerin, von ihm Ölsüß genannt, entdeckte. Die Tragweite dieses Befundes wurde erst viel später erkannt. — Die Chemie der Zuckerarten und anderer Produkte des pflanzlichen sowie tierischen Stoffwechsels, wie der ätherischen Öle, Eiweißstoffe u. s. w., hat nur die schwachen Anfänge vorbereitender Untersuchungen aufzuweisen.

Zustand der pharmazeutischen Chemie.

Die gemeinsamen Interessen der Chemie und Pharmazie brachten es mit sich, daß beide befruchtend aufeinander einwirkten. Eine große Zahl hervorragender Forscher hat die Anregung zum Studium rein chemischer Erscheinungen der Ausübung der Pharmazie zu verdanken: es sei an Kunkel, Lemery (Vater und Sohn), Geoffroy, Rouelle, Neumann, Marggraf, Scheele erinnert. Wie diese u. a. der Chemie eine Fülle der wertvollsten Beobachtungen, ja grundlegender Entdeckungen zugeführt haben, so ist durch diese, sowie durch spezielle Untersuchungen im Gebiete der Pharmazie die letztere erheblich gefördert worden. Der Hauptgewinn bestand für die Pharmazie in ihrer innigen Verschmelzung mit der reinen Chemie. Andererseits erwies sich die Thätigkeit in den Apotheken als trefflichste Vorschule für die angehenden Chemiker. Der wissenschaftliche Sinn wurde durch tüchtige Lehrbücher der pharmazeutischen Chemie, z. B. Baumé's *Eléments de pharmacie theorique et pratique* 1762, Hagen's Lehrbuch der Apothekerkunst u. a. m. genährt, sowie durch Gründung pharmazeutischer Laboratorien gefestigt; das Aufblühen der letzteren gehört jedoch mehr dem neuesten Zeitalter an.

Dem Arzneischatz wurde durch die pharmazeutische Chemie manche Bereicherung zu teil. Von neuen Heilmitteln, die in Aufnahme kamen und deren Beschaffenheit häufig so lange in Dunkel gehüllt war, bis sie aufhörten Geheimmittel zu sein, mögen folgende wichtige erwähnt werden: Kohlensaures Ammon, in den vielgerühmten *englischen Tropfen* enthalten; schwefelsaures Kali, unter der Bezeichnung Glaser's *sal polychrestum* geschätzt, durch Verpuffen von Salpeter mit Schwefel bereitet; schwefelsaure Magnesia zuerst aus dem Epsomer Wasser 1695 von Grew dargestellt und als *sal anglicum*, später *Bittersalz*, bezeichnet; *Magnesia alba* aus den Mutterlaugen der Salpeterbereitung mittels kohlensauren Kalis gewonnen. Von Antimonpräparaten kam der *Kermes minerale*, dessen richtige Zusammensetzung erst in unserem Jahrhundert erkannt wurde, zu Ansehen. Eisenchlorid in weingeistiger Lösung war in der ersten Hälfte des 18. Jahrhunderts ein unter dem Namen *Goldtropfen* oder *Nerventinktur* beliebtes Geheimmittel, dessen Natur man jedoch bald erkannte. Die Hoffmann'schen Tropfen, sowie die zusammengesetzten Äther fanden ebenfalls offizinelle Anwendung. Basisch essigsaures Blei führte nach Mitte des vorigen Jahrhunderts Goulard als äußerlich zu benutzendes Mittel ein, das noch heute nach ihm genannt wird.

Beobachtungen über die manchen Stoffen eigenen antiseptischen Wirkungen wurden öfter gemacht; Kunkel wies auf die der Mineralsäuren hin. Die fäulniswidrige Eigenschaft des Eisenvitriols sowie Alauns benutzte man nach dem Vorschlag des Schweden Faggot zum Imprägnieren von Holz mit diesen Salzen. — Scheele empfahl i. J. 1782 die Konservierung des Essigs durch Kochen in verschlossenen Gefäßen; er ist also der Entdecker der so wichtigen Sterilisierungsmethode.

Schlußbetrachtung. — Das Zeitalter der phlogistischen Chemie muß als die unentbehrliche Vorstufe der mit Lavoisier beginnenden neuen Ära betrachtet werden. Die irrtümliche Auffassung, die den so wichtigen Erscheinungen der Verbrennung und Verkalkung zu teil wurde, und welche sich auf viele andere Prozesse übertrug, hat ganz und gar nicht verhindert, daß die Chemie sich als junge Wissenschaft kräftig und gesund entwickelte. Dazu trug wohl am meisten die experimentelle Methode bei, die mehr und mehr in ihr Recht eintrat. Hand in Hand mit deren Entwickelung sehen wir die Hilfsmittel zur Beobachtung chemischer Vorgänge und zur Feststellung der Eigenschaften von Körpern zunehmen. Diese Fortschritte wurden angebahnt teils durch Verbesserung der Apparate — man denke an die zum Aufsammeln und Messen der Gase dienenden — teils durch Heranziehen physikalischer Beobachtungsweise; es sei an die häufiger werdende Bestimmung des spezifischen Gewichtes der Körper in den verschiedenen Aggregatzuständen, sowie an die Anwendung des Mikroskops erinnert. Die Zeit für die fruchtbare Benutzung der Wage zur genauen Ermittelung der Gewichtsverhältnisse bei chemischen Reaktionen war noch nicht gekommen, wenn schon manche bedeutsame Anfänge der quantitativen Analyse zu bemerken sind.

Als ein besonders wichtiger, dieses Zeitalter kennzeichnender Umstand ist hervorzuheben, daß die Chemie sich ihrer eigentlichen Aufgabe: zu erforschen, wie die Körper zusammengesetzt sind und aus welchen Bestandteilen sie sich herstellen lassen, klar bewußt wurde. Die analytische Chemie sollte dieses Problem lösen helfen; aber auch auf synthetischem Wege wurden nützliche und wichtige Ergebnisse erzielt.

Der selbständig wissenschaftliche Charakter der Chemie zeigte sich in der Art, wie sich ihr Verhältnis zu anderen Wissenschaften gestaltete. Die frühere Abhängigkeit von der Medizin und Pharmazie hörte auf; statt Dienerin derselben zu sein, wurde die Chemie deren helfende und ratende Freundin. Auch mit der Physik, Mineralogie, Botanik trat sie in nahe Fühlung, die zu gegenseitiger Befruchtung führte und die Chemie zur unentbehrlichen Hilfswissenschaft jener machte. Man denke nur daran, was hervorragende Chemiker, z. B. Boyle, für die Physik oder Bergman für diese und die Mineralogie geleistet haben. Durch das Zusammengehen der verschiedenen Wissenschaften wurden neue Grenzgebiete zwischen den einzelnen und der Chemie erschlossen; in das Zeitalter der phlogistischen Lehre fiel die erste wissenschaftliche Behandlung der mineralogischen und physikalischen Chemie; ferner wurde durch die weiter ausgebaute organische Chemie der Boden für die physiologische vorbereitet.

Nichts ist daher weniger berechtigt, als zu behaupten, die Chemie sei zu jener Zeit keine Wissenschaft gewesen, erst Lavoisier habe eine solche aus ihr, die vor ihm nur dem Namen nach bestanden habe, geschaffen. Die Geschichte der Leistungen eines Boyle, Stahl, Black, Bergman, Scheele, Cavendish, Priestley, Marggraf u. a. ist mächtig genug, die Irrigkeit einer solchen Behauptung[1] zu erweisen. Trotz der falschen Hypothese, die der Phlogistontheorie zu Grunde lag, ist diese selbst nebst den aus ihr hervorgegangenen und von ihr getragenen Arbeiten die notwendige Grundlage der richtigen Auffassungsweise und zahlreicher Untersuchungen des nachfolgenden Zeitalters gewesen.

[1] Man vergleiche Dumas' „*Leçons sur la philosophie chimique*" (1837) S. 137 und den Satz, mit welchem A. Wurtz seine „*Histoire des doctrines chimiques*" (1868) begonnen hat: „*La chimie est une science française; elle fut constituée par Lavoisier*" etc. Volhard hat diesen Ausspruch auf seinen Wert geprüft und so gründlich widerlegt (Journ. pr. Chem. N. F. **2**, 1 flg.), daß neuere Versuche, die Darlegungen Volhard's über die wahre Bedeutung Lavoisier's zu entkräften, als gänzlich ungenügend, auch in der Form unberechtigt und verfehlt erscheinen (s. namentlich Grimaux: Lavoisier (1888) S. 128 u. 363). Der Ausspruch Grimaux' (S. 128): „*Toute la science moderne n'est que le développement de l'oeuvre de Lavoisier*" kennzeichnet sich ohne weiteres als maßlose Übertreibung und übertrumpft noch den obigen von Wurtz. — Übrigens haben die hervorragendsten Antiphlogistiker selbst den wissenschaftlichen Charakter der von ihnen bekämpften chemischen Richtung gar nicht in Zweifel gezogen.

Geschichte der neuen Zeit von Lavoisier bis auf unsere Tage.

Der Beginn des letzten Zeitalters der Chemie, dem die heutige Generation der Forscher noch angehört, wird mit Recht an Lavoisier's Reformen angeknüpft, durch welche er die schon bestehende chemische Wissenschaft in neue Bahnen lenkte: er bewies die Macht und Bedeutung der Gewichtsverhältnisse bei chemischen Reaktionen, die ohne Berücksichtigung dieser falsch gedeutet worden waren. Ganz besonders galt dies von den Vorgängen der Verbrennung und ähnlichen Erscheinungen, die Lavoisier zuerst richtig zu erklären vermochte. Dies war ihm aber erst möglich, nachdem Scheele und Priestley den Sauerstoff entdeckt hatten. Wenn man daher ein Ereignis bezeichnen will, mit dem die neue Zeit anhebt, so ist es diese wichtige Entdeckung, welche schon in der Geschichte des vorigen Zeitalters ihren Platz gefunden hat.

An Stelle der phlogistischen Lehre, die zu einem Dogma verknöchert war, trat nun die Verbrennungstheorie Lavoisier's mit dem Sauerstoff als Mittelpunkt; die im Banne jener befindliche Chemie wurde in das sogenannte antiphlogistische System umgewandelt. Eine vollständige Umkehrung aller über die Verbrennung, Verkalkung und damit über die Zusammensetzung der wichtigsten Körper gehegten Ideen vollzog sich: wahrlich eine Reform im vollsten Sinne des Wortes. Denn alle Vorgänge, bei denen man bisher das Entweichen von Phlogiston angenommen hatte, beruhten, wie Lavoisier lehrte, auf der Aufnahme von Sauerstoff, und umgekehrt die Prozesse, die durch Hinzutreten des Phlogistons gedeutet wurden, waren gerade durch die Ausscheidung von Sauerstoff gekennzeichnet.

Von den Stoffen, die nach der Phlogistonlehre als Elemente galten, z. B. von der Schwefel- und Phosphorsäure, den Metallkalken, bewies Lavoisier, daß sie zusammengesetzt seien, dagegen für die als Verbindungen betrachteten Körper, wie Metalle, Schwefel, Phosphor, nahm er die elementare Natur an.

Zweckmäßig scheint es, hier noch einmal die Hauptwidersprüche kurz darzulegen, in die sich die phlogistische Lehre um die Zeit der

Entdeckung des Sauerstoffes (etwa 1775) verwickelt hatte, und durch welche ihr Sturz beschleunigt wurde. Zahlreich waren die Thatsachen, die sich der Phlogistontheorie nicht anbequemen ließen. Den Chemikern, welche den Wasserstoff als Phlogiston ansahen — eine Annahme, die damals von vielen geteilt wurde — erwuchs die große Schwierigkeit, nachzuweisen, wohin während der Verkalkung der Metalle, sowie bei der Verbrennung von Schwefel, Phosphor, Kohle in geschlossenen Räumen das Phlogiston, welches ja dabei entweichen sollte, gekommen sei. — Die Reduktion der Metalloxyde mittels Wasserstoff ließ sich zwar vom phlogistischen Standpunkte aus scheinbar vortrefflich deuten, aber man mußte von einer Erklärung der dabei stattfindenden Bildung des Wassers und der Gewichtsabnahme, welche die Oxyde dabei erleiden, absehen. Wie aber konnte eine Reduktion der Metallkalke eintreten, ohne daß Phlogiston (Wasserstoff) zu diesen gelangte? Dies war der Fall bei denjenigen Kalken, welche in geschlossenen Gefäßen, allein durch Zufuhr von Wärme in Metalle verwandelt wurden. Für die Bildung von Quecksilber aus Quecksilberoxyd, sowie von Silber und Gold aus ihren Oxyden durch Hitze vermochte die Phlogistonlehre keinerlei Erklärung zu geben. Gerade diese Reaktionen, die zu der Entdeckung des Sauerstoffes leiteten, führten den Zusammenbruch jener Theorie herbei und ermöglichten die Aufstellung des antiphlogistischen Systems. Das letztere erhielt erst durch den einige Jahre später geführten Nachweis, daß das für elementar gehaltene Wasser sich aus Sauerstoff und Wasserstoff zusammensetze, seinen Schlußstein.

Lavoisier und die antiphlogistische Chemie. (1775 bis Ende des 18. Jahrhunderts.)

Die große That Lavoisier's bestand in der Abstreifung alter Vorurteile und in der mustergültigen Anwendung wissenschaftlicher Prinzipien bei der Erklärung chemischer Vorgänge. Ein reiches Material von wichtigen Thatsachen war ihm von den Phlogistikern überliefert; er selbst hat dieses durch neue Beobachtungen, was die chemische Seite derselben anlangt, nur wenig bereichert, wohl aber dasselbe von einem bis dahin unerreichten Standpunkte aus zu sichten und zusammenzufassen vermocht, sowie für viele Vorgänge die richtige Erklärung gegeben. Man wird nicht fehlgehen, wenn man solche Leistungen auf Rechnung seines physikalisch und mathematisch vorzüglich geschulten Geistes setzt, der sich schon frühzeitig von den Fesseln der phlogistischen Hypothese frei zu machen wußte. Als Physiker mußte sich Lavoisier vor allen Dingen

Rechenschaft geben von den Gewichtsveränderungen, z. B. bei der Verkalkung von Metallen; die Eigenschaften der Produkte interessierten ihn weniger. Daraus erklärt es sich, daß er selbständige chemische Entdeckungen nicht gemacht hat; sein Verdienst, die Beobachtungen anderer zuerst umfassend und richtig gedeutet zu haben, bleibt darum unbestritten.

Lavoisier fand schon bei Lebzeiten die größte Anerkennung; er sah noch die Frucht seiner Arbeiten, das antiphlogistische System, siegreich aus dem Kampfe mit dem phlogistischen hervorgehen und sich auch außerhalb Frankreichs verbreiten. — Anton Laurent Lavoisier, geb. 26. August 1743, war Altersgenosse von Scheele; aber wie verschieden gestalteten sich die Verhältnisse beider! Letzterer war auf sich und seine Kraft angewiesen, ein Autodidakt im weitesten Sinne des Wortes; Lavoisier dagegen hatte, als Sohn eines angesehenen Advokaten, eine vortreffliche Erziehung genossen, und namentlich Gelegenheit gehabt, sich ausgezeichnete mathematische und physikalische Kenntnisse anzueignen, was auf die ganze Richtung seines Denkens und auf seine Forschungsweise von maßgebendem Einflusse geblieben ist. Auch in der Botanik, der Mineralogie und Geologie, Meteorologie und Anatomie erwarb er sich gediegene Kenntnisse; von seinen Lehrern seien der Mathematiker La Caille, der Botaniker B. de Jussieu, der Mineraloge Guéttard genannt. In die Chemie führte ihn Rouelle ein. Schon in jungen Jahren gelangte Lavoisier durch wissenschaftliche Untersuchungen zu hohem Ansehen, so daß er bereits i. J. 1768 in die französische Akademie als „*adjoint*“ aufgenommen wurde, und zwar auf Grund einer preisgekrönten Schrift über die zweckmäßigste Straßenbeleuchtung einer großen Stadt.

Seine ersten chemischen Arbeiten,[1] namentlich die i. J. 1770 veröffentlichte über die vermeintliche Umwandlung von Wasser in Erde, lassen seine physikalische Methode deutlich erkennen. Hier bewies er, daß das Gewicht des verschlossenen Glasgefäßes nebst dem Wasser, welches er darin lange Zeit im Kochen erhalten hatte, un-

[1] Bezüglich der einzelnen Abhandlungen Lavoisier's verweise ich auf die seit 1862 in 6 Bänden zu Paris erschienenen: *Oeuvres de Lavoisier (publiées par les soins du ministre de l'instruction publique)*, sowie auf die Analysen, welche H. Kopp in seiner „Chemie in der neueren Zeit“ (1874) und Höfer (*Histoire de la chimie* II, 490 ff.) von Lavoisier's wichtigsten Arbeiten gegeben haben. Ferner ist das 1888 erschienene Werk Grimaux': Lavoisier (1743—1794) als wichtige Quelle für das Leben und Wirken Lavoisier's zu nennen, wenn auch darin die Verherrlichung des großen Mannes zu weit getrieben wird (vergl. S. 136 Note). Infolge dessen, namentlich durch die an Gegnern geübte Kritik und mancherlei Übertreibungen, ist der an sich große historische Wert des Buches stark getrübt.

verändert geblieben war, daß aber die entstandene Erde ebenso viel wog, als das Gefäß an Gewicht abgenommen hatte: daraus müsse man schließen, daß nicht aus dem Wasser, sondern aus dem Glase die Erde stamme. Die Qualität der letzteren untersuchte er nicht, während der Chemiker Scheele durch qualitative Prüfung derselben zu dem gleichen Schlusse geleitet wurde, wie Lavoisier.

Bei dieser Gelegenheit hatte letzterer den Nutzen der Wage, als einer zuverlässigen Führerin bei chemischen Arbeiten, erkannt und betont. Bald darauf beschäftigte er sich, an frühere gelegentliche Beobachtungen über die Gewichtszunahme bei der Verkalkung von Metallen anknüpfend, mit der Erforschung der Vorgänge beim Verbrennen von Körpern und bei der Verkalkung der Metalle. Mit Hilfe einer nach seinen Angaben gefertigten, außerordentlich feinen Wage suchte er vor allem die bei solchen Prozessen stattfindenden Gewichtsveränderungen genau zu ermitteln und den Grund derselben festzustellen. So entstanden jene ersten Arbeiten, welche, durch das Hinzukommen der Beobachtungen von Priestley und Scheele über den Sauerstoff und sein chemisches Verhalten ganz wesentlich erweitert, das Fundament von Lavoisier's Verbrennungstheorie bildeten.

Seine Stellung hatte sich inzwischen glänzend gestaltet; als Generalpächter, in den ersten Jahren nur als Teilhaber, und bald darauf an die Spitze der Salpeterregie gestellt, fand er Muße genug, sowohl seinen eigenen Untersuchungen zu leben, als dem Staate durch wertvolle Ratschläge und Neuerungen zu nützen (z. B. bei der Fabrikation von Kalisalpeter, Schießpulver u. s. w.). Die zahlreichen, von ihm erstatteten Gutachten über technische Fragen legen Zeugnis ab für seinen Fleiß, seine Vielseitigkeit und seinen weit reichenden Einfluß. Lavoisier hatte dazu als Mitglied zahlreicher Kommissionen, z. B. der *Société d'agriculture*, des *Bureau de consultation*, der *Commission des poids et mésures* häufig Gelegenheit.

In nahem Zusammenhange mit seinen Arbeiten über die Verbrennung stehen seine wichtigen, gemeinsam mit Laplace ausgeführten Versuche über die latente Wärme des Eises und die spezifische Wärme verschiedener Körper. Gerade die klare physikalische Auffassung der Wärme im Gegensatz zu der vieler Phlogistiker, die sich von der Annahme des wägbaren Wärmestoffes nicht lossagen konnten, befähigte Lavoisier, die chemischen Reaktionen, bei denen Wärme austrat, insbesondere die Verbrennungserscheinungen, richtig zu erklären.

Trotz der außerordentlichen Verdienste, die sich Lavoisier nicht nur um die Wissenschaft, sondern auch um das Wohl seines Vaterlandes dadurch erwarb, daß er seine Kenntnisse und Erfahrungen stets mit gleichem Eifer in den Dienst desselben stellte, blieb er nicht vor dem Schicksal bewahrt, das so viele seiner Mitbürger betraf. Auf Grund nichtiger Beschuldigungen wurde er unter der Schreckensherrschaft zum Tode verurteilt und am 8. Mai 1794 zusammen mit 28 Generalpächtern hingerichtet.[1] Von seinen zahlreichen Freunden und Verehrern haben nur wenige, darunter Hauy, Borde, und nur ein Chemiker, Loysel, den Mut gehabt, ihre Stimme dagegen zu erheben, jedoch ohne Erfolg. Einflußreichere Fachgenossen, wie Guyton de Morveau, Monge und namentlich Fourcroy,[2] die in der Politik eine Rolle spielten und während der fünf Monate dauernden Untersuchungshaft gewiß etwas für seine Rettung hätten thun können, haben nicht gewagt, gegen jenes Verbrechen Einspruch zu erheben.

Lavoisier hat seine Arbeiten größtenteils in den Memoiren der französischen Akademie veröffentlicht; die Jahrgänge 1768—1787 enthalten über 60 Abhandlungen von ihm,[3] einige andere finden sich im *Journal de Physique* und in den *Annales de Chimie.* Der von ihm gehegte Plan, seine Arbeiten zusammengefaßt herauszugeben, ist erst

[1] Durch die Ed. Grimaux zu verdankende Veröffentlichung von Dokumenten, die auf den Prozeß und Tod Lavoisier's Bezug haben, ist manches Licht in diese traurige Angelegenheit gekommen. Die Vermutung ist nicht ausgeschlossen, daß Marat aus kleinlicher Rache gegen Lavoisier, der eine i. J. 1780 erschienene Abhandlung (*Recherches physiques sur le feu*) desselben ungünstig beurteilt hatte, den Prozeß mittelbar anstrengte. Denn Marat hat in seinem berüchtigten *Ami du peuple* Lavoisier wiederholt denunziert und so die Anklage veranlaßt, wenn auch Marat selbst die Verhaftung Lavoisier's und seiner Kollegen nicht mehr erlebt hat. In dem Urteil, welches gefällt wurde, nachdem er 5 Monate lang in Untersuchungshaft verbracht hatte, wurde ausgeführt, daß er zum Tode verurteilt sei, „als überführt, Urheber oder Mitschuldiger eines gegen das französische Volk gerichteten Komplots zu sein, das die Erfolge der Feinde Frankreichs zu begünstigen zum Zwecke hatte; indem er namentlich jede Art von Erpressung an dem französischen Volke verübt, und dem Tabak Wasser und für die Gesundheit der Bürger, welche sich desselben bedienten, schädliche Stoffe beigemengt hat."

[2] Die schon erwähnte Publikation Grimaux', sowie Berthelot's *Notice historique sur Lavoisier* (Monit. scientif. 1890, S. 125), lassen die Gleichgültigkeit Fourcroy's, auch Morveau's u. a., gegen das Geschick Lavoisier's in bedenklichem Lichte erscheinen.

[3] Für die Beurteilung der Arbeiten Lavoisier's ist die Zeit ihres Erscheinens wichtig; man hat nämlich zu beachten, daß die Jahrgänge der *Memoires de l'Acad.* ihrer Bezeichnung nach nicht der Zeit entsprechen, in der sie veröffentlicht worden sind, daß dieselben vielmehr einige Jahre später zu erscheinen pflegten (so die Memoiren f. 1772 erst 1776, die f. 1782 erst i. J. 1785). Diese Verschiebung hat wegen der später vorgenommenen Änderungen manche Unklarheit in Bezug auf die wirkliche Zeit der Abfassung der und jener Abhandlung Lavoisier's zur Folge. Soweit für wichtige Untersuchungen der Zeitpunkt ihrer Abfassung festzustellen war, ist dieser angegeben worden.

nach seinem Tode (1862—1892) zur Ausführung gelangt. Die i. J. 1774 veröffentlichten *Opuscules physiques et chymiques* enthalten seine Ideen über die Natur der Gase und Ansichten über die Verbrennungsprozesse. In seinem 1789 erschienenen *Traité élémentaire de chimie (présenté dans un ordre nouveau et d'après les découvertes modernes)* stellte er die wichtigsten chemischen Thatsachen übersichtlich zusammen und erklärte sie gemäß der antiphlogistischen Theorie, die in diesem Werke ihr erstes Lehrbuch erhielt; Übersetzungen des letzteren trugen wesentlich zur Verbreitung der neuen Lehre bei.

Die für die Entwickelung der Chemie bedeutungsvollsten Untersuchungen Lavoisier's sind die gewesen, welche die Aufrichtung des antiphlogistischen Systems in sich schlossen nnd zur Beseitigung der Phlogistonlehre führten; dieselben haben die Erscheinungen der Verbrennung, Verkalkung, Atmung zum Gegenstande. Die Rolle des Sauerstoffes bei diesen Vorgängen erkannt und gedeutet zu haben, darin bestand Lavoisier's Hauptlebensarbeit, und das ist sein bleibendes Verdienst.

Die früheren Beobachtungen eines Rey, Mayow u. a., welche die Gewichtszunahme der Metalle bei ihrer Verkalkung einer Luftabsorption zugeschrieben hatten, enthielten doch nur die ersten Keime zu der richtigen Erklärung, die diesen Vorgängen erst durch Lavoisier zu teil wurde. Seit dem Jahre 1772 beschäftigte sich letzterer mit dahin einschlagenden Versuchen, als deren Ergebnis er (am 1. November genannten Jahres) eine verschlossene Note niederlegte, des Inhalts, daß bei der Verbrennung von Schwefel und Phosphor, sowie bei der Verkalkung von Metallen, das Gewicht dieser Körper zunehme infolge der Absorption einer großen Menge Luft, und daß durch Reduktion der Bleiglätte mit Kohle im geschlossenen Raum eine beträchtliche Menge Luft, das tausendfache Volum der Glätte, entwickelt werde. Lavoisier befand sich also damals noch auf gleichem Standpunkte wie Mayow, er war völlig im Unklaren, welcher Teil der Luft die Gewichtsvermehrung bewirke, ferner darüber, daß die Luft ein Gemenge von Gasen sei, besonders aber über den bei der Reduktion der Bleiglätte sich vollziehenden Prozeß; denn er ist geneigt, das dabei erzeugte Gas, bekanntlich Kohlensäure, für das mit dem Blei verbundene Fluidum anzusehen. Diese Unsicherheit war dadurch hervorgerufen, daß er die qualitative Seite der chemischen Vorgänge zu wenig berücksichtigte.

Durch Wiederholung dieser und ähnlicher Versuche gelangte jedoch Lavoisier bald zu größerer Klarheit, erkannte namentlich seinen Irrtum bezüglich der Reduktion von Bleiglätte. Im Jahre

1774 machte er nähere Angaben über jene Beobachtungen, insbesondere über die Verkalkung des Zinns;[1] der Versuch war im wesentlichen eine Wiederholung des Boyle'schen, aber Lavoisier verstand es, aus demselben richtigere Folgerungen zu ziehen, als jener. Eine mit Zinn beschickte, dann zugeschmolzene Retorte, wurde vor und nach dem Erhitzen gewogen und gleich schwer gefunden, woraus zu folgern, daß keine Feuermaterie aufgenommen war; beim Öffnen des erkalteten Gefäßes drang Luft ein, und nun ergab sich für den ganzen Apparat eine ebenso große Gewichtszunahme, als das Zinn durch teilweise Verkalkung erfahren hatte. Lavoisier schloß daraus, daß die Verkalkung auf Absorption von Luft beruht, daß also durch die letztere die Gewichtsvermehrung bewirkt wird.

Wenn auch in diesen Sätzen schon die Anfänge seiner Verbrennungstheorie enthalten waren, so fehlte doch noch immer die nähere Erkenntnis des Teiles der Luft, der sich mit den Metallen und verbrennlichen Körpern vereinigt. Der Sauerstoff war inzwischen von Scheele und Priestley entdeckt; sie erkannten denselben als den Teil der Luft, der zur Verbrennung erforderlich ist. Lavoisier aber hatte, sobald er Kenntnis von dieser Entdeckung erhielt, den Schlüssel zur Erklärung seiner Versuche in der Hand. Wie er daraus Nutzen zog, ergiebt sich aus einer i. J. 1775 geschriebenen Abhandlung,[2] in welcher der Sauerstoff in seiner allgemeinen Bedeutung für die in Frage stehenden Vorgänge gewürdigt wird; dieses Gas ist nun als das Fluidum erkannt, welches sich mit den Metallen, dem Schwefel, Phosphor, mit der Kohle u. s. w. verbindet. Die Bildung von Kohlensäure aus Kalisalpeter und Kohle führt ihn zu dem Schluß, daß in diesem Salze ebenfalls Sauerstoff enthalten sein muß, was übrigens auch Mayow 100 Jahre früher verwertet hatte, nur daß er statt von Sauerstoff von dem *spiritus nitro-aëreus* redet. Ein Hinweis auf den Einfluß, den Priestley's Entdeckung des Sauerstoffes, die Lavoisier durch letzteren selbst bekannt geworden war, auf seine Versuche mit Quecksilberoxyd und auf seine Deutung früherer Beobachtungen gehabt hat, findet sich merkwürdigerweise nicht.[3]

[1] *Oeuvres de L.* II, 105.

[2] Vergl. *Oeuvres* II, 129.

[3] Überhaupt erweckt die Stellung Lavoisier's zu den Beobachtungen und Entdeckungen anderer Forscher häufig ein peinliches Gefühl; es ist betrübend, zu bemerken, daß der mit so weitem Blick und großartigen Gaben ausgestattete Naturforscher den Verdiensten anderer nicht immer gerecht geworden ist. So erwähnte Lavoisier in seiner ersten chemischen Arbeit über die Zusammensetzung des Gipses Marggraf's wichtige Untersuchungen nicht, obwohl diese zu den bekanntesten zählten, während die unbedeutenden Arbeiten

Zu vollständiger Klarheit, namentlich in Bezug auf die Zusammensetzung der atmosphärischen Luft, gelangte Lavoisier erst im Laufe der folgenden Zeit; in das Jahr 1776 fiel seine Beobachtung, daß das Verbrennungsprodukt des Diamantes lediglich Kohlensäure ist; in dem folgenden zeigte er, daß durch Verbrennung von Phosphor in abgeschlossenem Volum ein Fünftel des letzteren verbraucht wird und nicht atembare Luft zurückbleibt. Auf Grund dieser Versuche und der ihm inzwischen näher bekannt gewordenen Beobachtungen Scheele's und Priestley's, sowie weiterer aus dem Jahre 1777 stammender Untersuchungen über die Verbrennung organischer Körper, als deren Produkte er Wasser und Kohlensäure feststellte, vermochte Lavoisier die Hauptsätze seiner Verbrennungs- oder Oxydationstheorie wie folgt[1] aufzustellen:

Die Körper brennen nur in reiner Luft (*air éminemment pur*).

Diese wird bei der Verbrennung verbraucht, und die Gewichtszunahme des verbrannten Körpers ist gleich der Gewichtsabnahme der Luft.

Der brennbare Körper wird gewöhnlich durch seine Verbindung mit der reinen Luft in eine Säure verwandelt, die Metalle dagegen in Metallkalke.

Der letzte Satz enthält einen wichtigen Gedanken, den Lavoisier weiter ausspann zu seiner Theorie von der Zusammensetzung der Säuren, wonach diese als *principe oxygine* oder *acidifiant* immer Sauerstoff enthalten sollen. Zur Begründung dieser Annahme stellte er teils selbst Versuche an, teils benutzte und deutete er die anderer; so sprach er aus, daß die Schwefelsäure aus Schwefel und Sauerstoff, die Phosphorsäure aus Phosphor und Sauerstoff und die Salpetersäure aus Salpetergas (Stickoxyd) und Sauerstoff bestehen. Die

anderer Chemiker, welche sich mit dem gleichen Gegenstande beschäftigt hatten, über Gebühr gewürdigt wurden. — In ähnlicher Weise ignorierte er bei Darlegung seiner Versuche über die Zusammensetzung des Wassers aus Wasserstoff und Sauerstoff die früheren, das Gleiche beweisenden Untersuchungen von Cavendish, von deren Ergebnissen er zuvor bestimmte Kenntnis durch Blagden erhalten hatte. — Gegen Black's ausgezeichnete Versuche über die fixe Luft, aus denen er zweifellos für seine Auffassung von der Fixierung eines Gases den größten Nutzen gezogen hatte, verhielt er sich kühl und ablehnend, während die nichtigsten Einwände, die gegen Black erhoben waren, aufs eingehendste und rücksichtsvollste erörtert wurden. — Das sind leider Flecken, die Lavoisier anhaften, trotz des Glanzes, mit welchem die idealisierende Geschichtsschreibung von Dumas, Wurtz, Grimaux u. a. ihn umgeben hat. Vergl. übrigens die über manche Punkte Klarheit verbreitenden Aufsätze von Thorpe in seinen *Essays* S. 87 und namentlich S. 110 flg.

[1] *Oeuvres* II, 226 in dem „Mémoire sur la combustion en général“.

wahre Zusammensetzung der letzteren Säure lehrte erst Cavendish durch ihre Synthese aus Stickstoff und Sauerstoff kennen. Die Salzsäure als starke Säure sollte nach Lavoisier's Auffassung ebenfalls Sauerstoff enthalten und mehr noch das daraus durch Oxydation hervorgehende Chlor. Die Frage, welcher Art die Sauerstoffverbindung des Wasserstoffes sei, beschäftigte Lavoisier ebenfalls, ohne daß er selbständig zur richtigen Erkenntnis gelangte; denn er erwartete als Verbrennungsprodukt eine Säure zu finden und suchte nach einer solchen. Es ist unbestritten das Verdienst des Phlogistikers Cavendish, nachgewiesen zu haben, daß durch Verbrennung von Wasserstoff ausschließlich Wasser erzeugt wird.[1]

Fruchtbar erwies sich diese grundlegende Beobachtung erst in der Hand Lavoisier's, der sofort die thatsächliche Zusammensetzung des Wassers aus Wasserstoff und Sauerstoff aussprechen konnte und dieselbe quantitativ annähernd ermittelte. Auch die Zerlegung des Wassers durch glühendes Eisen, sowie die Entstehung desselben bei der Reduktion von Metalloxyden mittels Wasserstoff, lehrte er verstehen. Die Bildung von Wasserstoff infolge der Auflösung von Metallen in Säuren wurde nun klar und befriedigend erklärt. Gerade diese Reaktion hatte die Phlogistiker in der Meinung bestärkt, die Metalle enthielten Phlogiston, welches, mit Wasserstoff identisch, beim Auflösen derselben in Säuren entweiche. Lavoisier wußte jetzt, nachdem die Zusammensetzung des Wassers erkannt war, daß von diesem der Wasserstoff stamme, der Sauerstoff aber sich mit dem Metall zu dessen Oxyd verbinde, welches sich dann mit der Säure vereinigt.[2]

Mit dieser Erkenntnis, welche in das Jahr 1783 fiel, waren die letzten Schwierigkeiten beseitigt, welche das antiphlogistische System zu überwinden hatte; die Phlogistontheorie konnte sich nicht mehr halten; sie brach zusammen. Bis dahin war Lavoisier ziemlich allein in dem Kampfe gegen dieselbe gewesen; wesentliche Stützen hatte er nur an hervorragenden Physikern und Mathematikern, Laplace, Monge, Cousin u. a. gefunden. Damals begannen auch einflußreiche tüchtige Chemiker sich seinen Ansichten zuzuwenden, zunächst in Frankreich (Berthollet 1785, Morveau 1786, der

---

[1] Darüber, sowie über den Anteil Watt's an der Erkenntnis, daß und wie das Wasser zusammengesetzt ist, vergl. H. Kopp's ausführliche Schrift: Über die Entdeckung der Zusammensetzung des Wassers (Braunschweig 1875). Vergl. auch Berthelot's Aufsatz über Lavoisier (Monit. scientif. **1890**, S. 138 ff.), ferner Thorpe's *Essays* S. 110 ff. Das Zeugnis Berthollet's (s. das. S. 139 Note) läßt keinen Zweifel darüber, daß selbst die Freunde Lavoisier's die Priorität in Betreff dieser Entdeckung Cavendish ohne Einschränkung zuerkannten.

[2] Bei diesen Untersuchungen waren Laplace sowie Meusnier stark beteiligt.

diplomatisch vorsichtige Fourcroy erst 1787), bald auch in anderen Ländern (der kampflustige Kirwan z. B. i. J. 1792). Lavoisier's kritische Abhandlungen, die sich gegen die Phlogistontheorie richteten und die Unhaltbarkeit derselben zeigten, sowie sein *Traité de chimie* trugen zum Sturze dieser Lehre endgültig bei.

In großen Zügen sind die Leistungen oben dargelegt, durch welche Lavoisier die Chemie in ganz neue Bahnen lenkte; einzelne seiner Beobachtungen und Spekulationen — ich erinnere an die Versuche über die Zusammensetzung organischer Verbindungen, an seine umfassenden Ideen über den Stoffwechsel in der organischen Natur — werden noch in der speziellen Geschichte dieser Zeit zu erwähnen sein. Die planmäßige Anwendung der quantitativen Untersuchungsmethode, sowie die vorurteilsfreie Erfassung chemischer Vorgänge von mehr physikalischen Gesichtspunkten aus, leiteten ihn zu der richtigen Deutung der wichtigsten Erscheinungen der Chemie, an deren Erklärung mehrere Generationen der im Banne der Phlogistontheorie stehenden Forscher sich vergeblich abgemüht hatten. Das von letzteren zusammengetragene Material, insbesondere die Beobachtungen von Black, Scheele, Priestley, Cavendish, waren Lavoisier unentbehrlich; man denke nur daran, daß die für sein System wichtigsten Entdeckungen, die des Sauerstoffes und der wahren Zusammensetzung des Wassers, nicht von ihm selbst gemacht worden sind. Aber mit einem Geistesfluge, der sich hoch über die Ideen seiner Zeitgenossen erhob, wußte er die von diesen nicht verstandenen Erscheinungen zu entziffern. Nachdem er das Phlogiston als nicht vorhanden und in dem Sauerstoff das zur Verbrennung, Verkalkung und Atmung notwendige Gas erkannt hatte, übersetzte er die durch Annahme des Phlogistons verdunkelten und gänzlich mißverstandenen Reaktionen in die einfache antiphlogistische Sprache.

Wenn auch vor und gleichzeitig mit Lavoisier die quantitative Untersuchungsweise von einzelnen Chemikern, z. B. von Boyle, Black, Marggraf, Cavendish, Scheele und namentlich Bergman, gehandhabt und gewürdigt worden ist, so hat doch keiner von diesen Forschern die Wage als Hilfsmittel chemischer Arbeiten so zielbewußt und von ihrer Bedeutung überzeugt, benutzt, wie Lavoisier. Er war durchdrungen von der Wahrheit, daß bei chemischen Reaktionen keine Materie verloren geht: in genialer Weise gab er dieser Überzeugung von der *Erhaltung des Stoffs* Ausdruck dadurch, daß er chemische Reaktionen durch Gleichungen deutete, indem er die Körper vor der Wechselwirkung und die Produkte letzterer gleich setzte.[1] Was viele

[1] In seinem *Traité de Chimie* (1789) finden sich in Verbindung mit seinen

andere stillschweigend als richtig annahmen, das war für ihn ein Gesetz, das er seinen Spekulationen und Versuchen zu Grunde legte. Dahin gehörte der Satz: Das Gewicht eines zusammengesetzten Körpers ist gleich den Gewichtsmengen der denselben bildenden Stoffe. So einfach, ja selbstverständlich dieser Satz klingt, so mußte er doch denen, welche die Wärme für substantiell hielten, bewiesen werden; denn der bei der chemischen Verbindung erfolgende Wärmeaustritt hatte ja, wenn ein Wärmestoff angenommen wurde, eine Gewichtsabnahme zur notwendigen Folge. Lavoisier blieb vor so schwerem Irrtume bewahrt, dank seiner Auffassung der Wärme. Seine *matière de chaleur* hat kein Gewicht; er schloß dies aus Versuchen, bei denen er Körper in geschlossenen Gefäßen verbrennen ließ und nachwies, daß keine Gewichtsabnahme eintrat. Seine Vorstellungen über das Wesen der Wärme nähern sich, wie aus manchen Aussprüchen hervorgeht, denen der mechanischen Wärmetheorie.[1] Die Phlogistiker dagegen, welche die Wärme als wägbare Substanz ansahen, mußten mit dieser falschen Grundvorstellung Schiffbruch leiden und in schwerste Irrtümer verfallen.

Das antiphlogistische System, die Folge der richtigen Deutung aller Vorgänge, die man als Verbrennung, Verkalkung, Reduktion u. s. w. bezeichnete, bedeutete in der That eine vollständige Reform der Chemie. Die wichtigsten Umänderungen dieser letzteren erhellen zwar schon aus dem obigen, doch erscheint es zweckmäßig, einige der durchgreifendsten Wandlungen, welche damals die Ansichten über die Elemente und die chemischen Verbindungen erfuhren, kurz zusammenfassend, darzulegen. Mit der bestimmten Gestaltung dieser Ansichten Hand in Hand gehen die ebenfalls zu besprechenden Versuche, eine wissenschaftliche Nomenklatur einzuführen.

Die von Boyle vertretene Grundansicht über den Begriff *Element* wurde von Lavoisier beibehalten: diejenigen Stoffe betrachtete er demnach als Elemente, die nicht in einfachere zerlegt werden konnten. Aber welche Veränderungen im einzelnen nahm er vor! Die Metalle, sowie wichtigsten Nichtmetalle, wurden in die Reihe

Versuchen über Gärung folgende denkwürdige Sätze: *Rien ne se crée, ni dans les opérations de l'art ni dans celles de la nature, et l'on peut poser en principe que, dans toute opération, il y a une égale quantité de matière avant et après l'opération, que la qualité et la quantité des principes est la même, et qu'il n'y a que des changements, des modifications. C'est sur ce principe, qu'est fondé tout l'art de faire des expériences en chimie. On est obligé de supposer, dans toutes, une véritable égalité ou équation entre les principes des corps, qu'on examine et ceux, qu'on retire par l'analyse.*

[1] Vergl. *Oeuvres* **2**, 285.

der Grundstoffe gestellt: zusammengesetzte Körper, wie die Alkalien, Ammoniak und Erden, zählten freilich auch dazu, jedoch nicht ohne daß starke Zweifel an ihrer elementaren Natur geäußert wurden. Der Sauerstoff, ebenfalls als Element erkannt, wurde wegen seiner Rolle bei der Verbrennung und seiner Fähigkeit, Verbindungen mit so vielen Grundstoffen einzugehen, zum Mittelpunkt des antiphlogistischen Systems, das ja seine Entstehung der Erkenntnis von dem Verhalten anderer Elemente zu Sauerstoff verdankte. Recht klar erhellt die Bedeutung, die diesem Gase von Lavoisier beigelegt wurde, aus seiner oben berührten Säuretheorie und aus dem Satze, daß die mit Säuren sich verbindenden Basen ebenfalls Sauerstoff enthalten. Damit war die Zusammensetzung einer großen Zahl von Verbindungen, der Oxyde, Säuren und Salze, richtig erkannt, im schroffen Gegensatze zu der Auffassung der Phlogistiker, welche die zu den ersten zwei Klassen gehörigen Stoffe als einfache ansahen.

Der Zustand der Kenntnisse Lavoisier's, sowie seiner Anhänger, insbesondere ihre Ansichten über die Elemente und Verbindungen, ergeben sich aus dem Werke „*Méthode de nomenclature chimique*", das im Jahre 1787 von Lavoisier im Verein mit Guyton de Morveau, Berthollet und Fourcroy herausgegeben wurde. Die drei zuletzt Genannten waren die ersten namhaften Chemiker in Frankreich, welche um jene Zeit der Phlogistontheorie entsagt und sich zu der „neuen Chemie" öffentlich bekannt hatten. Guyton de Morveau hat das Verdienst gehabt, den ersten Versuch einer zweckmäßigen, chemischen Nomenklatur gemacht und dadurch zu dem oben genannten Werk die Anregung gegeben zu haben.

Nach diesem letzteren werden die Körper in Elemente und Verbindungen eingeteilt. Zu den ersteren zählen außer Wärme und Licht, welche übrigens von Lavoisier selbst nicht als Stoffe aufgefaßt wurden, Sauerstoff, Wasserstoff, Stickstoff; diese bilden die erste Klasse. Zu der zweiten Gruppe von Elementen gehören die Säuren bildenden Nichtmetalle: Schwefel, Phosphor, Kohle, denen sich die hypothetischen Radikale der Salzsäure, Flußsäure und Borsäure anreihen. Die dritte Klasse von unzerlegten Substanzen umfaßt die Metalle, die vierte Erden, die fünfte endlich die Alkalien, deren elementare Natur Lavoisier so unwahrscheinlich war, daß er dieselben in seinem *Traité de chimie* (1789) nicht mehr unter den Elementen aufführte. Die Benennung dieser letzteren knüpfte sich entweder an die seit alters her gebräuchlichen Namen an oder war die von Lavoisier zum Teil schon früher eingeführte (z. B. Oxygéne, Hydrogéne, Azote).

Die Verbindungen gliedern sich in binäre und ternäre;

die Bezeichnungen für dieselben sind später zum großen Teil beibehalten worden, wenn auch natürlich sich mit der Ausdehnung des chemischen Gebietes bedeutsame Erweiterungen nötig erwiesen haben. Zu den binären Verbindungen gehören zunächst die Säuren, deren Namen aus zwei Worten, einem allen gemeinsamen *(acide)* und einer Speziesbezeichnung gebildet werden, z. B. *acide carbonique, sulfurique, azotique.* Für Säuren eines und desselben Elementes mit weniger Sauerstoff verändert sich die Endung *ique* in *eux* (z. B. *acide sulfureux*). Die zweite Gruppe binärer Körper umschließt die Sauerstoffverbindungen der Metalle, welche als Basen den Säuren gegenüber gestellt werden; die Gattungsbezeichnung *oxydes* wird denselben beigelegt und der Name des betreffenden Metalles angefügt (z. B. *oxyde de plomb* u. s. w.). Zu den Verbindungen zweier Elemente zählen noch die „*sulfures*“ (z. B. Schwefelwasserstoff, Schwefelmetalle), „*phosphures*“, „*carbures*“, sowie die Verbindungen der Metalle untereinander.

Für ternäre Körper sind Hauptvertreter die Salze, welche aus der Vereinigung von Basen mit Säuren hervorgehen; nach den letzteren werden die Gattungsnamen gebildet, denen der Name des bei der Bildung der Säure beteiligten Metalles, bzw. Alkalis, oder der Erden angefügt wird (z. B. *nitrate de plomb, sulfate de baryte* u. s. w.).

Der Fortschritt, den dieser kurze Überblick der Systematik chemischer Körper erkennen läßt, ist sehr bedeutend; denn an die Stelle irriger Annahmen und regelloser Trivialbezeichnungen trat eine richtige Auffassung der qualitativen Zusammensetzung der Körper und eine dieser entsprechende rationelle Benennungsweise. Die Erweiterung der letzteren und ihre internationale Gestaltung durch Berzelius ist weiter unten näher erörtert.

Guyton de Morveau. Berthollet. Fourcroy.

Diese drei Forscher, die mit Lavoisier den Grund zu einer wissenschaftlichen chemischen Nomenklatur legten, haben auch durch andere Arbeiten Einfluß auf die Entwickelung der chemischen Lehren ausgeübt, so daß ihre wichtigsten Leistungen hier zu berücksichtigen sind. — Guyton de Morveau, 1737 zu Dijon geboren, ursprünglich in der juristischen Laufbahn thätig, entsagte dieser, um sich ganz dem Studium der Chemie zu widmen. Sein erster Versuch einer chemischen Nomenklatur brachte ihn mit der französischen Akademie, insbesondere mit Lavoisier, in nahe Beziehungen, deren Ergebnis das oben citierte Werk gewesen ist. Seit dem Jahre 1791 als Deputierter in Paris, suchte Guyton de Morveau seinem Vaterlande durch seine chemischen Kenntnisse und deren praktische Anwendung nützlich zu sein — es sei an die Bemühungen, den Luftballon strategisch zu verwerten (in der Schlacht von Fleurus), an seine Thätigkeit bei der Gründung der *École polytechnique*, der er längere Zeit als Professor angehörte, an seine Verdienste als Generaladministrator der Münze u. a. erinnert. Die politische Rolle Morveau's war weniger segensreich, ja geradezu schädlich, da er, obwohl höchst einflußreiches Mitglied der Nationalversammlung und des Konvents, nichts gethan hat, was die Ausschreitungen der Revolution hätte eindämmen können. Er starb i. J. 1816 zu Paris.

Außer dem hauptsächlichen Verdienst, die rationelle Bezeichnungsweise chemischer Körper an Stelle der nichtssagenden Trivialnamen und verwirrenden Synonyme[1] wirksam angeregt zu haben, kommt ihm das weitere zu, durch Experimentaluntersuchungen auf analytischem und technischem Gebiete diese letzteren befruchtet zu haben. Auch hat er durch gute Übersetzungen von Werken Bergman's, Scheele's und Black's zur Kenntnis der Leistungen dieser Männer beigetragen.

Claude Louis Berthollet, geb. 1748 (zu Talloire in Savoyen), lebte seit 1772 in Paris und entwickelte namentlich seit 1780, nachdem er in diesem Jahre in die französische Akademie aufgenommen war, eine in verschiedenste Gebiete der Chemie eingreifende Thätigkeit. Als Lehrer an der Normal- und der polytechnischen Schule (seit 1794) konnte Berthollet, ebenso wie bei wichtigen Missionen Napoleon's (in Italien, Ägypten) und bei gemeinnützigen Unternehmungen, sein organisatorisches Talent bethätigen; er gelangte zu den höchsten Ehren, sowohl unter dem Kaiserreiche als nach der Restauration, und starb 1822 zu Arçeuil bei Paris, wo in seinen letzten Lebensjahren ausgezeichnete Gelehrte bei ihm regelmäßige Zusammenkünfte hielten, deren Ergebnisse in den *Mémoires de la société d'Arçeuil* (1807—1817) niedergelegt wurden. Anfangs Phlogistiker, hat sich Berthollet im Jahre 1785 offen für die Lehre Lavoisier's erklärt.

Seine Experimentaluntersuchungen waren seit dieser Zeit besonders wichtig und fruchtbringend; es seien hier die über Ammoniak, Blausäure, Schwefelwasserstoff, über chlorsaures Kali, die praktische Verwendung des Chlors, genannt; die Zusammensetzung

[1] Es sei nur daran erinnert, daß z. B. das schwefelsaure Kali fünf verschiedene, und zwar meist unverständliche, Namen führte: *sal polychrestum Glaseri*, *tartarus vitriolatus*, *vitriolum potassae*, *sal de duobus*, *arcanum duplicatum*. — Eine große Zahl der zu jener Zeit üblichen Bezeichnungen für Gase, Salze, Säuren und Basen ist im Anhange zu Scheele's Briefen von Nordenskiöld übersichtlich zusammengestellt (a. a. O. S. 467 ff.)

der erstgenannten Verbindungen wurde von ihm im wesentlichen richtig ermittelt. — Von allgemeiner und tiefer eingreifender Bedeutung als die eben erwähnten, sind Berthollet's Untersuchungen und Spekulationen über die chemische Affinität gewesen; der Einfluß, welcher von dem dies Gebiet behandelnden Werke: *Essai de statique chimique*, ausgegangen ist, war schon damals ein mächtiger und hat sich noch bis in unsere Zeit geltend gemacht. Die Grundzüge seiner Affinitätslehre sollen im Zusammenhange mit den durch dieselbe veranlaßten Arbeiten Proust's, die zur Erkenntnis der festen chemischen Proportionen führten und demnach der Entwickelungsgeschichte der Atomtheorie angehören, dargelegt werden (ausführlicher im speziellen Teile).

Anton Franz Fourcroy (geb. 1755, gest. 1809) hat als anregender Lehrer, der es verstand, seine Schüler für die Chemie zu begeistern, ganz besonders kräftig für die Verbreitung des antiphlogistischen Systems gewirkt. Auch durch seine litterarische Thätigkeit trug er dazu bei, daß die neue Lehre mehr und mehr Anklang fand. Die auf Chemie bezüglichen Artikel, die er seit 1797 für die *Encyclopédie méthodique* bearbeitete, enthalten eine Verherrlichung der antiphlogistischen Chemie, welche er im patriotischen Übereifer, vielleicht auch nicht ohne egoistische Hintergedanken, *chimie française*[1] nannte. Auch in größeren Werken legte Fourcroy die antiphlogistische Lehre eingehend dar, so in seinem „*Système des connaissances chimiques*“ und seiner „*Philosophie chimique*“ u. a.

Einer verarmten Familie entstammend, mußte er sich unter drückendsten Verhältnissen die Mittel zu seinen Studien erwerben. Seine Arbeiten auf medizinischem und naturhistorischem Gebiete trugen ihm schon i. J. 1785 die Ehre ein, in die französische Akademie aufgenommen zu werden, nachdem er ein Jahr zuvor die Professur am *Jardin des plantes* als Nachfolger Macquer's übernommen hatte. Später, besonders nach der Schreckenszeit, während der Fourcroy im Komité des öffentlichen Unterrichts thätig war, fand er Gelegenheit, die reichen Erfahrungen zu verwerten, die er als Lehrer gesammelt hatte. Unter dem Konsul Bonaparte trat er an die Spitze des öffentlichen Unterrichtswesens, welches wesentlich nach seinem Plane, mit vorwiegender Berücksichtigung der naturwissenschaftlichen Studien, reorganisiert wurde. Mittelbar ist es gewiß seinen Bemühungen zu danken, daß gerade die Chemie in Frankreich während der folgenden Dezennien die schönsten Blüten trieb.

[1] Als Nachklang dieser Bezeichnung erscheint der bekannte, schon citierte Satz von Wurtz: „*La chimie est une science française.*“

Endlich hatte er hervorragenden Anteil an der Gründung der polytechnischen und medizinischen Schule, sowie der *École centrale* und des naturhistorischen Museums.

Fourcroy's großes Verdienst bestand also in seiner organisierenden und lehrenden Thätigkeit. Seine Experimentaluntersuchungen haben zwar nicht Ergebnisse von großer allgemeiner Bedeutung zu Tage gefördert, aber sie dienten als Vorarbeiten auf manchen Gebieten, z. B. auf dem der physiologischen und pathologischen Chemie. Besonders wichtig für die damals spärlich untersuchten organischen Verbindungen wurden seine mit Vauquelin ausgeführten Versuche, an denen letzterer zweifelsohne den Hauptanteil gehabt hat.

Die meisten dieser experimentellen Arbeiten sind in den *Annales de Chimie* veröffentlicht, an deren Gründung Fourcroy auf Anregung Lavoisier's zugleich mit Berthollet und Guyton de Morveau beteiligt war. Diese Annalen, im ersten Jahre der Revolution 1789 ins Leben tretend, überdauerten die Stürme der letzteren und bildeten den Sammelpunkt der französischen Chemiker, zugleich das Organ der neuen Lehre, im Gegensatze zum älteren *Journal de physique*, in welchem die letzten Anhänger der Phlogistontheorie diese zu verteidigen suchten. Die *Memoiren* der alten französischen Akademie erschienen im Jahre 1789 zum letzten Male; die Akademie selbst wurde vier Jahre später aufgehoben, um 1795 durch das *Institut national* ersetzt zu werden, aus dem in unserem Jahrhundert die jetzige *Académie française* hervorgegangen ist.

Die Chemie wurde in Frankreich nach dem Tode Lavoisier's in erster Linie durch die drei oben charakterisierten Männer repräsentiert, denen sich als jüngerer Vauquelin anschloß; derselbe hat sich durch ausgezeichnete chemische Leistungen das Recht erworben, zu denen gezählt zu werden, die bei der festeren Begründung des antiphlogistischen Systems wirksam geholfen haben. Vauquelin, i. J. 1763 zu Hébertot in der Normandie geboren, wurde als Apothekerlehrling zuerst mit chemischen Erscheinungen bekannt; ein glückliches Geschick brachte ihn in Fourcroy's Laboratorium, in dem er als dessen Gehilfe Beschäftigung fand. Bald war er Mitarbeiter Fourcroy's, und erregte durch seine glänzenden Untersuchungen die Aufmerksamkeit der Fachgenossen. Seit 1793 in verschiedenen ehrenvollen Stellungen nach vielen Richtungen hin erfolgreich thätig, wurde er nach Fourcroy's Tode dessen Nachfolger als Professor der Chemie an der medizinischen Fakultät; er ist i. J. 1829 gestorben. Vauquelin bemühte sich, nicht nur durch Vorträge die Chemie zu lehren, sondern ließ auch systematischen praktischen

Unterricht im Laboratorium jungen, strebsamen Männern zu teil werden, von denen manche ausgezeichnete Chemiker geworden sind.

Vauquelin's Arbeiten, durch Sorgfalt und daraus entspringende Genauigkeit ausgezeichnet, bewegen sich auf den verschiedensten Gebieten der Chemie. Seine Untersuchungen von Mineralien beförderten die Entwickelung der mineralogischen Chemie und führten zur Entdeckung neuer Körper, z. B. des Chroms und der Beryllerde. Wie hier, so bewährte er sich im Gebiete der organischen Chemie als vorzüglicher Beobachter; er entdeckte die Chinasäure, das Asparagin, die Kamphersäure und andere Stoffe. — Seine Abhandlungen finden sich größtenteils in den *Annales de Chimie*, zu deren Herausgebern er seit 1791 gehörte, einige auch in den *Annales des mines* und anderen Zeitschriften. Eine in den *Annnales de Chimie* 1799 erschienene *Anleitung zur chemischen Analyse* sei hier erwähnt, um so mehr, als sie durch eine deutsche Übersetzung Beachtung und Verbreitung in weiteren Kreisen gefunden hat.

Der Altersgenosse Fourcroy's und berühmte Gegner Berthollet's, Joseph Louis Proust, gehört durch seine wichtigsten Arbeiten, welche die Lehre von den chemischen Proportionen begründen halfen, dem folgenden Zeitabschnitte an, in dem er gebührend zu berücksichtigen ist. — Andere französische Chemiker, die sich noch bei Lebzeiten Lavoisier's zu dessen Lehre bekannten, wie Pelletier, Gengembre, Bayen, Parmentier u. a., haben zwar tüchtige Experimentaluntersuchungen, jedoch keinerlei Arbeiten von allgemeiner Bedeutung geliefert; einzelne Beobachtungen derselben werden in der speziellen Geschichte der Chemie Erwähnung finden.

Zustand der Chemie in Deutschland am Ende des 18. Jahrhunderts.

Den antiphlogistischen Lehren zeigten sich die deutschen Chemiker viel schwerer zugänglich, als die Landsleute Lavoisier's. Die namhaften unter jenen begannen erst im letzten Jahrzehnt des vorigen Jahrhunderts im Kampfe gegen die neuen Anschauungen nachzulassen und dieselben anzuerkennen. Von den in jener Zeit lebenden und als Lehrer der Chemie wirkenden Forschern ist Klaproth an erster Stelle zu nennen. Richter hat ebenfalls Anteil an der Entwickelung einer sehr wichtigen Frage der allgemeinen Chemie gehabt, insofern er die *Stöchiometrie* begründete; seine Untersuchungen sind als wichtige Vorarbeiten der chemischen Atomtheorie zu betrachten und in der Einleitung zu dieser abzuhandeln. — Die übrigen deutschen Chemiker jener Zeit haben keine Untersuchungen von allgemeiner Bedeutung zu Tage gefördert, wohl aber erfolgreich einzelne Zweige der Chemie bearbeitet. Einige bemerkenswerte Leistungen derselben finden daher ihren Platz in der speziellen Geschichte der Chemie; von diesen Chemikern seien Buchholz, Trommsdorff, Wiegleb, Westrumb genannt, welche die pharmazeutische und technische Chemie mit wertvollen Beobachtungen bereichert haben. Zu den deutschen Chemikern, die zuerst das antiphlogistische System unumwunden anerkannten, gehörten Hermbstädt und Girtanner; sie trugen durch ihre Schriften über dasselbe zu seiner Verbreitung und Anerkennung in ihrem Vaterlande wirksam bei.

Martin Heinrich Klaproth, zu Wernigerode 1743 geboren, also Altersgenosse von Lavoisier, wurde erst in späten Jahren Lehrer der Chemie (zuerst an der Artillerieschule zu Berlin), da er bis zum Jahre 1787 seiner ursprünglichen Apothekerlaufbahn treu blieb, in welcher er aber, anfangs unter Leitung des trefflichen Valentin Rose, später selbständig Gelegenheit fand, ausgezeichnete chemische Untersuchungen auszuführen. Den letzteren verdankte er seine Aufnahme in die Berliner Akademie.

Als in der preußischen Hauptstadt die neue Universität ins Leben trat, wurde der schon 67 Jahre zählende Mann als der erste Professor der Chemie an dieselbe berufen; er hat noch bis zum Beginn des Jahres 1817, seinem Todesjahre, in dieser Stellung gewirkt.

Klaproth ist ausgezeichnet durch die Sorgfalt und Gründlichkeit, mit der er alle seine Arbeiten ausgeführt hat; ihm verdankt die quantitative Forschungsweise eine wesentliche Ausbildung und Vertiefung, und dadurch trug er zur Anerkennung der von Lavoisier in den Vordergrund gestellten Prinzipien wirksam bei. Nachdem Klaproth sich seit 1792 durch gründliche Prüfung der bei der Verbrennung und Verkalkung statthabenden Vorgänge von der Richtigkeit der antiphlogistischen Lehre überzeugt hatte, gehörte er zu deren treuesten Anhängern; sein Beispiel führte manchen deutschen Chemiker auf die gleiche Bahn. Auch die der Chemie ferner stehenden Naturforscher nahmen in dem Kampf der Theorieen Stellung zu denselben, wie denn der in so vielen Gebieten bewanderte Alex. von Humboldt sich i. J. 1793 offen für die Lehren Lavoisier's aussprach.

Die der analytischen Chemie angehörenden Untersuchungen Klaproth's galten damals mit vollem Recht als Musterarbeiten für die jüngeren Fachgenossen. Ähnlich den Bestrebungen Vauquelin's waren die seinigen darauf gerichtet, mittels verbesserter analytischer Methoden die Zusammensetzung von Mineralien festzustellen, um so den Grund zu einer chemischen Einteilung der letzteren zu legen. Die Schärfe seiner Beobachtungen brachte es mit sich, daß er verschiedene Elemente und Erden, z. B. das Uran, Titan, Cer, die Zirkonerde, entdeckte, sowie die Angaben anderer Forscher über manche neue Körper, wie Tellur, Chrom, Beryll, berichtigte und erweiterte. Klaproth's verdienstvollen Untersuchungen werden wir noch in der Geschichte der analytischen und mineralogischen Chemie begegnen. Seine Gewissenhaftigkeit sprach sich auch in der Art und Weise aus, wie er, abweichend von dem Gebrauche der damaligen Chemiker, die Ergebnisse seiner Analysen veröffentlichte: statt nur die Schlußfolgerungen mitzuteilen, die aus den Versuchen vermeintlich zu ziehen waren, gab er die unmittelbar bei diesen erhaltenen Zahlen an und ermöglichte so eine spätere eingehende Kritik resp. Korrektion dieser Werte.

Die obige Würdigung der Verdienste Klaproth's möge durch das Urteil A. W. Hofmann's[1] ihren Abschluß finden: „Von einer Bescheidenheit, der jede Überhebung fern liegt, voll Anerkennung für die Verdienste anderer, rücksichtsvoll für fremde Schwäche, aber von unerbittlicher Strenge in der Beurteilung der eigenen Arbeit, hat uns Klaproth für alle Zeiten das Vorbild eines echten Naturforschers gegeben.“

Klaproth's Experimentaluntersuchungen sind in verschiedenen Zeitschriften erschienen (z. B. in den Denkschriften der Berliner Akademie, Crell's chemischen Annalen); er selbst sammelte diese zerstreuten Arbeiten in dem fünfbändigen Werke: *Beiträge zur chemischen Kenntnis der Mineralkörper* (1795—1810), welches durch einen sechsten Band: *Chemische Abhandlungen gemischten Inhalts* (1815), abgeschlossen wurde. Auch sonst war er litterarisch thätig, so durch Herausgabe des *Chemischen Wörterbuches* (1807—1810) und durch Bearbeitung der Werke anderer; z. B. Gren's *Handbuch der Chemie* (1806).

Daß übrigens in den zwei letzten Jahrzehnten des vorigen Jahrhunderts die Chemie in Deutschland sorgsam gepflegt worden ist, dafür spricht die in jene Zeit fallende Gründung verschiedener Zeitschriften, die sich insbesondere die Veröffentlichung von Abhandlungen chemischen Inhalts zur Aufgabe machten. Zu jenen gehörten die schon erwähnten *Chemischen Annalen* des hochverdienten L. v. Crell, die aus dem seit 1778 ins Leben getretenen Chemischen Journal hervorgegangen waren, ferner Scherer's *Allgemeines Journal der Chemie*, welches seit dem Jahre 1803 mit jenen Annalen vereinigt wurde, endlich die von Gren und Gilbert (1798) gegründeten *Annalen der Physik*, die seit 1825 als *Poggendorff's Annalen der Physik und Chemie* erschienen.

[1] Chem. Erinnerungen aus der Berliner Vergangenheit S. 25.

Zustand der Chemie in England und Schweden gegen Ende des 18. Jahrhunderts.

Die bedeutendsten Chemiker, die zur Zeit, als Lavoisier die Phlogistontheorie angriff, in England und Schweden wirkten, nämlich Black, Cavendish, Priestley, Scheele und Bergman, waren erklärte Gegner der neuen Lehre. Von ihnen hat nur Black die Richtigkeit der letzteren schließlich unumwunden anerkannt; Cavendish, der gerade durch seine Entdeckungen zum Sturze der Phlogistonlehre wesentlich beigetragen hat, konnte sich nicht entschließen, ihr offen zu entsagen. Die übrigen, die gleichfalls durch ihre Beobachtungen die besten Waffen zur Vernichtung der phlogistischen Anschauungsweise geschmiedet haben, sind aus dem Leben geschieden, ohne von deren Unhaltbarkeit überzeugt worden zu sein. — Andere englische Chemiker, wie Henry, Kirwan, Hatchett, suchten gleichfalls die phlogistische Hypothese so lange zu halten, als nur irgend welche Scheingründe für dieselbe beizubringen waren. Namentlich Kirwan, welcher der Annahme huldigte, das Phlogiston sei mit Wasserstoff identisch, setzte den Kampf gegen die neue Lehre fort, bis auch er im Jahre 1792 sich zu Gunsten der letzteren erklärte. Den ersten Anhänger fand diese in England an Lubbock, der schon im Jahre 1784 den Ansichten Lavoisier's offen zustimmte. Die genannten Chemiker sind als Vertreter ihrer Wissenschaft hier nur kurz zu erwähnen; sie haben durch ihre Arbeiten zwar einzelne Zweige der Chemie bereichert, sind jedoch auf die allgemeine Richtung derselben ohne Einfluß geblieben. Ihr Landsmann John Dalton, dessen gewichtiges Eingreifen in die Chemie an der Wende des 18. Jahrhunderts zu verzeichnen ist, hat um so bestimmender einen neuen Weg beschritten, auf dem seit Beginn unseres Jahrhunderts die chemische Forschung weiter gegangen ist, im Siegeslaufe neue Gebiete entdeckend und erobernd.

Schweden hat gegen Ende des 18. Jahrhunderts nach dem Tode Bergman's und Scheele's keinen Forscher aufzuweisen, der gleich diesen die Chemie mit Thatsachen von allgemeiner Bedeutung befruchtet hätte. Die analytische und mineralogische Chemie fand in Ekeberg und Gahn tüchtige Vertreter. Erst an der Schwelle unseres Jahrhunderts ging das Gestirn von Berzelius auf, dessen Licht während der ersten vier Jahrzehnte fast alle Teile der Chemie erleuchtet hat. Eine an wissenschaftlichen Thaten überaus reiche Zeit begann damit für die Chemie; neben Berzelius griffen in die Entwickelung der letzteren seine Altersgenossen Davy und Gay-

Lussac kraftvoll ein. Den festen Stütz- und Angelpunkt ihrer Bestrebungen gewährte die von Dalton aufgestellte Atomtheorie, der die Lehre von den chemischen Proportionen zu Grunde lag.

Entwickelung der Lehre von den chemischen Proportionen. Dalton's Atomtheorie.

Die Idee von Atomen als letzten Bestandteilen der Körper ist seit alters her in spekulativen Köpfen öfters aufgetaucht, ohne daß damit eine chemische Atomlehre exakt begründet worden wäre. Boyle's Korpuskulartheorie war und blieb nur ein Produkt geistvoller Spekulation, die in der Annahme einer Urmaterie endigte und deshalb unfruchtbar blieb. Erst als eine Reihe von Thatsachen zur Voraussetzung von Atomen führte, als durch die Annahme letzterer eine Reihe von Beobachtungen befriedigend erklärt wurden, konnte von der Begründung einer chemischen Atomtheorie die Rede sein. Das Verdienst, diese aufgestellt zu haben, kommt dem genialen John Dalton unbestreitbar zu. Ehe diese wissenschaftliche That vollbracht werden konnte, mußte der Begriff der chemischen Proportionen, nach denen sich die einfachen Körper zu zusammengesetzten vereinigen, festgestellt werden. Einen gewichtigen Teil dieser Aufgabe haben schon vor Dalton zwei Chemiker: Richter und Proust, erfüllt.

Richter, dessen Untersuchungen allerdings Dalton zur Zeit der Konzeption seiner Atomtheorie so gut wie nicht bekannt waren,[1] hat, ohne vielleicht selbst die Tragweite seiner Versuchsergebnisse zu erkennen, die Lehre von den chemischen Proportionen begründet, und Proust war es, dem der Nachweis gelang, daß das Verhältnis, in welchem sich zwei Elemente chemisch verbinden, ein konstantes oder, falls mehrere Verbindungen dieser Elemente bestehen, ein sprungweise veränderliches ist. Erwägt man, daß aus einer diesen Beobachtungen sich anschließenden Wahrnehmung Dalton's, welche in dem Gesetze der multiplen Proportionen zusammengefaßt wurde, die atomistische Hypothese entsprang, auf der die chemische Atomtheorie errichtet wurde, so ist der innige Zusammenhang letzterer mit jenen Vorarbeiten klar.

Jeremias Benjamin Richter, geb. 1762 in Hirschberg (Schlesien), lebte als Bergsekretär in Breslau, sodann als Bergassessor und *Arkanist* an der Porzellanmanufaktur in Berlin, wo er schon im Jahre 1807 starb. Seine Versuche, durch welche vorwiegend die Gewichtsverhältnisse festgestellt werden sollten, nach denen sich

[1] Nach der Angabe von Smith: Memoir of John Dalton and history of the atomic theory S. 214.

Säuren mit Basen zu Salzen verbinden, sowie die daraus gezogenen Folgerungen legte er in seinen *Anfangsgründen der Stöchiometrie oder Meßkunst chemischer Elemente* (1792—1794) und in seinem in den Jahren 1792 bis 1802 periodisch erschienenen Werke: *Über die neueren Gegenstände in der Chemie* (in elf Stücken), dar, welches zum großen Teil eine Fortsetzung seines erstgenannten Buches bildet.

Mit der gleichen Aufgabe, die Mengen Säure und Base in Salzen zu bestimmen, hatten sich vor ihm viele Chemiker beschäftigt; außer Kunkel, Lemery, Stahl und Homberg ist in dieser Hinsicht Wenzel (geb. 1740 zu Dresden, gest. 1793 als Direktor der Freiberger Hüttenwerke) besonders namhaft zu machen, da er auf Grund zahlreicher, zum Teil recht brauchbarer Analysen die Verbindung von Säuren und Basen nach konstanten Verhältnissen außer Zweifel stellte. — Richter war imstande, aus seinen eigenen, mit großer Umsicht ausgeführten Versuchen über die Mengen von Basen und von Säuren, die sich zu neutralen Salzen vereinigen, das wichtige Neutralitätsgesetz abzuleiten, welches aus der schwerfälligen, phlogistisch angehauchten Darstellungsweise Richter's[1] sich in die heutige chemische Sprache wie folgt übersetzen läßt: Wird ein und dieselbe Menge einer Säure durch bestimmte, verschieden große Mengen zweier oder mehrerer Basen neutralisiert, sind also die letzteren, wie wir sagen, äquivalent, dann gehören zur Neutralisation der Basen gleiche Quantitäten einer anderen Säure, und umgekehrt. Aus seinen Angaben ist ganz bestimmt zu folgern, daß er die Mengen von Oxyden, die gleich viel Sauerstoff enthalten, als äquivalent, d. h. der gleichen Menge einer Säure zur Neutralisation bedürfend, ansah. Die Fähigkeit des Eisens und Quecksilbers, sich mit Sauerstoff nach zwei Verhältnissen zu verbinden, hatte Richter aus der Zusammensetzung der entsprechenden Salze richtig geschlossen. Mit diesen bedeutsamen Beobachtungen war er den ganz ähnlichen von Proust zuvorgekommen, während schon früher Scheele zu der gleichen Erkenntnis gelangt war (vergl. S. 110).

Trotz dieser weittragenden Entdeckungen, die Richter's Arbeiten in sich schlossen, blieben dieselben zunächst fast ganz unbeachtet; man erkannte offenbar ihren wahren Wert nicht. Schuld an dieser Vernachlässigung trug einmal die eigentümliche, phlogistisch dunkle und umständliche Sprache, in die er die Ergebnisse seiner Versuche kleidete. Sodann mag eine Reihe von eigentümlichen Spekulationen zu einer ungünstigen Beurteilung seiner Gesamtleistungen Anlaß

[1] Richter bediente sich, obwohl er die Phlogistonlehre aufgegeben hatte, noch zahlreicher ihr entlehnter Ausdrücke, die häufig zur Verdunkelung seiner Angaben beitrugen und somit ihr Verständnis erschwerten.

gegeben haben: seine Annahme nämlich, daß zwischen den Verbindungsgewichten der Basen und Säuren unzweifelhaft gesetzmäßige, arithmetische[1] Beziehungen obwalten. Der sonst so nüchterne Beobachter Richter vermeinte solche durch den Nachweis gefunden zu haben, daß die Verbindungsgewichte der Basen und Säuren passend angeordnet Reihen bilden, und zwar erstere eine arithmetische, die letzteren eine geometrische. Der Wert, den er seinem „*Progressionsgesetz*“ beilegte, und die immer wieder erneuten Bemühungen, dafür Beweise beizubringen, hinderten ihn offenbar, die Bedeutung und Tragweite seines Neutralitätsgesetzes einzusehen; ja er hielt jene schlecht begründeten Spekulationen für wichtiger, als das letztere.

Der chemischen Welt wurden die in den Untersuchungen Richter's schlummernden Wahrheiten einigermaßen bekannt und zugänglich gemacht durch G. E. Fischer, der das Verdienst hatte, die Beobachtungen seines Landsmannes in leicht verständlicher Weise zusammenzufassen; er vereinigte die zerstreuten Zahlenwerte, welche derselbe für die Mengen der sich verbindenden Basen und Säuren ermittelt hatte, übersichtlich zu der ersten Äquivalentgewichtstabelle.[2] — Trotzdem auf solche Weise die Aufmerksamkeit der Chemiker auf Richter's Arbeiten gelenkt war, ließ die vollkommene Würdigung derselben, sowie die nähere Bekanntschaft mit ihnen noch lange auf sich warten. So konnte es kommen, daß von ihm nachgewiesene Thatsachen von anderen viel später nachentdeckt wurden, z. B. die Vereinigung der gleich viel Sauerstoff enthaltenden Basen mit der gleichen Menge einer Säure von Gay-Lussac, welcher zweifellos diesen Teil der Richter'schen Untersuchung nicht gekannt hat. — „Wenige Beispiele bietet die Geschichte unserer Wissenschaft,“ sagt treffend H. Kopp in seiner *Entwickelung der Chemie in der neueren Zeit* (S. 252), „wo in gleichem Grade wichtige und wohl bewiesene Wahrheiten längere Zeit übersehen wurden, und wo, als das Verdienst der Entdeckung derselben endlich zur Würdigung kam, es dem Entdecker noch geschmälert und zu erheblichem Teile mit Unrecht einem anderen zugesprochen wurde.“

Erst lange nach seinem Tode sind die Verdienste Richter's im vollen Umfange anerkannt worden.[3] Er hat, ausgehend von der

---

[1] Richter war schon vor Beginn seiner wissenschaftlichen Laufbahn von der Überzeugung beseelt, daß „die Chemie ein Teil der angewandten Mathematik sei“.

[2] Diese Tabelle veröffentlichte Fischer in seiner Übersetzung von Berthollet's *Untersuchungen über die Gesetze der Verwandtschaft*. Dadurch, daß der letztere diese Zusammenstellung Fischer's in sein Werk: *Essai de statique chimique* I, 134 aufnahm, wurden die Arbeiten Richter's auch in Frankreich bekannt.

[3] Vergl. namentlich C. Löwig's Denkschrift: Jeremias Benjamin

Beobachtung, daß bei der Wechselzersetzung zweier neutraler Salze die Neutralität nicht gestört wird, die Lehre von den Äquivalenten geschaffen; er war der Begründer der Stöchiometrie,[1] „der chemischen Meßkunst, welche sich mit den Gesetzen, nach denen sich die Stoffe zu chemischen Verbindungen vereinigen, beschäftigt."

Joseph Ludwig Proust. — Die Arbeiten dieses Forschers, durch welche, unabhängig von den oben erörterten, teilweise die gleiche Gesetzmäßigkeit der chemischen Proportionen bewiesen wurde, fallen der Zeit nach später, als die wichtigsten Untersuchungen Richter's. — Proust, im Jahre 1755 zu Angers geboren, ging durch die Schule Rouelle's, bethätigte seine pharmazeutisch-chemischen Kenntnisse zuerst als Vorstand der Apotheke am Salpêtrière-Hospital (zu Paris) und war später an verschiedenen Universitäten Spaniens als Lehrer thätig; in Madrid, wo er seit 1791 wirkte, führte er seine ausgezeichnetsten Untersuchungen aus. Die Kriegszeit (1808) brachte ihn um sein trefflich ausgerüstetes Laboratorium und um seine Stellung. Erst gegen Ende seines Lebens kam er aus dieser Notlage durch Aufnahme in die Pariser Akademie und durch eine ihm bewilligte Pension; er ist 1826 in Angers gestorben.

Seine bedeutendsten Arbeiten wurden durch eine Reihe von Fragen veranlaßt, die Berthollet aufgeworfen hatte. Am Ende des vorigen Jahrhunderts (seit dem Jahre 1798) erregten des letzteren „Untersuchungen über die Gesetze der Verwandtschaft", die in seinem schon erwähnten Werke: *Essai d'une statique chimique* zusammengefaßt wurden (im Jahre 1803), außerordentliches Aufsehen. Auf Grund von Spekulationen, die trefflich begründet schienen, stellte der geniale Verfasser in Abrede, daß konstante Verhältnisse der Bestandteile chemischer Verbindungen die Regel seien. Auf seine Ideen über die chemische Affinität, durch welche die Vereinigung der Körper untereinander geregelt wird, ist in der speziellen Geschichte dieses Teiles unserer Wissenschaft näher zurückzukommen. Hier sei erwähnt, daß er, von dem Satze ausgehend, die chemischen Vor-

---

Richter, der Entdecker der chemischen Proportionen (Breslau 1874). Nach Fischer haben namentlich Gehlen, Schweigger und Berzelius auf die ausgezeichneten Leistungen Richter's nachdrücklich hingewiesen. Die Entdeckung des Neutralitätsgesetzes wurde allerdings infolge eines Mißverständnisses von Berzelius Wenzel zugeschrieben; diesen Irrtum deckte H. Hess (Petersburg) erst 33 Jahre nach dem Tode Richter's auf.

[1] Richter sagt selbst, er habe keinen besseren Namen für diese Disziplin ausfindig machen können, als das Wort „Stöchiometrie, von στοιχεῖον, welches ein Etwas bedeutet, was sich nicht weiter zergliedern läßt, und μετρεῖν, welches Größenverhältnisse finden heißt."

gänge seien abhängig von den vorhandenen Massen, zu dem Schlusse gelangte, in eine aus zwei Körpern entstehende chemische Verbindung müsse umsomehr von dem einen Körper eintreten, je mehr davon disponibel sei, vorausgesetzt, daß nicht besondere Umstände dieser Massenwirkung im Wege stehen. Daraus folgerte Berthollet, daß die Stoffe meist in stetig veränderlichen, je nach den Bedingungen wechselnden Verhältnissen zu Verbindungen zusammentreten. — Berthollet's hohes Ansehen mag die Ursache gewesen sein, daß die damals hervorragendsten Chemiker nicht Widerspruch erhoben, obwohl sie mit diesem Satze gewiß nicht einverstanden waren. Denn bezüglich vieler Verbindungen, namentlich der Salze, stand für Männer wie Richter, Wenzel, Klaproth, Vauquelin u. a. das konstante Verbindungsverhältnis der Bestandteile außer allem Zweifel.

Proust nahm den Kampf mit Berthollet auf und widerlegte Schritt für Schritt auf Grund exakter Versuche die theoretischen Folgerungen seines Gegners. Dieser denkwürdige Streit, der seit 1799 sich fast acht Jahre lang hinzog und von beiden Seiten mit Aufwand großen Scharfsinnes und Ausführung mühevoller Versuche geführt wurde, endete mit dem sicheren Nachweise der konstanten Verbindungsverhältnisse.

In welchem Maße Dalton bei seinen ähnlich gerichteten Versuchen durch die Arbeiten von Proust beeinflußt worden ist, läßt sich kaum ermitteln; ganz ohne Einwirkung sind dieselben keinesfalls geblieben, da alle wissenschaftlichen Kreise mit regstem Interesse dem Verlaufe des Streites zwischen Berthollet und Proust folgten.

Der letztere hatte schon im Jahre 1799 die konstante Zusammensetzung des natürlichen wie künstlichen kohlensauren Kupfers erwiesen[1] und die unveränderlichen Gewichtsverhältnisse bei wahren chemischen Verbindungen im Gegensatze zu den wechselnden bei Mischungen hervorgehoben. Wichtiger als diese, die früheren Beobachtungen anderer ergänzenden Versuche waren diejenigen über die zwei Oxydationsstufen, welche das Zinn,[2] und über die zwei Schwefelverbindungen, die das Eisen bildet;[3] denn mit Nachdruck sprach er hier aus, daß nicht nur die Proportionen zwischen den Metallen und dem Sauerstoff, bzw. Schwefel in den einzelnen Verbindungen konstant seien, sondern er bewies auch, daß die Verbindungsverhältnisse sich sprungweise, nicht stetig ändern, wenn zwei Elemente sich nach mehreren Verhältnissen vereinigen. — Berthollet hatte aus seinen Versuchen[4] über die Bildung von Oxyden und Salzen

[1] Ann. de Chimie **32**, 30. [2] Journ. de Phys. **51**, 174.
[3] Journ. de Phys. **54**, 89.
[4] Vergl. Essai de stat. chim. II, 399 ff.

(z. B. den salpetersauren des Quecksilbers) den entgegengesetzten, seinen theoretischen Ansichten entsprechenden Schluß ziehen zu können geglaubt, daß Metalle Oxyde mit allmählich zunehmenden Mengen von Sauerstoff zu bilden vermögen. Daß aber seine Versuche falsch waren, bewies Proust,[1] welcher zeigte, daß Berthollet aus der Analyse von Gemengen, nicht aus der einheitlicher Verbindungen seine Folgerungen abgeleitet habe. Die Überlegenheit des ersteren in experimentellen Fragen kam deutlich zum Vorschein, als er Berthollet nachwies, daß manche der von ihm für Oxyde gehaltenen Körper Wasser chemisch gebunden enthielten; Proust erkannte wohl zuerst die Hydrate als zu den chemischen Verbindungen gehörig. Überhaupt wußte er durch Verallgemeinerung und festere Begründung seiner Vorstellung, daß die Verbindung zwischen Elementen und Sauerstoff oder Schwefel entweder in einem einzigen oder nur in wenigen Verhältnissen erfolgt, die schwachen, oft nicht einmal durch Versuche gestützten Argumente seines Gegners aus dem Felde zu schlagen.[2]

Proust hatte wiederholt die Gesetzmäßigkeit der Verbindungsverhältnisse betont, ohne den Versuch zu machen, über die Ursachen derselben ins klare zu kommen. Wie nahe war er der Erkenntnis des Gesetzes der multiplen Proportionen, welches Dalton aus seinen Versuchen ableitete, die, denen Proust's ähnlich, an Genauigkeit dieselben nicht übertrafen! Man wird zu der Vermutung geführt, daß Proust, hätte er seine Versuche über die Zusammensetzung binärer Verbindungen anders berechnet, zur Auffindung jenes Gesetzes gelangt sein würde. — Dalton hatte nämlich die glückliche Idee, die Mengen des Elementes, welches sich in mehreren Verhältnissen mit einem anderen verbindet, auf die gleiche Quantität des letzteren zu berechnen; als Ergebnis sprangen die multiplen Proportionen hervor, die er sodann mit Hilfe der atomistischen Hypothese anschaulich zu deuten wußte.

Dalton's Atomtheorie.

John Dalton,[3] am 6. September 1766 in Eaglesfield (Cumberland) als Sohn eines armen Wollwebers geboren, war frühzeitig darauf angewiesen, sein Brot durch Elementarunterricht zu verdienen.

[1] Journ. de Phys. **59**, 260, 321.

[2] Journ. de Phys. **63**, 364, 438.

[3] Über das Leben und Wirken Dalton's vergl. die Biographien von Henry (1854), sowie Lonsdale (*Life of Dalton*); letztere Schrift hat eine Menge kleiner Züge aufbewahrt, die den einfachen, kindlichen Sinn Dalton's bekunden.

Von der Neigung zur Mathematik und Physik getrieben, wußte er sich gediegene Kenntnisse in diesen Disziplinen zu verschaffen, so daß er selbständige Untersuchungen ausführen und als Lehrer in diesen Fächern an einem *College* zu Manchester wirken konnte (seit 1793). Hier machte er (1794) die folgenreiche Entdeckung der Farbenblindheit, die er an sich selbst zuerst beobachtete (in Erinnerung daran wird diese Erscheinung noch jetzt *Daltonismus* genannt). Auch die Chemie zog er bald in den Kreis seiner Arbeiten, die dazu berufen waren, die Lösung des wichtigsten chemischen Problemes anzubahnen. In seiner Anspruchslosigkeit dachte Dalton nicht daran, sich eine glänzende Lebensstellung und einen großen Wirkungskreis zu gründen, wie er denn seit 1799 nur als Privatlehrer thätig war. Vielmehr bestand für seinen echt philosophischen Geist die schönste Belohnung in der Erforschung der Wahrheit. Er ist im Jahre 1844 in Manchester gestorben.

Dalton's frühere Untersuchungen über das physikalische Verhalten von Gasen (ihre Ausdehnung durch Wärme, Absorption durch Flüssigkeiten) waren auf seine späteren chemischen Arbeiten sicher von großem Einfluß; denn durch eine derartige Beschäftigung hatte er die experimentelle Geschicklichkeit erlangt, die ihm bei der Analyse gasiger Körper zu statten kam; solche aber waren es, deren Zusammensetzung ihn das Gesetz der multiplen Proportionen erkennen ließ.

Die Auffindung des letzteren und die sich daran schließende Konzeption der Atomtheorie fallen etwa in die Jahre 1802 und 1803; seitdem bemühte sich Dalton, die Grundlage derselben durch Erweiterung seiner Beobachtungen zu befestigen; er selbst trat erst 1808 mit seiner Entdeckung an die Öffentlichkeit durch Herausgabe des ersten Bandes seines Werkes: *New system of chemical philosophy.* Die Grundzüge dieser Atomtheorie hatte schon ein Jahr zuvor auf Grund von Dalton's Mitteilungen Thomson, ein begeisterter Verehrer desselben, in seinem *System of chemistry* veröffentlicht, so daß man von diesem Zeitpunkte an die erste Einwirkung des großen wissenschaftlichen Ereignisses auf die chemische Welt datieren kann. Gleich hier sei bemerkt, daß der zweite Band jenes Dalton'schen Werkes mit wesentlichen Ergänzungen der früher mitgeteilten Versuche im Jahre 1810, der dritte erst 1827 erschien, zu einer Zeit, wo der Inhalt dieses letzten Teiles meist schon veraltet war.

Die ersten Beobachtungen Dalton's, welche den Ausgangspunkt für die Aufstellung der Atomtheorie bildeten, bestanden in der Ermittelung der Zusammensetzung von ölbildendem Gas (Äthylen) und leichtem Kohlenwasserstoff (Methan). Aus seinen Analysen der beiden Gase folgert er, daß auf die gleiche Menge Kohlenstoff in letzterem genau noch einmal soviel Wasserstoff enthalten sei, als in ersterem, daß also die Quantitäten Wasserstoff sich wie 2 : 1 verhalten. Diese Regelmäßigkeit veranlaßte ihn, andere Verbindungen in gleicher Richtung zu untersuchen; für Kohlenoxyd und Kohlensäure fand er, daß die Sauerstoffmengen, auf die gleiche Menge Kohlenstoff bezogen, zu einander im Verhältnis 1 : 2 stehen. Die Überzeugung, daß diesen so einfachen Beziehungen ein Gesetz zu Grunde liegen müsse, bedurfte kaum noch einer Festigung, als Dalton gleich einfachen Zahlenverhältnissen in dem Ergebnis der Analyse von Stickoxydul, Stickoxyd, salpetriger Säure und Salpetersäure[1] begegnete. Er hatte also erwiesen, daß, wenn verschiedene Mengen eines Elementes sich mit ein und derselben Quantität eines anderen chemisch verbinden, jene Mengen in einfachen, durch ganze Zahlen ausdrückbaren Verhältnissen zu einander stehen: das Gesetz der multiplen Proportionen war somit gefunden, und zwar aus Versuchen abgeleitet, die, dem damaligen Stande der Analyse entsprechend, nicht sehr genau gewesen sind.

Dalton blieb bei diesem wichtigen Ergebnis nicht stehen, suchte vielmehr nach einer Erklärung der von ihm entdeckten gesetzmäßigen Beziehungen. Dazu bot sich ihm die atomistische Hypothese dar: die an sich nicht neue Annahme, daß die Körper aus endlichen, nicht weiter teilbaren Partikeln, Atomen, bestehen. Diese Hypothese erklärte befriedigend jene Thatsachen, die im Gesetze der multiplen Proportionen zusammengefaßt waren; denn man brauchte ja nur statt der Verhältniszahlen absolute zu setzen, also anzunehmen, daß z. B. ein Atom Kohlenstoff im Kohlenoxyd mit einem, in der Kohlensäure mit zwei Atomen Sauerstoff verbunden sei u. s. w. Auf dem festen Grunde dieser Annahme errichtete Dalton seine Atomtheorie, welche als Kern folgende Sätze aufweist:

1. Jedes Element besteht aus gleichartigen Atomen von unveränderlichem Gewicht.
2. Die chemischen Verbindungen bilden sich durch Vereinigung der Atome verschiedener Elemente nach einfachsten Zahlenverhältnissen.

Die Spekulationen über die Atome selbst, welche Dalton der Einfachheit wegen als kugelförmig voraussetzte, sowie die Hypothese, daß sich dieselben nicht direkt berühren, sondern durch eine Wärme-

[1] Die Zusammensetzung der Salpetersäure hatte Dalton übrigens unrichtig ermittelt, insofern er annahm, daß sie auf 1 Atom Stickstoff 2 Atome Sauerstoff enthalte.

sphäre von einander getrennt seien, haben gegenüber obigen Sätzen ganz untergeordnete Bedeutung, auch keinerlei Einfluß auf die Entwickelung der chemischen Atomtheorie ausgeübt.

Aus den Gewichtsverhältnissen, in denen die Elemente zu Verbindungen zusammentreten, versuchte nun Dalton die relativen Atomgewichte abzuleiten; an diese Aufgabe, welche das Hauptprogramm[1] seines *New System* bildete, trat er mit wunderbarer Zuversichtlichkeit heran. Da ein sicheres Mittel, das Zahlenverhältnis der sich vereinigenden Atome festzustellen, fehlte, so mußten Voraussetzungen gemacht werden, und diese waren einfachster Art. Die folgenden Sätze Dalton's beziehen sich lediglich auf Verbindungen zweier Elemente:

Wenn nur eine Verbindung von zwei Elementen A und B bekannt ist, so hat man anzunehmen, daß dieselbe aus einem Atom des einen und aus einem Atom des anderen besteht: $A+B$ „zweifache Verbindung oder Atom II. Ordnung" (als Atom I. Ordnung sah Dalton ein elementares Atom an).

Kennt man zwei Verbindungen, welche aus zwei Elementen A und C zusammengesetzt sind, so kann deren Zusammensetzung durch die Symbole $A+C$ und $A+2\,C$ ausgedrückt werden (dreifache Verbindung oder Atom III. Ordnung).

Hat man über die Zusammensetzung von drei Verbindungen zweier Grundstoffe A und D zu entscheiden, so spricht nach Dalton die Wahrscheinlichkeit für folgende Kombinationen: $A+D$, $A+2D$, $2\,A+D$. — Auch Atome fünfter Ordnung (z. B. $A+3E$) u. s. w. ließ Dalton zu, jedoch wurden die einfachsten Verhältnisse begünstigt; Verbindungen, deren Atomzahlen sich wie 2 : 3 oder 2 : 5 verhielten, erklärte er hervorgegangen aus zwei Atomen höherer Ordnung (z. B. salpetrige Säure aus 1 Atom Stickoxyd und 1 Atom Salpetersäure).

Der von Dalton ausgesprochene Satz, das Atomgewicht einer Verbindung sei gleich der Summe der sie zusammensetzenden elementaren Atomgewichte, erscheint uns selbstverständlich; man denke aber daran, daß noch damals, obwohl Lavoisier mit aller Energie dagegen gekämpft hatte, die falsche Vorstellung von der Wärme als Stoff keineswegs von allen Chemikern abgestreift war; manche glaubten, daß mit dem Austritt von Wärme bei der Verbindung zweier Elemente ein Stoffverlust verbunden sei.

---

[1] Nach Dalton gilt es „auszumitteln: die relativen Gewichte der letzten Teilchen, sowohl der einfachen als zusammengesetzten Körper; die Anzahl der einfachen elementarischen Teilchen, welche ein zusammengesetztes Teilchen bilden."

Mit obigen Prämissen ausgerüstet, versuchte Dalton die relativen Atomgewichte folgendermaßen zu bestimmen: Ausgehend von dem Wasser, als der einzigen Verbindung von Wasserstoff und Sauerstoff (das Wasserstoffsuperoxyd war damals noch nicht bekannt), ermittelte er das Verhältnis der Mengen dieser beiden Elemente und setzte das Gewicht Wasserstoff als Einheit, auf welche das des Sauerstoffes und anderer Elemente bezogen wurde. Die für die letzteren aus der Zusammensetzung ihrer Sauerstoff- und Wasserstoffverbindungen abgeleiteten relativen Werte waren nach seiner Annahme die „Atomgewichte". So bestimmte er aus der Zusammensetzung des Ammoniaks, welches, als die einzige Verbindung von Wasserstoff und Stickstoff, aus je einem Atom beider bestehen sollte, das relative Atomgewicht des Stickstoffes, das des Kohlenstoffes auf Grund der Analyse des Kohlenoxydes und der Kohlensäure, indem er dabei für Sauerstoff den aus der Zusammensetzung des Wassers abgeleiteten Wert benutzte.

Da die von ihm angewandten analytischen Methoden stark mit Fehlerquellen behaftet waren, so konnten genaue Zahlen nicht herausspringen; aber das Prinzip der Bestimmung von relativen Atomgewichten, richtiger Verbindungsgewichten, angegeben zu haben, ist Dalton's großes Verdienst gewesen. Wie weit die von ihm zuerst ermittelten und schon im Jahre 1805 von Thomson mitgeteilten *„Atomgewichtszahlen"* von den heute als richtig geltenden entsprechenden Werten abwichen, erhellt aus folgender Zusammenstellung:

„Relative Atomgewichte" von	Nach Dalton	Richtige Werte
Wasserstoff	1	1
Sauerstoff	6,5	7,98
Stickstoff	5	4,66
Kohlenstoff	5,4	6

Eine stark erweiterte, zum Teil verbesserte Tabelle von „relativen Atomgewichten" veröffentlichte Dalton im ersten Bande seines Werkes (1808); für Sauerstoff z. B. erscheint der Wert 7; durchweg sind die von ihm erhaltenen Zahlen zu niedrig, ja sie weichen bei den Elementen mit höheren Atomgewichten von den wahren Werten um viele Einheiten ab.[1] Sein Versuch, die atomistische Hypothese auch auf organische Verbindungen anzuwenden, sei hier kurz erwähnt,

[1] Diese Atomgewichtstabelle läßt das Bestreben erkennen, die Zahlenwerte abzurunden. Die den folgenden Zahlen Dalton's in Klammern beigefügten Werte sind die richtigen Verbindungsgewichte: Schwefel 13 (16), Eisen 38 (56), Zink 56 (64,9), Kupfer 56 (63,3), Silber 100 (108), Quecksilber 167 (200).

wenn derselbe auch als mißglückt zu bezeichnen ist; die Ergebnisse seiner Analysen organischer Körper waren gar zu ungenau.

Nicht unerwähnt bleiben soll Dalton's Streben, eine chemische Zeichensprache zur Versinnlichung der atomistischen Zusammensetzung auszubilden. Die Atome der Elemente wurden durch verschiedenartige, kreisförmige Symbole ausgedrückt: z. B. Sauerstoff durch einen leeren Kreis ○, Wasserstoff durch ⊙, Stickstoff durch ⦶, Schwefel durch ⊕, welche Zeichen, passend nebeneinander gestellt, die vermeintliche Konstitution von chemischen Verbindungen erkennen lassen sollten: für Wasser wurde das Symbol: ⊙ ○, für Ammoniak ⊙ ⦶, für Schwefelsäure (oder richtiger deren Anhydrid) $\overset{\bigcirc}{\bigcirc \oplus \bigcirc}$ u. s. f. angewandt.

Dank der einfacheren, leicht zu entziffernden Zeichensprache, welche Berzelius einige Jahre später einführte, ist die Dalton's nie zu allgemeinerer Geltung gelangt.

Weitere Entwickelung der Atomtheorie.

Die Aufnahme, die Dalton's Atomlehre bei den Chemikern fand, war eine fast durchweg günstige, wenn es auch nicht an einigen Stimmen fehlte, welche die neue Theorie bemängelten, ja das Verdienst, sie begründet zu haben, anderen zuschrieben. — In England hatte dieselbe von ihrer ersten Entstehung an in Thomas Thomson einen begeisterten Anhänger[1] gefunden, welcher aber durch seinen Übereifer der Sache eher schadete, als nützte. Denn er verließ zuweilen infolge einer verhängnisvollen Hinneigung zu Spekulationen den festen Boden der exakten Forschung. Gerade damals, nach Aufstellung einer Theorie von solcher Tragweite, mußte es von größtem Werte sein, die zur Begründung derselben dienenden noch spärlichen Thatsachen durch zuverlässige Beobachtungen zu erweitern und zu vertiefen.

[1] Th. Thomson, geb. 1773, gest. 1852, hat durch seine chemischen Experimentaluntersuchungen, sowie durch seine Lehrbücher nicht geringen Einfluß auf die Entwickelung theoretisch-chemischer Anschauungen, zumal in England, ausgeübt. Daß er zuerst die Atomtheorie Dalton's in ihren Grundzügen kennen lehrte, wurde oben erwähnt. — Auch als Historiker der Chemie hat er sich durch Herausgabe seiner *History of Chemistry* (1830/31) bethätigt. — Seine Abhandlungen erschienen meist in den von ihm herausgegebenen *Annals of philosophy*. — Als Lehrer war er besonders erfolgreich in Glasgow thätig (1818—1841), wo er das erste eigentliche Unterrichtslaboratorium in Großbritannien gründete.

Die von Thomson ausgeführten Bestimmungen der relativen Atomgewichte von Elementen und Verbindungen ermangelten in noch höherem Maße der Schärfe, als die Dalton's, und wurden später, als schon Berzelius mit der genauen Ermittelung der Atomgewichte seine lange Reihe klassischer Arbeiten begonnen hatte, durch die irrige Hypothese Prout's in unverantwortlicher Weise beeinflußt. Andererseits trugen Thomson's Untersuchungen über die Kalisalze der Oxalsäure zur Bestätigung der Atomlehre bei, da sich ergab, daß die Kalimengen der verschiedenen Salze gegenüber einer bestimmten Quantität Oxalsäure sich zu einander wie 1 : 2 : 4 verhielten. — Zu dieser Beobachtung gesellte sich die ähnliche von Wollaston,[1] daß in dem neutralen und in dem sauren kohlensauren Kali die Mengen Kohlensäure einem bestimmten Gewichte Kali gegenüber durch die Verhältniszahlen 1 und 2 auszudrücken sind. Somit war die Giltigkeit des Gesetzes der multiplen Proportionen auch für Salze erwiesen.

Die Stellung, welche von jener Zeit an, seit etwa 1808, die hervorragendsten Forscher: Davy, Gay-Lussac und Berzelius, zu der Dalton'schen Atomtheorie einnahmen, giebt Anlaß zu einer Würdigung der allgemeinen Verdienste und bedeutendsten Leistungen dieser Männer. Von tiefst eingreifendem Einfluß auf die Entwickelung der Atomlehre, die seither zum unentbehrlichen Fundamente der Chemie geworden ist, sind die Untersuchungen Gay-Lussac's über die Gase, und namentlich die rastlosen Bestrebungen von Berzelius gewesen, durch vielseitige und gründlichste Versuche sichere Grundlagen für die Bestimmungen der wahren Atomgewichte zu gewinnen.

Davy und Gay-Lussac. Ihr Leben und Wirken. — Davy trat zunächst der Atomtheorie seines Landsmannes skeptisch gegenüber, ja er meinte (1809), die Priorität dieser Betrachtungsweise komme Higgins zu, der schon im Jahre 1789 die atomistische Hypothese zur Erklärung chemischer Thatsachen benutzt habe.[2]

[1] W. H. Wollaston, geb. 1766, also Altersgenosse von Dalton, ist 1828 gestorben Ursprünglich Arzt, hat er sich bald dem Studium der Physik, sowie der Chemie zugewandt, und namentlich die erstere durch wichtige Beobachtungen bereichert. Aber auch durch seine chemischen Untersuchungen machte er sich vorteilhaft bekannt, insbesondere durch seine Arbeiten über Platinmetalle. Die meisten seiner Abhandlungen finden sich in den *Philos. Transactions*, einige in den *Annals of philosophy*.

[2] In seinem Werke: *A comparative view of the phlogistic and antiphlogistic theories*.

Allerdings hat derselbe Ansichten ausgesprochen, die bei oberflächlicher Betrachtung denen Dalton's ähneln, insofern er meinte, daß die kleinsten Teilchen nach einfachen Zahlenverhältnissen zu chemischen Verbindungen vereinigt seien. Aber diese Behauptungen waren ohne inneren Zusammenhang vorgebracht und gründeten sich nicht auf Versuche. Davy hat selbst später eingesehen, daß Higgins keinen Anspruch darauf erheben konnte, Begründer der chemischen Atomtheorie zu sein, und hat das Verdienst Dalton's unumwunden anerkannt.

Humphry Davy, geb. im Jahre 1778, aus kleinen Verhältnissen hervorgegangen, war zu einer glänzenden Laufbahn berufen, die durch einen frühen Tod vorzeitig abgeschnitten wurde, nachdem andauernde Kränklichkeit schon jahrelang seine Schaffenskraft gelähmt hatte. Bereits im Jahre 1813 hatte er, 35 Jahre alt, seine Berufsthätigkeit aufgegeben und auf dem Kontinent, namentlich in Italien, Genesung gesucht. Seit 1820 lebte und wirkte er zwar wieder in England, verließ es aber schon 1827, um nicht wieder dahin zurückzukehren; denn er starb auf der Rückreise in Genf (1829).

Durch eigene Energie hatte sich der junge Davy als Gehilfe eines Chirurgen solche Kenntnisse in der Chemie und den Naturwissenschaften überhaupt verschafft, daß er, 20 Jahre alt, die Stellung eines Chemikers an der in Bristol gegründeten *Pneumatic Institution* bekleiden konnte; diese hatte sich zur Aufgabe gestellt, die verschiedenen künstlich bereiteten Gase auf ihre physiologischen, vielleicht heilkräftigen Wirkungen zu prüfen. Hier führte Davy seine Untersuchungen über das Stickoxydul aus, dessen berauschende und betäubende Wirkung er entdeckte, ferner die Versuche über den Einfluß anderer Gase auf den Organismus, z. B. den von Wasserstoff und Kohlensäure, welche mit Stickstoff gemischt waren; er begründete dadurch den Ruf eines ausgezeichneten Experimentators. Schon im Jahre 1801 sehen wir ihn als Professor an der *Royal Institution* in London wirkend, bald darauf als Mitglied in die *Royal Society* eintreten, deren Präsident er im Jahre 1820 wurde.

In die ersten 13 Jahre unseres Jahrhunderts fallen seine denkwürdigsten Arbeiten, durch die manche Theile der Chemie eine völlige Umgestaltung erfahren haben. Hier sei nur erinnert an die Entdeckung der Alkalimetalle und der in den Erden enthaltenen, aus diesen durch die Macht des galvanischen Stromes isolierten Elemente; dadurch wurden viele bisher unzerlegte Körper als zusammengesetzte erkannt. Als eine fast noch wichtigere Folge dieser Beobachtungen ergab sich die einfache Natur des bisher für zusammengesetzt gehaltenen Chlors, und damit traten ganz neue Gesichtspunkte hervor, die zu einer Umgestaltung der Ansichten über die Konstitution der Säuren führten. Durch den Nachweis, daß es Säuren ohne Sauerstoff gebe, wurde zum erstenmal eine wesentliche Änderung der Theorie Lavoisier's nötig. Entdeckungen von solcher Tragweite kennzeichnen die Periode, in der Davy seine wunderbare Thätigkeit entfaltet hat. Seine wichtigsten Experimentaluntersuchungen sollen teils im weiteren Verfolg der allgemeinen Geschichte dieses Zeitraums, teils in dem Überblick über die Fortschritte einzelner Zweige der Chemie gewürdigt oder erwähnt werden.

Durch seine populären Vorlesungen, namentlich durch die für den *Board of Agriculture* gehaltenen, hat Davy in dem ersten Dezennium dieses Jahrhunderts wesentlich dazu beigetragen, das allgemeine Interesse an der Chemie zu erhöhen; er war es auch, der zeigte, in welchem Maße die letztere den Bedürfnissen der Technik und des täglichen Lebens entgegenkommen könne und solle; man denke nur an seine zum Schutze des Bergmanns konstruierte Sicherheitslampe.

Davy's geniale Erfassung chemischer Verhältnisse trat besonders in seinen Bestrebungen hervor, den Zusammenhang zwischen Elektrizität und chemischer Verwandtschaft, welche beide er als Folgen einer gemeinsamen Ursache betrachtete, ausfindig zu machen. Er war der erste, der auf Grund geistvoll erdachter und meisterhaft ausgeführter Versuche eine elektrochemische Theorie aufstellte und so ein Gebiet anbahnte, welches in dem folgenden Jahrzehnt so fruchtbar von Berzelius bearbeitet wurde.[1]

Überall wo Davy mit seinem experimentellen Geschick und seinem Scharfsinn Probleme der Chemie, wie die oben schon erwähnten, zu behandeln anfing, erzielte er große Erfolge. Auch im engeren Gebiete spezieller Forschung, z. B. bei seinen Untersuchungen über das Ammoniumamalgam, über das Phosgen, Euchlorin, Jod, den festen Phosphorwasserstoff, über die Verbrennungserscheinungen, waren die Früchte seiner Arbeit sofort bemerkbar; stets zeigte sich eine tiefe Nachwirkung seiner Leistungen.

Seine wichtigsten Experimentaluntersuchungen hat Davy seit 1801 in den *Philosophical Transactions* veröffentlicht; einige finden sich in den *Annales de Chimie*, sowie in dem *Journal de Physique*. Von den

---

[1] Davy's elektrochemische Verwandtschaftslehre soll im Zusammenhange mit der von Berzelius begründeten ihrem Hauptinhalte nach in einem folgenden Abschnitte dargelegt werden.

spärlichen größeren Werken[1] sind seine *Elements of chemical philosophy* (1810—1812) am bekanntesten geworden, zumal sie auch bald ins Deutsche und Französische übersetzt wurden. Nach seinem Tode hat John Davy die Herausgabe aller Arbeiten seines Bruders besorgt.

Zu dem großen Interesse an Davy's ausgezeichneten wissenschaftlichen Leistungen kommt noch das rein menschliche an seiner Persönlichkeit, die aus den Aufzeichnungen seiner während ausgedehnter Reisen in Frankreich, Deutschland, Italien geführten Tagebücher, aus seinen Briefen, sowie aus den „*Denkwürdigkeiten*"[2] als eine edel und poetisch angelegte höchst sympathisch uns entgegentritt. Seine zum Nutzen der Menschheit gemachten Entdeckungen erhöhen noch die Teilnahme für diesen außerordentlichen Naturforscher.

Davy's historisch-kritisches Verhältnis zu der Atomlehre Dalton's wurde oben schon dargelegt; wenn er auch des letzteren Verdienst um die Begründung dieser Theorie zugestanden hatte, so verhielt er sich doch den Schlußfolgerungen Dalton's gegenüber skeptisch.[3] Die *Atomgewichte* wollte Davy nicht als solche gelten lassen; für ihn sind dieselben nichts als die „*Proportionszahlen*" der Elemente, während zur Bestimmung von deren wahren Atomgewichten jeder sichere Anhalt fehle. — Eine ähnliche vorsichtige Auffassung und Beurteilung von Dalton's kühnen Spekulationen hatte schon vor Davy sein Landsmann Wollaston geltend gemacht, der seit 1808 seine Ansicht dahin äußerte, daß mit den nach Dalton's Angaben gefundenen Zahlen nicht die Atomgewichte, sondern die „*chemischen Äquivalente*" der Grundstoffe ermittelt seien. — Auch Gay-Lussac, dessen Arbeiten damals einen so mächtigen Einfluß auf die Gestaltung der Chemie auszuüben begannen, verwarf die Annahme von Atomgewichten und erkannte nur an, daß durch die analytischen und synthetischen Bestimmungen der „*rapport*" eines Ele-

[1] Von Interesse ist ein Urteil, das Berzelius über Davy's litterarische Thätigkeit in einem Briefe an Wöhler 1831 abgegeben hat (vergl. Ber. **15**, 3166). Der letztere hatte seine eigene Überhäufung mit schriftstellerischen Arbeiten beklagt, worauf ihm Berzelius Folgendes antwortet: „Wäre Davy genötigt gewesen, sich so litterarisch zu beschäftigen, wie es jetzt bei Ihnen der Fall ist, so bin ich überzeugt, daß er die Chemie um ein ganzes Jahrhundert weiter gebracht hätte; aber so blieb er doch nur ein »glänzendes Bruchstück«, gerade darum, weil er nicht von Anfang an gezwungen war, sich durch Arbeit in alle Teile der Wissenschaft als in ein Ganzes einzustudieren."

[2] *Denkwürdigkeiten aus dem Leben Sir Humphry Davy's herausgegeben von seinem Bruder John*, deutsch von C. Neubert. 4 Bände (Leipzig 1840).

[3] Vergl. namentlich seine *Elements of chemical philosophy.*

mentes, z. B. des Wasserstoffes, Stickstoffes, Jodes, zu einem anderen, z. B. Sauerstoff, festgestellt werde.

Gay-Lussac, dessen kritische Stellung zu Dalton's Atomlehre hier berührt ist, hat diese namentlich durch seine weittragende Entdeckung des sogen. Volumgesetzes ganz außerordentlich gefördert, mehr als er selbst hat zugestehen wollen.

Joseph Louis Gay-Lussac, geb. 1778 zu St. Léonard (Limousin), wirkte seit 1809 als Professor der Chemie an der *École polytechnique*, der er bis 1800 als Schüler angehört hatte, zugleich als Professor der Physik an der *Sorbonne*; später, seit 1832, war er auch Professor der allgemeinen Chemie am *Jardin des plantes*; er ist im Jahre 1850 gestorben. — Schon in jüngeren Jahren, nachdem er durch Berthollet in die Wissenschaft eingeführt worden war, erregte Gay-Lussac durch seine physikalischen, das Gebiet der Chemie mehr oder weniger berührenden Untersuchungen über das Verhalten von Gasen die größte Aufmerksamkeit der Zeitgenossen. An seine mit Biot und später allein im Jahre 1804 unternommenen kühnen Luftfahrten, die zu wichtigen physikalischen Beobachtungen benutzt wurden, sei flüchtig erinnert. Von einschneidendster Wirkung sollten die von ihm seit dem Jahre 1805 angestellten Versuche über die Gesetzmäßigkeiten werden, welche bei der chemischen Verbindung von Gasen sich in den zusammentretenden Volumen der letzteren kundgeben. Wie aus dieser Erkenntnis die reichsten Früchte für die gesamte Chemie, nicht bloß für das Gebiet der Gase hervorgingen, das soll noch weiterhin gezeigt werden. Gay-Lussac's Name ist ferner mit der Entdeckung der gesetzmäßigen Beziehungen zwischen der Volumgröße von Gasen und der Temperatur eng verknüpft; auf Grund dieses Gesetzes, welches das von Boyle-Mariotte ergänzte, konnten erst zuverlässige Messungen von Gasen ausgeführt werden.

In seinen, den speziellen Zweigen der Chemie angehörenden Untersuchungen steht Gay-Lussac ebenfalls als mustergültiger Naturforscher da; zu der Genauigkeit der Beobachtungen und dem Scharfsinn bei Erklärung dieser gesellt sich die wunderbare Klarheit in der Darlegung seiner Versuche und Schlußfolgerungen. Wenn man nur die Arbeiten über das Jod und über Cyan, sowie deren Verbindungen herausgreifen wollte, würden dieselben genügen, um ihm einen Platz unter den hervorragendsten Chemikern zu sichern. Welche Anregung ging von diesen inhaltreichen Abhandlungen aus! Insbesondere diejenige über Cyan wurde zu einem Grundpfeiler der später zur Entwickelung gelangenden Radikaltheorie, denn das Cyan wurde von Gay-Lussac als das erste zusammengesetzte Radikal gekennzeichnet. Aber auch seine weniger folgeschweren Arbeiten tragen das Gepräge der Klassizität: so die über Verbindungen des Schwefels, über die Oxydationsstufen des Stickstoffs, ferner die gemeinsam mit Thénard[1] ausgeführten Versuche über die Alkalimetalle. Aus der gemeinschaftlichen Thätigkeit mit Liebig entsprang die Untersuchung der knallsauren Salze. — In vielen dieser Arbeiten lagen Keime verborgen, welche sich zu wichtigen Entdeckungen entfalten sollten; es sei nur daran erinnert, daß seine Beobachtung über die Wirkung des Chlors auf Wachs für die spätere Erforschung der Substitutionsvorgänge grundlegend war.

Durch seine Leistungen auf dem Gebiete der Technik zeigte Gay-Lussac, wie er es verstand, die chemisch-analytischen Erfahrungen zum Nutzen jener zu verwerten; er ist als Begründer der Titrimetrie zu betrachten und hat durch seine jetzt allgemein eingebürgerten und verbesserten Methoden die chemische Industrie wesentlich gefördert. Wir werden seinen Arbeiten in fast allen wichtigen Zweigen der chemischen Forschung, in denen der analytischen, der reinen, der physikalischen und technischen Chemie begegnen.

Gay-Lussac veröffentlichte die meisten Experimentaluntersuchungen in den *Annales de Chimie,*[2] einige in den *Mémoires de la société d'Arçueil*, sowie in den *Comptes rendus.*

Von selbständig erschienenen Schriften sind manche von ihm, als Mitglied verschiedener technischer Behörden, ausgearbeitete Anleitungen zur Untersuchung und Prüfung von Handelsprodukten, Silbererzen etc., ferner die *Recherches physiques et chimiques* (1811), die er mit Thénard veröffentlichte, zu nennen.

---

[1] L. J. Thénard, 1777 geboren, Schüler von Vauquelin und Berthollet, war als Professor an der polytechnischen Schule, sowie am *Collége de France* thätig, wirkte auch kräftig für die Hebung des naturwissenschaftlichen Studiums in Frankreich. Sein Name ist mit dem Gay-Lussac's untrennbar verbunden; ihre gemeinsamen Arbeiten haben die Erkenntnis vieler chemischer Vorgänge gefördert und zur Ausbildung wichtiger Methoden beigetragen. — Sehr verdienstlich war Thénard's *Traité de chimie élémentaire*, ein Lehrbuch, welches sich, dank der glücklichen übersichtlichen Anordnung des Inhaltes, weitester Verbreitung zu erfreuen hatte (zuerst 1813—1816 erschienen; deutsch von Fechner nach der 5. Auflage 1825—1833). — Thénard ist 1857, 80 Jahre alt, gestorben.

[2] Seit 1816 gab er dieselben mit Arago als *Annales de Chimie et de Physique* heraus.

Prout's Hypothese und ihre Wirkungen.

In die Zeit, welche durch die ausgezeichneten Leistungen Davy's und Gay-Lussac's erleuchtet wurde, noch bevor das Gestirn von Berzelius zu vollstem Glanze gelangt war, fiel ein litterarisch-chemisches Ereignis, das fast auf alle damaligen Chemiker einen tiefen Eindruck machte: die Aufstellung der Prout'schen Hypothese. Diese gehört zu den Faktoren, die zu einer Entwertung der atomistischen Lehre in den Augen bedeutender Forscher nicht unwesentlich beigetragen haben. Wegen dieses Einflusses auf die Weiterentwickelung der Atomtheorie muß die genannte Hypothese hier erörtert werden, obwohl selten eine Idee, aus der sich wichtige theoretische Vorstellungen ergaben, so mangelhaft begründet worden ist, wie gerade jene Hypothese.

Im Jahre 1815 wurde in einer Abhandlung,[1] welche die Beziehungen zwischen Atomgewichten von Körpern und deren Gasdichten erörterte, und noch bestimmter in einer zweiten[2] (1816) von dem anonymen Verfasser die Behauptung aufgestellt, die Atomgewichte der Elemente seien, auf Wasserstoff = 1 bezogen, durch ganze Zahlen ausdrückbar, also Multipla von dem des leichtesten Elementes.[3] Daraus folgte die eigentliche Hypothese Prout's, des inzwischen bekannt gewordenen Verfassers jener Abhandlungen, daß man den Wasserstoff als die Urmaterie ansehen könne, durch deren verschiedenartige Kondensation die übrigen Grundstoffe entstehen.

Dieser so leicht hingeworfene Gedanke, der an die unvollkommenen Versuche anderer[4] anknüpfte, übte damals und auch später zu verschiedenen Zeiten einen großen Reiz selbst auf namhafte Chemiker aus. Schon vor der Veröffentlichung jener Abhandlungen hatte der Freund Dalton's, Thomson, darauf hingewiesen, daß nach seinen und anderen Bestimmungen die Atomgewichte mehrerer Elemente Vielfache von denen des Sauerstoffs seien. Auch einige Jahre später suchte derselbe den gleichen Nachweis zu liefern, ohne zu bedenken, daß durch die inzwischen von Berzelius ge-

---

[1] Ann. of Philos. 6, 321.

[2] Ann. of Philos. 7, 111.

[3] Der Autor veränderte höchst willkürlich die Zahlenwerte der Atomgewichte derart, daß dieselben nicht nur ganze Zahlen waren, sondern auch regelmäßige Differenzen untereinander aufwiesen, wie folgendes Beispiel zeigt:

Calcium 20,	Eisen 28,	Chlor 36,
Natrium 24,	Zink 32,	Kalium 40.

[4] Prout war Arzt und hat selbst nur wenige, noch dazu anfechtbare chemische Versuche gemacht.

fundenen Werte die seinigen, welche davon vielfach abwichen, stark in Frage gezogen waren. Thomson wurde das Opfer dieser vorgefaßten Meinung; er ging soweit, in der Annahme Prout's ein Grundgesetz der Chemie zu erblicken.

Obwohl bald von Berzelius, später von Turner u. a. die Unhaltbarkeit der Prout'schen Hypothese erwiesen wurde, so neigten sich dennoch manche Forscher der letzteren zu. L. Gmelin gab in seinem Handbuch der Chemie (1827) die *„Mischungsgewichte"* möglichst in ganzen Zahlen an, wozu er nach den klassischen Untersuchungen von Berzelius ganz und gar nicht berechtigt war. Später noch, um das Jahr 1840, verrieten Dumas und Stas, welche die Atomgewichte des Kohlenstoffs, Sauerstoffs, Chlors und Calciums sehr genau bestimmt hatten, sowie Erdmann und Marchand bei ihren zahlreichen, in gleicher Richtung ausgeführten Arbeiten eine starke Hinneigung zu jener Hypothese, die dann bald gerade durch Stas, sowie Marignac als hinfällig erwiesen worden ist. — Das Liebäugeln zahlreicher Chemiker mit einer solchen, zu den weitgehendsten Folgerungen führenden Annahme hat, wie schon angedeutet, dazu beigetragen, die chemische Atomlehre in den Augen mancher besonnener Forscher zu diskreditieren.

Wie Davy und Gay-Lussac, welche sich allerdings nicht speziell mit dem Problem, die Atomgewichte von Elementen zu bestimmen, beschäftigten, so hielt sich Berzelius, welcher schon damals seine ganze Kraft zur Lösung solcher Aufgaben eingesetzt hatte und dessen Ansicht daher besonders schwer ins Gewicht fiel, von jenen Vorurteilen ganz frei. Unentwegt, unbeirrt durch die verlockende Einfachheit des Prout'schen Satzes ging er auf sein Ziel, die sichere, allein auf Versuche gegründete Ermittelung der Atomgewichte, los und befestigte durch seine mustergiltigen Arbeiten das ins Schwanken geratene Gebäude der Atomlehre.

Berzelius. Überblick seiner Leistungen.

Das Leben dieses großen Forschers, der, wie kaum éin anderer, die Chemie in ihren wichtigsten Teilen ausgebaut und bereichert hat, war das ruhige, stetig dahinfließende eines Gelehrten; bei seinen Arbeiten wurde er durch den großen, viel in sich schließenden Gedanken geleitet: die Zusammensetzung der chemischen Verbindungen sorgfältig zu erforschen und die Gesetze, nach denen diese sich bilden, zu ergründen.

Jakob Berzelius wurde am 29. August des Jahres 1779 in einem kleinen schwedischen Ort, Westerlösa, wo sein Vater Schullehrer war, geboren. Frühzeitig scheint in ihm die Neigung zur Chemie entstanden zu sein; seine Absicht, sich dem Studium derselben in Upsala zu widmen, konnte er nur mit Schwierigkeiten und Enttäuschungen erreichen. Seine Lehrer Afzelius und Ekeberg verstanden es nicht, ihren Vorlesungen und Anleitungen den Geist einzuhauchen, nach dessen Erfassung Berzelius strebte. So sehen wir ihn sich dem medizinischen Studium zuwenden, ohne jedoch die Chemie als wesentliches Hilfsmittel desselben aus den Augen zu verlieren. Seine Erstlingsarbeiten, namentlich die mit Hisinger ausgeführten über die Einwirkung des galvanischen Stromes auf Salze, machten ihn in seinem engeren Vaterlande bekannt, so daß er im Jahre 1802 zum Adjunkten der Medizin, Botanik und Pharmazie und fünf Jahre später zum Professor der Medizin und Pharmazie in Stockholm ernannt wurde. Im Jahre 1815 erhielt er die Professur der Chemie am neu errichteten chirurgisch-medizinischen Institut in Stockholm. Seine Vorlesungen, die anfangs nach der eingewurzelten Gewohnheit lediglich theoretische waren, wußte er durch zweckmäßig eingeschaltete Experimente zu beleben. Ein sehr unvollkommen eingerichtetes Laboratorium ermöglichte ihm dennoch die Ausführung der exaktesten Versuche zur festen Begründung der Lehre von den chemischen Proportionen. Aus den bescheidenen Räumen seines Wirkens gingen die zahlreichen Untersuchungen hervor, die er meist selbst, zum geringeren Teil in Gemeinschaft mit einzelnen begabten Schülern, ausführte. Welche Erfolge er durch seine Lehrthätigkeit erzielte, das besagen die Namen seiner Schüler, von denen Heinrich und Gustav Rose, Mitscherlich, Wöhler, Chr. Gmelin, Magnus, Mosander genannt seien.

Seit dem Jahre 1818, in welchem er zum beständigen Sekretär der Stockholmer Akademie, der er seit 1808 angehörte, ernannt wurde, und mehr noch seit 1832, nachdem Mosander seine Professur übernommen hatte, widmete sich Berzelius einer litterarischen Thätigkeit, wie sie wirkungsvoller kaum vor und nach ihm von einem Chemiker ausgeübt worden ist. Sein thatenreiches Leben wurde im Jahre 1848 (am 7. August) durch den Tod abgeschlossen. 1818 war Berzelius durch König Karl XIV. Johann in den Adel-, 1835 in den Freiherrenstand erhoben worden.

Die wissenschaftlichen Leistungen von Berzelius kurz und zugleich scharf ausgeprägt in ihrer Vielseitigkeit darzulegen, ist ein schwieriges Unternehmen; denn dieselben berühren nicht nur die

Hauptteile der Chemie, sondern dringen tief in sie ein und haben zu wichtigen Reformen Anlaß gegeben. Nachdem er während der ersten sieben Jahre selbständiger wissenschaftlicher Beschäftigung sich in verschiedenen Gebieten der Chemie, namentlich durch physiologisch-chemische Untersuchungen als gediegener Beobachter bethätigt hatte, erhob sich sein Schaffen seit dem Jahre 1807 auf eine höhere Stufe. Denn von da ab war seine gesamte Thätigkeit auf ein großes Ziel gerichtet; als seine Lebensaufgabe betrachtete er die sorgfältigste Erforschung der chemischen Proportionen und somit den Ausbau der Atomlehre. Die letztere war übrigens zur Zeit, als er seine Arbeiten über die chemischen Verbindungsverhältnisse der Elemente begann, ihm noch unbekannt. Zu seinen ersten Untersuchungen wurde er durch J. B. Richter's Schriften, sodann durch die Entdeckungen Davy's auf das lebhafteste angeregt, ehe ihm Dalton's Arbeiten, die zur Aufstellung der Atomtheorie geführt hatten, zugänglich geworden waren. Wie Berzelius nun durch eigene Kraft, durch Verfeinerung der analytischen Hilfsmittel, durch scharfsinnige Deutung seiner eigenen und anderer Versuche die Proportionslehre gestaltete, wie er die sicheren Grundlagen zur Bestimmung der Atomgewichte schuf, das ist im folgenden Abschnitt sorgsam zu erörtern.

Hier sei zunächst kurz darauf hingewiesen, daß er die analytische Chemie durch Auffindung neuer Methoden bereicherte; diese waren unentbehrliche Mittel zur Erreichung seines Hauptzieles. Denn nur auf Grund möglichst genauer Analysen konnten die Regel- oder Gesetzmäßigkeiten der Verbindungsverhältnisse scharf bewiesen werden. — Aber nicht allein dieser Teil der Chemie wurde von ihm befruchtet; das Werkzeug der Analyse sollte ihm auch dazu dienen, andere größere Gebiete zu erschließen. Sein erster Versuch, die Zusammensetzung der Mineralkörper an der Hand der Atomlehre, also mit Hilfe des Gesetzes der multiplen Proportionen zu erforschen, gehört schon dem Jahre 1812 an; durch Aufstellung eines chemischen Mineralsystems rief er eine gewaltige Bewegung hervor.

Noch weittragender waren seine erfolgreichen Bemühungen, zu zeigen, daß die organischen Verbindungen ebenfalls dem Gesetze der Multiplen unterthan seien. Nachdem er durch wesentliche Verbesserungen die Analyse organischer Stoffe verschärft hatte, konnte er schon im Jahre 1814 nachweisen, daß unter den Bestandteilen organischer Säuren, bzw. ihrer Salze, einfache Atomverhältnisse obwalten. So wurde die atomistische Theorie der Leitstern für Berzelius und für die ganze Wissenschaft.

Die Ursache zu der Vereinigung der Grundstoffe nach bestimmten

Proportionen erblickte Berzelius in der elektrischen, den Atomen eigentümlichen Polarität. Seine aus dieser Annahme entwickelte elektrochemische Theorie und, als unmittelbare Folge dieser, sein dualistisches System ist im Zusammenhange mit anderen ähnlichen Versuchen, die Verwandtschaftserscheinungen zu erklären, noch eingehend zu besprechen.

Grundlage seiner Spekulationen blieben die Versuche, und durch diese, durch zusammenhängende Beobachtungen über das chemische Verhalten einfacher sowie zusammengesetzter Körper, hat er die wichtigsten Teile seiner Wissenschaft in staunenerregender Weise bereichert.

Von den vorzugsweise zahlreichen Untersuchungen über unorganische Körper ist die über das Selen ein klassisches Muster, das sich der Arbeit von Gay-Lussac über das Jod ebenbürtig anschließt. Man denke noch an die ausgezeichneten Untersuchungen über Ferrocyanverbindungen, Sulfosalze, über Fluorverbindungen und an so viele andere Arbeiten. Alle seine Experimentaluntersuchungen zeigen die originelle Forschungsweise des Meisters, der zwar nicht ein solches Entdeckergenie war wie Davy, wohl aber durch streng methodisches Vorgehen und gewissenhaftes Beobachten zu den bedeutsamsten Entdeckungen geleitet wurde.

Berzelius' Leistungen im Gebiete der organischen Chemie treten gegen die eben skizzierten zurück, aber man braucht nur an die Auffindung der Traubensäure und an die wichtigen Erörterungen über deren Isomerie mit Weinsäure zu erinnern, um zu erkennen, daß er auch hier mächtig anregend eingegriffen hat. Wie er zuerst die Grundsätze der Atomtheorie auf die organischen Körper angewendet hat, so versuchte er auch seine elektrochemischen und dualistischen Ansichten in deren Bereich einzuführen. Sein Streben, dadurch gerade zur Vereinfachung verwickelter Verhältnisse beizutragen, war hier nicht dauernd erfolgreich; wenn auch seine Radikaltheorie eine Zeit lang fruchtbringend wirkte, so konnte sie sich doch nicht gegen den Ansturm der unitarischen Auffassung halten. — Seine Arbeiten im Gebiete der mineralogischen und physiologischen Chemie sind vielfach grundlegend, ja bahnbrechend gewesen, da sie, namentlich die der ersteren Art, die Aufstellung von ganz neuen Gesichtspunkten und Richtungen zur unmittelbaren Folge hatten.

Die großartige Schaffenskraft und die Arbeitsfreudigkeit von Berzelius treten nicht nur in seinen Experimentaluntersuchungen hervor, sie zeigen sich auch in seiner Lehrthätigkeit, sei es, daß diese durch persönlichen Verkehr mit Schülern zur Wirkung gelangte oder im geschriebenen Worte Ausdruck fand. In seinem kleinen Laboratorium sammelten sich von nah und fern junge, meist schon mit chemischen Kenntnissen gut ausgestattete Männer, um, darin an Erfahrung reich geworden, seine Lehren weiter zu verbreiten. Insbesondere aus Deutschland, wo es zu jener Zeit kaum Gelegenheit zu praktischen chemischen Arbeiten gab, kamen zu ihm strebsame Schüler, welche später am wirksamsten die Prinzipien seiner Schule vertraten und deren Einfluß förderten.

Die schriftstellerische Thätigkeit von Berzelius tritt am erstaunlichsten in seinem *Lehrbuch der Chemie* hervor,[1] von dem fünf Auflagen, jede in völlig neuer Bearbeitung, erschienen. Mit tiefer Gründlichkeit, die man auch an seinen experimentellen Leistungen bewundert, ist in diesem Werke Klarheit der Darstellung, sowie Schärfe des Ausdrucks gepaart. Er beschränkte sich nicht auf einfache Darlegungen der bekannten Thatsachen, sondern beurteilte die zur Deutung derselben gemachten Versuche mit gesunder unparteiischer Kritik. Während der nächsten Jahrzehnte blieb sein Lehrbuch ein unerreichtes Muster für die in der Folge erscheinenden. — Die Vielseitigkeit von Berzelius und zugleich seine Arbeitskraft bekunden ganz besonders die von ihm seit 1821 alljährlich bis an sein Lebensende zunächst schwedisch herausgegebenen[2] *Berichte über die Fortschritte in der Physik und Chemie* (im Ganzen 27 Bände). Er hatte es übernommen, über die in genannten Disziplinen veröffentlichten Forschungen Bericht zu erstatten: eine Aufgabe, der er sich mit Aufwand größten Fleißes und Scharfsinnes entledigte. An Arbeiten, welche seinem Gebiete nahe kamen, verstand er den Maßstab der Kritik in durchdringendster Weise anzulegen; zuweilen ließ er sich durch den Charakter einzelner Experimentaluntersuchungen zu Urteilen hinreißen, die eine gewisse Befangenheit bekundeten. Seine Jahresberichte sind und bleiben aber trotz solcher Schwächen unentbehrliche Quellen für das Verständnis der jeweiligen Strömungen und Schwankungen in der Chemie.

Seine experimentellen Arbeiten hat Berzelius in der Regel zuerst in schwedischer Sprache, und zwar in den *Verhandlungen der*

[1] Zuerst erschien dasselbe im Jahre 1808—1818 in drei Bänden schwedisch; die zweite schwedische Auflage wurde in 4 Bänden (1825—1831) von Wöhler übersetzt; die folgenden Auflagen erschienen nur deutsch: die dritte (4 Bände, 1833—1835) und vierte (4 Bände, 1835—1841) wurden „aus der schwedischen Handschrift des Verfassers deutsch" von Wöhler, die fünfte „Originalauflage" in 5 Bänden (1843—1848) von Berzelius unter Mitwirkung von Wöhler besorgt.

[2] Die Jahresberichte erschienen in deutscher Bearbeitung von Wöhler (die ersten drei Jahrgänge von C. G. Gmelin).

Stockholmer Akademie veröffentlicht; die meisten sind sodann in deutscher, einige auch in französischer und englischer Sprache erschienen (in *Gilbert's*, *Poggendorff's* oder *Liebig's Annalen*, den *Ann. de Chimie, Annals of Philosophy* u. a.). In Bezug auf ihre Abfassung sind dieselben durch die gleichen Vorzüge wie sein Lehrbuch ausgezeichnet.

Die hervorragenden Eigenschaften von Berzelius, als mustergiltigem Naturforscher, ergeben sich aus der obigen Skizze seiner Hauptleistungen; Gründlichkeit und Ausdauer bei allen Arbeiten, die er unternahm, Genauigkeit sämtlicher Beobachtungen und die Fähigkeit, diese übersichtlich zu ordnen und scharfsinnig zu deuten, unverbrüchliches Festhalten an den Ergebnissen der Erfahrung, die ihn in erster Linie leitete, sodann aber auch zähes Festhalten an den einmal für richtig gehaltenen Schlüssen aus einer Summe von Thatsachen: das sind Merkmale, die dem großen Manne eigentümlich waren.

Der auf Erhaltung des Guten, welches einmal der Wissenschaft zugeführt ist, bedachte Sinn war in ihm ganz besonders stark entwickelt; er ging in Bethätigung dieser konservativen Richtung so weit, daß er in jeder Neuerung, durch welche erprobte und nützliche Ansichten in Frage gezogen wurden, eine Gefahr für die stetige Entwickelung seiner Wissenschaft erblickte. Daher sein heftiger Widerstand gegen manche neue Lehrmeinungen, die er schließlich doch als richtig anerkennen mußte. Sein großes Verdienst um die Förderung der Chemie wird durch diese Eigentümlichkeit, die ihren tiefinneren Grund in einem ausgeprägten Gerechtigkeitsgefühl hatte, nicht geschmälert; im Gegenteil hat Berzelius durch besonnenes Festhalten an bewährten Ansichten häufig der Verwirrung und Überstürzung vorgebeugt, zu denen die von ihm bestrittenen Ansichten, falls sie ohne Einschränkung angenommen worden wären, wahrscheinlich geführt haben würden. Einer gesunden Reform war er nicht abgeneigt, aber gegen alles Gewaltsame, in seinem Sinne Revolutionäre, focht er mit den kräftigsten Mitteln; hier scheute er selbst hitzige Polemik[1] nicht, wenn eine von ihm für gut gehaltene Sache auf dem Spiele stand.

---

[1] Berzelius' Polemik gegen Dumas, Laurent, auch Liebig u. a. ist vielfach hart und unrichtig beurteilt worden, derart, daß auf sein gesamtes Wirken ein falsches Licht fiel. Namentlich die jüngere chemische Generation vergaß bald nach seinem Tode den schuldigen Dank für die unvergänglichen Verdienste, die er sich um den Ausbau der Wissenschaft erworben hatte. Ja spöttische Bemerkungen über Irrungen von Berzelius finden sich leider noch in neueren Werken, in denen die Entwickelung chemischer Theorieen besprochen ist.

Ein zusammenfassendes Urteil über den allgemeinen Charakter von Berzelius hat besonders schön und mit wohlthuender Wärme sein Schüler Heinrich Rose in der „Gedächtnisrede auf Berzelius“[1] abgegeben. Am Schlusse derselben (S. 59) sagt Rose: „Was den, der längere Zeit den Umgang von Berzelius zu genießen das Glück hatte, so unwiderstehlich an ihn fesselte, war nur zum Teil der hohe Genius, dessen Funken aus allen seinen Arbeiten hervorsprühten, war nur zum Teil die Klarheit, die überraschende Fülle der Ideen, die unermüdliche Sorgfalt und der große Fleiß, der allem, was ihn anging, das Gepräge der höchsten Vollendung aufdrückte. Es waren — und jeder, der ihn genauer kannte, wird mit mir übereinstimmen — es waren zugleich jene Eigenschaften, die ihn auch als Mensch so hoch stellten, es war die Aufopferung für andere, die edle Freundschaft, die er für alle zeigte, welche er derselben wert hielt, die hohe Uneigennützigkeit, die große Gewissenhaftigkeit, die vollkommene und gerechte Anerkennung der Verdienste anderer, kurz, es sind alle jene Eigenschaften gewesen, die aus einem biederen, ehrenwerten Charakter entspringen.“[2]

Mit folgenden Worten, in denen H. Rose das außerordentliche Wirken seines Lehrers mit wenigen Strichen schildert, möge dieser Abschnitt beschlossen werden: „Wenn aber ein Mann, mit dem außerordentlichen Forschertalente ausgerüstet, alle Teile seiner Wissenschaft mit den wichtigsten Thatsachen bereichert, auf gleiche Weise in empirischen und spekulativen Forschungen sich auszeichnet, das ganze mit philosophischem Geiste umfaßt, zugleich systematisch das einzelne lichtvoll ordnet und in einem möglichst vollständigen und kritisch gesichteten Lehrgebäude der Welt vorlegt und endlich auch einem wißbegierigen Kreise von Schülern als praktischer und theoretischer Lehrer ein erhabenes Muster wird, so erfüllt ein solcher in seiner Wissenschaft die höchsten Anforderungen in einem Grade, daß er noch in späterer Zeit als ein glänzendes Vorbild leuchten wird.“

---

[1] Gehalten in der öffentl. Sitzung der Berliner Akademie, 3. Juli 1851.

[2] Der kürzlich veröffentlichte Briefwechsel zwischen Berzelius und Liebig, die Jahre 1831—1845 umfassend, bestätigt das obige schöne Urteil über Berzelius auf das vollkommenste. Das Buch, 1893 bei Lehmann (München und Leipzig) erschienen, von dem Enkel Liebig's, J. Carrière, herausgegeben, ist als einer der wichtigsten Beiträge zur Geschichte der Chemie in jener gärenden Zeit zu begrüßen und wird zur Klärung des Urteils nicht nur über Berzelius und Liebig, sondern über manche namhafte Persönlichkeiten und wichtige Thatsachen sicherlich beitragen.

Befestigung der Lehre von den chemischen Proportionen und Ausbau der Atomtheorie durch Berzelius. — Anteil von Gay-Lussac, Dulong und Petit, Mitscherlich.

Im vorigen Abschnitte wurde schon hervorgehoben, daß Berzelius als seine Lebensaufgabe die Erforschung der chemischen Proportionen und der Gesetze, welche dieselben regeln, betrachtete. Den Ausgangspunkt für seine Versuche und für seine daraus gezogenen Folgerungen bildeten Verbindungen des Sauerstoffes; dieses Element war recht eigentlich der Mittelpunkt, um den sich seit Lavoisier die gesamte Chemie anordnete. Schon durch die ersten Untersuchungen, welche Berzelius im Jahre 1810 schwedisch, von 1811 an deutsch (in *Gilbert's Annalen*, Bd. 37, 38, 40) zu veröffentlichen begann, lieferte er wichtige Beweise für das Bestehen chemischer, insbesondere multipler Proportionen in den Sauerstoffverbindungen von Elementen. Wenn man erwägt, daß er fast nur auf sich selbst angewiesen diese großartigen Arbeiten und die sich in den nächsten Jahren daran anschließenden Untersuchungen ausgeführt hat, zu denen erst ganz neue Untersuchungsweisen geschaffen werden mußten, so begreift und teilt man das Staunen seiner Zeitgenossen über solche Leistungen.[1]

[1] Daß Berzelius die feste Begründung der Lehre von den chemischen Proportionen und damit im Zusammenhang die Ermittelung der elementaren Atomgewichte, sowie der Konstitution chemischer Verbindungen als seine größte Aufgabe betrachtet hat, das geht aus vielen Stellen seiner Werke hervor. Hier möge er selbst sprechen und berichten, wie er, von der Unvollkommenheit der bisherigen Anläufe durchdrungen, nach Verbesserungen gestrebt hat: „Ich überzeugte mich bald durch neue Versuche, daß Dalton's Zahlen die Genauigkeit fehlte, die für die praktische Anwendung seiner Theorie erforderlich war. — Ich erkannte nun, daß, wenn das aufgegangene Licht sich über die ganze Wissenschaft verbreiten sollte, zuerst die Atomgewichte einer möglichst großen Anzahl von Grundstoffen, und vor allem der am gewöhnlichsten vorkommenden, mit möglichster Genauigkeit und dabei die Verhältnisse ausgemittelt werden müßten, nach denen zusammengesetzte Atome sich untereinander verbinden, wie z. B. in den Salzen, mit deren Analyse ich schon seit einiger Zeit beschäftigt war. Ohne eine solche Arbeit konnte auf diese Morgenröte kein Tag folgen. Es war dies also damals der wichtigste Gegenstand der chemischen Forschung, und ich widmete mich ihm in rastloser Arbeit. — Mehrere der wichtigsten Atomgewichte habe ich nach längeren Zwischenzeiten mit Anwendung besserer Untersuchungsmethoden einer neuen, näheren Prüfung unterworfen. Nach zehnjährigen Arbeiten, die in den wissenschaftlichen Zeitschriften mitgeteilt wurden, konnte ich im Jahre 1818 eine Tabelle herausgeben, welche nach meinen Versuchen berechnete Atomgewichte und ungefähr 2000 einfache und zusammengesetzte Körper enthielt.“ (Lehrb. d. Chem. 3, 1161. 5. Aufl.)

Berzelius verstand es, als wahrer Naturforscher vom Besonderen zum Allgemeinen voranzuschreiten; er sammelte zuerst eine Reihe bedeutsamer Thatsachen, die, zweckmäßig zusammengefaßt den allmählichen Ausbau der atomistischen Theorie ermöglichten. Dahin gehörte der Nachweis, daß das Verhältnis von Schwefel zu Metallen in den Sulfiden das gleiche war, wie in den entsprechenden schwefelsauren Salzen, daß ferner die Sauerstoffmenge in Äquivalenten von Basen sich gleich groß ergaben, daß in den Salzen aller Art die Verhältnisse der Quantitäten Base, Säure und Wasser einfache waren u. a. m.

Von den meisten damals bekannten Metallen und Metalloïden untersuchte Berzelius in den Jahren 1812—1816 die Oxydationsstufen und bestätigte durch Ermittelung ihrer Zusammensetzung in überzeugender Weise das Gesetz der multiplen Proportionen. Trotzdem er zuweilen von irrtümlichen Voraussetzungen ausging, z. B. von der Annahme, daß Chlor, sowie Ammoniak sauerstoffhaltig seien, wußte er doch mit sicherem Griffe die Hauptfolgerungen aus seinen Versuchen frei von Fehlern zu erhalten.

Von besonderer Bedeutung für die gesunde Entwickelung der Atomlehre waren seine mit den obigen Arbeiten innigst verknüpften Versuche, aus der durch die Analyse ermittelten Zusammensetzung chemischer Verbindungen die relativen Atomgewichte der Elemente sowie der zusammengesetzten Körper abzuleiten. Mit größter Umsicht ging er dabei voran, und mit feinem Gefühl wußte er Anhaltspunkte für die Lösung dieser schwierigen Aufgabe zu finden. Schon in einer seiner früheren Arbeiten[1] begegnen wir der ersten Mitteilung des „Sauerstoffgesetzes“, nach welchem die Menge des Sauerstoffes der Säure eines Salzes zu der in der Base enthaltenen in einfachstem Zahlenverhältnisse steht: ein Erfahrungssatz, durch den sich Berzelius bei manchen Atomgewichtsbestimmungen in erster Linie leiten ließ.

Die Sätze, welche Dalton aufgestellt hatte, um die Atomzahl der Bestandteile chemischer Verbindungen zu erfahren, bezeichnete Berzelius mit Recht als willkürliche. Dazu gehörte z. B. die Annahme, daß das Atomverhältnis zweier Elemente, wenn von diesen nur eine Verbindung bekannt war, 1 : 1 sein sollte. Auch er mußte zwar zunächst von einfachen Prämissen ausgehen, bot aber seinen ganzen Scharfsinn auf, um weitere Stützen für solche Annahmen zu finden. Zu letzteren gehörte bei Beginn seiner Arbeiten die, daß

[1] Gilb. Ann. **38**, 161.

ein Atom eines Elementes A sich mit 1, 2, 3, 4 Atomen eines anderen Elementes B vereinigt. Die weniger einfachen Verbindungsverhältnisse $2A:3B$ oder $2A:5B$ ließ Berzelius erst später, etwa seit 1819, rückhaltlos erst seit 1827 zu.

Mit Zugrundelegung solcher Sätze, selbst des inzwischen präzis ausgesprochenen „Sauerstoffgesetzes", würde Berzelius die Frage nach der Zahl der elementaren Atome in Verbindungen nicht viel sicherer gelöst haben, als Dalton und seine unmittelbaren Nachfolger, hätte er nicht eine wichtige Entdeckung Gay-Lussac's, dessen Volumgesetz, zur Entscheidung der schwebenden Fragen zu verwerten verstanden. Durch Heranziehung desselben wurden mit einem Schlage die einfachsten Verbindungsverhältnisse, in denen sich verschiedene Elemente vereinigen, klar, und darauf weiterbauend, vermochte Berzelius seine experimentellen Arbeiten zu einem ersten Abschlusse zu bringen. Sein *Versuch über die Theorie der chemischen Proportionen und über die chemischen Wirkungen der Elektrizität* erschien zuerst in schwedischer, 1819 in französischer und im folgenden Jahre in deutscher Sprache (bearbeitet von K. A. Blöde). In diesem für die Geschichte der Chemie denkwürdigen Werke entwickelte er seine Auffassung von der Atomlehre, sowie seine Ideen über die Beziehungen zwischen chemischer Verwandtschaft und elektrischer Polarität. Seine dualistische Betrachtungsweise trat darin klar hervor, und zugleich schuf er für sein System eine neue Sprache und Bezeichnungsweise. Besonders wichtig war die Zusammenfassung der Ergebnisse seiner mühsamen Untersuchungen in Tabellen der Atomgewichte von Elementen und Verbindungen; für etwa 2000 Körper konnte er Originalzahlen darbieten. Um die Gründe, durch welche Berzelius bei der Wahl dieser Werte geleitet wurde, vollständig kennen zu lernen, muß vor allem das Volumgesetz in Betracht gezogen werden, da er, wie schon erwähnt, daraus nicht nur wichtige Schlüsse gezogen, sondern dasselbe bald nach Beginn seiner Forschungen als Grundlage des Atomgewichtssystemes benutzt hat.

Einfluß des Volumgesetzes auf die Atomtheorie.

Zu den hervorragendsten Leistungen Gay-Lussac's gehört die Untersuchung, die er gegen Ende des Jahres 1808 in den *Mémoires de la soc. d'Arçueil* **2**, 207 veröffentlicht hat.[1] Nachdem er schon drei

[1] W. Ostwald hat in seinen *Klassikern der exakten Wissenschaften* diese Abhandlungen von Gay-Lussac und von Al. v. Humboldt, sowie auch die oben besprochenen grundlegenden Untersuchungen Dalton's und Davy's weiteren Kreisen zugänglich gemacht.

Jahre zuvor mit Alexander von Humboldt die Beobachtung gemacht hatte, daß genau zwei Vol. Wasserstoff mit einem Vol. Sauerstoff zu Wasser zusammentreten, zeigte er durch umfassende Versuche, daß solche einfache Raumverhältnisse bei allen Gasen zu beobachten sind, die sich miteinander chemisch vereinigen, und daß auch die gasigen Produkte in einfachsten volumetrischen Beziehungen zu den Komponenten stehen. Er wies dies z. B. nach an der Bildung von zwei Vol. Kohlensäure aus zwei Vol. Kohlenoxyd und einem Vol. Sauerstoff, an der Vereinigung von Wasserstoff und Chlor, Ammoniak und Chlorwasserstoff nach gleichen Raumteilen; er stellte fest, daß zwei Vol. Ammoniak aus drei Vol. Wasserstoff und einem Vol. Stickstoff, daß zwei Vol. (wasserfreier) Schwefelsäuredampf aus zwei Vol. schwefliger Säure und einem Vol. Sauerstoff bestehen. Einige von diesen Gesetzmäßigkeiten konnte er aus Versuchen anderer Forscher, z. B. von Dalton, Davy, Vauquelin ableiten, die bei ihren Versuchen über die Verbindungen von Gasen die Raumteile dieser ziemlich genau bestimmt hatten, ohne das zu Grunde liegende Gesetz zu erkennen.

Gay-Lussac, der schon frühzeitig geneigt war, aus dem gleichartigen Verhalten der Gase gegen Druck und Temperaturänderungen auf einen gleichen molekularen Zustand derselben zu schließen, folgerte aus seinen obigen Versuchen den wichtigen Satz: Die Gewichte von gleichen Volumen einfacher wie zusammengesetzter Gase, also ihre Dichten sind proportional ihren empirisch gefundenen Verbindungsgewichten oder rationalen Vielfachen der letzteren. Hier kam die alte Idee, in der Natur seien den Verbindungen bestimmte Verhältnisse nach Gewicht und Maß, *pondere et mensura*, angewiesen, zuerst zu klarem Ausdruck.

Gay-Lussac selbst hatte zunächst die Absicht, das von ihm entdeckte Volumgesetz in Zusammenhang mit der Atomtheorie zu bringen; ja er sah in demselben eine Stütze für diese erwachsen. Aber gewisse Schwierigkeiten, die trotz der Einfachheit der erkannten Volumbeziehungen hervortraten, vermochte er nicht hinwegzuräumen; er blieb daher auf seinem empirischen Standpunkte stehen.

Die scheinbar so nahe liegende Annahme, daß in gleichen Volumen verschiedener Gase eine gleiche Anzahl kleinster Teilchen enthalten sei, daß aber diese bei den einfachen Gasen nicht unzerlegbar, sondern aus mehreren Atomen bestehen, wurde schon im Jahre 1811 von Avogadro[1] gemacht. Aus einer solchen Annahme

[1] Journ. de Phys. **73**, 58. W. Ostwald hat auch diese Abhandlung in seinen *Klassikern* Nr. 8 mit Anmerkungen herausgegeben. — Amadeo Avogadro ist 1776 geboren und als Professor der Physik 1856 in Turin gestorben.

folgte, daß die Massen der kleinsten Teilchen, also die Molekulargewichte, den Gasdichten proportional seien. Diese selbständigen Teilchen nannte er *molécules intégrantes*, die Bestandteile derselben, unsere Atome, *molécules élémentaires*. So fruchtbar diese Gedanken waren und so einfach sich mit Hilfe derselben die Volume der Gase auf die Atome und umgekehrt diese auf jene zurückführen ließen: damals blieb der gesunde Kern solcher Spekulationen so gut wie unbeachtet. Das mag zum Teil seinen Grund darin gehabt haben, daß Avogadro zu kühn verallgemeinerte, seine Hypothese auf nicht flüchtige Körper ausdehnte und keine neuen Thatsachen zur Stütze jener beibrachte.

Obgleich nun die von dem genannten Forscher aus dem Volumgesetz gezogenen Folgerungen damals nicht beachtet wurden, so trug das letztere doch reiche Früchte für die Atomlehre. Dalton selbst zwar verhielt sich gegen die Ergebnisse von Gay-Lussac's Versuchen ablehnend, ja er bezweifelte die Richtigkeit derselben. Auch seine Landsleute Thomson und Davy legten dem Volumgesetz keine sonderliche Bedeutung für die atomistische Betrachtungsweise bei, indem sie in manchen Fällen die Raumverhältnisse der Gase zur Ableitung von deren Zusammensetzung benutzten, in anderen diese Beziehungen unrichtig deuteten; so verstanden sie sich dazu, anzunehmen, daß ein Volum Wasserstoff nur halb so viel Atome enthalte, als das gleiche Volum Sauerstoff.

Berzelius erblickte in dem Volumgesetz eine willkommene Bestätigung der atomistischen Theorie und ließ sich in seinen Ansichten über die Zahl von Atomen in chemischen Verbindungen und somit über die Größe der Atomgewichte durch jenes Gesetz leiten. Seine *Volumtheorie* der Körper enthielt den Versuch, dasselbe mit der Atomtheorie zu verknüpfen. In zwei Abhandlungen[1] legte er die atomistische Betrachtungsweise, die er sich unter dem Einflusse des Volumgesetzes gebildet hatte, bestimmt und überzeugend dar. Er ging von der Annahme aus, daß von jedem einfachen Körper, wenn dieser in den Gaszustand übergeführt ist, ein Volum auch einem Atom entspreche; für diese kleinsten Teilchen brauchte er deshalb den Ausdruck *Volumatome*. Er suchte, wo es anging, die Raumteile der sich verbindenden Stoffe zu messen und leitete aus diesen Volumen die Atomanzahl ab. Die Analyse der Verbindung, in welcher die Volume der elementaren Bestandteile bekannt waren, führte ihn dann zur sicheren Ermittelung des Atomgewichtes von letzteren. So erschloß er aus der Thatsache, daß Wasser aus zwei Volumen

[1] Ann. of Philos. **2**, 359 u. 443 (1813).

Wasserstoff und einem Volum Sauerstoff entsteht, die heute noch giltige atomistische Zusammensetzung des Wassers, sowie das relative Atomgewicht des Sauerstoffes und Wasserstoffes, ferner leitete er aus der volumetrischen Bildungsweise des Kohlenoxydes und der Kohlensäure die wahre Zusammensetzung dieser Verbindungen und das Atomgewicht des Kohlenstoffes ab etc.

So sehr Berzelius damals (1813) von den Vorzügen dieser Auffassung gegenüber der *Korpuskulartheorie*, bei der von den Volumverhältnissen ganz abgesehen wurde, überzeugt war, so verkannte er doch nicht die begrenzte Anwendung seiner Volumtheorie. Die Übertragung der an den Gasen gewonnenen Vorstellungen auf nicht flüchtige Körper erschien ihm bedenklich; seine Zweifel an der Möglichkeit, alle Elemente und chemischen Verbindungen von dem Standpunkte der Volumtheorie zu betrachten, nahmen bald zu, wie man schon in seinem, wenige Jahre später veröffentlichten „*Versuch über die Theorie der chemischen Proportionen* etc." wahrnehmen kann. Jedenfalls hatte er in dem Volumgesetze eine wichtige Handhabe gefunden, für viele Stoffe die atomistische Zusammensetzung zu bestimmen und aus dieser die Atomgewichte zahlreicher Elemente abzuleiten.

Ein Blick auf die damals, 1818, von ihm mitgeteilte Atomgewichtstabelle lehrt, wie sorgsam und zuverlässig die von ihm gefundenen Werte sind, welche sich vorteilhaft von denen anderer Beobachter unterscheiden. Eine im Jahre 1827 von ihm aufgestellte Tabelle läßt wiederum merkliche Verbesserungen und eine noch größere Annäherung seiner Atomgewichte an die heutigen erkennen. Aber große Unsicherheit herrschte noch in Bezug auf die Verhältniszahlen mancher Atomgewichte gegenüber dem Wasserstoff oder Sauerstoff. Berzelius pflegte auf letzteren, als das wichtigste Element, „*den Angelpunkt der Chemie*", seine Atomgewichte zu beziehen, und zwar auf Sauerstoff = 100. Er begründete[1] die bevorzugte Stellung dieses Elementes mit dem Hinweis auf die Fähigkeit desselben, chemische Verbindungen mit allen Grundstoffen zu bilden; in der That wurden damals fast ausschließlich Sauerstoffverbindungen zur Ableitung der elementaren Atomgewichte benutzt.

[1] In seinem Lehrbuch (1. Aufl. 3, 99) sprach er sich folgendermaßen aus: „Die Atomgewichte mit dem des Wasserstoffs zu vergleichen, bietet nicht nur keine Vorteile, sondern geradezu viele Ungelegenheiten, weil der Wasserstoff sehr leicht ist und selten in anorganische Verbindungen eingeht. Dagegen vereinigt der Sauerstoff alle Vorteile. Er ist sozusagen der Mittelpunkt, um den sich die ganze Chemie dreht."

Rechnet man seine Werte auf Wasserstoff, als jetzt gebräuchliche Einheit, um, so erhält man Zahlen, die sich direkt mit den heute üblichen vergleichen lassen. Folgende Auswahl solcher Atomgewichte aus dem Jahre 1818 diene zur Bestätigung des oben Gesagten; die jetzt angenommenen Werte sind in Klammern beigefügt:

Kohlenstoff	= 12,12 (12,0)	Blei	416 (207)	Natrium	93,5 (23)
Sauerstoff	= 16,0 (15,96)	Quecksilber	406 (200)	Kalium	157,6 (39)
Schwefel	= 32,3 (32)	Kupfer	129 (63,3)	Silber	433,7 (108)
		Eisen	109,1 (56)		

Die Frage drängt sich auf, durch welche Gründe Berzelius zur Annahme von doppelt so hohen Werten für viele metallische Elemente, z. B. Eisen, Blei, Quecksilber, Kupfer, ferner Chrom, Zinn u. a. m., und zur Aufstellung viermal größerer Werte für das Kalium, Natrium und Silber geführt wurde, als den jetzigen Atomgewichten entsprechen. Seine Voraussetzung möglichst einfacher Verbindungsverhältnisse war die Ursache; denn damals erschienen ihm Proportionen wie 2 : 3, 2 : 5, 3 : 4 noch zu kompliziert; das eine Element sollte nur mit einem Atom in den zusammengesetzten Körpern enthalten sein. Die Oxydationsstufen des Eisens z. B., deren Sauerstoffmengen sich wie 2 : 3 verhielten, und welche wir jetzt folgendermaßen formulieren: FeO und Fe_2O_3 waren für ihn wie folgt zusammengesetzt: FeO_2 und FeO_3, woraus sich das doppelte Atomgewicht des Eisens berechnete. Anderen Metalloxyden, welche dem Eisenoxydul- und Oxyd entsprechen, wurde die analoge Zusammensetzung beigelegt, sodaß bei vielen Elementen sich die zweifach höheren Atomgewichte finden. In gleicher Weise wurde Berzelius durch die Annahme, daß der Sauerstoff des Kaliumhyperoxyds zu dem des Kaliumoxyds im Verhältnis 3 : 2 stehe, zu der irrigen Schlußfolgerung geleitet, die letztere Verbindung enthalte auf ein Atom Kalium zwei Atome Sauerstoff, das Hyperoxyd aber drei; daraus aber wurden für Kalium und die ähnlichen einwertigen Elemente, Natrium, Lithium, Silber, deren Oxyden in Wirklichkeit die allgemeine Formel Me_2O zukommt, viermal so hohe Atomgewichte, als die heutigen, abgeleitet.

So haftete denn, trotz der Riesenarbeit von Berzelius, seinem System der Atomgewichte noch manche Unsicherheit an; es waren noch nicht genügend zuverlässige und umfassende Anhaltspunkte zur Feststellung des wahren Verhältnisses dieser Werte zum Wasserstoff oder Sauerstoff aufgefunden. Berzelius selbst war von der Unzulänglichkeit der Hilfsmittel durchdrungen, die ihn zur Bestimmung der atomistischen Zusammensetzung von Verbindungen und somit der

Atomgewichte von Elementen geführt hatten. Abgesehen von den einigermaßen willkürlichen Voraussetzungen hatte Berzelius nur in dem physikalischen Verhalten der Gase, in der Beziehung ihrer spezifischen Gewichte zu den Verbindungsgewichten, einen guten Stützpunkt gefunden, um die schwebende Frage nach der Größe der relativen Atomgewichte zu beantworten.

Das Jahr 1819 brachte nun zwei wichtige Entdeckungen physikalisch-chemischer Art, welche zur Klärung der unsicheren Lage beigetragen haben: fast gleichzeitig machten Dulong und Petit[1] auf die Beziehungen zwischen Atomgewichten von Elementen und deren spezifischen Wärmen, Mitscherlich auf den Zusammenhang zwischen gleicher Krystallgestalt und analoger Konstitution aufmerksam. Die letztere Entdeckung und die sich daraus entwickelnde Lehre von der Isomorphie wurde von Berzelius zur Ermittelung der relativen Atomgewichte ausgiebig und mit einer gewissen Vorliebe verwertet; dem Satze von Dulong und Petit dagegen widmete er viel weniger Beachtung, da derselbe noch der Erweiterung und Bestätigung bedürfe. Beide Hilfsmittel haben so tiefen Einfluß auf die Entwickelung des Systemes der Atomgewichte ausgeübt, daß sie hier nach dieser Richtung hin kurz zu erörtern sind (vgl. auch Geschichte der physikalischen Chemie).

Satz von Dulong und Petit.

Diese beiden Forscher zogen die bedeutsame Folgerung, daß die spezifischen Wärmen einer Reihe von festen Elementen, namentlich Metallen, nahezu umgekehrt proportional ihren Atomgewichten seien, aus Versuchen,[2] welche teils mit ungenügend reinen Substanzen, teils nach wenig zuverlässigen Methoden ausgeführt waren. So kühn demnach die von ihnen daraus abgeleiteten Schlüsse waren, die sie

[1] P. L. Dulong, 1785 zu Rouen geboren, 1838 als Studiendirektor der polytechnischen Schule zu Paris gestorben, hat sich namentlich durch seine physikalisch-chemischen Untersuchungen unvergängliches Verdienst erworben. Aber auch seine rein chemischen Arbeiten, wie die über Chlorstickstoff, bei dessen Entdeckung (1811) er ein Auge und mehrere Finger verlor, die über Sauerstoffverbindungen des Phosphors und Stickstoffs, ferner seine fruchtbaren Spekulationen über die Konstitution der Säuren sichern ihm einen ehrenvollen Platz in der Geschichte der Naturwissenschaften.

T. A. Petit, geb. 1791, starb schon 1820 als Professor der Physik an der polytechnischen Schule. Den Chemikern ist er durch seine mit Dulong ausgeführte Arbeit über die Atomwärmen der Elemente (s. oben) bekannt, während seine übrigen Untersuchungen dem Gebiete der speziellen Physik angehören.

[2] Ann. Chim. Phys. **10**, 395 (1819).

in den Sätzen zusammenfaßten: „Die Atome der einfachen Körper haben die gleiche Wärmekapazität,“ oder „Die Atomwärmen der Elemente sind gleich groß,“ so wurde doch diese Zuversicht durch spätere genauere Untersuchungen im ganzen gerechtfertigt; wenigstens fügten sich die meisten metallischen Grundstoffe annähernd dem Dulong-Petit'schen Satze. Die Ausnahmen von diesem, die sich bei manchen Metalloiden in einer größeren oder geringeren Abnahme der Atomwärmen geltend machten, wurden erst in neuerer Zeit durch den Nachweis einer starken Veränderlichkeit der spezifischen Wärme solcher Elemente einigermaßen erklärt. — Auch für einfache chemische Verbindungen fand man bald Beziehungen der zugehörigen spezifischen Wärmen zu ihren Atomgewichten.

Die Bedeutung des Dulong-Petit'schen Satzes für die Ermittelung der relativen Atomgewichte von Elementen lag, wenn seine Giltigkeit erwiesen wurde, klar auf der Hand. Man brauchte ja nur die spezifische Wärme eines Grundstoffes zu bestimmen, um aus derselben und der als konstant angenommenen Atomwärme, d. i. dem Produkt aus spezifischer Wärme und Atomgewicht, das betreffende Atomgewicht sofort zu berechnen. Zur Anwendung ihres Satzes auf dies Problem schritten Dulong und Petit sofort; sie kamen zu dem später als richtig erkannten Schlusse, daß die Atomgewichte, welche Berzelius einigen metallischen Elementen beigelegt hatte, halbiert werden müßten.

Für den letzteren war, da er die Ergebnisse jener Untersuchung unbefangen betrachtete, noch kein dringender Grund vorhanden, diesem Verlangen sofort zu entsprechen. Er gab bereitwillig zu, daß die Resultate von Dulong und Petit für die theoretische Chemie von großer Bedeutung seien, aber hielt doch nicht für ausgemacht, daß diese Regelmäßigkeiten sich so verallgemeinern ließen, wie man von einem Naturgesetze verlangen müsse. Insbesondere widerstrebte er einer durchgreifenden Änderung seiner eigenen Atomgewichte, weil dann, wie er hervorhob, für die Verbindungen einiger Elemente unwahrscheinliche atomistische Verhältnisse angenommen werden müßten. — Diese Stellung, dem Dulong-Petit'schen Satze gegenüber, verließ Berzelius nur allmählich und erst, nachdem noch andere Gründe in gleichem Sinne geltend gemacht worden waren.

Einfluß der Lehre vom Isomorphismus auf die Atomgewichtsbestimmungen.

Nach der Begründung und Entwickelung der Krystallographie durch Romé de l'Isle und durch Hauy hatten mehrere Forscher beobachtet, daß Körper von verschiedener chemischer Zusammensetzung in einer und derselben Krystallgestalt zusammen krystallisieren. Die Wahrnehmung von Gay-Lussac, daß Kalialaun in der Lösung von Ammoniakalaun unter Beibehaltung der Krystallform wächst, die von Beudant, daß Kupfervitriol in den Formen des Eisenvitriols erhalten wird, wenn letzterer in geringer Menge der Lösung des ersteren zugefügt wird, u. a. m. gehören hierher. Aber weder diese Beobachtung noch die bestimmte Auffassung von Fuchs über das Eintreten gewisser Stoffe an Stelle anderer in Mineralien, seine Lehre von den *vikariierenden Bestandteilen* führten zur Erkenntnis der Beziehung zwischen Krystallgestalt und chemischer Konstitution.

E. Mitscherlich[1] war diese wichtige Entdeckung[2] vorbehalten. Er erklärte das Auftreten isomorpher Krystalle bei verschiedenartigen Körpern durch den Nachweis, daß diese eine gleichartige chemische Zusammensetzung besaßen. So fand er durch die Untersuchung der phosphor- und arsensauren Salze, daß nur die analog zusammengesetzten, mit den gleichen Äquivalenten Krystallwasser begabten Salze isomorph waren. Seine dann folgenden Untersuchungen über

---

[1] Eilhard Mitscherlich, geb. 1794 im Oldenburgischen, gest. 1863 zu Berlin, wo er seit 1821 als Nachfolger Klaproth's an der Universität bis an sein Lebensende wirkte, hat die Chemie durch schöne Entdeckungen bereichert und insbesondere die physikalische Richtung in derselben mächtig gefördert. Ursprünglich hatte er sich orientalischen und linguistischen Studien, nur nebenbei den Naturwissenschaften gewidmet; nachdem er, durch besondere Umstände getrieben, sich ganz der Medizin und ihren Hilfswissenschaften zugewandt hatte, wurde die Berührung mit Berzelius, welchem er im Jahre 1819 nach Stockholm folgte, für seine ferneren Arbeiten entscheidend. — Seiner Leistungen ist noch öfter im speziellen Teile zu gedenken; hier möge auf seine wichtige Untersuchung der Mangan- und Übermangansäure, an seine Arbeiten über Selensäure, über Benzol und Abkömmlinge desselben hingewiesen werden. Seine erfolgreichen Versuche, Mineralien künstlich zu bilden, die mannigfachen geologisch-chemischen Studien bekunden die Vielseitigkeit des Mannes, dessen größte Leistung die oben gewürdigte Entdeckung der Isomorphie gewesen ist. — Sein *Lehrbuch der Chemie*, zuerst 1829 erschienen, zeichnet sich nach Form und Inhalt durch Originalität aus (über Mitscherlich's Leben und Wirken s. Hofmann's schon citierte „Chem. Erinnerungen etc.“ S. 30 ff.; ferner *Erinnerung an Eilhard Mitscherlich* von Alexander Mitscherlich (Berlin 1894)).

[2] Berl. Akad. Abhandlungen der phys. Klasse 1818/19 S. 426; auch Ann. Chim. Phys. **14**, 172. **19**, 350.

die selen- und schwefelsauren Salze, über die Isomorphie der Oxyde des Magnesiums, Zinkes, ferner des Eisens, Chroms, Aluminiums in ihren Salzen, bestätigten den innigen Zusammenhang zwischen Krystallgestalt und chemischer Zusammensetzung. — Mitscherlich war in der ersten Zeit nach diesen Beobachtungen der Meinung, die Isomorphie werde wesentlich durch die Zahl der kleinsten elementaren Teilchen bedingt; bald überzeugte er sich, daß ihre chemische Natur ebenfalls bestimmend wirke.

Berzelius, der die Entdeckung der Isomorphie als „die wichtigste seit Aufstellung der Lehre von den chemischen Proportionen" bezeichnete, versuchte sofort die Atomgewichte von Elementen mit Hilfe isomorpher Verbindungen abzuleiten. Denn nach ihm lassen letztere auf Gleichheit der atomistischen Konstitution schließen; man braucht also nur von einer solchen Verbindung die Zusammensetzung zu kennen, um die der übrigen isomorphen abzuleiten. Die Mengen der sich isomorph vertretenden Elemente auf eine bestimmte Einheit, Sauerstoff oder Wasserstoff, bezogen, betrachtete Berzelius als die relativen Atomgewichte. Er wandte das neue Hilfsmittel sofort in ausgiebiger Weise an, um die Zulässigkeit seiner Atomgewichte zu prüfen.

Atomgewichtssystem von Berzelius 1821—1826.

Zunächst (1821) hielt Berzelius eine Änderung der Atomgewichte nicht für geboten, da sich die neuen Thatsachen mit seinen Bestimmungen und Folgerungen in Einklang bringen ließen. Erst fünf Jahre später entschloß er sich auf Grund scharfsinniger Erwägungen zu Modifikationen, die hauptsächlich darin bestanden, daß er die Atomgewichte vieler Grundstoffe halbierte. Die Gründe, die ihn dazu bewogen, hat er in überzeugender Weise dargelegt.[1] In erster Linie wurde er zum Aufgeben seiner früheren Annahmen durch die Zusammensetzung des Chromoxydes und der Chromsäure genötigt. Der Sauerstoffgehalt der letzteren, so führte er aus, verhält sich in neutralen Salzen zu dem der Base wie 3 : 1, daraus folgt für Chromsäure die Zusammensetzung CrO_3, für Chromoxyd aber die Proportion $2\,Cr : 3\,O$. Letzteres zugegeben, mußte er den das Chromoxyd isomorph vertretenden Sauerstoffverbindungen, dem Eisen- und Aluminiumoxyd, die analoge Zusammensetzung Fe_2O_3 und Al_2O_3 beilegen, damit aber diesen metallischen Elementen ein halb so großes Atomgewicht, als bisher, zuschreiben. Das Eisen-

[1] Pogg. Ann. 7, 397. 8, 1 u. 177.

oxydul erhielt die vereinfachte Formel *FeO*, und als entsprechend konstituiert wurden die diesem isomorphen Sauerstoffverbindungen des Magnesiums, Zinks, Nickels, Kobalts u. a. angesehen. Die notwendige Folge dieser Erwägungen war, wie schon erwähnt, die Halbierung der bisherigen Atomgewichte, welche nun den aus dem Satze von Dulong und Petit abgeleiteten entsprachen. — Mit den Atomgewichten des Natriums, Kaliums und Silbers, welche Berzelius ebenfalls halbierte, hatte es eine eigentümliche Bewandtnis. Er war nämlich bezüglich der basischen Oxyde zu dem Schluß gelangt, daß die starken Basen das Metall und den Sauerstoff im Verhältnis 1 : 1 enthielten, nahm also in dem Kaliumoxyd diese Proportion und damit für Kalium, sowie Natrium und Silber ein doppelt zu hohes Gewicht an; denn nach jetziger Auffassung sind ja zwei Atome desselben mit einem Atom Sauerstoff verbunden. Die folgende Zusammenstellung von seinen auf Wasserstoff = 1 bezogenen Atomgewichten einiger wichtiger Elemente zeigt die Annäherung der Zahlen an die heutigen und die Verbesserung[1] einzelner während der Jahre 1818—1826 (vgl. Tab. S. 188).

Kohlenstoff	12,25	(12,0)	Blei	207,4	(207)
Sauerstoff	16	(16)	Quecksilber	202,8	(200)
Schwefel	32,24	(32)	Kupfer	63,4	(63,3)
Stickstoff	14,18	(14)	Eisen	54,4	(56)
Chlor	35,47	(35,4)	Natrium	46,6	(23)
Phosphor	31,4	(31)	Kalium	78,5	(39)
Arsen	75,3	(75)	Silber	216,6	(108).

In dieser 1826 aufgestellten Tabelle findet man zuerst die Atomgewichte des Stickstoffs und des Chlors als einfacher Körper. Berzelius hat an seiner Annahme, dieselben seien sauerstoffhaltig, am längsten von allen Chemikern festgehalten. Die Gründe, die ihn schließlich zum Aufgeben dieser Hypothese nötigten, sind weiter unten erörtert.

---

[1] Berzelius, der seine ganze Kraft auf die Vervollkommnung der analytischen Methoden und Berichtigung der Atomgewichtszahlen verwandt hatte, mußte später herben Tadel von solchen erfahren, welche durch weitere Verfeinerungen der Analyse zu noch genaueren Ergebnissen gelangt waren, so namentlich von Dumas (s. Ann. Chem. **38**, 141 ff.); derselbe hatte das Äquivalent des Kohlenstoffs „mit aller erdenklichen Sorgfalt" bestimmt, und zwar den Wert 6 ermittelt. Die Abweichung dieser Zahl von der, welche Berzelius gefunden: 6,12, veranlaßten Dumas zu den schwersten Vorwürfen gegen den Altmeister der Analyse (vergl. Berzelius' milde Antwort Lehrb. d. Chem. **3**, 1165 und Liebig's trefflichen Protest gegen Dumas' hartes Vorgehen Ann. Chem. **38**, 214 ff.).

Blickt man zurück auf die oben betrachteten Bemühungen von Berzelius, die Atomgewichte der Elemente zu ermitteln, so erkennt man, daß er sich bei nichtflüchtigen Körpern in erster Linie durch die Zusammensetzung von Sauerstoffverbindungen, also durch die Ermittelung der Proportion: Element zu Sauerstoff, sodann durch die Lehre von der Isomorphie leiten ließ, dem Dulong-Petit'schen Satze aber nur geringen Einfluß auf die Bestimmung der Atomgewichte zuerkannte. Waren die Elemente oder einfache Verbindungen derselben im Gaszustande bekannt, dann trat seine *Volumtheorie* als Mittel zur Ableitung der gesuchten Werte in Kraft. Noch immer hielt Berzelius daran fest, daß die in gleichen Gasvolumen enthaltenen Mengen von Elementen ihre Atomgewichte seien. Diese Annahme wurde bald durch die merkwürdigen Ergebnisse einer Untersuchung erschüttert, welche wegen der tiefgreifenden Wirkung. die sie auf die Meinung vieler Chemiker ausübte, hier besprochen werden muß.

Versuch einer Änderung der Atomgewichte durch Dumas.

Im Jahre 1827 veröffentlichte J. B. Dumas, ein junger Chemiker, welcher sich schon durch andere Arbeiten vorteilhaft bekannt gemacht hatte, eine Untersuchung,[1] deren größtes Verdienst in der Ausarbeitung einer vortrefflichen Methode zur Bestimmung von Dampfdichten bestand. Auf diesem von ihm betretenen Wege gelang es ihm, das spezifische Gewicht der Dämpfe mehrerer Elemente zu ermitteln; das Verhältnis dieser untereinander vergleichbaren Werte mußte nach Dumas, der hier den gleichen Standpunkt wie Berzelius in seiner Volumtheorie einnahm, das der relativen Atomgewichte sein. Die in Betracht gezogenen Grundstoffe waren das Jod und Quecksilber, denen er einige Zeit später den Phosphor und Schwefel anreihte.[2] Da ergaben sich nun andere Zahlen, als die von Berzelius für die Atomgewichte dieser Elemente angenommenen und seit 1826 festgehaltenen Werte. Wenn das Atomgewicht des Wasserstoffs = 1 und das des Sauerstoffs = 16, also die Zahlen von Berzelius, angenommen wurden, so folgte aus den Dampfdichten von Jod der Wert 123, von Quecksilber 101, von Phosphor 62,8, von Schwefel endlich 96. Mitscherlich bestimmte noch (1833) die Dampfdichte des Arsens und berechnete daraus das Atomgewicht 150. Immerhin traten einfache Verhältnisse dieser

[1] Ann. Chim. Phys. **33**, 337 ff.
[2] Ann. Chim. Phys. **49**, 210. **50**, 170.

Zahlen zu den Atomgewichten von Berzelius hervor: das des Quecksilbers (200) war doppelt, das des Phosphors und Arsens (31 und 75) aber halb, das des Schwefels (32) sogar nur ein drittel so groß, als die von Dumas aus den Dampfdichten abgeleiteten und für richtig gehaltenen. Infolge der von letzterem vorgenommenen Abänderung dieser Atomgewichte entstand eine arge Verwirrung. Während Berzelius den seinigen treu blieb, also z. B. das Quecksilberoxyd aus gleichen Atomen der Bestandteile zusammengesetzt betrachtete, nahm Dumas darin zwei Atome Quecksilber auf ein Atom Sauerstoff an, schrieb ihm also die Zusammensetzung des Quecksilberoxyduls, welches nach Berzelius die Formel Hg_2O hatte, zu. In dem Phosphorwasserstoff, in welchem Berzelius wegen der Analogie mit dem Ammoniak ganz richtig das Verhältnis von drei Atomen Wasserstoff zu einem Atom Phosphor annahm, wurde von Dumas die doppelte Zahl Atome Wasserstoff vorausgesetzt, demselben also die Formel PH_6 gegeben.

Bei diesen Abänderungen verfuhr Dumas ganz und gar nicht konsequent und trug dadurch nur zu größerer Verwickelung der Sachlage bei. Er machte zwar theoretisch einen Unterschied zwischen kleinsten physikalischen und chemischen Teilchen, indem er sich der Spekulationen Avogadro's erinnerte; aber dieser Versuch einer Trennung von Molekül und Atom blieb nicht nur unfruchtbar, sondern hatte Verwirrung zur Folge. Die Art, wie Dumas von einem halben Atom Sauerstoff, von der Zusammensetzung des Chlorwasserstoffs aus einem halben Atom Wasserstoff und Chlor sprach, mußte damals unverständlich bleiben,[1] wurde auch von Berzelius auf das schärfste verurteilt.

Wie recht der letztere hatte, seine auf Grund sorgsamster Erwägungen angenommenen Atomgewichte beizubehalten, lehrt ein Vergleich derselben und der von Dumas veränderten mit den heutigen; die von Berzelius haben sich als richtig erwiesen. Derselbe wurde allerdings durch die neuen Erfahrungen vorsichtiger in Benutzung seiner Volumtheorie und wandte den Satz, daß die Atomgewichte der Elemente ihren Gasdichten proportional seien, fortan nur auf die sogen. permanenten Gase an.

Die gewaltsame Reform, welche Dumas in diesem Teile der theoretischen Chemie angestrebt hatte, blieb ohne Erfolg. Der Vorwurf, daß dieser Chemiker in der That Unklarheit und Unordnung

[1] Wäre Dumas mit Avogadro's Ideen vertraut gewesen, so hätte er die ungelösten Widersprüche heben und namentlich sich klarer ausdrücken müssen.

in das Atomgewichtssystem von Berzelius gebracht habe, kann nicht unterdrückt werden. Einem unbewiesenen Lehrsatze zuliebe vernachlässigte Dumas die augenfälligsten chemischen Analogien, z. B. die von Ammoniak und Phosphorwasserstoff, und verwirrte vielfach den klarsten Sachverhalt. Infolge seiner Einwände gegen die von Berzelius aufgestellten Atomgewichte der Elemente, wuchs das Mißtrauen der damaligen Chemiker gegen dieselben, und selbst die namhaftesten Forscher, Gay-Lussac, Liebig u. a., verzweifelten daran, die relativen Gewichte der Atome sicher ermitteln zu können. Sie wollten sich mit der Feststellung der Äquivalente begnügen, die Atomgewichte aber ganz beseitigt wissen. Gegen Ende der dreißiger und Anfang der vierziger Jahre war diese Opposition gegen Berzelius' Atomgewichtssystem am stärksten. Namentlich in Deutschland suchte L. Gmelin für die einfachsten *„Verbindungsgewichte“* zu wirken; aber die Sicherheit, die wahren Äquivalente der Grundstoffe zu bestimmen, war keine genügende, wenn auch das von Faraday im Jahre 1834 entdeckte elektrolytische Gesetz einen festen Anhalt dafür zu gewähren schien.

Faraday [1] machte die denkwürdige Beobachtung, daß ein und derselbe galvanische Strom verschiedene Elektrolyte, z. B. Wasser, Chlorwasserstoff, Metallchloride so zersetzt, daß an dem negativen Pole

[1] Michael Faraday, zu London 1794 geboren, hat sich durch seine ungewöhnliche Neigung zu den Naturwissenschaften und Begabung für experimentelle Untersuchungen aus kleinen Verhältnissen emporgearbeitet, ohne vor seiner Berührung mit Davy einen geregelten Unterricht genossen zu haben. Dieser Forscher erkannte sofort das ausgesprochene Talent des Jünglings und zog ihn zu seinen Arbeiten heran. — Faraday's wichtigste Entdeckungen gehören dem Gebiete der Physik an (Untersuchungen über Induktionsströme, Elektromagnetismus, Diamagnetismus). Sein für die elektrochemische Betrachtungsweise bedeutungsvolles elektrolytisches Gesetz ist oben berührt. Der chemischen Welt machte er sich besonders bekannt durch seine schönen Versuche über die Verflüssigung von Gasen, ferner über die Kohlenwasserstoffe aus dem Ölgas, wobei er auf die Isomerie des Butylens mit dem Äthylen hinwies, sowie durch seine Arbeiten über Chlorkohlenstoffe. Er war einer der ersten Förderer der physikalisch-chemischen Richtung, denn diese wurde nach den Untersuchungen von Dulong und Petit über die spezifische Wärme und denen von Mitscherlich über Isomorphie erst durch Faraday einen großen Schritt vorwärts geführt. — Die meisten seiner Experimentalarbeiten sind in den *Philosophical Transactions* veröffentlicht worden, sodann auch in Poggendorff's Annalen und anderen Zeitschriften erschienen. — Während der längsten Zeit seines Lebens — er ist im Jahre 1867 gestorben — war er an der *Royal Institution* thätig, deren Laboratorium er seit 1828 geleitet hat. — Über sein Leben vergl. den fesselnden Aufsatz von Thorpe in seinen *Essays* S. 142 ff. (eine Besprechung von Bence Jones' *Life and letters of Faraday*).

äquivalente Mengen Wasserstoff resp. Metalle, an dem positiven die entsprechenden Mengen Sauerstoff resp. Chlor abgeschieden werden.[1] Er faßte diese Thatsachen als *Gesetz der fixen elektrolytischen Aktionen* zusammen. In der Bestimmung der *elektrochemischen Äquivalente* erblickte er ein sicheres Hilfsmittel zur Feststellung der chemischen Atomgewichte in zweifelhaften Fällen. — Berzelius erkannte auch hier eine Notwendigkeit, von seinen Atomgewichten abzugehen, nicht an und bestritt, offenbar infolge eines Mißverständnisses, den Wert der auf elektrolytischem Wege abgeleiteten Zahlen.

Die Zeit einer scharfen Erfassung der Begriffe *Äquivalent, Atom, Molekül* und damit einer Trennung dieser war noch nicht gekommen. Berzelius hatte daher vollkommen recht, an seinen relativen Atomgewichten festzuhalten; die spätere Zeit lieferte dafür den besten Beweis. Die Volumtheorie wandte er allerdings infolge der von Dumas und Mitscherlich gewonnenen Erfahrungen, wie schon bemerkt, nur noch in sehr beschränkter Ausdehnung an. Bei den Dämpfen sah er die Möglichkeit voraus, daß das Verhältnis zwischen Volum und Atomgewicht veränderlich sei (1835).

Wie man allmählich im Laufe der folgenden Jahrzehnte statt der Gmelin'schen Verbindungsgewichte die jetzt als richtig betrachteten, zum großen Teil schon von Berzelius aufgestellten Atomgewichte anzuerkennen gelernt hat, ist weiter unten zu erörtern. — Im folgenden Abschnitte soll die Aufmerksamkeit auf die vorwiegend spekulative Thätigkeit von Berzelius gelenkt werden, wie sie sich in der Aufstellung seines dualistischen Systems bekundete; dasselbe war die Frucht einer elektrochemischen Theorie, die zugleich mit der von Davy in kurzen Zügen zu besprechen ist.

Die elektrochemischen Theorien von Davy und Berzelius.

Die Erkenntnis, daß zwischen elektrischer Kraft und chemischen Vorgängen nahe Beziehungen vorhanden seien, reifte zu Anfang unseres Jahrhunderts schnell heran, nachdem Nicholson und Carlisle die Zerlegung des Wassers in seine Bestandteile, Berzelius und Hisinger (1803) die von Salzen in Base und Säure durch die Macht des galvanischen Stromes wahrgenommen hatten. Als erste Frucht der mannigfachen Beobachtungen über die Wirkung der strömenden Elektrizität auf chemische Verbindungen und über das Auftreten elektrischer Spannung bei chemischen Vorgängen erschien

[1] Pogg. Ann. 33, 301.

die elektrochemische Theorie Davy's,[1] die er durch seine seit 1800 angestellten, geistvoll erdachten Versuche fest begründet zu haben meinte. Als Ausgangspunkt diente ihm die experimentell ermittelte Thatsache, daß heterogene, der chemischen Vereinigung fähige Körper, z. B. Kupfer und Schwefel, wenn sie isoliert sind, durch Berührung entgegengesetzt elektrisch werden. Zufuhr von Wärme erhöhte die elektrische Spannung, bis sie infolge der chemischen Verbindung der Stoffe verschwand. Die letztere, so folgerte Davy, ist gleichbedeutend mit dem Ausgleich des elektrischen Gegensatzes. Je größer dieser vor der Vereinigung war, desto größer mußte auch die chemische Verwandtschaft der verschiedenen Körper zu einander sein. — Durch Zufuhr von Elektrizität zu den Verbindungen wird deren Bestandteilen die elektrische Polarität erteilt, welche sie vor der Vereinigung besaßen: die positiven wandern zum negativen und umgekehrt die negativen zum positiven Pole.

Davy ist zu der Annahme geneigt, daß die chemischen Verwandtschaftserscheinungen und die elektrischen Vorgänge einer gemeinsamen Ursache entstammen. Charakteristisch für diese elektrochemische Theorie ist der Grundsatz, daß die kleinsten Teilchen von Körpern, welche Affinität zu einander haben, erst durch Berührung in elektrischen Gegensatz treten. Dies Prinzip wurde bei späteren ähnlichen Versuchen, namentlich bei denen von Berzelius aufgegeben, während sonst manches von der Anschauungsweise Davy's erhalten geblieben ist.

Berzelius stellte seine elektrochemische Theorie in ihren Grundzügen 1812 auf,[2] nachdem er schon früher sich verschiedentlich über die Untrennbarkeit chemischer Vorgänge von elektrischen, über die Verbrennung als elektrochemische Erscheinung, über die mutmaßliche Polarität kleinster Teilchen u. a. m. ausgesprochen hatte. Zusammengefaßt und in ihren weitgehenden Folgerungen dargelegt wurde die elektrochemische Theorie erst in seinem schon besprochenen *Versuch über die Theorie der chemischen Proportionen* etc. Hier zeigt es sich deutlich, wie er dieselbe aus Thatsachen abgeleitet und dann von dem gewonnenen Standpunkte aus das Gebiet der Chemie, soweit es damals erschlossen war, zu durchdringen und lange Zeit zu beherrschen verstanden hat. So blieb denn seine Lehre, die er aus der elektrochemischen Betrachtungsweise entwickelte, während der

[1] Philos. Transact. **1807**, S. 1, vergl. auch seine Schrift: *Elements of chem. Philos.* W. Ostwald hat in seinen „Klassikern“ Nr. 45 die *elektrochemischen Untersuchungen Davy's* mit Anmerkungen herausgegeben.

[2] Schweigger's Journ. **6**, 119.

nächsten zwanzig Jahre die herrschende, bis sie dem Andrängen von Thatsachen, die mit ihr nicht in Einklang zu bringen waren, weichen mußte.

Berzelius ging von der Grundannahme aus, daß die Atome der Körper an und für sich elektrisch sind: Grundeigenschaft der kleinsten Teilchen ist also elektrische Polarität, und zwar besitzen dieselben mindestens zwei Pole, deren Elektrizitätsmengen meist verschieden sind, sodaß entweder die positive oder die negative Elektrizität überwiegt. Nach diesem Vorherrschen der einen Art teilen sich die Stoffe in positive und negative, deren Natur man daran erkennt, ob sie bei der Elektrolyse an den negativen oder positiven Pol der galvanischen Kette wandern.[1] Wie für Grundstoffe, so nahm Berzelius auch für Verbindungen eine Polarität an, wennschon diese infolge des Ausgleiches entgegengesetzter Elektrizitäten bei der Bildung der zusammengesetzten Körper abgeschwächt worden ist. Die *Intensität der Polarität* war nach ihm gleichbedeutend mit dem Überschusse der einen Elektrizitätsart. Die ungleiche polare Intensität der kleinsten Körperteilchen wurde als Ursache der verschiedenen Affinitätswirkungen derselben betrachtet. Wie die Verwandtschaftskräfte sich von der Temperatur abhängig zeigten, so mußte auch die Polarität als Funktion der Wärme betrachtet werden.

Die chemische Vereinigung von Elementen oder Verbindungen, z. B. Basen und Säuren, besteht nach Berzelius in der Anziehung der ungleichnamigen Pole kleinster Teilchen und in dem nachfolgenden Ausgleich der verschiedenen Elektrizitäten. Ist in den ursprünglichen Körpern die positive vorherrschend, dann resultiert eine elektropositive, im umgekehrten Falle eine elektronegative Verbindung. Gleichen sich die Elektrizitätsmengen aus, so ist das Produkt elektrisch indifferent. Der Sauerstoff, als das negativste Element, diente Berzelius, ähnlich wie bei den Atomgewichtsbestimmungen, als Maßstab dafür, welcher Art die Polarität der verschiedenen Grundstoffe sei. Diejenigen Elemente, welche mit Sauerstoff basische Verbindungen liefern, wurden, wenn auch nur die niedrigsten Oxyde basisch waren, zu den elektropositiven, die, deren Oxyde Säuren sind, zu den elektronegativen gezählt. — Diesem Grundsatze gemäß ordnete Berzelius die einfachen Stoffe in einer *Spannungsreihe* an, welche, mit dem negativen Sauerstoff beginnend, zuerst die Metalloide aufwies, dann mit dem Wasserstoff als Übergangsglied zu

[1] Zuerst bezeichnete Berzelius die Körper ebenfalls wie die Pole, an welche sie sich begeben, also die Metalle negativ, die Metalloide positiv.

den Metallen führte, um mit dem Natrium und Kalium zu enden. — Häufig hat sich Berzelius darüber ausgesprochen, daß viele Elemente einigen gegenüber positiv, gegen andere aber negativ polar seien, z. B. Schwefel gegen Sauerstoff positiv, gegen Metalle und Wasserstoff negativ u. s. w. Nur den Sauerstoff hat er mit Vorliebe für ein *absolut negatives* Element gehalten, weil derselbe keinem anderen Grundstoff gegenüber positive Eigenschaften zeigt.

Mit Hilfe solcher Vorstellungen, die den Inhalt seiner elektrochemischen Theorie bildeten, vermochte Berzelius die Thatsachen, die damals als besonders wichtig galten, befriedigend zu erklären. Die elektrolytischen Vorgänge, also die Wanderung der positiven und negativen Bestandteile von Verbindungen an den negativen und positiven Pol, fanden ihre einfache Deutung durch die Annahme, daß den kleinsten Teilchen zusammengesetzter Körper ihre ursprüngliche Polarität durch den galvanischen Strom wieder zugeführt wird. Die mannigfaltigen, so verschiedenartigen Affinitätswirkungen konnten so auf eine gemeinsame Ursache zurückgeführt werden.

Von der einen Hypothese ausgehend, daß den Atomen der Körper elektrische Polarität eigen sei, konnte Berzelius in das Gebiet der unorganischen Chemie, die zu jener Zeit (1819) fast nur in Betracht kam, Licht und Ordnung bringen. Seine elektrochemische Theorie führte ihn zunächst zu einer ganz bestimmten Auffassung der „Konstitution oder rationellen Zusammensetzung“ chemischer Verbindungen, weiter zu einer daraus entwickelten Bezeichnungsweise und einer dieser entsprechenden Formulierung der Stoffe. Seine Bemühungen in dieser Richtung sind von größtem Erfolge gekrönt worden. Noch heute können wir die von ihm eingeführte chemische Sprache nicht entbehren, während andererseits seine dualistischen Ansichten über die Zusammensetzung chemischer Verbindungen sich nicht so lange in Kraft erhalten haben. Aber er ist der erste gewesen, welcher präzis die empirische von der rationellen Zusammensetzung der chemischen Verbindungen unterschied. Die *Konstitution* der letzteren war nach ihm mit der Erforschung ihrer *näheren Bestandteile* erkannt. Die sichere Ermittelung dieser betrachtete Berzelius als eine der wichtigsten Aufgaben, die den Chemiker beschäftigen sollen. Er selbst hat seine ganze Kraft zur Lösung derselben eingesetzt; als Mittel, um diesem hohen Ziele näher zu kommen, diente ihm seine elektrochemische Theorie.

Das dualistische System von Berzelius.

Die notwendige Folge der elektrochemischen Betrachtungsweise war die Annahme, daß ein jeder zusammengesetzter Körper aus zwei elektrisch verschiedenartigen Teilen besteht; ohne einen solchen Gegensatz konnte eine chemische Verbindung nicht zustande kommen. Die Konstitution einer solchen war erkannt, wenn ihre näheren Bestandteile, der positive und der negative, nachgewiesen wurden. Sauerstoffhaltige Körper: Säuren, Basen und Salze waren es wiederum, an denen Berzelius diese seine dualistische Lehre entwickelte. Die mit dem Sauerstoff verbundenen Elemente bilden diesem Grundstoff gegenüber die positiven Bestandteile, z. B. in Oxyden die Metalle, in Säuren die Metalloïde. Der elektrochemische Gegensatz wurde durch folgende Formeln versinnlicht:

$$\underbrace{\overset{+\,-}{Fe\,O}}_{\text{Eisenoxydul}},\quad \underbrace{\overset{+\,-}{Ba\,O}}_{\text{Baryumoxyd}},\quad \underbrace{\overset{+\,-}{S\,O_3}}_{\text{Schwefelsäure}},\quad \underbrace{\overset{+\,-}{C\,O_2}}_{\text{Kohlensäure.}}.$$

In den Salzen sind die wasserfreien Basen die positiven, die Säuren, in denen die negative Polarität überwiegt, die negativen Bestandteile, was durch folgende Formulierung angedeutet wurde:

$$\underbrace{\overset{+}{BaO}\cdot\overset{-}{SO_3}}_{\text{Schwefelsaures Baryumoxyd}}\qquad \underbrace{\overset{+}{ZnO}\cdot\overset{-}{CO_2}}_{\text{Kohlensaures Zinkoxyd}}.$$

Als wichtigste Bestätigung der Richtigkeit von dieser Auffassung betrachtete Berzelius die elektrolytische Zerlegung der zusammengesetzten Körper, insbesondere der Salze, in die darin angenommenen Teile, welche sich an die ihren Elektrizitäten entgegengesetzten Pole begeben. Auch die Zusammensetzung der Doppelsalze versuchte Berzelius dualistisch zu deuten; so bezeichnete er das schwefelsaure Kali als positiven, die schwefelsaure Thonerde als negativen Bestandteil des Alauns.

Im Jahre 1819, als Berzelius seine elektrochemische Theorie ausführlich darlegte, war er davon überzeugt, daß alle Säuren Sauerstoff enthalten. In den Säurehydraten spielt nach ihm das Wasser die Rolle eines schwach elektropositiven Bestandteils und entsprechend in den Metalloxydhydraten die eines schwach elektronegativen; das Hydrat der Schwefelsäure und das des Kupferoxyds wurden, wie folgt, formuliert:

$$\overset{+}{H_2O}\cdot\overset{-}{SO_3}\qquad \overset{+}{CuO}\cdot\overset{-}{H_2O}.$$

Wie die einseitige Lavoisier'sche Theorie der Sauerstoffsäuren von ihm aufgegeben werden mußte, ist im nächsten Abschnitt erörtert. Die binäre Betrachtungsweise, die von Lavoisier auf Säuren und Basen und früher schon von Rouelle auf Salze angewandt worden war, hatte durch die elektrochemische Theorie die kräftigste Stütze und bedeutsamste Erweiterung erhalten.

Berzelius' Versuche, eine rationelle, allgemein brauchbare Bezeichnungsweise der chemischen Verbindungen einzuführen, gehen zurück in das Jahr 1811.[1] Dieselbe schließt sich an die Nomenklatur von Lavoisier, Morveau, Berthollet an; Berzelius aber hat dieselbe erweitert und vertieft. Seine Bemühungen in dieser Richtung fanden ihren ersten Abschluß in dem schon öfter citierten „*Versuch* etc.". Die Einteilung der Elemente in *Metalloïde* und *Metalle*, entsprechend ihrem elektrochemischen Charakter, die der positiven Sauerstoffverbindungen in *Oxydule, Oxyde, Superoxyde*, die entsprechende der Säuren, welche je nach der Oxydationsstufe verschieden bezeichnet werden, hat sich als so zweckmäßig bewährt, daß nur geringfügige Änderungen nötig wurden. So bezeichnete er die den Oxyden entsprechenden Chlorverbindungen durch Anfügen verschiedener Endsilben oder Präfixe (Chlorür, Chlorid, Superchlorid etc.). — Die Benennung der Sauerstoffsalze geschah nach den in ihnen angenommenen näheren Bestandteilen, und zwar so, daß die Säure der Base vorangestellt wurde (z. B. schwefelsaures Kupferoxyd).

Auch die organischen Verbindungen, deren chemische Konstitution im Sinne von Berzelius ermittelt war, versuchte er nach ähnlichen Grundsätzen zu benennen. Für diese Körper war allerdings die Zeit einer rationellen Bezeichnungsweise noch nicht gekommen.

Im engsten Anschluß an die chemische Nomenklatur von Berzelius, welche die elektrochemischen Ansichten über die Zusammensetzung von Körpern zum klaren sprachlichen Ausdruck brachte, schuf er eine chemische Zeichensprache,[2] welche den gleichen Zweck in abgekürzter Weise erreichen sollte, und damit erwarb er sich ein großes Verdienst. Denn mit Hilfe der einfachen Symbole für chemische Verbindungen war es möglich, nicht nur diese selbst, sondern auch Umsetzungen derselben, ja verwickelte Reaktionen in leicht verständlicher Weise auszudrücken. Jedem Element entspricht ein Zeichen, und zwar der erste oder die zwei ersten Buchstaben

[1] Journ. de Phys. **73**, 257.
[2] Vergl. namentlich *Versuch über die Theorie* etc. S. 116 ff.

des lateinischen, seltener griechischen Wortes dafür; so bedeutet das Zeichen *H* Wasserstoff *(Hydrogenium)*, *S* Schwefel *(Sulphur)*, *O* Sauerstoff *(Oxygenium)*, *C* Kohlenstoff *(Carbo)*, *Ag* Silber *(Argentum)*, *Hg* Quecksilber *(Hydrargyrum)* u. s. f. Diese Symbole bezeichnen zugleich die auf eine bestimmte Einheit bezogenen Atomgewichte der einzelnen Grundstoffe.

Durch Nebeneinanderstellung dieser Zeichen und durch Anfügen der Atomzahl,[1] wenn letztere mehr als 1 beträgt, werden die chemischen Verbindungen formuliert, z. B. H_2O Wasser, SO_2 schweflige Säure, CO_2 Kohlensäure, $Na_2O \cdot CO_2$ kohlensaures Natron etc.

Welcher Fortschritt gegenüber dem nach dem gleichen Ziele gerichteten Versuche Dalton's, dessen Figuren nur zur Versinnlichung einfachst zusammengesetzter Körper dienen konnten! Seine Zeichensprache wurde bald vergessen, hat überhaupt niemals Anklang gefunden, die von Berzelius dagegen ist zu einem unentbehrlichen, internationalen Hilfsmittel geworden und ein solches geblieben.

Einen besonderen Sinn und Zweck verband Berzelius mit den durchstrichenen Symbolen, die von ihm gebraucht wurden, um auszudrücken, daß die betreffenden Elemente als *Doppelatome* auftreten oder, wie er sagt,[2] „daß sie zusammenhängend bleiben"; dies galt z. B. von dem Wasserstoff im Wasser $\not{H}O$, von dem Chlor in der wasserfreien Überchlorsäure $\not{Cl}O_7$, von dem Eisen in seinem Oxyd $\not{Fe}O_3$. Die Veranlassung zu dieser Schreibweise, welche recht unliebsame Folgen hatte, lag darin, daß Berzelius von dem Sauerstoff als der Einheit ausging und diesen ausdrücklich als Maßstab des Sättigungsvermögens anderer Elemente benutzt wissen wollte.[3] So wurde er zu der Annahme von den eine chemische Einheit bildenden Doppelatomen geführt; als Ausdruck dieser dienten ihm jene durchstrichenen Symbole, welche er übrigens später nicht mehr anwandte, indem er wieder zu den wahren Atomgewichten zurückkehrte. — Die zeitweise von Berzelius gehegte Vorstellung, daß die Atome gewisser Grundstoffe nur paarweise in Verbindungen enthalten seien, wurde von vielen Chemikern nicht gebilligt; sie nahmen statt der Doppelatome einfache und damit Äquivalente statt der Atome an. Blomstrand, welcher in seinem trefflichen Werke:

---

[1] Die Zahl der Sauerstoffatome bezeichnete Berzelius zuerst mit Vorliebe durch Punkte, die der Schwefelatome durch Kommata, z. B. Calciumoxyd: $\dot{Ca}$, Zweifach-Schwefeleisen: $\overset{\prime\prime}{Fe}$, eine Formulierung, die sich am längsten bei den mineralogischen Chemikern im Gebrauche erhalten hat.

[2] Lehrb. d. Chemie (5. Aufl.) **1**, 121.

[3] Berzelius bezeichnete den Sauerstoff als „das Maß der relativen Gewichtsmenge, nach welcher ein Grundstoff vorzugsweise Verbindungen eingeht."

Die Chemie der Jetztzeit den innigen Zusammenhang der Ansichten von Berzelius mit den heutigen nachgewiesen hat, zeichnet die Folgen der eben erörterten Schreib- und Betrachtungsweise in zutreffender Weise wie folgt: „Diese fehlerhafte Vorstellung war ohne Frage die fast alleinige Ursache, daß die Atomtheorie von Berzelius von Anfang an so wenig Eingang fand; sie lähmte, wie eine hemmende Fessel, die freie Entwickelung derselben und führte nach und nach eine eigentümliche Verwirrung hinsichtlich der chemischen Grundbegriffe herbei, indem allmählich der Unterschied zwischen Atomgewicht und Äquivalent beinahe verwischt wurde, bis zuletzt die Volumatomgewichte und die ganze Atomtheorie von Berzelius bei der großen Mehrzahl der Chemiker seiner Schule in eine so gut wie vollkommene Vergessenheit gerieten."

Wie jede Neuerung, so erfuhr auch die vortreffliche von Berzelius befürwortete Schreibweise heftigsten Widerspruch von seiten vieler Chemiker, namentlich in England. Man sprach von *abominable symbols*, die mehr dazu geeignet seien, Mißverständnisse zu erzeugen, als Klarheit.

So stand denn um das Jahr 1820 das dualistische System, welches die elektrochemische Theorie zum Ausgangspunkt hatte, mit allem nötigen Rüstzeug fertig da und wurde bald von dem weitaus größten Teil der Chemiker als Leitfaden in dem Gewirr der sich von Tag zu Tag mehrenden Thatsachen benutzt. Auch auf das Gebiet der organischen Chemie, die seit dem dritten Jahrzehnt mehr und mehr die Aufmerksamkeit der Forscher auf sich lenkte, versuchte Berzelius, wie schon erwähnt, die dualistische Anschauungsweise anzuwenden. Wie hier die letztere bald auf ernsten Widerspruch stieß und im Kampfe mit den unitarischen Ansichten unterlag, das zu schildern bleibt einem anderen Abschnitt vorbehalten.

Strömungen gegen den Dualismus.
Theorie der Wasserstoffsäuren und der mehrbasischen Säuren.

Der von Lavoisier aufgestellte, von Berzelius auf das lebhafteste verteidigte Satz, daß der Charakter der Säuren durch einen Gehalt an Sauerstoff bedingt, und daß folglich auch in den Salzen dieses Element ein nicht fehlender Bestandteil sei: diese *Theorie der Sauerstoffsäuren* wurde schon gegen Ende des ersten Jahrzehntes stark erschüttert und während des zweiten infolge der sich mehrenden, ihr widerstreitenden Thatsachen von den meisten Chemikern aufgegeben. Schließlich überzeugte sich auch Berzelius, welcher der älteren Auffassung am längsten treu blieb, von dem Bestehen sauerstofffreier Säuren. Die allmähliche Umgestaltung des chemischen Systems, welche sich durch Beseitigung jenes Dogmas von dem notwendigen Sauerstoffgehalt der Säuren vollzogen hat, ist eine tiefgreifende gewesen; denn der starre Dualismus wurde dadurch angefochten, und sein Sturz vorbereitet.

Um diese Umgestaltung der Anschauungen vollkommen zu verstehen, müssen die Thatsachen, durch welche dieselbe angeregt wurde, hell beleuchtet werden. Man hat die Entdeckung der Alkalimetalle durch Davy und die daran sich knüpfenden Untersuchungen über die Natur des Chlors als die Ausgangspunkte zu betrachten, von denen das Licht der neuen Erkenntnis ausstrahlte. — Bevor Davy, der in dem galvanischen Strom das mächtigste Hilfsmittel zur Zersetzung chemischer Verbindungen erkannt hatte, durch denselben das Kalium und Natrium aus den Alkalien isolierte,[1] waren diese als unzerlegbar angesehen worden, wenn auch seit Lavoisier (früher schon von Scheele) als wahrscheinlich angenommen wurde, daß sie den Metalloxyden analog zusammengesetzt, also Sauerstoffverbindungen seien. Die vielen vergeblichen Versuche, welche Davy mit den Alkalien in Lösung angestellt hatte, wurden schließlich durch den Erfolg belohnt, als er die nur schwach befeuchteten Körper der Wirkung eines starken Stromes aussetzte. Seine richtige Annahme, daß die am negativen Pole abgeschiedenen Metalle wahre Elemente seien, drang allerdings nicht sofort durch; ja, er selbst war vorübergehend im Zweifel, ob dieselben nicht Wasserstoff enthielten, zumal nachdem der Wasserstoffgehalt der Alkalien von Gay-Lussac und Thénard nachgewiesen war, welche beiden Männer sich fortan durch ihre Untersuchungen[2] lebhaft an der Lösung der schwebenden Fragen beteiligten. Der Gedanke, daß die Alkalimetalle Wasserstoffverbindungen seien, hatte sich durch einen Analogieschluß eingeschlichen, insofern den Alkalien das Ammoniak an die Seite gestellt wurde; in diesem nahm man damals Sauerstoff an, welcher bei der Bildung des Ammoniumamalgams entzogen werden sollte. Der aus dieser falschen Deutung von Beobachtungen hervorgegangene Trugschluß, daß auch die Alkalimetalle Wasserstoff enthielten, wurde jedoch durch Gay-Lussac und Thénard selbst beseitigt, welche die richtige Erklärung für jenen Vorgang gaben. Das Kalium und Natrium wurden seit dem Jahre 1811 als Metalle, somit als Elemente betrachtet.

[1] Philos. Transact. **1808**, S. 1.

[2] Ann. de Chimie **56**, 205. **65**, 325.

In dem Maße, als sich die Ansichten über diese Körper klärten, ging auch die Frage, ob das Chlor wirklich ein zusammengesetzter, oder ob es nicht vielmehr ein einfacher Körper sei, ihrer Lösung rasch entgegen. Nach der Annahme von Berthollet und Lavoisier mußte die Salzsäure sauerstoffhaltig sein, und zwar sollte sie ein *radical muriatique* mit Sauerstoff verbunden enthalten; das durch Oxydation daraus entstehende Chlor faßte man als *oxydierte Salzsäure* auf und nannte es so. In dem Chlorwasserstoffgas nahm man zur Zeit, als Davy,[1] sowie Gay-Lussac und Thénard[2] ihre denkwürdigen Versuche begannen, allgemein chemisch gebundenes Wasser an. — Die Genannten konnten jedoch trotz Anwendung der stärksten Reduktionsmittel weder im Chlorwasserstoff noch im Chlor, nach vollständigem Trocknen dieser Gase, Sauerstoff nachweisen, so daß sie schon aus diesem Grunde sich der Idee zuneigten, Chlor sei ein Element, Salzsäure dessen Wasserstoffverbindung. Aber die Vorstellung von der Notwendigkeit eines Sauerstoffgehaltes in allen Säuren war noch so fest eingewurzelt, daß erst zahlreiche neue Versuche diese irrige Annahme beseitigen konnten. Die wichtigsten dahin führenden Beobachtungen waren folgende: Wasserstoff und Chlor vereinigen sich zu wasserfreier Salzsäure. Diese wird durch Natrium unter Entbindung ihres halben Volums Wasserstoff und unter Bildung von Chlornatrium zerlegt. Das letztere aber entsteht durch direkte Vereinigung von Natrium und Chlor.

Auf Grund dieser einfachen Thatsachen sprach zuerst Davy sich bestimmt dahin aus, daß Chlor ein Element sei, und schlug dafür den Namen *Chlorine* vor.[3] Gay-Lussac und Thénard trugen vorläufig noch Bedenken, sich auf den gleichen Standpunkt zu stellen, da sie fürchteten, die Einheitlichkeit des chemischen Systems zu stören. Erst nachdem Gay-Lussac seine ausgezeichnete Untersuchung über das Jod vollendet hatte, wurde er, sowie Thénard und andere französische Chemiker, zu der Ansicht Davy's gedrängt. Das Jod und Fluor erhielten nun als Elemente ihren Platz neben dem analogen Chlor.

Berzelius ließ sich von der Notwendigkeit dieser durchgreifenden Neuerung, mit der die Theorie der *Sauerstoffsäuren* aufgegeben wurde, damals nicht sofort überzeugen. Ihm ging die Einheit der chemischen Theorie über alles; er sah in der angestrebten Reform eine Durchbrechung der Grundsätze, die beim älteren chemischen

[1] Philos. Transact. **1810**, S. 231.
[2] Mémoires de la société d'Arçueil **2**, 339.
[3] Philos. Transact. **1811**, S. 1.

System maßgebend waren. Nachdem er in Briefen an Marcet, Gilbert, Thomson u. a. seinen Bedenken beredten Ausdruck verliehen hatte, faßte er die Gründe zu Gunsten der älteren Auffassung in einer Abhandlung[1] zusammen, welche betitelt war: *Versuch einer Vergleichung der älteren und der neueren Meinungen über die Natur der oxydierten Salzsäure, zur Beurteilung des Vorzuges der einen vor der anderen.* Sein Standpunkt erhellt aus folgenden Worten: „Ich werde mich nicht eher für einen Anhänger der neuen Lehre erklären, als bis diese Lehre vollkommen konsequent und zusammenhängend mit der neuen theoretischen Wissenschaft wird geworden sein, welche man auf den Ruinen der von ihnen niedergerissenen chemischen Theorie wird aufgebaut haben. Denn ich fordere unnachsichtlich von einem jeden chemischen Satze, daß er mit der übrigen chemischen Theorie übereinstimme und ihr einverleibt werden könne; im entgegengesetzten Falle muß ich ihn verwerfen; es sei denn, daß die unumstößliche Evidenz desselben eine Revolution in der mit ihm nicht passenden Theorie notwendig mache."

In einem Punkte verließ Berzelius jedoch bald die einseitige Auffassung, daß jede Säure Sauerstoff enthalten müsse, indem er den Schwefel- und Tellurwasserstoff als *Wasserstoffsäuren* anerkannte; letztere Bezeichnung *(Hydracides)* war zuerst von Gay-Lussac gebraucht worden. Das Chlor, Jod und Fluor hielt Berzelius damals noch für sauerstoffhaltig, auch nachdem durch Gay-Lussac's treffliche Arbeit über Cyanwasserstoffsalze der Nachweis geliefert war, daß dieselben sauerstofffrei seien. Erst als er selbst die Ergebnisse eigener Untersuchungen über die Ferrocyan- und Rhodan-Verbindungen nur mit der Annahme sauerstofffreier Säuren in Einklang bringen konnte, entschloß er sich, das Chlor und Jod als Elemente zu betrachten. Um dieselbe Zeit (1820) gab er auch die Annahme, daß Stickstoff, sowie Ammoniak Sauerstoff enthalten, auf; aber erst im Jahre 1825 streifte er den letzten Rest seiner alten Auffassung ab, indem er auch das Fluor mit dem Chlor und Jod zu den *salzbildenden Elementen* oder *Halogenen* zählte;[2] die Salze, welche durch Vereinigung derselben mit Metallen gebildet werden, unterschied er als *Haloidsalze* scharf von den sauerstoffhaltigen *Amphidsalzen.*

---

[1] Gilbert's Ann. **50**, 356.

[2] Jahresber. **6**, 185 und in seinem Lehrbuche der Chemie.

Theorie der Wasserstoffsäuren.

Schon mehrere Jahre bevor Berzelius die *Sauerstoffsäurentheorie* aufgegeben hatte, war von Davy[1] und etwa gleichzeitig von Dulong der Versuch gemacht worden, die Kluft zwischen den Sauerstoff- und den Wasserstoffsäuren durch eine einheitliche Deutung ihrer Konstitution zu überbrücken. In diesen Bemühungen der Genannten zeigen sich die Anfänge der *Wasserstoffsäurentheorie*, welche einige Jahrzehnte später zu großer Bedeutung gelangen sollte. Davy zog aus seiner Beobachtung, daß Jodsäureanhydrid keine sauren Eigenschaften hat, diese aber durch Vereinigung mit Wasser erlangt, den Schluß, daß nicht der Sauerstoff in dieser Verbindung das säuernde Prinzip sei, sondern der Wasserstoff; dieser ist nach Davy integrierender Bestandteil aller Säuren. Die Annahme von Wasser, bzw. von Metalloxyden, Säureanhydriden in den Säurehydraten und Salzen hielt er für unbewiesen und unnötig. — Dulong äußerte sich gelegentlich einer Untersuchung der Oxalsäure und ihrer Salze in ähnlichem Sinne; die erstere betrachtete er als Verbindung von Wasserstoff mit Kohlensäure; in ihren Salzen nahm er analog eine Vereinigung von Metallen mit den Elementen der Kohlensäure an. — Immer war noch eine dualistische Auffassung von Säuren und Salzen bei den obigen Erörterungen bemerkbar, insofern Wasserstoff, bzw. Metalle salzbildenden Radikalen gegenübergestellt wurden; aber der Schritt zu einer unitarischen Betrachtungsweise der Säuren und Salze war vorbereitet.

Berzelius urteilte über jene Versuche, die Konstitution wichtiger Körperklassen zu erklären, auffallend mild; er behielt aber seine dualistische Ansicht darüber bei, da er besonderen Wert auf die Darstellbarkeit der näheren Bestandteile legte, während die nach der Wasserstoffsäurentheorie anzunehmenden Radikale nur selten isoliert wären.

Als dann sein elektrochemisches System mehr und mehr bekannt wurde und beifällige Aufnahme fand, traten die entgegenstehenden Anschauungen von Davy und Dulong zurück; erst in den dreißiger Jahren kamen sie, durch neue Gründe gestützt, wieder zum Vorschein und allmählich zur Geltung. Als bedeutsames Argument für dieselben wurde von Daniell eine Beobachtung über die Elektrolyse von Salzen herangezogen: ein galvanischer Strom, der durch mehrere Elektrolyte, z. B. angesäuertes Wasser, geschmolzenes

[1] Philos. Transact. **1815**, S. 203.

Chlorblei, eine Lösung von schwefelsaurem Kali geht, macht an den negativen Polen Mengen von Wasserstoff, Blei und Kali frei, die zu einander im Verhältnis der chemischen Äquivalentzahlen stehen. Dies entspricht dem Faraday'schen Gesetz der fixen Aktionen; in der Zersetzungszelle mit dem schwefelsauren Kali wird aber am negativen Pole außer der Base noch ein Äquivalent Wasserstoff abgeschieden. Der Strom scheint demnach hier im Widerspruch mit dem erwähnten Gesetze eine doppelte Arbeit zu leisten; denn vorausgesetzt, daß die näheren Bestandteile eines Äquivalents von dem Salz Kali und Schwefelsäure sind, sollte als elektropositiver Teil nur ein Äquivalent Kali, nicht aber noch ein Äquivalent Wasserstoff entstehen. Der scheinbare Widerspruch wird gehoben, wenn man, der Ansicht von Davy und Dulong gemäß, Kalium als den positiven, das Radikal SO_4 *Oxysulphion* als negativen Teil annimmt. Je ein Äquivalent Kali und Wasserstoff sind dann die sekundären Produkte der Zersetzung von einem Äquivalent Wasser mit dem primär am negativen Pol ausgeschiedenen Kalium. Der Schluß, der aus dieser Beobachtung auf die Konstitution der Salze gezogen wurde, mußte auch auf die der Säuren ausgedehnt werden, in welchen also Wasserstoff als der eine, ein Radikal, sauerstoffhaltig oder sauerstofffrei, als der andere Bestandteil anzunehmen war.

Eine schärfere Fassung und Vertiefung erhielt die obige Theorie der Wasserstoffsäuren durch die von Liebig aufgestellte

Lehre von den mehrbasischen Säuren.[1]

Dieselbe soll schon hier wegen des nahen Zusammenhanges mit den obigen Ansichten Davy's und Dulong's dargelegt werden. — Zahlreiche Chemiker, insbesondere Gay-Lussac und Gmelin, neigten damals zu der Annahme hin, daß die Atome der verschiedenen Metalloxyde auf 1 Atom Metall 1 Atom Sauerstoff enthielten und sich mit 1 Atom Säure zu neutralen Salzen vereinigten; auch Berzelius war seit dem Jahre 1826 der Meinung, daß dieses Verbindungsverhältnis die Regel sei, und hat wohl am längsten daran festgehalten. Eine solche Einfachheit der Ansichten, wonach die Säuren fast durchweg als einbasisch betrachtet wurden, konnte nach der ausgezeichneten Untersuchung[2] Graham's[3] über die Phosphor-

[1] Ann. Chem. **26**, 113 ff.

[2] Ann. Chem. **12**, 1.

[3] Thomas Graham, geboren 1805 zu Glasgow, wirkte als Professor der Chemie in seiner Vaterstadt und seit 1837 am *University College* in London, wo er 1869 starb; im Jahre 1855 hatte er seine Stellung niedergelegt, nachdem er

säuren für diese nicht mehr beibehalten werden. Denn er zeigte, daß in der gewöhnlichen, der Pyro- und der Meta-Phosphorsäure auf 1 Atom P_2O_5 verschiedene Quantitäten „basischen Wassers" enthalten sind, nämlich 3, 2 und 1 Atome, welche durch äquivalente Mengen von Metalloxyden vertretbar sind. So war die verschiedene Sättigungskapazität dieser Säuren erwiesen und als abhängig betrachtet von dem zu ihrer Konstitution gehörenden basischen Wasser.

Liebig baute auf dem Grund und Boden, den Graham zu bearbeiten begonnen hatte, so glücklich weiter, daß er, fußend auf ausgezeichneten, zahlreiche Säuren umfassenden Untersuchungen, seine *Theorie der mehrbasischen Säuren* als ein festgefügtes Gebäude aufstellen konnte. Durch seine mit der Zitronensäure, Weinsäure, Cyanur-, Komen- und Mekonsäure ausgeführten Versuche überzeugte er die meisten Chemiker, daß diese Säuren, hinsichtlich ihrer Basizität, der Phosphorsäure ähnlich sind. Er bestritt für dieselben auf das bestimmteste den willkürlichen Satz, daß die Atome aller Säuren einander äquivalent seien, und bezeichnete als Kriterium mehrbasischer Säuren ihre Fähigkeit Doppelsalze mit verschiedenen Metalloxyden zu bilden. Liebig unterschied zuerst einbasische von zwei und dreibasischen Säuren.

Als Ausdruck der Thatsachen ließ er zwar noch die Definition der Säuren im dualistischen Sinne gelten, wonach sie als Verbindungen von einem Säureanhydrid mit 1, 2 oder 3 Atomen Wasser angesehen wurden. Aber er fühlte sich nicht durch diese Auffassung befriedigt, da nach ihr eine einheitliche Betrachtungsweise der Säuren und Salze unmöglich war. In scharfsinnigster Weise deckte er die Widersprüche auf, in die man sich verwickelte, wenn jene Ansicht beibehalten wurde. Seine kritischen Bedenken faßte er wie folgt zusammen: „Um eine und dieselbe Erscheinung zu erklären, bedienen wir uns zweierlei Formen; wir sind gezwungen, dem Wasser die mannigfaltigsten Eigenschaften zuzuschreiben, wir haben basisches Wasser, Hydratwasser, Krystallwasser, wir sehen es Verbindungen eingehen, wo es aufhört, eine von diesen drei Formen anzunehmen,

---

zum Direktor des Münzwesens ernannt worden war. — Sein treffliches Lehrbuch: *Elements of Chemistry* wurde, außer in England selbst, durch die deutsche Bearbeitung und Umgestaltung von J. Otto und von H. Kolbe bekannt. — In seinen wertvollen physikalisch-chemischen Untersuchungen über Diffusion der Gase, Osmose u. a. zeigte sich Graham als origineller, neue Wege bahnender Forscher. Auch durch rein chemische Arbeiten hat er einzelne Gebiete, namentlich der unorganischen Chemie, bereichert. — Seine Forschungen sind in einem stattlichen Bande: *Chemical and Physical Researches* (Edinburgh 1876) zusammengestellt. — Über sein Leben und seine vielseitigen Leistungen vergl. den eingehenden Aufsatz von Thorpe in den *Essays* S. 160 ff.

und dies alles aus keinem anderen Grunde, als weil wir eine Schranke zwischen Haloidsalzen und Sauerstoffsalzen gezogen haben, eine Schranke, die wir in den Verbindungen selbst nicht bemerken; sie haben in allen ihren Beziehungen einerlei Eigenschaften."

Durch Gründe der Wahrscheinlichkeit und namentlich der Zweckmäßigkeit wurde Liebig zu der Theorie der Wasserstoffsäuren zurückgeführt. Die Sätze, in denen diese Lehre ausgesprochen wird, bringen so klar und bündig den Standpunkt Liebig's zum Ausdruck, daß sie hier Platz finden sollen:

„Säuren sind gewisse Wasserstoffverbindungen, in welchen der Wasserstoff vertreten werden kann durch Metalle."

„Neutrale Salze sind diejenigen Verbindungen derselben Klasse, worin der Wasserstoff vertreten ist durch das Äquivalent eines Metalles. Diejenigen Körper, die wir gegenwärtig wasserfreie Säuren nennen, erhalten ihre Eigenschaft, mit Metalloxyden Salze zu bilden, meist erst beim Hinzubringen von Wasser, oder es sind Verbindungen, welche in höheren Temperaturen die Oxyde zerlegen."

Man liest aus diesen Sätzen deutlich den Einfluß heraus, den die damals sich häufenden Beobachtungen über die Substitution von Wasserstoff durch andere Elemente auf Liebig ausgeübt haben. Diese Hinneigung des hervorragenden Forschers zu einer unitarischen Betrachtungsweise wurde von Berzelius schmerzlich empfunden,[1] der bis an sein Lebensende die von Liebig vertretene Theorie der mehrbasischen Säuren als eine solche bezeichnete, welche „die Begriffe irregeleitet und eine richtigere Erkenntnis verhindert habe." Mit dieser Beurteilung so wichtiger Ansichten, die ganz besonders zur Klärung des schwankenden Äquivalentbegriffes gedient haben, stand schließlich Berzelius fast allein.

Ausbildung dualistischer Lehren im Gebiete der organischen Chemie. — Ältere Radikaltheorie.

Während des zweiten Jahrzehnts und noch mehr in dem dritten unseres Jahrhunderts trat die organische Chemie aus ihren bisherigen bescheidenen Anfängen heraus, um schon in dem vierten Dezennium eine hervorragende Rolle zu spielen. Sie war dazu bestimmt, in ihrem Schoße wichtige Ansichten und daraus folgende Lehren zu

[1] Der schon weiter oben citierte Briefwechsel zwischen Berzelius und Liebig giebt auch über diese Frage, die Entstehung und Beurteilung der Liebig'schen Auffassung, sowie über seine Entfremdung von Berzelius höchst lehrreiche, psychologisch interessante Aufschlüsse (vergl. namentlich S. 154, 159 ff., 166).

entwickeln, und wirkte dadurch befruchtend zurück auf ihre ältere Schwester, die unorganische Chemie. Zunächst blieb sie mit dieser in wesentlich gleichen Bahnen, insofern die dualistische Betrachtungsweise, welche sich im Bereiche der unorganischen Chemie so gut bewährt hatte, auch auf die organischen Verbindungen angewandt wurde. Berzelius griff auch hier als Reformator machtvoll ein und lenkte eine Zeit lang die Geschicke dieses Gebietes der Chemie. — Ein Blick auf die frühere Entwickelung desselben wird zeigen, wie unvollkommen die Kenntnisse in der organischen Chemie vor dem zweiten Dezennium unseres Jahrhunderts waren.

Entwickelung der organischen Chemie bis 1811.

Schon gegen Ende des 17. Jahrhunderts wurden die *mineralischen* Substanzen den *vegetabilischen* sowie *animalischen* gegenübergestellt, und diese drei Arten in Lehrbüchern der Chemie, z. B. in dem vielbenutzten von Lemery, gesondert behandelt; diese Einteilung entsprach der schon damals beliebten Klassifizierung der Naturkörper nach den drei „Naturreichen“. — Von diesem empirischen Standpunkte erhob sich die Chemie der organischen Verbindungen, nachdem Lavoisier als Hauptbestandteile der letzteren Kohlenstoff, Wasserstoff und Sauerstoff, zuweilen Stickstoff, seltener Phosphor und Schwefel qualitativ nachgewiesen hatte. Wie er diesen Befund auch quantitativ, durch Ausbildung einer Methode der organischen Analyse, zu verwerten suchte, das soll in der Geschichte der analytischen Chemie erörtert werden. Von ihm war jedenfalls der Anfang zu einer grundlegenden Erkenntnis gemacht; denn vor einer wissenschaftlichen Durchforschung des Bereiches organischer Körper mußte deren Zusammensetzung festgestellt werden. Die Bekanntschaft mit der chemischen Konstitution derselben war damals noch sehr gering, dennoch hat schon Lavoisier versucht, sich über dieselbe in einzelnen Fällen eine Ansicht zu bilden. Besonders beachtenswert ist seine, noch lange Zeit nachwirkende Meinung, daß die organischen Säuren Oxyde zusammengesetzter Radikale seien, während die meisten Mineralsäuren den Sauerstoff mit einfachen Körpern verbunden enthalten: in der That ein deutliches Anklingen an die später zur Geltung gelangten Vorstellungen der Radikaltheorie.

Während Lavoisier und nach ihm andere Forscher der früheren Einteilung der Körper treu blieben, begann schon Bergman um das Jahr 1780 organische Körper von unorganischen zu unterscheiden. Die Schranke, welche trotz dieses sich durch Einfachheit empfehlenden Vorschlages zwischen vegetabilischen und animalischen Substanzen blieb, fiel erst allmählich fort in dem Maße, als die Erkenntnis zunahm, daß die gleichen chemischen Verbindungen im pflanzlichen wie tierischen Körper vorkämen, wie dies z. B. für einige Fette, Ameisensäure, Benzoësäure u. a. m. nachgewiesen wurde. Allgemein hielt man aber an der Notwendigkeit fest, die organischen Körper von den unorganischen streng zu sondern. Als ein unumstößlicher Satz wurde hingestellt, daß die ersteren sich nicht künstlich aus ihren Elementen gewinnen lassen. Die Erkenntnis, daß auch diese Scheidewand fallen müsse, und daß beide Körperklassen von gemeinsamen Gesichtspunkten aus zu betrachten seien, ließ nicht lange auf sich warten.

Berzelius' Stellung zur organischen Chemie.

Zu Beginn dieses Jahrhunderts hatten sich hervorragende Forscher, wie Dalton, Saussure, Proust, namentlich Gay-Lussac und Thénard, eifrigst bemüht, ein zuverlässiges Verfahren zur Ermittelung der quantitativen Zusammensetzung organischer Verbindungen auszuarbeiten; die Ergebnisse ihrer Versuche kamen aber nur zum Teil der Wahrheit einigermaßen nahe. Vor Berzelius (1811) hatte niemand versucht, die Frage sicher zu beantworten, ob denn die Zusammensetzung der organischen Substanzen in ähnlicher Weise durch das Gesetz der multiplen Proportionen geregelt werde, wie die der unorganischen, ob also jene Körper als chemische Verbindungen im Sinne der Atomtheorie gedeutet werden können. Er selbst hatte ein Verfahren, die Salze organischer Säuren zu analysieren, so weit ausgebildet, daß er aus seinen Versuchen das Bestehen einfacher chemischer Proportionen zwischen den Elementarbestandteilen einer Säure und dem Sauerstoff der Base mit einiger Sicherheit abzuleiten vermochte.[1] Diesem ersten erfolgreichen Versuch von Berzelius, organische Verbindungen analog den unorganischen atomistisch aufzufassen, folgten im Jahre 1813 und 1814 Untersuchungen,[2] welche, mit verbesserten Hilfsmitteln ausgeführt, seine Überzeugung befestigten, daß das Gesetz der Multiplen auch für organische Körper vollste Gültigkeit habe. Als ein in möglichst vielen Fällen einzuhaltendes Prinzip, wenn es gelte, das Atomgewicht solcher festzustellen, empfahl er, dieselben in ihren Verbindungen mit unorganischen Stoffen zu analysieren.

Wenn auch durch diese bahnbrechenden Arbeiten eine Analogie beider Klassen von Substanzen erkannt worden war, so entschloß

[1] Gilbert's Ann. **40**, 247.
[2] Namentl. Ann. of philos. Bd. **4** und **5**.

sich doch Berzelius nicht sogleich, in den organischen Substanzen ein und dieselbe Gliederung nach näheren Bestandteilen anzunehmen, wie in den unorganischen. Im Gegenteil glaubte er, diese als binäre von ternären und quaternären organischen bestimmt scheiden zu müssen; die letzteren — so sprach er sich im Jahre 1813 aus — enthalten mehr als zwei Elemente. Demgemäß wurden Verbindungen, wie Grubengas, Cyan, das hypothetische Oxalsäureanhydrid, zu den unorganischen gezählt, welche Auffassung später aus Zweckmäßigkeitsgründen vielfach beibehalten und namentlich von Gmelin befürwortet wurde. Diese empirische Trennung der zwei Körperreihen erwies sich bald als gänzlich unzureichend, zumal nachdem man in einigen Ölen binäre aus Kohlenstoff und Wasserstoff bestehende Verbindungen von komplizierter Zusammensetzung kennen gelernt hatte.

Berzelius selbst machte schon in seiner oben erwähnten Schrift[1] den Versuch, die Kluft zwischen unorganischen und organischen Körpern durch die Annahme zu überbrücken, daß die letzteren gleich den ersteren binär gegliedert seien, aber zusammengesetzte Radikale an Stelle der Grundstoffe enthalten. Zur Wiederbelebung dieser bereits von Lavoisier geäußerten Idee haben ohne Zweifel Gay-Lussac's schöne Arbeiten über das Cyan kräftig mitgewirkt; denn sie führten zu der wichtigen Erkenntnis, daß Cyan als zusammengesetztes Radikal vollkommen die Rolle von Grundstoffen übernehmen kann. Im Zusammenhange mit dieser Wahrnehmung mehrten sich die Versuche, in organischen Verbindungen ähnliche Atomkomplexe aufzusuchen. Gay-Lussac selbst sprach sich über den Alkohol dahin aus, daß er aus Äthylen und Wasser, und zwar, wie seine Dampfdichte ersehen lasse, aus gleichen Volumen dieser beiden bestehe; im Zucker nahm er Kohlenstoff und Wasser als nähere Bestandteile an. Der Chlorwasserstoffsäureäther wurde von Robiquet als Verbindung des Äthylens mit Salzsäure, die wasserfreie Oxalsäure von Döbereiner als solche der Kohlensäure mit Kohlenoxyd angesehen.

Diese Bestrebungen, zusammengesetzte Radikale als nähere Bestandteile in organischen Körpern anzunehmen, können als Vorstufen der Radikaltheorie betrachtet werden. Von Berzelius wurden die zuletzt erwähnten Erklärungsversuche nicht gutgeheißen; er erhob seine warnende Stimme und bezeichnete dieselben als unvereinbar mit den elektrochemischen Vorstellungen. Diesen entsprechend wurde der elektronegative Sauerstoff einem zusammengesetzten Radikal als dem positiven Bestandteile einer Verbindung

[1] „Versuch über die Theorie d. chem. Proport." etc. Deutsch, Dresden 1820.

gegenüber gestellt; damals stand Berzelius also der Annahme sauerstoffhaltiger Radikale fern. Dagegen hat er zu jener Zeit die Veränderlichkeit der Radikale zugegeben, während er dieselbe später verwarf und dadurch einer gesunden Entwickelung der Radikaltheorie in den Weg trat.

Die Zeit zur Ausbildung dieser Lehre war noch nicht gekommen; aber durch die Voraussetzung näherer Bestandteile in den organischen Verbindungen, wurde das Studium der letzteren in fruchtbringendster Weise angeregt. Zu der ersten Aufgabe, die empirische Zusammensetzung derselben zu ermitteln, kam die ungleich höhere, ihre chemische Konstitution durch Feststellung der näheren Bestandteile zu erforschen, wie Berzelius dieses Problem auffaßte. — Ein gewaltiger Anstoß zur Würdigung und besseren Erfassung dieser großartigen Aufgabe ging aus von der in das dritte Dezennium fallenden Entdeckung der ersten Isomerieen. In der That: wenn man sich auf den damaligen Standpunkt der Chemiker zu stellen sucht, so drängten die überraschenden Beobachtungen, daß chemisch gleich zusammengesetzte Körper ganz verschieden voneinander waren, unmittelbar die Überzeugung auf, die Ursache dieser, Isomerie genannten Erscheinung müsse in ungleichartigen, näheren Bestandteilen der betreffenden Verbindungen gesucht werden. Welcher starke, immer von neuem wirkende Reiz war so gegeben, nach diesen verschiedenen Radikalen organischer Körper zu suchen!

Isomerieen und deren Einfluß auf die Entwickelung der organischen Chemie.

Bis etwa zum Jahre 1820 galt in der Chemie als Lehrsatz, daß Körper von gleicher qualitativer und quantitativer Zusammensetzung auch die gleichen Eigenschaften besitzen müßten. Zwar waren damals schon Fälle bekannt, die gegen diese so natürliche Annahme zu sprechen schienen: die verschiedenen Modifikationen des Chromoxydes, der Kieselsäure, insbesondere der von Berzelius geführte Nachweis zweier Arten Zinnoxyd. Jedoch legte man diesen Beobachtungen keinen besonderen Wert bei; man erblickte darin Ausnahmen und meinte, es seien nur Verschiedenheiten des physikalischen Verhaltens, wie solche durch Entdeckung dimorpher Substanzen in jener Zeit häufiger wahrgenommen wurden.

So wenig waren die Chemiker auf das Bestehen gleich zusammengesetzter, aber chemisch und physikalisch verschiedener Körper vorbereitet, daß die meisten den ersten Fall einer Isomerie im Gebiete der organischen Chemie für einen Irrtum hielten. Liebig hatte im Jahre 1823 durch Vergleich seiner Analyse des knallsauren Silbers mit der des cyansauren Silbers, welches Wöhler ein Jahr zuvor untersucht hatte, gefunden, daß die Ergebnisse der Analysen beider Salze gleich seien.[1] Er selbst, von der Richtigkeit der seinigen durchdrungen, hielt einen Fehler in den Versuchen Wöhler's für wahrscheinlich, überzeugte sich aber durch Wiederholung der letzteren von der Genauigkeit der Angaben Wöhler's. Danach waren zwei Körper von denkbar größter chemischer Verschiedenheit als gleich zusammengesetzt erkannt.

Während Berzelius die Bedeutung dieser Thatsache zwar vollauf würdigte, wenn er auch nicht sofort zustimmte,[2] vielmehr eine Verallgemeinerung derselben abwartete, hegte dagegen Gay-Lussac keinen Zweifel an der Richtigkeit jenes Befundes und führte die Verschiedenheit beider Salze darauf zurück, daß in ihnen die Elemente verschiedenartig miteinander verbunden seien. Als dann im Jahre 1825 Faraday[3] im Ölgase einen Kohlenwasserstoff auffand, der dieselbe Zusammensetzung hatte, wie das Äthylen, aber ein ganz anderes Verhalten zeigte, und als im Jahre 1828 Wöhler den Harnstoff als Produkt der Umwandlung des gleich zusammengesetzten cyansauren Ammons auffand, da machte die chemische Welt sich mit dem Bestehen *isomerer Körper* mehr und mehr vertraut. Berzelius, welcher nur zögernd die Thatsachen anerkannte, war es, der schließlich selbst durch eigene Beobachtungen von der Richtigkeit derselben vollständig überzeugt wurde. Er stellte fest, daß die Traubensäure dieselbe Zusammensetzung habe wie die Weinsäure,[4] und knüpfte an diese Entdeckung den Vorschlag, solche Körper, welche gleich zusammengesetzt, aber mit verschiedenen Eigenschaften begabt sind, *isomerische* zu nennen. Die allgemeine Bezeichnung Isomerie ist seitdem beibehalten worden. Berzelius sah sich bald veranlaßt, den Begriff, der sich mit diesem Worte verknüpfen soll, genauer zu bestimmen;[5] er unterschied die *Polymerie* und *Metamerie* als spezielle Fälle der Isomerie in dem Sinne, wie es wesentlich noch heute geschieht.[6] Seine Gabe, die spärlichen

[1] Ann. Chim. Phys. **24**, 264.

[2] Zuerst hielt Berzelius einen Irrtum auf einer Seite für wahrscheinlich (vergl. Jahresbericht **4**, 110 und **5**, 85).

[3] Ann. of philos. **11**, 44 und 95.

[4] Berzelius, Jahresber. **11**, 44 (1832).

[5] Das. **12**, 63 (1833).

[6] Als einen besonderen Fall der Isomerie betrachtete Berzelius die verschiedenen Modifikationen elementarer Körper; die dafür gebrauchte Bezeichnung *Allotropie* stammt erst aus dem Jahre 1841.

Thatsachen unter gemeinsamem Gesichtspunkte zu vereinigen, zeigte sich hier in glänzender Weise.

Manche Äußerungen von Berzelius lassen seine Auffassung über die wahrscheinliche Ursache der Isomerie organischer Verbindungen erkennen; für ihn sind isomerische Körper solche, bei denen die Atome der einfachen Stoffe sich auf ungleiche Weise zu zusammengesetzten Radikalen gruppiert haben. „Daß die Stellung der Atome (in isomerischen Körpern) verschieden sein müsse, setzt die isomerische Natur dieser Verbindungen an und für sich voraus.“ Aus diesem Satze schließen zu wollen, Berzelius habe das Problem, die räumliche Stellung der Atome zu erforschen, für lösbar gehalten, ist sicherlich unberechtigt; er meinte gewiß nur die Ermittelung der gegenseitigen Beziehungen von Atomen in ihren Verbindungen, insbesondere die Feststellung der Art, wie die Atome zu näheren Bestandteilen oder zusammengesetzten Radikalen verbunden sind. Die Frage nach der chemischen Konstitution in diesem Sinne war durch die sich häufenden Isomeriefälle stark in Fluß gekommen und erwies sich bald reif zu einer versuchsweisen Lösung, und diese wurde durch Zusammenfassung einer Reihe von organischen Verbindungen auf Grund der Hypothese bestimmter gemeinsamer Radikale angestrebt. Das Ergebnis dieses Versuches war die Radikaltheorie, an deren Gestaltung Berzelius und Liebig den wirksamsten Anteil hatten. Sie wird zum Unterschied von der später neubelebten Form ähnlicher Anschauungen als ältere Radikaltheorie bezeichnet.

Ältere Radikaltheorie.

An Bemühungen, die Konstitution einzelner Verbindungen durch Annahme zusammengesetzter Radikale zu erklären, hat es, wie schon erwähnt ist, vor dem Jahre 1830 nicht gefehlt. Die wichtigste Anregung zu solchen Anläufen ging von dem Nachweis aus, daß das Cyan in seinen zahlreichen Verbindungen wie ein Element fungiert, und selbst in freiem Zustande bekannt ist. Die Beobachtung, daß Alkohol in Äther und in Äthylen leicht umgewandelt wird, mag Anlaß gegeben haben, in den beiden ersteren Äthylen als näheren Bestandteil vorauszusetzen.

Diese von Gay-Lussac gehegte, oben schon berührte Auffassung erhielt vorübergehend neues Leben durch den Versuch von Dumas und Boullay,[1] dieselbe durch Ausdehnung auf andere Ab-

[1] Ann. Chim. Phys. **37**, 15 (1828).

kömmlinge des Alkohols und des Äthers zu verallgemeinern. Das Radikal *Ätherin*[1] C_4H_4 wurde von ihnen in den später Äthylverbindungen genannten Körpern angenommen und zugleich mit einer unorganischen Verbindung, dem Ammoniak, verglichen. Wie dieses, so sei das Ätherin eine Base, fähig mit Wasser Hydrate, mit Säuren salzartige Äther zu bilden. Die folgende Zusammenstellung läßt das Streben erkennen, eine Analogie von organischen mit unorganischen Verbindungen herzustellen, von welch' letzteren allerdings einige nicht isoliert sind:

Ätherin C_4H_4	Ammoniak H_3N
Alkohol $C_4H_4 + H_2O$	
Äther $2\,C_4H_4 + H_2O$	
Salzsauren Äther $C_4H_4 + HCl$	Salmiak $H_3N + HCl$
Essigäther $2\,C_4H_4 + C_8H_6O_3 + H_2O$	Essigs. Ammoniak $2\,H_3N + C_8H_6O_3 + H_2O$.[2]

Dieser, unter dem Namen *Ätherintheorie* bekannte Versuch, ist insoweit ein Vorläufer der eigentlichen Radikaltheorie, als er mit dieser die Nebeneinanderstellung organischer und unorganischer Körper gemein hat. Berzelius betonte in seiner Kritik desselben mit vollem Rechte, daß die Vergleichung obiger Verbindungen in schematischer Hinsicht wohl zulässig sei, bezeichnete aber die vermeintliche Erkenntnis von der Konstitution derselben als höchst zweifelhaft.

Reiche Nahrung, ja den Hauptanstoß zur gedeihlichen Entwickelung erhielt die schon vorhandene Vorstellung, daß die organischen Verbindungen ihre Eigentümlichkeit den darin enthaltenen Radikalen verdanken, durch die denkwürdige, in Wahrheit bahnbrechende Untersuchung von Liebig und Wöhler *„Über das Radikal der Benzoësäure"*.[3] Sie wiesen in unanfechtbarer Weise nach, daß bei zahlreichen Umwandlungen des Bittermandelöls und der daraus hervorgehenden Chlor und Brom enthaltenden Verbindungen, ein Radikal unverändert bleibe, welches die Zusammensetzung $C_{14}H_{10}O_2$ besitze,[4] und für das sie den Namen *Benzoyl* vorschlugen. Durch überzeugende Versuche lehrten sie, daß das letztere in der Benzoësäure, im Benzoylchlorid und -bromid, in dem Benzamid, dem Äther

[1] Das Radikal C_4H_4 hatte nach Vorschlag von Berzelius die Bezeichnung *Ätherin* erhalten.

[2] Dumas' Atomgewichte sind, auf $H = 1$ bezogen, $C = 6$, $O = 16$.

[3] Ann. Chem. 3, 249 (1832). Der Briefwechsel zwischen Liebig und Wöhler (i. J. 1888 von A. W. Hofmann und E. Wöhler herausgegeben) giebt manchen willkommenen Einblick in die Entstehung dieser fundamentalen Arbeit, die zugleich als schönes Denkmal der Freundschaft beider Männer dasteht.

[4] Atomgewichte von Berzelius: $H = 1$, $C = 12$, $O = 16$.

der Benzoësäure und dem Benzoylsulfid angenommen werden kann und sich in diesen Verbindungen wie ein Element verhält. Diese Arbeit hat nicht nur grundlegende Bedeutung für die erstarkende Radikaltheorie gehabt, sie ist auch für die damalige Entwickelung der speziellen organischen Chemie höchst wichtig gewesen, da die in ihr mitgeteilten neuen Methoden zur Gewinnung einzelner Körper für ganze Klassen solcher maßgebend geblieben sind. Den Hauptnachdruck legten die jugendlichen Verfasser auf den Nachweis eines „zusammengesetzten Grundstoffs, des Benzoyls, in einer Reihe organischer Verbindungen“.

Berzelius war durch diese überraschend klaren Ergebnisse so sehr von der Richtigkeit ihrer Deutung überzeugt, daß er begeistert der Annahme des Radikals Benzoyl zustimmte;[1] die Thatsachen sprachen so kräftig dafür, daß er sich gezwungen sah, seinen Grundsatz aufzugeben, daß der Sauerstoff kein Bestandteil eines Radikals sein könne: nur auf kurze Zeit, da er bald zu der Ansicht zurückkehrte, das Bestehen sauerstoffhaltiger Radikale sei mit seinem elektrochemischen Systeme durchaus unverträglich.

Die von den meisten Chemikern der damaligen Zeit gehegte Meinung ging dahin, daß die in einigen Verbindungen nachgewiesenen Radikale als für sich bestehende Atomgruppen zu betrachten seien, deren Gewinnung angestrebt werden müsse. Wenn auch das Benzoyl nicht isoliert war, so zweifelte man doch ebenso wenig an seiner Existenz, wie an der des zu jener Zeit noch nicht dargestellten Calciums oder des damals noch unbekannten Salpetersäureanhydrids. Naturgemäß ging von der Untersuchung Liebig's und Wöhler's eine große Anregung aus, in Körpern, deren Zusammengehörigkeit durch ihr chemisches Verhalten und ihre Bildungsweisen wahrscheinlich war, nach den ihnen eigentümlichen Atomgruppen zu suchen.

Die Entstehung der eigentlichen Radikaltheorie, an deren Aufstellung Berzelius und Liebig sich in den nächsten Jahren beteiligten, entsprang einem solchen Streben. Eine Reihe organischer Verbindungen, die zu dem Alkohol in naher Beziehung standen, bot die beste Gelegenheit zu einer derartigen Betrachtungsweise dar; dieselben gehörten schon damals zu den am sorgfältigsten untersuchten Körpern der organischen Chemie. Im Jahre 1833 betonte

[1] In seinem Ann. Chem. 3, 282 abgedruckten Briefe an Liebig und Wöhler schlug Berzelius vor, dieses Radikal *Proïn* oder *Orthrin* (von πρωΐ, bezw. ὀρϑρὸς, d. i. Morgenröte) zu nennen, da mit jener Untersuchung ein neuer Tag für die organische Chemic angebrochen sei.

Berzelius[1] die Notwendigkeit, in allen organischen Verbindungen eine binäre Gliederung wie in den unorganischen vorauszusetzen; er sagte sich damit von der Annahme sauerstoffhaltiger Radikale los. Das Benzoyl deutete er als Oxyd des Komplexes $C_{14}H_{10}$, dessen Superoxyd die wasserfreie Benzoësäure sei. Den Äther betrachtete er als Oxydul des *Äthyls* und formulierte ihn: $(C_2H_5)_2O$; derselbe entspreche den unorganischen Basen und sei in den Äthern mit den Säuren ebenso verbunden, wie die Metalloxyde in den Salzen. Der dem Äther so nahe stehende Alkohol dagegen wurde von Berzelius als Oxyd eines Radikals C_2H_6 aufgefaßt, wodurch die Zusammengehörigkeit beider Verbindungen gänzlich verwischt wurde.[2]

Diesen Fehlschluß herausfühlend, stellte Liebig[3] im folgenden Jahre die Ansicht auf, der Alkohol, sowie der Äther und ihre Abkömmlinge, seien Verbindungen eines und desselben Radikals *Äthyl*, dem er aber die doppelte Formel C_4H_{10}, nicht wie Berzelius C_2H_5 beilegte. Seine Auffassung erhellt aus folgender Zusammenstellung:

Äther $C_4H_{10}O$	Jodäthyl $C_4H_{10}J_2$
Alkohol $C_4H_{10}O.H_2O$	Salpeteräther $C_4H_{10}O.N_2O_3$
Chloräthyl $C_4H_{10}Cl_2$	Benzoëäther $C_4H_{10}O.C_{14}H_{10}O_3$.

Danach bezeichnete er den Äther als Äthyloxyd, den Alkohol als Äthyloxydhydrat und verglich den ersteren mit dem Kaliumoxyd, den letzteren mit dem Kalihydrat; er war aber trotz der richtigen Erkenntnis, daß beiden Körpern dasselbe Radikal angehöre, in einen Fehler verfallen, den Berzelius vermieden hatte: er schrieb dem Alkokol und entsprechenden Verbindungen ein doppelt so hohes Atomgewicht zu, als denselben zukommt. Aber ungeachtet der irrtümlichen Voraussetzungen von Liebig sowie von Berzelius, waren die Vorteile ihrer *Äthyltheorie* augenfällig. Eine breite Bahn war für die Auffassung gebrochen, daß die organischen Verbindungen den unorganischen analog konstituiert seien. Das Äthyl spielt in einer großen Zahl von Körpern dieselbe Rolle wie das Kalium oder Ammonium[4] in deren Verbindungen. Liebig hatte zuletzt diesen

[1] Jahresber. 13, 190 ff. Über die Entstehung dieser Vorstellungen giebt der Briefwechsel Berzelius—Liebig manchen Aufschluß (vergl. S. 55 ff., 67).

[2] Berzelius hat sich zu dieser Annahme von der atomistischen Zusammensetzung des Alkohols und Äthers durch deren Dampfdichten veranlaßt gesehen, aus denen er die richtigen Molekularformeln ableitete, ohne jedoch die wahre Konstitution des Alkohols so zu erfassen, wie die des Äthers (vergl. Lehrb. d. Chemie, 4. Aufl. 8, 193).

[3] Ann. Chem. 9, 1 ff. „Über die Konstitution des Äthers und seiner Verbindungen."

[4] An Stelle der Annahme, daß in den Salzen des Ammoniaks dieses selbst

Vergleich auf das damals entdeckte Mercaptan und das Schwefeläthyl ausgedehnt; besonders durch sein beredtes Eintreten für die Annahme zusammengesetzter Grundstoffe fand die Radikaltheorie große Anerkennung und weite Verbreitung.[1]

Zu jener Zeit hielten die einflußreichen Chemiker an ihren über die Radikale geäußerten Ansichten fest: Dumas an der Annahme, Ätherin sei das Radikal des Alkohols u. s. w., Berzelius an der verschiedenen Konstitution des Alkohols und Äthers, wenn er auch die Zulässigkeit der erweiterten Äthyltheorie nicht schroff ablehnte; Liebig blieb der letzteren treu. Er entfernte sich von Berzelius am weitesten in der Frage der sauerstoffhaltigen Radikale, deren Annahme ihm unerläßlich schien; so hegte er keinen Zweifel daran, daß Kohlenoxyd als näherer Bestandteil in der Kohlensäure, sowie Oxalsäure enthalten sei. Darin aber waren diese Forscher einig, daß die zusammengesetzten Radikale als gesonderte Bestandteile in den Verbindungen vorhanden seien.

Liebig nahm bezüglich des Wesens der Radikale allmählich eine andere erweiterte Auffassung an, als Berzelius, welcher mehr und mehr zu der Ansicht hinneigte, daß dieselben unveränderlich seien. Liebig dagegen ließ häufig den Gedanken durchblicken, daß die Gruppierung der Elemente zu Radikalen wesentlich zum bessern Verständnis der Zersetzungs- und Bildungsweisen von Körpern dienen solle. Diese Vorstellung drängte sich ihm, wie es scheint, durch das Ergebnis einer auf seine Anregung hin entstandenen Untersuchung[2] von Regnault[3] auf. Derselbe hatte durch Zer-

---

mit Säuren verbunden sei, trat gerade damals, begünstigt durch die Autorität von Berzelius, die schon von Ampère (1816) vertretene Ansicht, daß in jenen Salzen Ammonium, H_4N, den Metallen analog fungiere.

[1] Es soll nicht unerwähnt bleiben, daß Kane, unabhängig von Berzelius und von Liebig, auf die Analogie eines in dem Äther, Alkohol etc. anzunehmenden Radikals *Äthereum*, d. i. Äthyl, mit dem hypothetischen Ammonium hingewiesen hat; jedoch ist seine Abhandlung, in welcher er diese Ansicht äußerte, ganz unbeachtet geblieben (sie erschien im Jahre 1833 in *The Dublin Journal of medical and chemical science* **2**, 348).

[2] Ann. Chem. **15**, 60.

[3] H. V. Regnault, 1810 zu Aachen geboren, 1878 zu Auteuil bei Paris gestorben, Schüler Liebig's, hat bis zum Jahre 1840 der organischen Chemie seine Aufmerksamkeit geschenkt und sie mit bedeutenden Arbeiten bereichert, dann sich physikalisch-chemischen Untersuchungen gewidmet, welche ihm einen hervorragenden Platz in der Geschichte dieser sichern. Seine Vielseitigkeit erhellt aus den vorzüglichen mit Reiset ausgeführten Versuchen über die Atmung der Tiere. — Sein Werk: *Cours élémentaire de chimie* (1847—1849) hat sich durch Übersetzungen und Bearbeitungen in anderen Ländern verbreitet und eingebürgert.

legung von Äthylenchlorid mit alkoholischem Kali einen Körper, $C_4H_6Cl_2$, entdeckt, welchen er *Chloraldehyden* nannte. Liebig[1] nahm daraus Anlaß, das Radikal C_4H_6 als näheren Bestandteil dieses Chlorids, sowie zahlreicher anderer Verbindungen zu erklären; er nannte dasselbe *Acetyl* und stellte es in Parallele mit dem hypothetischen *Amid*, die Wasserstoffverbindungen desselben, das Äthylen und Äthyl, mit dem *Ammoniak* und *Ammonium*:

C_4H_6	Acetyl	entspricht dem	N_2H_4	Amid,
C_4H_8	Äthylen	„ „	N_2H_6	Ammoniak,
C_4H_{10}	Äthyl	„ „	N_2H_8	Ammonium.

Insbesondere legte Liebig Wert darauf, einen Ausdruck für die Konstitution des Aldehyds und der Essigsäure zu finden; er betrachtete dieselben als Oxydul-, resp. Oxyhydrat des Acetylradikals und schrieb ihnen die Formeln: $C_4H_6O.H_2O$ und $C_4H_6O_3.H_2O$ zu. Die Erklärung des Überganges von Alkohol zu Aldehyd und Essigsäure war durch diese Auffassung vorbereitet, zugleich auch der Zweifel an der starren Unveränderlichkeit eines Radikals rege gemacht.

Das Jahr 1837 kann als dasjenige bezeichnet werden, in dem die ältere Radikaltheorie ihren Höhepunkt erreichte und trotz mancher Angriffe, welche sie zu erfahren hatte, am festesten ausgebildet dastand. Liebig und Dumas, welcher damals von der Unhaltbarkeit seiner Ätherintheorie überzeugt worden war, vereinigten sich zu gemeinsamer Bearbeitung und Durchforschung organischer Verbindungen im Sinne der Radikaltheorie. In einer, zugleich in Liebig's Namen veröffentlichten Abhandlung[2] legte Dumas seine veränderten Ansichten dar und erörterte die zu lösenden Probleme. Die organische Chemie wurde von beiden als die *Chemie der zusammengesetzten Radikale* betrachtet und in diesem Sinne definiert.[3] Die letzteren verglich man mit den Elementen: das *Äthyl*, das *Methyl*, dessen Bestehen in dem Holzgeist aus der denkwürdigen Untersuchung von Dumas und Péligot über diesen Körper gefolgert wurde, sowie

[1] Ann. Chem. **30**, 229.

[2] Compt. rend. **5**, 567. Daß der Vereinigung beider Forscher sehr bald die Trennung folgte, war bei der verschiedenen Denk- und Sinnesart derselben sehr erklärlich. Die Beurteilung, welche Dumas in den Briefen von Berzelius und von Liebig erfährt, läßt diese Trennung als Naturnotwendigkeit erscheinen. Köstlich und geistvoll ist die Beleuchtung, die Gay-Lussac diesem Ereignis zu teil werden läßt in einem Briefe, der beginnt: „Maintenant, mon cher Liebig, je vous felicite, d'être sorti de la galère, où vous étiez entré. Je ne concevais pas votre mariage" u. s. w. (s. Briefwechsel Berzelius—Liebig S. 171).

[3] Vergl. Liebig's Handbuch d. organ. Chemie S. 1.

das *Amyl*[1] stellte man mit Metallen, das Acetyl mit dem Schwefel und entsprechend die Verbindungen der Radikale mit unorganischen in Parallele.[2]

Die damaligen Chemiker blieben aber nicht bei dem Vergleich organischer mit unorganischen Körpern als einem schematischen Hilfsmittel stehen, sie brachten vielmehr die sicher erkannten Verhältnisse der unorganischen Chemie bei der Erforschung organischer Verbindungen in glücklichster Weise zur Anwendung, getreu dem schon im Jahre 1817 von Berzelius ausgesprochenen Grundsatz: „daß die Anwendung dessen, was über die Verbindungsweise der Grundstoffe in der unorganischen Natur bekannt ist und noch bekannt werden wird, zur Beurteilung ihrer Verbindungen in der organischen Natur der Leitfaden ist, durch welchen wir hoffen können, zu richtigen Vorstellungen von der Zusammensetzung der organischen Körper zu gelangen."

Der Begriff *Radikal* wurde in dem Maße, als man sich mit der sicheren Voraussetzung solcher Atomkomplexe in organischen Verbindungen befreundete, schärfer erfaßt. Liebig selbst stellte damals, 1838, dreierlei Eigentümlichkeiten fest, durch die ein zusammengesetztes Radikal gekennzeichnet wird. Er benutzte zur Darlegung seiner Ansicht das Cyan als Beispiel, und sprach sich wie folgt aus:[3] „Wir nennen Cyan ein Radikal, weil es erstens der nicht wechselnde Bestandteil in einer Reihe von Verbindungen ist, weil es zweitens sich in diesen ersetzen läßt durch andere einfache Körper, weil es drittens in seinen Verbindungen mit einem einfachen Körper diesen letzteren ausscheiden und vertreten läßt durch Äquivalente von anderen einfachen Körpern." Mindestens zwei von den hier aufgeführten Bedingungen, durch welche ein Atomkomplex zum Radikal gestempelt wird, müssen erfüllt sein. Die Feststellung dieser Bedingungen war aber nur möglich durch sorgfältige, unablässige Erforschung des chemischen Verhaltens organischer Körper. Die Natur der in letzteren anzunehmenden Radikale konnte also

[1] Vergl. Cahours' Untersuchung über das Fuselöl: Ann. Chem. **30**, 288.

[2] Folgender Ausspruch, welcher sich in der oben citierten Abhandlung Compt. rend. **5** findet, kennzeichnet den damaligen Standpunkt von Dumas und Liebig. „Die organische Chemie besitzt ihre eigenen Elemente, welche bald die Rolle des Chlors oder Sauerstoffs, bald aber auch die eines Metalles spielen. Cyan, Amid, Benzoyl, die Radikale des Ammoniaks, der Fette, des Alkohols und seiner Derivate, bilden die wahren Elemente der organischen Natur, während die einfachsten Bestandteile, wie Kohlenstoff, Wasserstoff, Sauerstoff und Stickstoff, erst zum Vorschein kommen, wenn die organische Materie zerstört ist."

[3] Ann. Chem. **25**, 3.

erst aus dem Studium der Umsetzungs- und Spaltungsprodukte jener erschlossen werden.

Eine solche Anregung ging von der Radikaltheorie aus, daß man ihren Einfluß, auch wenn sie in Irrtümer verfiel, nicht hoch genug schätzen kann. Ausgezeichnete Kräfte wurden durch das Streben, die näheren Bestandteile von zusammengehörenden Verbindungen zu erforschen, entfesselt. Als besonders schöne Frucht solcher Bemühungen fiel der Wissenschaft die Reihe ausgezeichneter Untersuchungen[1] von Robert Bunsen[2] über die Kakodylverbindungen zu, welche derselbe vom Jahre 1839 an zu bearbeiten begann. Seine Versuche lieferten den Nachweis, daß in dem sog. *Alkarsin*, dem Produkte der Destillation von essigsaurem Kali mit arseniger Säure, das Oxyd eines arsenhaltigen Radikals: $As_2C_4H_{12}$ ($H = 1$, $C = 12$, $As = 75$) enthalten sei, welch' letzteres in einer langen Reihe von Umsetzungsprodukten jenes Oxydes unverändert bleibt und sogar isoliert werden kann. Damit war die Natur dieses zusammengesetzten Grundstoffes, welcher das den eigentlich organischen Körpern fremde Arsen enthielt, als eines wahren Radikals, klar gelegt.

Mit Recht hat man die schon besprochenen Untersuchungen von Gay-Lussac über Cyan, von Liebig und Wöhler über Benzoylverbindungen, mit denen Bunsen's zusammengestellt und ihrer Bedeutung gemäß als die drei Grundpfeiler der Radikaltheorie bezeichnet. Die Annahme von Radikalen hatte durch die Ergebnisse

[1] Ann. Chem. **31**, 175; **37**, 1; **42**, 14; **46**, 1.

[2] Robert Wilhelm Bunsen, geb. 31. März 1811 zu Göttingen, war Privatdozent daselbst, dann Nachfolger Wöhler's in Kassel, seit 1838 Professor in Marburg, siedelte nach kurzem Aufenthalte in Breslau (1851) nach Heidelberg über, wo er bis vor einigen Jahren als Zierde der Universität thätig war und jetzt das *otium cum dignitate* genießt. Die Chemie verdankt ihm außerordentlich wichtige Forschungen, welche zur Befruchtung der verschiedensten Gebiete gedient haben; sein Name wird uns daher in der speziellen Geschichte einzelner Zweige der Chemie oft begegnen. Mit Arbeiten aus dem Bereiche der unorganischen Chemie beginnend, lenkte er seine Aufmerksamkeit bald auf die organischen Arsenverbindungen, durch deren Untersuchung er der Radikaltheorie eine starke Stütze schuf. Seine Beschäftigung mit gasigen Körpern führte ihn zur Auffindung neuer Methoden, durch deren Sichtung, Verbesserung und Kombination er die heutige Gasanalyse ins Leben rief. Die von ihm und Kirchhoff gemachte Entdeckung der Spektralanalyse, eine der großartigsten und folgenreichsten in den letzten 50 Jahren, ist in aller Erinnerung. Auf Bunsen's Förderung anderer Teile der physikalischen, analytischen, unorganischen und mineralogischen Chemie wird in der Geschichte dieser Zweige hingewiesen werden; überall hat er als origineller, neue Wege ebnender Forscher gewirkt. — Seine Lehrthätigkeit, welche mehr als ein halbes Jahrhundert umfaßt hat, ist von den ersprießlichsten Folgen gewesen.

dieser Experimentalarbeiten an Wahrscheinlichkeit so zugenommen, daß man die der Theorie zu Grunde liegende Hypothese als eine gut begründete ansah. — Jedenfalls ist die ältere Radikaltheorie ein wichtiges, ja unentbehrliches Glied in der Kette von theoretischen Ansichten gewesen und bedeutet gegenüber den früheren vereinzelten Betrachtungen einen außerordentlich großen Fortschritt. Wenn auch von jener Theorie direkt keine lange dauernde Wirkung ausging, da sie bald nach ihrem Erstarken durch mächtige Gegenströmungen überflutet wurde, so hat sie sich doch in hohem Grade entwicklungsfähig gezeigt. Denn sie konnte bald nach der Katastrophe, welche über sie hereingebrochen war, in neuem Gewande und nach Abstreifung einiger Fesseln zu frischem Leben erblühen.

Ehe die gegen die ältere Radikaltheorie gerichtete Entwickelung von Lehrmeinungen geschildert wird, ist es zweckmäßig, in kurzen Zügen das Leben und die Hauptleistungen der drei Forscher darzulegen, die durch ihre Arbeiten während des dritten und vierten Dezenniums unseres Jahrhunderts vorzugsweise die organische Chemie in neue Bahnen gelenkt, und welche noch weit über diesen Zeitraum hinaus maßgebenden Einfluß auf die Entwickelung ihrer Wissenschaft ausgeübt haben.

Liebig, Wöhler, Dumas. Überblick ihrer wichtigsten Leistungen.

Liebig und Wöhler, durch die Gleichartigkeit ihrer wissenschaftlichen Bestrebungen zusammengeführt und in köstlichem Freundschaftsbunde vereint, gehören auch in der Geschichte ihrer Wissenschaft zusammen; das Bild des Einen bleibt unvollkommen, wenn nicht die charakteristischen Züge des Andern dasselbe ergänzen. Die Früchte ihrer gemeinsamen Arbeit gehören zu den schönsten am Baume der chemischen Forschung. Ihr von A.W. Hofmann (unter Mitwirkung von E. Wöhler) auszugsweise veröffentlichter[1] Briefwechsel, die Jahre 1829—1873 umfassend, ist ein Denkmal der Freundschaft beider Männer und ein für die Geschichte der Chemie sehr wichtiger Beitrag.

Justus Liebig,[2] dessen Einfluß auf die Gestaltung der Radikaltheorie, sowie der organischen Chemie überhaupt, schon besprochen

[1] Bei Vieweg in Braunschweig, 1888.

[2] Vergl. die Erinnerungsschriften von H. Kolbe, Journ. pr. Chem. (2) **8**, 428; A. W. Hofmann, Ber. **6**, 465; insbesondere Ber. **23**, 796; A. W. Hofmann, J. v. Liebig. F. Wöhler. Zwei Gedächtnisreden. Mit dem Bruchstück einer Autobiographie Liebig's als Anhang. Leipzig 1891; ferner Liebig's mehrfach citierten Briefwechsel mit Wöhler, sowie mit Berzelius.

wurde, hat sich durch seine wissenschaftlichen Leistungen das Anrecht gesichert, unter den ersten Forschern dieses Jahrhunderts als einer der hervorragendsten zu gelten. Seine Jugendjahre in Darmstadt, wo er am 12. Mai 1803 geboren war, ließen die spätere Entwickelung des Feuergeistes kaum voraussehen, wenn Liebig auch schon sehr früh sich zur Chemie mit unwiderstehlicher Gewalt hingezogen fühlte. Er selbst schildert in biographischen Aufzeichnungen (Ber. **23**, 817) mit köstlicher Frische die Art und Weise, wie er sich mit chemischen Thatsachen und Erscheinungen bekannt gemacht hat, wie er schon frühzeitig, zu allgemeinem Erstaunen seiner Lehrer und Mitschüler den festen Entschluß faßte, Chemiker zu studieren. Liebig spricht sich in höchst fesselnder Weise darüber aus, wie sich in ihm „die Anlage entwickelte, welche den Chemikern mehr wie anderen Naturforschern eigen ist, nämlich in Erscheinungen zu denken". Dieser Fähigkeit hatte er zu danken, daß „Alles, was er sah, absichtlich oder unabsichtlich mit gleichsam photographischer Treue in seinem Gedächtnis haften blieb".

Die Apothekerlaufbahn, welche damals die einzige Möglichkeit bot, praktisch mit der Chemie bekannt zu werden, verließ Liebig bald, um sich akademischen Studien zu widmen. Auf eigene Faust setzte er seine früh begonnenen Versuche über Knallsilber fort; dieselben waren dazu bestimmt, seine wissenschaftliche Stellung zu begründen. So selbständig der Jüngling sich nach dieser Richtung hin zeigte, so wenig vermochte er dem Einfluß der damals herrschenden Naturphilosophie zu widerstehen. Mit Bitterkeit sprach er später von den dadurch verlorenen zwei Jahren, während welcher er in Erlangen zu Füßen Schelling's gesessen hatte.[1] Aber er wußte sich dadurch zu retten, daß er seine Wissenschaft da aufsuchte, wo dieselbe zu jener Zeit am frischesten sprudelte: in Paris, wo Gay-Lussac, Thénard, Dulong, Chevreul, Vauquelin u. a. ihre Thätigkeit entfalteten. In dieser Umgebung gesundete er, wie er es selbst mit unvergleichlicher Frische geschildert hat, und durch Alexander v. Humboldt's Fürsorge gestützt, kam er zu Gay-Lussac in nahe Beziehung, welcher die wichtige Untersuchung über Fulminate entsprang. Diese Arbeit bahnte ihm den Weg;

[1] Liebig hat sich darüber in seinem 1840 erschienenen Aufsatze: „Über das Studium der Naturwissenschaften", wie folgt geäußert: „Ich selbst brachte einen Teil meiner Studienzeit auf einer Universität zu, wo der größte Philosoph und Metaphysiker des Jahrhunderts die studierende Jugend zur Bewunderung und Nachahmung hinriß; wer konnte sich damals vor Ansteckung sichern? Auch ich habe diese, an Worten und Ideen so reiche, an wahrem Wissen und gediegenen Studien so arme Periode durchlebt; sie hat mich um zwei kostbare Jahre meines Lebens gebracht."

1824 wurde er als Professor nach Gießen berufen, wo er 28 Jahre lang blieb, anfangs genötigt, seine Stellung mühsam Schritt für Schritt zu erkämpfen.[1] Im Jahre 1852 siedelte er nach München über, von dem Wunsche geleitet, der aufreibenden Thätigkeit des Laboratoriumunterrichtes zu entsagen, um desto eifriger seinen Forschungen zu leben. Sein großartiges Wirken wurde am 18. April 1873 durch den Tod abgeschnitten; aber sein Geist, welcher ein ganzes Zeitalter mit sich fortriß, lebt weiter. Wie mächtig seine Wirkungen waren, die sich in seiner großen Lehrthätigkeit, in der Umgestaltung weiter Wissensgebiete, sowie in der Beseitigung von festgewurzelten, durch ihn als irrig erkannten Ansichten, äußerten: das nachzuweisen, soll die folgende Skizze in Umrissen versuchen.

Als Lehrer steht Liebig fast unvergleichlich da. Berzelius, der große Meister, zog solche Schüler an sich, welche mit Vorkenntnissen ausgerüstet waren, und wirkte nur im kleinsten Kreise. Liebig dagegen verstand es, eine wirkliche chemische Schule zu gründen, da er sich liebevoll der Unterweisung des einzelnen, vom Beginn seiner Studien an, widmete. Durch ihn wurde der erste systematische chemische Unterricht begründet; ein Laboratorium, welches ausschließlich diesem Zwecke diente, bestand zu jener Zeit noch nicht. Die Notwendigkeit, chemische Institute nicht bloß zu Nutz und Frommen der Chemie selbst, sondern auch der Gebiete, denen die Chemie unentbehrlich ist, einzurichten, hat Liebig zuerst erkannt. Sein Laboratorium wurde eine Musteranstalt, nach der im Laufe der Jahre zunächst langsam, dann in schneller Folge neue Stätten für den chemischen Unterricht geschaffen wurden. Durch den Zauber seiner Persönlichkeit wußte Liebig seine Schüler anzuregen und zu begeistern, insbesondere wenn es galt, wissenschaftliche Fragen zu lösen. Seine Eigenart als Lehrer hat Kolbe[2] mit folgenden treffenden Worten geschildert: „Liebig war nicht Lehrer im gewöhnlichen Sinne; im außerordentlichen Maße wissenschaftlich produktiv und reich an chemischen Gedanken, teilte er diese seinen reiferen Schülern mit, veranlaßte sie, seine Ideen experimentell zu prüfen, und regte so allmählich zu eigenen Gedanken an, zeigte ihnen den Weg und lehrte die Methoden, wie chemische Fragen und Probleme an der Hand des Experimentes zu lösen sind."

---

[1] In seiner Schrift: „Beiträge zur Geschichte des chemischen Unterrichts an der Universität Gießen" (1891) hat G. Weihrich in verdienstvollster Weise und mit liebevollem Eingehen die akademische Thätigkeit Liebig's und seine Beziehungen zu der Universität geschildert.

[2] Journ. pr. Chem. (2) 8, 442.

Nicht nur der im Laboratorium, auch der in den Experimentalvorlesungen zu erteilende Unterricht wurde von Liebig eigenartig nach Form und Fassung umgestaltet, so daß man auch hier von seinem maßgebenden Einfluß reden kann. Seine Schüler sind Legion; viele derselben haben die Lehren und Erfahrungen des Meisters durch ihr Wirken an Universitäten, Polytechniken, Gewerbeschulen u. s. w. fortgepflanzt. Folgende Männer, denen noch manche andere angereiht werden könnten, seien hier genannt: A. W. Hofmann, Strecker, Fresenius, Will, H. Buff, Fehling, Henneberg, Schloßberger, Rochleder, Schlieper, Scherer, Redtenbacher, v. Bibra, Varrentrapp, Th. Poleck, Playfair, Muspratt, Stenhouse, Brodie, Gerhardt, Williamson, Wurtz, Frankland, Volhard.

Die in den Lehrerfolgen Liebig's sich bekundende Geisteskraft tritt auch in seiner schriftstellerischen Thätigkeit hervor, welche durch ihre, die verschiedensten Gebiete umfassende Vielseitigkeit unser Staunen erweckt. Überall zeigt sich die Fähigkeit des echten Naturforschers, die Dinge wahr und anschaulich darzustellen, den Zusammenhang verschiedenartiger Vorgänge klar zu erfassen, geistvolle Analogieschlüsse zu ziehen. Diese Vorzüge verleihen den Werken Liebig's einen hohen, immer von neuem fesselnden Reiz. Seine zahlreichen Experimentaluntersuchungen, auch die mit Wöhler ausgeführten, hat er zum größten Teil in den von ihm seit 1832 herausgegebenen *Annalen*[1] veröffentlicht. — Die von 1837 an in zunehmendem Umfange ausgeführten Arbeiten aus dem Bereiche der physiologischen Chemie führten ihn zu dem großartigen Versuche, die Anwendung der Chemie auf Agrikultur, Physiologie und Pathologie in selbständigen Werken[2] zu erörtern. In denselben bekämpfte er, auf Grund exakter Versuche, die damaligen Lehren von der Ernährung der Pflanzen und Tiere.

---

[1] Dieselben führten bis zum Jahre 1840 die Bezeichnung: Annal. d. Pharmacie, sodann: Ann. d. Chemie u. Pharmacie (mit Wöhler herausgegeben).

[2] *Die Chemie in ihrer Anwendung auf Agrikultur und Physiologie* (1840); *Die Thierchemie oder organische Chemie in ihrer Anwendung auf Physiologie und Pathologie* (1842); *Der chemische Prozeſs der Ernährung der Vegetabilien und die Naturgesetze des Feldbaues* (1862). Aus einem Briefe Liebig's an Berzelius (S. 210 des „Briefwechsels") erfährt man, wie und warum Liebig in diese Richtung der angewandten Chemie hineingetrieben wurde. Ein „unüberwindlicher Ekel und Widerwillen gegen das Treiben in der Chemie" hatte ihn erfaßt; es war „auf die Spitze gestellt durch den Streit über die Substitutionstheorie" etc. Sodann entwickelt er in großen Zügen das Programm seiner agrikulturchemischen Arbeiten.

Trotz der hochgehenden Wogen, welche durch diese Schriften erregt wurden, fand Liebig Muße, seine „chemischen Briefe“ zu schreiben, durch die er zeigte, wie man die Chemie populär und doch wissenschaftlich behandeln kann (1844). — Man begreift kaum, daß er noch Zeit erübrigte, seine Kräfte dem von ihm mit Wöhler und Poggendorff begründeten *Handwörterbuch der reinen und angewandten Chemie* und seit 1848, nach Berzelius' Tode, dem *Jahresbericht über die Fortschritte der Chemie* so zu widmen, wie er es gethan hat. — Kurz sei noch seiner zahlreichen Gelegenheitsschriften[1] gedacht, von welchen zuweilen große Wirkungen ausgegangen sind; das gilt insbesondere von den beiden Aufsätzen, welche den Zustand der Chemie in Österreich sowie in Preußen beleuchtet haben. Hier wie in anderen, theoretisch-chemischen Fragen gewidmeten Aufsätzen, z. B. in den gegen Dumas, Laurent, Gerhardt gerichteten Abhandlungen, zeigt sich die sprudelnde kritische Ader des genialen Mannes, welcher dank seiner Gradheit und Wahrheitsliebe nicht im stande war, das, was er für irrig oder gar unlauter hielt, zu beschönigen. Zuweilen mag Liebig in seinen kritischen Äußerungen über einzelne Männer zu weit gegangen sein; aber die Triebfeder seines entschiedenen Auftretens gegen dieselben war stets die unbegrenzte Liebe zur Wissenschaft und Wahrheit, sowie ein unbeugsames Rechtsgefühl.

Als Forscher tritt uns Liebig aus seinen Experimentaluntersuchungen in seiner ganzen Eigenart entgegen. Der organischen Chemie hatte er von Anbeginn seiner Thätigkeit die vollste Aufmerksamkeit zugewandt, ohne wichtige Teile der unorganischen zu vernachlässigen. Gleich seine ersten Arbeiten über die knallsauren Salze führten zu bedeutenden Ergebnissen. Einmal wurde die Isomerie der Cyan- und der Knallsäure erkannt, und damit ein neues Forschungsgebiet eröffnet. Sodann reifte als Frucht der mühsamen Untersuchung von so leicht zersetzbaren Körpern die vervollkommnete organische Analyse, welcher Liebig die heutige Gestalt gab. Mit Hilfe der von ihm verbesserten Methode stellte er die Zusammensetzung zahlreicher organischer Verbindungen, namentlich verschiedener Säuren fest. Die Bearbeitung dieser letzteren leitete ihn zu der sicheren Erfassung des Begriffes *Basizität;* er entwickelte daraufhin seine schon erörterte Lehre von den mehrbasischen Säuren und

[1] Dieselben wurden unter dem Titel: *Reden u. Abhandlungen* von Justus von Liebig 1874 von M. Carriere herausgegeben. — Bereits 1845 war Liebig vom Großherzog von Hessen in den Freiherrnstand erhoben worden.

trug zur Klärung der teils unbestimmten, teils unrichtigen Ansichten über diese Verhältnisse mehr bei, als irgend ein Forscher vor ihm.

Durch seine schon früher ausgeführten trefflichen Untersuchungen über Körper, welche dem Alkohol und der Essigsäure nahe stehen, wie Ätherschwefelsäure, Aldehyd, Acetal, Chloral u. a., war er vorzugsweise dazu berufen, die Radikaltheorie auszubilden und neu zu beleben. Die Arbeiten über Schwefelcyan und über die Zersetzungsprodukte von Schwefelcyanammonium zeigten ihn als glänzenden Experimentator in seiner ganzen Vielseitigkeit.

Die herrlichsten Leistungen aber bleiben die mit Wöhler ausgeführten Untersuchungen, welche, von höchster Lebensfrische beider durchleuchtet, noch lange Zeit die Bewunderung der heranreifenden Chemiker erwecken werden. Durch die Arbeiten Wöhler's über Cyansäure und die Liebig's über die knallsauren Salze waren beide Forscher zusammengeführt worden; ihre Freundschaft bethätigte sich am schönsten in den gemeinsamen Experimentaluntersuchungen, bei deren Ausführung jeder, den anderen anfeuernd, selbst sein bestes zu thun strebte.[1] Und wie wunderbar ergänzten sich beide Forscher! Liebig, der feurige, rücksichtslos voranschreitende Mann, welcher mit seinen reichen Erfahrungen in der Darstellung und Analyse organischer Körper die größten Schwierigkeiten bald zu beseitigen wußte. Wöhler aber, ruhig, fast nüchtern, doch nicht minder zielbewußt als Liebig, verstand es, durch Beharrlichkeit dunkle Punkte, die nicht genugsam beachtet waren, aufzuklären. Die denkwürdige Arbeit über *das Radikal der Benzoësäure* wurde schon besprochen. Die Untersuchungen über *Amygdalin* brachten die so verwickelte Entstehungsweise des Bittermandelöls ins klare, und die über Harnsäure in demselben Jahre (1837) veröffentlichten bereicherten in ungeahnter Weise die organische Chemie mit einer Fülle der merkwürdigsten Verbindungen, die bis in die neueste Zeit das Interesse der Chemiker lebhaft in Anspruch genommen haben. — Man geht fürwahr mit der Behauptung nicht fehl, daß die heutige organische Chemie hauptsächlich in den bahnbrechenden Arbeiten Liebig's und in den von ihm und Wöhler ausgeführten wurzelt.

Die unorganische Chemie hat Liebig nicht etwa vernachlässigt, vielmehr durch wertvolle Beobachtungen verschiedenster Art bereichert; es sei nur an seine Arbeiten über Thonerde-, Antimon-, Kieselsäureverbindungen und an manche von ihm ausgearbeitete analytische Methoden, z. B. die Trennung von Kobalt und Nickel,

[1] Vergl. die Briefe beider, mitgeteilt in dem Nekrolog Wöhler's von A. W. Hofmann (Ber. **15**, 3127 ff.) und den schon citierten Briefwechsel.

erinnert. Seine im Laboratorium gesammelten Erfahrungen wurden häufig der Technik nützlich; so war die zweckmäßige Bereitung von Cyankalium für die Galvanoplastik, die Reduktion von Silberlösung durch Aldehyd für die Herstellung von Spiegeln bedeutungsvoll.

Die Anteilnahme Liebig's an der Entwickelung der organischen Chemie, insbesondere der für diese zur Geltung gelangten Ansichten, wurde gegen Ende der dreißiger Jahre schwächer, da er sich seit dieser Zeit mit aller Kraft der Lösung einer gewaltigen Aufgabe zuwandte, die nur mittelbar der organischen Chemie zugehörte. Die Ernährung der Pflanzen und Tiere, der Stoffwechsel in der belebten Natur, das waren fortan die großen Probleme, deren Erklärung er auf Grund bahnbrechender Experimentaluntersuchungen anstrebte. Die Wirkungen, die von ihm ausgingen, die Berichtigung falscher Thatsachen und die geistvolle Deutung der von ihm und seinen Schülern erforschten Naturprozesse, die Anregung, welche immer von neuem seine Arbeiten und die daraus gezogenen Folgerungen mit sich brachten: Alles dies kann hier nicht näher dargelegt werden. Die wichtigsten Ergebnisse dieser Forschungen sind in der Geschichte der physiologischen Chemie zu erörtern. Durch seine Untersuchungen über die Ernährung der Tiere wurde ihm die präzise Unterscheidung der Nährstoffe unter sich und von den Genußmitteln klar. Die Feststellung des verschiedenen Wertes dieser Stoffe ließ ihn Mittel und Wege zur Verbesserung der Ernährung und zur Förderung der Gesundheit finden; man denke nur an die Gewinnung des Fleischextraktes und an die „Kindernahrung". So wurde Liebig zum Wohlthäter der Menschheit.

Die schönen, vielsagenden Worte A. W. Hofmann's[1] mögen obigen Versuch, Liebig's wissenschaftliche Leistungen in engem Rahmen zu schildern, abschließen: „Wenn man die Summe dessen ins Auge faßt, was Liebig für das Wohlergehen des Menschen auf dem Gebiete der Industrie oder des Ackerbaues oder der Pflege der Gesundheit geleistet hat, so darf man kühn behaupten, daß kein anderer Gelehrter in seinem Dahinschreiten durch die Jahrhunderte der Menschheit ein größeres Vermächtnis hinterlassen hat."

Friedrich Wöhler,[2] dessen Wirken sich in so glücklicher Weise mit dem Liebig's vereinte, hat sich auch durch seine eigenen

[1] Ber. 6, 470.
[2] Vergl. A. W. Hofmann: Nekrolog Wöhler's Ber. 15, 3127 ff., sowie Ber. 23, 833 (Festrede).

Forschungen als ein Meister der von ihm gepflegten Wissenschaft erwiesen. Der weitaus größte Teil seiner Arbeiten bewegte sich auf dem Gebiete der unorganischen Chemie, die durch ihn in außerordentlich fruchtbarer Weise gefördert wurde.

Das Leben Wöhler's ist mit wenigen Strichen gezeichnet. In dem Dorfe Eschersheim bei Frankfurt a/M. am 31. Juli 1800 geboren, genoß er in letzterer Stadt den ausgezeichneten Unterricht anregender Lehrer, wie Karl Ritter's, Grotefend's und F. C. Schlosser's, und hatte dort schon die erste Berührung mit der Chemie, welcher er, Dank dem Einfluß L. Gmelin's, trotz seines medizinischen Studiums in Marburg und Heidelberg, treu blieb. Der letztere empfahl den jungen Doktor der Medizin an Berzelius, welcher ihn mit offenen Armen aufnahm. Nach kaum einjährigem Aufenthalt in Stockholm, aber reich an Erfahrungen und unvergeßlichen Eindrücken, die er selbst so anschaulich geschildert hat,[1] kehrte er im Herbste 1824 nach Deutschland zurück, um bald nach Berlin als Lehrer an der städtischen Gewerbeschule überzusiedeln. Den anregenden Kreis von Freunden, wie Mitscherlich, den Brüdern Rose, Poggendorff und Magnus, verließ er im Jahre 1831, um in Cassel an der neu gegründeten höheren Gewerbeschule als Professor zu wirken; im Jahre 1836 folgte er einem ehrenvollen Rufe nach Göttingen an Stelle Stromeyer's, wo er bis an sein Lebensende (23. September 1882) als Zierde der *Georgia-Augusta* thätig war.

Wöhler's Wirksamkeit als Lehrer ist insbesondere seit der Übersiedelung nach Göttingen eine großartige gewesen. Gleich seinem Freunde Liebig legte er den größten Wert auf die gründliche Ausbildung der Schüler in den Anfangsgründen der Chemie. Der Nutzen, den er selbst durch seine analytischen Arbeiten unter Leitung von Berzelius erprobt hatte, sollte auch seinen Schülern zu teil werden. Aus der langen Reihe dieser mögen einige genannt werden, welche selbst als Lehrer im Geiste ihres Meisters fortgewirkt haben: Th. Scheerer, H. Kolbe, Henneberg, Knop, Städeler, Geuther, Limpricht, Fittig, Beilstein, Hübner, Zöller.

Schriftstellerisch thätig war Wöhler besonders in früheren Jahren, wie seine Beteiligung an dem Handwörterbuch, seine Übersetzungen des Lehrbuches und der Jahresberichte von Berzelius erkennen lassen. Wöhler's *Grundriß der unorganischen Chemie* ge-

[1] Ber. 8, 838 ff.

hört in der ersten Form der Casseler Zeit an, der der organischen erschien im Jahre 1840; beide haben zahlreiche Auflagen[1] erlebt. — Seine Erfahrungen in der Untersuchung von Mineralien stellte er in der wertvollen Schrift: *Die Mineralanalyse in Beispielen* zusammen.[2] — Die Experimentaluntersuchungen, von denen er den größten Teil in den Annalen der Chemie, einige frühere in Poggendorff's, sowie Gilbert's Annalen veröffentlicht hat, umfassen nahezu den ganzen Bereich der unorganischen Chemie; einige derselben haben auch die Aufschließung wichtiger Gebiete der organischen Chemie ermöglicht. Das letztere gilt von seinen ausgezeichneten Untersuchungen über die Cyansäure und ihre Salze, von der Entdeckung des Harnstoffs, sowie von den mit Liebig gemeinsam ausgeführten Arbeiten. Aus allen diesen, sowie späteren Forschungen tritt uns der vorzügliche Beobachter entgegen.

Über seine Leistungen im Gebiete der analytischen Chemie, welche er durch ausgezeichnete Methoden bereicherte, kann hier nicht berichtet werden, ebensowenig über die der unorganischen Chemie angehörigen Arbeiten. Nur einige der letzteren müssen herausgehoben werden, so seine Untersuchungen über das Aluminium, Bor, Silicium, Titan, sowie die höchst merkwürdigen Verbindungen derselben, welche zuerst die Ähnlichkeit der zwei letzteren Elemente mit Kohlenstoff in helles Licht treten ließen.

Die Abhandlungen, in denen Wöhler die Ergebnisse seiner Versuche niederlegte, sind klar, ernst und schlicht geschrieben, fesseln aber nicht allein durch diese heute selten gewordenen Vorzüge, sondern vor allem durch die Tiefe ihres Gehaltes. — Daß er übrigens auch über sprudelnden Humor verfügte, davon legen seine Briefe an Liebig Zeugnis ab, sowie die köstliche Satire,[3] welche er schrieb, als Dumas in seinen aus der Substitutionslehre gezogenen Schlüssen zu weit gegangen war. — Wöhler hat, was für seine ruhige Denkweise charakteristisch ist, nie in die Besprechung wichtiger theoretisch-chemischer Fragen selbstthätig eingegriffen; auch hier tritt der Unterschied von dem reformatorisch beanlagten Liebig hervor, der ein solches Eingreifen für unabweisbare Pflicht hielt.

Daß beide Forscher in der Geschichte der Chemie untrennbar dastehen, ist schon hervorgehoben. Liebig hat diese Thatsache in einem seiner letzten Briefe an Wöhler (am 31. Dezember 1871) in folgenden schönen Worten ausgesprochen: „Auch wenn wir todt

[1] Dieselben sind von R. Fittig vortrefflich bearbeitet.

[2] Die zweite Auflage erschien im Jahre 1861.

[3] Ann. Chem. 33, 309. Vergl. auch Briefwechsel Liebig-Berzelius S. 211 Note.

und längst verwest sind, werden die Bande, die uns im Leben vereinigten, uns beide in der Erinnerung der Menschen stets zusammenhalten, als ein nicht häufiges Beispiel von zwei Männern, die treu, ohne Neid und Mißgunst, in demselben Gebiete rangen und stritten und stets in Freundschaft eng verbunden blieben."

J. B. A. Dumas,[1] am 15. Juli 1800 zu Alais geboren, 1884 in Cannes gestorben, hat seiner Wissenschaft außerordentlich große Dienste geleistet, deren noch öfter gedacht werden wird. Als junger Apotheker wurde er in Genf durch die Berührung mit bedeutenden Männern wie Pictet, Décandolle, de la Rive u. a. zu wissenschaftlichen Versuchen angeregt, welche die Aufmerksamkeit der Genannten in erhöhtem Maße auf ihn lenkten. Insbesondere machte er sich durch seine wirksame Beteiligung an den physiologisch-chemischen Untersuchungen von Prevost vorteilhaft bekannt. Mit der ihm eigenen Vielseitigkeit begann er bald Fragen der speziellen organischen, sowie physikalischen Chemie zu behandeln. Auf A. v. Humboldt's Rat wandte sich Dumas im Jahre 1823 nach Paris, wo ihm freundlichste Aufnahme von seiten der bedeutendsten Chemiker zu teil wurde. Mit verschiedenen Lehraufträgen und Ämtern betraut, hat er daselbst sein Leben verbracht: Am *Athenäum*, an der *École centrale des arts et manufactures*, an der *Sorbonne*, der polytechnischen, sowie medizinischen Schule hielt er Vorträge und wirkte durch diese außerordentlich anregend.

Da ihm ein Laboratorium nicht zur Verfügung gestellt war, so gründete er ein solches auf eigene Kosten (1832). Seit dem Jahre 1848 wurde Dumas mehrfach zu öffentlicher Thätigkeit berufen, war eine Zeit lang Minister, sowie mit anderen Ämtern bedacht, so daß sein Lehrberuf häufige Unterbrechungen erfuhr. Sein großes Interesse für die öffentlichen Angelegenheiten bethätigte sich in vielen Fällen, z. B. als es galt, Paris mit gutem Wasser zu versorgen, oder Abhilfe gegen die Krankheit der Seidenraupe und die der Reben (Phylloxera) zu schaffen etc. — An seine Arbeitskraft traten seit 1868 neue Ansprüche heran, dadurch, daß er zum ständigen Sekretär der Akademie, der er schon lange Zeit angehörte, gewählt wurde.

Im Anschluß an Dumas' hervorragende Lehr- und Berufsthätigkeit mögen seine wichtigsten schriftstellerischen Leistungen kurz genannt werden. Das erste größere Werk, durch welches er sich bekannt machte, ist sein *Traité de chimie appliquée aux arts* (1828)

[1] Vergl. A. W. Hofmann's Nekrolog in Ber. 17, 629 ff.

gewesen; die stoffliche Behandlung, besonders die Einteilung desselben blieb für viele spätere Lehrbücher der Technologie maßgebend. — Die ganze Eigenart des Mannes tritt uns in seinen 1837 veröffentlichten *Leçons sur la philosophie chimique*,[1] entgegen; in denselben verstand er die Entwickelung der chemischen Theorien mit großer Klarheit und mit seltener Anmut des Stils darzustellen; auf streng historischen Wert können jedoch diese Vorträge nicht Anspruch machen. — Die zahlreichen Gedächtnisreden, welche Dumas gehalten hat, sind nach ihrer Form bis ins kleinste sorgsam ausgearbeitete Kunstwerke; es seien die der Erinnerung an Pélouze, Balard, Regnault, Faraday gewidmeten erwähnt.

Besonders bekannt und weit verbreitet wurde die Schrift: *Essai de statique chimique des êtres organisés par M. M. Dumas et Boussingault* (1841), in welcher das Leben der Pflanzen und Tiere, namentlich die Vorgänge des Stoffwechsels vom chemischen Standpunkte aus beleuchtet werden. Die hier ausgesprochenen Gedanken waren zum Teil durch die bahnbrechenden Arbeiten Liebig's angeregt worden, dessen Einfluß von den Verfassern nicht gebührend anerkannt wurde, so daß Liebig sich veranlaßt sah, seine voll berechtigten Ansprüche in sehr bestimmter Weise geltend zu machen.[2] Ein großes Verdienst erwarb sich Dumas durch die pietätvolle Herausgabe der Werke von Lavoisier.[3]

Die zahlreichen Experimentaluntersuchungen, die man Dumas zu verdanken hat, veröffentlichte er meist in den *Annales de Chimie et de Physique*, zu deren Herausgebern er seit 1840 gehörte. Um an seine wichtigsten und besonders fruchtbringenden Leistungen zu erinnern, sei hervorgehoben, daß er durch Aus-

---

[1] Dieselben wurden von Bineau nach Vorträgen Dumas' herausgegeben.

[2] Ann. Chem. **41**, 351. Hier wie bei anderen Gelegenheiten hat sich Dumas bedauerlicherweise in sehr ungünstigem Lichte gezeigt. Der Historiker muß auf solche Thatsachen hinweisen, da sie aus dem wissenschaftlichen Charakter eines so hervorragenden Forschers nicht zu tilgen sind. Ganz besonders grell hat Liebig derartige Eigentümlichkeiten Dumas' beleuchtet (vergl. Ann. Chem. **9**, 47 u. 129, ferner Kolbe's Prioritätsanspruch: Journ. pr. Chem. [2] **16**, 30). Solche Vorkommnisse sind, um mit Liebig zu reden, „schwarze Blätter im Buche der Geschichte der Chemie, schwarz, weil sie Lichtstrahlen einsaugen, ohne dadurch leuchtend zu werden.“ Dumas hat die schweren Beschuldigungen, welche ihm Liebig vorwarf, nicht zu entkräften oder gar als nichtig zu erweisen vermocht. — Angesichts der wahrhaft vernichtenden Beurteilung, die Dumas' Charakter in den Briefen von Berzelius und Liebig erfährt, muß leider das in der ersten Auflage Gesagte in vollster Schärfe bestätigt werden (vergl. Briefwechsel Berzelius-Liebig S. 6, 7, 11, 34, 43, 45, 171, 238 u. a.).

[3] Vergl. S. 139 Anmerkung.

arbeitung einiger allgemeiner Methoden sich großes Verdienst erwarb. Der Nutzen seiner Dampfdichte-, sowie Stickstoffbestimmung ist allgemein bekannt und gewürdigt. — Die organische Chemie hat er durch ausgezeichnete Forschungen bereichert, welche über große Gebiete helles Licht verbreiteten und eine Zeit lang vielen Chemikern die Richtung ihrer Arbeiten angaben. Man erinnere sich seiner mit Péligot[1] ausgeführten Untersuchungen über den Holzgeist, über das Äthal aus Wallrat: Körper, deren Analogie mit dem Alkohol von ihm nachgewiesen wurde, ferner seiner Entdeckung und Erforschung der Trichloressigsäure, die das Gebäude der Substitutionslehre krönen sollte. — Der allgemeine Charakter seiner Arbeiten führte Dumas naturgemäß dazu, sich lebhaft an der Behandlung theoretisch chemischer Probleme zu beteiligen. Sein wenig glückliches Eingreifen in die Frage nach der Größe der Atomgewichte, wurde schon erörtert. Die von ihm zum Teil in Gemeinschaft mit Stas ausgeführten Bestimmungen der dem Kohlenstoff, Sauerstoff und anderen Elementen zukommenden Atomgewichte, verdienen als Versuche, welche mit der größten Sorgfalt und Umsicht angestellt sind, hohe Anerkennung.

Sieht man von dem Schatten weg, welchen manche Vorkommnisse in dem wissenschaftlichen Leben Dumas' auf seine Leistungen werfen, so werden die letzteren als Zeugnisse eines umfassenden Geistes noch lange Zeit die vollste Bewunderung erregen. Sein mächtiger Einfluß auf die Gestaltung der organischen Chemie, insbesondere auf die Ausbildung allgemeiner, dem Dualismus entgegengesetzter Ansichten, wird sich aus dem Inhalte des folgenden Abschnittes ergeben.

Entwickelung unitarischer Ansichten in der organischen Chemie. Substitutionstheorieen.

Zur Zeit, als Dumas zuerst seine eigenen, sowie ältere Beobachtungen über den Ersatz von Wasserstoff durch Chlor und andere Elemente zur Grundlage theoretischer Darlegungen machte, stand die elektro-chemische Lehre von Berzelius und die daran anknüpfende Radikaltheorie in hohem Ansehen. Die aus zahlreichen Thatsachen abgeleitete Vorstellung, daß elektropositive Elemente,

[1] E. M. Péligot, geboren 1811, war lange Zeit als Professor der Chemie am *Conservatoire des arts et métiers* thätig und ist im April 1890 gestorben. Er hat sich durch treffliche Arbeiten in den Gebieten der unorganischen, organischen und technischen Chemie (Rübenzuckerfabrikation) verdient gemacht (vergl. Moniteur scientif. 1890, S. 885).

wie Wasserstoff, durch negative, wie Chlor, Sauerstoff u. a., vertreten werden, sollte zu einem Stein des Anstoßes für die dualistische Auffassung werden, welche in ihrer Einseitigkeit nicht aufrecht zu erhalten war. Die verschiedenen hier zu beleuchtenden Versuche, von gemeinsamen Gesichtspunkten aus die Erscheinungen der Substitution zu deuten, waren zugleich bedeutsame Äußerungen des aufstrebenden Unitarismus gegenüber der binären Betrachtungsweise.

Man hat sich zu vergegenwärtigen, daß nach dem damaligen Stande der dualistischen Lehre von Berzelius die Radikale als unveränderliche Atomkomplexe angesehen wurden. Die Folge dieser einseitigen elektro-chemischen Auffassung war die Annahme, daß die negativen Elemente, wie Chlor, Brom und Sauerstoff, an der Zusammensetzung eines Radikals sich nicht beteiligen könnten. Daß mit dieser Annahme die Beobachtungen über den Ersatz von Wasserstoffatomen organischer Verbindungen durch Atome jener Elemente in vollem Widerspruch standen, erscheint selbstverständlich.

Dumas' Substitutionsregeln.

Vereinzelte Thatsachen, welche eine derartige Vertretung verschiedener Elemente lehrten, waren schon bekannt, als Dumas seine ganze Aufmerksamkeit diesem Gegenstande zulenkte. So hatten Gay-Lussac die Bildung von Chlorcyan aus Cyanwasserstoff, Faraday die von Anderthalbfach Chlorkohlenstoff aus Äthylenchlorid, Liebig und Wöhler die Umwandlung von Bittermandelöl in Benzoylchlorid festgestellt. Diesen Forschern war es nicht entgangen, daß aus den genannten, der Wirkung des Chlors unterworfenen Verbindungen eine dem eingetretenen Chlor äquivalente Menge Wasserstoff ausgeschieden war; ja die Ansicht wurde geäußert, daß ersteres Element die Stelle des letzteren eingenommen habe.

Dumas[1] faßte im Jahre 1834 gelegentlich einer Untersuchung über die Wechselwirkung von Chlor und Terpentinöl, namentlich aber bei seiner Arbeit über die Entstehung des Chlorals aus Alkohol, die Thatsachen der Substitution, für welche er die Bezeichnung *Metalepsie* (d. i. Vertauschung: μετάληψις) vorschlug, in zwei empirischen Regeln zusammen. Diese sollten nach Dumas' ersten Äußerungen nicht eine Theorie der Substitution in sich schließen, sondern nur ein den Thatsachen entsprechender Ausdruck sein. Dieselben lauteten:

„Wird ein wasserstoffhaltiger Körper der dehydrogenisierenden

[1] Vergl. Ann. Chim. Phys. (2) **56**, 113 u. 140.

Einwirkung des Chlors, Broms oder Jods ausgesetzt, so nimmt er für jedes Wasserstoffatom, das er verliert, ein diesem gleiches Volumen Chlor, Brom etc. auf."

„Enthält der Körper Wasser, so verliert er den diesem entsprechenden Wasserstoff ohne Ersatz."

Die zweite Regel war aus dem Übergange des Alkohols in Chloral abgeleitet, sollte also die Bildungsweise des letzteren erklären, zugleich die Ansicht von Dumas über die Konstitution des Alkohols stützen; denn dieser Körper wurde ja von ihm, wie früher bemerkt, als Verbindung des Äthylens mit Wasser betrachtet.

Von großer Bedeutung war die bald erweiterte Auffassung Dumas', daß überhaupt bei vielen chemischen Vorgängen ein Austausch von Äquivalenten eines Elementes gegen Äquivalente anderer stattfinde. Unter diesem Gesichtspunkte betrachtete er die Oxydation des Alkohols zu Essigsäure, des Bittermandelöls zu Benzoësäure u. a. m. Ausdrücklich hob er hervor, daß dabei jedes Atom Wasserstoff durch ein halbes Atom Sauerstoff ersetzt wird. Diesen von großer Schärfe zeugenden Gedanken mischten sich aber Unklarheiten bei, welche zur Verwirrung der Ansichten über die Konstitution der in Frage stehenden Verbindungen beitragen mußten; so wurde, um nur ein Beispiel anzuführen, die Ameisensäure als „metaleptisches Produkt" des Alkohols betrachtet, obwohl derartige Beziehungen beider zu einander nicht erweisbar waren.

Laurent's Substitutions- oder Kerntheorie.

Dumas beschränkte sich zu jener Zeit (1835) darauf, die bekannten Thatsachen in obigen Sätzen zusammenzufassen. Sein Landsmann Laurent ging aber weiter voran, indem er die Natur der durch Substitution erzeugten Körper in Betracht zog und diese mit den ursprünglichen verglich. So wurde er zu dem Satze geführt,[1] daß der Bau und chemische Charakter der organischen Verbindungen nach dem Eintreten von Chlor und dem Ausscheiden von Wasserstoff im wesentlichen unverändert bleiben. Dieser Satz, verbunden mit dem Gedanken, daß das Chlor die Rolle des verdrängten Wasserstoffs übernommen habe, ist der Kern der eigentlichen Substitutionstheorie, als deren Urheber Laurent angesehen werden muß; denn Dumas stellte damals die Analogie der Substitutionsderivate mit den ursprünglichen Körpern geradezu in

[1] Laurent hat denselben häufig ausgesprochen, vergl. Ann. Chim. Phys. (2) **60**, 223; **61**, 125; **66**, 326.

Abrede und wälzte, Berzelius gegenüber, welcher ihn wegen dieser Annahme angriff, die Verantwortlichkeit dafür auf Laurent.[1]

Der letztere war es denn auch, der den obigen Satz zur Aufstellung eines Lehrgebäudes zu entwickeln strebte; als Frucht seiner Bemühungen erschien im Jahre 1836 die sogenannte Kerntheorie,[2] welche in kurzen Zügen hier zu schildern ist, wenn sie auch niemals rechten Anklang gefunden hat.[3] Nach Laurent enthalten die organischen Verbindungen Kerne, *radicaux*, und zwar werden *Stammkerne*, aus Kohlenstoff und Wasserstoff nach einfachen Atomverhältnissen zusammengesetzt, von *abgeleiteten Kernen* unterschieden, welche aus den ersteren entweder durch Substitution von Wasserstoff mittels anderer Elemente, oder durch Anlagerung von Atomen hervorgehen. Statt elementarer Substituenten können auch zusammengesetzte Radikale, z. B. Amid, Nitryl, eintreten. — Dieser mit dem Namen *Kerntheorie* bezeichnete Klassifikationsversuch organischer Verbindungen läßt eine Verwandtschaft mit der Radikaltheorie deutlich erkennen; aber die der letzteren eigentümliche Auffassung, daß die Radikale unveränderlich seien, ist verschwunden. Während in dieser grundsätzlichen Änderung ein Fortschritt zu begrüßen war, lag in dem Aufgeben der Beziehungen von organischen Verbindungen zu unorganischen sicherlich ein großer Mangel; es fehlte damit der genügende Halt, der für eine natürliche Ordnung der organischen Körper unentbehrlich war.

Die ungenügende Begründung der Kerntheorie nachzuweisen, wurde den Hauptvertretern der Lehre von den Radikalen nicht schwer, um so weniger als Laurent nicht nur als Theoretiker, sondern auch als Experimentator der Kritik starke Blößen darbot. Seine Arbeiten wurden von Liebig einer unnachsichtigen Besprechung unterzogen, in welcher er zu dem Schlusse kam, daß die Theorie Laurent's unwissenschaftlich und deshalb schädlich sei. Berzelius erhob ebenfalls gegen dieselbe energisch Widerspruch und ging in ihrer Beurteilung so weit, daß er eine nähere Berichterstattung darüber für überflüssig hielt. — In der That wurde Laurent von dieser Seite zu geringschätzig beurteilt; denn so abfällig man über manche haltlose Spekulationen denken mag, sein Bestreben, die

[1] Compt. rend. **6**, 647 u. 695. Laurent trat für seine Ansichten ein, Ann. Chim. Phys. (2) **67**, 303.

[2] Vergl. Ann. Chim. Phys. (2) **61**, 125.

[3] L. Gmelin hat allerdings die Einteilung der organischen Verbindungen nach verschiedenen Kernen seinem bekannten Handbuche zu Grunde gelegt und somit zur Verbreitung der Laurent'schen Ideen beigetragen.

organischen Verbindungen nach einheitlichen Grundsätzen zu ordnen und zu einander in Beziehung zu bringen, war nicht ohne Verdienst. Ferner hat er wirksam dazu beigetragen, den starren Lehrsatz von der Unveränderlichkeit der Radikale zu erschüttern. Endlich ist ihm der Nachweis zu verdanken, daß die empirischen Substitutionsregeln von Dumas keineswegs allgemein gültig sind.

Bevor Laurent im Verein mit Gerhardt seine Ideen in geläuterter Form wieder zum Vorschein brachte, trat Dumas[1] in die Schranken, um den Kampf gegen die Radikaltheorie und damit gegen die dualistische Ansicht überhaupt zu führen. Seine schöne Entdeckung der „*Chloressigsäure*" gab ihm dazu die unmittelbare Veranlassung, und zwar bekannte er sich jetzt zu Laurent's Ansichten, die er früher nicht hatte vertreten wollen. Die substituierenden Atome, z. B. die Halogene, übernehmen die Rolle der verdrängten Wasserstoffatome und die durch Eintritt von Halogen entstandenen Körper müssen Analogie mit den ursprünglichen zeigen: das war für Dumas das klare Ergebnis seiner Untersuchung der Trichloressigsäure; das folgerte er ferner aus den chemischen Beziehungen zwischen Aldehyd und Chloral. Um seinen Gedanken ein festeres Gefüge zu geben, wies er solche miteinander verwandten Verbindungen bestimmten Typen zu, von denen sie abzuleiten sind.

Dumas' Typentheorie (1839).

Dieser Versuch, welcher lebhaft an die Kerntheorie Laurent's erinnert, da auch hier ganze Reihen von Verbindungen auf feststehende Atomkomplexe bezogen wurden. führt in der Geschichte der Chemie den Namen der älteren Typentheorie, zum Unterschied von der neueren Laurent's und Gerhardt's. Gestützt auf das von ihm ermittelte Verhalten der Trichloressigsäure begründete Dumas seine Lehre von den Typen;[2] er wies mit Nachdruck darauf hin, daß trotz des Eintritts von 6 At. Chlor an Stelle von 6 At. Wasserstoff[3] der Hauptcharakter dieses Abkömmlings der Essigsäure derselbe geblieben sei, wie der der letzteren. Beide Verbindungen sind einbasische Säuren und liefern durch Einwirkung der Alkalien analog zusammengesetzte Produkte. Daraus folgerte er, daß „es in der organischen Chemie gewisse Typen giebt, welche bestehen

[1] Ann. Chim. Phys. (2) **73**, 73 ff.

[2] Ann. Chem. **33**, 179 und 259.

[3] Dumas legte der Essigsäure die Formel $C_4H_8O_4$, der Chloressigsäure: $C_4H_2Cl_6O_4$ bei.

bleiben, selbst wenn man an Stelle des Wasserstoffes ein gleiches Volum Chlor, Brom oder Jod bringt". Essigsäure und Trichloressigsäure, Aldehyd und Chloral, Grubengas und Chloroform gehören denselben chemischen Typen an. Ein solcher umfaßt nach Dumas Verbindungen, welche die gleiche Zahl Äquivalente in derselben Weise verbunden enthalten, und deren Grundeigenschaften ähnlich sind. Man erkennt, daß die gegenseitigen Beziehungen der zu einem chemischen Typus gehörigen Körper dieselben sind, wie die, welche Laurent zwischen Stammkernen und den durch Substitution gebildeten Nebenkernen angenommen hatte.

Dumas genügte der Begriff des chemischen Typus noch nicht; er ließ denselben in dem weiteren des mechanischen Typus[1] aufgehen, welch' letzterer alle Verbindungen umschließen sollte, die auseinander durch äquivalente Substitution entstanden gedacht werden, auch wenn ihre Eigenschaften völlig verschiedene sind. Dieser Auffassung gemäß ordnete Dumas ganz richtig den Alkohol und die Essigsäure dem gleichen mechanischen Typus unter, brachte aber andererseits Verbindungen zusammen, welche in keinerlei Beziehung zu einander stehen, z. B. Ameisensäure und Methyläther. Man mußte bald erkennen, daß ein hohler Schematismus über den inneren Gehalt dieser aus der Laurent'schen Kerntheorie entwickelten Lehre den Sieg davontrug. Das Bestreben, die organischen Verbindungen nach Typen zu ordnen, überwog und verdrängte die höheren Aufgaben, die Berzelius der Chemie vorgezeichnet hatte. Die Annahme gewisser Atomkomplexe oder Radikale, welche die Erkenntnis der chemischen Konstitution von Verbindungen anbahnen sollten, wurde durch die Aufstellung mechanischer Typen verdrängt, damit aber das Band völlig zerschnitten, welches die organischen Körper mit den unorganischen verknüpfen sollte.

Dies völlige Aufgeben der von Berzelius aufgestellten, als fruchtbringend erkannten Grundsätze konnte nicht verfehlen, denselben zum lebhaftesten Widerspruch gegen die Typentheorie zu treiben. Dumas hatte die elektrochemische Lehre von Berzelius als irrtümlich bezeichnet; an Stelle der dualistischen Auffassung des letzteren sollte die entgegengesetzte unitarische treten. *Jede chemische Verbindung bildet ein geschlossenes Ganzes, besteht also nicht aus zwei Teilen. Der chemische Charakter einer solchen ist vorzugsweise abhängig von der Anordnung und Zahl der Atome, dagegen in untergeordneter Weise von deren chemischen Natur.* Diese Sätze von Dumas

[1] Schon früher hatte Regnault in ähnlichem Sinne von *molekularen Typen* gesprochen, die bei chemischen Reaktionen erhalten bleiben (1838).

standen in schroffem Widerspruch mit der Lehre von Berzelius; sie proklamierten einen einseitigen Unitarismus, welcher von dem letzteren mit aller ihm zu Gebote stehenden Kraft bekämpft wurde.

Erschütterung der dualistischen Lehre von Berzelius.

Dumas trug kein Bedenken, den Dualismus als ein geradezu schädliches, die Entwickelung der organischen Chemie hemmendes Prinzip zu bezeichnen. Sein Streben, dasselbe zu beseitigen und an dessen Stelle die unitarische Auffassung zu setzen, war offenkundig. Der Angriff, den er gegen die damals von den meisten Chemikern hochgehaltenen Lehren von Berzelius richtete, wurde von letzterem und auch von Liebig kräftig abgewiesen. Dieser[1] erkannte manches an, was von Berzelius in Abrede gestellt wurde, z. B. die Thatsache der Substitution, erhob aber Einspruch gegen die Ausdehnung, welche Dumas dem Substitutionsprinzip zuwies. Die Behauptung desselben, jedes Element einer Verbindung könne unter Beibehaltung ihres Typus durch ein anderes ersetzt werden, wurde von Liebig als gänzlich unbewiesen gekennzeichnet und erfuhr zugleich eine ironische Abfertigung.[2] — Berzelius, welcher sein ganzes, auf der elektrochemischen Theorie aufgebautes System bedroht sah, richtete in den Jahresberichten für 1838 und für die folgenden Jahre seine kritischen Waffen gegen die Lehre von den Typen. Im Gegensatz zu der unitarischen Betrachtungsweise Dumas' stellte er in schärfster Weise die elektrochemische, demnach dualistische, als Grundprinzip auf; er blieb dabei wesentlich auf seinem früheren Standpunkte stehen, wonach elektronegative Elemente überhaupt nicht in die Zusammensetzung von Radikalen eintreten sollten.

Die Schwierigkeiten, welche die Erklärung der Substitution von Wasserstoff durch Chlor und andere Elemente darbot, suchte Berzelius dadurch zu umgehen, daß er den auf solche Weise entstehenden Verbindungen nach eigenem Ermessen eine andere Konstitution zuschrieb, als den ursprünglichen. Damit betrat er einen bedenklichen Abweg, auf dem der besonnene, ruhige Forscher in die ärgsten Widersprüche mit seinen bis dahin unverbrüchlich festgehaltenen Grundsätzen geriet.

Berzelius legte an der Essigsäure und der Trichloressigsäure seine Auffassung zunächst dar. Während von ihm die erstere, und zwar die wasserfreie, als Oxyd des Radikals Acetyl betrachtet,

[1] Ann. Chem. 33, 301.

[2] Vergl. Ann. Chem. 33, 308. Der hier mitgeteilte, satyrisch gehaltene Brief ist von Wöhler verfaßt und von Liebig veröffentlicht worden.

also $C_4H_3 + O_3$ formuliert wurde, deutete er die Trichloressigsäure als eine sogenannte *gepaarte Verbindung*[1] von ganz anderer Konstitution: nämlich als einen mit Oxalsäure gepaarten Chlorkohlenstoff von folgender Zusammensetzung: $C_2Cl_3 + C_2O_3$ (bezügl. der durchstrichenen Atomzeichen s. S. 203). Zu dem weiteren folgerichtigen Schritte, nämlich der Anerkennung, daß die Essigsäure entsprechend zusammengesetzt, also eine mit Methyl gepaarte Oxalsäure sei, konnte er sich damals noch nicht entschließen, offenbar in der Besorgnis, daß er damit einen Grundsatz seiner elektrochemischen Lehre preisgebe. In ähnlicher Weise suchte er die Konstitution der übrigen Chlorderivate organischer Verbindungen durch die Annahme chlorhaltiger *Paarlinge* zu erklären, derart, daß die Mutterkörper eine andere rationelle Zusammensetzung besaßen, als die daraus hervorgegangenen Produkte.

Berzelius kam durch diese unglücklichen Versuche, auf spekulativem Wege die nach seiner eigenen Meinung für die Chemie wichtigste Frage, die Konstitution von chemischen Verbindungen aufzuklären, ins straucheln und zu Falle. Er mußte, um seine Lehre von den Paarlingen durchzuführen, willkürlich Radikale in organischen Verbindungen voraussetzen, ohne irgend welche Beweise für seine Annahmen beibringen zu können. Vor allem machte er sich die Folgen der letzteren nicht klar; er übersah, daß seine chlorhaltigen Paarlinge nur durch Eintritt von Chlor an Stelle von Wasserstoffatomen der Radikale entstanden sein mußten.

Die wichtige Beobachtung von Melsens[2] (1842), daß die Chloressigsäure durch Kaliumamalgam in Essigsäure zurückverwandelt wird, mußte Berzelius[3] überzeugen, daß er seine Ansicht von der verschiedenartigen Konstitution beider Säuren nicht mehr aufrecht erhalten könne. Er entschied sich dafür, die Essigsäure entsprechend ihrem Chlorderivat als mit dem Paarling C_2H_3 gepaarte Oxalsäure aufzufassen, formulierte also beide Verbindungen folgendermaßen:

$$C_2H_3 + C_2O_3.HO \text{ Essigsäure,}$$
$$C_2Cl_3 + C_2O_3.HO \text{ Chloressigsäure.}$$

Mit diesem Schritte hatte aber Berzelius das wichtige Zu-

[1] Die Auffassung, daß gewisse organische Verbindungen *gepaarte* seien, ist in einer der ersten Abhandlungen von Gerhardt (Ann. Chim. Phys. [2] **72**, 184) in bestimmter Form ausgesprochen worden. Daselbst bezeichnete er als *accouplement* (Paarung) die Vereinigung organischer Körper mit unorganischen. Den einen Teil solcher Verbindungen nannte er *Copule* (Paarling), z. B. die organische Substanz, welche mit einer unorganischen Säure gepaart ist.

[2] Ann. Chim. Phys. (3) **10**, 233.

[3] Lehrb. d. Chemie **1**, 709 (5. Aufl.).

geständnis der Substitution von Wasserstoff durch Chlor innerhalb des Paarlings gemacht. Wenn nun auch von ihm betont wurde, daß der letztere ohne besonderen Einfluß auf die Verbindung sei, welcher er angehört, so war doch damit ein Grundprinzip der Substitutionslehre von ihm anerkannt worden.

Trotz des Rückzuges, den Berzelius in dieser Frage angetreten hatte, beharrte er noch bis an sein Lebensende im Widerstande gegen die Lehre von den Typen und suchte auf jede Weise die dualistische Auffassung chemischer Verbindungen hochzuhalten. Dabei mußte er zu seinem Schmerze erfahren, daß die treuesten Anhänger seiner Lehren ihm nicht mehr zu folgen vermochten, ja offen gegen seine Behandlung der Frage, wie die Konstitution organischer Verbindungen zu deuten sei, Einspruch erhoben. Liebig, der schon früher[1] den Thatsachen der Substitution Rechnung getragen hatte, trat jetzt offen gegen die künstlichen Erklärungsversuche von Berzelius auf,[2] zumal als in dem Gießener Laboratorium die chlor- und bromhaltigen Abkömmlinge des Anilins von A. W. Hofmann untersucht und als Beleg dafür betrachtet wurden, daß der chemische Charakter einer Verbindung nicht unwesentlich von der Anordnung der Atome abhänge. Liebig wandte sich damit der unitarischen Auffassung zu. — Folgende Worte[3] lehren die Stimmung kennen, welche gewiß nicht bei Liebig allein in jener Zeit Berzelius gegenüber Platz gegriffen hatte: „In den letzten Jahren, wo Berzelius aufhörte, experimentellen Anteil an der Lösung der Fragen der Zeit zu nehmen, wandte sich seine ganze Geisteskraft theoretischen Spekulationen zu; aber ungestützt und nicht getragen durch eigene Anschauung fanden seine Ansichten keinen Widerhall oder Anklang in der Wissenschaft."

Soviel steht fest: Berzelius hat durch zu weit getriebene Spekulationen an dem Bau seiner eigenen Lehre gerüttelt, die Radikaltheorie insbesondere durch Anhäufen unbewiesener Hypothesen stark geschädigt. Seine Gegner gingen so weit, zu behaupten, er habe aus der organischen Chemie durch willkürliche Annahme von Radikalen „die Lehre der Körper gemacht, welche nicht existieren". So schien es fast, als ob sein ganzes Lehrgebäude dem Untergange geweiht

[1] Ann. Chem. **31**, 119; **32**, 72.

[2] Ann. Chem. **50**, 295: „Berzelius und die Probabilitätstheorieen." Der öfter schon citierte Briefwechsel zwischen Berzelius und Liebig läßt die allmähliche Entfremdung beider Männer in wahrhaft dramatischer Lebendigkeit hervortreten.

[3] Ann. Chem. **50**, 297.

sei. Bei vielen Chemikern trat infolgedessen eine sichtliche Entmutigung ein; sie wandten sich, jede Spekulation für gefährlich erachtend, mehr der empirischen Richtung oder anderen Gebieten zu. — Und doch, trotz der Geringschätzung, welche der Radikaltheorie von vielen Seiten zu teil wurde, sah man bald ein, daß man vor der Hand zu der Erforschung der chemischen Konstitution die Annahme von Radikalen, welche die Typentheorie beseitigt hatte, nicht entbehren konnte. Im Laufe der vierziger Jahre vollzog sich einmal von unitarischer Seite eine Verschmelzung der Radikaltheorie mit der älteren Typenlehre: durch Laurent's und Gerhardt's gemeinsame Arbeit entstand die neuere Typentheorie. Sodann wurden auf der anderen Seite von H. Kolbe die viel geschmähten Paarlinge zu neuem Leben gebracht; der Paarungsbegriff klärte sich unter wesentlicher Mithilfe Frankland's, und damit wurde die Aufstellung der neuen Radikaltheorie und der Valenzlehre angebahnt.

Verschmelzung der älteren Typenlehre mit der Radikaltheorie durch Laurent und Gerhardt.

Von den beiden Forschern, welche, zu gemeinsamer Arbeit vereint, die gründliche Umgestaltung der älteren in die neuere Typenlehre ausgeführt haben, war Laurent schon, wie oben erörtert ist, als Begründer der eigentlichen Substitutionslehre thätig gewesen. Er wie Gerhardt, entschiedene Gegner der dualistischen Auffassungsweise, waren dennoch nicht abgeneigt, die Vorstellung von Radikalen zu benutzen, wenn sie auch den letzteren einen anderen Sinn beilegten. Außer Laurent und Gerhardt haben andere Chemiker sowohl durch Ideen, welche sie äußerten, als durch Thatsachen, die sie ermittelten, zur Aufstellung der neueren Typentheorie wesentlich beigetragen. Die in diesem Sinne von Wurtz, Hofmann, Williamson ausgegangene Anregung ist ebenfalls hier zu schildern.

Laurent und Gerhardt haben sich gegenseitig sehr stark beeinflußt und zweifellos ergänzt. Der letztere war mit der besonderen Gabe ausgestattet, vereinzelte Thatsachen unter gemeinsamem Gesichtspunkte zusammenzufassen und daraus verallgemeinernde Schlüsse zu ziehen. Aber auch Laurent wußte mit glücklichem Blick einzelnen Gedanken eine große Tragweite zu geben und in manchen Fragen sich ein unbefangeneres Urteil zu bewahren, als sein Arbeitsgenosse.

Über die Lebensverhältnisse beider mögen zuvor einige Angaben Platz finden. — August Laurent, 1807 zu La Folie (bei Langres) geboren, wurde von Dumas in die Chemie eingeführt und auf diese Weise besonders mit dem organischen Teile derselben bekannt, dem er fortan mit einer gewissen Einseitigkeit treu blieb. Seine Arbeiten über Naphtalin und Karbolsäure, sowie ihre Abkömmlinge, sind Zeugnis dafür. Nachdem Laurent verschiedene Stellungen, zuletzt eine chemische Professur in Bordeaux, bekleidet hatte, kam er als Wardein der Münze 1848 nach Paris, wo er bis zu seinem frühen Tode 1853 mit Gerhardt in innigem Verkehre blieb.

Karl Gerhardt, geb. 1816 zu Straßburg, brachte eine vielseitige Bildung mit, als er seine wissenschaftliche Laufbahn begann; er hatte seinen chemischen Studien an deutschen Hochschulen obgelegen, zuletzt unter der feurig anregenden Leitung Liebig's, dem er, wie so viele andere, sehr viel zu verdanken hatte. Nachdem er einige Jahre in Paris seinen Arbeiten gelebt, war er von 1844—1848 Professor der Chemie in Montpellier, dann nach längerem Aufenthalte in Paris seit 1855 in gleicher Stellung zu Straßburg, wo er schon im folgenden Jahre starb. Seine für die Entwickelung der organischen Chemie wichtigen Leistungen, sowie die mit Laurent gemeinsam zur Geltung gebrachten Ansichten sind im folgenden beleuchtet.

Gerhardt's Theorie der Reste.

Zur Zeit, als Gerhardt mit seinen ersten wissenschaftlichen Arbeiten hervortrat, war der Kampf zwischen Radikal- und Substitutionstheorie lebhaft entbrannt. Die letztere hatte in der Typenlehre Dumas' den schroffsten Ausdruck gefunden und sich nicht nur gegen die dualistischen, der älteren Radikaltheorie zu Grunde liegenden Vorstellungen, sondern gegen die Radikale überhaupt ausgesprochen. Gerhardt mochte den Nachteil empfinden, den das Aufgeben der näheren Bestandteile organischer Verbindungen nach sich zog. Ohne den streng unitarischen Standpunkt von Dumas zu verlassen, versuchte er, die geschmähten Radikale unter anderer Bezeichnung und mit veränderter Bedeutung wieder in die Chemie einzuführen: er stellte die Resttheorie,[1] *Théorie des résidus,* auf.

Die Reste sind nach ihm Atomkomplexe, welche bei der Wechselwirkung zweier Körper infolge der stärkeren Verwandtschaft einzelner Elemente zu einander übrig bleiben und sich miteinander vereinigen, da sie für sich nicht bestehen können. So erklärte Gerhardt die Bildung des Nitrobenzols aus Benzol und Salpetersäure, überhaupt die Entstehung der von ihm als *gepaarte Verbindungen* be-

[1] Ann. Chim. Phys. (2) **72**, 184 (1839).

zeichneten Körper in folgender einfacher Weise: „Wenn zwei Körper aufeinander reagieren, so tritt aus dem einen ein Element (z. B. Wasserstoff) aus, das sich mit einem Elemente (Sauerstoff) des anderen vereinigt, um eine stabile Verbindung (Wasser) zu erzeugen, während die Reste zusammentreten.“ Die letzteren werden nicht als wirkliche, in der betreffenden Verbindung bestehende Atomgruppen, sondern als imaginäre Größen betrachtet; sie werden als durchaus verschieden von den im freien Zustande bekannten Verbindungen gleicher Zusammensetzung, z. B. der schwefligen Säure (SO_2) oder Untersalpetersäure (NO_2), angesehen. Gerhardt drückte diesen Unterschied dadurch aus, daß er die Reste als in der *Substitutionsform* bestehend annahm. Auch die Voraussetzung verschiedener Reste in einer und derselben Verbindung je nach der Art, wie dieselbe sich bildet oder zersetzt, kam schon damals zum Vorschein.[1]

Sieht man diese Auffassung Gerhardt's genauer an, so erkennt man, daß darin die Ansichten über Substitution zugleich mit solchen über Radikale als veränderliche Atomkomplexe zum Ausdruck gelangt sind. In der That versuchte er auch mit Hilfe dieser Betrachtungsweise die Substitutionsvorgänge zu erklären, insofern er den Ersatz eines austretenden Elementes durch äquivalente Mengen eines anderen oder durch einen gleichwertigen Rest des reagierenden Körpers ausdrücklich lehrte.

In anderer Form hatten dies schon Dumas sowie Laurent ausgesprochen. Gerhardt wußte aber aus seiner Auffassungsweise wichtige Schlüsse bezüglich der chemischen Natur von „gepaarten Verbindungen“ zu ziehen; es entging ihm nicht, daß die Sättigungskapazität der letzteren den Basen gegenüber eine andere war, als die der ursprünglichen Säuren, bevor diese sich mit einem Alkohol oder Kohlenwasserstoff „gepaart“ hatten. Aus der Salpetersäure und dem Benzol entsteht bekanntlich das indifferente Nitrobenzol, aus der Schwefelsäure und Alkoholen die einbasischen Ätherschwefelsäuren. Gerhardt folgerte aus diesen und ähnlichen Befunden, daß „die Basizität der gepaarten Verbindung gleich der Summe der Basizität von den sich paarenden Körpern weniger 1 ist“. Mittels dieses seines *Basizitätsgesetzes*[2] konnte er die chemische Natur von Säuren bestimmen, über deren Sättigungskapazität zu jener Zeit noch Zweifel

---

[1] Hier sei bemerkt, daß die Begründer der Radikaltheorie, Berzelius sowie Liebig, zeitweise ganz ähnliche Ansichten über die Möglichkeit geäußert haben, verschiedene Radikale in der nämlichen Verbindung anzunehmen (vergl. Berzelius' Jahresber. **14**, 348; Liebig, Ann. Chem. **26**, 176).

[2] Vergl. Comptes rendus **17**, 312. Comptes rendus des travaux chimiques par Laurent et Gerhardt, **1845**, S. 161.

herrschten. Mit aller Bestimmtheit bezeichnete er die Essigsäure, obwohl sie ein saures Natronsalz bildet, als einbasische Säure, ebenso die Salz- und die Salpetersäure, weil dieselben nur neutrale Äther erzeugen, die Schwefelsäure und Oxalsäure aber als zweibasisch, da sie durch Paarung mit einem Alkohol in erster Linie einbasische Äthersäuren liefern.

Gerhardt's erste Klassifizierung organischer Verbindungen.

Schon bevor Gerhardt zu solcher Klarheit in dieser so wichtigen Frage gelangt war, hatte er sein Streben darauf gerichtet, die organischen Verbindungen zu klassifizieren. Sein erster Versuch, dies Ziel zu erreichen, findet sich in dem *Précis de chimie organique* (1842). Hier erscheint er von Dumas und dessen Typenlehre stark beeinflußt; gleich ihm vermied Gerhardt die Anwendung von Formeln, die etwas über die nähere oder rationelle Zusammensetzung der chemischen Verbindung aussagen könnten. Nach den empirischen Formeln ordnete er dieselben in aufsteigender Reihe, so daß die Körper von gleichem Kohlenstoffgehalt eine Gruppe bildeten. Geneigt, in Bildern zu reden, verglich er diese Anordnung der organischen Verbindungen mit einer Leiter, deren unterste Stufe durch die einfachsten, und deren höchste durch die kompliziertest zusammengesetzten Körper gebildet werden. Da nun durch Oxydation aus den kohlenstoffreichen Verbindungen solche hervorgehen, die weniger Kohlenstoffatome enthalten, so bezeichnete er seine Anordnung als *Verbrennungsleiter*, *échelle de combustion.*

Von einer ungezwungenen, naturgemäßen Klassifizierung der organischen Verbindungen war hier nichts zu bemerken; mit größter Willkür wurden vielmehr die verschiedenartigsten Körper zu einer Abteilung vereinigt, sobald dieselben nur der einen Bedingung genügten: die gleiche Zahl Kohlenstoffatome aufzuweisen. Auf ihre chemische Natur wurde nicht die geringste Rücksicht genommen; neben Buttersäure erschien als Angehöriger derselben Klasse der Essigäther, neben Bernsteinsäure die Ätheroxalsäure, weil dieselben zufällig die gleiche Zahl Kohlenstoffatome enthielten. Die Beeinflussung Gerhardt's durch Laurent, der nicht lange zuvor in ganz ähnlicher Weise die organischen Körper schablonenmäßig eingeteilt hatte, war hier nicht zu verkennen.

In der That konnte ein stärkerer Schlag gegen die Bestrebungen der älteren Radikaltheorie und eine ungebührlichere Übertreibung der Typenlehre Dumas kaum gedacht werden. Gerhardt selbst hat dies bald herausgefühlt; sein später gemachter Klassifikationsversuch, welcher den letzten und bestimmtesten Ausdruck in der neueren Typenlehre fand, zeigte deutlich, daß Gerhardt eine Anknüpfung mit den Vorstellungen der Radikaltheorie gefunden und eine Aussöhnung dieser mit der Substitutionslehre angestrebt hat.

Bevor diese Arbeiten Gerhardt's darzulegen sind, müssen seine zum Teil mit Laurent ins Werk gesetzten Bestrebungen beleuchtet werden, welche die einheitliche Gestaltung der Ansichten über die Atomgewichte von Elementen und Verbindungen bezweckten. Insbesondere die Erfassung des Begriffs Molekül und damit die Wiederbelebung der Avogadro'schen Hypothese sind als wichtige Errungenschaften der gemeinschaftlichen Thätigkeit beider Forscher, insbesondere der Bemühungen Laurent's rückhaltlos anzuerkennen.

Gerhardt's „Äquivalente".

Zu Beginn der vierziger Jahre hatte die Unsicherheit der Frage, welche Atomgewichte man den Elementen beilegen solle, und weiter der Frage nach der Atomgröße von chemischen Verbindungen einen besonders hohen Grad erreicht. Die Bedenken, welche schon früher Gay-Lussac, Davy und andere gegen die Annahme bestimmter Atomgewichte geltend gemacht hatten, wurden von Gmelin und seiner Schule wieder aufgenommen. Das mühsam ins Leben gerufene Werk von Berzelius, sein Atomgewichtssystem, war nahe daran, aufgegeben oder stark verändert zu werden. An Stelle seiner durch gute Gründe gestützten Atomgewichte der Grundstoffe sollten *Verbindungsgewichte*, also diejenigen Werte treten, welche die einfachsten Proportionen der sich vereinigenden Stoffe zum Ausdruck zu bringen bestimmt waren. Alle Spekulation über relative Atomgröße wurde verbannt, möglichst nüchterne Formulierung chemischer Verbindungen erstrebt. Die nächste Folge dieser Reaktion war die Halbierung einer großen Zahl der von Berzelius in die Wissenschaft eingeführten Atomgewichte. So traten an Stelle der von ihm für Kohlenstoff, Sauerstoff, Schwefel und die meisten Metalle angenommenen Werte die halb so großen *Äquivalente:* $C = 6$, $O = 8$, $S = 16$, $Ca = 20$, $Mg = 12$ u. s. w.

Gerhardt wandte sich zuerst im Jahre 1842 gegen diese Äquivalente und wußte die Unzulässigkeit ihrer Annahme durch triftige Gründe zu beweisen.[1] Er zeigte nämlich, daß die bei Reaktionen organischer Verbindungen sich ausscheidenden Mengen Wasser, Kohlensäure, Kohlenoxyd, schweflige Säure niemals durch das, was

[1] Vergl. Journ. pr. Chem. **27**, 439. Ferner sein Précis de chim. org. **1**, 49.

man ein Äquivalent nannte, ausdrückbar sind, sondern durch zwei Äquivalente oder überhaupt eine gerade Zahl der letzteren. Die kleinsten Äquivalentformeln jener Verbindungen im Sinne der Gmelin'schen Auffassung sind also H_2O_2, C_2O_4, C_2O_2 und S_2O_4. Dieser Thatsache konnte nur, so schloß Gerhardt, ein Fehler zu Grunde liegen: „Entweder entsprechen die Symbole H_2O_2 und C_2O_4 einem Äquivalent oder sie entsprechen zweien.“ Nahm man das erstere an, so mußten die Formeln der unorganischen Verbindungen verdoppelt werden; entschied man sich aber für das letztere, so war Halbierung der „organischen Formeln“ geboten. Den Widerspruch, welcher zwischen der Formulierung organischer und unorganischer Körper bestand, löste Gerhardt dadurch, daß er für die Elemente Kohlenstoff, Sauerstoff und Schwefel, welche hier in erster Linie in Betracht kamen, die Atomgewichte von Berzelius, also auf $H = 1$ bezogen, $C = 12$, $O = 16$, $S = 32$ wieder in ihr Recht einsetzte.[1] Aber mit dieser seiner Reform blieb er auf halbem Wege stehen; denn während er für die genannten Grundstoffe die richtigen Werte feststellte, wurde er durch Gründe besonderer Art dahin geführt, die Atomgewichte der meisten Metalle halb so groß anzunehmen, als Berzelius vorgeschlagen hatte. Im Gegensatz zu letzterem, der von der Voraussetzung ausging, die meisten Metalloxyde seien nach der allgemeinen Formel MeO zusammengesetzt, verglich Gerhardt diese Oxyde mit dem Wasser, drückte also ihre Zusammensetzung durch das allgemeine Symbol Me_2O aus. Daraus folgerte er für die einwertigen Metalle die richtigen, für die zweiwertigen aber die falschen Atomgewichte, z. B. für Calcium den Wert 20 statt 40, für Blei 103,5 statt 207 u. s. w.

Abgesehen von dieser Unvollkommenheit bestand in den Darlegungen Gerhardt's über die Atomgewichte der Elemente eine Unklarheit, die Verwirrung hervorrufen mußte: er nannte nämlich seine eben besprochenen Zahlenwerte ebenfalls *Äquivalente* und gebrauchte dieselbe Bezeichnung auch für die Mengen chemischer Verbindungen, welche ihren Molekulargewichten entsprachen, also überhaupt für solche Quantitäten, welche keineswegs chemisch äquivalent zu sein brauchen. So waren für ihn die durch die Formeln HCl, SO_4H_2, $C_2H_4O_2$ gegebenen Mengen Chlorwasserstoff, Schwefelsäure und Essigsäure äquivalent. Allerdings muß betont werden, daß Gerhardt mit diesem Worte einen anderen Sinn verbunden hat,

[1] Vergl. Journ. pr. Chem. **30**, 1 flg. Völlig unverständlich bleibt es, daß Gerhardt auf die Übereinstimmung der von ihm vorgeschlagenen Atomgewichte mit denen von Berzelius nicht hingewiesen hat.

als für uns darin liegt; ihm sind *Äquivalente* chemischer Verbindungen vergleichbare Mengen dieser.

Völlige Klarheit kam aber erst in seine Bestrebungen durch Laurent's Beistand. Dieser erfaßte bestimmt den Unterschied zwischen Molekular-, Atom- und Äquivalentgewicht, deren richtige Wertbestimmung die Grundlage unserer jetzigen Ansichten über Molekül und Atom bildet; er ist es gewesen, welcher Avogadro's Hypothese wieder ins Leben gerufen und ihre für die heutige Chemie so bedeutungsvolle Entwickelung vorbereitet hat.

Trennung der Begriffe Molekül, Atom, Äquivalent durch Laurent und Gerhardt.

Gerhardt's anerkennenswertes Streben ging dahin, die Zusammensetzung aller chemischen Verbindungen durch Formeln auszudrücken, welche auf ein gemeinsames Maß bezogen, also vergleichbar waren. Die Formeln flüchtiger Verbindungen sollen nach ihm durchweg solche Mengen darstellen, welche im Gaszustande zwei Volume erfüllen, wenn das Volum eines Atoms Wasserstoff = 1 gesetzt wird. Dieser gesunde Grundsatz ist bekanntlich seither vollgültig anerkannt worden.

Diesem Prinzip gemäß hatte er die *viervolumigen* Formeln vieler organischer Verbindungen durch Halbieren in *zweivolumige* umgewandelt. Die damals häufige irrtümliche Auffassung derselben, wonach z. B. der Essigsäure die Formel $C_4H_8O_4$, dem Alkohol $C_4H_{12}O_2$, dem Äthylen das Symbol C_4H_8 beigelegt wurden, hatte sich infolge der Anwendung dualistischer Ansichten auf die Zusammensetzung organischer Körper, sowie durch den Gebrauch einiger unrichtiger Atomgewichte von Elementen festgesetzt.[1] Gerade für die organischen, meist unzersetzt flüchtigen Verbindungen, konnte nun der von Gerhardt aufgestellte Satz, daß ihre Formeln sich nach den in gleichen Volumen enthaltenen Mengen richten müßten, am umfassendsten zur Geltung gebracht werden.

Manche Unklarheit Gerhardt's, wie die, daß er das Wort Äquivalent in einem durchaus mißverständlichen Sinne brauchte, wurde von Laurent beseitigt. Dieser wies mit Nachdruck und

[1] Zur Ableitung der atomistischen Zusammensetzung organischer Säuren dienten vorzugsweise Silbersalze der letzteren; für essigsaures Silber wurde von Berzelius die Formel $C_4H_6O_3.AgO$ ($Ag = 216$) ermittelt, woraus die oben angegebene Zusammensetzung dieser Säure folgte. Der Alkohol wurde von Liebig als Hydrat des Äthyläthers betrachtet, demgemäß $C_4H_{10}O.H_2O$ formuliert; daraus ergab sich weiter für das Äthylen die Zusammensetzung C_4H_8 u. s. f.

Klarheit darauf hin,[1] daß die Gerhardt'schen Äquivalente mit denen der Verbindungen gar nicht vergleichbar, geschweige denn gleichwertig seien. Er zeigte durch seine Darlegungen, daß man Gerhardt's Äquivalente der Elemente als deren Atomgewichte, die der Verbindungen als Molekulargewichte betrachten müsse. Sein Verdienst bestand darin, die mit diesen Bezeichnungen zu verbindenden Begriffe scharf erfaßt zu haben.

Laurent verstand unter Molekulargewicht eines Elementes oder einer chemischen Verbindung die Gewichtsmengen, welche unter gleichen Bedingungen, im Gaszustande, denselben Raum einnehmen, wie zwei Atome Wasserstoff; die durch letztere repräsentierte Menge betrachtete er als Molekül des Wasserstoffes. Für ihn sind demnach die Molekulargewichte von Chlor, Sauerstoff, Stickstoff, Cyan durch die Formeln Cl_2, O_2, N_2, $(CN)_2$, die Molekulargewichte der Salzsäure und Essigsäure durch die Formeln HCl und $C_2H_4O_2$ gegeben, weil die diesen Symbolen entsprechenden Mengen, als Dämpfe, unter denselben Bedingungen den gleichen Raum erfüllen, wie zwei Gewichtsteile Wasserstoffgas. Hier tritt die Übereinstimmung seiner Ideen mit denen Avogadro's klar hervor; aber Laurent hat noch das Verdienst, die letzteren in hohem Maße erweitert zu haben. Das Molekül wird von ihm definiert als „kleinste Menge, welche man anwenden müsse, um eine Verbindung zu stande zu bringen“. Den Beweis für die Richtigkeit dieser Auffassung erblickte er in der Thatsache, daß die Atome Chlor, Brom, Wasserstoff u. s. w. nur paarweise auftreten, um chemisch zu wirken.

Das Atom ist nach Laurent die kleinste Menge eines Elementes, welche in zusammengesetzten Körpern vorkommt; als Atomgewichte adoptierte er die von Gerhardt aufgestellten Werte, die zum großen Teile mit denen von Berzelius zusammenfielen. — Die Äquivalente endlich bedeuten für ihn die „gleichwertigen Mengen analoger Körper“. Diese letztere Begriffsbestimmung führte folgerichtig zu der Annahme, daß ein und dasselbe Element, wenn es mit anderen in wechselnden Verbindungsverhältnissen zusammentritt, verschiedene Äquivalente hat.[2]

---

[1] Ann. Chim. Phys. (3) **18**, 266.

[2] „Die Idee des Aquivalentes schließt die Ansicht einer gleichartigen Funktion in sich; man weiß, daß ein und dasselbe Element die Rolle von zwei oder mehreren anderen spielen kann, weshalb es vorkommen muß, daß diesen verschiedenen Funktionen auch verschiedene Gewichte entsprechen. Andererseits sieht man verschiedene Gewichte desselben Metalls, wie z. B. des Eisens, Kupfers, Quecksilbers u.s.w., den Wasserstoff der Säuren ersetzen und dabei Salze bilden, welche dasselbe Metall, aber verschiedene Eigenschaften besitzen. Diese Metalle

Das gemeinsame Wirken von Laurent und Gerhardt im Bereiche dieser für die theoretische Chemie außerordentlich wichtigen Fragen fand bei den Chemikern sehr wenig Teilnahme; bei vielen stießen Vorstellungen, wie die eben berührten über die schwankenden Äquivalentwerte sogar auf lebhaften Widerspruch. Die so richtigen, aber noch nicht genügend begründeten Ansichten Laurent's über die Größe der Moleküle von Elementen und Verbindungen drangen damals, also gegen Ende der vierziger Jahre, noch nicht durch: Gmelin's *Verbindungsgewichte* wurden meist beibehalten und waren noch zur Zeit des Erscheinens von Gerhardt's Lehrbuch der Chemie (1853) so allgemein in Ansehen, daß der Verfasser desselben gegen seine bessere Überzeugung in den ersten drei Bänden den chemischen Symbolen die Gmelin'schen Zahlen zu Grunde legte, also Äquivalentformeln gebrauchte.[1] Kräftigere Beweise, als Laurent und Gerhardt sie geliefert hatten, mußten dafür erbracht werden, daß die von ihnen gebrauchten Atom- und Molekulargewichte die richtigen seien. Insbesondere sind es die zu Beginn der fünfziger Jahre veröffentlichten Untersuchungen von Williamson gewesen, durch die ein günstiger Fortschritt angeregt wurde. Die richtige Erkenntnis ging auch hier wieder von Erfahrungen aus, die auf dem Gebiete der organischen Chemie gesammelt wurden.

Einfluß der Forschungen von Wurtz, Hofmann, Williamson auf die Entwickelung der Typentheorie. 1848—1851.

Von großer Bedeutung für die feste Gestaltung der Anschauungen, welche schließlich in Gerhardt's Typentheorie zusammengefaßt wurden, war die Entdeckung organischer Abkömmlinge des Ammoniaks durch Wurtz[2] und Hofmann. Der erstere lehrte im Jahre

---

haben also dann verschiedene Äquivalente." (Vergl. Comptes rendus des travaux chimiques par Laurent et Gerhardt, **1849**, S. 1 flg.).

[1] Gerhardt begründete diese Schreibweise in der Vorrede seines Werkes (Bd. I, S. I/II) folgendermaßen: „J'y ai même fait le sacrifice de ma notation, pour m'en tenir aux formules anciennes, afin de mieux démontrer par l'exemple, combien l'usage de ces dernières est irrationnel, et de laisser au temps le soin, de consacrer une réforme, que les chimistes n'ont pas encore généralement adoptée."

[2] C. A. Wurtz, geboren 1817 zu Straßburg, gestorben 1884 in Paris, war Schüler Liebig's, sowie Balard's und Dumas'; über sein Leben und Wirken haben A. W. Hofmann (Ber. **20**, 815 ff.), sowie Friedel (*Notice sur la vie et les travaux de Wurtz*) sehr eingehend berichtet. Seit 1845 war Wurtz in Paris zuerst in bescheidener, dann höchst einflußreicher Stellung als Professor an verschiedenen Lehranstalten (*École de médecine, Sorbonne*) thätig. Von 1866 bis 1875 war er *Doyen* der medizinischen Fakultät und trug als solcher zur

1849 die merkwürdige Zersetzung der Cyansäureäther mittels Kalihydrat kennen, wobei er das Methyl- und Äthylamin, dem Ammoniak sehr ähnliche Körper, auffand.[1] Über die organischen, stickstoffhaltigen Basen im allgemeinen hatte sich früher Berzelius dahin geäußert, daß man sie als mit Ammoniak gepaarte Substanzen auffassen könne. Liebig gab einer anderen Ansicht Ausdruck, indem er dieselben den Äthern analog als Amidverbindungen betrachtete. Wurtz schwankte zwischen diesen Meinungen, sprach auch von der Möglichkeit, daß die organischen Basen Substitutionsprodukte des Ammoniaks seien, daß also *„Methyliak"*, unser Methylamin, Ammoniak sei, in welchem ein Wasserstoffatom durch Methyl vertreten ist. Zunächst scheint aber Wurtz der ältesten Betrachtungsweise von Berzelius den Vorzug gegeben zu haben, wonach z. B. Äthylamin „mit Ätheren gepaartes Ammoniak" ist.

Die „typische" Auffassung dieser Basen gelangte erst durch A. W. Hofmann's glänzende Untersuchungen[2] über Aminbasen zum Durchbruch; die Entstehung derselben aus Ammoniak und Halogenverbindungen von Alkylen konnte als ein trefflicher Beweis für die Richtigkeit der Annahme gelten, daß diese Körper aus Ammoniak durch Austausch eines oder mehrerer Wasserstoffatome gegen Alkoholradikale hervorgegangen seien. Die Konstitution der von Hofmann entdeckten *Imid-* und *Nitrilbasen*, wie des Di- und Triäthylamins, konnte kaum auf eine andere Weise gedeutet werden, als durch die Ableitung derselben aus dem Ammoniak infolge der Substitution von Wasserstoffatomen durch Alkylradikale.

August Wilhelm von Hofmann, geboren 8. April 1818 zu Gießen, widmete sich nach mehrjährigen philosophischen und juristischen Studien der Chemie unter Leitung Liebig's, dem er bald als Assistent zur Seite stand. Nach kurzer Dozententhätigkeit in Bonn folgte er 1845 einem durch den Prinzregenten Albert angeregten

---

Hebung des praktisch-chemischen und physiologischen Unterichtes für Mediziner wesentlich bei. — Von seinen schriftstellerischen Arbeiten seien die *Léçons de philosophie chimique* (1864) und *La théorie atomique* (1879) genannt: Werke, welche theoretisch-chemische Fragen behandelten und durch die klare, sowie anmutige Darstellung viel Anklang fanden, ferner sein *Traité élémentaire de chimie médicale* (1864), die Herausgabe des *Dictionnaire de Chimie pure et appliquée.* — Seine ausgezeichneten Experimentaluntersuchungen, durch welche er einzelne Gebiete der organischen Chemie als Bahnbrecher erschloß, werden in der speziellen Geschichte Erwähnung finden. Diese Arbeiten sind meist in den *Annales de Chimie et de Physique*, zu deren Herausgebern er seit 1852 gehörte, und in den *Comptes rendus* erschienen.

[1] Comptes rendus **28**, 223 ff.

[2] Ann. Chem. **74**, 174.

Rufe an das in London neu gegründete *College of Chemistry*, welches 1853 Staatsanstalt wurde; 1856 wurde Hofmann zugleich mit der Stellung eines Münzwardeins betraut, nachdem er schon einige Jahre früher auch als Lehrer an der *School of mines* angestellt worden war. Im Jahre 1864 siedelte er nach Bonn, 1865 nach Berlin als Nachfolger Mitscherlich's über, wo er bis zu seinem Tode (5. Mai 1892) eine glänzende Wirksamkeit entfaltet hat.

Seine Lehrthätigkeit ist überall eine außerordentlich fruchtbringende gewesen; eine außerordentliche große Zahl namhafter Schüler ist der deutlichste Beweis dafür. Sein organisatorisches Talent bethätigte er durch den Bau und die Einrichtung zweier trefflicher Unterrichtslaboratorien in Bonn und in Berlin. — Zu der Wirksamkeit des Lehrers gesellte sich in glücklicher Weise die des Schriftstellers; hier zeigte er die Gabe, Thatsachen und darauf gegründete Lehren der Chemie anschaulich und durchsichtig darzustellen. Die „Einleitung in die moderne Chemie" kann dafür als Beleg angeführt werden. Seine Gedächtnisschriften (Nekrologe von Liebig, Wöhler, Dumas, Sella, Wurtz) sind durch das liebevolle Eingehen auf das Leben und Wirken der von ihm verherrlichten Männer ausgezeichnet und fesselnd geschrieben.

Als Forscher im Gebiete der Experimentalchemie begegnet uns Hofmann auf Schritt und Tritt; die organische Chemie, insbesondere das Reich der stickstoff und phosphorhaltigen Verbindungen, ist von ihm in klassischer Weise durchforscht, zum Teil abgebaut worden. Seines unverlöschlichen Einflusses auf die Entwickelung der Theerfarbenindustrie, welche zum Teil aus seinen wissenschaftlichen Arbeiten hervorging, wird noch gedacht werden.[1]

Erst nach jenen wichtigen Erörterungen Hofmann's über die Konstitution der Ammoniakbasen erkannte Wurtz[2] die Beziehung aller dieser Körper auf das Ammoniak als allein zutreffend an. Er faßte das Ergebnis der eben besprochenen Untersuchungen in die Worte zusammen: „So war der Typus Ammoniak geschaffen."

Diesem Typus reihte Williamson[3] auf Grund ausgezeichneter

[1] Die meisten Abhandlungen Hofmann's sind in den *Annalen der Chemie* und in den Berichten der von ihm 1868 gegründeten *Deutschen chemischen Gesellschaft* (zu Berlin) veröffentlicht. — Über sein Leben und Wirken hat F. Tiemann eingehend und liebevoll in seiner Gedächtnisrede (November 1892) berichtet.

[2] Ann. Chim. Phys. (3) **30**, 498.

[3] A. W. Williamson, geboren 1824, war Schüler Liebig's und bis vor kurzem als Professor der Chemie am *University College* zu London thätig. Er hat insbesondere in der Zeit von 1850 bis 1860 die organische Chemie mit wertvollen Beobachtungen bereichert, die zu Schlüssen von allgemeiner Bedeutung

Experimentaluntersuchungen[1] den Typus Wasser an, so daß hiermit und mit jenen Arbeiten von Wurtz und Hofmann der Grundstock für die Typenlehre Gerhardt's geschaffen war. — Williamson ging bei seinen Versuchen von dem Gedanken aus, in bekannte Alkohole Kohlenwasserstoffradikale an Stelle von Wasserstoff einzuführen, um Homologe der ersteren zu gewinnen. Die Einwirkung von Jodäthyl auf Kaliumäthylat lieferte ihm Äthyläther, nicht den erwarteten äthylierten Alkohol. Dieser Befund veranlaßte ihn, die Frage zu prüfen, ob durch Umsetzung des Kaliumäthylats mit Jodmethyl ein Gemenge von Äthyl- und Methyläther oder ob dabei ein einheitlicher Körper entstehe. Der Versuch entschied in letzterem Sinne: Methyl-Äthyloxyd, ein „gemischter Äther“ bildete sich, und damit war die vielfach ventilierte, gerade damals brennende Frage nach der Molekulargröße des Äthers und des Äthylalkoholes, zugleich auch die nach der Atomgröße des Sauerstoffes gelöst.[2] Die Auffassung Liebig's, der Alkohol sei das Hydrat des Äthers, mußte aufgegeben werden; dagegen wurden die von Berzelius angenommenen Molekularformeln beider Verbindungen durch Williamson's Versuche als richtig erwiesen. Die durch Wechselwirkung von Alkohol und Schwefelsäure sich vollziehende Ätherbildung, welche bisher den hervorragendsten Chemikern starkes Kopfzerbrechen verursacht hatte, wurde nun von Williamson in überzeugender Weise erklärt. Alkohol und Äther aber betrachtete er als dem Wasser entsprechend zusammengesetzt oder bezog sie auf dieses, wie aus seinen Definitionen und Formeln hervorgeht:

$$\left.\begin{matrix}H\\H\end{matrix}\right\}O \text{ Wasser,} \quad \left.\begin{matrix}C_2H_5\\H\end{matrix}\right\}O \text{ Alkohol,} \quad \left.\begin{matrix}C_2H_5\\C_2H_5\end{matrix}\right\}O \text{ Äther.}$$

Diese Auffassung, welche zuvor schon Laurent, sowie andere Chemiker als zulässig befürwortet hatten, dehnte er sodann auf viele Körper, organische und unorganische, aus und suchte die Vorteile einer solchen Betrachtungsweise einleuchtend zu machen. So verglich er die Säuren, die Ketone, für deren wahre Zusammensetzung er durch ein der obigen Methode ähnliches Verfahren schöne experimentelle Beweise geliefert hatte, ferner die Salze und andere Verbindungen mit dem Wasser, d. h. er leitete aus diesem die genannten Körper durch Substitution von dem einen oder den beiden Wasserstoffatomen mittels zusammengesetzter Radikale oder Elemente

---

geführt haben. Besonders seine Arbeiten über die Bildung und Zusammensetzung von Äthern sind von größter Bedeutung gewesen.

[1] Vergl. namentlich Ann. Chem. **77**, 37; **81**, 73.

[2] Chancel ist unabhängig von Williamson auf ähnlichem Wege zu dem gleichen Resultate gelangt (vergl. Comptes rendus **31**, 521).

ab. — Folgende Beispiele mögen zur Erläuterung seiner typischen Betrachtungsweise dienen:

$\begin{matrix}C_2H_3O\\H\end{matrix}O$ Essigsäure,	$\begin{matrix}K\\H\end{matrix}O$ Kalihydrat,	$\begin{matrix}NO_2\\H\end{matrix}O$ Salpetersäure,
$\begin{matrix}C_2H_3O\\C_2H_3O\end{matrix}O$ Anhydrid der Essigsäure (damals unbekannt),	$\begin{matrix}K\\K\end{matrix}O$ Kaliumoxyd,	$\begin{matrix}NO_2\\K\end{matrix}O$ Kalisalpeter.

Williamson sprach sich über die Leistungsfähigkeit der typischen Auffassung mit folgenden Worten aus: „Die hier angewandte Methode, die rationelle Konstitution der Körper durch Vergleichung mit Wasser festzustellen, scheint mir großer Ausdehnung fähig zu sein; und ich stehe nicht an zu sagen, daß ihre Einführung durch Vereinfachung unserer Ansichten und durch Festhalten eines gemeinsamen Vergleichspunktes zur Beurteilung chemischer Verbindungen nützen wird.“

Seine Zuversicht auf die Ausdehnbarkeit einer solchen typischen Auffassung trat bei anderer Gelegenheit[1] noch schärfer hervor, insofern er sich dahin äußerte, daß für alle unorganischen und die am besten gekannten organischen Verbindungen die Beziehung auf den einen Typus Wasser genüge; nur müßten manche Körper, z. B. zweibasische Säuren, auf die verdoppelte Formel des Wassers zurückgeführt werden. Die hier geäußerten Ansichten finden sich größtenteils in der Typentheorie von Gerhardt wieder. Das wichtigste Ergebnis von Williamson's Untersuchungen ist aber nicht seine einseitig typische Erklärungsweise der Zusammensetzung von chemischen Verbindungen gewesen, sondern vielmehr die Ermittelung der wahren Molekulargröße organischer Körper. Die Methode, welche er anwandte, um dieses Ziel zu erreichen, erwies sich bald äußerst fruchtbringend; sie hat Gerhardt zur Entdeckung der Säureanhydride, sowie Wurtz zur Auffindung der gemischten Kohlenwasserstoffradikale geleitet, durch deren Erforschung der Streit um die Molekularformeln von ganzen Reihen organischer Verbindungen endgültig entschieden worden ist.

Neuere Typentheorie von Gerhardt.[2]

Aus den obigen Darlegungen ergiebt sich, daß durch die Experimentaluntersuchungen von Wurtz, Hofmann, Williamson die typische Auffassung organischer Verbindungen auf das wirksamste gefördert worden ist. Zahlreiche stickstoffhaltige Körper bezog man auf den Typus Ammoniak, eine noch größere Zahl

[1] Journ. chem. soc. 4, 350 (1851).

[2] Vergl. Ann. Chim. Phys. (3) 37, 331 u. *Traité de Chimie*, Bd. IV (1856).

sauerstoffhaltiger Verbindungen auf den Typus Wasser. Gerhardt vollendete das Werk dadurch, daß er diesen beiden den Typus Wasserstoff, beziehungsweise Chlorwasserstoff hinzugesellte und den Versuch wagte, sämtliche organische Verbindungen in diese wenigen Formen einzuzwängen.

Das schon in der Radikaltheorie ausgeprägte Streben, organische Körper mit unorganischen zu vergleichen, war hierbei deutlich zum Vorschein gekommen, und zwar hatten wiederum Äthylverbindungen den Hauptanlaß gegeben, Typen der unorganischen Chemie als Musterbilder für organische Substanzen aufzustellen. — Laurent[1] hatte schon im Jahre 1846 den später von Williamson ausführlich begründeten Gedanken hingeworfen, daß man den Äthylalkohol und den Äther als Abkömmlinge des Wassers ansehen könne, indem er folgende Zusammenstellung gab:

$$H_2O \text{ Wasser}, \quad \begin{matrix} Et \\ H \end{matrix} O \text{ Alkohol}, \quad \begin{matrix} Et \\ Et \end{matrix} O \text{ Äther.}^2$$

Auch die unorganischen Säuren und Oxyde könne man als Substitutionsprodukte des Wassers auffassen. Diese so verschiedenartigen Verbindungen wurden als nach dem gleichen Muster zusammengesetzt betrachtet.

Eine größere Ausdehnung gab dieser typischen Auffassung seit dem Jahre 1848 der amerikanische Chemiker Sterry Hunt, welcher in mehreren Abhandlungen[3] die Ableitung zahlreicher sauerstoffhaltiger Körper, unorganischer sowie organischer, von dem Wasser, die der Kohlenwasserstoffe von dem Typus Wasserstoff lehrte. Da seine Erörterungen in Europa kaum bekannt wurden, so haben dieselben auch keinerlei beschleunigenden Einfluß auf die Entwickelung der ähnlichen in manchen Köpfen vorhandenen Anschauungsweise ausgeübt. — Wohl aber bewirkten die bestimmten, oben besprochenen Äußerungen Williamson's über die Zurückführung vieler organischer Substanzen auf das Wasser als die allgemeinste Verbindungsform eine schnellere Ausbildung der typischen Betrachtungsweise. Nicht nur sauerstoffhaltige Körper, auch sauerstoffreie, z. B. die Amine, wurden ohne Bedenken von dem Typus Wasser abgeleitet. Während Williamson so infolge der allzugroßen Elasticität seiner Formeln den festen Boden unter seinen Füßen verlor, gewann er andererseits durch Ausdehnung dieser typischen Auffassung bemerkenswerte Vorteile. Er leitete manche Verbindungen von dem verdoppelten oder verdreifachten Wasser-

[1] Ann. Chim. Phys. (3) **18**, 266 ff.

[2] Vergl. übrigens Berzelius' Auffassung des Äthers S. 220.

[3] Amer. Journ. of science (2) Bd. **5**. **6**. **7**. **8**.

typus ab und führte damit den Begriff der mehratomigen Radikale in die Chemie ein. Die Schwefelsäure z. B. bezog er auf 2 Mol. Wasser, in denen 2 Atome Wasserstoff durch *Sulfuryl* SO_2 ersetzt sind:

$$\left.\begin{matrix} H \\ H \end{matrix}\right\} O \atop \left.\begin{matrix} H \\ H \end{matrix}\right\} O \quad \text{2 Mol. Wasser,} \qquad \begin{matrix} H \\ SO_2 \\ H \end{matrix}\begin{matrix} O \\ O \end{matrix} \quad \text{Schwefelsäure.}$$

Die Phosphorsäure leitete er in ähnlicher Weise aus 3 Mol. Wasser ab u. s. f.

Gerhardt ergriff, besonders angeregt durch seine wichtige Entdeckung der Anhydride einbasischer organischer Säuren,[1] die damals stark angehäuften typischen Ideen und faßte sie einheitlich zusammen. Ihm lag vor allem daran, die große Zahl organischer Verbindungen übersichtlich zu ordnen; dazu sollten ihm die vier als Musterbilder aufgestellten Typen Wasser, Ammoniak, Wasserstoff und Chlorwasserstoff dienen. Außerdem benutzte er zur Einteilung organischer Körper ein Prinzip, das zwar von anderen Chemikern schon angewandt worden war, von ihm jedoch erst in allgemeinster Weise verwertet wurde: er ordnete dieselben in verschiedenartige Reihen, deren Glieder demselben Typus angehörten. Bei seiner ersten Klassifikation[2] der organischen Verbindungen war der Vorteil, den eine solche Reihenordnung gewährte, gar nicht zum Durchbruch gelangt. Seitdem hatte Schiel[3] den Begriff der *Homologie* festgestellt, indem er auf die gleichen Differenzen in der Zusammensetzung ähnlicher Körper, insbesondere der Alkohole, die Aufmerksamkeit gelenkt hatte; von Dumas war das Gleiche für die Fettsäuren nachgewiesen worden. Nicht nur die chemische, auch die physikalische Ähnlichkeit homologer Verbindungen hatte sich sodann durch die Untersuchungen Kopp's auf das deutlichste gezeigt.

Gerhardt faßte nun mit großem Geschick die Ergebnisse dieser Vorarbeiten zusammen und gesellte zu den Reihen homologer Körper, welche sich in ihrer Zusammensetzung um die Größe $(CH_2)_n$ unterscheiden, die Reihen *isologer* und *heterologer* Verbindungen. Erstere sind nach ihm chemisch ähnliche Substanzen, welche eine andere Zusammensetzungsdifferenz als die homologen aufweisen: z. B. Äthylalkohol: C_2H_6O und Phenol: C_6H_6O, Propionsäure: $C_3H_6O_2$ und Benzoë-

[1] Ann. Chem. **82**, 128. Gerhardt hatte früher diese Körper, deren Bestehen Williamson vorausgesagt hatte, für nicht darstellbar gehalten.

[2] Vergl. S. 248.

[3] Ann. Chem. **43**, 107 (1842).

säure: $C_7H_6O_2$, Verbindungen, welche um die Größe C_4 voneinander verschieden sind. Die heterologen Reihen enthalten solche Körper, welche chemisch unähnlich sind, aber nach ihrer Bildungsweise enge Beziehungen zu einander aufweisen. Einer solchen Reihe gehören z. B. Äthylalkohol C_2H_6O und Essigsäure $C_2H_4O_2$, Amylalkohol $C_5H_{12}O$ und Valeriansäure $C_5H_{10}O_2$ an.

Wie oben erwähnt, betrachtete Gerhardt die Glieder solcher Reihen als Abkömmlinge einer seiner vier Typen, aus diesen durch teilweise oder vollständige Substitution von deren Wasserstoffatomen mit *Resten* entstanden. — Von dem Typus Wasser leiten sich, wie auch Williamson gelehrt hatte, die meisten organischen Verbindungen ab, so die Alkohole, Säuren, die einfachen, wie zusammengesetzten Äther, Säureanhydride, Ketone, Aldehyde, Salze. Dem Wasser tritt als Nebentypus der analog zusammengesetzte Schwefelwasserstoff an die Seite, von dem sich die den obigen Sauerstoffverbindungen entsprechenden schwefelhaltigen Körper ableiten, z. B. Sulfide, Merkaptane, Thiosäuren u. s. w. Folgende Beispiele mögen das Gesagte erläutern:

$$\underset{\text{Wasser}}{H_2O} \quad \underbrace{\begin{matrix}CH_3\\H\end{matrix}O}_{\text{Methylalkohol,}} \quad \underbrace{\begin{matrix}C_2H_3O\\C_2H_3O\end{matrix}O}_{\text{Essigsäureanhydrid,}} \quad \underbrace{\begin{matrix}C_2H_3O\\C_2H_5\end{matrix}O}_{\text{Essigäther,}} \quad \underbrace{\begin{matrix}C_2H_3\\H\end{matrix}O}_{\text{Aldehyd.}}$$

$$H_2S \quad \underbrace{\begin{matrix}C_2H_5\\H\end{matrix}S}_{\text{Merkaptan,}} \quad \underbrace{\begin{matrix}C_2H_5\\C_2H_5\end{matrix}S}_{\text{Schwefeläthyl,}} \quad \underbrace{\begin{matrix}C_2H_3O\\H\end{matrix}S}_{\text{Thiacetsäure.}}$$

Dem Typus Ammoniak werden die Amine, Säureamide und -imide, Phosphide, Arsine u. a. untergeordnet, wie aus folgenden Formeln erhellt:

$$\underset{\text{Ammoniak,}}{H_3N} \quad \underbrace{\begin{matrix}CH_3\\H_2\end{matrix}N}_{\text{Methylamin,}} \quad \underbrace{\begin{matrix}C_2H_3O\\H_2\end{matrix}N}_{\text{Acetamid,}} \quad \underbrace{\begin{matrix}C_4H_4O_2\\H\end{matrix}N}_{\text{Succinimid,}} \quad \underbrace{(C_2H_5)_3P}_{\text{Triäthylphosphin.}}$$

Der Wasserstofftypus umfaßt die Kohlenwasserstoffe, sowie Organometalle; der von demselben abgeleitete Typus Chlorwasserstoff die Chloride, Jodide, Cyanide u. s. w.:

$$\begin{matrix}H\\H\end{matrix} \quad \begin{matrix}CH_3\\H\end{matrix} \quad \begin{matrix}CH_3\\C_2H_5\end{matrix} \quad \begin{matrix}C_2H_5\\Zn\end{matrix}. \quad \begin{matrix}H\\Cl\end{matrix} \quad \begin{matrix}CH_3\\Cl\end{matrix} \quad \begin{matrix}C_2H_5\\CN\end{matrix}.$$

Mit Recht konnte Gerhardt diese Anordnung der organischen Körper nach Typen ein *Système unitaire* nennen; denn die Annahme eines Gegensatzes innerhalb chemischer Verbindungen oder der binären Gliederung von solchen war gänzlich beseitigt. Eine jede derselben wurde als einheitliches Ganzes angesehen; selbst da, wo eine dualistische Auffassung angezeigt schien, nämlich in den Salzen, erblickte man nur Abkömmlinge des Wassers.

Man wird fragen, ob Gerhardt selbst geglaubt hat, durch Aufstellung seiner Typen und durch Beziehung der organischen Verbindungen auf dieselben der Lösung derjenigen Aufgabe näher gekommen zu sein, die Berzelius als eine für die Chemie besonders wichtige bezeichnet hatte. War Gerhardt wirklich der Meinung, die Frage nach der chemischen Konstitution organischer Körper wesentlich gefördert zu haben? Die Antwort fällt verneinend aus, wenn es sich um Konstitution im Sinne von Berzelius handelt. Gerhardt hat wiederholt ausgesprochen, es sei unmöglich, die wahre Konstitution solcher Verbindungen zu erforschen; unter letzterer verstand er nämlich die Anordnung der Atome, *l'arrangement des atomes.* Nach ihm lassen sich keine streng rationellen, dieser Anforderung genügenden Formeln organischer Körper aufstellen; denn je nach den Bildungs- oder Zersetzungsweisen der letzteren können mehrere Formeln mit verschiedenen näheren Bestandteilen oder Resten als gleichberechtigt gelten. Lediglich Zweckmäßigkeitsgründe sollen darüber entscheiden, ob die eine Formulierung einer anderen vorgezogen wird; dies geschieht, sobald durch die erstere eine größere Zahl von Umsetzungen oder Entstehungsweisen der betreffenden Verbindung zu erklären ist. Eine so elastische Auffassung hat Gerhardt bei jeder Gelegenheit, namentlich im vierten Bande seines Lehrbuches, in den Vordergrund gestellt und sich dagegen verwahrt, daß er durch seine typische Ableitung der organischen Körper die rationelle Zusammensetzung dieser im Sinne von Berzelius feststellen wolle.

Die Formeln sind nach Gerhardt's Meinung nur Spiegelbilder der Umsetzungen, welche die chemischen Verbindungen erleiden, sie sollen nur die Bildungs- und Zersetzungsweisen der letzteren versinnlichen. Die Typen aber bezeichnen, so einfach sie nach ihrer Zusammensetzung sind, „in keiner Weise die Art der Gruppierung der Atome, vielmehr nur Analogien der Metamorphosen. Der Typus ist die Einheit des Vergleiches für alle die Körper, welche analoge Zersetzungen zeigen, wie er, oder welche das Produkt analoger Zersetzungen sind.“

Nach der Darlegung des Hauptinhaltes von Gerhardt's System wird es begreiflich sein, warum man dasselbe als entstanden durch Verschmelzung der Typenlehre Dumas' mit der älteren Radikaltheorie bezeichnen kann. Von beiden Betrachtungsweisen hatte Gerhardt einzelne Teile benutzt, um sie, ein wenig umgestaltet, in seinem *Système unitaire* zu verwerten. Der Gedanke, daß die organischen Verbindungen nach gewissen Mustern konstruiert seien, auf welche sie zurückgeführt werden können, entstammte wesentlich der älteren Typenlehre, aber er war, wenn auch versteckt, schon in der Radikaltheorie enthalten gewesen; hatte man doch Gruppen organischer Körper mit analog zusammengesetzten unorganischen unmittelbar verglichen. Von durchgreifender Bedeutung für den Erfolg der neuen Typenlehre war nun, daß diese der Radikaltheorie die Vorstellung von Atomgruppen entnahm, welche sich wie einfache Körper verhalten; dieselben können aber nicht, wie man früher meinte, im freien Zustande bestehen, sondern nur in Verbindungen an Stelle einfacher Körper fungieren. Diese Auffassung, verbunden mit der von der Veränderlichkeit jener Atomkomplexe, hat sich als durchaus richtig und ersprießlich herausgestellt. Die Frage nach der näheren Zusammensetzung der letzteren ließ Gerhardt unbeantwortet, ja unberührt; zur Lösung derselben wurde von ganz anderer Seite der Hebel erfolgreich angesetzt.

Während die ältere Typenlehre von Dumas der chemischen Natur der Bestandteile einer Verbindung keinen merklichen Einfluß auf den Charakter derselben zugeschrieben hatte, zeigte auch in diesem Punkte Gerhardt seine größere Einsicht durch Anerkennung von Grundsätzen der Berzelius'schen Schule, wenn er auch in deren Geist nur mit Widerstreben eingedrungen zu sein scheint. Er wies darauf hin, daß die in seine Typen an Stelle von Wasserstoff eintretenden Elemente oder Atomgruppen je nach ihrer elektrochemischen Beschaffenheit die Natur der entstehenden Verbindungen bestimmen. Nach ihm ist das Kali $\left.\begin{matrix}K\\H\end{matrix}\right\}O$ deshalb ein basischer, die Salpetersäure $\left.\begin{matrix}NO_2\\H\end{matrix}\right\}O$ ein saurer Körper, weil an Stelle von Wasserstoff des neutralen Wassers ein elektropositives, resp. negatives Radikal eingetreten ist; der Alkohol $\left.\begin{matrix}C_2H_5\\H\end{matrix}\right\}O$ aber hat fast neutralen Charakter, da das Äthyl nicht viel anders geartet ist, als Wasserstoff. Diese Umkehr zu Ansichten, welche früher von dieser Seite auf das lebhafteste bekämpft worden waren, verdient als bemerkenswert hervorgehoben zu werden.

Die Beurteilung, welche der Typenlehre Gerhardt's damals zu teil wurde, ist eine sehr verschiedenartige gewesen. Zahlreiche, namentlich jugendliche Chemiker begrüßten dieselbe als eine bedeutende Errungenschaft der Forschung. In Wirklichkeit waren es aber Gründe praktischer Art, welche der typischen Betrachtungsweise eine so günstige Aufnahme verschafften; man sprach geradezu aus, der Hauptvorteil, den die Beziehung der organischen Verbindungen auf wenige unorganische Typen mit sich bringe, bestehe in der Vereinfachung des Studiums der organischen Chemie. — Liebig, welcher die früheren Bestrebungen Gerhardt's, die organischen Verbindungen zu klassifizieren, auf das schärfste verurteilt hatte,[1] verstand sich später[2] dazu, die „Nützlichkeit der sogenannten Typentheorie" anzuerkennen; aber er hob hervor, daß die letztere die so wichtige Frage über die Entstehung der organischen Körper unberührt lasse. — Schroffer verhielt sich Kolbe der Typenlehre gegenüber; er bezeichnete das Einzwängen organischer Verbindungen in die vier Typen als leeres Formelspiel und unwissenschaftlichen Schematismus. Sein Bestreben ging dahin, an Stelle der lediglich formalen Typen reale zu setzen, die in einem natürlichen Zusammenhange mit den davon abgeleiteten Verbindungen stehen sollen. — In der That lag die Gefahr nahe, daß einer inhaltlosen Formulierung Thür und Thor geöffnet wurde. Man denke nur daran, daß Odling, sowie Wurtz[3] die Gerhardt'schen Typen noch zu vereinfachen suchten, indem sie den Typus Wasser und Ammoniak auf den doppelten und dreifachen Typus Wasserstoff zurückführten. Damit aber war die wichtige Frage nach der chemischen Konstitution organischer Körper denkbar weit aus der Richtung gebracht, die von der Schule Berzelius' und Liebig's eingehalten worden war. Der schon bei Gerhardt sehr elastische Begriff der Konstitution drohte durch solche gewaltsame Formulierungen gänzlich zu entarten.

Erweiterung der Typenlehre durch Kekulé.

Gerhardt erlebte es nicht mehr, daß die im vierten Bande seines Lehrbuches niedergelegten Ansichten bei vielen Chemikern beifällige Aufnahme fanden. Die von ihm aufgestellte Typenlehre erfuhr in dem Jahre nach seinem Tode (1857) eine nicht unwesentliche Erweiterung durch die Annahme der sogenannten *gemischten Typen*, welche die Beziehungen mancher organischer Verbindungen zu zwei oder mehr Typen klarzulegen bezweckten. Der allgemeineren Anwendung derselben durch Kekulé[4] war die Idee Williamson's vorausgegangen, daß einige Verbindungen von *vervielfachten* oder *kondensierten Typen* abzuleiten seien. Wie aus diesen chemische Verbindungen dadurch hervorgehen, daß mehrbasische Radikale an Stelle von mehreren Wasserstoffatomen eintreten, so wurden verschieden-

[1] Ann. Chem. **57**, 93: *Herr Gerhardt und die organische Chemie.*
[2] Ann. Chem. **121**, 163.
[3] Vergl. Ann. Chim. Phys. (3) **44**, 305.
[4] Ann. Chem. **104**, 129.

artige Typen, z. B. Wasser und Ammoniak oder Wasser und Wasserstoff u. s. w., in derselben Weise zusammengestellt, um daraus Körper abzuleiten, welche man noch kurz zuvor als *gepaarte Verbindungen* von den übrigen, in einem Typus leicht unterzubringenden, abgesondert hatte.[1] — Kekulé[2] erkannte in der Beseitigung dieser Schranke den Hauptvorzug der Annahme von gemischten Typen, wie sich aus folgendem Ausspruch ergiebt: „Die sogenannten gepaarten Verbindungen sind nicht anders zusammengesetzt, wie die übrigen chemischen Verbindungen; sie können in derselben Weise auf Typen bezogen werden, in welchen Wasserstoff durch Radikale ersetzt ist; sie folgen in Bezug auf Bildung und Sättigungsvermögen denselben Gesetzen, die für alle chemischen Verbindungen gültig sind."

Einige Formelbeispiele mögen die Anwendung der gemischten Typen verständlich machen:

$$\begin{matrix} C_6H_5 \\ SO_2 \\ H \end{matrix} O \quad \text{Benzolsulfonsäure bezogen auf} \quad \begin{matrix} H \\ H \\ \hline H \\ H \end{matrix} O,$$

$$\begin{matrix} H_2N \\ CO \\ H \end{matrix} O \quad \text{Carbaminsäure bezogen auf} \quad \begin{matrix} H_3N \\ H \\ H \end{matrix} O.$$

Fast gleichzeitig mit der eben dargelegten Erweiterung der Typenlehre war von Kekulé eine Anregung ausgegangen, welche, Dank besonderen Umständen, dazu beitragen sollte, die typische Auffassungsweise in andere höhere Bahnen zu lenken. Gelegentlich seiner

[1] Übrigens war schon Gerhardt auf den gleichen Gedanken gekommen, den Kekulé später verallgemeinerte, insofern er z. B. die Aminsäuren auf den gemischten Typus Ammoniak + Wasser bezogen hatte.

[2] August Kekulé, geboren am 7. September 1829 zu Darmstadt, war seit 1856 Privatdozent in Heidelberg, sodann Professor der Chemie in Gent von 1858—1865, in welchem Jahre er nach Bonn übersiedelte, wo er als Vertreter der Chemie noch wirkt. — Durch sein Lehrbuch der organischen Chemie (Erlangen, seit 1859 erscheinend), in welchem er zuerst die erweiterte typische Betrachtungsweise, im weiteren Verlaufe die Strukturlehre konsequent durchzuführen suchte, hat er großen Einfluß auf die heranwachsende Generation der Chemiker ausgeübt. Ganz besonders durch die glückliche Auffassung des Benzols als eines Hexamethins, welches die Grundlage der sogen. aromatischen Verbindungen bildet, gab er einem großen Teil von experimentellen Forschungen eine Richtung, die heute noch stark vorherrscht. — In seinen chemischen Untersuchungen über Knallquecksilber, ungesättigte zweibasische Säuren, Konpensation des Aldehyds — um nur einige zu nennen — hat er sich als ausgezeichneter Forscher bewährt. — Seine Beteiligung an der Herausgabe der früher erschienenen *Kritischen Zeitschrift für Chemie* u. s. w. und jetzigen *Annalen der Chemie*, in welchen seine experimentellen Arbeiten meist veröffentlicht sind, möge noch erwähnt sein.

Untersuchungen über das Knallquecksilber[1] hatte er sich dahin ausgesprochen, daß man die Methylverbindungen und zahlreiche daraus abgeleitete Körper auf den Typus Grubengas beziehen könne, welch' letzteren er die Äquivalentformel C_2H_4 beilegte. Durch folgende Beispiele erläuterte er die Beziehungen einiger Verbindungen zu dem neuen Typus:

C_2H_4	C_2H_3Cl	C_2HCl_3	C_2H_3CN	$C_2Cl_3(NO_4)$
Methylwasserstoff,	Chlormethyl,	Chloroform,	Acetonitril,	Chlorpikrin.

Bemerkenswert ist Kekulé's Formulierung, insofern er damals die früher von ihm für unrichtig gehaltenen Atomgewichte $H = 1$, $C = 6$, $O = 8$ zur Anwendung brachte. Ferner erscheint eine Bemerkung auffallend, die nämlich, daß der neue Typus nicht in dem Sinne von Gerhardt's Unitätstheorie, sondern in dem von Dumas' Typen zu nehmen sei. Daraus könnte man den Eindruck gewinnen, als ob das Grubengas sich nicht den vier Gerhardt'schen Typen anreihen sollte; jedoch scheint eine solche Sonderstellung von Kekulé nicht beabsichtigt zu sein, da er ganz im Geiste der neueren Typenlehre hinzufügt, er wolle durch seine Formulierung wesentlich die Beziehungen andeuten, in denen die von ihm zusammengestellten Körper zu einander stehen.

Schon im folgenden Jahre (1858) ergab sich klarer die Bedeutung, die er dem Methan als Muttersubstanz zahlreicher Körper beilegte. Die Darlegung seiner Ansichten darüber muß einem späteren Abschnitte vorbehalten bleiben, in welchem der Übergang der Typenlehre in die Form der Strukturtheorie zu schildern ist.

Bevor diese Entwickelung der chemischen Lehrmeinungen sich vollziehen konnte, war von ganz anderer Seite rastlos gearbeitet worden, um der Erkenntnis der chemischen Konstitution organischer Verbindungen näher zu kommen. Die Typen selbst konnten der Lösung dieser Aufgabe nicht förderlich sein, wenn nicht zuvor ihr Wesen klargelegt, und auf dieses als innere Ursache die Zusammensetzung der daraus abgeleiteten Verbindungen zurückgeführt wurde. Der Schlüssel zur Erklärung dieser Verhältnisse ist durch die Arbeiten und Spekulationen von Frankland und Kolbe geschmiedet worden. Diesen beiden Forschern ist das tiefere Eindringen in die Konstitution organischer Körper im Gegensatz zu der typisch schematischen, daher oberflächlichen Auffassung, in erster Linie zu verdanken. Ihre Forschungen haben am kräftigsten dazu beige-

[1] Ann. Chem. **101**, 200.

tragen, jene Überleitung der Typenlehre in andere Bahnen zu bewirken; ja, sie waren die unentbehrliche Vorbedingung zu der gegen Ende der fünfziger Jahre sich vollziehenden Umgestaltung der theoretischen Anschauungen. Die Richtigkeit dieser Sätze wird sich aus dem Inhalte der folgenden Abschnitte ergeben.

Von anderer Seite ist das Verhältnis der Typiker zu den Leistungen Frankland's und Kolbe's allerdings anders aufgefaßt worden. Der Einfluß dieser beiden Männer auf die Umbildung der Typenlehre ist nicht nur stark herabgedrückt worden, sondern man hat sogar das Gegenteil, eine vorwiegende Beeinflussung derselben durch typische Lehrmeinungen, behauptet.[1]

Ausbildung der neueren Radikaltheorie durch Kolbe. Überblick seiner Hauptleistungen.

Der Darlegung von Kolbe's wissenschaftlicher Thätigkeit, durch die er einen tief und dauernd eingreifenden Einfluß auf die Entwickelung der theoretisch chemischen Ansichten ausgeübt hat, seien ein kurzer Abriß seines Lebens und eine allgemeine Kennzeichnung seines Wirkens vorangestellt.[2]

Hermann Kolbe, im Jahre 1818 (zu Elliehausen bei Göttingen) geboren, widmete sich seit 1838 dem Studium der Chemie unter Wöhler's anregender Leitung. Von 1842 an, wo er mit der ersten Experimentaluntersuchung hervortrat, hat er 42 Jahre lang seine Wissenschaft durch eine lange Reihe wichtigster experimenteller sowie theoretischer Arbeiten bereichert. Sein äußerer Lebenslauf ist, vielleicht abgesehen von den ersten, auf die Universitätszeit

---

[1] Eine solche irrtümliche Auffassung wirkt noch immer nach; von ihr zeugt z. B. die Darstellung der „heutigen Theorieen" in Wurtz' *Geschichte der chemischen Theorieen*, wo die Bedeutung der genannten zwei Forscher ganz und gar nicht gebührend gewürdigt ist. Man hält es geradezu für unmöglich, daß Frankland, der eigentliche Begründer der Valenzlehre, in der genannten Schrift keine Erwähnung gefunden hat. — Das Gleiche gilt von dem allgemeinen Teil des Lehrbuches der organischen Chemie von Kekulé; die Bedeutung Frankland's ist darin absolut unberührt geblieben, während der Anteil Dumas', Gerhardt's, Laurent's, Kekulé's an der Entwickelung der organischen Chemie sehr eingehend geschildert ist. — Wurtz hat später (Ber. **1880**, S. 7) Anlaß genommen, das Verdienst Frankland's rückhaltlos anzuerkennen, indem er ihn als den ersten bezeichnet, der den Begriff der Sättigungskapazität der elementaren Atome aufgestellt hat.

[2] Vergl. die bald nach dem Tode Kolbe's erschienenen Erinnerungsschriften von E. v. Meyer (Journ. pr. Chem. [2] **30**, 417, Voit, Bayer. Acad. 1885. Auch A. W. Hofmann, Ber. **17**, 2809).

folgenden Lehr- und Wanderjahren, der eines deutschen Gelehrten gewesen. Auf die Zeit 1842—1847, während welcher er als Assistent Bunsen's (Marburg), dann L. Playfair's (London) vorwiegend praktisch-chemisch thätig war, folgten seine litterarischen Lehrjahre (1847 bis 1851) in Braunschweig, wohin er als Redakteur des von Liebig begründeten Handwörterbuches der Chemie übergesiedelt war. Aus dieser, ihn auf die Dauer nicht befriedigenden Wirksamkeit, versetzte ihn die im Jahre 1851 an ihn ergangene Berufung nach Marburg, wo er als Nachfolger Bunsen's im Laufe der nächsten Zeit, namentlich seit 1858, eine außergewöhnliche Lehrthätigkeit entfaltete. Im Jahre 1865 folgte er einem Rufe nach Leipzig, wo er bis zu seinem Tode (am 25. November 1884) mit großem Erfolge durch Wort und Schrift wirkte.

Kolbe's große wissenschaftliche Bedeutung liegt ganz besonders in seinen noch zu besprechenden Experimentaluntersuchungen, sie hat aber auch wesentlich in der hervorragenden Lehrthätigkeit bestanden, welche der Liebig's an die Seite gestellt werden darf. — Seine mit der des letzteren nahe verwandte Lehrmethode, nach welcher die praktisch zu Unterrichtenden selbst beobachten und denken, nicht aber auswendig lernen sollten, hat sich trefflich bewährt. Sein Lehrtalent wurde kräftig unterstützt durch den praktischen Blick und das organisatorische Talent, welche er insbesondere bei dem Bau und der Einrichtung des neuen Leipziger Laboratoriums (1868) bethätigt hat.

Neben der auf dem mündlichen Unterrichte basierenden Lehrthätigkeit hat Kolbe auch litterarisch eine bedeutende Wirksamkeit entfaltet: abgesehen von seinen zahlreichen Abhandlungen, wichtigen Aufsätzen im Handwörterbuch der Chemie und einigen Gelegenheitsschriften hat er ein ausführliches *Lehrbuch der organischen Chemie* (Braunschweig 1854—1865) und ein kurzes der anorganischen, sowie der organischen Chemie (1877—1883) herausgegeben: durch Klarheit der Anordnung, Präzision des Ausdruckes, fesselnde Darstellung, Durchsichtigkeit und Schärfe der Erörterungen ausgezeichnete Werke.

In seinen Aufsätzen, die er in den letzten 14 Jahren im Journal für praktische Chemie, dessen Herausgabe er im Jahre 1870 an Stelle von O. L. Erdmann übernommen hatte, über theoretisch-chemische Fragen veröffentlichte, hat Kolbe schneidige, mit der Zeit sich noch verschärfende Kritik geübt an den Mängeln und Ausschreitungen, die er der modern-chemischen Richtung zur Last legte. Wenn auch diesen Kritiken häufig eine kräftige Polemik innewohnte, durch die er der Persönlichkeit manches Fachmannes nahetrat, so hat er doch immer nur die Sache, das Wohl seiner geliebten Wissenschaft, welche er arg gefährdet glaubte, im Auge gehabt. Sein Streben, Schäden und Fehler aufzudecken, ist von vielen seiner Zeitgenossen falsch gedeutet worden, in gleicher Weise, wie Liebig's Streitschriften sehr oft eine verkehrte Beurteilung erfahren haben.

Belebung der Radikaltheorie durch Kolbe. Mitwirkung Frankland's.

Zur Zeit, als Kolbe seine erste größere Untersuchung[1] veröffentlichte, war die von Berzelius vertretene Lehre, daß die organischen Körper bestimmte Radikale enthalten, die den Elementen der unorganischen Chemie gleich fungieren, durch den Ansturm des Unitarismus stark zurückgedrängt worden. Viele Chemiker waren der Meinung, daß die zum Teil willkürliche Voraussetzung hypothetischer Radikale die Wissenschaft nicht weiter fördern könnte. Die Annahme von *Paarlingen* in den sogen. gepaarten Verbindungen befriedigte die wenigsten Forscher. Kurz, die alte Radikaltheorie wurde in der ursprünglichen Form nicht mehr für lebensfähig gehalten. Von dieser Entmutigung giebt die durch die Gmelin'sche Schule gelehrte Bevorzugung möglichst einfacher Betrachtungsweisen deutlich Zeugnis; nur die Thatsachen sollten reden, eine geistig belebte Auffassung derselben wurde nicht für nützlich erachtet.

Kolbe knüpfte nun mit den aus seinen ersten Arbeiten abgeleiteten Schlüssen an die sinkende Lehre von Berzelius an; er verstand es, ihr neues Leben dadurch einzuhauchen, daß er abgestorbene Teile derselben ausmerzte und lebenskräftige Elemente aufnahm. Aus seinen und den Versuchen anderer folgerte er, daß die Unveränderlichkeit der Radikale, wie sie Berzelius gelehrt hatte, nicht beibehalten worden konnte; er trug somit den Thatsachen der Substitution Rechnung. Wohl nahm er die Hypothese des letzteren von den *Paarlingen* wieder auf, aber bahnte eine andere Auffassung derselben an, insofern er ihnen einen nicht unwesentlichen Einfluß auf die Verbindungen, mit denen sie gepaart sind, einräumte.[2]

Will man das Hauptergebnis seiner eben citierten Arbeiten und seiner sich an diese anschließenden Beobachtung einer Synthese von Trichloressigsäure zusammenfassen, so ist es folgendes: die von ihm

[1] Ann. Chem. **45**, 41 und **54**, 145.
[2] Vergl. Ann. Chem. **54**, 156.

entdeckte Trichlormethylunterschwefelsäure und die Trichloressigsäure, sowie die durch Reduktion daraus hervorgehenden chlorfreien Verbindungen sind analog zusammengesetzte und zwar mit Trichlormethyl resp. Methyl gepaarte Säuren. Die Art und Weise, wie diese beiden Radikale mit den letzteren in Verbindung getreten sind, war zwar noch nicht erkannt, aber der Keim zu der später von Kolbe gegebenen richtigen Erklärung von der Konstitution der Karbon- und Sulfonsäuren war schon in diesen Anfängen vorhanden.

Bald sollte dieser Keim zur weiteren Entwickelung gelangen, und zwar zunächst durch Untersuchungen, die Kolbe teils allein, teils mit dem in London gewonnenen Freunde Frankland ausführte. Aus ihren schönen Arbeiten über die Umwandlung der Alkylcyanide in Fettsäuren[1] folgerten die beiden Forscher mit aller Bestimmtheit, daß Methyl, Äthyl und ähnliche Radikale nähere Bestandteile der Essigsäure und ihrer Homologen seien. Kolbe selbst wurde zu dem gleichen Schlusse durch seine wichtigen Versuche[2] über die Elektrolyse fettsaurer Salze geführt; in dem am positiven Pole auftretenden Methyl und Butyl aus Essigsäure und Valeriansäure erblickte er den Beweis für die Richtigkeit jener Annahme. Er glaubte die Radikale selbst isoliert zu haben; daß er sich in dieser Hinsicht geirrt hat, insofern die von ihm erhaltenen Kohlenwasserstoffe das doppelte Molekulargewicht besitzen, kommt hier, bei der Frage nach der Konstitution der Karbonsäuren wenig in Betracht. Das Hauptziel seiner Bestrebungen, die Erforschung der wahren Zusammensetzung der genannten und ähnlicher Säuren, hat er trotz dieses Irrtums nicht aus dem Auge verloren.

Seine eben erwähnten Untersuchungen hatten zur Folge, daß ihn die frühere Auffassung jener organischen Säuren nicht mehr befriedigte. Aber er verließ dieselbe nicht mit einem Male, entwickelte vielmehr aus ihr eine der Wahrheit sich nähernde Betrachtungsweise, die sich bald einer weiteren Ausbildung fähig zeigte. Schon in seinen für das Handwörterbuch bearbeiteten Aufsätzen: *Formeln* und *Gepaarte Verbindungen* (1848) wurde von ihm die Idee ausgesprochen und begründet, daß die Fettsäuren Sauerstoffverbindungen der mit dem Doppeläquivalent Kohlenstoff[3] C_2 verbundenen Radikale Wasserstoff, Methyl, Äthyl u. s. w. seien.

[1] Ann. Chem. **65**, 288.

[2] Ann. Chem. **69**, 252.

[3] Kolbe benutzte, der von vielen eingeschlagenen Richtung folgend, die sogen. Gmelin'schen Äquivalentgewichte, also für $H = 1$, $C = 6$, $O = 8$, $S = 16$ u. s. w. Seine Formeln waren aber nichtsdestoweniger Molekularformeln; er legte der Kohlensäure, Essigsäure, dem Alkohol, Aldehyd, Aceton dasselbe Atomgewicht bei, welches diesen Körpern heute zuerkannt wird.

Die Essigsäure enthalte als näheren Bestandteil einen ähnlich konstituierten Atomkomplex, wie die Kakodylverbindungen. Dem *Kadodyl*, welches hier zuerst als mit zwei Methylradikalen gepaartes Arsen interpretiert wird, entspricht das sogen. *Acetyl* der Essigsäure: $C_2H_3C_2$ (nicht zu verwechseln mit dem heute Acetyl genannten Radikal, welches damals als *Acetoxyl* bezeichnet wurde).

Kolbe sprach schon zu jener Zeit den wichtigen Gedanken aus, daß in dem Acetyl der Essigsäure: $C_2H_3C_2$ „das Glied C_2 ausschließlich den Angriffspunkt der Verwandtschaft für Sauerstoff bildet, das Methyl gewissermaßen nur ein Anhängsel ist". Letztere Idee, an Berzelius' Lehre von den Paarlingen erinnernd, wird durch den Hinweis begründet, daß es für die Natur der Säuren nicht wesentlich sei, ob Wasserstoff oder Methyl, Äthyl u. s. w. mit jenem Gliede C_2 gepaart sind.

Diese grundlegenden Gedanken führte er in einer Abhandlung:[1] *Über die chemische Konstitution und Natur der organischen Radikale*, näher aus; auf dem Grund und Boden der älteren Radikallehre fußend, gestaltete er diese zu einer lebensfähigen Theorie dadurch, daß er aus ihr die mit den Thatsachen im Widerspruche stehenden Elemente aussonderte. Er blieb aber nicht auf dem damals gewonnenen Standpunkte stehen.

Unter dem Einflusse der zu jener Zeit begonnenen ausgezeichneten Arbeiten von Frankland[2] über die Alkoholradikale und die metallorganischen Verbindungen ging Kolbe Schritt für Schritt vorwärts. Er selbst hat sich darüber bestimmt dahin ausgesprochen,[3] daß seine „unklare Vorstellung von der chemischen Verbindungs-

[1] Ann. Chem. **75**, 211; **76**, 1 flg.

[2] Edw. Frankland, geb. 1825, war folgeweise in Manchester und London als Professor der Chemie thätig, nachdem er seine Studien unter Liebig's Leitung und Bunsen's, sowie Kolbe's Anregung in Deutschland gemacht hatte. Schon durch seine Erstlingsarbeiten, welche ihn zur Entdeckung der Organometalle leiteten, und durch seine gemeinsam mit Kolbe ausgeführten Untersuchungen erregte er die Aufmerksamkeit der Chemiker. Sein Hauptanteil an der Entwickelung unserer Vorstellungen von der Valenz der Elemente soll noch gebührend dargelegt werden. Seiner übrigen denkwürdigen Forschungen im Bereiche der organischen Chemie wird in der speziellen Geschichte dieser öfters gedacht werden. Frankland's Abhandlungen sind außer in englischen Zeitschriften meist in den Annalen der Chemie veröffentlicht, sowie gesammelt unter dem Titel: *Researches in pure, applied and physical chemistry* (1877) herausgegeben. — Von ihm rührt auch ein kurzes Lehrbuch: *Lecture notes for chemical students* her.

[3] Vergl. „Das chem. Laboratorium der Universität Marburg u. s. w." (Braunschweig 1865) S. 32.

weise der sogen. Paarlinge eine große Schwäche der Hypothese von den gepaarten Radikalen gewesen ist". — „Es ist Frankland's Verdienst, hierüber zuerst Licht verbreitet und damit zugleich den Begriff der Paarung ganz beseitigt zu haben, indem er erkannte, daß den einzelnen Elementen bestimmte Sättigungskapazitäten zukommen."

Kolbe machte sich diese Ansichten seines Freundes zu eigen; die Paarlinge erhielten nun eine ganz andere Bedeutung als früher; sie mußten als vollgültige unentbehrliche Teile der organischen Verbindungen, konnten also nicht mehr als deren Anhängsel betrachtet werden. Die Früchte dieser Änderung in seinen Anschauungen kamen bald zur Reife. Wieder waren es die Fettsäuren, deren Konstitution er zu deuten unternahm. Im Jahre 1855 sprach er zuerst[1] in bestimmter Weise den Gedanken aus, daß dieselben, wasserfrei gedacht, Abkömmlinge der Kohlensäure seien, z. B. die Essigsäure Methylkohlensäure, d. i. C_2O_4, worin ein Sauerstoffäquivalent durch Methyl C_2H_3 ersetzt ist. Die Säurehydrate wurden noch dualistisch als Verbindungen der Anhydride mit Wasser angesehen.

Die Annahme, daß jene Säuren Substitutionsprodukte der Kohlensäure seien, hatte sich nachweislich aus den Ansichten über die metallorganischen Verbindungen entwickelt. Gleichwie von Frankland zuerst die Kakodylsäure als Arsensäure mit zwei Methylen an Stelle von 2 Äquiv. Sauerstoff, das Stannäthyloxyd als entsprechender Abkömmling des Zinnoxydes gedeutet wurde, so erfaßte Kolbe mit glücklichem Griffe die Konstitution anderer organischer Verbindungen. Bald drang er, über das Gebiet der organischen Säuren hinausgehend, weiter vor und entwickelte den gleichen Gedanken, daß zahlreiche organische Körper als Derivate der Kohlensäure, andere als solche der Schwefelsäure zu betrachten seien. Wie sich diese Idee zu einem schönen Ganzen entfaltete, das lehren seine Abhandlungen[2] aus den Jahren 1857/58, sowie die zu jener Zeit und kurz vorher geschriebenen Teile seines Lehrbuches. Zu vollendetem Abschlusse gelangten diese theoretischen Betrachtungen und somit die von ihm neu belebte Radikaltheorie in einer 1859 verfaßten Abhandlung,[3] betitelt: *Über den natürlichen Zusammenhang der organischen mit den unorganischen Verbindungen, die wissenschaftliche*

[1] Handwörterbuch der Chemie **6**, 802.

[2] Ann. Chem. **101**, 257. Diese Abhandlung ist zugleich im Namen Frankland's verfaßt; vergl. ferner seine Gelegenheitsschrift (1858): „Über die chemische Konstitution organischer Verbindungen".

[3] Ann. Chem. **113**, 293.

Grundlage zu einer naturgemäßen Klassifikation der organischen chemischen Körper.

Das Hauptergebnis der Spekulationen Kolbe's ist in dem folgenden Satze ausgesprochen: „Die organischen Körper sind durchweg Abkömmlinge anorganischer Verbindungen und aus diesen, zum Teil direkt, durch wunderbar einfache Substitutionsprozesse entstanden.“ Durch die ganze Abhandlung zieht sich dieser Gedanke, einem roten Faden gleich, und wird mit überzeugendster Klarheit an zahlreichen Beispielen erläutert, welche dem weiten Gebiete der organischen Chemie entlehnt sind.

Die Alkohole, Karbonsäuren, Ketone, Aldehyde leiten sich nach Kolbe von der Kohlensäure $(C_2O_2)O_2$ resp. deren Hydrat $C_2O_2{}^{OHO}_{OHO}$ ab. — Die mehrbasischen Karbonsäuren gehen in derselben Weise aus zwei oder drei Molekülen Kohlensäurehydrat durch Eintritt mehratomiger Radikale hervor, wie die einbasischen aus einem Molekül. Die Sulfonsäuren sind entsprechende Abkömmlinge des Schwefelsäurehydrats, die Sulfone solche des Schwefelsäureanhydrids. Ähnliche ganz bestimmte Ansichten äußerte Kolbe über andere Klassen organischer Körper, z. B. die Phosphin- und Arsinsäuren, Amine und Amide, Organometalle, welche er in einfachster Weise aus unorganischen Verbindungen ableitete. Daß seine Formeln unzweideutige Ausdrücke präziser Gedanken seien, darauf legte er den allergrößten Nachdruck; die Annahme Gerhardt's, daß für ein und dieselbe chemische Verbindung verschiedene Konstitutionsformeln mit dem gleichen Rechte aufgestellt werden könnten, teilte er ganz und gar nicht.

Welcher Entwickelung die Auffassung Kolbe's von der Konstitution organischer Verbindungen fähig war, dafür lieferte er in derselben Abhandlung einen schlagenden Beweis. Sein Blick umfaßte nicht nur bekannte Körperklassen, er drang auch in das Gebiet von damals noch unbekannten vor. Aus den von ihm klar erkannten Beziehungen zwischen den Alkoholen und den Karbonsäuren folgerte er die Möglichkeit, neue Arten von Alkoholen zu gewinnen: er prognostizierte[1] die Existenz der sekundären, sowie tertiären Alkohole und wies sogar auf eine mutmaßliche Bildungs- und Zersetzungsweise der ersteren hin. Eine so glänzende deduktive Behandlung chemischer Fragen war in der organischen Chemie bis dahin nicht zu verzeichnen gewesen. Die Auffindung der von ihm vorausgesehenen Körperklassen ließ nicht lange auf sich warten.

[1] Vergl. Ann. Chem. **113**, 307.

Friedel entdeckte 1862 den sekundären Propylalkohol, Butlerow 1864 den tertiären Butylalkohol.

Die umfassenden Spekulationen Kolbe's über die Konstitution organischer Verbindungen hätten nicht den sicheren Halt gehabt und die große Bedeutung gewonnen, wenn sie nicht mit ausgezeichneten Experimentaluntersuchungen in dauerndem Zusammenhange geblieben wären. In der speziellen Geschichte der organischen Chemie wird dieser Arbeiten noch öfter gedacht werden, durch welche in Wahrheit die rationelle Zusammensetzung wichtiger Körperreihen zuerst sicher erkannt worden ist. Hier sei darauf hingewiesen, daß es seine Forschungen über die Milchsäure waren, welche diese als Oxypropionsäure, das entsprechende Alanin als Amidopropionsäure erkennen ließen. Als Angehörige derselben Klasse von Körpern deutete Kolbe zuerst die Glykolsäure und das Glykokoll richtig als Oxy- und als Amidoessigsäure, ferner die Salicylsäure als Oxybenzoësäure, die sogenannte Benzaminsäure als Amidobenzoësäure. Er war somit im stande, für Verbindungen die Konstitution klarzulegen, um deren Erforschung sich die namhaftesten Chemiker, wie Kekulé und Wurtz, vergeblich abgemüht hatten. Zahlreiche Körper, in deren Trivialbezeichnungen der Mangel an sicherer Erkenntnis ihrer Konstitution ausgesprochen lag, erhielten durch Kolbe ihren richtigen Platz unter den übrigen Verbindungen. Die auf seine Anregung von Schmitt[1] ausgeführte Umwandelung der Äpfel- und der Weinsäure in Bernsteinsäure enthüllte mit einem Schlage die bis dahin unerkannten Beziehungen jener Säure zu dieser. Durch seine Versuche über Taurin, dessen künstliche Bildung er lehrte, wies er nach, daß dasselbe und die daraus hervorgehende Isäthionsäure dem Alanin und der Milchsäure analog zusammengesetzt sind.

Dieselbe Klarheit verbreitete sich über die rationelle Zusammensetzung des Asparagins und der Asparaginsäure, welche er zuerst richtig deutete. — Das sind nur Ergebnisse von Arbeiten aus einem kurzen Zeitraume; zur Genüge aber ergiebt sich daraus sein unvergängliches Verdienst um die Erforschung der chemischen Konstitution organischer Verbindungen. — Unerwähnt sind zahlreiche

---

[1] Rudolf Schmitt, geboren 1830, wirkte seit 1871 bis 1893 als Professor der Chemie an der technischen Hochschule zu Dresden, nachdem er zuvor in Marburg, Kassel und Nürnberg in gleicher Richtung thätig war. Seine trefflichen Experimentaluntersuchungen erstrecken sich auf verschiedene Teile der organischen Chemie; sie gehören insbesondere dem Bereiche der aromatischen Verbindungen an.

Untersuchungen geblieben, welche auf seine Anregung hin und unter seiner Mitwirkung ausgeführt wurden; es sei nur an Grieß' Durchforschung der Klasse von Diazoverbindungen, an Öfele's Entdeckung der Sulfine, an Volhard's Synthese des Sarkosins erinnert.

Um das kurze Bild von Kolbe's Leistungen einigermaßen zu vervollständigen, sei noch auf einige der folgenden Zeit (nach 1863) angehörende Experimentaluntersuchungen hingewiesen, bei denen er stets von dem Gedanken geleitet war, in die chemische Konstitution organischer Verbindungen tieferen Einblick zu gewinnen, als bislang möglich war. Erwähnt sei der Nachweis, daß Malonsäure aus Cyanessigsäure entsteht, also karboxylierte Essigsäure ist, ferner die Entdeckung des Nitromethans, endlich die Reihe denkwürdiger Arbeiten über Salicyl- und Paraoxybenzoësäure und die durch seinen Tod unterbrochene Untersuchung der von ihm entdeckten Isatosäure.

Kolbe's Stellung zur älteren und neueren Chemie. — Aus seinen sämtlichen Forschungen, seien dieselben spekulativer oder experimenteller Art, tritt uns der überaus wohlthuende historische Sinn entgegen, von dem sie getragen sind. Kolbe knüpfte an das Bestehende an und wußte sich bei seinen wissenschaftlichen Bestrebungen in geistigem Zusammenhange mit den Häuptern der klassischen Schule. Gern betonte er, daß er seine Erfolge auf chemischem Gebiete in erster Linie Berzelius, sodann „den großen Vorbildern Liebig, Wöhler und Bunsen verdanke, welche, wie Berzelius es nennt, wahre Bearbeiter der Chemie gewesen sind“.

Die Beurteilung, welche Kolbe in Bezug auf seine Stellung zu der organischen Chemie von seinen Zeitgenossen erfahren hat, ist sehr verschiedenartig gewesen. Die Vertreter der älteren Zeit haben seine Bedeutung besser gewürdigt, als die Anhänger der Typenlehre, welch' letztere von ihm selbst unter ihrem Werte geschätzt wurde. Einige Bemerkungen über den vermeintlichen Zusammenhang der Ansichten von Kolbe mit denen der Typiker sind hier am Platze. Wie schon erwähnt, hat er die Typentheorie als unwissenschaftlich bezeichnet; er erblickte in ihr keine wirkliche Theorie, sondern ein Spiel mit Formeln. Trotz seiner bestimmten Äußerungen über diesen Punkt ist häufig behauptet worden, daß er auf dem Boden der Gerhardt'schen Typenlehre stehe, daß also seine Ableitung organischer Verbindungen aus der Kohlensäure, dem Kohlenoxyd, der Schwefelsäure und schwefligen Säure u. s. w. mit der aus den drei Typen Wasserstoff, Wasser und Ammoniak wesentlich übereinstimme. Wohl hat Kolbe die Körper der organischen Chemie mit solchen der unorganischen in Zusammenhang gebracht, aber, wie er wiederholt betont,[1] sind die letzteren reale Typen im Gegensatz zu jenen formalen. Ihm lag ernstlich daran, die wahre chemische Konstitution der organischen Verbindungen zu ergründen; schematisch die letzteren zu ordnen oder gar in willkürliche Typen einzuzwängen, widerstrebte ihm auf das lebhafteste. Besonderen Nachdruck legte Kolbe auf die thatsächlichen Beziehungen zwischen organischen und unorganischen Körpern, weshalb im Titel seiner oben besprochenen Abhandlung der „natürliche Zusammenhang zwischen denselben als wissenschaftliche Grundlage zu einer naturgemäßen Klassifikation der organischen Körper“ betont wurde. Daher auch sein früh schon hervortretendes Bestreben, letztere aus einfachen unorganischen Verbindungen künstlich darzustellen, in der Absicht, auf diesem Wege in ihre chemische Konstitution Einblick zu gewinnen.

So hat denn Kolbe, seinen eigenen Weg gehend, unbeirrt durch die Urteile der Zeitgenossen, außerordentlich fruchtbar gewirkt, insbesondere dadurch, daß er die Erkenntnis der rationellen Zusammensetzung organischer Verbindungen wahrhaft gefördert hat. Die alte Radikaltheorie gewann durch ihn neues Leben, die Radikale selbst erhielten eine andere tiefere Bedeutung. Während dieselben der Typenlehre als Reste galten, nach deren näherer Beschaffenheit nicht weiter geforscht wurde, richtete sich Kolbe's ganzes Streben darauf, die Radikale in nähere Bestandteile zu zerlegen. Er lehrte, um nur wenige Beispiele anzuführen, das Kakodyl als Dimethylarsen, das Acetyl als Verbindung von Methyl und Karbonyl, die Alkyle als Abkömmlinge des Methyls kennen. Diese und andere Ergebnisse seiner Forschungen, sowie die reichen Früchte der Arbeiten von Frankland, sind unzweifelhaft der neueren Typenlehre für ihre Fortentwickelung zu der Strukturtheorie höchst wichtig, ja unentbehrlich gewesen.

Diese beiden Männer, die originellsten Forscher auf dem Gebiete der organischen Chemie in jener Sturm- und Drangperiode der fünfziger Jahre, haben durch ihr Wirken ganz wesentlich dazu beigetragen, daß die Eigentümlichkeit der Gerhardt'schen Typen als beruhend auf der verschiedenen Sättigungskapazität der in denselben enthaltenen Grundstoffe erkannt wurde. Das Hauptverdienst, in dieser Richtung bahnbrechend gewirkt zu haben, fällt Frankland zu.

[1] Vergl. z. B. Journ. pr. Chem. (2) **28**, 440.

Begründung der Lehre von der Sättigungskapazität der Grundstoffe durch Frankland.

In dem vorigen Abschnitte ist der Einfluß Frankland's auf die von Kolbe entwickelten Ansichten über die Konstitution organischer Verbindungen schon nachdrücklich betont worden. Frankland war es, der in seiner denkwürdigen, 1853 veröffentlichten Abhandlung:[1] *Über eine neue Reihe organischer Körper, welche Metalle enthalten*, den Nachweis führte, daß die Paarung von Radikalen mit Elementen, z. B. Kohlenstoff, Arsen, Schwefel, wie sie von Kolbe gelehrt wurde, auf eine Grundeigenschaft der elementaren Atome genannter Stoffe zurückzuführen sei. Der Paarungsbegriff wurde von Frankland als einseitig erkannt, und das Mißverständnis, welches sich durch Benutzung desselben eingeschlichen hatte, von ihm endgültig beseitigt: die irrige Auffassung nämlich, daß die als sogenannte Paarlinge in den organischen Körpern enthaltenen Radikale keinen wesentlichen Einfluß auf diejenigen Verbindungen ausüben, mit denen sie vermeintlich gepaart sind.

Auf Grund der an den metallorganischen Körpern gewonnenen Erfahrungen entwickelte Frankland die Lehre von der Valenz der Elemente. Wenn man vorurteilsfrei den Blick rückwärts wendet, so erkennt man, daß der Keim dieser Lehre schon in dem Gesetz der multiplen Proportionen enthalten war, welches aussprach, daß zahlreiche Elemente verschiedene, aber doch ganz bestimmte Verbindungsstufen aufweisen. Zu den früh ermittelten Thatsachen gehörte z. B. die, daß der Phosphor sich mit drei oder mit fünf Atomen Chlor zu bestimmten Verbindungen vereinigt; der Ausdruck für diese und ähnliche Wahrnehmungen, daß Phosphor sowie viele andere Grundstoffe als verschiedenwertige, d. h. mit einer wechselnden Sättigungskapazität ausgestattete Elemente wirken können, war aber nicht gefunden. Auch hatte man keinerlei klare Vorstellungen über eine Grenze der Sättigungskapazität von Grundstoffen, und was besonders

---

[1] Ann. Chem. **85**, 329 ff. Dieselbe wurde schon 1852 vor der *Chemical Society* (London) gelesen.

schwer ins Gewicht fällt, es fehlte zunächst eine scharfe Unterscheidung des Begriffes Atom von dem des Äquivalentes. In letzterer Hinsicht hatten die Erfahrungen über die Substitution des Wasserstoffes organischer Verbindungen durch Chlor, Sauerstoff u. s. w. und die daraus gezogenen Schlüsse klärend gewirkt. Schon von Dumas (1834) war darauf hingewiesen worden, daß 1 Atom Wasserstoff durch 1 Atom Chlor, aber nur durch $^1/_2$ Atom Sauerstoff ersetzt werde; letztere Menge sei also 1 Atom Wasserstoff äquivalent. Auch durch die schon besprochene Lehre von den mehrbasischen Säuren trat die Vorstellung von dem *Ersetzungswert* gewisser Metalle deutlicher hervor, wie sich z. B. aus Liebig's Äußerung ergab, das Antimon sei 3 Atomen Wasserstoff äquivalent, das Kalium aber nur einem Atom. Trotz dieser Anläufe wurde ein präziser Ausdruck für solche Thatsachen nicht gefunden. — In den vierziger Jahren verwischte sich vollends der mühsam angebahnte Begriff des chemischen Äquivalentes im Gegensatze zu dem des Atoms; der damals anwachsende Einfluß der Gmelin'schen Schule war ein beredtes Zeugnis für diesen Rückschritt.

Merkwürdig bleibt die Thatsache, daß zur Begründung der Lehre von der Valenz nicht einfache Verbindungen der unorganischen Chemie, sondern die komplizierter zusammengesetzten der organischen gedient haben. Die Gesetzmäßigkeit, die bei ersteren schon in den multiplen Proportionen zum klaren Ausdruck gelangt war und nur einfach abgelesen zu werden brauchte, sollte erst mühsam aus den organischen Verbindungen entziffert werden.

Wie oben erwähnt, waren es die Organometalle, aus denen Frankland die Ergebnisse ableitete, die den Kern der heutigen Valenzlehre bildeten. Er hatte dies Gebiet mehr als andere Forscher durch ausgezeichnete Untersuchungen aufgeschlossen und bearbeitet. Vor ihm waren namentlich die Verbindungen des Kakodyls durch Bunsen's denkwürdige Arbeiten den Chemikern nahe gerückt, und das letztere von Kolbe als Dimethylarsen gedeutet worden. Gestützt auf seine Beobachtungen über die Stannäthylverbindungen, sowie auf das Verhalten der Kakodylderivate und anderer Körper, bewies Frankland mit überzeugender Schärfe die Unhaltbarkeit der Paarlingstheorie. Von dieser letzteren ausgehend müsse man annehmen — so etwa war Frankland's Gedankengang —, daß das Verbindungsvermögen von Metallen, wenn sie mit Radikalen gepaart sind, dem Sauerstoff gegenüber unverändert sei. Gewichtige Thatsachen sprechen nun gegen eine solche Annahme, wie durch folgende Beispiele schlagend nachgewiesen wird: das Stannäthyl (SnC_4H_5; $C=6$) sollte sich nach jener Theorie, gleich dem Zinn selbst, in zwei Verhältnissen mit Sauerstoff verbinden, jedoch vermag es nur 1 Äquivalent Sauerstoff aufzunehmen, nicht wie das freie Zinn auch zwei. Das mit zwei Methylradikalen gepaarte Arsen, das *Kakodyl,* bildet zwar zwei Oxyde, von denen man meinen könnte, das mit 1 Äquivalent Sauerstoff entspreche dem Arsensuboxyd, das mit 3 Äquivalenten der arsenigen Säure; völlig unerklärt bleibe aber bei dieser Voraussetzung die Thatsache, daß letztere Verbindung sehr leicht, die ihr vermeintlich entsprechende Kakodylsäure dagegen gar nicht zu oxydieren ist.

Diese und ähnliche Widersprüche hat Frankland in einfachster Weise durch die Annahme gelöst, daß die sogenannten gepaarten Verbindungen Abkömmlinge unorganischer Körper sind, aus diesen durch Vertretung von Sauerstoff-Äquivalenten mittels Kohlenwasserstoffradikalen hervorgegangen. Das Stannäthyloxyd wird als Zinnoxyd SnO_2 gedeutet, in dem das eine Sauerstoffäquivalent durch Äthyl, das Kakodyloxyd als arsenige Säure und die Kakodylsäure als Arsensäure, in denen zwei Äquivalente Sauerstoff durch zwei Methyle vertreten sind. Diese Betrachtungsweise dehnte nun Frankland in glücklichster Weise auf andere Verbindungen aus und brachte — was besonders wichtig war — die in der Zusammensetzung organischer und unorganischer Körper hervortretenden Regelmäßigkeiten in Zusammenhang mit Grundeigenschaften der darin enthaltenen Elemente.

Er sprach sich darüber in folgenden Sätzen[1] aus, die in einer Geschichte der Chemie wegen ihrer großen Bedeutung einen besonderen Platz zu beanspruchen haben: „Betrachtet man die Formeln der unorganischen chemischen Verbindungen, so fällt selbst einem oberflächlichen Beobachter die im allgemeinen herrschende Symmetrie in diesen Formeln auf. Namentlich die Verbindungen von Stickstoff, Phosphor, Antimon und Arsen zeigen die Tendenz dieser Elemente, Verbindungen zu bilden, in welchen drei oder fünf Äquivalente anderer Elemente enthalten sind, und nach diesen Verhältnissen wird den Affinitäten jener Körper am besten Genüge geleistet. So haben wir nach dem Äquivalentverhältnis 1 : 3 die Verbindungen NO_3, NH_3, NJ_3, NS_3; PO_3, PH_3, PCl_3; SbO_3, SbH_3, $SbCl_3$; AsO_3, AsH_3, $AsCl_3$ und andere, und nach dem Äquivalentverhältnis 1:5 NO_5, NH_4O, NH_4J; PO_5, PH_4J und andere. Ohne eine Hypothese hinsichtlich der Ursache dieser Übereinstimmung in der Gruppierung der Atome aufstellen zu wollen, erhellt es aus den eben angeführten Beispielen hinlänglich, daß eine solche Tendenz oder eine solche Gesetzmäßig-

[1] Ann. Chem. **85**, 368.

keit herrscht, und daß die Affinität des sich verbindenden Atoms der oben genannten Elemente stets durch dieselbe Zahl der zutretenden Atome, ohne Rücksicht auf den chemischen Charakter derselben, befriedigt wird.“

So war zuerst der Satz aufgestellt, daß den elementaren Atomen eine wechselnde, aber dennoch innerhalb enger Grenzen bestimmte Sättigungskapazität zukomme; für die obigen Elemente wurde diese durch die Zahlen 3 und 5 ausgedrückt. Eine höhere Sättigungsstufe derselben wurde von Frankland nicht angenommen. — Durch seine an Ideen und Thatsachen reiche Abhandlung hatte er ein Gebiet der theoretischen Chemie erschlossen, welches, seitdem eifrig bebaut, der gesamten chemischen Forschung als Mittel- und Ausgangspunkt gedient hat. Unter dem Einfluß der Valenzlehre entwickelten sich fortan alle theoretisch-chemischen Anschauungen, wie sich aus den folgenden Abschnitten zur Genüge ersehen läßt. Die glückliche Deutung der Konstitution von sogenannten gepaarten Verbindungen hatte zu dieser wichtigen Erkenntnis Anlaß gegeben, insofern Frankland die Paarung als Folge der Sättigungskapazität elementarer Atome nachwies.

Nachdem durch Frankland die bestimmte Valenz einzelner Elemente festgestellt war, konnte — so sollte man denken — jeder Chemiker aus dem Verhalten anderer Elemente die Sättigungskapazität dieser ableiten. Jene bahnbrechende Abhandlung Frankland's trug jedoch nicht so schnell solche Frucht. Wie langsam seine Anschauungen bei den Chemikern sich Bahn brachen, davon gab die im Jahre 1854 veröffentlichte Arbeit seines Landsmannes Odling[1] *Über die Konstitution der Säuren und Salze* Zeugnis. Derselbe blieb ganz auf dem Boden der Typenlehre stehen. Er zeigte, daß die Salze und Säuren, insbesondere die sauerstoffhaltigen, vorteilhaft auf den einfachen, resp. vervielfachten Typus Wasser bezogen werden können, derart, daß der Wasserstoff des letzteren teilweise oder vollständig durch elementare und zusammengesetzte Radikale von bestimmtem *Ersetzungswert* vertreten wird. Mit letzterem Namen bezeichnete Odling das, was Frankland durch das Wort *atomig* ausgedrückt hatte. Das Eisen sowie Zinn hat nach Odling zwei Ersetzungswerte, deren Größe er durch die seitdem bekannten und häufig benutzten Striche andeuten wollte: Fe'' und Fe''', Sn' und Sn''. Soweit folgte er der Auffassung Frankland's von der Sättigungskapazität der Grundstoffe. Für die mehrbasischen Säuren schloß er sich den Ideen Williamson's an, indem er darin sauerstoff-

[1] Journ. chem. soc. 7, 1.

haltige Radikale von bestimmtem Ersetzungswert annahm, welche in den Typus $(H_2O)_n$ eingeführt wurden. Wie die Schwefelsäure aus dem zweifachen Wassertypus durch Eintritt des zweiatomigen Radikals SO_2, so leitete sich die Phosphor- und Arsensäure aus $3H_2O$ durch Einführung der Atomgruppen $(PO)'''$ und $(AsO)'''$ ab; in den kohlensauren Salzen wurde das Radikal CO mit dem Ersetzungswert 2 angenommen u. s. w. Auf die Valenz der in diesen Komplexen enthaltenen Grundstoffe Schwefel, Phosphor, Arsen, Kohlenstoff, wurde aber keine Rücksicht genommen. Dabei liefen nun arge Unklarheiten mit unter: infolge seiner einseitig typischen Betrachtungsweise trug Odling kein Bedenken, das eigentlich zweiatomige Radikal SO_2 in der Unterschwefelsäure, sowie das Karbonyl CO in der Oxalsäure einatomig fungieren zu lassen; die letztere z. B. führte er auf den zweifachen Typus Wasser folgendermaßen zurück: $\left.\begin{matrix}(CO)'(CO)' \\ H_2\end{matrix}\right\} 2O'$. — Immerhin muß man als verdienstlich anerkennen, daß von Odling einzelnen Elementen, vorzugsweise dem Wasserstoff und dem Sauerstoff, ein unveränderlicher Ersetzungswert beigelegt wurde, daß also die Atomgewichte dieser Elemente als Maß zur Feststellung des Ersetzungswertes anderer Grundstoffe und zusammengesetzter Radikale dienten. — Williamson hat sodann in anerkennenswerter Weise zur Klärung der Bedeutung von Odling's Formeln und zu einer geistigeren Auffassung der Konstitution von chemischen Verbindungen wesentlich beigetragen.[1]

Die Erörterungen von Wurtz[2] und von Gerhardt[3] über die Sättigungskapazität des Stickstoffatoms zeigten ferner, daß Frankland's Ideen nur langsam wirkten; denn der letztere hate sich über diese Frage schon drei Jahre früher in fast gleichen Sinne geäußert. — Vielfach blieb man bei den zusammengesetzten Radikalen stehen, ohne den Einfluß der darin enthaltenen Grundstoffe auf die Sättigungskapazität dieser Komplexe zu ergründen; ganz besonders galt dies von den Kohlenstoff und Wasserstoff enthaltenden Radikalen, mit deren *Ersetzungswert* sich mehrere namhafte Forscher beschäftigten.

Erkenntnis der Valenz des Kohlenstoffes.

Für den in den Alkoholradikalen enthaltenen Kohlenstoff, das im eigentlichen Sinne des Wortes *organische Element*, blieb die bestimmte Auffassung seiner Valenz längere Zeit unausgesprochen. Statt

[1] Vergl. Ann. Chem. **91**, 226.

[2] Ann. Chim. Phys. (3) **43**, 492 (1855).

[3] *Traité de Chimie* **4**, 595 u. 602 (1856).

aus der Zusammensetzung seiner Sauerstoffverbindungen CO und CO_2 diese Grundeigenschaft desselben zu folgern, ging man den mühsameren Weg: die Erforschung von Verbindungen mit kohlenstoffhaltigen Radikalen führte erst zur endgültigen Lösung der schwebenden Frage. Zu den Untersuchungen, welche in dieser Richtung nützlich gewirkt haben, gehört zunächst die von Kay[1] auf Anregung Williamson's ausgeführte über den „dreibasischen Ameisensäureäther", welcher, aus Chloroform und Natriumäthylat entstanden, als Abkömmling von 3 Atomen Äthylalkohol aufgefaßt wurde, deren 3 Atome basischen Wasserstoffes durch das „dreibasische Radikal des Chloroforms CH" ersetzt sei. — An diese wichtige Arbeit reihte sich die von Berthelot[2] über Glycerin, das er, wesentlich unterstützt durch die Darlegungen von Wurtz, als dreiatomigen Alkohol kennzeichnete, indem darin ein *dreibasisches Radikal* C_6H_5 ($C = 6$) als Ersatz für 3 Atome Wasserstoff des dreifachen Wassertypus angenommen wurde. — Zu diesen an Stelle von 3 Atomen Wasserstoff fungierenden Alkylen kamen bald die zweiatomigen; das Äthylen war von H.L.Buff[3] als ein solches Radikal bestimmt bezeichnet worden. Die glänzende, Wurtz[4] geglückte Entdeckung des Glykols, als des ersten zweiatomigen Alkohols, diente zur Bestätigung dieser Ansicht.

Der Ursache des verschiedenen Ersetzungswertes jener Radikale: $(CH)'''$, $(C_6H_5)'''$, $(C_2H_4)''$ wurde zwar nachgespürt; denn bei Gerhardt sowie bei Wurtz findet man Auslassungen darüber, daß Äthylen zweibasisch sei, weil dem einbasischen Äthyl 1 Atom Wasserstoff entzogen ist, das Glyceryl aber dreiwertig, weil dem entsprechenden einwertigen Propyl zwei Wasserstoffatome fehlen. Aber man ging nicht an die vollständige Auflösung dieser Radikale, man führte ihre Sättigungskapazität noch nicht mit klaren Worten auf die des Kohlenstoffes zurück.

Kekulé zog in seiner 1858 erschienenen Abhandlung[5] *Über die Konstitution und die Metamorphosen der chemischen Verbindungen und über die chemische Natur des Kohlenstoffes* diese naheliegende Folgerung. Er sprach für den Kohlenstoff das aus, was für andere Elemente, zuerst für den Stickstoff und seine chemischen Verwandten, schon

[1] Journ. chem. soc. **7**, 224.

[2] Ann. Chim. Phys. (3) **41**, 319.

[3] Ann. Chem. **96**, 302.

[4] Comptes rendus **43**, 199.

[5] Ann. Chem. **106**, 129 (vergl. daselbst **104**, 133 Note). — Auch Couper hat, unabhängig von Kekulé und bald nach dem Erscheinen der eben citierten Abhandlung, die Vierwertigkeit des Kohlenstoffatoms ausgesprochen (vergl. Comptes rendus **46**, 1157).

seit längerer Zeit klar erkannt war. Die Begründung der Vierwertigkeit des Kohlenstoffatoms geschieht durch folgende Sätze: „Betrachtet man die einfachsten Verbindungen dieses Elementes CH_4, CH_3Cl, CCl_4, $CHCl_3$, $COCl_2$, CO_2, CS_2 und CHN, so fällt es auf, daß die Menge Kohlenstoff, welche die Chemiker als geringst mögliche, als Atom, erkannt haben, stets vier Atome eines ein-, oder zwei eines zweiatomigen Elementes bindet, daß allgemein die Summe der chemischen Einheiten der mit einem Atom Kohlenstoff verbundenen Elemente gleich vier ist. Dies führt zu der Ansicht, daß der Kohlenstoff vieratomig ist.“ Der Gedankengang ist fast der gleiche, welchen Frankland zur Ableitung der Drei- und Fünfwertigkeit des Stickstoffes, Phosphors, Arsens und Antimons einschlug;[1] auch er folgerte aus den einfachsten Verbindungen dieser Elemente die Sättigungskapazität derselben. Daraus ergiebt sich aber, daß in jenem Ausspruch Kekulé's nicht eine durchaus originelle Leistung oder eine wissenschaftliche That erblickt werden kann, um so weniger, als die Vierwertigkeit des Kohlenstoffes sowohl von Frankland, wie von Kolbe schon erkannt war, und namentlich den Erörterungen des letzteren über die Konstitution organischer Verbindungen zu Grunde lag.[2] In seltsamem Widerspruche mit der hohen Meinung, die sich die Chemiker über diese Leistung Kekulé's gebildet haben,

---

[1] Vergl. S. 278.

[2] Vergl. H. Kolbe's Schrift: *Zur Entwickelungsgeschichte der theoretischen Chemie* (Leipzig 1881), S. 26 flg., bes. S. 33. — Auch andere haben für Kolbe das Verdienst in Anspruch genommen, zuerst die Vierwertigkeit des Kohlenstoffes erfaßt zu haben: so Blomstrand, welcher sich in seiner „Chemie der Jetztzeit“ S. 110 folgendermaßen äußert: „Kaum möchte ein anderer Chemiker mit demselben Rechte wie Kolbe als Urheber der Lehre von der Sättigungskapazität des Kohlenstoffes angesehen werden dürfen. Neben ihm Frankland, dessen ununterbrochen fortgesetzte, genial erdachte und glücklich ausgeführte Versuche innerhalb des organisch-synthetischen Gebietes stets neue Beiträge zum Beweis für den oben erwähnten Satz lieferten, welcher in sich das ganze Gebiet der Sättigung einschließt und in der Kohlensäuretheorie Kolbe's nur seine unvergleichbar wichtigste Nutzanwendung gefunden hat.“ Ferner hat sich auch A. Claus (Journ. pr. Chem. (2) **3**, 267) in dem gleichen Sinne ausgesprochen. — Kekulé ist nicht dazu berechtigt, sich selbst das Verdienst zuzusprechen, „den Begriff der Atomigkeit der Elemente in die Chemie eingeführt zu haben“ (vergl. Kekulé, Zeitschr. Chem. **1864**, S. 689). Dies war unzweifelhaft in erster Linie Frankland's Verdienst. Derselbe hat sich über diesen Punkt in seinen *Experimental Researches* (1877) S. 145 klar wie folgt ausgesprochen: „*This hypothesis, which was communicated to the Royal Society on May 10, 1852* (vergl. S. 278 dieses Buches), *constitutes the basis, of what has since been called the doctrine of atomicity or equivalence of elements; and it was, so far as I am aware, the first announcement of that doctrine.*“

steht die Unterschätzung, welche er selbst diesen wissenschaftlichen Bestrebungen angedeihen läßt.[1]

Kekulé's Verdienst in dieser Angelegenheit besteht darin, daß er der Frage nach der Art, wie sich zwei und mehr Kohlenstoffatome miteinander verbinden und ihre Affinitäten sättigen, auf den Grund zu gehen suchte. Das unmittelbare Ergebnis dieser Spekulation ist die Lehre von der Verkettung der Atome in den chemischen Verbindungen gewesen. Mittelbar haben die Ansichten Kolbe's und Frankland's an der Entwickelung dieser in der Strukturtheorie gipfelnden Betrachtungsweise den wesentlichsten Anteil gehabt.

[1] Kekulé sagt nämlich am Schluß seiner obigen Abhandlung S. 109: „Schließlich glaube ich noch hervorheben zu müssen, daß ich selbst auf Betrachtungen der Art nur untergeordneten Wert lege. Da man indes in der Chemie bei dem gänzlichen Mangel exakt wissenschaftlicher Prinzipien sich einstweilen mit Wahrscheinlichkeits- und Zweckmäßigkeitsvorstellungen begnügen muß, schien es geeignet, diese Betrachtungen mitzuteilen, weil sie, wie mir scheint, einen einfachen und ziemlich allgemeinen Ausdruck gerade für die neuesten Entdeckungen geben, und weil deshalb ihre Anwendung vielleicht das Auffinden neuer Thatsachen vermitteln kann."

Entwickelung der Chemie unter dem Einfluß der Valenzlehre während der letzten 35 Jahre.

Die chemische Atomtheorie hatte nahezu fünfzig Jahre bestanden, bevor aus ihr die naturgemäße Folgerung mit genügender Schärfe gezogen wurde, daß den elementaren Atomen eine bestimmte Sättigungskapazität zukomme, und daß diese bei einigen durch einen konstanten, bei den meisten aber durch einen wechselnden Wert ausgedrückt werden müsse. In dieser Erkenntnis lag ein großer Fortschritt, der sich besonders darin bekundete, daß seit Begründung der Valenzlehre durch Frankland die Frage nach der chemischen Konstitution von unorganischen, wie namentlich organischen Verbindungen eine bestimmtere Fassung und in zunehmendem Maße eine deutlichere Antwort erhielt. Man suchte fortan dieses Problem, welches zuerst von Berzelius in seiner vollsten Bedeutung erkannt worden war, mit Hilfe der von Frankland ausgesprochenen und angeregten Ideen zu lösen. Durch Zergliederung der zusammengesetzten Körper und Verteilung der darin enthaltenen elementaren Atome je nach der ihnen zugeschriebenen Sättigungskapazität war man bemüht, die gegenseitigen Beziehungen dieser letzten Bestandteile zu erforschen. So ging von der Valenz das Licht aus, das jetzt alle Gebiete der Chemie erhellt.

Als unabweisbare Folgerung der Vorstellung, daß den Atomen der Grundstoffe eine durch Zahlen ausdrückbare Sättigungskapazität anderen Elementen gegenüber zukomme, wird von den meisten Chemikern die Lehre von der Verkettung der Atome angesehen. Mit dem Ausbau dieser Betrachtungsweise sowohl im Bereiche der organischen als in dem der unorganischen Chemie sind seit 35 Jahren zahlreiche Köpfe emsig beschäftigt. Die wichtigen Streitfragen, welche während dieser Zeit aufgetaucht sind, z. B. die über das Wesen der Valenz, über die Ursache zahlreicher, früher nicht erklärter Isomerien u. s. w., haben den allen diesen Bestrebungen zu Grunde liegenden Gedanken von einer bestimmten Sättigungskapazität der Elemente nicht missen können, so daß dieser noch immer der unentbehrliche Führer bei allen wissenschaftlich-chemischen Untersuchungen geblieben ist.

Anfänge der Strukturlehre. Kekulé und Couper.

Die Typenlehre, nach welcher man alle organischen Verbindungen auf wenige einfach zusammengesetzte Körper bezog, war durch Frankland's Auffassung von der jetzt als Valenz bezeichneten Eigentümlichkeit der Grundstoffe gegenstandslos geworden. Die Typen selbst stellten sich als Wasserstoffverbindungen von ein-, zwei-, drei- und endlich vierwertig wirkenden Elementen dar. Wäre Frankland's Betrachtungsweise sogleich gebührend berücksichtigt und verallgemeinert worden, so hätte man des umständlichen Aufbaues der Typentheorie, wie ihn Gerhardt im vierten Bande seines Lehrbuches ausführte, gar nicht bedurft.

Aus dem von Frankland erfaßten Begriff der Sättigungskapazität leitete sich weiter die Vorstellung ab, daß die elementaren Atome untereinander in verschiedenem Grade gebunden sein können, und daß hierbei ein Austausch und infolge davon ein Verschwinden einzelner Affinitäten eingetreten seien. Dieser Gedanke wurde zuerst von Kekulé und bald darauf von Couper in den schon angeführten Abhandlungen entwickelt (1858). In diesen sind demnach die Anfänge der Strukturtheorie[1] enthalten.

Kekulé sprach sich in seinem Aufsatze, nachdem er, wie schon erörtert, aus der Zusammensetzung von einfachen Kohlenstoffverbindungen die „Vieratomigkeit“ des Kohlenstoffes abgeleitet hatte, über die Konstitution von Verbindungen, die mehr als 1 Atom Kohlenstoff enthalten, folgendermaßen aus:[2] „Für Substanzen, die mehrere Kohlenstoffatome enthalten, muß man annehmen, daß ein Teil der Atome wenigstens durch die Affinität des Kohlenstoffes gehalten werde, und daß die Kohlenstoffatome selbst sich aneinander anlagern, wobei natürlich ein Teil der Affinität des einen gegen einen ebenso großen Teil der Affinität des anderen gebunden wird.“

„Der einfachste und deshalb wahrscheinlichste Fall einer solchen Aneinanderlagerung von zwei Kohlenstoffatomen ist nun der, daß eine Verwandtschaft des einen Atoms mit einer des anderen gebunden wird. Von den 2.4 Verwandtschaftseinheiten der zwei

[1] Die Bezeichnung *Struktur* wurde zuerst von Butlerow eingeführt (Ztschr. Chem. **1861**, 553); durch dieses Wort erweckte er die irrtümliche, von ihm selbst nicht beabsichtigte Meinung, daß man mit Hilfe jener Vorstellungsweise die Lagerung der Atome ausdrücken wolle.

[2] Ann. Chem. **106**, 154.

Kohlenstoffatome werden also zwei verbraucht, um die beiden Atome zusammenzuhalten; es bleiben mithin sechs übrig, die durch Atome anderer Elemente gebunden werden können."

Hier wird also die Hypothese aufgestellt, daß die Kohlenstoffatome sich aneinander lagern und infolge davon einen Teil ihrer Affinität verlieren. Kekulé verallgemeinerte sodann den einzelnen Fall, indem er, von der Voraussetzung ausgehend, daß mehr als zwei Atome Kohlenstoff in der nämlichen Weise zusammentreten für die Sättigungskapazität des Komplexes C_n den Wert $2n + 2$ feststellte. Hierbei blieb er aber nicht stehen, sondern bezeichnete „eine dichtere Aneinanderlagerung der Kohlenstoffatome" als eine solche, welche in anderen organischen Verbindungen, z. B. in dem Benzol und Naphtalin, angenommen werden könne. Als „nächst einfachste Aneinanderlagerung der Kohlenstoffatome" schwebte ihm der Fall des Austausches von je zwei Verwandtschaftseinheiten vor. Auch die Beziehungen anderer mehrwertiger Elemente zu den Kohlenstoffatomen wurden in Betracht gezogen, wobei er an Beispielen erläuterte, daß jene entweder mit ihrer vollen Verwandtschaft, oder mit einem Teile derselben durch die des Kohlenstoffes gebunden würden.[1] — Die Grundzüge der Lehre von der Bindung der Atome waren in diesen Sätzen Kekulé's enthalten.

Couper[2] gelangte fast zu derselben Zeit unabhängig von Kekulé zu ähnlichen Ansichten bezüglich der gegenseitigen Bindungsweise mehrerer Kohlenstoffatome. Von der bestimmten Meinung ausgehend, die Gerhardt'sche Typenlehre genüge nicht den an eine Theorie zu stellenden Anforderungen, machte er den Versuch, die Konstitution chemischer Verbindungen durch Zurückgehen auf die elementaren Atome zu erkennen. Er hob hervor, daß außer der *Wahlverwandtschaft*, d. i. der eigentlichen Affinität, die *Gradverwandtschaft* der kleinsten Teilchen bei der Bildung chemischer Verbindungen in Betracht komme. Speziell für das Kohlenstofatom sei das höchste Verbindungsvermögen durch die Zahl 4 auscrückbar. Im allgemeinen adoptierte er Frankland's Lehre von der vechselnden Sättigungskapazität der Grundstoffe. — Ferner legte Couper großen Nachdruck auf die Fähigkeit der Kohlenstoffatone, sich untereinander zu vereinigen und zwar so, daß ein Teil des ihnen eigenen Bindungsvermögens ausgeglichen wird. Diese Vereinigung von Atomen versinnlichte er durch Striche, welche zwischen den miteinander verbundenen Teilchen in den chemischen Symbolen an-

[1] Vergl. a. a. O. S. 155.

[2] Comptes rendus **46**, 1157. Ann. Chim. Phys. (3) **53**, 469.

gebracht wurden; er legte so den Grund zu den sogenannten Strukturformeln.[1] Folgende Beispiele mögen zur Erläuterung dienen:

$$\begin{array}{l} CH_3 \\ C{}^{H_2}_{O-OH} \end{array} \text{ Alkohol, } \quad \begin{array}{l} CH_3 \\ | \\ C{}^{O_2}_{O-OH} \end{array} \text{ Essigsäure, } \quad \begin{array}{l} C{}^{O-OH}_{O_2} \\ | \\ C{}^{O_2}_{O-OH} \end{array} \text{ Oxalsäure.}$$

Von Kekulé, sowie Couper war in bestimmter Weise der Grundsatz ausgesprochen worden, die „Atomigkeit der Elemente“ zur Ergründung der Konstitution chemischer Verbindungen zu benutzen. Den Begriff Atomigkeit hatte ohne Zweifel sechs Jahre früher Frankland der Wissenschaft als sicheres Eigentum zugeführt. Die Weiterentwickelung des obigen Grundsatzes und seine Verwertung in der Lehre von der Atomverkettung wurden besonders von Kekulé und in den nächsten Jahren von Butlerow, sowie Erlenmeyer angestrebt.

Ehe die vollständig sichere Erkenntnis von der Atomigkeit oder besser der Valenz der Elemente gewonnen werden konnte, mußte völlige Klarheit herrschen über die Größe der Atomgewichte. Insbesondere mußte zuvor der Unterschied zwischen Atom und Äquivalent mehrwertiger Elemente scharf erfaßt sein. Das war aber damals noch keineswegs der Fall. Die meisten Chemiker benutzten zur Formulierung chemischer Verbindungen aus Gewohnheit die Gmelin'schen *Äquivalente;* bei Anwendung dieser blieb aber der wahre chemische Wert der Atome undeutlich und konnte erst nach Übertragung der Äquivalente in Atomgewichte zum Vorschein kommen. Dem Doppeläquivalente C_2 oder S_2 wurden z. B. in den von Kolbe gebrauchten Formeln die Funktionen der einfachen Atome C und S zugeschrieben, während für Wasserstoff, Chlor, Stickstoff und andere Elemente die Äquivalente mit den Atomgewichten gleich waren. Von manchen Forschern, z. B. Couper (s. obige Formeln), wurde zur Erhöhung der Verwirrung dem Kohlenstoff das wahre Atomgewicht (12) zugelegt, für Sauerstoff aber das Äquivalent (8) beibehalten. Gerhardt hatte zwar schon früher versucht, Ordnung in die eingerissene Verwirrung zu bringen, war aber nicht konsequent genug vorgegangen.[2]

Eine heilsame Klärung dieses unsicheren Zustandes bahnte sich im Jahre 1858 an, Dank den Bemühungen des italienischen Chemikers Cannizzaro, welche aber nur allmählich zur Anerkennung

---

[1] Wurtz hat offenbar Couper's Abhandlung in den Ann. de Chim. et de Phys., zu deren Herausgebern Wurtz selbst gehörte, vergessen; denn er schrieb sich selbst die erste Anwendung der Bindungsstriche zu (s. seine *Atomtheorie,* deutsche Ausgabe S. 195 Anmerkung).

[2] Vergl. S. 253.

gelangten. Er war es, welcher in einer Abhandlung,[1] betitelt: *Sunto di un corso di filosofia chimica*, die zur Ermittelung der relativen Atomgewichte von Grundstoffen gegebenen Methoden kritisch beleuchtete. Die jetzt eingebürgerte Ableitung dieser Werte aus der Dampfdichte chemischer Verbindungen wurde von ihm als besonders zuverlässig erkannt. Ferner zeigte er, in welchem Maße die spezifische Wärme der Metalle ein sicheres Hilfsmittel zur Bestimmung ihrer Atomgewichte sei, die damals für viele Metalle nach dem Vorgange Gerhardt's falsch angenommen wurden.

Nachdem die richtigen Atomgewichte der Elemente auf diesem Wege festgestellt waren, konnte die Lehre von dem chemischen Werte der Grundstoffe allgemeiner als zuvor gestaltet werden. Zunächst verwertete man dieselbe im Bereiche der Kohlenstoffverbindungen, deren Konstitution Gegenstand der eifrigsten Forschung wurde. Kekulé in seinem seit 1859 erscheinenden Lehrbuche, Butlerow und Erlenmeyer in verschiedenen Aufsätzen und später in Lehrbüchern, suchten den Zusammenhang der elementaren Atome innerhalb der Moleküle klarzulegen, indem sie von der Vorstellung ausgingen, daß den Elementen — in erster Linie kamen Kohlenstoff, Wasserstoff, Sauerstoff, Stickstoff in Betracht — eine bestimmte Atomigkeit eigen sei.

Butlerow hat sich zuerst am klarsten über das diesen Bemühungen zu Grunde liegende Prinzip und damit über das Wesen der von ihm sogenannten *Strukturtheorie* ausgesprochen.[2] Zunächst ist zu bemerken, daß derselbe sich auf den Boden der von Frankland begründeten Valenzlehre stellte, nach welcher vielen Elementen eine wechselnde Sättigungskapazität zukommt. Butlerow definiert als *Struktur* einer chemischen Verbindung die „Art und Weise der gegenseitigen Bindung der Atome in einem Molekül“, weist aber mit Entschiedenheit den Gedanken zurück, daß damit

[1] *Nuovo Cimento* 7, 321. Diese Abhandlung ist neuerdings in Ostwald's Klassikern von Loth. Meyer mit Anmerkungen herausgegeben worden (1891. Deutsch von Miolati). — Stanislaus Cannizzaro, 1826 geboren, studierte zuerst Medizin, dann Chemie unter Piria's Leitung, war als Professor der Chemie an den Universitäten Genua, Palermo und seit 1871 in Rom thätig, wo er zugleich als Senator und Mitglied des obersten Rates des öffentlichen Unterrichts wirkt. — Seine Experimentaluntersuchungen, z. B. über Benzylalkohol, Santonin und zugehörige Verbindungen, sind ausgezeichnete Leistungen.

[2] Ztschr. Chem. **1861**, S. 549 flg. Alexander Butlerow (geboren 1828, vor einigen Jahren gestorben), zuerst Professor der Chemie in Kasan, dann in Petersburg, hat durch zahlreiche treffliche Experimentaluntersuchungen zumal die organische Chemie gefördert und ganz besonders durch sein (1864 in russischer) 1868 in deutscher Sprache veröffentlichtes „Lehrbuch der organischen Chemie“ tiefgehenden Einfluß geübt.

eine Erkenntnis der räumlichen Lagerung einzelner Atome im Molekül gewonnen sei. — Er stellt den Satz auf, daß der chemische Charakter eines zusammengesetzten Körpers einmal durch die Natur und Quantität seiner elementaren Bestandteile, sodann durch seine chemische Struktur bedingt wird. Die letztere soll nach ihm eindeutig sein: es können also nicht, wie Gerhardt meinte, mehrere rationelle Formeln für eine chemische Verbindung aufgestellt werden, sondern nur eine einzige erscheint ihm möglich.

Je mehr sich das Bedürfnis bei den bisherigen Anhängern der Typentheorie geltend machte, die Anschauungen der letzteren über Bord zu werfen und, frei von dem Zwange dieser Lehre, nur die sogenannte Atomigkeit der Elemente allen Betrachtungen über chemische Konstitution zu Grunde zu legen, um so bestimmter mußten sich, so sollte man denken, die Ansichten über das Wesen dieser den Grundstoffen zukommenden Eigenschaft gestalten. Der naturgemäßen, aus zahlreichen Erfahrungen abgeleiteten Annahme, daß die Atome einiger Elemente, gegenüber anderen, mit einem konstanten, die der übrigen mit einem wechselnden Verbindungswert wirksam sind, trat um jene Zeit in Gestalt eines Lehrsatzes die Meinung entgegen, daß diese Eigenschaft der Grundstoffe unveränderlich sei.

Streitfragen über konstante und wechselnde Valenz der Grundstoffe.

Der Begründer der Lehre von der Sättigungskapazität elementarer Atome, Frankland, hielt sich von den lebhaften Erörterungen, welche darüber, namentlich seit Beginn des siebenten Jahrzehntes angestellt wurden, fern. In dieser Zurückhaltung liegt wohl die Ursache, daß sein Verdienst um die Entwickelung dieser so wichtigen Lehre von vielen Chemikern, und gerade von solchen, die sich am lebhaftesten an der Diskussion über dieselbe beteiligt haben, vergessen worden ist.[1] Um das Jahr 1860 waren Frankland's Ansichten über eine den Grundstoffen eigentümliche Sättigungskapazität, die aber je nach Umständen eine wechselnde sein kann, von den namhaftesten Chemikern stillschweigend oder ausdrücklich angenommen. Schon vor diesem Zeitpunkte hatte sich Gerhardt im letzten Bande seines Lehrbuches (1856) dahin ausgesprochen, daß der Stickstoff bald drei-, bald fünfatomig sei, was sich vollständig mit der Frankland'schen Ansicht deckte. Wurtz, Williamson, Couper waren ebenfalls dieser Meinung, und zwar nicht nur

[1] Vergl. Note 1 auf S. 266.

für Stickstoff und die ihm ähnlichen Elemente, sondern sie hielten die wechselnde Valenz für eine vielen anderen Grundstoffen zukommende Eigentümlichkeit. Daß auch Kolbe den Ideen Frankland's zugestimmt hat, wurde schon hervorgehoben. In der Annahme, daß einigen wenigen Elementen eine konstante, vielen anderen aber eine wechselnde Valenz eigen sei, erblickte Kolbe nichts anderes, als einen erneuerten Ausdruck für das alte Gesetz der multiplen Proportionen; er hielt diese, den Thatsachen entsprechende Auffassung für notwendig, weil man nichts über die eigentliche Ursache der Valenz wisse.

Diese, zahlreichen Beobachtungen Rechnung tragende Betrachtungsweise führte zu dem Schlusse, daß jedem Elemente eine höchste Sättigungskapazität zukomme, ohne daß damit niedrigere Sättigungsstufen ausgeschlossen waren; in derartigem Sinne hatte sich Kolbe schon im Jahre 1854 ausgesprochen.[1] Eine solche Ansicht trat wieder zu Beginn der sechziger Jahre bei einigen Chemikern, die sich an der Entwickelung der Strukturtheorie lebhaft beteiligten, in schärferer Weise hervor. Insbesondere hat Erlenmeyer in mehreren Aufsätzen[2] und später in seinem *Lehrbuche der organischen Chemie* die Auffassung geltend gemacht, daß jedes Element eine höchste Valenz besitze, oder daß ein jedes mit einer bestimmten Zahl *Affinivalenten* oder *Affinitätspunkten* ausgestattet sei, von denen aber in vielen Fällen nur ein Teil mit Affinitätspunkten anderer Elemente verbunden ist. Im Ammoniak z. B. sind von den fünf Affinivalenten des Stickstoffatoms nur drei zur Wirkung gelangt, im Chlorammonium dagegen alle befriedigt. Dieser Anschauungsweise entsprechend unterschied Erlenmeyer gesättigte von ungesättigten Verbindungen. Im Grunde genommen ist dieselbe keine andere, als die von Frankland erfaßte.

Etwa gleichzeitig kam es zu einer lebhaften Auseinandersetzung über den Begriff der Atomigkeit der Elemente zwischen Wurtz und Naquet[3] einerseits, Kekulé[4] andererseits. Die beiden ersteren erklärten sich für die Annahme wechselnder Valenz bei vielen Elementen; Kekulé dagegen sprach sich entschiedener als zuvor dahin aus, daß die „Atomizität der Grundstoffe eine fundamentale Eigenschaft der Atome sei, welche ebenso unveränderlich ist, als die Atomgewichte“.

---

[1] Vergl. Lehrbuch der organ. Chemie Bd. **1**, 22.
[2] Ztschr. Chem. **1863**, S. 65, 97, 609; **1864**, S. 1, 72, 628.
[3] Ztschr. Chem. **1864**, S. 679 flg.
[4] Ztschr. Chem. **1864**, S. 689 u. Comptes rendus **58**, 510.

Um diesen Lehrsatz von der absoluten oder konstanten Valenz zu begründen und den ihm widerstreitenden Thatsachen anzupassen, mußte Kekulé zu Hypothesen seine Zuflucht nehmen, welche der Kritik starke Blößen darboten. Seine Ansicht, daß die Valenz eines jeden Elementes konstant sei, möge an einigen Beispielen dargelegt werden. Nach ihm fungieren Stickstoff und seine chemischen Verwandten anderen Grundstoffen gegenüber nur dreiwertig, Schwefel gleich dem Sauerstoff ausschließlich zweiwertig, Chlor, Brom und Jod endlich einwertig. Damit nun die Zusammensetzung von solchen Verbindungen erklärt werden konnte, in welchen nach der Annahme einer wechselnden Valenz die eben genannten Elemente einen höheren Sättigungswert haben, mußte Kekulé einen tiefgehenden prinzipiellen Unterschied zwischen Verbindungen eines und desselben Elementes voraussetzen. Er gesellte zu der ersten Hypothese von der absolut konstanten Valenz die weitere, daß die zusammengesetzten Körper, in denen die Grundstoffe mit ihrem vermeintlich normalen Werte enthalten sind, durch ein festeres Gefüge vor den anderen Verbindungen ausgezeichnet seien, und bezeichnete erstere als atomistische, letztere als molekulare Verbindungen. In diesen sollten nach seiner Meinung die Komponenten, z. B. Ammoniak und Chlorwasserstoff im Salmiak, Phosphorchlorür und Chlor im Fünffach-Chlorphosphor u. s. w., durch Kräfte anderer Art zusammengehalten werden, als in den atomistischen Verbindungen. Um den lockeren Zusammenhang zwischen den Molekülen jener Stoffe auszudrücken, wurden ihre Bestandteile in den Formeln dualistisch nebeneinander gestellt: die Zusammensetzung des Phosphorchlorids z. B. durch das Symbol $PCl_3.Cl_2$, die des Ammoniumsulfhydrats durch $H_3N.H_2S$ versinnlicht. Eine Veränderung des Sättigungswertes von Stickstoff und Phosphor in Verbindungen, wie den eben genannten, wollte Kekulé nicht anerkennen.

Man war berechtigt zu fragen, ob denn und worin eine solche Verschiedenheit der den chemischen Zusammenhang bedingenden Kräfte begründet sei. Denn in beiden Arten von zusammengesetzten Körpern waren die nämlichen atomistischen Gesetze gültig. Als Kennzeichen der *molekularen Verbindungen* galt für Kekulé das Zerfallen dieser in ihre Komponenten bei hoher Temperatur, während die *atomistischen Verbindungen* unzersetzt in den Gaszustand übergehen sollen. Aber diese Unterscheidung beider Kategorieen von Körpern konnte gegenüber den zahlreichen Thatsachen, die einer solchen Auffassung widerstritten, nicht aufrecht erhalten werden; man erkannte bald, daß diese künstliche Scheidewand nur dazu diene, Verwirrung, ja unlösbare Widersprüche herbeizuführen.

So konnte denn diese Theorie von der konstanten Valenz der Grundstoffe der kritischen Beleuchtung, welche ihr durch Kolbe[1] und namentlich durch Blomstrand,[2] sowie andere Forscher zu teil wurde, nicht lange widerstehen. Die Macht der Thatsachen, die schlechterdings nicht mit der Annahme, daß die Sättigungskapazität eine unveränderliche Größe sei, in Einklang zu bringen waren, trug am wirksamsten dazu bei, daß diese Lehre von ihren eifrigsten Anhängern verlassen wurde. Wie konnten z. B. die Existenz und das Verhalten der organischen Ammoniumbasen, der Sulfone und Sulfoxyde, der Überchlor- und Überjodsäure, sowie zahlreicher anderer Körper mit Hilfe jener Hypothese von Molekularverbindungen erklärt werden! In neuerer Zeit sind zu den Argumenten, die bald nach Aufstellung der Lehre Kekulé's geltend gemacht wurden, gewichtige andere gekommen, welche mit dieser als unvereinbar angesehen werden müssen; erinnert sei nur, um Verbindungen eines Elementes herauszugreifen, an die Entdeckung der isomeren Triphenylphosphinoxyde, von denen das eine den Phosphor als fünfwertiges Atom enthalten muß, ferner an den Nachweis, daß Phosphorpentafluorid im Gaszustande besteht: Thatsachen, die mit der Annahme, Phosphor sei nur dreiwertig, unverträglich sind.

Man kann behaupten, daß seit 25 Jahren die meisten Chemiker der Ansicht zugethan sind, den meisten elementaren Atomen komme eine, je nach den Bedingungen wechselnde Sättigungskapazität zu. Der bei Aufstellung des Begriffes einer unveränderlichen Valenz maßgebende Gedanke, die letztere sei eine Fundamentaleigenschaft der Atome, kann voll und ganz anerkannt werden, ohne daß man hiermit zu der Folgerung gezwungen ist, die Valenz der elementaren Atome müsse deshalb konstant sein.

---

[1] Vergl. Journ. pr. Chem. (2) **4**, 241.

[2] Derselbe hat in seinem Werk: *Die Chemie der Jetztzeit* (1869) die Entwickelung der Lehre von der Sättigungskapazität der Grundstoffe historisch-kritisch beleuchtet und durch seine zusammenfassende Darlegung die Beurteilung des Anteils verschiedener Forscher an der Gestaltung dieser Lehre wesentlich erleichtert. — C. Wilhelm Blomstrand, geboren 1826, wirkt seit 1854 als Professor der Chemie in Lund, wo er das Universitätslaboratorium leitet. Seine durch Gründlichkeit ausgezeichneten Untersuchungen über verschiedene Teile der Mineralchemie, sowie in dem Bereiche organischer Verbindungen lassen den Einfluß von Berzelius erkennen, dessen Lehren er in seinem oben erwähnten Werke mit den neuen Ansichten in nahen Zusammenhang zu bringen und zu vermitteln versucht hat. Insbesondere vom Standpunkte der elektrochemischen Auffassung aus hat er die Valenz der Elemente zu beleuchten und ihr neue Seiten abzugewinnen verstanden.

Im Anschluß an die wichtigen Erörterungen über die Art der Valenz möge auf ein naheliegendes Problem hingewiesen werden, das in der neuen Zeit zu häufigen Auseinandersetzungen und zu bedeutsamen Experimentalarbeiten Anlaß gegeben hat. Die Frage wurde nämlich aufgeworfen, ob die einzelnen von einem Elemente ausgehenden Affinitätseinheiten oder Valenzen unter sich gleichartig oder verschieden seien. Zog man einzelne Thatsachen, z. B. die ungleichen Funktionen der zwei Atome Sauerstoff oder Schwefel in der Kohlensäure, resp. dem Schwefelkohlenstoff, in Erwägung, so konnte man zu der Annahme einer Verschiedenheit zweier Affinitäten des Kohlenstoffatoms gegenüber den beiden anderen Valenzen geneigt sein. — Aus den zahlreichen Versuchen, welche zur Entscheidung dieser Frage bezüglich des Kohlenstoffes von Popoff, Schorlemmer, Henry, Röse, ausgeführt worden sind, hat man die Gleichartigkeit der vier Kohlenstoffaffinitäten erschließen zu müssen geglaubt.

Die Frage nach der Gleich- oder Ungleichwertigkeit der dem Schwefel- und dem Stickstoffatom eigenen Affinitäten ist trotz der vielen darüber gesammelten Thatsachen noch schwebend; erwähnt seien die Arbeiten von Krüger, aus denen eine Verschiedenheit der Valenzen des Schwefels sich ergiebt; seine Versuche sind von einer Seite bestätigt, von anderer angezweifelt worden. Die merkwürdigen, von Lossen erforschten Isomerieen der Abkömmlinge des Hydroxylamins lassen sich mit der Annahme, daß die Affinitäten des Stickstoffes nicht gleichartig seien, wohl vereinen; jedoch ist nach neueren Arbeiten von Lossen, Beckmann, Behrend, Werner auch eine andere Lösung dieser Frage im Sinne einer stereochemischen Auffassung möglich.

Die Hauptrichtungen, welche die chemische Forschung seit jenen Auseinandersetzungen über den Valenzbegriff eingeschlagen hat, werden einmal durch das Streben gekennzeichnet, auf Grund des chemischen Verhaltens von zusammengesetzten Körpern mittels der Annahme einer bestimmten Sättigungskapazität der Elemente Einblick in die chemische Konstitution jener zu gewinnen, sodann dadurch, daß man die gegenseitigen Beziehungen zwischen den physikalischen Eigenschaften zusammengesetzter Körper und ihrer auf chemischem Wege erforschten Konstitution zu erkennen sucht. Diesem schon vor längerer Zeit angeregten, aber erst neuerdings emsig bearbeiteten Probleme hat sich ein ähnliches zugesellt, welches in der Klarlegung des unverkennbaren Zusammenhanges zwischen den relativen Atomgewichten der Grundstoffe und ihren chemischen sowie physikalischen Eigenschaften besteht.

Weiterentwickelung der Strukturlehre. Hauptströmungen im Gebiete der organischen Chemie während der letzten drei Jahrzehnte.

Auf den ersten Blick erscheint es merkwürdig, daß vorzugsweise die organische Chemie zum Tummelplatze der Spekulationen wurde, die man auf Grund der Valenzlehre über die Zusammensetzung chemischer Verbindungen anstellte. Die Ursache dieser Bevorzugung ist gewiß in der Eigentümlichkeit desjenigen Elementes zu suchen, welches in keinem der sogenannten organischen Körper fehlt: des Kohlenstoffes. Sind es doch auch Verbindungen dieses Elementes, die metallorganischen, gewesen, an denen sich zuerst der Begriff der Sättigungskapazität von Grundstoffen entwickelt hat.

Aus der Neigung der Kohlenstoffatome, sich untereinander nach verschiedener *Gradverwandtschaft*, nämlich unter Austausch von einer, zwei oder drei Affinitäten zu vereinigen, ließ sich ja ohne Schwierigkeit die Entstehung der mannigfaltig zusammengesetzten Kohlenstoffverbindungen erklären. Das Hinzutreten von Elementen wie Wasserstoff, Sauerstoff, Schwefel, Stickstoff, Chlor zu den Komplexen von Kohlenstoffatomen, wurde in ähnlicher Weise dadurch verständlich gemacht, daß man die einzelnen Affinitäten der genannten Grundstoffe durch ebenso viele Affinitäten der Kohlenstoffatome befriedigt dachte. Man bezeichnete die auf solche Weise veranschaulichte Vereinigung von Kohlenstoffatomen untereinander oder mit anderen elementaren Atomen als *Verkettung*. So wurde nunmehr die Aufgabe der chemischen Forschung von den Anhängern der Strukturlehre immer klarer erfaßt. Die Atome der verschiedenen in Frage kommenden Elemente suchte man gemäß ihrer Sättigungskapazität passend miteinander zu kombinieren und richtete dabei das Hauptbestreben auf die Erforschung der Struktur von Kohlenstoffverbindungen, da die unorganischen Körper, als viel einfacher zusammengesetzt, der Anwendung obigen Prinzips zu geringe oder gar keine Schwierigkeiten zu bieten schienen. Die auf solche Weise gewonnenen Vorstellungen über die Struktur organischer Substanzen wurden einer mehr oder weniger sorgsamen Prüfung durch den Versuch unterworfen, indem man festzustellen suchte, ob die Zersetzungs- und Bildungsweisen der fraglichen Verbindungen, überhaupt ihr ganzes chemisches Verhalten, mit den theoretischen Voraussetzungen übereinstimmten.

Die von vielen Chemikern gar leicht genommene Konstruktion von Formeln, welche die gegenseitigen Beziehungen aller in den betreffenden Verbindungen enthaltenen Atome, also die *Struktur* derselben, ausdrücken sollten, konnte den Glauben erwecken, als ob man mit Hilfe solcher Symbole Einblick in die räumliche Anordnung der Atome gewonnen habe. Namhafte Forscher mögen durch unbestimmte Ausdrucksweise, sowie durch unglücklich gewählte Vergleiche und Bilder solche kühne Erwartungen und Hoffnungen angeregt haben. Namentlich in den Köpfen jüngerer Chemiker konnten sich leicht falsche Vorstellungen über die vermeintlichen Probleme der chemischen Forschung festsetzen. Es mag daran erinnert werden, daß Kekulé von dem *Zusammenschieben* oder *Aneinanderleimen* der Kohlenstoffatome, von der anderen Seite eines Moleküls u. s. w. spricht, daß er in seinem Lehrbuche graphische Formeln aufstellt, in denen die elementaren Atome je nach ihrer Sättigungskapazität verschiedene Gestalt haben, ferner daß die kleinsten Teilchen eines Elementes mit Häkchen ausgestattet gedacht werden, in welche die Häkchen eines anderen eingreifen (Naquet, Baeyer). Jedenfalls lag in einer derartigen Bildersprache eine Überschätzung der Leistungsfähigkeit, die man der Strukturlehre zutraute.

Die vorsichtigen Anhänger der letzteren, Butlerow an der Spitze, haben gegen die Meinung, als ob in den aufgelösten Formeln Bilder der räumlichen Verteilung der Atome gegeben seien, von Anfang an Einspruch erhoben. Von anderer Seite hat namentlich Kolbe gegen solche Übertreibungen, die leicht zu Mißverständnissen führen konnten, mit der ihm eigenen kritischen Schärfe protestiert. Er ist seinem Standpunkte, den er schon im Jahre 1854 dargelegt hatte,[1] treu geblieben, insofern er daran festhielt, daß man niemals eine klare Anschauung von der Art und Weise gewinnen könne, wie die einzelnen Atome einer Verbindung gelagert sind.

Konstitution organischer Körper nach der Strukturtheorie.

War auch die Strukturlehre nicht im stande, den hochgradigen Erwartungen, die auf Erkenntnis der räumlichen Lagerung der Atome abzielten, zu entsprechen, so konnte ihr doch ein großer heuristischer Wert nicht abgesprochen werden. Die Entwickelung der organischen Chemie seit Mitte der sechziger Jahre lehrt in der That, daß mit Hilfe der strukturchemischen Betrachtungsweise die Auffindung neuer Bildungs- und Zersetzungsweisen von Verbindungen, die Erkennung von Beziehungen verschiedener Körperklassen zu einander und namentlich die Deutung der Konstitution vieler organischer Substanzen möglich gewesen ist. Einen besonders auffallen-

[1] Lehrbuch d. org. Chemie 1, 13.

den Beleg dafür bietet die von Kekulé aufgestellte Theorie der aromatischen Verbindungen dar (s. u.).

Die Erklärung der Konstitution von Körpern der sog. Fettreihe machte weniger Schwierigkeiten, als von wasserstoffärmeren, welche wohl auch als *ungesättigte* von jenen *gesättigten* unterschieden wurden. Kekule wies zuerst mit Bestimmtheit darauf hin, daß in allen Fettkörpern die Kohlenstoffatome durch je eine Affinität miteinander verbunden seien, was sich schon aus Couper's und auch aus Kolbe's rationellen Formeln solcher Verbindungen ableiten ließ, wenn man nur die darin benutzten Äquivalente in die Atomzeichen überführte. Die Erörterungen, welche Kekulé sowie Erlenmeyer, Butlerow, Claus u. a. in Lehrbüchern der organischen Chemie oder in Gelegenheitsschriften über die Konstitution derartiger Verbindungen anstellten, wurden bald zum Gemeingut fast aller Chemiker.

Schwieriger war die Frage, in welcher Funktion man sich die Kohlenstoffatome der wasserstoffärmeren organischen Körper vorzustellen habe. In Bezug auf deren Konstitution hatten sich zuerst Kolbe sowie Couper, auch Wurtz, dahin geäußert, daß in denselben, z. B. dem Äthylen, der Akrylsäure, dem Acetylen u. s. w. ein oder mehrere Atome Kohlenstoff zweiwertig wirken. Kekulé schwankte zunächst zwischen zweierlei Auffassungen: einmal war er geneigt, in den fraglichen Körpern eine „dichtere", nämlich doppelte oder dreifache Bindung einzelner Kohlenstoffpaare anzunehmen; dann aber bevorzugte er infolge seiner Experimentaluntersuchungen über ungesättigte organische Säuren die Vorstellung, daß die Affinitäten einzelner darin enthaltener Kohlenstoffatome nicht völlig gesättigt seien, und diese demnach Lücken aufweisen, durch welche die Fähigkeit solcher Verbindungen, sich mit anderen zu vereinigen, erklärt werden könne. Die letztere Annahme deckte sich im wesentlichen mit der oben erwähnten, nach welcher zweiwertige Kohlenstoffatome vorausgesetzt wurden; freilich hat Kekulé niemals ausdrücklich zugestanden, daß er die Sättigungskapazität des Kohlenstoffes als wechselnd betrachte. — In neuerer Zeit hat man der Auffassung einer mehrfachen Bindung der Kohlenstoffatome den Vorzug gegeben, wenn auch von namhafter Seite die andere befürwortet wurde. So hat Fittig[1] auf Grund seiner Untersuchungen über ungesättigte

[1] Rudolf Fittig, geboren am 6. Dezember 1835, wurde, nachdem er mehrere Jahre an den Universitäten Göttingen und (seit 1869) Tübingen thätig gewesen, 1876 nach Straßburg berufen, wo er noch als Vorstand des nach seinen Plänen erbauten schönen Laboratoriums wirkt. In der speziellen Geschichte der organischen Chemie wird sein Name öfter zu nennen sein, da er diese durch ausgezeichnete Forschungen, namentlich über aromatische und ungesättigte Verbindungen, bereichert hat. Weit verbreitet ist sein nach Wöhler's *Grundriß*

Säuren sich zu gunsten der Annahme von zweiwertigem Kohlenstoff in einigen dieser Verbindungen ausgesprochen.[1] Die Frage nach der Konstitution solcher Körper ist jedenfalls noch nicht mit befriedigender Sicherheit beantwortet; denn zahlreiche Beobachtungen sind vorhanden, welche die völlige Lösung dieses Problems mittels strukturchemischer Vorstellungen allein nicht möglich erscheinen lassen.

Theorie der aromatischen Verbindungen.

Besonders glücklich hat sich die Strukturtheorie in der Hand Kekulé's gezeigt, als er an die Aufgabe herantrat, die Konstitution der sog. aromatischen Verbindungen zu entziffern.[2] Diese Körper wurden von ihm als Abkömmlinge des Benzols definiert; die erste Aufgabe mußte demnach darin bestehen, die Struktur dieses schon seit langer Zeit bekannten Kohlenwasserstoffes, also die gegenseitige Bindung der sechs Kohlenstoff- und sechs Wasserstoffatome, aus denen er besteht, zu ermitteln. Hier griff Kekulé den schon früher von ihm geäußerten Gedanken einer dichten Bindung der Kohlenstoffatome wieder auf und erörterte die möglichen Fälle des Zusammenhanges der sechs Kohlenstoffatome, von der Voraussetzung ausgehend, daß dieselben vierwertig, die sechs Wasserstoffatome der Erfahrung gemäß einwertig fungieren. Während die Verbindungen der Fettreihe nach der damals aufkommenden Bezeichnungsweise eine *offene Kette* von Kohlenstoffatomen enthalten sollten, nahm Kekulé im Benzol eine *geschlossene* an und machte sich die Vorstellung zu eigen, daß von den sechs Atomen Kohlenstoff desselben ein jedes mit zwei anderen verbunden ist. Die daraus folgende Strukturformel war das seither so viel benutzte *Sechseck*, dessen Ecken durch die alternierend ein- und zweiwertig gebundenen Kohlenstoffatome gebildet werden, von denen ein jedes mit einem Atom Wasserstoff vereinigt ist:

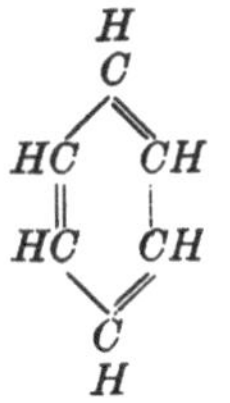

der organischen Chemie gänzlich umgearbeitetes gleichnamiges Werk, welches zahlreiche Auflagen erlebt hat und seit 1872 von ihm durch den *Grundriſs der unorganischen Chemie* vervollständigt wurde.

[1] Vergl. Ann. Chem. **188**, 95.

[2] Bull. soc. chim. **1865**, 104. Ann. Chem. **137**, 129 flg.

Die Bemühungen Kekulé's und seiner Schüler, sowie vieler Chemiker, die sich seit dem Bekanntwerden dieser Betrachtungsweise mit den Abkömmlingen des Benzols beschäftigten, waren nun darauf gerichtet, die vorhandenen und die neu hinzukommenden Beobachtungen über diese Körperklasse mit den aus jener Formel abgeleiteten Folgerungen zu vergleichen, um so die Zulässigkeit der ihr zu Grunde liegenden Annahme experimentell zu prüfen. Ein fast unübersehbares Material von Thatsachen wurde dadurch zusammengetragen; es zeigte sich, daß dieselben im großen und ganzen mit den theoretischen Voraussetzungen Kekulé's leicht in Einklang zu bringen waren. Die sich zunächst aus diesen ergebende Folgerung, daß die sechs Wasserstoffatome, die gleichartig auf die sechs Kohlenstoffatome verteilt sind, die nämliche Bedeutung besitzen wurde durch hundertfach gemachte Beobachtungen bestätigt, wonach durch Ersatz irgend eines Wasserstoffatomes des Benzols mittels eines einwertigen Radikals oder Elementes stets das gleiche Produkt, niemals ein zweiter isomerer Körper entsteht. — Durch Substitution eines zweiten oder noch eines dritten Atoms Wasserstoff ändert sich die Sachlage. Kekulé leitete aus seiner Formel die in solchen Fällen zu erwartenden Isomerieen ab; er sprach sich dahin aus, daß bei gleichartigen Substituenten infolge ihres Eintritts an Stelle von zwei und drei Atomen Wasserstoff des Benzols je drei i omere Körper, nicht mehr, entstehen können. Wenn zwei ungleiche Radikale 2 Atome Wasserstoff vertreten, so wird die Zahl der möglichen Isomeren nicht erhöht; sie wächst aber in bestimmtem Grade für den Fall, daß drei Wasserstoffatome durch zweierlei oder lreierlei Arten von Körpern ersetzt werden. Diese und noch andere Prognosen Kekulé's haben sich im Laufe der darauf folgenden Jahre durch zahlreiche Beobachtungen glänzend bewahrheitet.

So verbreitete sich durch die glückliche Deutung der Konstitution des Benzols viel Licht über ein bis dahin vernach ässigtes Gebiet. Nicht nur die unmittelbaren Abkömmlinge des Benzols, auch Körper, welche in entfernterer Beziehung zu diesem stehen, wie Naphtalin, Anthracen, in neuerer Zeit Phenanthren, Fluoren und viele andere Kohlenwasserstoffe nebst ihren zahllosen zum Teil wichtigen Derivaten wurden hinsichtlich ihrer chemischen Konstitution mit Hilfe der Kekule'schen Betrachtungsweise erfolgreich untersucht und dem Verständnisse näher gebracht.

Manchen Forschern genügte die letztere nicht vollständig, so daß Änderungen derselben für nötig erachtet wurden. Auf die Gründe, die zu solchen Modifikationen führten, ist hier nicht näher einzugehen; aber es soll daran erinnert werden, daß Ladenburg[1] an Stelle des Sechseckschemas die sogen. *Prismenformel*, Claus[2] die *Diagonalformel* als dem chemischen Verhalten des Benzols besser Rechnung tragend aufstellten. Folgende Symbole dienen zur Erläuterung dieser zwei Betrachtungsweisen:

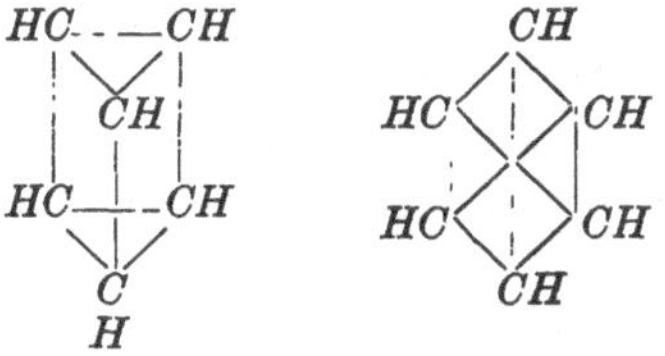

Bis in die neueste Zeit haben sich die Erörterungen darüber hingezogen; so möge erwähnt sein, daß A. Baeyer auf Grund ausgezeichneter Experimentaluntersuchungen[3] über Hydrophtalsäuren u. s. w. die Zulässigkeit aller oben besprochenen oder angedeuteten Hypothesen über die Konstitution des Benzols glaubte bestreiten zu sollen, während Claus[4] nicht ohne Grund der Meinung war, daß Baeyer's Auffassung mit der seinigen zusammenfalle. Neuerdings hat letzterer ausdrücklich anerkannt,[5] daß die Benzolformel von Claus am besten den Thatsachen entspricht, auch denen, die sich mit Kekulé's und Ladenburg's Hypothese nicht in Einklang

---

[1] Ber. **2**, 140, ferner seine Schrift: *Theorie der aromatischen Verbindungen* (1876). Albert Ladenburg (geboren zu Mannheim am 2. Juli 1842), hat durch treffliche Experimentalarbeiten die organische Chemie erheblich bereichert. Arbeiten, die zur Kenntnis organischer Siliciumverbindungen, von Benzolderivaten und insbesondere von Abkömmlingen des Pyridins und Piperidins wesentlich beigetragen haben (s. spez. Gesch. d. organ. Chemie). Seine „Vorträge über die Entwickelungsgeschichte der Chemie in den letzten 100 Jahren" (1. Aufl. 1869, 2. Aufl. 1887) haben als ernstes historisches Werk verdiente Anerkennung gefunden. Er ist Herausgeber des chemischen Teils der „Encyklopädie der Naturwissenschaften" (Verlag von Trewendt). — Ladenburg wirkt jetzt (seit 1890) als Professor in Breslau, nachdem er zuvor in Heidelberg und Kiel thätig war.

[2] *Theoretische Betrachtungen und deren Anwendung zur Systematik der organischen Chemie* (1867). Ad. Claus, geboren am 6. Juni 1840, Schüler Kolbe's und Wöhler's, wirkt als Professor an der Universität Freiburg i. B.; seine Experimentaluntersuchungen gehören meist der organischen Chemie an, von der verschiedene Teile durch dieselben systematisch erforscht wurden (z. B. Chinolinderivate, fettaromatische Ketone und andere). In zahlreichen theoretischen Schriften und Abhandlungen hat er seine Ansichten über wichtige schwebendeFragen ausgesprochen und verfochten (vergl. Grundzüge der modernen Theorie in der organischen Chemie, Freiburg 1871, und Journal f. pr. Chem. seit Jahrgang 1888).

[3] Ann. Chem. **245**, 103 flg.; **251**, 257; **258**, 1 u. 145.

[4] Journ. pr. Chem. (2) **37**, 455.

[5] Ann. Chem. **269**, 177.

bringen lassen. Auf die neueren Erörterungen der Konstitution des Benzols, Naphtalins, Chinolin's u. s. w. kann nur hingewiesen werden.[1]

Trotz alledem muß anerkannt werden, daß die Auffassung Kekulé's, wenn sie auch gewiß nicht ein vollkommenes Bild von der Konstitution des Benzols giebt, viele und reiche Früchte getragen hat. Durch die von seiner Theorie der aromatischen Verbindungen ausgegangene Anregung erhielt die Beschäftigung zahlreicher Chemiker mit dieser Körperklasse für lange Zeit eine eigenartige Signatur; ihre chemischen Arbeiten standen im Banne der Benzoltheorie.

Der Begriff *aromatische Verbindungen* hat in neuerer Zeit eine bedeutende Erweiterung erfahren, seitdem die nahen Beziehungen des Pyridins, Chinolins, Isochinolins und ihrer Derivate zu dem Benzol und Naphtalin erkannt worden sind. Der Eifer, diese stickstoffhaltigen Körper mit ihrem endlosen Anhang zu erforschen, hat sich in dem Maße gesteigert, als ein inniger Zusammenhang zwischen ihnen und den Pflanzenalkaloïden vermutet und dann in einzelnen Fällen bewiesen wurde. Die wichtige Vorstellung, daß Pyridin als Benzol aufzufassen sei, in welchem ein Methin $(CH)'''$ durch dreiwertigen Stickstoff ersetzt ist, hat zuerst Körner ausgesprochen.[2] Die Folgerungen, welche sich daraus für die Abkömmlinge des Pyridins ergaben, bildeten, ähnlich wie die aus der Struktur des Benzols abgeleiteten Schlüsse, den Gegenstand zahlloser bis in die Gegenwart reichender Experimentaluntersuchungen und theoretischer Erörterungen. Auf einige wichtige Ergebnisse derartiger Forschungen, sowie auf die an Stickstoff reichen Polyazine, ist in der speziellen Geschichte der organischen Chemie Rücksicht genommen.

Die Bemühungen, sich über die Struktur des Benzols und seiner Abkömmlinge im weitesten Sinne Klarheit zu verschaffen, sind auch für die Erforschung anderer Körperklassen von Nutzen gewesen, insbesondere für die einander analogen Verbindungen: Furfuran, Thiophen und Pyrrol, denen, wie man jetzt allgemein annimmt, ein in sich geschlossener fünfgliederiger Ring von vier Kohlenstoffatomen und 1 Atom Sauerstoff, Schwefel oder Imid (NH) eigentümlich ist. Namentlich V. Meyer's[3] ausgezeichnete grundlegende

---

[1] Vergl. namentlich, außer den Citaten in Note 3 S. 301, Ad. Claus, Journ. pr. Chem. (2) **48**, 576; **49**, 505. W. Marckwald, Ann. Chem. **274**, 331. Brühl, Journ. pr. Chem. (2) **49**, 201. E. Bamberger, Ann. Chem. **257**, 1.

[2] Die erste Veröffentlichung dieser Annahme rührt von Dewar her (Ztschr. Chem. **1871**, S. 117).

[3] Viktor Meyer, geb. 8. Septbr. 1848, wirkt als Professor der Chemie in Heidelberg seit 1889, nachdem er früher in Stuttgart, Zürich und Göttingen

Untersuchungen über Thiophen und seine Abkömmlinge[1] haben zur endgültigen Erkenntnis der gleichartigen Zusammensetzung genannter Körper und zu einer schärferen Fassung des Begriffes *aromatische Verbindungen* geführt. Nach Meyer[2] entscheidet nur das chemische Verhalten eines Körpers zu Salpetersäure, Schwefelsäure, Brom und Säurechloriden (in Gegenwart von Aluminiumchlorid) darüber, ob derselbe Anspruch hat, zu jenen Verbindungen gezählt zu werden. Hierbei wird also der größte Nachdruck auf Thatsachen gelegt, während bei der früheren Bestimmung des Wesens dieser Körperklasse die Art der Bindung von sechs zu einem Ringe geschlossenen Kohlenstoffatomen für maßgebend gehalten wurde.

In neuester Zeit neigen sich die Chemiker,[3] die sich besonders mit der Frage nach der Konstitution des Benzols, Naphtalins, Chinolins u. s. w. beschäftigt haben, der Ansicht zu, daß die gegenseitige Bindungsweise der Kohlenstoffatome, je nach den Metamorphosen genannter Körper, sich wesentlich verändern kann, derart daß die „centralen" Bindungen in sogen. doppelte übergehen und umgekehrt: es wird also ein Bindungswechsel angenommen. Trotzdem über das innere Wesen jener Bindungsarten noch nicht Aufschluß gewonnen ist, haben diese Spekulationen doch einen gewissen Wert, insofern sie zur Erklärung mancher auffallender Thatsachen dienen können.

Erforschung der Isomerieen auf Grund strukturchemischer Vorstellungen.

Auf die Bedeutung, welche die Untersuchung von Isomerieverhältnissen organischer Verbindungen für die Frage nach deren chemischen Konstitution hat, wurde schon ausführlich Bezug genommen.[4] In der That ist ganz besonders für die letzten 30 Jahre

---

thätig war. Seine umfassenden Experimentaluntersuchungen über Nitroverbindungen der Fettreihe, über Isonitrosoverbindungen, endlich Thiophen gehören zu den hervorragendsten unserer Zeit und haben unsere Kenntnisse der organischen Chemie wesentlich bereichert. Die von ihm ausgearbeitete Methode zur Bestimmung von Dampfdichten hat sich ganz besonders für den regelmäßigen Gebrauch in Laboratorien bewährt; aber auch zur Lösung wichtiger theoretischer Fragen ist sie, gerade von ihm selbst, mit Erfolg verwertet worden. Andere Leistungen V. Meyer's werden in der speziellen Geschichte mehrfach zu erwähnen sein.

[1] Vergl. sein Werk: *Die Thiophengruppe* (Braunschweig 1888).

[2] Das. S. 276.

[3] Vergl. besonders Ad. Claus, Journ. pr. Chem. (2) **42**, 24, 260, 458; **43**, 321.

[4] Vergl. S. 215.

das Streben, isomere Körper in möglichst großer Zahl zu gewinnen und ihre *Struktur* festzustellen, ein Hauptmerkmal der Art, wie man seitdem die organische Chemie betrieben hat und noch betreibt. Ehe die Abkömmlinge des Benzols das Interesse der Chemiker vorwiegend in Anspruch nahmen, war die Konstitution metamerer Körper durch eine verschiedenartige Gruppierung der Atome zu Radikalen befriedigend erklärt worden; man denke an den Nachweis der rationellen Zusammensetzung von Trimethylamin im Gegensatz zu der des isomeren Propylamins, an die Erkenntnis der Ursache, auf welche die Metamerie des Diäthyloxyds und Methyl-Propyloxyds zurückzuführen ist, endlich an die sekundären und tertiären Alkohole oder Säuren, deren Konstitution, noch bevor dieselben entdeckt waren, mit klaren Worten ausgesprochen wurde, also an die Metamerie des Dimethylkarbinols mit dem Äthylkarbinol, des Trimethylkarbinols mit dem Propyl- oder Isopropylkarbinol, sowie dem Methyläthylkarbinol[1] u. s. w.

Zu solchen völlig genügend erklärten Fällen kamen nun mit der Durchforschung des Gebietes aromatischer Verbindungen zahlreiche andere Metamerieen, welche nicht wie jene auf die verschiedene Gruppierung von Atomen zu Radikalen zurückgeführt werden konnten. Kekulé suchte die gleiche Zusammensetzung von Substitutionsprodukten des Benzols, z. B. von den drei Dibrombenzolen, den drei Phenylendikarbonsäuren und anderen, durch die Annahme einer verschiedenen *relativen Stellung* der Substituenten zu einander aus seiner Auffassung der Struktur des Benzols abzuleiten. Als *Stellungsisomere* wurden solche Verbindungen bezeichnet. Die Frage, in welchen relativen Stellungen sich die in das Benzol eingetretenen Substituenten befinden, oder, wie man auch sagte, die *Bestimmung des chemischen Ortes* der letzteren wurde, nachdem dies Problem von Kekulé angeregt war, von verschiedenen Seiten mit Eifer in Angriff genommen.

---

[1] Die rationellen Formeln mögen zur Erläuterung der obigen Metamerieen dienen:

$$\underbrace{\left.\begin{matrix}C_3H_7\\H_2\end{matrix}\right\}N}_{\text{Propylamin,}}\quad \underbrace{\left.\begin{matrix}CH_3\\CH_3\\CH_3\end{matrix}\right\}N}_{\text{Trimethylamin,}}\quad \underbrace{\left.\begin{matrix}C_2H_5\\C_2H_5\end{matrix}\right\}O}_{\text{Diäthyloxyd,}}\quad \underbrace{\left.\begin{matrix}CH_3\\C_3H_7\end{matrix}\right\}O}_{\text{Methylpropyloxyd,}}$$

$$\underbrace{C^{(CH_3)_2}_{H}(OH)}_{\text{Dimethylkarbinol,}}\quad \underbrace{CH_2(C_2H_5)(OH)}_{\text{Äthylkarbinol.}}$$

$$\underbrace{C(CH_3)_3OH}_{\text{Trimethylkarbinol,}}\quad \underbrace{C^{C_3H_7}_{H_2}(OH)}_{\text{Propylkarbinol,}}\quad \underbrace{\begin{matrix}CH_3\\CC_2H_5(OH)\\H\end{matrix}}_{\text{Methyläthylkarbinol.}}$$

Besonders wichtige Arbeiten, welche die Lösung desselben fördern halfen, sind die von Baeyer über die Konstitution des Mesitylens und der daraus hervorgehenden Isophtalsäure, die von Gräbe über Naphtalin und Phtalsäure, die von Ladenburg über Terephtalsäure gewesen. Durch die aus diesen und vielen anderen Untersuchungen gezogenen scharfsinnigen Folgerungen wurde die Struktur der sogen. Ortho-, Para- und Metaverbindungen mit einiger Sicherheit ermittelt. Irrtümer blieben aber nicht aus, wie z. B. aus theoretischen Voraussetzungen die Konstitution des Chinons falsch gedeutet wurde, was zu arger Verwirrung Anlaß gab, bis die chemische Natur desselben eine richtigere Erklärung fand. Sehr wichtig für die *Ortsbestimmung* sind die Arbeiten Körner's[1] gewesen, der dazu ein neues Prinzip einführte.

Die an den Abkömmlingen des Benzols untersuchten Metamerieverhältnisse erleichterten wesentlich die Erforschung der auf ähnliche Ursachen zurückzuführenden, nur noch verwickelteren Erscheinungen im Bereiche der Pyridin- und Chinolinbasen. Die theoretisch vorausgesehenen, aus den Vorstellungen über die Struktur des Pyridins abgeleiteten Metamerieen der Pyridinkarbonsäuren und anderer Derivate sind durch die umfassenden Untersuchungen von Weidel, Skraup und andere in schönster Weise bestätigt worden. Gleich fruchtbar haben sich derartige Betrachtungen bei Durchforschung der Abkömmlinge des Thiophens und Pyrrols, sowie des Indols und anderer aromatischer Verbindungen (z. B. Polyazine und Polyazole) bewährt.

Die Sicherheit, mit der man die Konstitution metamerer Körper festgestellt zu haben meinte, ließ übrigens in manchen Fällen zu wünschen übrig. Die Symbole, durch welche die Struktur derartiger Verbindungen ausgedrückt wurde, sollten nur eine bestimmte Bedeutung haben; von Gerhardt's Meinung, daß mehrere Formeln als gleichwertige Bilder der Reaktionen möglich seien, welche der betreffende Körper zeigt, war man gänzlich abgekommen. Nun aber häuften sich die Beobachtungen über solche organische Körper, deren Konstitution je nach der Art ihres chemischen Verhaltens, also nach ihren Reaktionen, durch zweierlei ganz verschiedene Formeln gleich gut versinnlicht werden konnte. Der Acetylessigäther z. B. ist nach vielen seiner Umsetzungen als das zu betrachten, was in dieser seiner gebräuchlichen Bezeichnung ausgesprochen liegt; aber nach anderen verhält er sich wie der Äther einer Oxykrotonsäure. Phloroglucin, lange Zeit und berechtigter Weise als Trioxybenzol ange-

[1] Gazz. chim. Ital. 4, 305.

sehen, kann nach einigen Reaktionen auch als eine metamere Trikarbonylverbindung gedeutet werden.[1]

Die Konstitution dieser sowie anderer Verbindungen z. B. Isatin, Oxindol, Karbostyril, Cyanamid u. s. w. ist also zweideutig. Welche von den zwei für eine solche Verbindung möglichen Strukturformeln die richtige ist, darüber herrschen bei den Forschern, welche sich mit dieser Frage beschäftigt haben, Meinungsverschiedenheiten. Baeyer unterscheidet eine stabile Modifikation von einer labilen, der *Pseudoform;* für Isatin z. B. entspricht die Hydroxyl enthaltende Formel der stabilen Modifikation, das Pseudoisatin dagegen ist im freien Zustande nicht bekannt (oder labil); nur Derivate desselben können bestehen.

C. Laar,[2] welcher diese Frage eingehend erörtert hat, bezeichnet die hierher gehörenden Erscheinungen mit dem Namen *Tautomerie.* Gemeinsam ist der letzteren ein „Bindungs- oder Platzwechsel von Wasserstoffatomen“, wie sich an dem wohl einfachsten Fall einer solchen Tautomerie, den der Cyanwasserstoff darbietet, erläutern läßt. Dem chemischen Verhalten des letzteren trägt einerseits die Strukturformel: $H{-}C{\equiv}N$, andererseits die: $C{=}N{-}H$, in welcher Kohlenstoff zweiwertig fungiert, Rechnung; das Wasserstoffamtom ist nach ersterer mit Kohlenstoff, nach letzterer mit Stickstoff verbunden. — Laar denkt sich Schwingungszustände innerhalb des Moleküls Cyanwasserstoff, welche bewirken, daß das Wasserstoffatom alternierend die eine oder die andere Stellung einnimmt; er setzt also das gleichzeitige Bestehen beider Modifikationen voraus. Da sämtliche Tautomerieen auf eine Veränderung der Bindungsweise von Atomen Kohlenstoff, Stickstoff und Sauerstoff gegenüber Wasserstoff zurückzuführen sind, so hat man statt jener unbestimmten Bezeichnung die bessere *Desmotropie* vorgeschlagen (V. Meyer).

Hier liegt also der Fall vor, daß die Konstitution einer und derselben Verbindung durch zwei anscheinend gleichberechtigte

---

[1] Die *Tautomerie* obiger Verbindungen erhellt aus folgenden Symbolen:

$CH_2 . CO . CH_3$ / $COOC_2H_5$ $\qquad$ $CH{=}C(OH)CH_3$ / $COOC_2H_5$

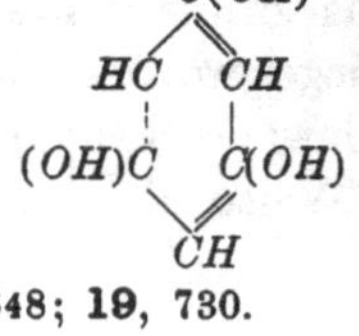

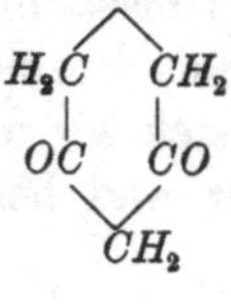

[2] Ber. **18**, 648; **19**, 730.

Strukturformeln ausgedrückt werden kann. Bei einer anderen Gruppe von Metamerieen tritt das umgekehrte Verhältnis zu Tage, insofern zwei ganz verschiedenen chemischen Verbindungen von gleicher Zusammensetzung eine und dieselbe Strukturformel entspricht. J. Wislicenus[1] hat eine solche *Strukturidentität* zuerst für zwei verschiedene Körper, die Gärungs- und die Paramilchsäure, festgestellt.[2] Zur Erklärung derartiger Metamerieen reicht also die Strukturtheorie nicht mehr aus. Als Beispiele mögen noch dienen die Kroton- und Isokrotonsäure, die Fumar- und Maleïnsäure, die Mesakon- und Citrakonsäure. Wislicenus hat diese Art der Metamerie als *geometrische Isomerie*, Michael, der ebenfalls seit längerer Zeit dieses Gebiet von Metamerieen bearbeitet, als *Alloisomerie* bezeichnet. Neuerdings nennt man diese Erscheinungen *Stereoisomerie*, das ganze, stark im Wachsen begriffene Gebiet das der *Stereochemie*.

J. Wislicenius[3] hat es unternommen, derartige Erscheinungen auf Grund einer Hypothese von van t'Hoff und Le Bel[4] zu deuten. Nach der letzteren, welche dazu dienen sollte, die optische Aktivität isomerer Körper zu erklären, denkt man sich den Schwerpunkt eines Kohlenstoffatoms in der Mitte eines Tetraeders und die vier *Affinitäten* des Atoms nach den vier Ecken des Tetraeders gerichtet. Wenn zwei Atome Kohlenstoff unter Ausgleich von je einer Affinität verbunden werden, so sind, wie van t'Hoff und nach ihm Wislicenus annehmen, beide um eine gemeinsame Axe in entgegengesetzter

---

[1] Johannes Wislicenus, 24. Juni 1835 zu Klein-Eichstedt bei Querfurt geboren, ist seit 1885 als Professor der Chemie und Leiter des ersten chemischen Universitätslaboratoriums in Leipzig thätig, nachdem er in Würzburg (1872—1885) und früher in Zürich als akademischer Lehrer gewirkt hatte. Nach dem Tode Strecker's, dessen Nachfolger er in Würzburg war, hat er dessen Lehrbuch der Chemie in neuer Bearbeitung herausgegeben. — Seine meist in den Annalen der Chemie veröffentlichten Experimentaluntersuchungen betreffen fast ausschließlich das Gebiet der organischen Chemie, in deren Geschichte seine Leistungen öfter namhaft zu machen sind. Seine besonders wichtigen Arbeiten über die Milchsäuren drängten ihn schon im Jahre 1873 zu dem Schluß, daß der Grund der Verschiedenheit zweier derselben in räumlichen Verhältnissen der Moleküle gesucht werden müsse. Die der neuesten Zeit angehörenden Spekulationen über geometrische Isomerieen sind oben erörtert.

[2] Ann. Chem. **167**, 343.

[3] Vergl. *Die räumliche Anordnung der Atome in organischen Molekülen* (Leipzig 1887) und Tagebl. der Naturforscherversammlung zu Wiesbaden 1887.

[4] Vergl. van't Hoff's Schrift: *Dix années dans l'histoire d'une théorie* (1887). Zuerst teilte derselbe seine Ansichten in der Schrift: *La chimie dans l'espace* (1873) mit, die auch deutsch, von Herrmann bearbeitet, erschien (1874, jetzt in neuer Auflage 1894). Le Bel hat die Hypothese, unabhängig von van't Hoff, im Bull. soc. chim. (2) **22**, 337 veröffentlicht.

Richtung drehbar; die Möglichkeit einer solchen Rotation soll durch Eintritt doppelter oder dreifacher Bindung der Kohlenstoffatome aufhören. — Von Wislicenus ist diese Hypothese zur Grundlage seiner Erörterungen und neueren Experimentaluntersuchungen gemacht worden. Als eine wichtige Hilfsvorstellung kommt noch hinzu, daß bei jener Drehung von Systemen mit einwertig gebundenen Kohlenstoffatomen „besondere richtende Kräfte, die Affinitätsenergieen“ thätig sind, welche die räumlichen Beziehungen der Atome zu einander regeln. — Mit Hilfe aller dieser hypothetischen Voraussetzungen glaubt Wislicenus im Besitz der Mittel zu sein, „die Feststellung der räumlichen Atomlagerung in einzelnen Fällen auf experimentellem Wege zu erreichen“.

Die Theorie, welche mit asymmetrischen Kohlenstoffatomen in chemischen Verbindungen rechnet, ist in der That durch zahlreiche und gewichtige Beobachtungen gestützt worden. Zunächst ist die Thatsache bemerkenswert, dass alle optisch aktiven organischen Verbindungen, soweit man ihre Konstitution festgestellt hat, ein oder mehrere asymmetrische Kohlenstoffatome enthalten. Die Erfahrungen, die man an der Trauben-, Äpfel-, Mandel-, Milchsäure und anderen Körpern gemacht hat, sind mit der obigen Theorie in gutem Einklange. Der Weg, den zuerst Pasteur [1] mit so grossem Erfolge zur Spaltung inaktiver in aktive Modifikationen vorgezeichnet hat, ist seither in zahlreichen Fällen mit gleich günstigen Ergebnissen beschritten worden. — Sehr fruchtbar erwiesen sich derartige Spekulationen im Bereiche der bis vor kurzem chemisch so schwer zugänglichen Zuckerarten, insbesondere bei den glänzenden Untersuchungen E. Fischer's.[2]

Ferner sind die gewiß auf räumlich verschiedene Anordnung der Atome zurückzuführenden Isomerieen der hydrierten Phtalsäuren bei Ad. Baeyer's wichtigen Untersuchungen[3] höchst bedeutsame Stützen für die Theorie des asymmetrischen Kohlenstoffes in „ringförmigen“ Gebilden.

Ganz besonders ergiebig waren die Arbeiten über die Isomerieen bei gewissen Verbindungen, die sogen. *doppelt gebundenen* Kohlenstoff enthalten. Die zur Erklärung solcher Erscheinungen, insbesondere von Joh. Wislicenus und seinen Schülern[4] unternommenen Ar-

[1] Recherches sur la dissymmetrie moléculaire des produits organiques naturels (1860. 1861).

[2] Ber. **23**, 2114; **24**, 3997; vergl. sonstige Litteratur in spez. Gesch. d. organ. Chem.

[3] Ann. Chem. **245**, 103; **251**, 257; **256**, 1; **258**, 1, 145; **266**, 169; **269**, 145.

[4] Außer der schon citierten Schrift s. Ann. Chem. **246**, 53; **248**, 1 u. 281; **250**, 224.

beiten über Fumar- und Maleïnsäure, über Kroton- und Isokroton-, Angelika- und Tiglinsäure, sowie deren Halogenderivate haben zu ganz überraschenden Ergebnissen geführt, die jedoch in manchen Fällen nicht der Theorie entsprechen. Ja, es kommen Widersprüche vor, die wichtige theoretische Voraussetzungen in Frage stellen, wie sich aus den Untersuchungen A. Michaël's,[1] sowie aus den von anderen Forschern[2] gemachten Einwänden ergiebt.

Immerhin hat der Gedanke, die Ursachen mancher Isomerieen auf die verschiedene geometrische Lagerung der Atome zurückzuführen, sehr anregend gewirkt und zur Auffindung vieler früher übersehener Beziehungen zwischen isomeren Körpern geführt. Hier möge noch auf die Untersuchungen über Tolandichloride, Butylene, isomere Zimmtsäuren, Eruka- und Brassidinsäure, sowie über alkylierte Bernsteinsäuren hingewiesen werden.[3] — Zahlreiche Spekulationen sind in den letzten Jahren angestellt worden, um manche der Theorie sich nicht fügende Erscheinungen zu erklären; es sei an V. Meyer's und Riecke's[4] Ideen über die Konstitution des Kohlenstoffatoms", an Bischoff's[5] *„dynamische Hypothese"* gewisser Isomerieen erinnert.

Alle diese Bemühungen sind veranlaßt durch die nicht mehr zu bezweifelnde Thatsache, daß *„geometrisch-chemische"* Isomerieen vorkommen. Seit einigen Jahren hat man ähnliche Beobachtungen auch an verschiedenen Stickstoffverbindungen gemacht, und versucht, diese Isomerieen auf die räumlichen Verhältnisse, die Konfiguration des Stickstoffatoms, zurückzuführen. Insbesondere sind es Körper, die mit Kohlenstoff doppelt gebundenen Stickstoff in der Form $=C=N-$ enthalten, an welchen man solche Isomerieen beobachtet hat. Die Arbeiten von V. Meyer und Auwers, von Beckmann, insbesondere A. Hantzsch über Oxime von Aldehyden und Ketonen, sowie die der neuesten Zeit angehörenden Erfahrungen über Hydrazone, über Karbodiimide sind als Stützen der namentlich von Werner und Hantzsch[6] formulierten Theorie der Stereo-

[1] Namentlich Journ. pr. Chem. (2) **46**, 400 flg. und früher.

[2] Skraup, Wien. Mon. **12**, 119. Anschütz, Ann. Chem. **254**, 175.

[3] Vergl. spezielle Geschichte der organ. Chemie.

[4] Ber. **21**, 951.

[5] Ber. **23**, 1467.

[6] Ber. **23**, 1 u. 1243. Bezüglich der sonstigen Litteratur s. Hantzsch, *Grundriſs der Stereochemie.* S. 106 ist der wesentlichste Punkt dieser Theorie wie folgt ausgesprochen: „Die geometrische Isomerie der Stickstoffverbindungen . . . . beruht, in der Ausdrucksweise der Valenzlehre, darauf, daß die drei Valenzeinheiten des Stickstoffatoms in gewissen Stickstoffverbindungen nicht in einer Ebene liegen."

isomerie von Stickstoffverbindungen zu betrachten. Es ist nicht zu bestreiten, daß eine große Zahl wichtigster Isomeriefälle durch Annahme räumlicher Unterschiede in den Beziehungen des Stickstoffatoms zum Kohlenstoff eine Art von Erklärung gefunden hat.

Die Frage, ob die räumliche Anordnung der Atome innerhalb eines Moleküls wirklich den von obengenannten Forschern angenommenen *Konfigurationen* entspricht, läßt sich nicht sicher beantworten; denn ein Beweis für die Richtigkeit jener Vorstellungen kann nicht geliefert werden. Die an dieselben geknüpften Erwartungen, einen tieferen Einblick in die *Lagerungsweise* der kleinsten Teilchen innerhalb einer Verbindung zu gewinnen, dürften jedenfalls zu hoch gespannt sein. Die Kritik hat zwar, wie schon angedeutet wurde, begonnen, in einzelnen Fällen zu der Erklärung geometrischer Isomerieen Stellung zu nehmen,[1] aber zu einer gedeihlichen Klärung konnten dadurch die stereochemischen Theorieen[2] noch nicht gelangen. — Für eine objektive, Theorie und Thatsachen nüchtern abwägende historische Darstellung der Stereochemie ist die Zeit noch nicht gekommen, weil diese Lehre sich noch im Zustande der frühen Entwickelung befindet.

Ausbildung wichtiger Methoden zur Erforschung der chemischen Konstitution organischer Verbindungen.

Wie aus den Erörterungen über die Isomerieen erhellt, haben diese, seitdem sie Gegenstand eifriger Bearbeitung gewesen sind, zum Ausbau der organischen Chemie wesentlich beigetragen. Kaum eine andere Gruppe von Erscheinungen förderte nachhaltiger die Lösung der Frage nach der chemischen Konstitution; denn die Versuche, die letztere für isomere Körper festzustellen, fielen zusammen mit den Bemühungen, die Ursache der Isomerie zu ergründen. — Die zur Erforschung der rationellen Zusammensetzung organischer Verbindungen während der letzten Jahrzehnte angewandten Methoden haben sich zum großen Teil aus früher schon benutzten entwickelt.

---

[1] Namentlich ist von Ad. Claus die Berechtigung der stereochemischen Auffassung von den isomeren Oximen energisch bestritten worden (vergl. Journ. pr. Chem. (2) **44**, 312; **45**, 1, 556; **46**, 544.

[2] Über die bisherigen Leistungen derselben giebt der „*Grundriſs der Stereochemie*“ von A. Hantzsch (Breslau 1893) einen guten Überblick. Vergl. auch die verdienstliche Schrift von Auwers: *Die Entwickelung der Stereochemie* (Heidelberg 1890); endlich vergl. das sehr breit angelegte *Handbuch der Stereochemie* von C. A. Bischoff (unter Mitwirkung von P. Walden) 1894 (I. Band).

Die Wege, welche nach den erstrebten Zielen hinleiteten, waren durch die unentbehrlichen Vorarbeiten von Liebig, Wöhler, Bunsen, Kolbe, Frankland, Dumas, Williamson, Gerhardt, Hofmann, Wurtz und andere geebnet worden.

Synthetische Methoden.

Am wenigsten ausgebildet war das Mittel, durch künstliche Bildung organischer Verbindungen aus einfacher zusammengesetzten Einblick in deren Konstitution zu gewinnen. Nachdem Wöhler seine denkwürdige Beobachtung über die Entstehung des Harnstoffes aus den Elementen veröffentlicht und damit eine vollständige Synthese desselben gelehrt hatte, vergingen Jahre, ehe in dieser Richtung wieder erfolgreiche Arbeiten zu verzeichnen waren. Unter Hinweis auf die spezielle Geschichte der organischen Chemie sei nur erinnert an die wichtigen, dem fünften Jahrzehnt angehörenden Entdeckungen von Kolbe: Synthese der Essigsäure, und von Frankland: Aufbau von Kohlenwasserstoffen aus einfacher zusammengesetzten Körpern.

Die Bedeutung synthetischer Untersuchungen wurde seither in zunehmendem Maße gewürdigt;[1] in der That waren es künstliche Bildungsweisen, aus denen zuerst mit Sicherheit die Konstitution vieler organischer Körper abgeleitet werden konnte. So erkannte man, um nur wenige Beispiele anzuführen, die rationelle Zusammensetzung der Essigsäure auf Grund ihrer Entstehung aus Methylverbindungen, dem Cyan- und dem Natriummethyl. Die Konstitution von Kohlenwasserstoffen wurde durch deren Synthese aus Halogenalkylen und Zink oder Natrium erschlossen, die der Ketone durch ihre Bildung aus Säurechloriden und Zinkalkylen. In die wahre Zusammensetzung der Oxysäuren kam Licht durch ihre Entstehungsweise aus Aldehyden oder Ketonen und Cyanwasserstoff, sowie aus Phenolaten und Kohlensäure. Und zu welcher Fülle von synthetischen Reaktionen sowie von Entdeckungen neuer Körper haben die Natriumderivate gewisser Säureäther, wie Acetessig- und Malonäther, geführt![2]

In allen Teilen des weiten organisch-chemischen Gebietes sind große Erfolge der synthetischen Methoden zu verzeichnen; die Be-

---

[1] Die chemische Litteratur besitzt seit dem Jahre 1889 ein treffliches systematisches *Handbuch der Synthese* auf historischer Grundlage: *Die synthetischen Darstellungsmethoden der Kohlenstoffverbindungen* von K. Elbs.

[2] Bezüglich dieser und der anderen hier angedeuteten Synthesen vergl. spez. Gesch. der organ. Chemie.

deutung dieser letzteren ist nicht nach dem Reichtum an neu hervorgebrachten Körpern zu bemessen, sondern nach ihrem inneren Wert, welcher sich in der dadurch gewonnenen Erkenntnis der chemischen Konstitution von organischen Verbindungen bekundet. Ganz besonders wertvoll haben sich in dieser Richtung die durch sogenannte *Kondensation* ausgeführten Synthesen erwiesen. Man pflegt seit Baeyer's Erörterungen unter Kondensationen die Vorgänge zu verstehen, bei denen sich mehrere gleichartige oder verschiedenartige Moleküle unter Austritt von Wasser in solcher Weise vereinigen, daß sich Kohlenstoffatome gegenseitig binden. Ein klassisches Beispiel dafür bot die schon frühzeitig beobachtete Umwandelung, welche das Aceton unter dem Einflusse der Schwefelsäure in Mesityloxyd, bzw. Phoron, und weiter in Mesitylen erleidet. Ähnliche Reaktionen wurden an anderen Ketonen, sowie an Aldehyden wahrgenommen; es sei auf die Kondensation des Acetaldehyds allein oder mit Benzaldehyd zu Kroton- bzw. Zimtaldehyd hingewiesen. Durch diese und andere Vorgänge wurde zugleich eine Brücke zwischen den gesättigten und ungesättigten Verbindungen geschlagen und über die Konstitution der letzteren Licht verbreitet. Die von Perkin aufgefundene, nach ihm benannte Reaktion, auf der Kondensation von Aldehyden mit Fettsäuren beruhend, bildete die Grundlage ausgezeichneter Untersuchungen (von Fittig, Claisen und anderen) und diente ebenfalls zur Klärung der rationellen Zusammensetzung von ungesättigten Säuren.

In ausgezeichneter Weise hat A. v. Baeyer[1] im Verein mit zahlreichen Schülern, wie E. und O. Fischer, v. Pechmann, Königs, Knorr, E. Bamberger, Paal, haben ferner Kekulé, Fittig, Ladenburg, V. Meyer, Hantzsch, Claisen, Perkin, Graebe, Liebermann, überhaupt fast alle Chemiker, die sich

[1] Adolf von Baeyer, geboren 30. November 1835 zu Berlin, Schüler von Bunsen und Kekulé, wandte sich durch den anregenden Einfluß des letzteren der organischen Chemie zu, welche er durch eine Fülle ausgezeichneter und wichtiger Arbeiten bereichert hat. Seine unermüdliche Beschäftigung mit Kondensationsvorgängen hat ihn zu höchst wertvollen Ergebnissen geführt, deren in der speziellen Geschichte der organischen Chemie öfter zu gedenken ist. Grundlegende Arbeiten sind aus seinem Laboratorium hervorgegangen; es sei nur an die von Gräbe und Liebermann über Alizarin, von E. und O. Fischer über Rosanilin u. s. w. erinnert.

Seit 1860, in welchem Jahre er sich in Berlin als Dozent habilitierte, ist Baeyer als Lehrer thätig: zuerst an der Berliner Gewerbeakademie, sodann seit 1872 in Straßburg, seit 1875 in München, wo er als Vorstand des nach seinen Plänen gebauten Laboratoriums einen glänzenden Wirkungskreis gefunden hat.

in neuer Zeit mit der organischen Chemie beschäftigen, der eingehenden Untersuchung von Kondensationen obgelegen, ja die organische Chemie schien eine Zeit lang durch das Studium der letzteren ihr eigenstes Gepräge zu erhalten. — Der Eifer, derartige Synthesen auszuführen, wurde besonders rege, nachdem man eingesehen hatte, daß die im Pflanzenorganismus sich abspielenden chemischen Vorgänge, also die Bildung kohlenstoffreicher Körper aus der Kohlensäure, dem Wasser und dem Ammoniak, meist auf Kondensation beruhen. Die Geschichte der organischen Chemie kann über manche Ergebnisse von Bemühungen berichten, die gemacht worden sind, um solche natürliche Prozesse nachzuahmen oder wenigstens Pflanzenstoffe aus einfacher zusammengesetzten Körpern künstlich zu erzeugen. Die wichtigsten, meist seit langer Zeit bekannten vegetabilischen Säuren wurden synthetisch dargestellt, so die Oxalsäure aus Kohlensäure, die Bernsteinsäure aus Äthylen, aus dieser die Äpfel- und Weinsäure, die Citronensäure aus Aceton, das gleich dem Äthylen aus den Elementen aufgebaut werden konnte. Alle diese Beobachtungen, welche durch zahlreiche andere über die künstliche Bildung von Säuren, die im Tier- und Pflanzenkörper vorkommen, vermehrt werden können — es sei nur die Synthese der Chelidon-, Vulpin-, Harnsäure genannt —, trugen dazu bei, die chemische Konstitution dieser Körper schärfer als bisher zu bestimmen.

In ähnlicher Weise hat man aus der Synthese von pflanzlichen Farbstoffen und anderen Körpern — ich erinnere an die von Alizarin, Purpurin, Indigblau, Cumarin, Vanillin — sichere Schlüsse auf deren rationelle Zusammensetzung ziehen können. Die wichtige Aufgabe, Zuckerarten und Pflanzenalkaloide künstlich zu erzeugen, ist mit schönem Erfolg in Angriff genommen worden; es sei nur auf die hervorragenden Untersuchungen von E. Fischer über Kohlenhydrate und an die glückliche Synthese des Coniins durch Ladenburg hingewiesen.[1]

Man darf aussprechen, daß von diesen und anderen schwer zugänglichen Körperklassen, deren nähere Zusammensetzung noch unvollkommen erforscht ist, nicht eher eine klare Auffassung ihrer chemischen Konstitution gewonnen werden wird, als dieselben aus einfacher zusammengesetzten Verbindungen von bekannter Struktur dargestellt worden sind. Die Geschichte der Synthese organischer Körper hat schon in zahlreichen Fällen die Wahrheit dieses Satzes bewiesen.

---

[1] Vergl. spez. Geschichte der organ. Chemie.

Das chemische Verhalten der organischen Verbindungen ist in jedem Falle als höchst wichtiges Hilfsmittel zur Erforschung ihrer chemischen Konstitution betrachtet und dementsprechend seit dem Aufblühen der organischen Chemie gewürdigt worden. Hier kann es sich nur darum handeln, mit wenigen Strichen einige der wichtigen Methoden zu kennzeichnen, die in den letzten Jahrzehnten angewandt sind, um aus dem chemischen Verhalten organischer Körper, ihren Umwandelungen und Spaltungen, die chemische Konstitution zu erschließen.

Das allgemeine Prinzip solcher Methoden besteht, im Gegensatze zu den synthetischen, darin, daß man die durch chemische Veränderungen der fraglichen Körper erhaltenen Produkte untersucht und aus diesen auf die Konstitution der ursprünglichen Verbindungen zurückschließt. Bei zahlreichen Umwandelungen bleibt der chemische Eingriff auf einzelne mit dem Kohlenstoff verbundene Elemente oder Atomgruppen beschränkt, das Kohlenstoffgerüst selbst unverändert; bei vielen anderen dagegen erfolgt Abspaltung von Kohlenstoff in Form von Kohlensäure, Kohlenoxyd oder auch komplizierter zusammengesetzten Substanzen. — Für die genauer durchforschten Körperklassen sind spezifische Reaktionen aufgefunden, welche die Entscheidung ermöglichen, ob eine bisher unbekannte Verbindung dieser oder jener Gruppe angehört. Gerade in neuerer Zeit hat man der Verfeinerung solcher Reaktionen vollste Aufmerksamkeit zugewandt. Um nur einige bedeutsame Schritte auf diesem Wege zu nennen, sei bemerkt, daß man in dem Fünffach-Chlorphosphor, sowie in dem Essigsäureanhydrid und dem Jodwasserstoff vorzügliche Mittel schätzen lernte, um zu erkennen, ob und in welcher Funktion eine organische Verbindung Hydroxyl enthält. Ferner wurde die Umwandelung von Nitro- in Amidoverbindungen, die von letzteren in Oxyderivate durch Reduktion bzw. Oxydation, sowie die Überführung von Cyaniden in Karbonsäuren, die von Kohlenwasserstoffen in Säuren, die von Amido- in Diazo-Verbindungen zu typischen Reaktionen, welche, richtig gehandhabt, sehr schnell zur Aufklärung der Konstitution solcher Körper leiteten. Endlich möge noch der schönen Methode gedacht werden, welche den Nachweis der Gegenwart von Karbonyl mittels Hydroxylamin oder Phenylhydrazin ermöglicht (V. Meyer, E. Fischer). Alle diese und ähnliche Reaktionen bezwecken, die Rolle elementarer Atome oder zusammengesetzter Radikale in organischen Molekülen bestimmt zu erkennen und so die Frage nach der Konstitution der letzteren teilweise zu lösen; sie haben in unzähligen Fällen diesen Zweck erreicht.

Die zur Entscheidung derselben Frage dienlichen Zersetzungen organischer Körper, welche dadurch in kohlenstoffärmere gespalten werden, sind Legion und hier nur flüchtig zu berühren, damit das Prinzip der Methode daran erläutert werde. Der letztere Weg ist dem synthetischen gerade entgegengesetzt: während man auf diesem die Konstitution eines organischen Körpers aus der seiner Komponenten erschließt, wird man auf jenem zu entsprechenden Folgerungen durch das Studium der durch Spaltung entstandenen, einfacher zusammengesetzten Produkte geleitet. Man denke, um nur einzelne Beispiele zu nennen, an die wichtigen Schlüsse, welche Baeyer aus der Zerlegung von Abkömmlingen der Harnsäure in einfacher zusammengesetzte Körper gezogen hat; die von ihm daraus abgeleitete Konstitution derartiger Verbindungen wurde später durch ihre Synthese bestätigt. Noch seien die bedeutsamen Untersuchungen über die Zersetzungsweisen des Acetessigäthers erwähnt, welche Hand in Hand mit synthetischen Versuchen die Konstitution desselben aufgeklärt haben (Frankland, Geuther, Wislicenus und andere), ferner an die so häufig beobachtete Abspaltung von Kohlensäure, Ameisensäure u. s. w. aus organischen Verbindungen, deren Zersetzungsprodukte Rückschlüsse auf ihre rationelle Zusammensetzung gestatten. Treffliche Beispiele dafür, daß derartige Untersuchungen die Frage nach der chemischen Konstitution mächtig gefördert haben, bieten die Umwandelungen zahlreicher Verbindungen, z. B. der Ketone, Chinolinbasen, Naphtalinderivate, sowie der ungesättigten Körper durch Oxydation; auch hier muß auf die Geschichte der organischen Chemie verwiesen werden.

Durch dieses Ineinandergreifen, durch die gemeinsame Benutzung der verschiedenen im Gebiete der organischen Chemie eingebürgerten Methoden ist die Frage nach der rationellen Zusammensetzung der Kohlenstoffverbindungen ihrer Lösung erheblich näher geführt worden.

Hauptströmungen im Gebiete der unorganischen und allgemeinen Chemie während der letzten 30 Jahre.

Die für die Entwickelung der organischen Chemie außerordentlich wichtige Lehre von der Sättigungskapazität der Grundstoffe hat im Bereiche der unorganischen Körper bei weitem nicht so schnelle und vielseitige Anwendung gefunden, wie in dem der organischen. Nachdem Odling schon im Jahre 1854 den von Frankland erfaßten Begriff der Valenz auf die Oxyde zahlreicher Elemente angewandt hatte, dabei aber in den Fesseln der Typenlehre geblieben war,[1] versuchten nach und nach verschiedene Forscher in Lehrbüchern oder bei Gelegenheit von Experimentaluntersuchungen die schnell eingebürgerten Vorstellungen von der Verkettung der Kohlenstoffatome untereinander und mit anderen Elementen auf unorganische Verbindungen zn übertragen. Der Gewinn, der sich dabei ergab, fiel zunächst der Systematik der letzteren zu: auf Grund der Valenz, die man den einzelnen Elementen zuschrieb, wurden diese zu natürlichen Familien vereinigt. Als gemeinsames Band, welches die Glieder einer solchen Gruppe zusammenhalten sollte, diente ihre gleichartige Sättigungskapazität. So hatte schon Frankland den Grund der Zusammengehörigkeit von Stickstoff, Phosphor, Arsen und Antimon in der Fähigkeit dieser Elemente erkannt, drei- und fünfwertig zu fungieren. Zu dem Kohlenstoff gesellte man das Silicium, Titan, Zirkonium, als vorwiegend vierwertige Elemente, während das früher zu dem Kohlenstoff gestellte Bor als dreiwertig erkannt und einer anderen Gruppe zugeteilt wurde. Diese und ähnliche Bestrebungen, Klarheit in die Systematik der Grundstoffe durch deren Anordnung nach ihrem chemischen Werte zu bringen, führten bald zu der Aufstellung des wichtigen *natürlichen Systems der Elemente.*[2]

Das Problem, die Konstitution unorganischer Verbindungen, ähnlich wie die der organischen durch Klarlegung der zwischen den einzelnen Elementen bestehenden Beziehungen zu deuten, ist nicht mit der gleichen Sorgfalt behandelt worden. Für die einfach zusammengesetzten Körper wurde die Frage meist zu leicht genommen; dies zeigte sich namentlich bei den willkürlichen Versuchen, auf Grund der Vorstellung, daß die Valenz der Elemente unveränderlich sei, die Konstitution unorganischer Verbindungen zu erklären. So übersah man häufig, daß das chemische Verhalten von Körpern mit den ihnen zugeschriebenen Strukturformeln nicht im Einklange stand. Dem Chlorschwefel z. B. erteilte man unbedenklich die Formel:

[1] Vergl. S. 279. [2] Vergl. S. 316.

$\begin{matrix} S-Cl \\ | \\ S-Cl \end{matrix}$, ohne zu beachten, daß das eine Atom Schwefel sich anders als das zweite verhält. Die Zusammensetzung des Phosphoroxychlorids konnte von den Anhängern der konstanten Valenz nur durch das Symbol: $P\begin{matrix} \diagup O-Cl \\ -Cl \\ \diagdown Cl \end{matrix}$ veranschaulicht werden, durch welches eine bisher unerwiesene Verschiedenheit eines Chloratoms den beiden anderen gegenüber angezeigt wurde.

Und welche Zwangsmaßregeln wurden angewandt, um die Zusammensetzung komplizierterer Verbindungen zu deuten! Nach Wurtz[1] erklärte sich die Konstitution sauerstoffreicher Körper meist dadurch, daß die Sauerstoffatome untereinander verkettet angenommen wurden; man denke nur an die Strukturformel des Überjodsäureanhydrids, in welcher sieben Atome Sauerstoff sich zu einer Kette vereinigt haben, an deren Enden die beiden vermeintlich einwertigen Jodatome stehen. Durch Verdrängen der so einseitigen Annahme einer konstanten Valenz der Elemente ist allmählich eine gesundere Auffassung an die Stelle derartiger künstlicher Erklärungsversuche getreten. Aber sichere Methoden zur Ermittelung der Konstitution von Körpern verwickelter Zusammensetzung sind im Gebiete der unorganischen Chemie noch kaum ausgebildet, während für organische Verbindungen schon viel in dieser Richtung geleistet ist.

Die ersprießlichsten Forschungen, die in den letzten Jahrzehnten den Körpern der unorganischen Chemie galten, haben die Bearbeitung einzelner Elemente, namentlich solcher, die unvollkommen oder noch gar nicht untersucht waren, zum Gegenstand gehabt. So wurde dem Vanadium durch die Arbeiten von Roscoe,[2] dem Niob und Tantal durch die von Marignac,[3] dem Uran, Gold, Molybdän, Titan, Fluor und anderen durch treffliche Untersuchungen von

---

[1] *Leçons de philosophie chimique*, S. 157.

[2] Henry E. Roscoe, geboren 1833, Schüler Bunsen's, wirkt als Professor der Chemie seit drei Jahrzehnten in Manchester (jetzt an der Viktoria-Universität). Seine Arbeiten bewegen sich namentlich im Bereiche der unorganischen und der physikalischen Chemie; es sei hier an die mit R. Bunsen veröffentlichten *Photochemischen Untersuchungen* erinnert.

[3] J. C. Marignac, geboren 1817 zu Genf, hatte sich seit einigen Jahren von seiner Lehrthätigkeit, der er sich seit 1842 in Genf gewidmet hatte, zurückgezogen und ist am 15. April 1894 daselbst gestorben. Abgesehen von einigen Untersuchungen über Naphtalinderivate sind seine wichtigsten Arbeiten die, welche die Bestimmung von Atomgewichten zahlreicher Elemente und verschiedene Teile der unorganischen Chemie betreffen. Über sein Leben und Wirken hat E. Ador in den *Archives des sciences physiques et naturelles* Bd. 32, S. 5 ausführlich berichtet.

Zimmermann, Krüß, v. d. Pfordten, Moissan und andere die gebührende Stellung unter den übrigen Elementen zu teil; dies war nur dadurch möglich, daß der chemische Charakter der genannten Grundstoffe mit großer Sorgfalt erforscht wurde. Das Gleiche gilt von den neu aufgefundenen Elementen, wie dem Thallium, Indium, Skandium, Germanium, welche von ihren Entdeckern in trefflichster Weise untersucht wurden.

Alle diese Forschungen, auf die in der speziellen Geschichte der unorganischen Chemie zurückzukommen ist, haben den gleichen Zweck verfolgt: die Feststellung des chemischen Charakters, insbesondere der Verbindungsverhältnisse des fraglichen Elementes und die sorgfältigste Ermittelung seines relativen Atomgewichtes. Außerdem legte man auf die Beobachtung seiner physikalischen Eigenschaften in wachsendem Maße Wert. — Planmäßig wurden derartige, einzelnen Elementen geltende Untersuchungen, nachdem die Erkenntnis gereift war, daß innige Beziehungen zwischen dem chemischen sowie physikalischen Verhalten der Grundstoffe einerseits und zwischen der Größe ihrer Atomgewichte andererseits walten. Naturgemäß mußte sich die erste Aufgabe der genauesten Bestimmung der relativen Atomgewichte zuwenden, wenn es sich darum handelte, jenen Zusammenhang nachzuweisen.

Auf die größtmögliche Verfeinerung der Methoden zur Bestimmung der Atomgewichte waren die Bemühungen vieler Forscher schon lange Zeit gerichtet, ehe man die Bedeutung dieser Frage für die Systematik der Grundstoffe erkannt hatte. An die denkwürdigen Arbeiten von Berzelius schlossen sich seit den vierziger Jahren die von Dumas, Marignac, Erdmann, Marchand, Pélouze an und wurden gekrönt durch die klassischen Untersuchungen von Stas[1] über die Atomgewichte von Sauerstoff, Chlor, Brom, Jod, Stickstoff, Schwefel, Silber und andere. Hier war an Genauigkeit das höchste geleistet, was mit den zu Gebote stehenden Hilfsmitteln erzielt werden konnte. Aber diese Sicherheit bezüglich der Größe relativer Atomgewichte erstreckte sich nur auf wenige Elemente; für viele waren die bisher angenommenen Werte

---

[1] Jean Servais Stas, geboren 1813 zu Löwen, gestorben 1891 zu Brüssel, wo er mehrere Jahrzehnte hindurch als Professor der Chemie an der Militärschule gewirkt hat. Seine außerordentlichen Verdienste um die Bestimmung des Atomgewichtes verschiedener Elemente sind allgemein anerkannt; er faßte seine Arbeiten zusammen in dem Werke: *Recherches sur les rapports réciproques des poids atomiques,* sowie in den *Nouvelles recherches sur les lois des proportions chimiques* u. s. w. Auch die organische Chemie, sowie die forensische Analyse verdankt ihm sehr wichtige Untersuchungen (s. spez. Gesch.).

höchst ungenau. Zur Berichtigung derselben ist in den letzten Jahrzehnten viel geschehen.[1]

Periodisches System der Elemente.

Die Prout'sche Hypothese, nach der die Atomgewichte sämtlicher Elemente zu dem des Wasserstoffes in einfacher Beziehung stehen sollten, wirkte lange Zeit gleichsam wie ein Ferment, indem sie immer wieder von neuem Spekulationen über den Zusammenhang der Elemente mit ihren Atomgewichten anregte. Die Wahrnehmung, daß chemisch ähnliche Grundstoffe entweder nahezu gleiche oder durch bestimmte Zahlendifferenzen unterschiedene Atomgewichte besaßen, diente solchen Bestrebungen zur Förderung. Auf Regelmäßigkeiten der Art wurde seit nahezu 70 Jahren mit mehr oder weniger Nachdruck und Geschick von verschiedener Seite aufmerksam gemacht; nur kurz möge an die darauf bezüglichen Erörterungen von Döbereiner, L. Gmelin, Pettenkofer, Dumas, Kremers, Odling und andere erinnert werden.[2] In diese vereinzelten Bemühungen, einen Zusammenhang zwischen den Atomgewichten und der Natur der Elemente aufzufinden, kam erst in neuerer Zeit systematische Ordnung.

Im Jahre 1864 hatten unabhängig voneinander der Engländer Newlands[3] und der deutsche Chemiker Lothar Meyer[4] eine Anzahl von Elementen nach der Größe ihrer Atomgewichte geordnet[5] und dabei bemerkt, daß, während bei oberflächlicher Betrachtung die aufeinander folgenden Grundstoffe scheinbar regellos wechselnde

[1] Vergl. spez. Geschichte der unorgan. Chemie.

[2] Vergl. L. Meyer, Moderne Theorieen S. 133 (5. Aufl.).

[3] Chem. News **32**, 21 u. 192. Wie Mendelejeff jüngst in seinen *Grundlagen der Chemie* (S. 683) hervorhebt, sind schon 1862 von Chaucourtois (in Frankreich) einige Teile des periodischen Gesetzes ausgesprochen worden.

[4] Lothar Meyer, geboren 19. August 1830, ist seit 1876 in Tübingen als Professor der Chemie thätig, nachdem er zuvor als akademischer Lehrer in Breslau, Neustadt-Eberswalde und Karlsruhe gewirkt hatte. Seine ersten Experimentaluntersuchungen behandelten physiologisch-chemische Fragen, später richtete er seine Aufmerksamkeit mehr auf theoretische und physikalisch-chemische Probleme. Dieser Beschäftigung entsprang sein Werk: *Die modernen Theorieen der Chemie* (5. Aufl. 1884); vergl. auch seine *Grundzüge der theoretischen Chemie* (1890). Seine oben besprochenen Bemühungen um die festere Begründung des periodischen Systems der Elemente führten ihn zu einer sorgfältigen Revision aller irgend brauchbaren Angaben über die Atomgewichte der Grundstoffe (vergl. sein und K. Seubert's verdienstliches Werk: *Die Atomgewichte der Elemente aus den Originalzahlen neu berechnet.* 1883).

[5] Vergl. *Moderne Theorieen.* (1. Aufl.) 1864.

Eigenschaften aufweisen, nach Ablauf einer gewissen *Periode* das chemische und physikalische Verhalten der nun folgenden Elemente an das der voraufgehenden lebhaft erinnert, ja sich wiederholt. Die einander ähnlichen Elemente wurden zu Gruppen oder *natürlichen Familien* vereinigt, diese von den *Perioden* unterschieden, welche diejenigen Elemente umfaßten, deren Atomgewichte zwischen denen der nächststehenden Glieder einer *natürlichen Familie* lagen. Dieser Versuch, die Grundstoffe nach der Größe ihrer Atomgewichte zu ordnen und daraus wichtige Beziehungen der letzteren zu den Eigenschaften jener abzuleiten, rief zunächst mehr Verwunderung als Anerkennung hervor. Newlands entging sogar nicht dem Spott, indem man ihn fragte, ob er nicht mit ähnlichem Erfolg versuchen wolle, die Elemente nach ihren Anfangsbuchstaben zusammenzustellen.

Diese sehr unvollkommenen Anfänge wurden bald, seit dem Jahre 1869, durch Mendelejeff,[1] sowie L. Meyer,[2] und zwar ganz unabhängig von ersterem, stark erweitert und abgerundet, nachdem inzwischen für mehrere Elemente die Atomgewichte mit größerer Genauigkeit als früher ermittelt waren. Mendelejeff machte den für jene Zeit kühnen Versuch, sämtliche Grundstoffe nach der Größe ihrer zum Teil recht unsicheren Atomgewichte zusammenzustellen. Er konnte auf diese Weise zeigen, daß die zu einer natürlichen Familie gehörenden, also chemisch ähnlichen Elemente in regelmäßigen Perioden aufeinander folgen. Auf solche Weise wurden die Grundstoffe, wie man sich ausdrückte, in ein *natürliches System* gebracht, welches damals noch, eben infolge der Ungenauigkeit zahlreicher Atomgewichte, viel Willkür aufwies. Aber der von den beiden zuletzt genannten Forschern entwickelte Grundgedanke, daß sich die Elemente in *Perioden* und andererseits in *natürliche Familien* gliedern, daß ferner die gesamten Eigenschaften der Grundstoffe periodische Funktionen ihrer Atomgewichte sind, hat sich durch die seither emsig betriebenen Forschungen befestigt und nach jeder Richtung hin bestätigt. Das letztere gilt insbesondere von der chemischen Valenz der Elemente, dem elektrochemischen Charakter, dem Atomvolum, dem thermochemischen Verhalten und anderen physikalischen

[1] Zeitschr. Chem. **1869**, S. 405, ausführlich Ann. Chem. Suppl. **8**, 133. D. J. Mendelejeff, zu Tobolsk 1834 (7. Februar) geboren, hat sich mit Vorliebe Untersuchungen über physikalische Konstanten (z. B. spezifische Volume, Ausdehnung der Gase u. s. w.) gewidmet; am bekanntesten ist er durch seine Abhandlung: „*Die periodische Gesetzmäſsigkeit der chemischen Elemente*" und durch sein originelles Lehrbuch: „*Grundlagen der Chemie*" geworden; er wirkt seit 1856 in Petersburg.

[2] Das. Suppl. 7, 354 und in den neuen Auflagen seiner *Modernen Theorieen.*

Eigenschaften, die alle in periodischer Abhängigkeit von der Größe der Atomgewichte stehen.

Zu manchen wichtigen Folgerungen haben diese zunächst für die Systematik der Elemente bedeutungsvollen Bestrebungen geleitet. Hier möge darauf hingewiesen werden, daß auf Grund des periodischen Systems den früher unsicheren Atomgewichten verschiedener Grundstoffe ein bestimmter Wert zugesprochen werden konnte; denn ein jedes Element hat einen ihm gehörigen Platz und ein diesem entsprechendes Atomgewicht zu beanspruchen, dessen Größe innerhalb gewisser Grenzen voraus zu berechnen war. So konnte in dem Fall, daß man von einem Elemente nur das Äquivalent kannte, das Atomgewicht aus seinem Verhalten und dem daraus sich ergebenden Platze in dem natürlichen System abgeleitet werden, wie dies z. B. für Beryllium und Indium erfolgreich geschah. Ferner konnte zwischen verschiedenen für ein und dasselbe Element bestimmten Werten der passendere gewählt, mußte aber durch sorgsame Versuche auf seine Richtigkeit geprüft werden. Man hat so für Molybdän, Antimon, Caesium, Tellur und andere die aus dem periodischen System fließenden Ergebnisse in glücklichster Weise zur Korrektion der Atomgewichte benutzt.

Andere Schlüsse spekulativerer Art sind ebenfalls mit schönem Erfolge aus jener Anordnung der Elemente nach Perioden und natürlichen Familien gezogen worden. Die Lücken, welche das System bei seiner Aufstellung enthielt und heute noch, wenn auch in geringerer Zahl, aufweist, waren und sind dazu bestimmt, durch neue, bis dahin unentdeckte Grundstoffe ausgefüllt zu werden. Mendelejeff versuchte aus den Plätzen solcher Lücken nicht nur die Existenz von Elementen mit ihren angenäherten Atomgewichten vorauszusagen, sondern auch die Eigenschaften und das chemische Verhalten der unbekannten Elemente, sowie einiger Verbindungen derselben vorher zu bestimmen. Seine Prognosen sind durch die Entdeckung des Galliums, Skandiums, Germaniums und durch die Feststellung ihres Verhaltens in wahrhaft überraschender Weise bestätigt worden.

Die Erkenntnis, daß eine periodische Abhängigkeit der physikalischen und chemischen Eigenschaften aller Grundstoffe von ihren Atomgewichten besteht, ist also aus der natürlichen Anordnung der Elemente hervorgegangen. Die gemeinsame, diesen eigentümlichen Beziehungen zu Grunde liegende Ursache aufzudecken und als Gesetz zu formulieren, bleibt der Zukunft vorbehalten. Schon jetzt hat man geglaubt, den Schleier lüften zu können durch die Annahme, daß die so verschiedenartigen Elemente oder wenigstens die zu einer natürlichen Familie gehörenden auf einfachere Grundstoffe zurückzuführen seien. Wir nehmen hier deutlich ein Anklingen an die Hypothese Prout's wahr, die einen so ungünstigen Einfluß auf den rationellen Ausbau der Atomlehre auszuüben drohte, wenn nicht damals die namhaftesten Forscher gegen die Zulässigkeit jener Annahme Einspruch erhoben hätten. In neuester Zeit hat Crookes die so heikle Frage, ob die sogenannten Elemente als einfach oder nicht viel mehr als zusammengesetzt betrachtet werden müssen, wieder in Fluß gebracht.[1] Nach ihm sind alle Elemente aus einer Urmaterie, *Protyl*, durch allmähliche Kondensation entstanden; diese Meinung wird aus Beobachtungen abgeleitet, welche er über die Phosphoreszensspektren von Yttererde angestellt hat. Gerade die Eigentümlichkeit der aus verschiedenen Körpern bestehenden Yttererde hat derartigen Spekulationen reiche Nahrung zugeführt.

Ehe aber der wirkliche Übergang eines Elementes in ein anderes unanfechtbar auf dem Wege des Experimentes nachgewiesen ist, darf der Chemiker die Annahme verschiedenartiger Elementarteilchen, welche für ihn unteilbar sind, also seine heutige Atomtheorie, nicht fallen lassen.

Allgemeine Bedeutung physikalisch-chemischer Forschungen.

Die Auffindung der Beziehungen zwischen den Atomgewichten der Grundstoffe und den physikalischen Eigenschaften dieser, bedeutet eine wesentliche Bereicherung des Grenzgebietes, das sich zwischen der Chemie und der Physik ausbreitet. Schon seit längerer Zeit waren viele Forscher nach dem Vorgange von Kopp,[2] dessen

[1] Vergl. Crookes: *Die Genesis der Elemente* (Braunschweig 1888). Vergl. auch das jüngst (1893) erschienene Werk W. Preyer's: *Das genetische System der chemischen Elemente.*

[2] Hermann Kopp, geboren 30. Oktober 1817 zu Hanau, wo sein Vater ein angesehener Arzt war, kam, nachdem er in Heidelberg studiert hatte, durch Liebig angezogen, nach Gießen, wo er sich 1841 habilitierte und bis zu seiner Übersiedelung nach Heidelberg (1864) als Professor wirkte; an letzterer Universität war er in voller Frische bis kurz vor seinem Tode (20. Februar 1892) thätig. Sein Verdienst um die Geschichtsschreibung der Chemie ist schon öfters hervorgehoben worden. Alle seine historischen Werke (*Geschichte der Chemie*, 4 Bände, 1843—1847. *Entwickelung der Chemie in der neueren Zeit*, 1873. *Beiträge zur Geschichte der Chemie*, ferner *Die Alchemie in älterer und neuerer Zeit*) zeichnen sich durch umfassende Gründlichkeit aus; der Entwickelung wichtiger Gedanken und Lehrmeinungen liebevoll nachzuspüren, hat er vortrefflich verstanden. — Die Anregung, welche von seinen physikalisch-chemischen Untersuchungen ausging, war eine höchst erfreuliche (s. spez. Gesch. der physik.

anregende Arbeiten mit den vierziger Jahren begonnen hatten, emsig beschäftigt, dem Zusammenhange zwischen der chemischen Konstitution von Verbindungen und ihrem physikalischen Verhalten nachzuspüren. Die Fortschritte auf dieser Bahn sind in der speziellen Geschichte der physikalischen Chemie zu schildern. Hier soll nur darauf hingewiesen werden, wie man immer mehr, ganz besonders seit 30—40 Jahren, erkannt hat, daß die chemische Forschung ohne eine ausgiebige Benutzung physikalischer Hilfsmittel Gefahr läuft, einseitig zu werden. Die Chemiker haben die Notwendigkeit eingesehen, daß sie der physikalisch-chemischen Methoden nicht entraten können.

Welch' ausgedehnte Anwendung haben die letzteren gefunden bei der Bestimmung der Molekulargewichte von Elementen und Verbindungen! Das Mittel der Dampfdichtebestimmung hat sich zur Erreichung dieses Zweckes in außerordentlich vielen Fällen bewährt und ist oft zur Beantwortung höchst wichtiger theoretischer Fragen herangezogen worden; so ist in neuerer Zeit die Sättigungskapazität mancher Elemente, z. B. des Wolframs, Vanadiums, Berylliums, Thoriums, Germaniums und anderer, mit Hilfe dieser Methode festgestellt worden. — Die regelmäßigen, von Raoult und de Coppet zuerst bestimmt formulierten Beziehungen zwischen dem Molekulargewichte einer Substanz und dem Erstarrungspunkte, sowie dem Dampfdruck ihrer Lösungen haben schnell die Grundlage von leicht auszuführenden Methoden zur Bestimmung der Molekulargröße geliefert. Überhaupt ist gerade durch Untersuchungen des physikalischen Verhaltens von Lösungen, z. B. des elektrischen Leitvermögens, des osmotischen Druckes, des Dampfdruckes und anderen, in neuester Zeit die allgemeine Chemie auf ungeahnte Weise bereichert und gefördert worden.

Auf die Ableitung der Atomgewichte von Elementen aus ihrer spezifischen Wärme, und der Äquivalente aus der Elektrolyse von Salzen braucht nur hingedeutet zu werden, um die Bedeutung physikalischer Methoden für die Feststellung der wichtigsten chemischen Werte klar hervortreten zu lassen. — Welche Fülle von Arbeit auf dem Gebiete der Spektralanalyse, dem der Thermochemie, der Elektrochemie, der Verwandtschaftslehre, ferner durch Untersuchung des Zusammenhanges zwischen optischen Eigenschaften

Chemie). — Hier sei noch seiner intensiven Beteiligung an der Herausgabe von Liebig's Jahresbericht und von den Annalen der Chemie und Pharmazie, sowie seines *Lehrbuches der theoretischen Chemie* (1863, in Graham-Otto's Lehrbuch) gedacht. — A. W. v. Hofmann hat unmittelbar nach dem Tode Kopp's ihm einen liebevollen Nachruf gewidmet (Ber. **1892**, 505).

und chemischer Konstitution entfaltet worden ist, darüber soll im speziellen Teile Bericht erstattet werden. Da wird sich bestimmter, als hier ausgeführt werden konnte, die Stellung der Chemie zur Physik und dieser zu ersterer ergeben. Die zuerst in der Physik zur Geltung gelangte Idee von der Einheit aller Kräfte und von der Konstanz des Energievorrats ist, Dank der Bemühungen Ostwald's,[1] van t'Hoff's (Professor in Amsterdam) und anderer Forscher, auch in der Chemie, besonders bei Deutung von Affinitätserscheinungen, erfolgreich zur Anwendung gekommen.

In ähnlicher Weise, wie zur Physik, kann das Verhältnis der Chemie zu anderen Wissensgebieten erst durch Eingehen auf Einzelnheiten hervortreten. Dies wird sich für die Mineralogie zeigen, die durch ein festes Band mit der unorganischen Chemie verknüpft ist. Den Zusammenhang mit der Physiologie vermittelt die für sie unentbehrliche organische Chemie. Wohin man sich auch in dem ausgedehnten Bereiche der Naturwissenschaften wendet, die Chemie ist für die meisten Zweige derselben eine notwendige Helferin, für die übrigen in hohem Maße nützlich. Die Geschichte der einzelnen Disziplinen läßt diese innige Wechselwirkung mit der Chemie und den Nutzen dieser auf Schritt und Tritt erkennen.

[1] Wilhelm Ostwald, zu Riga am 2. September 1853 geboren, hat seit 1887 in Leipzig die Professur für physikalische Chemie inne und hat für diese Disziplin sehr erfolgreich gewirkt, nachdem er von 1880—1887 am Polytechnikum zu Riga und zuvor an der Universität Dorpat thätig war. Seine hervorragenden Experimentaluntersuchungen haben die physikalische und theoretische Chemie erheblich bereichert; sie sind bis zum Jahre 1887 im *Journal f. pr. Chemie*, von da ab in der von Ostwald ins Leben gerufenen *Zeitschrift f. physikal. Chemie* (zum Teil in den Berichten der K. Sächs. Ges. der Wiss.) veröffentlicht. Sein großes *Lehrbuch der allgemeinen Chemie* (in 2. Auflage erschienen, bisher in 2 Bänden), sowie sein *Grundriſs der allgemeinen Chemie* haben allgemeinste Anerkennung gefunden. Sehr verdienstlich ist die von Ostwald unternommene Sammlung älterer Originalarbeiten „*Klassiker der exakten Wissenschaften*". Von praktischem Werte ist Ostwald's 1893 erschienenes „*Hand- und Hilfsbuch zur Ausführung physiko-chemischer Messungen*".

Spezielle Geschichte einzelner Zweige der Chemie seit Lavoisier bis auf unsere Tage.

Einleitung. — In der allgemeinen Geschichte dieses Zeitraumes ist der Versuch gemacht worden, die wichtigsten Ideen und neuen Gesichtspunkte, die zur Ausbildung einzelner einflußreicher Lehren geleitet haben, darzulegen, sowie diese letzteren zu schildern. Im Zusammenhange mit diesen sachlichen Erörterungen sind die Lebensverhältnisse derjenigen Forscher, die nachhaltigen Einfluß auf die Entwickelung der Chemie, insbesondere den Ausbau ihres Lehrgebäudes geübt haben, gebührend berücksichtigt worden.

Die Leistungen einiger hervorragender Chemiker konnten noch bis in das vierte und fünfte Jahrzehnt unseres Jahrhunderts hinein einen großen Teil der Einzelgebiete, in welchen die Chemie herrschte, oder denen sie eine unentbehrliche Stütze war, umfassen; man denke nur an Berzelius und Liebig, an die bahnbrechende und zugleich grundlegende Wirksamkeit, welche dieselben im Gebiete der analytischen und reinen Chemie, der Physiologie und Mineralogie entfalteten. In den letzten Dezennien hat sich als unabweisbare Folge des ungeheuer angewachsenen Beobachtungsmaterials eine weitgehende Teilung der Arbeit, eine fast einseitige Spezialisierung der Forschungsgebiete vollzogen. Fast muß dieselbe Besorgnis erregen, da mit zunehmender Einseitigkeit für die einzelnen Forscher die Gefahr nahe liegt, die allgemeinen leitenden Gesichtspunkte aus den Augen zu verlieren. Als Beispiel der zur Thatsache gewordenen Arbeitsteilung kann die organische Chemie dienen, in der Einzelgebiete aufgeschlossen sind, die für sich allein die volle Hingebung zahlreicher talentvoller Forscher beanspruchen; man denke nur an die Chemie der aromatischen Verbindungen, insbesondere der zu diesem Gebiete gehörenden Pyridin- und Chinolinbasen, sowie der ähnlichen, an Stickstoff reicheren Körper. Diese weitgehende Teilung der Arbeit spiegelt sich in unverkennbarer Weise in den neuerdings erscheinenden Zeitschriften. Während früher die Annalen Poggendorff's, die Annalen Liebig's, das Journal für praktische Chemie, Abhandlungen aus den verschiedensten Gebieten nebeneinander brachten, hat jetzt die analytische, die anorganische, die physikalische, physiologische, angewandte, agrikulturchemische, pharmazeutische Chemie ihre Einzelorgane.

In der nachfolgenden speziellen Geschichte verschiedener Zweige der Chemie sind solche Thatsachen namhaft gemacht und derartige Untersuchungen in Erinnerung gebracht, die zur wahren Förderung der verschiedenen Teile unserer Wissenschaft beigetragen haben.

Die Geschichte der analytischen Chemie ist vorangestellt, da diese für alle chemischen Untersuchungen, also für alle einzelnen Zweige der Chemie, der reinen wie der angewandten, ein unentbehrliches Werkzeug bisher gewesen ist und ferner bleiben wird. — Daran schließt sich die Geschichte der reinen Chemie, welche sich in die unorganische und organische gliedert, wenn schon eine natürliche Scheidewand zwischen beiden nicht vorhanden ist. Der reinen Chemie am nächsten steht die physikalische, mit deren Geschichte die der Verwandtschaftslehre innigst verknüpft ist. Das Streben, Beziehungen zwischen chemischen und physikalischen Eigenschaften aufzufinden, hat zur Erschließung dieses wichtigen Grenzgebietes zwischen Chemie und Physik geführt.

Der große Nutzen der Chemie für die gesunde Ausbildung anderer Wissenschaften spiegelt sich insbesondere in der Geschichte der mineralogischen, sowie physiologischen resp. pathologischen Chemie, welche Grenzgebiete ebenfalls in ihrer historischen Entwickelung beleuchtet sind. Mit den Namen hervorragender Chemiker: Lavoisier, Vauquelin, Klaproth, Berzelius, Liebig ist die neuere Entwickelung der Mineralogie, Geologie, Pflanzen- und Tierphysiologie untrennbar verbunden.

Endlich ist die Geschichte der technischen Chemie behandelt, die in glänzendster Weise den Einfluß chemischer Forschung auf die großartige Entfaltung der chemischen Industrie lehrt. Das Eindringen wissenschaftlichen Geistes und chemischer Methoden in dieses früher nur empirisch bebaute Gebiet geschichtlich nachzuweisen, ist eine besonders lohnende Aufgabe.

Als Anhang findet sich der Versuch, in kurzem Rückblick die Entwickelung zu schildern, welche der chemische Unterricht und seine Hilfsmittel im 19. Jahrhundert aufzuweisen haben.

Geschichte der analytischen Chemie in der neueren Zeit.

Das erste Problem der Chemie, die Erforschung der Zusammensetzung der Körper, bringt es mit sich, daß man bestrebt ist, die Hilfsmittel zur Erkenntnis der wahren Zusammensetzung chemischer Verbindungen immer mehr auszuarbeiten und zu verfeinern. So haben sich denn seit Lavoisier die analytischen Methoden, welche das Werkzeug zur Lösung dieses Problems bilden, in stetig zunehmendem Grade vermehrt und verschärft.

Qualitative Analyse unorganischer Körper.

Schon im Zeitalter der phlogistischen Chemie hatten Männer, wie Boyle, Hoffmann, Marggraf, namentlich Scheele und Bergman zahlreiche wertvolle Beobachtungen gesammelt, auf Grund deren viele unorganische Körper sicher nachgewiesen werden konnten. In der Kenntnis der verschiedenen diesem Zwecke dienenden Reagenzien war Bergman am weitesten vorgedrungen; er versuchte zuerst in systematischer Weise eine Anleitung zur qualitativen Analyse der Körper auf nassem Wege zu geben.[1] Aus dem von ihm vorgeschlagenen analytischen Gang, bei welchem die Trennung der Substanzen in einzelne Gruppen durch Überführung in unlösliche Verbindungen bezweckt wurde, hat sich die heute übliche Methode entwickelt. Zu ihrer Vervollkommnung haben vor Berzelius, welcher auch hier wirksam eingriff, Lampadius und Göttling wesentlich beigetragen; ersterer veröffentlichte im Jahre 1801 sein *Handbuch zur chemischen Analyse der Mineralien,* letzterer seine *praktische Anleitung zur prüfenden und zerlegenden Chemie* (1802): Werke, in denen die besten analytischen Methoden jener Zeit mitgeteilt waren.

An den vielseitigen Erfahrungen, welche Klaproth, Vauquelin, Berzelius, Stromeyer und andere bei der Analyse von Mineralien gesammelt hatten, erstarkte die qualitative Untersuchungsweise immer

---

[1] Vergl. S. 124.

mehr; den Grad ihrer zunehmenden Ausbildung lassen die Handbücher der analytischen Chemie von C. H. Pfaff und von Heinrich Rose erkennen. Im Anschluß an das zu besonderem Ansehen gelangte und in zahlreichen Auflagen erschienene Werk des letzteren ist die *„Anleitung zur qualitativen chemischen Analyse“* des um das Gesamtgebiet der analytischen Chemie hochverdienten R. Fresenius hervorzuheben. Der Gang der qualitativen Analyse hat sich seitdem nur unwesentlich geändert und ist in zahlreichen Kompendien, welche meist dazu bestimmt sind, dem chemischen Unterrichte der Anfänger zu Grunde gelegt zu werden, behandelt worden.[1]

Die qualitative Analyse auf trockenem Wege hat sich durch allgemeinere und verbesserte Anwendung des Lötrohrs, welches namentlich durch Berzelius[2] und Hausmann bei Chemikern und Mineralogen Eingang gefunden hatte, vervollkommnet; ganz besonders zur Erkennung der Bestandteile von Mineralien ist dieses wichtige Instrument mit großem Erfolge verwendet worden. Durch Bunsen's wichtige „Flammenreaktionen“[3] wurde dasselbe keineswegs entbehrlich gemacht. — Zu den wichtigsten auf trockenem Wege erzielten Reaktionen gehören die spektroskopischen, welche Dank ihrer außerordentlichen Empfindlichkeit und Sicherheit zur Auffindung kleinster Mengen vieler Metalle dienen und die Entdeckung einer Anzahl neuer Elemente ermöglicht haben. Die Spektralanalyse, welche gestattet, aus der Art des von glühenden Körpern ausgestrahlten Lichtes auf die Natur dieser selbst zu schliessen, haben Bunsen und Kirchhoff[4] durch ihre mustergültigen Arbeiten begründet, nachdem zuvor Talbot, Miller, Swan und andere die Spektren gefärbter Flammen untersucht hatten, ohne diese Beobachtungen zielbewußt der Analyse von Körpern dienstbar zu machen. Der erste Vorschlag, die verschiedene Färbung der Flammen zur Unterscheidung von Kalium- und Natriumsalzen zu benutzen, rührt schon von Marggraf[5] her.

---

[1] Von der großen Zahl solcher „Anleitungen“ seien die von Beilstein, Birnbaum, Classen, Drechsel, Geuther, Medicus, Rammelsberg, Städeler-Kolbe, Will namhaft gemacht.

[2] Seine Schrift: „Über die Anwendung des Lötrohrs“ erschien zuerst im Jahre 1820. Vergl. auch S. 124.

[3] Ann. Chem. **138**, 257; auch stark erweitert als besondere Schrift erschienen.

[4] Pogg. Ann. **110**, 161.

[5] Vergl. S. 124. Daß auch Scheele die gleiche Beobachtung gemacht hat, wurde daselbst erwähnt.

Quantitative Analyse unorganischer Körper.

Die genaue Untersuchung des Verhaltens von Basen, Säuren und Salzen gegen verschiedene Reagenzien, insbesondere gegen solche, die schwer oder nicht lösliche Niederschläge mit jenen erzeugen, hat den Grund zur gewichtsanalytischen Bestimmung der einzelnen Körper gelegt. Vor Lavoisier waren nur spärliche Versuche zu einer quantitativen Analyse gemacht worden; aber der Weg, den eine solche einzuschlagen hat, war schon von Bergman klar vorgezeichnet worden; denn von ihm wurde zuerst das Prinzip allgemein ausgesprochen, die zu analysierende Substanz in eine passende Form von bekannter Zusammensetzung überzuführen, und aus dem Gewichte der gefällten oder auf andere Weise gewonnenen Verbindung das des fraglichen Körpers zu berechnen. Man kannte damals, oder lernte erst näher kennen, die Fällung der Silberlösungen mit Salzsäure, der Kalksalze mit Oxalsäure resp. Schwefelsäure, der Bleisalze mittels Schwefelleber oder Schwefelsäure und viele ähnliche Reaktionen. Die erhaltenen Niederschläge vor dem Wägen zu glühen, falls sie nicht dabei Zersetzung erleiden, lehrte Klaproth, der gleichzeitig mit Vauquelin zur Ausbildung der quantitativen Analyse von Mineralien wesentlich mitgeholfen hat. Die Beobachtungen beider, namentlich die Klaproth's, der sein Bemühen darauf richtete, die Zusammensetzung der Verbindungen, in welche die Bestandteile der zu analysierenden Körper gewöhnlich übergeführt wurden, sicher zu ermitteln, erreichten schon einen ziemlich hohen Grad von Genauigkeit, die auch einigen der noch früher von Wenzel ausgeführten, aber damals kaum beachteten Analysen von Salzen zuzusprechen ist. Richter's Bestrebungen, die Zusammensetzung von Salzen quantitativ festzustellen, und seine Erfolge auf diesem Gebiete sind in der allgemeinen Geschichte jenes Zeitraumes gebührend berücksichtigt worden; trotz der nicht besonders großen Genauigkeit seiner Analysen hat er bedeutsame und richtige Schlüsse daraus zu ziehen verstanden.

Lavoisier, welcher die Bedeutung der Gewichtsverhältnisse und somit die der quantitativen Analyse vom Beginn seiner wissenschaftlichen Laufbahn an klar erfaßt hatte, untersuchte insbesondere die Zusammensetzung von Sauerstoffverbindungen; er stellte z. B. das Verhältnis des Kohlenstoffes zum Sauerstoff in der Kohlensäure ziemlich richtig fest, während er das des Wasserstoffes zum Sauerstoff im Wasser nur annähernd, das vom Phosphor zum Sauerstoff in der Phosphorsäure sehr ungenau ermittelte. Die von ihm gewonnenen Werte der Zusammensetzung des Wassers und der

Kohlensäure suchte er in genialer Weise zur Feststellung der Zusammensetzung organischer Körper zu verwerten. Für die quantitative Analyse unorganischer Körper und ihre Trennung voneinander hat Lavoisier keine originellen Methoden angegeben.

Ungleich Bedeutenderes hat auf diesem Gebiete Proust geleistet, dessen analytische Arbeiten, wie schon erörtert, zur sicheren Erfassung des Satzes von den konstanten Proportionen führten, sowie die sprungweise Änderung der Verbindungsverhältnisse erwiesen. — Durch die Begründung der Stöchiometrie, die ihren sicheren Halt in Dalton's Atomtheorie fand, wurde auch die quantitative Analyse befestigt und erweitert, da jene eine Kontrolle der gewonnenen Ergebnisse ermöglichte.

Die Hauptbestrebungen richteten sich damals auf die Bestimmung der relativen Atomgewichte, resp. Verbindungsgewichte. Welche großartigen Erfolge Berzelius durch grundlegende Arbeiten auf diesem Gebiete errungen hat, das ist oben dargelegt worden. Er schuf viele neue Methoden der Gewichtsbestimmung oder verbesserte die früher gebrauchten, prüfte die zur Trennung von Körpern schon angewandten Mittel und fand bessere Wege zur Erreichung dieses Zweckes. Seine Untersuchungen über die Zusammensetzung chemischer Verbindungen erstreckten sich auf alle einigermaßen bekannten Elemente. Das Prinzip, die Atomgewichte dieser festzustellen, hat namentlich Berzelius ausgebildet, und welchen Grad von Genauigkeit er bei seinen Analysen erzielte, das lassen die Atomgewichtstabellen, die er seit dem Jahre 1818 mitteilen konnte, ersehen.[1]

Die große Aufgabe, die relativen Atomgewichte als Konstanten der atomistischen Theorie mit peinlichster Zuverlässigkeit zu bestimmen, hat seit Berzelius zur Förderuug und Ausbildung der gewichtsanalytischen Methoden wesentlich angeregt und beigetragen; denn bei dieser Frage galt es, für jedes Element auf verschiedenen Wegen einen unveränderlichen Wert festzustellen, welcher der Zusammensetzung aller Verbindungen desselben zu Grunde gelegt werden konnte. Die Versuche und Spekulationen, diese konstanten Zahlenwerte einer Hypothese zu Liebe abzurunden, wurden auf Grund exakter Bestimmungen definitiv zurückgewiesen. Von den letzteren sind besonders die Untersuchungen von Dumas, Erdmann und Marchand, Marignac und Stas hervorzuheben.[2]

---

[1] Vergl. S. 188, 193.

[2] Vergl. Lothar Meyer und K. Seubert: *Die Atomgewichte der Elemente* (1883).

Die systematische Ausbildung der quantitativen Analyse wurde vorzüglich deshalb durch die Untersuchungen mineralischer Substanzen gefördert, weil es bei diesen in erster Linie galt, Methoden ausfindig zu machen, um die einzelnen Bestandteile voneinander zu trennen. Nach den wertvollen Vorarbeiten Scheele's und Bergman's, von denen z. B. das Aufschließen der Silikate mit kohlensaurem Alkali herrührt, sowie den Versuchen Klaproth's, Vauquelin's und Proust's, waren es die Arbeiten von Berzelius, die ganz neue Wege erschlossen; es sei nur an seine Methode, die Silikate mit Flußsäure aufzuschließen, sowie Metalle mittels Chlor voneinander zu trennen, erinnert. Er war es ferner, welcher statt der von Klaproth empfohlenen großen Mengen Substanz viel geringere anwandte, welcher die nach ihm benannte Weingeistlampe einführte und so das Glühen der Niederschläge erleichterte, welcher das Verbrennen der Filter und Bestimmen der Asche dieser einbürgerte. Überhaupt sind viele praktische Einrichtungen und Kunstgriffe von ihm zuerst bei der Ausführung von Analysen erprobt worden. — Seine größeren analytischen Untersuchungen, z. B. über die Platinerze und über verschiedene Mineralwasser, zeigen Berzelius als Meister im Auffinden guter Trennungsmethoden.

Seine Schüler, namentlich H. Rose[1] und Fr. Wöhler, haben die kostbaren Erfahrungen des Lehrers verarbeitet, durch eigene weittragende Beobachtungen stark erweitert und die analytischen Methoden durch treffliche Anleitungen[2] zur Analyse von Mineralien und chemischen Körpern überhaupt zum Gemeingute gemacht. R. Fresenius,[3] der jetzige Hauptvertreter der analytischen Chemie,

[1] Die Brüder Heinrich und Gustav Rose gehören zu der in Berlin angesessenen Familie, welche in mehreren Generationen ausgezeichnete Chemiker aufzuweisen hat. Ihr Großvater, Valentin Rose der ältere, Schüler Marggraf's, sowie ihr Vater, Valentin Rose der jüngere, waren tüchtige Pharmazeuten und Chemiker. Gustav Rose, geboren 1798, gestorben 1873 als Professor der Mineralogie zu Berlin, stand nur in mittelbarer Beziehung zur Chemie. — Um so mehr hat Heinrich Rose, geboren 1795, gestorben 1864, die letztere gepflegt und mit den wichtigsten Arbeiten bereichert, besonders im Gebiete der analytischen und unorganischen Chemie (s. spez. Geschichte dieser). — Die große Zuneigung seines Lehrers Berzelius hat er mit den treuesten Gesinnungen erwidert, welche seine schöne, der Erinnerung des Meisters gewidmete Rede (vergl. S. 181) lebhaft wiederspiegelt. — In seinem zweibändigen *Handbuch der analytischen Chemie* hat H. Rose die besten, damals bekannten Methoden der qualitativen und quantitativen Analyse musterhaft zusammengestellt.

[2] H. Rose, Ausführl. Handbuch der analytischen Chemie. Fr. Wöhler, Die Mineralanalyse in Beispielen.

[3] C. Remigius Fresenius, zu Frankfurt a./M. 1818 geboren, seit 1841

hat gleichfalls das Gebäude derselben durch Zusammenfassen und Sichten der früher geübten Methoden, insbesondere durch Auffinden zahlreicher neuer, in allen einzelnen Teilen vervollständigt und gefestigt. Durch Begründung der *Zeitschrift für analytische Chemie* (seit 1862) hat Fresenius einen Mittelpunkt für die analytischen Bestrebungen geschaffen. Was andere Forscher — ich nenne Blomstrand, Bunsen, Liebig, Pélouze, Rammelsberg, Scheerer, R. Schneider, Stromeyer, Thomson, Turner, Winkler — zur Ausbildung der quantitativen Analyse geleistet haben, kann im einzelnen hier nicht aufgezählt werden.

Bemerkt sei noch, daß in neuerer Zeit der galvanische Strom in den Dienst der Analyse gestellt worden ist, insofern mit Hilfe desselben die quantitative Bestimmung vieler Metalle ermöglicht wird. Nachdem zuerst Gibbs (1865) die elektrolytische Bestimmung des Kupfers ausgearbeitet hatte, und später andere Chemiker mit ähnlichen Vorschlägen hervorgetreten waren, hat sich besonders A. Classen[1] um die Ausbildung einschlägiger Methoden verdient gemacht. Die Hüttenkunde bedient sich mit Vorteil dieses Zweiges der Analyse, welcher schon jetzt einen wichtigen Teil der Probierkunst bildet. Die letztere, ursprünglich auf die Bestimmung edler Metalle auf trockenem Wege beschränkt, hat sich namentlich seit C. Fr. Plattner's umfassenden Versuchen und musterhafter Anleitung: *Die Probierkunst mit dem Lötrohr* (Leipzig 1835), zu einem wichtigen Teile der analytischen Chemie entwickelt.[2]

Volumetrische Analyse, Titrimetrie.

Neben den in obigem berührten gewichtsanalytischen Methoden haben sich volumetrische seit etwa 65 Jahren ausgebildet, welche namentlich den Bedürfnissen der im Dienste der Technik und der Pharmazie thätigen Chemiker entgegenkommen und sich daher häufigster Anwendung erfreuen. Da bei Handhabung der titrimetrischen Analyse nach einmaliger Herstellung der Normallösung fernere Wägungen nicht auszuführen, und alle Bestimmungen durch

als Assistent Liebig's in Gießen, wo er sich 1843 habilitierte, gründete im Jahre 1848 in Wiesbaden sein allgemein bekanntes Laboratorium, welches stetiger Erweiterung und regsten Besuches sich zu erfreuen hat. Seine Handbücher der chemischen Analyse, von denen das der qualitativen zuerst 1841, das der quantitativen 1846 erschien, sind außerordentlich weit verbreitet, wie die zahlreichen Auflagen derselben bekunden.

[1] Vergl. sein Werk: *Handbuch der chemischen Analyse durch Elektrolyse.*

[2] Vergl. Kerl, *Metallurgische Probierkunst* (1866), Balling's *Probierkunde* (1879) und *Fortschritte im Probierwesen* (1887).

Ablesen der verbrauchten Raumteile erledigt sind, so wird viel Zeit gewonnen, und zugleich eine hinreichende Genauigkeit erzielt; damit erfüllen sich die Ansprüche, welche man besonders an die technischen Analysen stellt.

Gay-Lussac ist als der zu betrachten, welcher die maßanalytischen Methoden in die Wissenschaft eingeführt und für die chemische Industrie lebensfähig gemacht hat, nachdem vor ihm von verschiedenen Forschern, namentlich von Descroizille, Vauquelin, die Anwendung solcher Methoden zur vergleichenden Bestimmung des Wertes chemischer Produkte in empirischer Weise versucht worden war.

Gay-Lussac arbeitete mit größter Sorgfalt seine Anleitung zur *Chlorimetrie* (1824), zur *Alkalimetrie* (1828), zur Bestimmung des Silbers resp. Chlors (1832) aus.[1] So brauchbare Resultate diese volumetrischen Analysen lieferten, so fanden sie doch nur langsam die verdiente Anerkennung. Die Benutzung des übermangansauren Kaliums zur Bestimmung des Eisens (Margueritte 1846) und namentlich die von Bunsen gelehrte Anwendung von Jodlösung und einer entsprechenden Schwefligsäurelösung, durch welche Normalflüssigkeiten eine große Zahl von Körpern mit Benutzung einer einzigen Reaktion bestimmt werden kann, sind Marksteine in der Geschichte der Titrimetrie gewesen, die seit Einführung der letztgenannten Methoden sich schnell zu einem der Gewichtsanalyse ebenbürtigen Zweige der analytischen Chemie entwickelt hat. Ein Hauptförderer der volumetrischen Methoden auf nassem Wege ist Friedrich Mohr gewesen, welcher teils die älteren verbessert, teils manche neue zugeführt hat; großes Verdienst erwarb er sich durch Herausgabe seines *Lehrbuches der chemischen Titriermethode.*[2] Von der großen Zahl der Forscher, welche dieses Gebiet bearbeitet und durch wertvolle Neuerungen bereichert haben, sei noch J. Volhard[3] genannt, der eine exakte Methode von vielseitigster Anwendbarkeit schuf.

In dem Gebiete der organischen Chemie hat sich die Titrimetrie noch nicht so einbürgern können, wie in dem der unorganischen; auch fehlt es da noch an genügend scharfen Methoden; es möge an die Bestimmung des Zuckers (Fehling und andere), an die des Harnstoffes (Liebig), die des Phenols u. s. w. erinnert werden.

---

[1] Vergl. seine *Instruction sur l'essai des matières par la voie humide* (1833).

[2] Die neueste Auflage desselben ist von A. Classen bearbeitet. Von anderen Anleitungen zur Titrimetrie seien die von Cl. Winkler, Medicus, Fleischer namhaft gemacht.

[3] Vergl. Ann. Chem. **190**, 1 flg.

Entwickelung gasanalytischer Methoden.

Die Geschichte der volumetrischen Analyse auf nassem Wege führt naturgemäß zur Darlegung der Bestrebungen, Gase ihrer Qualität und Quantität nach zu bestimmen. Bemerkenswert ist, daß die systematische qualitative Analyse solcher Körper erst viel später zur Entwickelung gelangte, als die quantitative Ermittelung derselben. Nach den ersten in dieser Richtung gemachten Anläufen von Scheele, Priestley, Cavendish, Lavoisier, denen sich zu Anfang dieses Jahrhunderts die Arbeiten von Dalton, Gay-Lussac, Henry, Saussure und anderen anschlossen, hat die quantitative Gasanalyse erst durch Bunsen's grundlegende Arbeiten[1] eine derartige Abrundung und Vollendung erfahren, daß diese Methoden, welche auf der Absorption oder der Verbrennung der zu untersuchenden Gase beruhen, zu den exaktesten zählen und in neuerer Zeit nur geringfügiger Verbesserungen bedurft haben.

Neben Bunsen's Methoden sind besonders zu Zwecken der technischen Gasanalyse andere, wennschon im Hauptprinzip gleiche, ausgebildet worden, welche gestatten, die Bestimmung der sogenannten *Industriegase* in kurzer Zeit genügend genau und mit einfach konstruierten Apparaten auszuführen. Cl. Winkler und W. Hempel haben sich auf diesem Gebiete durch wesentliche Vereinfachung der Hilfsmittel und Verallgemeinerung der Methoden besonders verdient gemacht.[2]

Die qualitative Gasanalyse hat sich zu einem systematischen Gange erst in neuerer Zeit entwickelt; auch hier war Cl. Winkler erfolgreich thätig, indem er durch planmäßige Anwendung von Absorptionsmitteln, mit denen nacheinander die Gase in Berührung gebracht werden, dieselben in verschiedene Gruppen verteilte, also ähnlich verfuhr, wie dies für die Analyse der Körper auf nassem Wege viel früher geschehen war. — Durch Ausbildung der gasanalytischen Methoden hat sich die Aufmerksamkeit der Chemiker in zunehmendem Maße den Gasen zugewandt, was der theoretischen wie praktischen Chemie schon bestens zu statten gekommen ist.

[1] Dieselben begannen etwa 1838 und wurden in den „Gasometrischen Methoden“ (Braunschweig 1857, zweite Aufl. 1877) zusammengestellt, nachdem H. Kolbe im Handwörterbuch (Artikel Eudiometer) 1843 die Chemiker mit den Einzelheiten der Methoden bekannt gemacht hatte.

[2] Vergl. Cl. Winkler, Anleitung zur chemischen Untersuchung der Industriegase (Freiberg 1876 u. 1877) und Lehrbuch der technischen Gasanalyse (2. Aufl. 1892), W. Hempel, Neue Methode zur Analyse der Gase (Braunschweig 1880) und gasanalytische Methoden (1890).

Analyse organischer Substanzen.

Die Erkenntnis, daß in den tierischen und pflanzlichen Produkten, welche man als organische zusammenfassen lernte, immer Kohlenstoff, meist Wasserstoff und Sauerstoff, häufig auch Stickstoff enthalten sind, ist, wie schon erörtert wurde, erst spät gereift. Auch hier hat Lavoisier seinen durchdringenden Blick und die Gabe, aus einzelnen Beobachtungen allgemeine Schlüsse zu ziehen, glänzend bewährt. Wohl war schon früheren Beobachtern, z. B. van Helmont und Boyle, aufgefallen, daß Weingeist, Wachs u. s. w. beim Verbrennen Wasser bilden; daß Kohlensäure dabei erzeugt wird, nahm Priestley wahr; ja Scheele sprach aus (1777), daß diese beiden Körper Produkte der Verbrennung von Ölen seien. Nachdem Lavoisier klar geworden war, daß die Kohlensäure aus Kohlenstoff und Sauerstoff, das Wasser aus Wasserstoff und Sauerstoff bestehe, machte er den Rückschluß auf die Zusammensetzung der organischen Stoffe. So war mit der Auffindung der wichtigsten Elemente organischer Verbindungen die erste Stufe der qualitativen organischen Analyse erreicht. Das Prinzip, die Bestandteile organischer Körper durch Umwandlung in bekannte Verbindungen nachzuweisen, ist seither das gleiche geblieben. So wurde der Stickstoff, welchen schon Lavoisier als manchen organischen Substanzen eigentümlich erkannte,[1] durch Überführung in Ammoniak oder in Cyannatrium (Berthollet, Lassaigne), der Phosphor und Schwefel durch Umwandlung in Phosphorsäure resp. Schwefelsäure nachgewiesen.

Während auf solche Weise die Elementarbestandteile organischer Verbindungen leicht ermittelt werden, ist der Nachweis der letzteren selbst nebeneinander viel schwieriger auszuführen; zu einem systematischen Gange der qualitativen organischen Analyse in dem Sinne, wie ein solcher für unorganische Basen und Säuren besteht, sind bis jetzt nur einige Anfänge gemacht.[2] In vielen Fällen ist man auf einzelne charakteristische Reaktionen organischer Substanzen angewiesen, z. B. bei der Untersuchung auf Farbstoffe, sowie auf Alkaloïde, Proteïnstoffe, Kohlehydrate und andere.

Die quantitative Analyse organischer Körper hat sich auf Grund der Wahrnehmung entwickelt, daß Kohlensäure und Wasser

---

[1] Wie unsicher zu Anfang dieses Jahrhunderts der Nachweis der in organischen Körpern enthaltenen Elemente war, erhellt daraus, daß Proust noch in der Essigsäure Stickstoff als integrierenden Bestandteil nachgewiesen zu haben glaubte.

[2] Vergl. Barfoed's *Qualitative Analyse organischer Körper.*

Verbrennungsprodukte derselben sind; das zum qualitativen Nachweis der Bestandteile, Kohlenstoff und Wasserstoff, dienende Verfahren wurde also in verfeinerter Form zu ihrer genauen Bestimmung angewandt. Auch hier kommt Lavoisier das Verdienst zu, als der erste den richtigen Weg gewiesen zu haben; er suchte die zu analysierende organische Verbindung vollständig zu verbrennen und die Produkte, Kohlensäure und Wasser, letzteres indirekt, zu bestimmen. Um aus dem Ergebnis auf die Menge Kohlenstoff und Wasserstoff zu schließen, mußte er die quantitative Zusammensetzung der Kohlensäure und des Wassers kennen; da nun die von ihm dafür ermittelten Werte wenig genau waren,[1] so konnte das Resultat der Analyse einer organischen Substanz nicht richtig ausfallen, zumal auch die Methode der Verbrennung genug Anlaß zu Fehlern gab.

Lavoisier verfuhr bei leicht verbrennlichen Substanzen so, daß er eine abgewogene Menge derselben in einer mit Quecksilber abgesperrten Glocke, welche ein bestimmtes Volum Sauerstoff enthielt, verbrannte und das Volum der entstandenen Kohlensäure, sowie des rückständigen Sauerstoffes ermittelte; aus diesen Daten wurde die Menge Kohlenstoff, Wasserstoff resp. Sauerstoff berechnet. Für schwer verbrennliche Substanzen (z. B. Zucker, Harze) benutzte Lavoisier, wie sich durch Veröffentlichung seiner Tagebücher erst vor kurzem ergeben hat,[2] statt freien Sauerstoffes solche Körper, welche in der Hitze ihren Sauerstoff abgeben, z. B. Quecksilberoxyd, Mennige; er schlug also den Weg ein, welcher später maßgebend geblieben ist, bestimmte auch die durch Oxydation gebildete Kohlensäure nach ihrem Gewicht mittels Kalilauge.

Wären diese Versuche damals bekannt geworden, dann hätte die organische Analyse sicherlich eine schnellere Entwickelung aufzuweisen, als es in der That der Fall war. Die Bemühungen eines Dalton (1803), Saussure, Thénard (1807), die Zusammensetzung organischer Verbindungen durch Verpuffung ihrer Dämpfe mit Sauerstoff und Analyse der Produkte zu ermitteln, würden unterblieben sein. Gay-Lussac und Thénard[3] suchten glücklicher diese Aufgabe durch

---

[1] Lavoisier's Zahlen für die Zusammensetzung der Kohlensäure und des Wassers sind folgende gewesen; die richtigen Werte stehen in Klammern:

Kohlensäure	Kohlenstoff	28	Proz.	(27,2),
	Sauerstoff	72	„	(72,8),
Wasser	Wasserstoff	13,1	„	(11,1),
	Sauerstoff	86,9	„	(88,9).

[2] Oeuvres de Lav. III, 773.

[3] Recherches physico-chimiques II, 265.

Verbrennung der organischen Substanz mit chlorsaurem Kali zu lösen; aus der Menge der erhaltenen Kohlensäure und dem Volum des Sauerstoffes berechneten sie den Gehalt der Substanz an Kohlenstoff, Wasserstoff, Sauerstoff und gelangten wenigstens in einigen Fällen zu brauchbaren Resultaten. — Im Vergleich zu dieser, schon infolge der heftigen Verbrennung unsicheren Methode, war die von Berzelius[1] benutzte ein erheblicher Fortschritt; denn einmal wurde die organische Substanz, die mit chlorsaurem Kali und Chlornatrium gemischt war, allmählich zersetzt, und sodann nicht nur die Kohlensäure, sondern auch das Wasser direkt, letzteres mittels Chlorcalciums, bestimmt. Eine weitere Verbesserung bestand in der Anwendung von Kupferoxyd als oxydierendem Mittel durch Gay-Lussac[2] (1815). Die Abrundung des ganzen Verfahrens durch die Einführung des handlichen Kugelapparates und die dadurch herbeigeführte Vereinfachung der Manipulation ist Liebig zu verdanken.[3] — Seit dieser Zeit hat sich die organische Elementaranalyse nicht wesentlich geändert; die Modifikationen betrafen einmal die Verbrennungsöfen (Einführung verschiedenartiger Gasöfen), sodann die Art der Verbrennung; bezüglich der letzteren sei an die Methode von Kopffer[4] erinnert, welche darauf beruht, daß die Substanz im Sauerstoffstrom und mit Hilfe von Platinschwarz verbrannt wird. — Vorschriften zur Verbrennung der organischen Körper im Sauerstoffstrom rühren schon von Heß, Erdmann und Marchand, Wöhler und anderen her.

Neuerdings hat Messinger mit Erfolg versucht, den Gehalt organischer Verbindungen an Kohlenstoff auf nassem Wege durch Oxydation (mit Kaliumpermanganat) zu bestimmen.

Die genaue Bestimmung des Stickstoffes in organischen Verbindungen wurde zuerst durch die vorzügliche Methode von Dumas[5] (1830) möglich; für viele stickstoffhaltige Substanzen hat sich der später von Will und Varrentrapp[6] ausgearbeitete Weg: Bestimmung des Stickstoffes als Ammoniak, bewährt; noch sei die der neuesten Zeit angehörige Methode von Kjeldahl[7] erwähnt, die namentlich bei agrikulturchemischen Analysen (Bestimmung von

[1] Ann. of philos. **4**, 330 u. 401.
[2] Schweigger's Journ. **16**, 16; **18**, 369.
[3] Pogg. Ann. **21**, 1. Auch seine Schrift: *Anleitung zur Analyse organischer Körper.*
[4] Ber. **9**, 1377.
[5] Ann. Chim. Phys. **44**, 133 u. 172; **47**, 196.
[6] Ann. Chim. **39**, 257.
[7] Ztschr. analyt. Chem. **22**, 366; **24**, 199.

Proteïn) häufig angewandt wird, nachdem sie mancherlei Verbesserungen erfahren hat.

Mancherlei Versuche, in einer Operation den Gehalt an Kohlenstoff, Wasser- und Stickstoff zu ermitteln, sind gemacht worden, haben aber keinen dauernden Erfolg gehabt. — An die zahlreichen Methoden, die Halogene, Schwefel, Phosphor und andere seltener in organischen Körpern vorkommende Elemente zu bestimmen, sei nur flüchtig erinnert.[1]

Die Methoden der Analyse unorganischer wie organischer Körper haben manche hervorragende Anwendung in gerichtlich-chemischen Fällen, sowie in allen Zweigen der Technik und bei hygienischen Fragen gefunden, worauf in kurzem geschichtlichen Rückblicke Bezug zu nehmen ist. — Die forensische Chemie, deren Aufgabe in der sicheren Ausmittelung der Gifte besteht, konnte die heutige Stufe der Entwickelung erst erreichen, nachdem die analytischen Methoden im allgemeinen fest begründet waren. Im Jahre 1844 hat R. Fresenius die damalige Stellung und Aufgabe eines gerichtlichen Chemikers in ausgezeichneter Weise gekennzeichnet.[2] Welche Fortschritte seitdem in der Sicherheit des Nachweises von Giften aller Art gemacht worden sind, das lassen die zu verschiedenen Zeiten erschienenen Anleitungen zu gerichtlich-chemischen Analysen deutlich erkennen.[3] Außer Fresenius haben sich J. und R. Otto, Stas, Husemann, Dragendorff, Mohr und andere um die Ausbildung der einschlägigen Methoden besonders verdient gemacht; von großer Bedeutung für die Erweiterung dieses Gebietes ist die Stas-Otto'sche Methode zum Nachweis einzelner Alkaloïde gewesen. Neuerdings mußte dieselbe durch Entdeckung der Ptomaïne[4] einige Modifikationen erfahren, da die Gleichheit mancher Reaktionen dieser giftigen Fäulnisprodukte mit denen der Pflanzenalkaloïde zu verhängnisvollen Verwechselungen Anlaß geben kann und thatsächlich gegeben hat.

Ein spezieller Zweig der analytischen Chemie wird repräsentiert durch die technisch-chemischen Prüfungs- und Untersuchungsmethoden. Da diese, ihrem Zweck entsprechend, möglichst kurze Zeit bei ziemlicher Genauigkeit in Anspruch nehmen

[1] Vergl. Fresenius, Handb. d. quantit. Analyse.

[2] Ann. Chem. **49**, 275.

[3] Es sei hier nur auf Otto's Anleitung zur Ausmittelung der Gifte (6. Aufl. von R. Otto, 1884) verwiesen.

[4] Vergl. spez. Geschichte der physiologischen Chemie.

sollen, so hat man, wie schon erwähnt, die volumetrische Analyse am häufigsten in den Dienst der Technik gestellt. Die Schnelligkeit, mit der auf titrimetrischem Wege Alkalien und Säuren, Chlor, zahlreiche Metalle in ihren Verbindungen und andere Körper quantitativ zu bestimmen sind, hat es möglich gemacht, daß die technischen Betriebe einer fortlaufenden Kontrolle unterworfen werden, wodurch unberechenbare Vorteile gewonnen sind.

Ein Blick in die neuesten Handbücher der technisch-chemischen Untersuchungsmethoden[1] genügt, um den hohen Grad der Entwickelung der letzteren erkennen zu lassen. Eine Menge von Hilfsmitteln ist im Laufe der Zeit aufgeboten worden, um außer jenen unorganischen auch organische Produkte auf ihren Wert zu prüfen; man denke an die Bestimmung des Zuckers durch Polarisation, an die schnelle Ermittelung des Heizwertes von Brennstoffen, an die Prüfung der Theerfarbstoffe durch Probefärben und durch spezifische Reaktionen, an die Bestimmung von Alkohol, von Fett, Eiweiß, Stärke, sowie an so manche andere in der chemischen Technik, der Agrikulturchemie u. s. w. eingebürgerte Methoden.

Für den technischen Chemiker und in gleichem Maße für den Hygieniker ist die Ausbildung der Analyse von Nahrungs- und Genußmitteln wichtig gewesen; auch der Pharmazeut kommt häufig in die Lage, die hier bewährten Methoden anwenden zu müssen. Durch diese wird der Analytiker in den Stand gesetzt, die richtige Beschaffenheit jener Stoffe oder etwaige Verfälschungen und deren Natur zu erkennen. Man braucht nur an die schnell auszuführenden Methoden der Untersuchung von Milch, sowie von Butter, Mehl, Futterstoffen, von Genußmitteln (Wein, Bier, Kaffee u. s. w.) zu erinnern, um den wahren Segen dieser angewandten Analyse einzusehen. Die Ameisenarbeit zahlreicher Forscher hat die Ausbildung der hier eingebürgerten Methoden in verhältnismäßig kurzer Zeit ermöglicht. Einzelne Leistungen können hier nicht namhaft gemacht werden. Zur Orientierung sei auf König's ausgezeichnetes Werk: *Die menschlichen Nahrungs- und Genußmittel* (Berlin 1883) verwiesen; dasselbe gewährt einen vollständigen Überblick über die auf diesem Gebiete gewonnenen Errungenschaften und läßt den Anteil der verschiedenen Chemiker an denselben klar hervortreten. — Die Hygiene besitzt in C. Flügge's *Lehrbuch der hygienischen Untersuchungsmethoden* eine ausgezeichnete Anleitung zur Anstellung derartiger Arbeiten.

[1] Die Werke von Post (Braunschweig) und von Böckmann (Berlin) seien hier genannt.

In dem Maße, als man die Bedeutung der Analyse von Nahrungs- und Genußmitteln höher schätzen lernte, hat sich mit den in hohem Grade verbesserten Methoden auch das Bedürfnis erhöht, Laboratorien zu errichten, in denen stetig Untersuchungen in dieser Richtung ausgeführt werden. Der lange gehegte Wunsch vieler, daß der Staat diese Laboratorien und die darin beschäftigten Chemiker kontrollieren solle, geht der Verwirklichung entgegen. Die Wertschätzung dieses Zweiges der Analyse zeigt sich darin, daß an Universitäten und technischen Hochschulen mehr und mehr für die praktische Unterweisung in den einschlägigen Methoden gesorgt wird.

Fortschritte der reinen Chemie seit Lavoisier bis auf unsere Tage.

Während in der allgemeinen Geschichte dieses Zeitraumes nur die Hauptströmungen der Chemie geschildert wurden, gilt es in diesem Abschnitte, aus der Fülle von Beobachtungen, welche in unzähligen Experimentaluntersuchungen niedergelegt sind, diejenigen auszuwählen und namhaft zu machen, welche zur Erweiterung unserer chemischen Kenntnisse wesentlich beigetragen haben. Der reiche Stoff verteilt sich auf die beiden großen Gebiete der unorganischen und organischen Chemie. Überblickt man die Arbeiten der letzten fünf Jahrzehnte, so erkennt man, daß die organische Chemie mehr und mehr das Übergewicht über die unorganische gewonnen hat; erstere ist dieser, ihrer älteren Schwester, über den Kopf gewachsen; aber die letztere bleibt darum doch die Grundlage, auf der die organische Chemie ruht, während nicht zu verkennen ist, daß wichtige Grundbegriffe und Lehren, wie die von der Valenz, die Auffassung der chemischen Konstitution, erst fruchtbar im Bereiche der organischen Chemie entwickelt worden sind.

Spezielle Geschichte der unorganischen Chemie.

Welcher Umschwung in der Auffassung von der Zusammensetzung vieler Körper durch Lavoisier's System eintrat, wurde im allgemeinen Teil ausführlich dargelegt. Eine große Zahl von Stoffen, welche man früher als zusammengesetzte angesehen hatte, gehörte fortan zu den Elementen; andere für einfach gehaltene Körper wurden als chemische Verbindungen erkannt oder als solche wegen ihrer Analogie mit anderen betrachtet. Der Klärungsprozeß, den Lavoisier begonnen hatte, schritt, Dank den Bemühungen von Klaproth, Vauquelin, Proust, Davy, Berzelius, Gay-Lussac und anderen, rüstig voran; aber die Bemühungen, die Natur aller Elemente und ihrer Verbindungen klar und bestimmt zu erkennen, sind noch lange nicht abgeschlossen; kommen doch zu der langen

Reihe der Grundstoffe immer noch neue, deren Beziehungen zu anderen durch das genaue Studium ihres chemischen Verhaltens festzustellen sind. Der Nutzen, den das sogenannte periodische System für die Klassifizierung der Elemente gehabt hat, wurde schon betont.

Geschichtliches über die Entdeckung von Elementen; Atomgewichtsbestimmungen derselben.

Die Kenntnisse der Elemente wurden bald nach dem Tode Lavoisier's, der selbst neue Grundstoffe nicht aufgefunden hatte, ganz erheblich erweitert, und zwar in dem Maße, als die chemische Analyse sich vervollkommnete. Während Lavoisier in seinem *Traité de chimie* 23 Elemente aufführen konnte, hat sich allmählich deren Zahl auf mindestens 66 sicher festgestellte Grundstoffe erhoben.

Zu den Hilfsmitteln, welche die verbesserte Analyse lieferte, kamen frühzeitig andere, welche die Auffindung neuer Grundstoffe besonders wirksam förderten: es sei an die Anwendung des galvanischen Stromes zur Zerlegung chemischer Verbindungen, sowie zur Erzeugung hoher Temperaturen, ferner an die Zersetzung von Halogenverbindungen mittels der Alkalimetalle erinnert. Die Spektralanalyse endlich bildete ein ausgezeichnetes Werkzeug, welches schon nach kurzer Frist zur Entdeckung einer Reihe der wichtigsten Elemente geführt hat.

Seit dem Entstehen der Atomtheorie gesellte sich zu der ersten Aufgabe, welche darin bestand, das neue Element und seine Verbindungen qualitativ kennen zu lernen, die weitere höhere hinzu, das relative Atomgewicht desselben zu bestimmen und die Zusammensetzung seiner Verbindungen mit anderen Grundstoffen auf Grund der atomistischen Hypothese zu erklären.

Für Sauerstoff, den zuerst Lavoisier als elementare Substanz angesprochen hatte, wurde diese Auffassung in der Folge aufrecht erhalten. Stickstoff dagegen betrachteten Davy (1808), sowie Berzelius[1] (1810) vorübergehend als Verbindung eines unbekannten Elementes *Nitricum* mit Sauerstoff, weil sie nur auf diese Weise die basischen Eigenschaften des Ammoniaks, in welchem sie ebenfalls Sauerstoff annahmen, erklären zu können vermeinten. Davy gab früher als Berzelius, welcher erst im Jahre 1820 diese Hypothese verließ, der einfacheren Ansicht, wonach Stickstoff ein Element ist, den Vorzug.

[1] Vergl. Kopp, Gesch. der Chemie 3, 218.

Auch Wasserstoff wurde von Berzelius kurze Zeit als zusammengesetzt, und zwar sauerstoffhaltig, angesehen. Ähnliches nahm man für Schwefel und Phosphor an, in denen Wasserstoff und Sauerstoff neben unbekannten Elementen vermutet wurden. Daß die Meinung vieler ausgezeichneter Chemiker dahin ging, das Chlor als Oxyd eines hypothetischen Elementes anzusehen, ist oben dargelegt, daselbst auch der tiefgehende Einfluß dieser Ansicht auf wichtige Teile der Chemie gekennzeichnet worden.[1] Noch ehe diese Annahme von Berzelius aufgegeben war, gesellte sich zu dem Chlor das Jod, welches, von Courtois (1811) in der Asche von Seepflanzen entdeckt, durch die ausgezeichneten Untersuchungen von Davy und namentlich von Gay-Lussac[2] als ein dem Chlor analoges Element charakterisiert wurde. Das von Balard[3] 1826 in den Mutterlaugen des Seesalzes aufgefundene Brom, dessen Erforschung durch Löwig's[4] Arbeiten (1829) wesentlich gefördert wurde, schloß für lange Zeit den Kreis der von Berzelius Halogene genannten Elemente. Das in der Flußsäure mit Wasserstoff verbundene Fluor ist trotz emsigster früherer Bemühungen[5] erst neuerdings von H. Moissan[6] durch passend ausgeführte Elektrolyse der Flußsäure dargestellt und, wie zu erwarten, als ein Körper von der größten chemischen Energie erkannt worden. Diese Untersuchungen gehören zu den hervorragendsten, welche die unorganische Chemie in der neueren Zeit aufzuweisen hat.

Die Atomgewichte, diese wichtigen Konstanten der bisher aufgeführten Metalloïde, sind mit großer Genauigkeit und zwar jedes nach mehreren Methoden bestimmt worden. Für Stickstoff, Chlor, Brom und Jod haben schon die klassischen Untersuchungen von Marignac[7] und Stas[8] die sichersten Werte geliefert; für Fluor

---

[1] Vergl. S. 206. [2] Ann. de Chimie **91**, 5 (1813).

[3] Ann. Chim. Phys. (2) **32**, 337.

[4] K. J. Löwig, geboren 1803, Schüler L. Gmelin's und Mitscherlich's, ist hochbetagt in Breslau 1890 gestorben, nachdem er daselbst seit 1853 als Professor der Chemie bis 1889 gewirkt hatte und zuvor (seit 1833) in Zürich thätig gewesen war. Von größeren Publikationen ist seine Schrift: *Das Brom und seine chemischen Verhältnisse* (1829), sowie sein *Lehrbuch der Chemie* (1832, 2. Aufl. 1846), das sich lange Zeit als brauchbares Handbuch erwies, zu erwähnen. Seiner wichtigsten Experimentalarbeiten ist in der spez. Geschichte gedacht (vergl. den von Landolt verfaßten Nekrolog Ber. **23**, 905).

[5] Vergl. namentlich Gore, Philos. Transact. **1869**, S. 173.

[6] Ann. Chim. Phys. (6) **12**, 472 (1887). Comptes rendus **109**, 861. Ann. Chim. Phys. (6) **24**, 224.

[7] Vergl. Ann. Chem. **44**, 1; **59**, 284; **60**, 180.

[8] Untersuchungen über die Gesetze der chem. Proportionen (Leipzig 1867).

kann die Bestimmung von Christensen[1] als eine die früheren Angaben abschließende angesehen werden. In neuerer Zeit ist wiederholt das Atomgewichtsverhältnis Wasserstoff zu Sauerstoff nach verschiedenen Methoden bestimmt und etwas verschieden von den früheren Werten befunden worden,[2] nämlich 1,0032 : 16. Man hat mit vollem Rechte der Feststellung dieser Konstanten die größte Aufmerksamkeit zugewandt; man denke an die neuen mühevollen Versuche von Cooke und Richards, Lord Rayleigh, Keiser, Noyes.

Das dem lange bekannten, aber erst von Lavoisier als Element betrachteten Schwefel chemisch ähnliche Tellur, von Müller v. Reichenstein im Jahre 1782 entdeckt, von Klaproth[3] 1798 untersucht und benannt, wurde erst durch die Arbeiten von Berzelius[4] und anderen der näheren Kenntnis erschlossen. Das Selen hat Berzelius[5] im Jahre 1817 entdeckt und nebst seinen wichtigsten Verbindungen in gründlichster Weise untersucht. — Die Atomgewichte der zwei letzten Elemente sind nach starken Schwankungen erst in neuerer Zeit sicher ermittelt worden, das des Selens[6] zu 79,07, das vom Tellur[7] zu 125, nachdem für letzteres, den früheren Bestimmungen gemäß, lange Zeit der Wert 127—128 angenommen war. Wahrscheinlich rührt der letztere daher, daß dem Tellur leicht Elemente mit höherem Atomgewicht beigemengt sind. Als Atomgewicht des Schwefels gilt seit den Arbeiten von Stas[8] die Zahl 31,98 als sicher begründet.

Die Entdeckung der dem Stickstoff ähnlichen Elemente: Phosphor, Arsen, Antimon, denen noch das Wismut angereiht werden mag, fällt in frühere Zeiten; jedoch gehört der neueren die genaue Erforschung derselben und namentlich ihrer Verbindungen an. Für den Phosphor wurde das schon von Berzelius[9] richtig ermittelte Atomgewicht von Dumas[10] wesentlich bestätigt ($P = 31{,}02$). Ebenso hat sich der ursprünglich für Arsen von Berzelius festgestellte Wert (75,0) durch die Arbeiten von Pélouze und Dumas als richtig herausgestellt, während R. Schneider und Cooke durch ihre aus-

[1] Journ. pr. Chemie (2) **35**, 541.

[2] Vergl. Ostwald, Lehrbuch d. allgem. Chem. I, 43 flg. (2. Aufl.). Entgegen der früher beliebten Einheit spricht sich Ostwald dafür aus, daß die Atomgewichte auf Sauerstoff = 16 zu beziehen seien.

[3] Crell's Ann. **1**, 91. [4] Pogg. Ann. **32**, 28.

[5] Schweigger's Journ. **23**, 309 u. 430.

[6] Eckmann u. Pettersson, Ber. **9**, 1210.

[7] Brauner, Ber. **16**, 3055. Zeitschr. physik. Chem. **4**, 344.

[8] A. a. O. [9] Schweigger's Journ. **23**, 119.

[10] Ann. Chim. Phys. (3) **55**, 171.

gezeichneten Arbeiten lehrten, daß das Atomgewicht des Antimons von Berzelius viel zu hoch angenommen war.

Das Bor wurde gleichzeitig von Gay-Lussac[1] und Davy entdeckt; sie isolierten es aus der Borsäure, die schon Lavoisier als Oxyd eines unbekannten Elementes betrachtet hatte. Von gleichem Gesichtspunkte geleitet, gelangte Berzelius[2] zur Entdeckung des in der Kieselsäure mit Sauerstoff verbundenen Siliciums (1810), dessen Reindarstellung ihm jedoch erst im Jahre 1823 durch Einwirkung von Kalium auf Kieselfluorkalium gelang;[3] er hatte damit eine wichtige Methode zur Isolierung von einigen Elementen geschaffen.

Die sichere Erkenntnis, daß Diamant und Graphit Modifikationen des Elementes Kohlenstoff sind, gehört dem Beginn des neuen Zeitalters an; außer den Untersuchungen von Lavoisier (1773) und von Tennant (1796) ist der von Mackenzie gelieferte Nachweis, daß gleiche Gewichtsteile Graphit, Holzkohle und Diamant dieselben Mengen Kohlensäure durch Verbrennung ergeben, besonders wichtig gewesen, um die gleichartige chemische Natur jener drei Körper erkennen zu lassen.

Die Erscheinung der Allotropie, mit welchem Namen Berzelius das Auftreten eines und desselben Stoffes in verschiedenen Modifikationen bezeichnete, ist besonders häufig bei den Metalloïden beobachtet worden. Das älteste Beispiel dafür bot eben der Kohlenstoff dar, dessen Allotropieen die denkbar größte Verschiedenheit untereinander aufwiesen. Bis in die neueste Zeit gehen die Untersuchungen über diese Modifikationen, insbesondere die Bemühungen, amorphen Kohlenstoff in Diamant umzuwandeln.[4] Der merkwürdigste Fall wurde mit der Umwandlung des Sauerstoffes in das chemisch so wirksame Ozon bekannt, dessen Entdeckung Schönbein[5] zufiel, nachdem lange zuvor van Marum (1785) auf die eigentümliche Veränderung des Sauerstoffes durch elektrische Funken hingewiesen hatte. Durch die schönen Untersuchungen von Schönbein, Marignac und de la Rive, welche die substantielle Gleichheit des Ozons mit dem Sauerstoff feststellten, ferner durch die von Andrews[6] und namentlich Soret[7] wurden die Beziehungen des Ozons zum Sauerstoff, insbesondere die Zusammensetzung des Moleküls Ozon aus drei Atomen Sauerstoff ermittelt.

[1] Recherches phys. chim. **1**, 276. [2] Phil. Transact. **1809**, S. 75.
[3] Pogg. Ann. **1**, 165.
[4] Vergl. Moissan, Comptes rendus **116**, 218.
[5] Pogg. Ann. **50**, 616 (1840).
[6] Ann. Chem. **97**, 371. Pogg. Ann. **112**, 241.
[7] Ann. Chem. Suppl. **5**, 148.

Die allotropen Modifikationen des Schwefels wurden zuerst von Mitscherlich, die des Selens von Berzelius, später von Hittorff untersucht. Die Umwandlung des gewöhnlichen Phosphors in den roten beobachtete schon Berzelius, entdeckte aber erst mit Sicherheit Schrötter[1] (1845), die in die *metallische* Modifikation Hittorff. Beobachtungen über *schwarzen Schwefel,* sowie über zwei fernere Modifikationen des Schwefels, deren eine in Wasser löslich ist, gehören neuester Zeit an;[2] ebenso die über eine neue Form des Phosphors.[3] — Den Nachweis, daß neben den seit längerer Zeit im amorphen Zustande bekannten Elementen Bor und Silicium krystallinische Modifikationen bestehen, verdankt man Wöhler. Daß Allotropieen auch bei metallischen Elementen vorkommen, zeigen die Beobachtungen über solche des Silbers von C. Lea, E. A. Schneider und andere; doch sind in dieser Frage noch manche Unklarheiten vorhanden. Jedenfalls ist die Fähigkeit vieler, zumal nichtmetallischer Elemente, in verschiedenen Formen aufzutreten, eine weitverbreitete Erscheinung. — Auf die Entdeckung allotroper Modifikationen von chemischen Verbindungen, wie von Schwefelquecksilber, Quecksilberjodid, arseniger Säure und andere sei nur kurz hingewiesen.

Zu den von Lavoisier als Grundstoffe betrachteten metallischen Elementen sind in der Folge viele neue hinzugekommen, über deren Auffindung hier kurz zu berichten ist. Die denkwürdige Entdeckung des Kaliums und Natriums nebst der im Zusammenhange damit geführten Diskussion über die Natur des Chlors wurde wegen des tiefgreifenden Einflusses, den jene Entdeckungen auf die Ausbildung bedeutsamer chemischer Lehren hatten, schon im allgemeinen Teile ausführlich dargelegt. Die relativen Atomgewichte der beiden Alkalimetalle hat Berzelius mit ziemlicher Genauigkeit bestimmt, er legte ihnen allerdings den viermal höheren Wert bei als jetzt geschieht. Ähnliche Zahlenwerte erhielten später Marignac, Dumas und Stas bei Gelegenheit ihrer schon citierten Untersuchungen.

Das Lithion entdeckte Arfvedson,[4] Schüler von Berzelius, 1817 als Bestandteil verschiedener Mineralien, z. B. im *Petalit,* und erkannte seine Analogie mit den Alkalien, konnte aber das darin enthaltene Metall nicht isolieren. Näher untersucht wurde letzteres

[1] Pogg. Ann. **81**, 276.
[2] Knapp, Journ. pr. Chem. **43**, 305. Engel, Comptes rendus **112**, 866.
[3] Vernon, Philos. Mag. **32**, 365.
[4] Schweigger's Journ. **22**, 93.

erst im Jahre 1855 durch Bunsen und Mathiessen,[1] welche das Lithium selbst durch Elektrolyse des Chlorlithiums darstellten. Die rote Färbung, welche seine Salze der Weingeistflamme erteilen, nahm zuerst C. G. Gmelin (1818) wahr.

Die Entdeckung des Rubidiums und Cäsiums[2] im *Lepidolith* und in der Dürkheimer Soole mit Hilfe der Spektralanalyse war die erste reife Frucht, welche der Chemie durch diese neue Methode zuteil wurde. Da die chemischen Reaktionen der Salze dieser zwei Alkalimetalle denen der Kaliumsalze sehr ähnlich sind, so würde die Gegenwart derselben ohne das Spektroskop gewiß nicht bemerkt worden sein. In der That hatte der sorgsame Analytiker Plattner mehrere Jahre vor der Auffindung des Cäsiums ein an letzterem reiches Mineral, *Pollux,* untersucht[3] und das sich ergebende Defizit, welches daher rührte, daß er das Cäsiumsulfat als Gemisch von Kalium- und Natriumsulfat ansah, nicht zu erklären vermocht. Die Atomgewichte der beiden letzteren Elemente wurden von Bunsen richtig ermittelt, nachdem für Cäsium infolge ungenügenden Materials zuerst ein zu niedriger Wert gefunden worden war. Das Atomgewicht des Lithiums bestimmte Stas endgültig zu 7,01.

Die Metalle Baryum, Strontium, Calcium, Magnesium isolierte zuerst Davy aus ihren von Seebeck dargestellten Amalgamen, nachdem schon längere Zeit zuvor die Baryt- und Kalkerde als Oxyde unbekannter Metalle angesprochen worden waren. Die Strontianerde hatten Klaproth und Hope, unabhängig voneinander, aufgefunden und als dem Kalk entsprechend bezeichnet. Berzelius, Marignac und Dumas haben die Atomgewichte der vier genannten Elemente ermittelt. Das Magnesium, welches eine zunehmende Bedeutung in der Technik gewonnen hat, wurde neuerdings von Cl. Winkler[4] als ausgezeichnetes Mittel, Metalloxyde zu reduzieren, benutzt. Bei seinen umfassenden Versuchen handelte es sich darum, das verschiedene Verhalten der Oxyde jenem Metall gegenüber festzustellen und zugleich die Fähigkeit der reducierten Elemente, sich mit Wasserstoff zu verbinden, kennen zu lernen. Auf die von diesem allgemeinen Gesichtspunkte aus höchst wichtigen Ergebnisse dieser Untersuchungen, die zugleich zur Bereicherung der Kenntnisse von vielen Elementen beigetragen haben, kann hier nur kurz hingewiesen werden.

---

[1] Ann. Chem. **94**, 107.

[2] Bunsen u. Kirchhoff, Pogg. Ann. **110**, 167; **113**, 337; **118**, 94.

[3] Pogg. Ann. **69**, 443. [4] Ber. **24**, 873, 1969.

Das Beryllium, dessen Oxyd Vauquelin (1798) in dem Mineral *Beryll* aufgefunden hatte, wurde zuerst von Wöhler[1] 1828 aus seinem Chlorid mittels Kalium gewonnen. Sein Atomgewicht gab zu wichtigen Erörterungen Anlaß, insofern unentschieden war, ob dasselbe das zwei- oder dreifache von dem Äquivalent ausmache. Erst durch die neuesten Untersuchungen von Nilson und Pettersson[2] ist die Frage dahin entschieden, daß dem Beryllium als zweiwertigem Elemente das Atomgewicht 9,1 zukommt. Dieser Zahlenwert scheint nach neueren Arbeiten von Krüß und Moraht noch etwas verringert werden zu müssen.

Das Kadmium wurde zuerst von Stromeyer 1817 beobachtet, dann auch von anderen nachentdeckt und als ein dem Zink chemisch ähnliches Metall erkannt, sein Atomgewicht in neuester Zeit von Patridge genau bestimmt. — Das Thallium, von Crookes[3] 1861 in dem selenreichen Schlamme einer Schwefelsäurefabrik aufgefunden, verdankt seine Entdeckung dem charakteristischen Verhalten seiner Salze im Spektroskop. Die chemische Natur dieses einmal dem Blei, sodann auch den Alkalien nahestehenden Metalles hat insbesondere Lamy festgestellt, das Atomgewicht desselben Crookes ermittelt.

Das Aluminium isolierte zuerst Wöhler[4] im Jahre 1827 aus seinem Chlorid mittels Kalium und bestätigte dadurch die schon lange gehegte Vermutung, daß die Thonerde das Oxyd eines Metalles sei. Die Fabrikation dieses außerordentlich verbreiteten Metalles mittels des elektrischen Stromes ist eine Errungenschaft der neueren Technik (s. Geschichte dieser). — Die mit dem Aluminium eine Familie bildenden Elemente Indium und Gallium sind erst in neuerer Zeit entdeckt worden: ersteres im Jahre 1863 von Reich und Richter[5] als Bestandteil der Freiberger Zinkblende, letzteres ebenfalls in Zinkerzen von Lecoq de Boisbaudran.[6] Zur Auffindung dieser zwei Metalle leitete ihr charakteristisches spektroskopisches Verhalten. Ihre Atomgewichte ermittelten die Entdecker, das des Indiums noch besonders genau Cl. Winkler[7] und Bunsen;[8] das des Aluminiums ist am sorgfältigsten von Mallet bestimmt worden.

Ungewöhnliche Schwierigkeiten hat die Isolierung der Metalle gemacht, welche die sogenannte Cer- und Yttriumgruppe bilden.

[1] Pogg. Ann. **13**, 577. [2] Journ. pr. Chemie (2) **33**, 15.
[3] Chem. News **3**, 193. [4] Pogg. Ann. **11**, 146.
[5] Journ. pr. Chem. **89**, 444; **90**, 172; **92**, 480.
[6] Comptes rendus **81**, 493 u. 1100. [7] Journ. pr. Chem. **102**, 282.
[8] Pogg. Ann. **141**, 28.

Obwohl die Auffindung der Yttererde, die allerdings mit anderen Erden verunreinigt war, schon vor nahezu 100 Jahren durch Gadolin geschah, und seitdem die ausgezeichnetsten Forscher sich mit der Untersuchung dieses Gebietes befaßt haben, so ist doch die Chemie der Cermetalle bis auf den heutigen Tag nicht frei von dunklen Punkten, die vielleicht noch lange auf die erstrebte Aufklärung warten müssen. Nachdem aus dem Cerit Klaproth und gleichzeitig Berzelius die Cererde dargestellt hatten, und von letzterem diese als Oxyd eines Metalles erkannt war, entdeckte Mosander in der rohen Yttererde zwei neue Oxyde, deren Metalle: das Lanthan und Didym er isolierte; einige Jahre später (1843) gesellte er zu diesen zwei andere: Erbium und Terbium, über deren Existenz und Natur die Akten noch nicht geschlossen sind, trotz ausgezeichneter Untersuchungen. Inzwischen wurde auch das Yttrium näher bekannt; die früher für einheitlich gehaltene Yttererde hat sich als Gemenge von Oxyden mehrerer Metalle herausgestellt, von denen jedoch nur einige rein dargestellt sind; es sei an die Entdeckung des Skandiums (Nilson) und des Ytterbiums (Marignac) erinnert. In neuester Zeit ist die Chemie dieser Gruppe von Elementen durch Arbeiten von Krüß, Cl. Winkler, Bettendorf und anderen bereichert worden.

Das Kobalt und das Nickel, deren Entdeckung dem vorhergehenden Zeitalter angehört (s. S. 129), sind gerade in neuerer Zeit Gegenstand wichtiger Untersuchungen gewesen, insbesondere wegen der merkwürdigen Verbindungen, die sie zu bilden vermögen (s. o.). Die Angabe von Krüß und Schmidt,[1] daß den auf gewöhnlichem Wege dargestellten Metallen ein bisher unbekanntes Element, das *Gnomium*, beigemengt sei, beruht auf einem verhängnisvollen Irrtum, wie Cl. Winkler[2] erwiesen hat; derselbe hat durch sorgfältigste Bestimmungen die Atomgewichte beider Elemente am sichersten festgestellt.

Die mit dem Chrom in eine Gruppe gehörenden Elemente: Molybdän, Wolfram und Uran, wurden wie das Chrom selbst, in den ersten Jahrzehnten des neuen Zeitalters der Chemie entdeckt; ihre und ihrer Verbindungen Erforschung reicht bis in die neueste Zeit hinein, dank der außerordentlichen Mannigfaltigkeit der Verbindungen, welche die genannten mit anderen Elementen bilden (s. u.). — Das Chrom entdeckte 1797 Vauquelin als Bestandteil des „roten Bleispates“ und trug zur Kenntnis seiner Verbindungen

[1] Ber. **22**.
[2] Vergl. Winkler, Ber. **22**, 890. — Zeitschr. anorgan. Chem. **4**, 10.

wesentlich bei; auch Klaproth hatte gleichzeitig das Vorkommen eines neuen Metalles in jenem Mineral wahrscheinlich gemacht. — Das Molybdän, sowie das Wolfram, deren Vorkommen in ihren Sauerstoffverbindungen Scheele, sowie Bergman vorausgesehen hatten, wurden im Jahre 1783, ersteres von Hjelm, das Wolfram von d'Elhujar isoliert. — Das Uran endlich, oder vielmehr ein Oxyd, welches für das Element gehalten wurde, wies Klaproth 1798 als einen Hauptbestandteil der Pechblende nach; erst Péligot[1] berichtigte den Irrtum durch den Nachweis, daß das vermeintliche Element Sauerstoff enthielt, und lehrte die Darstellung des metallischen Urans. Das von Péligot ermittelte Atomgewicht des Urans und das des Chroms sind durch die neueren Untersuchungen von Cl. Zimmermann und Berlin, in neuester Zeit von Meineke im wesentlichen bestätigt worden. Für Molybdän ist ein etwas höherer Wert, als der von Berzelius bestimmte, durch die Arbeiten von Dumas, Rammelsberg und anderen ermittelt worden. Dem Wolfram ist das von Schneider, Marchand und anderen bestimmte Atomgewicht (183,5) geblieben.

Die dem Zinn chemisch ähnlichen Elemente: Titan, Zirkonium, Thorium, zu denen sich in neuester Zeit das Germanium gesellt hat, gehören wesentlich der Geschichte dieses Jahrhunderts an; denn wenn auch die Oxyde des Titans und Zirkoniums schon am Ende des vorigen Jahrhunderts aufgefunden worden sind, so gelang doch die Isolierung dieser Elemente erst Berzelius mit Hilfe seiner schon erwähnten Methode, nämlich durch Zerlegung ihrer Doppelfluoride mit Kalium. Auch die Thorerde und das Thorium entdeckte Berzelius[2] (1828); das Atomgewicht dieses Elementes wurde erst von Nilson endgültig festgestellt und neuerdings durch die Dampfdichte des Thoriumchlorids bestätigt.[3] — Das Germanium, von allen Elementen das jüngste, hat Cl. Winkler[4] entdeckt und zum Ausgangspunkte ausgezeichneter Experimentaluntersuchungen[5] gemacht, durch welche die Natur des Elementes, und

[1] Ann. Chim. Phys. (3) **5**, 5. [2] Pogg. Ann. **16**, 385.

[3] Nilson u. Krüß, Ber. **20**, 1671.

[4] Clemens Winkler (geboren 1838) wirkt seit 1873 als Professor der Chemie an der Bergakademie zu Freiberg i. S., nachdem er zuvor 14 Jahre lang bergmännischer Thätigkeit obgelegen hatte. Die unorganische und technische Chemie verdankt ihm ausgezeichnete Untersuchungen, die häufig große Fortschritte in Bezug auf neue Methoden, Entdeckung praktisch wichtiger Verfahren u. s. w. in sich schlossen. Seine wichtigsten Leistungen sind in der speziellen Geschichte der analytischen und unorganischen Chemie gewürdigt.

[5] Journ. pr. Chem. (2) **34**, 177; **36**, 177.

seiner Verbindungen in das hellste Licht gesetzt wurde. Den Anstoß, nach einem neuen Element zu suchen, gab ihm die Analyse eines bei Freiberg vorkommenden Silbererzes, welche ein stets wiederkehrendes Defizit von etwa 7 % ergab; das letztere ließ auf einen Stoff schließen, welcher den für die bekannten Elemente ausgearbeiteten analytischen Methoden nicht gehorchte; man erinnere sich des ähnlichen, oben erwähnten Falles bei Cäsium. Dem von Winkler bestimmten Atomgewicht des Germaniums entspricht die Stellung, welche diesem Elemente im periodischen System zukommt.

Die dem Antimon und Wismut chemisch verwandten Elemente: Vanadium, Tantal und Niobium sind der näheren Kenntnis erst durch neue Untersuchungen erschlossen worden. Das Vanadium, als Bestandteil gewisser Bleierze schon 1801 von del Rio, schärfer von Sefström (1830) erkannt, wurde in metallischem Zustand, überhaupt als Element, von Roscoe[1] 1867 isoliert, welcher nachwies, daß das früher sogenannte Vanadin sauerstoff-, resp. stickstoffhaltig gewesen war; die chemischen Verhältnisse des Elementes und seiner Verbindungen wurden von ihm in vorzüglicher Weise klar gelegt, auch sein Atomgewicht sicher bestimmt.

Auf die in den Mineralien *Columbit* und *Tantalit* vorkommenden neuen Elemente, welche später die Namen Tantal und Niobium erhielten, hatten schon die Untersuchungen von Hatchett, Ekeberg, Wollaston, Berzelius in den ersten zwei Dezennien unseres Jahrhunderts hingewiesen, ohne diese Grundstoffe selbst kennen zu lehren. Die Arbeiten von H. Rose[2] führten ebenfalls noch nicht zur Isolierung der Elemente, auch nicht zu der richtigen Auffassung ihrer Verbindungen; denn auch hier wurde ein Oxyd des Niobiums, das *Unterniob*, für das Element gehalten. Erst die Untersuchungen von Blomstrand[3] und von Marignac[4] ergaben sichere Anhaltspunkte zur Beurteilung des chemischen Verhaltens der zwei Elemente und ihrer Verbindungen, sowie zur Feststellung ihrer Atomgewichte.

Die Metalle der Platingruppe sind mit Ausnahme des Platins[5] in diesem Jahrhundert aufgefunden worden und zwar als Gemengteile des Platinerzes. Das Platin selbst lernte man erst völlig rein darstellen, nachdem zweckmäßige Methoden, dasselbe von seinen Begleitern zu trennen, ermittelt waren. Auch die für die Entwickelung der wissenschaftlichen wie technischen Chemie so wich-

[1] Ann. Chem. Suppl. **6**, 86.
[2] Pogg. Ann. **99**, 80; **104**, 432.
[3] Journ. pr. Chem. **97**, 37.
[4] Ann. Chim. Phys. (4) **8**, 5.
[5] Vergl. S. 129.

tige Bearbeitung des Platins zu Gerätschaften gehört der neueren Zeit an.

Das Palladium kam im Jahre 1803 unter seinem jetzigen Namen als ein bisher unbekanntes Metall in den Handel mit einer derartigen Ankündigung, daß man ahnen konnte, ein Berufener habe dasselbe entdeckt. In der That hatte, wie sich später nach erfolgloser Bearbeitung des neuen Elementes durch Chenevix herausstellte, Wollaston[1] dasselbe aus dem Platinerz isoliert. Die merkwürdige Fähigkeit des Palladiums, sich mit Wasserstoff zu verbinden, hat Graham[2] zuerst beobachtet. — Die Entdeckung des Palladiums führte Wollaston zu der eines anderen Platinmetalles, des Rhodiums, welchem er diesen Namen wegen der rosenroten Färbung seiner Lösungen gab. Näher untersucht wurde dasselbe von Berzelius,[3] welcher überhaupt eingehende Studien über Platinmetalle machte, und von C. E. Claus;[4] um die Trennung des Rhodiums von den anderen Metallen haben sich namentlich Bunsen,[5] sowie Deville und Debray verdient gemacht. — Auf das Iridium und Osmium, als zwei neue Metalle, welche in den Rückständen nach dem Auflösen des Platinerzes enthalten sind, lenkte zuerst Tennant[6] die Aufmerksamkeit der Chemiker; die Reindarstellung beider Elemente, der spezifisch schwersten Stoffe, welche man bisher kennt, haben namentlich Deville und Debray[7] gelehrt. — Das Ruthenium endlich wurde ebenfalls in Platinerzen, sowie in dem Osmiridium von C. E. Claus[8] entdeckt, welchem man die Hauptkenntnisse über das Element selbst, sein Atomgewicht, sowie seine Verbindungen verdankt. In neuester Zeit hat H. Debray[9] das Ruthenium und Sauerstoffverbindungen desselben untersucht.

Die Atomgewichte der Platinmetalle waren noch vor kurzem nur zum Teil mit genügender Sicherheit ermittelt. Für das Platin glaubte man in dem von Berzelius bestimmten Werte 196,7 den zuverlässigsten zu besitzen, bis Seubert[10] (1880) zeigte, daß diese Zahl um mindestens zwei Einheiten zu hoch sei. Die Atomgewichte des Palladiums, Rhodiums und Osmiums waren ebenfalls von Berzelius

[1] Phil. Transact. **1804**, S. 428. [2] Philos. Mag. (4) **32**, 516.
[3] Pogg. Ann. **13**, 437.
[4] Beiträge zur Chemie der Platinmetalle. Dorpat 1854.
[5] Ann. Chem. **146**, 265. [6] Philos. Transact. **1804**, S. 411.
[7] Comptes rendus **81**, 839; **82**, 1076. [8] Ann. Chem. **56**, 257; **59**, 284.
[9] Comptes rendus **106**, 100, 328.
[10] Ann. Chem. **207**, 29. Ber. **21**, 2179. Ferner Dittmar u. Arthur, das. **21**, Ref. 412.

ermittelt worden, bedurften aber noch der endgültigen Prüfung; insbesondere galt dies von dem Atomgewicht des Osmiums. In neuester Zeit ist dies in verdienstlichster Weise von K. Seubert[1] für das *Iridium, Osmium, Rhodium,* von Keyser[2] für das *Palladium,* von Joly[3] für das *Ruthenium* ausgeführt worden. Infolge dieser neuen Bestimmungen ist Ordnung in die so wichtigen Konstanten der Palladium- und Platingruppe gekommen. Zugleich hat damit das natürliche System der Elemente, dem sich jetzt erst die genannten Grundstoffe richtig einordnen, einen neuen Triumph gefeiert; denn nun haben dieselben ihren richtigen, von der Theorie geforderten Platz angewiesen erhalten.

Der kurze Überblick über die dem neuen Zeitalter angehörenden Entdeckungen neuer Elemente läßt den Umfang der Leistungen auf diesem Gebiete genugsam erkennen. Seitdem man bemüht ist, jedem Elemente einen bestimmten Platz im periodischen System anzuweisen, hat die Entdeckung eines neuen Grundstoffes einen ganz anderen Reiz und eine weit höhere Bedeutung als früher. Jetzt gilt es, das Atomgewicht eines solchen genau zu ermitteln, sowie sein chemisches Verhalten möglichst umfassend zu untersuchen, um das Element jenem System einzuordnen. Bei keinem neu aufgefundenen Grundstoff haben sich diese Bemühungen so trefflich bewährt, wie bei dem jüngsten, dem Germanium.

Die chemische Litteratur weist viele Angaben über vermeintlich neue Elemente auf, die sich im Laufe der Zeit entweder als schon früher dargestellt, oder als Gemische teils bekannter, teils unbekannter Stoffe herausgestellt haben. Auf die gegen Ende des vorigen und Anfang dieses Jahrhunderts gemachten phantastischen Versuche von Winterl,[4] welcher einige Metalle in verschiedene Grundstoffe zerlegt zu haben glaubte, sei nur kurz hingewiesen. Aber selbst namhafte Forscher verfielen in Irrtümer, welche sich nur aus den Mängeln der damaligen analytischen Methoden erklären lassen; so hielt Bergman (1781) das Phosphoreisen, aus kaltbrüchigem Eisen mittels Salzsäure dargestellt, für ein neues, von ihm *Siderum* genanntes Metall; Richter sprach unreines Nickel als Element an und bezeichnete es als *Nickolanum.* Selbst Berzelius glaubte 1815 in schwedischen Mineralien eine bisher unbekannte Erde aufgefunden zu haben, berichtigte aber seinen Irrtum selbst dahin, daß der ver-

[1] Ber. **11**, 1770. Ann. Chem. **261**, 257; **260**, 314.
[2] Amer. Chem. Journ. **11**, 398. [3] Comptes rendus **108**, 946.
[4] Kopp, Gesch. d. Chemie **2**, 282.

meintlich neue Körper phosphorsaure Yttererde gewesen sei. Gerade die Geschichte der Cermetalle, zu denen das Yttrium gehört, sowie die des Tantals und Niobiums weist eine Menge derartiger Irrungen auf, und noch in unseren Tagen wird eine Reihe neuer Elemente aufgeführt, deren einheitlicher Charakter im höchsten Grade zweifelhaft ist, z. B. das *Decipium, Mosandrium, Philippium.*[1]

Ebenso sind unsere Kenntnisse des jüngsten, 1892 entdeckten *Masriums*[2] so unvollständig, daß vorläufig über dasselbe nichts zu sagen ist.

Erweiterung der Kenntnisse unorganischer Verbindungen.

Die allgemeinen Gesichtspunkte, welche für die Auffassung unorganisch-chemischer Verbindungen im neuen Zeitalter gewonnen wurden, insbesondere die Ansichten über die Konstitution der Säuren, Salze und Basen sind im allgemeinen Teile dargelegt worden. Hier handelt es sich darum, die Entwickelung spezieller Kenntnisse in diesem Gebiete zu schildern. Von einer erschöpfenden Behandlung des Gegenstandes kann natürlich nicht die Rede sein; nur besonders wichtige Experimentaluntersuchungen, welche zur Erweiterung des chemischen Wissens wesentlich gedient haben, sind namhaft zu machen.

Wasserstoffverbindungen der Halogene.

Das merkwürdige Verhalten des Wasserstoffes zu Chlor, die leichte Vereinigung beider Gase, zuerst von Davy und Gay-Lussac erforscht, ist später Gegenstand wichtiger physikalisch-chemischer Untersuchungen von Roscoe und Bunsen[3] gewesen. Zur näheren Kenntnis des Chlorwasserstoffes selbst trugen die Versuche von Davy und Faraday,[4] die das Gas zu verdichten lehrten, wesentlich bei, sowie die von Roscoe und Dittmar,[5] welche die chemischen Verhältnisse zwischen Salzsäure und Wasser feststellten. Jod- und Bromwasserstoff wurden durch die Arbeiten von Gay-Lussac und Balard näher bekannt, der Fluorwasserstoff durch die grundlegenden Untersuchungen von Gay-Lassac, Thénard und Berzelius, im wasserfreien Zustande durch die Fremy's[6] und Gore's.[7] Der furchtbaren Wirkung der wasserfreien Flußsäure fiel

---

[1] Comptes rendus **87**, 148, 559, 632. [2] Monit. scient. **1892**, S. 514.
[3] Pogg. Ann. **100**, 43. Ann. Chem. **96**, 357. Vergl. Geschichte der physikalischen Chemie.
[4] Philos. Transact. **1823**, S. 164. [5] Ann. Chem. **112**, 337.
[6] Ann. Chim. Phys. (3) **47**, 5. [7] Philos. Transact. **1869**, S. 173.

Nicklés im Jahre 1869 zum Opfer. Die Analogie des Fluors mit dem Chlor hat zuerst Ampère ausgesprochen.

Sauerstoffverbindungen des Wasserstoffes und der Halogene.

Die zur Erkenntnis der Zusammensetzung des Wassers führenden Untersuchungen sind schon besprochen worden; die erste ziemlich einwurfsfreie quantitative Ermittelung seiner Bestandteile geschah durch Berzelius und Dulong.[1] Infolge der Entdeckung des Wasserstoffsuperoxydes[2] blieb das Wasser nicht mehr das einzige Oxyd des Wasserstoffes; das von Thénard, Schönbein und anderen, in neuerer Zeit von Schöne[3] und von Traube[4] untersuchte chemische Verhalten dieses Superoxydes stempelt dasselbe zu einer der merkwürdigsten unorganischen Verbindungen, welche auch in der Natur bei mancherlei Prozessen eine wichtige Rolle zu spielen scheint. Das Interesse daran wird durch die technische Bedeutung, welche das Wasserstoffsuperoxyd gewonnen hat, noch erhöht.

Die mannigfachen Oxydationsstufen des Chlors und Jods sowie des Broms haben seit Beginn unseres Jahrhunderts zu bedeutsamen Arbeiten Anlaß gegeben; es sei an Gay-Lussac's Untersuchungen der Chlorsäure, an die der Überchlorsäure von Stadion, sowie der Unterchlorsäure von Davy und Stadion, ferner an die der chlorigen[5] und der unterchlorigen[6] Säure erinnert. Die Kenntnis einiger dieser Verbindungen wurde wesentlich geklärt durch die neuesten Versuche Pebal's,[7] welcher die Natur des sogenannten Euchlorins und der Unterchlorsäure feststellte. — Sauerstoffverbindungen des Jods wurden durch Davy's und Magnus' Forschungen bekannt; die von letzterem[8] entdeckte Überjodsäure sowie die Jodsäure führte später zur Kenntnis verschiedener Reihen von Salzen, aus deren Zusammensetzung wichtige Schlüsse bezüglich der Sättigungskapazität des Jods und damit der Halogene gezogen werden mußten. — Daß Fluor das einzige Element ist, das keine Verbindung mit Sauerstoff eingeht, sei kurz bemerkt.

---

[1] Ann. Chim. Phys. **15**, 386. Über später ausgeführte Bestimmungen des Verhältnisses $H_2 : O$ s. S. 342.

[2] Ann. Chim. Phys. **8**, 306 (1818).

[3] Ann. Chem. **192**, 258 (das. Litteratur).

[4] Vergl. Ber. **20**, 3345; auch Ber. **22**, 1496; **26**, 1471.

[5] Millon, Ann. Chim. Phys. (3) **7**, 298.

[6] Balard, Ann. Chim. Phys. **57**, 225.

[7] Ann. Chem. **177**, 1 u. **213**, 113. [8] Pogg. Ann. **28**, 514.

Schwefel-, Selen-, Tellurverbindungen.

Zu den schon lange Zeit bekannten Verbindungen des Schwefels mit Sauerstoff, der schwefligen und der Schwefelsäure, deren Anhydrid Vogel und Doebereiner entdeckten, waren frühzeitig andere gekommen: die unterschweflige Säure von Gay-Lussac, die Unterschwefelsäure von Welter und Gay-Lussac (1819). Die Konstitution der ersteren, welche rationell Thioschwefelsäure zu nennen ist, wurde erst neuerdings richtig gedeutet.[1] Die mehr Schwefel enthaltenden, zu der Schwefelsäure in naher Beziehung stehenden Thiosäuren lehrten im Anfang der vierziger Jahre Langlois, Fordos und Gélis, Wackenroder kennen; die Frage, ob die von letzterem entdeckte Pentathionsäure wirklich existiert, ist noch kürzlich lebhaft erörtert worden.[2]

In neuerer Zeit ist zu obigen Säuren des Schwefels noch die von Schützenberger[3] entdeckte hydroschweflige Säure gekommen, deren chemisches Verhalten von großem Interesse ist. Den beiden Oxyden des Schwefels hat R. Weber[4] ein neues in dem Schwefelsesquioxyd S_2O_3 zugesellt. Endlich sei noch die Überschwefelsäure genannt, deren Existenz Berthelot wahrscheinlich gemacht hat. Durch neuere Untersuchungen ist erst die Frage nach ihrer wahren Zusammensetzung, welche der von der Übermangansäure entspricht, gelöst worden. Des mächtigen Aufschwunges, welchen die gesamte chemische Industrie durch die Entwickelung der Schwefelsäurefabrikation genommen hat, sei hier nur kurz gedacht. Die Bekanntschaft mit einfachen Abkömmlingen der lange schon bekannten Schwefelsäure, wie mit deren Amid und Imid, mit der Fluorsulfonsäure und anderen gehört der allerneuesten Zeit an.[5]

Die Verbindungen des Selens mit Wasserstoff und Sauerstoff lehrte Berzelius in seiner denkwürdigen Abhandlung kennen. Ihm folgte Mitscherlich, welcher die Selensäure entdeckte und damit, zumal durch die Isomorphie der schwefel- und der selensauren Salze eine schöne Bestätigung der Analogie des Selens mit dem Schwefel lieferte. In allen Punkten hat sich diese chemische Ähnlichkeit nicht gezeigt, wie jüngst Michaelis[6] für die selenigsauren Salze

[1] Vergl. Schorlemmer, Journ. chem. soc. (2), **7**, 256.

[2] Vergl. Curtius u. Henkel, Journ. pr. Cem. (2) **37**, 37; Debus, Ann. Chem. **244**, 76.

[3] Comptes rendus **69**, 169.

[4] Pogg. Ann. **156**, 53.

[5] Vergl. W. Traube, Ber. **26**, 607. Thorpe, Zeitschr. anorgan. Chem. **3**, 63.

[6] Ann. Chem. **241**, 150.

eine andere Konstitution wahrscheinlich gemacht hat, als sie die schwefligsauren Salze besitzen.

Die Chlorverbindungen des Schwefels, Selens und Tellurs, deren Studium zur Charakterisierung dieser Elemente beigetragen hat, sind zu verschiedenen Zeiten untersucht worden; noch neuerdings hat Michaelis durch die Untersuchung des Vierfach-Chlortellurs einen einleuchtenden Beweis dafür geliefert, daß Tellur vierwertig ist.

Eine lange Reihe von Arbeiten wäre zu nennen, wollte man nur die wichtigsten zusammenstellen, welche zur Auffindung und Aufklärung der Wasserstoff-, Sauerstoff- und Halogenverbindungen des Stickstoffs, Phosphors, Arsens und Antimons dienlich gewesen sind. Hier sei erinnert an die Arbeiten von Davy, Berthollet, Henry, durch welche die Zusammensetzung des lange als sauerstoffhaltig betrachteten Ammoniaks ermittelt wurde. Die Entdeckung des Dreifach-Wasserstoffphosphors durch Gengembre (1783) und Pelletier, welcher diesen Körper rein darstellte, wurde erst durch die wichtigen Untersuchungen Davy's fruchtbar; er ermittelte die Zusammensetzung dieses Gases und wies auf seine Analogie mit dem Ammoniak hin, was später H. Rose noch schärfer betonte. Den flüssigen Phosphorwasserstoff entdeckte P. Thénard[1] und erkannte in diesem die Ursache der Selbstentzündlichkeit des nicht völlig reinen Dreifach-Wasserstoffphosphors. — Den Arsen- und den Antimonwasserstoff, welche nach ihrer Zusammensetzung dem Ammoniak entsprechen, haben in reinem Zustande zuerst Soubeiran[2] und Pfaff[3] gewonnen. Die erstere Verbindung kostete Gehlen, welcher ihre Giftigkeit nicht ahnte, im Jahre 1815 das Leben; und in neuester Zeit erreichte das gleiche Schicksal H. Schulze (in St. Jago). Welche Bedeutung die Bildung von Arsenwasserstoff für die Ermittelung geringer Mengen Arsen bei gerichtlich chemischen Analysen hat, ist bekannt (Marsh' Verfahren).

Die Sauerstoffverbindungen des Stickstoffes haben, wie schon hervorgehoben wurde, in der Geschichte der Atomtheorie eine bedeutsame Rolle gespielt; denn die Zusammensetzung derselben führte zu einer Bestätigung des Gesetzes der multiplen Proportionen, obschon damals nicht für alle Oxydationsstufen die wahre Zusammensetzung erkannt worden war. Die Reihe der zur Zeit Dalton's bekannten Stickstoffoxyde wurde durch die Untersalpetersäure ergänzt, deren Beziehung zu den anderen sich aus den Arbeiten von

[1] Ann. Chim. Phys. (3) **14**, 5. Vergl. die neuesten Versuche von Gattermann u. Haußknecht, Ber. **23**, 1174.

[2] Ann. Chim. Phys. (2) **23**. 307. [3] Pogg. Ann. **40**, 135.

Berzelius, Gay-Lussac und Dulong ergab, sodann auch durch das Salpetersäureanhydrid, welches St. Claire-Deville entdeckte. Die mancherlei Unklarheiten bezüglich der salpetrigen Säure und der Untersalpetersäure sind durch die neueren Untersuchungen von Hasenbach,[1] Lunge,[2] Ramsay und anderen größtenteils gehoben worden. Die dem Stickoxydul zugehörende untersalpetrige Säure[3] hat die Reihe der Oxysäuren des Stickstoffes wesentlich ergänzt.

Hier sei noch der wichtigen Entdeckung des Hydroxylamins[4] gedacht, dessen chemisches Verhalten zur Bekanntschaft mit vielen merkwürdigen Verbindungen, namentlich in der organischen Chemie geführt hat. Lange Zeit nur in Lösungen bekannt, ist dasselbe erst neuerdings in freiem Zustande bekannt geworden.[5] Die von Fremy entdeckten *Schwefelstickstoffsäuren* sind ihrer wahren Zusammensetzung nach erst in neuester Zeit als Sulfoxylderivate des Ammoniaks und des Hydroxylamins erkannt worden.[6] Als denkwürdig ist hier die Auffindung des dem letzteren in mancher Hinsicht analogen Amidoamins,[7] des sogenannten Hydrazins (Diamid $H_2N.NH_2$) zu nennen, welches eine schon lange vorhandene Lücke ausgefüllt hat. Durch Wechselwirkung desselben mit organischen Verbindungen ist schon jetzt eine lange Reihe höchst wichtiger Körper dargestellt worden. Aus einem solchen Abkömmling des Hydrazins wurde zuerst die nach ihrer Zusammensetzung und ihrem Verhalten gleich merkwürdige Stickstoffwasserstoffsäure (N_3H) dargestellt und von ihrem Entdecker Curtius, trotz großer Schwierigkeiten eingehend erforscht.[8] Andere Bildungsweisen derselben lehrten W. Wislicenus,[9] E. Noelting[10] kennen.

Von den Sauerstoffverbindungen des Phosphors waren zur Zeit Lavoisier's die phosphorige und die Phosphorsäure, jedoch nur sehr unvollständig bekannt; die erstere lehrte Davy aus dem Dreifach-Chlorphosphor mittels Wasser rein darstellen, aber erst spätere Arbeiten haben zur Aufklärung ihrer chemischen Konstitution

[1] Journ. pr. Chemie (2) **4**, 1. [2] Vergl. Ber. **18**, 1376; auch **21**, 67.

[3] Divers, Proc. Roy. Soc. **19**, 425; Zorn, Ber. **10**, 1306. Zuletzt ist ihre Entstehung von W. Wislicenus, sowie von Paal durch Wechselwirkung von Hydroxylamin und salpetriger Säure erzielt worden (Ber. **26**, 771, 1026).

[4] Lossen, Ann. Chem. Suppl. **6**, 220.

[5] Lobry de Bruyn, Rec. trav. chim. **10**, 101.

[6] Vergl. Raschig's treffliche Untersuchung: Ann. Chem. **241**, 161 (das. ältere Litteratur).

[7] Curtius, Ber. **20**, 1632.

[8] Ber. **23**, 3023; **24**, 3341. Journ. pr. Chem. (2) **43**, 207.

[9] Ber. **25**, 2084. [10] Das. **26**, 86.

geleitet. Die Erkenntnis der gegenseitigen Beziehungen von *Ortho-*, *Pyro-* und *Metaphosphorsäure* ist durch die Arbeiten von Clarke, Gay-Lussac, Stromeyer angebahnt und durch Graham's[1] ausgezeichnete Untersuchungen wesentlich gefördert worden, an welche anlehnend Liebig seine einflußreiche Theorie der mehrbasischen Säuren aufstellte.[2] Die unterphosphorige Säure, deren Salze Dulong 1816 entdeckte, ist Gegenstand wichtiger Versuche und Diskussionen gewesen.[3] Neuerdings hat sich zu obigen Sauerstoffverbindungen noch die Unterphosphorsäure[4] gesellt.

Besonderes Interesse hat die Entdeckung der Halogenverbindungen des Stickstoffes und Phosphors erregt, Körper, deren Reaktionsfähigkeit ihre Anwendung zur Erzeugung vieler anderer Verbindungen veranlaßte. Der Chlorstickstoff wurde von Dulong entdeckt[5] und brachte diesem infolge einer unvorhergesehenen Explosion schwere Verletzungen bei. Neuerdings ist dieser gefährliche Körper, dessen Zusammensetzung bisher noch unbestimmt war, Gegenstand wichtiger Versuche von Gattermann[6] gewesen, welcher den reinen Chlorstickstoff: NCl_3 darstellen konnte. Den nach seiner Entstehung analogen Jodstickstoff stellte Serullas[7] zuerst dar; zur Erkenntnis der Zusammensetzung dieses Körpers trugen die Untersuchungen von Bunsen, Stahlschmidt und in neuester Zeit die von Raschig bei.[8] — Die für Umsetzungen organischer Körper so wichtigen Chlorverbindungen des Phosphors wurden schon im ersten Dezennium unseres Jahrhunderts entdeckt: das Trichlorid von Gay-Lussac und Thénard, das Pentachlorid von Davy; erst in neuester Zeit das Trifluorid von Moissan. Das Pentafluorid, von Thorpe[9] zuerst beobachtet, gewinnt ein besonderes Interesse durch den Umstand, daß es sich selbst bei hohen Temperaturen nicht zerlegt, während die übrigen Fünffach-Halogenverbindungen des Phosphors dadurch Zersetzung erfahren. Das als Agens auf gewisse organische Verbindungen wichtige Phosphoroxychlorid hat Wurtz, das Fünffach-Chlorantimon H. Rose entdeckt. Nachdem schon früher das ersterem entsprechende Phosphoroxybromid bekannt geworden war, ist jüngst von Moissan das Phosphoroxyfluorid dargestellt.

---

[1] Philos. Transact. **1833**, **2**, 253. [2] Vergl. S. 210.
[3] Vergl. Wurtz, Ann. Chem. **43**, 318; **68**, 41.
[4] Salzer, Ann. Chem. **187**, 322; **194**, 28; **211**, 1; **232**, 114. Sänger das. **232**, 1.
[5] Schweigger's Journ. **8**, 302. [6] Ber. **21**, 751.
[7] Ann. Chim. Phys. **42**, 200. [8] Ann. Chem. **230**, 212.
[9] Ann. Chem. **182**, 201.

Die Halogenverbindungen des Bors, sowie die des Siliciums wurden insbesondere durch die Arbeiten von Berzelius und später von Wöhler und Deville[1] der Kenntnis der Chemiker erschlossen und bildeten das Material zur Darstellung dieser Elemente, sowie wichtiger Verbindungen derselben, wie denn überhaupt durch die genannten Untersuchungen die Chemie des Bors und Siliciums außerordentlich bereichert worden ist; es sei an die Entdeckung des Borstickstoffes und des Siliciumwasserstoffes erinnert.[2] Der sorgfältigen Erforschung flüchtiger Siliciumverbindungen ist die endgültige Feststellung des Atomgewichtes von Silicium und damit der Zusammensetzung von Kieselsäure, der früher eine andere Formel zugeschrieben wurde, zu verdanken. In die neueste Zeit fallen wichtige Untersuchungen[3] von Moissan, Besson, Sabatier, über Halogenverbindungen des Bors wie des Siliciums.

Von den einfachen Verbindungen des Kohlenstoffes, welche herkömmlicher Weise der unorganischen Chemie zugeteilt werden, sind die meisten zu Anfang dieses Jahrhunderts entdeckt und untersucht worden. Über die Kohlensäure und das Kohlenoxyd wurde schon berichtet. Das Studium der Verbrennungserscheinungen, insbesondere der in der Flamme kohlenstoffhaltiger Körper stattfindenden Vorgänge, bei denen jene zwei Gase eine hervorragende Rolle spielen, ist zuerst durch Davy betrieben und durch seine schönen Versuche kräftig gefördert worden. Hier sei noch auf die neueren Untersuchungen von Frankland, Blochmann, Heumann über die Theorie leuchtender Flammen hingewiesen.

Das Chlorkohlenoxyd oder *Phosgen*, das sich als ausgezeichnetes Agens bei Umsetzungen vieler organischer Körper bewährt hat, lehrte Davy (1811), das Kohlenoxysulfid erst in neuerer Zeit v. Than[4] kennen. Der Schwefelkohlenstoff dagegen war schon im Jahre 1796 von Lampadius beobachtet, 1802 von Clément und Desormes genauer untersucht; erst in neuerer Zeit hat man seine technische Verwertung kennen gelernt. Die richtige Zusammensetzung dieser Verbindung wurde von Vauquelin und Berzelius ermittelt, nachdem zuvor die konfusesten Ansichten über einen Gehalt derselben an Wasserstoff und Stickstoff geäußert waren. — Welchen tiefgreifenden Einfluß die klassischen Untersuchungen Gay-Lussac's über

[1] Ann. Chem. **105**, 67 flg. [2] Wöhler u. Buff, Ann. Chem. **102**, 120.

[3] Comptes rendus Bd. **112** u. **113**.

[4] Ann. Chem. Suppl. **5**, 236. Die Eigenschaften des reinen Kohlenoxysulfids stellte erst Klason fest (Journ. pr. Chem. [2] **35**, 64).

das Cyan und seine Verbindungen auf die Entwickelung der Chemie gehabt haben, darauf wurde schon hingewiesen.

Erweiterung der Kenntnisse von Metallverbindungen.

Aus der unabsehbaren Reihe von Untersuchungen, welche die Kenntnisse der Metallverbindungen und damit die von der chemischen Natur der betreffenden Metalle erheblich gefördert haben, seien im folgenden die wichtigsten, soweit sie noch nicht im allgemeinen Teile erwähnt sind, namhaft gemacht.

Die Entdecker der Alkalimetalle haben auch zur Erforschung von deren Verbindungen viel beigetragen; so verdankt man Davy die Kenntnis des Kalium- und Natriumoxyds, Gay-Lussac und Thénard die der zugehörigen Superoxyde, Bunsen die von Rubidium- und Cäsiumverbindungen. Das Natriumsuperoxyd ist in neuester Zeit sogar technischer Darstellung zugänglich geworden. Welchen befruchtenden Einfluß die Arbeiten über die Alkaliverbindungen auf die Entwickelung der chemischen Industrie ausgeübt haben, das soll in der Geschichte der technischen Chemie dargelegt werden.

Die Superoxyde des Baryums und Calciums haben Gay-Lussac und Thénard kennen gelehrt. Die Kenntnis des Chlorkalks wurde durch die Untersuchungen von Balard gefördert, der zuerst die noch jetzt von manchen geteilte Meinung aussprach, dieser Körper sei eine Doppelverbindung von Chlorcalcium und unterchlorigsaurem Kalk. Seitdem ist auf Grund zahlreicher Untersuchungen eine andere Auffassung, wonach Chlorkalk ein Calciumoxychlorid sei, geltend gemacht worden, welche zu vielfachen Diskussionen Anlaß gegeben hat.[1]

Die Arbeiten, durch welche die Bekanntschaft mit den Verbindungen des Berylliums und des Thalliums vermittelt wurde, finden sich oben citiert.[2] Die Kenntnis der Oxyde des Kupfers vermehrte sich durch den Nachweis neuer Sauerstoffverbindungen (H. Rose[3] und Thénard), sowie basischer Salze, die der Silberoxyde durch Wöhler's Entdeckung des Silberoxyduls und Silbersuperoxyds; es sei jedoch bemerkt, daß die Existenz des ersteren neuerdings lebhaft bestritten wird.[4] Der folgenreichen Anwendung

[1] Vergl. die Arbeiten von Göpner, Wolters, Kraut, Lunge und anderen.

[2] Vergl. S. 346. [3] Pogg. Ann. **120**, 1.

[4] Wöhler, Ann. Chem. **20**, 1. Friedheim, Ber. **21**, 316. Dagegen hat v. d. Pfordten, welcher zuerst das Bestehen von Silberoxydul bewiesen zu haben glaubte, neuerdings sich für das eines „Silberhydrates“ ausgesprochen (Ber. **21**, 2288).

von Silbersalzen zur Fixierung von Lichteindrücken, wobei schon Davy thätig war, sei hier flüchtig gedacht.[1] Die Chemiker, welche an der Entdeckung und Erforschung des Aluminiums, Indiums und Galliums beteiligt waren, haben durch ihre schon erwähnten Untersuchungen zur Bekanntschaft mit den Verbindungen dieser Elemente beigetragen. Bei den Thonerdeverbindungen wurde der reinen Chemie häufig die Aufgabe gestellt, der technischen Beantwortung schwieriger Fragen, z. B. die Ultramarin-, Porzellan- und Glasbereitung betreffend, zu Hilfe zu kommen.

Die Verbindungen der Metalle, welche die Eisengruppe bilden, sind Gegenstand zahlreicher Untersuchungen gewesen; die über die Oxydationsstufen des Mangans von Liebig und Wöhler,[2] Mitscherlich,[3] und in neuester Zeit von Franke[4] seien hier genannt. Zur näheren Kenntnis der Chlor- und Fluorverbindungen des Mangans haben die Arbeiten von Christensen beigetragen. Den beiden Oxyden des Eisens, welche Proust kennen gelehrt, und deren Zusammensetzung Berzelius festgestellt hatte, reihte sich noch die von Fremy entdeckte und genauer untersuchte Eisensäure an, deren Existenz Scheele geahnt hatte. Über die Cyanverbindungen des Eisens haben die schönen Untersuchungen von Gay-Lussac, Berzelius, Gmelin, welcher das Ferridcyankalium entdeckte, sowie die von Liebig Licht verbreitet; die heutigen Ansichten über diese Körper haben sich aus genannten Arbeiten entwickelt. Von Playfair wurden die den Ferrocyaniden nahe stehenden Nitroprusside entdeckt, ohne daß übrigens ihre Konstitution bis jetzt genügend aufgeklärt worden ist.

Zu den merkwürdigsten Körpern gehören die in neuester Zeit entdeckten Kohlenoxydverbindungen, welche das Eisen sowie das Nickel,[5] wenn sie feinzerteilt mit Kohlenoxyd in Berührung kommen, zu bilden vermögen. Besonders das Nickeltetrakarbonyl: $Ni(CO)_4$ bietet der physikalischen wie chemischen Untersuchung höchst interessante Seiten dar; man darf hoffen, mit Hilfe desselben die Frage nach dem genauen Atomgewichte des Nickels zu lösen. Ob mittels dieser Karbonylverbindung die metallurgische Gewinnung des Nickels möglich sein wird, wie L. Mond hofft, ist eine der Zukunft vorbehaltene Frage.

---

[1] Näheres in der Geschichte der physikalischen Chemie.

[2] Pogg. Ann. **21**, 584. [3] Pogg. Ann. **25**, 287.

[4] Journ. pr. Chemie (2) **36**, 31, 166, 451.

[5] Mond, Langer u. Quincke, Journ. chem. soc. **57**, 749. Ber. **24**, 2248. Berthelot, Comptes rendus **112**, 1343.

Die Chemie der Kobaltsalze wurde durch die Entdeckung der merkwürdigen, höchst mannigfaltigen Kobaltammoniakverbindungen bereichert, welche zuerst von Genth im Jahre 1851 beobachtet, durch die Untersuchungen von Fr. Rose, Gibbs, Fremy und namentlich von Jörgensen[1] in ihren gegenseitigen Beziehungen erforscht wurden. Der letztere hat die außerordentlich schwierige Frage nach der chemischen Konstitution dieser Körper wesentlich ihrer Lösung entgegengeführt dadurch, daß er die Ammoniakverbindungen anderer dem Kobalt analoger Metalle, des Chroms und Rhodiums, systematisch durchforschte.[2]

Die mannigfaltigen Verbindungsverhältnisse, welche die zu einer Gruppe gehörenden Elemente Molybdän, Wolfram und Uran anderen Elementen gegenüber zeigen, sind erst in neuerer Zeit vollständig erkannt worden. Berzelius' ausgezeichnete Arbeiten über die Molybdänverbindungen erhielten eine wesentliche Ergänzung durch die von Krüß[3] über die Schwefelmolybdäne und von Muthmann[4] über Molybdänoxyde, sowie durch die früheren von Blomstrand, Debray, Liechti und Kempe über die Halogenverbindungen des Molybdäns. — Die Chloride des Wolframs erforschte in ihrer Mannigfaltigkeit Roscoe und förderte so die Kenntnis der Sättigungskapazität dieses Elementes. Das Gebiet der kompliziert zusammengesetzten Salze der Wolframsäuren wurde durch die Untersuchungen von Margueritte, Scheibler, Marignac, v. Knorre erschlossen; die nähere Konstitution dieser Verbindungen, sowie der Phosphormolybdän- und der Phosphorwolframsäuren aufzuhellen, ist noch der Zukunft vorbehalten. Zu dem Gebiete der „komplexen Säuren" gehören die Wolfram- und Molybdän-Vanadinsäuren, die Friedheim jüngst untersucht hat. — Die chemische Natur des Urans und seiner Verbindungen wurde am erfolgreichsten durch die ausgezeichneten Untersuchungen von Cl. Zimmermann[5] aufgeklärt, welche die früheren von Péligot, Roscoe und anderen ganz wesentlich vervollständigt haben.

Von den Verbindungen des Zinns und der chemisch ähnlichen Elemente erregten namentlich die isomorphen Doppelfluoride[6] dadurch Interesse, daß sie die Zusammengehörigkeit des Siliciums,

[1] Vergl. Journ. pr. Chemie (2) **23**, 227; **31**, 49 u. 262.

[2] Journ. pr. Chemie (2) **25**, 83, 321; **30**, 1.

[3] Ann. Chem. **225**, 1. [4] Ann. Chem. **238**, 109.

[5] Ann. Chem. **213**, 285 (das. Historisches); **216**, 1; **232**, 274; auch Alibegoff, das. **233**, 177.

[6] Marignac, Ann. des Mines (5) **15**, 221.

Titans, Zirkons, endlich des Germaniums mit dem Zinn erwiesen. Die Eigentümlichkeit des Titans wurde durch Entdeckung seiner Stickstoffverbindungen[1] und neuerdings durch den Nachweis seiner verschiedenen Schwefelungsstufen[2] in helles Licht gesetzt.

Über das Vanadium haben die ausgezeichneten Untersuchungen Roscoe's[3] am meisten Aufklärung gebracht, da durch dieselben die verschiedenen Verbindungsstufen dieses Elementes mit Sauerstoff, Chlor u. s. w. richtig erkannt, und frühere irrtümliche Annahmen über deren Zusammensetzung beseitigt wurden. Auch Gerland's Arbeiten[4] über die Vanadylsalze und Vanadinsäuren, ferner die von v. Hauer über vanadinsaure Salze trugen zur Kenntnis des Vanadiums bei.

Wie dem letzteren, so wurde auch dem Niob und Tantal, deren chemische Natur man zuerst gänzlich verkannt hatte, die richtige Stellung zu anderen Elementen durch die schon citierten neueren Arbeiten angewiesen, am sichersten erst durch die Ermittelung der wahren Zusammensetzung der Chloride beider und des Nioboxychlorides,[5] sowie durch die Erforschung der Niobfluoride und des Niobwasserstoffes.[6]

Über die Verbindungen des Goldes sind in neuester Zeit wertvolle Untersuchungen namentlich von Krüß[7] veröffentlicht worden, welche die früheren von Proust, Berzelius, Figuier und anderen wesentlich ergänzt und zur Feststellung des chemischen Charakters und des Atomgewichtes dieses Elementes gedient haben.

Die Litteratur über Platin und seine Verbindungen ist eine sehr umfängliche und weist ausgezeichnete Experimentaluntersuchungen auf. Es sei nnr erinnert an die Entdeckung der eigentümlichen Wirkungen, welche das Platin infolge der Kondensation von Sauerstoff auszuüben vermag; ferner an die zahlreichen Arbeiten über die Platin-Ammoniumverbindungen, deren erste von Magnus[8] entdeckt wurde, und deren Eigentümlichkeiten durch die Untersuchungen von Gros, Reiset, Cléve, Thomsen, Blomstrand erkannt wurden. Einen wichtigen Fortschritt in der Erkenntnis der Konstitution dieser so mannigfach zusammengesetzten Körper brachte

---

[1] Wöhler, Ann. Chem. **73**, 43. [2] Ann. Chem. **234**, 257.
[3] Ann. Chem. Suppl. 7, 70. [4] Ber. **9**, 874; **10**, 2109; **11**, 98.
[5] Deville u. Troost, Comptes rendus **60**, 1221.
[6] Krüß u. Nilson, Ber. **20**, 1676.
[7] Vergl. Ann. Chem. **237**, 274 (das. Historisches); **238**, 30 u. 241. Ber. **21**, 126.
[8] Pogg. Ann. **14**, 242.

die neuerdings erschienene Arbeit von Jörgensen:[1] *Zur Konstitution der Platinbasen.* Die zuerst von Schützenberger entdeckten Chlorplatin-Kohlenoxydverbindungen sind in neuester Zeit Gegenstand trefflicher Arbeiten[2] von Mylius und Förster, Pullinger gewesen, die zur Aufklärung ihrer Konstitution wesentlich beigetragen haben.

Die Untersuchungen, welche zur Kenntnis der übrigen Platinmetalle und ihrer Verbindungen gedient haben, sind schon bei der Geschichte dieser Elemente erwähnt worden; Einzelheiten brauchen hier nicht namhaft gemacht zu werden.

Überblickt man das ausgedehnte Gebiet der unorganischen Chemie mit den nahezu 70 Elementen und ihren zahllosen Verbindungen, so erkennt man, daß zur Ordnung der letzteren zunächst die Atomtheorie als Führerin die wichtigsten Dienste geleistet hat. Zunehmende Klarheit hat das Streben, periodische Beziehungen zwischen den Eigenschaften der Elemente und ihren Atomgewichten festzustellen, in das bunte Gewirr der Grundstoffe und ihrer Verbindungen gebracht. Die Frage nach der Konstitution der letzteren läßt in den meisten Fällen eine einfache und befriedigende Antwort zu; sobald jedoch die Zusammensetzung unorganischer Körper eine kompliziertere ist, versagen die gewöhnlich zur Erledigung solcher Fragen dienenden Hilfsmittel. Die Folge davon ist, daß von zahlreichen Verbindungen, deren empirische Zusammensetzung man schon lange kennt, die rationelle noch nicht ermittelt werden konnte; es sei nur an die Metall-Ammoniakverbindungen, die Polykieselsäuren und Wolframsäuren, die Schar der komplexen Säuren erinnert. — Selbst die Konstitution der einfacher zusammengesetzten Karbonylverbindungen des Nickels, Eisens u. s. w. ist noch unsicher.

[1] Journ. pr. Chem. (2) **33**, 489. [2] Ber. **24**, 2291, 2434, 3751.

Spezielle Geschichte der organischen Chemie im 19. Jahrhundert.

Die frühere Entwickelung der organischen Chemie ist schon in der allgemeinen Geschichte des jüngsten Zeitalters dargelegt worden;[1] auch mußten manche diesem Gebiete angehörende bahnbrechende Arbeiten besprochen werden, soweit dieselben von maßgebendem Einfluß auf die Entstehung und Ausbildung wichtiger theoretischer Untersuchungen gewesen sind. — In diesem Abschnitte soll der Versuch gemacht werden, aus der überreichen Fülle von Arbeiten, die in das Gebiet der organischen Chemie gehören, die bedeutenderen herauszugreifen und nach ihrem Inhalte, nicht nach der Zeitfolge, zusammenzustellen, insbesondere solche zu berücksichtigen, die zur Lösung der Frage nach der chemischen Konstitution ganzer Körperklassen beigetragen haben. Die allgemeinen Gesichtspunkte, durch welche die einzelnen Forscher sich bei derartigen Untersuchungen haben leiten lassen, sind im allgemeinen Teile schon verschiedentlich beleuchtet worden.

Bevor die organische Chemie sich selbständig entwickeln konnte, mußten zwei Grundbedingungen erfüllt werden: einmal war die Ermittelung der empirischen Zusammensetzung organischer Körper notwendig; wie diese Frage gelöst wurde, ist in der Geschichte der analytischen Chemie erörtert worden.[2] Sodann mußte der Nachweis geliefert werden, daß dieselben den gleichen atomistischen Gesetzen unterworfen sind, wie die unorganischen Körper, daß ihnen also nicht die früher von vielen angenommene Sonderstellung zukommt. Das Hauptverdienst, diese Schranke zwischen beiden Arten von Verbindungen hinweggeräumt zu haben, gebührt Berzelius, dessen Bestrebungen in dieser Richtung schon in das richtige Licht gestellt worden sind.

Die wichtigsten Methoden, welche bei der Ausführung auch der neueren Untersuchungen im Gebiete der organischen Chemie maßgebend geblieben sind, wurden geschaffen durch die grundlegenden Arbeiten von Gay-Lussac über Cyan und seine Verbindungen, von Liebig und Wöhler über das Benzoyl und die Harnsäure, von Bunsen über Kakodylverbindungen, von Dumas und Péligot über Holzgeist, ferner durch die in das fünfte und sechste Jahrzehnt fallenden Untersuchungen von Kolbe, Frankland, A. W. Hofmann, Williamson, Gerhardt, Wurtz, Kekulé und andere. Auf viele dieser Arbeiten ist im allgemeinen Teile hingewiesen worden, und zwar wegen ihres Einflusses auf die Ausbildung der

[1] Vergl. S. 212 flg. [2] Vergl. S. 333 flg.

Ansichten über die chemische Konstitution von organischen Körpern; ein Zurückkommen auf einzelne derselben in diesem Abschnitte läßt sich nicht völlig vermeiden.

Für die Systematik der organischen Verbindungen war die Erkenntnis von dem ganz verschiedenen Verhalten der sogenannten gesättigten, ungesättigten und aromatischen Körper von großer Wichtigkeit. Eine bestimmte Unterscheidung, sowie Definierung dieser drei Klassen hat sich erst im Laufe der letzten Jahrzehnte in dem Maße ausgebildet, als die Kenntnisse, namentlich der zwei letztgenannten Kategorieen, stark erweitert wurden. Für das Studium der organischen Verbindungen hat in neuer Zeit die Erforschung der physikalischen Eigenschaften ganz hervorragende Bedeutung gewonnen; dies ist um so begreiflicher, als häufig genug gerade durch solche Untersuchungen die Frage nach der chemischen Constitution ihrer Lösung näher gebracht wurde.

Kohlenwasserstoffe und Abkömmlinge derselben.

Die Kohlenwasserstoffe, von welchen als den einfachsten organischen Verbindungen in neuerer Zeit die übrigen mit Vorliebe abgeleitet werden, sind, dieser typischen Bedeutung entsprechend, Gegenstand zahlreicher Untersuchungen gewesen; und in der That haben sich überaus wichtige Lehren gerade aus solchen Arbeiten entwickelt. Man denke daran, daß die Ermittelung der Zusammensetzung des Grubengases und des Äthylens zur Erkenntnis der multiplen Proportionen und somit zur Aufstellung der Atomtheorie geführt hat, daß ferner die Versuche Faraday's über das Butylen für die Entwickelung des Begriffes der Polymerie bedeutsam waren; es sei noch an die wichtigen Arbeiten von Regnault und anderen über Äthylen und seine Halogenverbindungen erinnert, durch welche die Substitutionstheorieen reiche Nahrung erhielten, endlich an die von Kekulé und seinen Schülern über Benzol und dessen Abkömmlinge: Untersuchungen, unter deren Nachwirkungen die Forschungen der letzten zwei Jahrzehnte gestanden haben.

Neue Methoden zur Gewinnung von Kohlenwasserstoffen lehrten vor etwa 60 Jahren die Untersuchungen Mitscherlich's über das Benzin kennen; die Bildung des letzteren aus Benzoësäure infolge der Abspaltung von Kohlensäure wurde typisch für eine große Zahl gleichartiger Reaktionen; es braucht nur auf die Entstehung von Cumol aus Cuminsäure, Methan aus Essigsäure, Chloroform aus Trichloressigsäure hingewiesen zu werden. Theoretisch wichtig war die von Kolbe entdeckte Bildungsweise von Kohlenwasserstoffen durch

Elektrolyse der fettsauren Alkalisalze, sowie die Methode Frankland's, durch Wechselwirkung von Alkyljodüren und Zink solche Körper darzustellen; diese erfolgreichen Versuche führten zur Entdeckung der Zinkalkyle und erschlossen das besonders fruchtbare, bis dahin wenig bebaute Gebiet der Synthese organischer Verbindungen.[1] — Die ersten Versuche von Wurtz,[2] durch welche die Vereinigung verschiedener Alkyle zu Kohlenwasserstoffen durch Einwirkung von Natrium auf zwei Alkyljodüre ermöglicht wurde, haben später im Bereiche der aromatischen Körper schöne Früchte getragen; denn nach dem Vorbilde dieser Reaktion wurden die Homologen des Benzols synthetisch dargestellt, deren chemische Konstitution man aus dieser einfachen Bildungsweise erschließen konnte.[3]

Eine andere Synthese[4] von Homologen des Benzols, beruhend auf der eigentümlichen Wechselwirkung von Aluminiumchlorid mit Gemengen von Benzol und Chlorverbindungen, z. B. Chlormethyl, hat sich erfolgreich bewährt und auch für die künstliche Bildung anderer Körper, wie von Ketonen, Säuren u. s. w., nützlich erwiesen. So eingehend diese Reaktionen studiert worden sind, so ist doch eine bündige Erklärung der Wirkungsweise des Aluminiumchlorids noch nicht gegeben; so viel darf man jedoch als nachgewiesen betrachten, daß in der vorübergehenden Bildung eigentümlicher Verbindungen des letzteren mit aromatischen Kohlenwasserstoffen die Ursache jener Wirkung zu suchen ist (Gustavson).

Der von Berthelot[5] eingeschlagene Weg, aus verschiedenen organischen Verbindungen mittels Jodwasserstoffes bei hoher Temperatur Kohlenwasserstoffe zu erzeugen, ist hier zu erwähnen, weil er in manchen Fällen zu wichtigen Aufschlüssen geführt hat. Im Anschluß an diese Reaktion sei des so häufig angewandten Verfahrens gedacht, sauerstoffhaltige Körper durch Erhitzen mit Zinkstaub in Kohlenwasserstoffe überzuführen.[6] Gerade durch dieses Verfahren sind häufig wichtige Aufschlüsse über die Konstitution solcher Körper gewonnen worden. — Die Arbeiten von Berthelot über Acetylen, die von Butlerow und anderen über die Butylene, Amylene, von Freund über Trimethylen, von Liebermann über Allylen und andere Forschungen haben unsere Kenntnisse von den eigenartigen ungesättigten Kohlenwasserstoffen wesentlich vermehrt. Neuerdings sind die merkwürdigen Vorgänge der *Isomerisation* solcher Verbin-

[1] Vergl. S. 309. [2] Ann. Chim. Phys. (3) **44**, 275.
[3] Vergl. Fittig, Ann. Chem. **131**, 301.
[4] Friedel u. Crafts, Comptes rendus Bd. **84**, **85** flg.
[5] Ann. Chim. Phys. (4) **20**, 392. [6] Baeyer, Ann. Chem. **140**, 295.

dungen durch die wichtigen Versuche von Faworsky aufgeklärt worden.[1]

Von den außerordentlich zahlreichen Untersuchungen über aromatische Kohlenwasserstoffe, deren Konstitution zu wichtigen Erörterungen Anlaß gaben, seien außer den oben schon erwähnten noch hervorgehoben die von Fittig[2] und Baeyer[3] über Mesitylen, welches als „symmetrisches“ Trimethylbenzol erkannt wurde, ferner die von Gräbe[4] über Naphtalin, die von Gräbe und Liebermann[5] über das Anthracen. Aus den letztgenannten Arbeiten wurden bedeutsame Schlüsse auf die chemische Konstitution dieser seit langer Zeit bekannten Kohlenwasserstoffe gezogen; das Naphtalin und Anthracen betrachtete man von da ab als in einfacher Beziehung zum Benzol stehend.

Auch bezüglich anderer im Steinkohlentheer vorkommender Kohlenwasserstoffe von komplizierter Zusammensetzung ist man ins klare gekommen: so wurde das dem Anthracen isomere Phenanthren durch die Untersuchungen von Fittig und Gräbe[6] als ein Diphenylenderivat des Äthylens, das Fluoren durch Fittig's[7] Versuche als Diphenylenmethan, das Chrysen durch Gräbe's Synthese[8] als Phenylennaphtylenäthylen erkannt. Dank den Untersuchungen Bamberger's[9] ist die chemische Natur des Retens und Pyrens aufgeklärt worden. Die wichtigen Versuche von Kraemer und Spilker[10] endlich gewähren Einblick in die Art und Weise, wie sich bei der Destillation der Steinkohle einzelne Verbindungen, die im Theer vorkommen, bilden können.

Ein weites Gebiet neuer, durch ihr Verhalten merkwürdiger Kohlenwasserstoffe wurde durch die meist der Neuzeit angehörenden Arbeiten über die Hydroverbindungen aromatischer Kohlenwasserstoffe erschlossen. Es genügt, an die umfassenden Untersuchungen Bamberger's,[11] Baeyer's,[12] Markownikoff's[13] zu erinnern. Durch letzteren wurde eine lange Reihe von Gemengteilen des Erdöls, die sogenannten *Naphtene,* als zu diesen Hydroverbindungen gehörig erkannt. — Manche der letzteren eröffnen wichtige Beziehungen zu Körpern der Terpenreihe, welche, lange Zeit kärglich untersucht,

[1] Journ. pr. Chemie (2) **37**, 382, 417, 532.
[2] Ztschr. Chem. **1866**, S. 518. [3] Ann. Chem. **140**, 306.
[4] Ann. Chem. **149**, 22. [5] Ann. Chem. Suppl. **7**, 257.
[6] Ann. Chem. **166**, 361: **167**, 131. [7] Das. **193**, 134.
[8] Ber. **12**, 1078. [9] Ann. Chem. **229**, 102. Ber. **20**, 365.
[10] Ber. **23**, 78, 3266. [11] Vergl. u. a. Ber. **22**, 767; **24**, 2463.
[12] Ber. **25**, 2122; **26**, 229, 820.
[13] Journ. pr. Chem. (2) **45**, 561; **46**, 86 flg. (das. Litteratur).

neuerdings durch die systematischen ausgezeichneten Arbeiten Wallach's[1] mehr und mehr unserer Kenntnis zugänglich gemacht wird. Mittels bestimmter Reaktionen ist es möglich geworden, in das bunte Gewirr dieser *„ätherischen Öle“* Ordnung zu bringen. In neuester Zeit ist durch die schönen Untersuchungen A. v. Baeyer's ein tieferes Eindringen in die feinere Konstitution von Körpern der Terpenreihe möglich geworden.[2]

Die ausgezeichneten Arbeiten von E. und O. Fischer, Zincke und anderen über die Phenylderivate des Methans, insbesondere das Triphenylmethan seien noch hervorgehoben; das letztere wurde von E. und O. Fischer als Muttersubstanz der überaus wichtigen Anilinfarbstoffe nachgewiesen, deren Konstitution somit zur Klarheit gelangte.

Das immer deutlicher ausgeprägte Bestreben der Chemiker, die organischen Verbindungen als Abkömmlinge von Kohlenwasserstoffen zu erklären, macht sich auch in der Bezeichnungsweise derselben geltend, diese Bemühungen haben neuerdings ihren Ausdruck in den Vorschlägen einer internationalen Kommission[3] gefunden, die von einheitlichen Gesichtspunkten aus die Nomenklatur der organischen Verbindungen zu ordnen sucht. Hierbei fällt den Kohlenwasserstoffen, als Mutterkörpern, die Hauptbedeutung zu. Ob alle Einzelgebiete der organischen Chemie zu einer befriedigenden Lösung dieser Frage reif sind, das erscheint allerdings höchst zweifelhaft.

Alkohole und ähnliche Körper.

Die nahen Beziehungen der Alkohole zu den Kohlenwasserstoffen wurden erst scharf erkannt, nachdem es gelungen war, aus dem Methan durch Umwandlung in Chlormethyl und passende Zersetzung des letzteren den Methylalkohol, das Anfangsglied der langen Reihe von Körpern dieser Art, darzustellen. Früher als Oxydhydrate hypothetischer Radikale betrachtet, wurden dieselben durch diese Bildungsweise als Hydroxylderivate von Kohlenwasserstoffen gekennzeichnet. Welchen Einfluß die Untersuchung von Williamson über die Ätherbildung und die Ansichten Kolbe's über die Konstitution der Alkohole auf die Entwickelung der heutigen Auffassung gehabt haben, ist schon erörtert worden.

---

[1] Vergl. Ann. Chem. Bd. **225**, **227**, **230**, **238**, **239**, **241**, **258**, **269**, **275**, **277** u. Vortrag über Terpene Ber. **24**, 1525.

[2] Ber. **26**, 820, 2267, 2558, 2861.

[3] Vergl. *Rapport de la Sous-Commission nommée par le congrès chimique de 1889* u. s. w. (Paris 1892); ferner den Bericht von A. Pictet in Archives des sciences phys. et natur. Mai 1892, sowie Tiemann's Zusammenstellung in den Ber. **26**, 1595.

Zu den hervorragenden Arbeiten, die unsere Kenntnisse von den Alkoholen begründen halfen, gehören die von Dumas und Péligot[1] über den Holzgeist, dessen Analogie mit dem Äthylalkohol sie klar erkannten. Die wahre Zusammensetzung des letzteren war von Saussure ermittelt worden, nachdem seit Lavoisier, der seine Bestandteile, aber nicht deren Mengenverhältnis, richtig erkannt hatte, grundfalsche Angaben über dieselbe verbreitet waren. Ebenfalls wichtig war die Thatsache, daß das von Chevreul entdeckte Äthal von Dumas und Péligot als ein Analogon des Alkohols, trotz der Unähnlichkeit mit letzterem, gedeutet wurde, sowie der gleiche Nachweis von Cahours[2] für den aus dem Fuselöl abgeschiedenen Amylalkohol, dem sich später der Isobutylalkohol[3] anreihte. Die für die Geschichte dieser Körperklasse denkwürdige Entdeckung der sekundären und tertiären Alkohole war, wie schon erörtert, von Kolbe prognostiziert worden. Die Reihe der sekundären Karbinole wurde mit dem von Friedel aufgefundenen Isopropylalkohol, die der tertiären mit dem Trimethylkarbinol Butlerow's eröffnet. Die Bildungsweisen dieser Körper, und zwar die des Isopropylalkohols aus Aceton durch Zufuhr von Wasserstoff, die des Trimethylkarbinols aus Acetylchlorid und Zinkmethyl, sind seither vielfach zur Darstellung analoger Verbindungen verwertet worden.

Karbinole anderer Reihen wurden von Cannizzaro, der den Benzylalkohol,[4] das einfachste Karbinol der aromatischen Reihe, und von Cahours und Hofmann,[5] welche den Allylalkohol entdeckten, näher erforscht. — Die genaue Bekanntschaft mit verschiedenen neuen primären Karbinolen der Fettreihe vermittelten Lieben und Rossi durch ihre systematischen wertvollen Untersuchungen.[6] Für die allgemeine Ausbildung der Ansichten über chemische Konstitution, insbesondere über Isomerieen organischer Verbindungen, sind die oben genannten Arbeiten von großer Bedeutung gewesen.

Die Erkenntnis der mehrsäurigen Alkohole wurde durch die schon erwähnten wichtigen Untersuchungen von Berthelot über das Glycerin, den Repräsentant der dreisäurigen Karbinole, und namentlich durch die von Wurtz über die zweisäurigen Glykole angebahnt; im Anschluß hieran sei der schönen Entdeckung der Polyäthylenalkohole und des durch seine Reaktionsfähigkeit ausgezeichneten Äthylenoxydes gedacht.[7]

[1] Ann. Chim. Phys. **58**, 5; **61**, 93. [2] Ann. Chim. Phys. **70**, 81; **75**, 193.
[3] Wurtz, Ann. Chem. **93**, 107. [4] Ann. Chem. **124**, 324.
[5] Ann. Chem. **100**, 356. [6] Vergl. das. **158**, 137.
[7] Wurtz, Comptes rendus **48**, 101; **49**, 813.

Neuerer Zeit gehört die Erkenntnis an, daß gewisse Zuckerarten mehrsäurige Alkohole sind, z. B. der Mannit, ein Hexaoxy-Hexan, ferner der Arabit, Rhamnit, Pentit: Pentaoxypentane. Die „Kohlenhydrate" stehen als Aldehyde oder Ketone solcher Körper zu diesen, wie sich in neuester Zeit gezeigt hat, in nächsten Beziehungen.

Die als einfache Äther bezeichneten Abkömmlinge der Alkohole sind mit dem gewöhnlichen Äthyläther an der Spitze häufig Gegenstand wichtiger Untersuchungen gewesen. Die lange Jahre hindurch geführten Erörterungen über die Konstitution des Äthers und über seine Bildungsweise wurden durch Williamson's und Chancel's Arbeiten abgeschlossen, welche zu der bedeutsamen Entdeckung der *gemischten Äther* geführt hatten.[1] — Die Kenntnisse von den zusammengesetzten Äthern, für welche jetzt die Bezeichnung *Ester* vielfach gebraucht wird, haben sich in den letzten 60 Jahren stark erweitert. Zu den neutralen Säureäthern, deren Zahl stetig zunahm — die einzelnen, selbst nur wichtigsten Untersuchungen aufzuzählen, würde zu weit führen — haben sich die sogenannten Athersäuren gesellt, deren chemische Natur durch die Untersuchungen von Hennel, Serullas, Magnus, Regnault über die Ätherschwefelsäure und die Äthionsäure, durch die von Pélouze über die Ätherphosphorsäuren, von Mitscherlich über Ätheroxalsäure und andere der neueren Zeit angehörende Arbeiten, z. B. über Phenyl-ätherschwefelsäure (Baumann), Ätheroxalsäure (Anschütz), aufgeklärt wurde.

Einzelne aus dem Äthylalkohol und anderen Karbinolen dargestellte Verbindungen haben Dank ihrer Reaktionsfähigkeit bei der Synthese organischer Körper eine bedeutsame Rolle gespielt: es se nur an die Entdeckung des Natriumäthylats (Liebig) und an die des Chlorkohlensäureäthers (Dumas) erinnert, ferner an die Unter suchungen der wichtigen Produkte, welche durch Oxydation des Äthylalkohols mit Salpetersäure entstehen (Debus).

Die Kenntnis von Körpern, welche den Alkoholen sehr nahe stehen und die man jetzt mit dem Gattungsnamen *Phenole* bezeichnet, wurde durch die Untersuchung der Karbolsäure und ihrer Derivate angebahnt (Laurent).[2] Auf die Analogie des Alkohols mit dem Phenol wies zuerst Gerhardt hin. Von Bedeutung für die Erschließung dieser Körperklasse, namentlich auch für ihre technische

[1] Vergl. S. 256.

[2] Ann. Chim. Phys. (3) 3, 195. Der Entdecker der Karbolsäure ist Runge gewesen.

Gewinnung, war die von Wurtz[1] und von Kekulé[2] beobachtete Bildungsweise des Phenols selbst aus Benzolsulfonsäure und schmelzendem Kali. Diese Reaktion führte bald zur Auffindung einer großen Zahl ein- sowie mehrsäuriger *Phenole;* die Naphtole und andere Oxyderivate des Naphtalins, Di- und Trioxybenzole u. s. w. wurden entdeckt. Das Verhalten solcher Körper erwies sich nicht nur in technischer, auch in rein wissenschaftlicher Richtung als höchst vielseitig und merkwürdig; es sei an die Überführung mancher Phenole in Chinone, an die mannigfaltigen Umwandlungen derselben durch Chlor (auch Brom) erinnert; hier sind die weitreichenden schönen Untersuchungen von Zincke[3] und seinen Schülern besonders zu nennen: aus der Natur der eigentümlichen, aus den Phenolen hervorgegangenen Spaltungsprodukte konnten wichtige Schlüsse auf die Konstitution der ursprünglichen Verbindungen gezogen werden.

Karbonsäuren.

Ein außerordentlich weites und fruchtbares Gebiet erschloß sich der chemischen Forschung, als man systematisch an die Untersuchung der Säuren aus tierischen und pflanzlichen Fetten, sowie aus anderen Naturprodukten heranging. Die wichtigen, von Liebig angeregten, von seinen Schülern Varrentrapp, Rochleder, Bromeis, Fehling, Redtenbacher und anderen ausgeführten Arbeiten über verschiedene Fettsäuren und die von Heintz[4] über die Palmitin- und Stearinsäure ergänzten nicht nur wesentlich die älteren Untersuchungen Chevreul's über die Fette, sondern führten zur Entdeckung neuer ausgedehnter Gebiete. Wichtige Methoden der Trennung von Fettsäuren sind durch jene Arbeiten geschaffen worden. Das gemeinsame Band, welches die Körper dieser Klasse vereinigt, wurde erst aufgefunden, als man ihre chemische Konstitution richtig zu deuten verstand. Die von Erfolg gekrönten Bestrebungen Kolbe's, der zuerst die Essigsäure als Methylkarbonsäure erkannte und diese Auffassung experimentell begründete, sind schon im allgemeinen Teile dargelegt worden. Gerade an der Essigsäure, als der am besten erforschten Karbonsäure, haben sich die jetzt maßgebenden Ansichten über die Konstitution der ganzen Körperklasse entwickelt. Von großer Bedeutung für die Lösung dieses Problems war die grundlegende Erkenntnis der richtigen

[1] Ann. Chem. **144**, 121. [2] Lehrb. d. org. Chemie **3**, 13.

[3] Vergl. Ber. **21**, 3540; **22**, 1024, 1467; **23**, 230, 1706, 2200 u. s. w. Ann. Chem. **261**, 208.

[4] Ann. Chem. **84**, 297; **88**, 297. Journ. pr. Chemie **66**, 1.

atomistischen Zusammensetzung der Essigsäure (Berzelius 1814) und ihrer Beziehung zum Alkohol (Döbereiner).

Nachdem die Konstitution der Karbonsäuren erfaßt war, konnten neue Glieder dieser Klasse, ähnlich wie bei den Alkoholen, von Kolbe vorausgesehen, und sodann die erkannten Lücken ausgefüllt werden. Als besonders wichtig ist hier die Entdeckung der Isobuttersäure,[1] sowie die Auffindung der mit der lange bekannten Valeriansäure isomeren Verbindungen und der kohlenstoffreicheren Säuren zu nennen, um deren systematische Untersuchung sich Lieben und Rossi,[2] Krafft und andere verdient gemacht haben.

Die Kenntnisse von den mehrbasischen, gesättigten Karbonsäuren, deren chemische Konstitution ebenfalls erst durch Kolbe's Betrachtungsweise zu voller Klarheit gelangte, wurden wesentlich gefördert durch die Arbeiten von Berzelius, Fehling und anderen über die Bernsteinsäure, deren Synthese aus Äthylencyanid Simpson lehrte, ferner durch die Untersuchungen von Arppe[3] über die Adipinsäure und homologe Verbindungen, durch die Entdeckung und Erforschung der Malonsäure[4] und andere mehr. Die Äther der letzteren haben, Dank ihrer Fähigkeit, Wasserstoff gegen Natrium auszutauschen, zur Synthese von Homologen der Malonsäure und zur Gewinnung von anderen Polykarbonsäuren gedient,[5] wie denn auch mittels des dem Äthylmalonat ähnlichen Acetessigäthers zahlreiche dieser Klasse zugehörige Körper gewonnen und systematisch untersucht worden sind. Der merwürdigen Synthese, der einfachsten zweibasischen Säure, der Oxalsäure, aus Kohlensäure und Natrium, sei hier noch kurz gedacht (Drechsel).[6] Gerade die künstlichen Bildungsweisen der ein- und mehrbasischen Karbonsäuren haben in den meisten Fällen die Frage nach der rationellen Zusammensetzung dieser Körper am bestimmtesten beantwortet.

Das weite Gebiet der ungesättigten Karbonsäuren, von denen einzelne, wie die Akryl- und Angelikasäure, die Fumar- und Maleïnsäure schon frühzeitig entdeckt waren, wurde erst mit Erfolg bearbeitet, nachdem durch die ausgezeichneten Untersuchungen Kekulé's[7] über die beiden letztgenannten und über die Brenzcitro-

---

[1] Erlenmeyer, Ztschr. Chem. **1865**, S. 651.
[2] Vergl. Ann. Chem. **159**, 75; **165**, 116.
[3] Ann. Chem. **115**, 143; **120**, 288. [4] Vergl. Ann. Chem. **131**, 348 flg.
[5] Vergl. Conrad, Bischoff, Guthzeit, Ann. Chem. **204**, 121; **209**, 211; **214**, 31.
[6] Ztschr. Chem. **1868**, S. 120.
[7] Ann. Chem. **130**, 21; **131**, 81. Suppl. **1**, 129; **2**, 108.

nensäuren die Kenntnis des Verhaltens dieser Körper zu naszierendem Wasserstoff und den Halogenen erweitert worden war, und nachdem durch die schönen synthetischen Versuche von Frankland und Duppa,[1] welche den Oxaläther in ungesättigte Karbonsäuren überführen lehrten, eine präzise Auffassung von der Konstitution dieser Verbindungen geschaffen war. In der That wurde auf Grund der letzteren Arbeit ausgesprochen, daß die Akrylsäure und ihre Homologen Abkömmlinge der Essigsäure seien, und für ihre Umwandlung in diese (mittels Kalis) eine einfache Erklärung gegeben. Die in die neuere Zeit fallenden systematisch durchgeführten Untersuchungen von Fittig[2] und seinen Schülern über die ungesättigten Karbonsäuren haben endlich in vorzüglicher Weise zur Abrundung und Vertiefung unserer Kenntnisse von dieser Körpergruppe beigetragen. Sehr bemerkenswerte Ergebnisse wurden durch die Forschungen von A. Saytzeff und anderen über die Oxydation solcher Säuren mit Kaliumpermanganat gewonnen. — Die Bekanntschaft mit den von dem Acetylen sich ableitenden Karbonsäuren wurde durch die Entdeckung der Tetrol- und der Propiolsäure[3] vorbereitet.

Durch Auffindung und sorgfältige Erforschung eigentümlicher Isomerieen im Gebiete der ungesättigten Säuren wurden diese, insbesondere seit etwa 8 Jahren, Gegenstand erneuter und von Erfolg gekrönter Untersuchungen. Die Beobachtungen über Fumar- und Maleïnsäure, über Kroton- und Isokrotonsäure, über Angelika- und Tiglinsäure drängten zu dem schon besprochenen Versuch (s. S. 305 flg.), die Konstitution dieser und ähnlicher Isomerieen auf *stereochemischem* Wege zu erklären. Die Thatsachen sind in der neuesten Zeit immer noch gewachsen, z. B. durch die Entdeckung isomerer Zimmtsäuren (Liebermann),[4] durch Erforschung der Beziehungen von Eruka- zu Brassidinsäure (Holt,[5] Fileti, Saytzeff) und andere mehr; aber eine alle Erscheinungen dieser Art in befriedigender Weise erklärende Theorie fehlt noch.

Die Klasse der aromatischen Karbonsäuren, die Benzoësäure an der Spitze, ist Gegenstand zahlreicher fruchtbringender Untersuchungen gewesen. Es sei nur erinnert an die Erkenntnis der eigentümlichen Bildungsweise dieser Körper aus Kohlenwasserstoffen durch Oxydation, sowie durch direkte Einführung der Elemente von Kohlensäure mittels Chloraluminium,[6] ferner an die aus-

[1] Ann. Chem. **136**, 1.
[2] Ann. Chem. **188**, 87; **195**, 50; **200**, 21; **206**, 1; **208**, 37.
[3] Geuther, Journ. pr. Chem. (2) **3**, 448. Bandrowski, Ber. **13**, 2340.
[4] Ber. **23**, 141, 512, 2510; **25**, 90, 950. [5] Ber. **24**, 4128; **25**, 1961.
[6] Friedel u. Crafts, Comptes rendus **86**, 1368.

gezeichneten Untersuchungen über die Dikarbonsäuren, sowie über die Tri- und Polykarbonsäuren des Benzols,[1] zu welch' letzteren die seit langer Zeit bekannte Honigsteinsäure gesellt wurde. — Die aromatischen Karbonsäuren von ungesättigtem Charakter, wie Zimmtsäure und ähnliche, erwiesen sich als besonders leicht der Untersuchung zugänglich, nachdem Perkin[2] die nach ihm genannte, eine vielseitige Anwendung gestattende Reaktion zur Bildung derselben entdeckt hatte. Endlich hat in neuer Zeit die Auffindung der Phenylpropiolsäure[3] und ihrer Abkömmlinge zu wichtigen Ergebnissen geführt.

Die Ester der Karbonsäuren haben in vielen Fällen zur Gewinnung wichtiger Abkömmlinge der Säuren gedient, insbesondere aber konnte man aus denselben mit Hilfe der von L. Claisen, sowie W. Wislicenus untersuchten Reaktionen zu Ketonen, Ketonsäuren u. s. w. gelangen (s. d. Verbindungen).

Die Entdeckung der Chloride, Anhydride, Amide von Karbonsäuren ist hier besonders zu erwähnen, da diese Körperklassen einen wichtigen Platz in der Geschichte der organischen Chemie einnehmen. Das von Liebig und Wöhler in ihrer mehrfach genannten Arbeit über Bittermandelöl aus diesem mittels Chlor gewonnene Chlorbenzoyl war das erste organische Säurechlorid. — Den allgemeinen Weg zur Darstellung solcher Verbindungen wies Cahours,[4] welcher die Einwirkung des Fünffach-Chlorphosphors auf organische Säuren kennen lehrte; seitdem ist dieses Reagens in der organischen Chemie eingebürgert und hat sich in verschiedener Richtung bewährt, namentlich wenn es gilt, Sauerstoff oder Hydroxyl durch Chlor zu ersetzen. Zu gleichem Zwecke wurde das Phosphoroxychlorid von Gerhardt,[5] das Phosphortrichlorid von Béchamp[6] angewandt, doch haben sich diese Chloride nur in seltenen Fällen bewährt.

---

[1] Baeyer, Ann. Chem. Suppl. **7**, 1; **166**, 325. Fittig, das. **148**, 11. Graebe **149**, 18 und andere.

[2] Ann. Chem. **147**, 230.

[3] Glaser, Ann. Chem. **154**, 140. Baeyer, Ber. **13**, 2258.

[4] Ann. Chem. **60**, 254. — A. Cahours, geboren 1813, gestorben 1891, hat an der *École centrale*, sowie *École polytechnique* als Professor gewirkt, versah auch das Amt des Münzwardeins. Abgesehen von seinem in Frankreich hochgeschätzten Werke: *Leçons de chimie générale élémentaire* hat er zahlreiche Experimentaluntersuchungen veröffentlicht, die zur Aufklärung einzelner Gebiete der organischen Chemie erheblich beigetragen haben: so über Amylalkohol, Cuminol, Anisol, Gaultheriaöl, Sulfine, Arsine, Stannine, mit A. W. Hofmann über Allylalkohol. Die von Étard, seinem Biographen (Bull. soc. chim. **7**, 1 flg.), gemachte Angabe, daß die Sulfine von Cahours entdeckt sind, ist nicht richtig; v. Oefele war sein Vorgänger auf diesem Gebiete.

[5] Ann. Chim. Phys. (3) **37**, 285. [6] Comptes rendus **40**, 944.

Die große Reaktionsfähigkeit der Säurechloride hatten schon Liebig und Wöhler an dem Chlorbenzoyl gezeigt, aus welchem sie mittels Ammoniak das Benzamid, mit Alkohol den Benzoëäther, mit Schwefelblei das Sulfid der Benzoësäure darstellten; zugleich lehrten sie dadurch allgemeine Bildungsweisen dieser Körperklassen kennen. Die Säurechloride leiteten später Gerhardt[1] zu der wichtigen Entdeckung der Säureanhydride, welche ebenfalls für die Synthese organischer Verbindungen höchst bedeutungsvoll geworden sind; man denke an die häufige Anwendung des Essigsäureanhydrids zur Gewinnung von Acetylverbindungen und von Kondensationsprodukten, ferner an das so reaktionsfähige Phtalsäureanhydrid. Einige dieser Anhydride führte Brodie[2] in die durch ihr Verhalten merkwürdigen Superoxyde der Säureradikale über, welche mit dem Wasserstoffsuperoxyd in Parallele gestellt wurden. — Den Säureamiden, deren Reihe das von Dumas entdeckte Oxamid eröffnet hatte, gesellten sich die Anilide von Gerhardt hinzu, welche den Anstoß gaben, eine Einteilung jener Körper in primäre, sekundäre und tertiäre Amide vorzunehmen. Hier sei noch die Entdeckung der Aminsäuren und Imide mehrbasischer Säuren erwähnt: Körper, die den Amiden nahe stehen; die Oxaminsäure wurde von Balard, das Succinimid von Fehling entdeckt. Auf den nahen Zusammenhang zwischen den Säurenitrilen und den primären Säureamiden, die durch Entziehung von Wasser in erstere übergeführt wurden, möge hier kurz hingewiesen sein.

Zu höchst wichtigen Ergebnissen haben die Untersuchungen über gewisse Abkömmlinge der Karbonsäuren geführt, insofern zwei große Körperklassen, die Oxy- und die Amidosäuren, in ihren Beziehungen zu jenen bestimmt erfaßt wurden. An der Milchsäure und dem Alanin als der Oxy- und der Amidopropionsäure, sodann an den lange vor Entzifferung ihrer Konstitution bekannten Verbindungen, Glykolsäure und Glykokoll, hat sich der bestimmte Begriff, welcher jetzt mit den Bezeichnungen Oxykarbonsäuren und Amidokarbonsäuren verbunden wird, entwickelt. Die jene Verbindungen betreffenden Arbeiten von Wurtz,[3] R. Hoffmann und Kekulé[4] und anderen, namentlich die entscheidenden Untersuchungen von Kolbe, welcher den Schlüssel zur umfassenden Erklärung der Thatsachen lieferte, haben den Grund zu unseren Kenntnissen von diesen Körperklassen gelegt.[5]

---

[1] Ann. Chem. **82**, 131; **87**, 151.
[2] Ann. Chem. **129**, 282.
[3] Ann. Chim. Phys. (3) **59**, 171.
[4] Ann. Chem. **102**, 11; **105**, 288.
[5] Vergl. S. 273.

Von großer Bedeutung für die sichere Erkenntnis der Beziehungen genannter Körper zu einander und zu den Karbonsäuren, von denen sie sich ableiten, war die Überführung der Amidosäuren in Oxysäuren mittels salpetriger Säure (Piria, Strecker und andere), sowie die der letzteren Säuren in die zugehörigen Karbonsäuren mittels Jodwasserstoff. Auf diese Weise wurde die Konstitution der Äpfel- und der Weinsäure, der Asparaginsäure, Milchsäure und vieler anderer sicher erkannt,[1] so daß diese Methoden als besonders wertvolle Hilfsmittel zur Ermittelung der rationellen Konstitution vieler organischer Verbindungen zu bezeichnen sind. — Zur Kenntnis der verschiedenen Milchsäuren haben die Untersuchungen von J. Wislicenus[2] ganz wesentlich beigetragen. Durch dieselben wurde die Lehre von der Isomerie in unerwarteter Weise bereichert; der Begriff der physikalischen Isomerie, angeregt durch das Verhalten von gleich zusammengesetzten Körpern gegen das polarisierte Licht, entwickelte sich mehr und mehr, nachdem schon früher Pasteur's[3] ausgezeichnete Arbeiten über die Links- und Rechtsweinsäure und die aus beiden hervorgehende optisch inaktive Traubensäure Licht über diese Frage verbreitet hatten. — Wie daraus die Lehre vom *asymmetrischen Kohlenstoff* hervorging, ist schon erörtert worden. Die früher vereinzelten Beobachtungen, die zu dieser Auffassung hingeleitet hatten, sind in neuerer Zeit erheblich vermehrt worden; wie man vorausgesehen, sind zwei optisch aktive Milchsäuren, Mandelsäuren, Äpfelsäuren und andere mehr nach emsigem Suchen dargestellt worden.

Nach Erkenntnis der Konstitution vieler in der Natur vorkommender Oxy- und Amidosäuren war die willkürliche synthetische Darstellung solcher Verbindungen nur eine Frage der Zeit; so wurde die Milchsäure aus der Propionsäure sowie aus Acetaldehyd,[4] die inaktive Weinsäure aus Dibrombernsteinsäure,[5] die Citronensäure aus Aceton,[6] die von Liebig als eigentümlich erkannte Hippursäure aus Glykokoll,[7] die Salicylsäure aus Phenol künstlich dargestellt.

Die letztere führt uns zu den aromatischen Oxysäuren und zu der wichtigen, von Kolbe[8] entdeckten Entstehungsweise dieser

---

[1] Vergl. Schmitt, Ann. Chem. **114**, 106. Kolbe, das. **121**, 232. Lautemann, das. **109**, 268.

[2] Ann. Chem. **128**, 11; **166**, 3 u. **167**, 302.

[3] Ann. Chim. Phys. (3) **24**, 442; **28**, 56; **38**, 437.

[4] Wislicenus, Ann. Chem. **128**, 11. [5] Kekulé, das. **117**, 124.

[6] Grimaux u. Adam, Comptes rendus **90**, 1252.

[7] Dessaigne, Jahresber. d. Chem. **1857**, S. 367.

[8] Vergl. Ann. Chem. **113**, 125; **115**, 201. Journ. pr. Chem. (2) **10**, 93.

aus Phenolaten und Kohlensäure. Völlige Aufklärung wurde dieser allgemeinen Reaktion erst neuerdings durch R. Schmitt[1] zu teil, der nachwies, daß der Bildung des salicylsauren Natriums die eines isomeren Salzes, des phenylätherkohlensauren Natriums voraufgeht. Die Beobachtung, daß die Phenolate je nach der Natur des Alkalis sich verschieden verhalten, daß z. B. Phenolkalium mit Kohlensäure die der Salicylsäure isomere Paraoxybenzoësäure liefert, verdient als besonders wichtig hier aufgeführt zu werden. An Ost's Entdeckung der bei der gleichen Reaktion in höherer Temperatur entstehenden Phenoldi- und -trikarbonsäuren[2] sei noch erinnert.

Als eine eigentümliche Klasse von Oxysäuren wurden in neuerer Zeit die Verbindungen zusammengefaßt, welche leicht unter Abspaltung von Wasser in die sogenannten *Laktone: „innere Anhydride“* jener Säuren übergehen. Fittig[3] hat im Verein mit Schülern diese merkwürdige Körperklasse systematisch untersucht und wesentlich zur Erkenntnis der Beziehungen zwischen Laktonen und den zugehörigen Säuren, somit ihrer Konstitution beigetragen, welche früher anders gedeutet worden war; das einfachst zusammengesetzte Butyrolakton z. B. hatte man zuerst für den Aldehyd der Bernsteinsäure gehalten. Von besonderem Interesse erwiesen sich die Beziehungen mancher Laktone zu ungesättigten Säuren. — Auch viele Laktonsäuren sind erforscht und als Karboxylderivate von Laktonen erkannt worden.

Geschichtliches über Aldehyde.

Unsere Kenntnisse der nach vielen Richtungen hin wichtigen Aldehyde haben sich seit der ersten grundlegenden Erforschung des Bittermandelöls oder Benzaldehyds von Liebig und Wöhler und der des gewöhnlichen Aldehyds, welcher, von Fourcroy und Döbereiner beobachtet, von Liebig sorgfältig untersucht wurde, allmählich bedeutend erweitert und vertieft; von letzterem rührt der Name *Aldehyd* her, der die Entstehungsweise dieser Körper aus Alkoholen (*alkohol dehydrogenatus*) andeuten soll. — Die chemische Konstitution der Aldehyde und der ihnen nahestehenden Ketone hat zuerst Kolbe in unzweideutiger Weise erfaßt und ausgesprochen. Hervorragende Bedeutung erlangten beide Körperklassen dadurch, daß ihre Fähigkeit erkannt und ausgenutzt wurde, sich mit anderen

[1] Journ. pr. Chem. (2) **31**, 397. [2] Das. (2) **14**, 95.

[3] Vergl. Ann. Chem. **226**, 322; **227**, 1; **255**, 1 u. 257; **256**, 50; 268, 1 flg.; auch **216**, 27; **208**, 111.

organischen Verbindungen zu vereinigen und so zum Aufbau kohlenstoffreicher Körper zu dienen.

Der Aldehyd der Essigsäure gab Liebig[1] zuerst Gelegenheit, die Stellung dieses Körpers zu dem Alkohol einerseits, zu der Essigsäure andererseits klarzulegen. Berzelius war der erste, der deutlich auf die gleichartigen Beziehungen des Aldehyds und des Bittermandelöls zur Essig- resp. Benzoësäure hinwies. Die Bildungsweise der Aldehyde aus Alkoholen durch Oxydation blieb seitdem die allgemeine. Viel später lernte man Glieder dieser Körperklasse aus den Säuren resp. deren Salzen darstellen, und zwar durch Erhitzen derselben mit ameisensaurem Natron.[2] Noch neuerer Zeit gehört die Entdeckung der Entstehungsweise aromatischer Aldehyde aus Phenolen, Chloroform und Alkali (d. i. naszierender Ameisensäure) an, welche Reaktion zur Auffindung merkwürdiger Körper geführt hat.[3] Den Aldehyd der Ameisensäure als das Anfangsglied dieser Gruppe lehrte A. W. Hofmann[4] zuerst kennen. Der einfachste Repräsentant von Dialdehyden, das Glyoxal, war schon länger unter den Produkten der Oxydation des Alkohols von Debus aufgefunden worden. Für die Bekanntschaft mit kompliziert zusammengesetzten Aldehyden hatte die Natur gesorgt, insofern aus manchen ätherischen Ölen, z. B. Zimmt-, Kümmelöl und anderen, vor längerer Zeit solche Körper isoliert und als Analoga des gewöhnlichen Aldehyds bezeichnet worden waren. Gerade die Eigenschaft mancher Aldehyde, einen angenehmen Geruch auszugeben, machte deren künstliche Bereitung wünschenswert, und so wurden das Vanillin, Heliotropin und andere synthetisch dargestellt, sowie ihre Konstitution festgestellt.

Der gewöhnliche Aldehyd war immer von neuem Gegenstand wichtiger Untersuchungen, insbesondere nachdem zuerst Liebig und Fehling seine Fähigkeit erkannt hatten, in polymere Modifikationen überzugehen (Para- und Metaldehyd).[5] Die Beobachtung Liebig's, daß Benzaldehyd bei Anwesenheit von Cyankalium in das polymere Benzoin übergehe, gehört auch hierher und wurde die Quelle zu wichtigen Untersuchungen, die zur Entdeckung anderer interessanter Körper (z. B. Benzil, Benzilsäure u. s. w.) führten. Erhöhtes Interesse gewannen diese Forschungen durch die Entdeckung des aus dem Acetaldehyd entstehenden und mit diesem gleich zusammen-

---

[1] Ann. Chem. **14**, 133; **22**, 273.
[2] Piria, Ann. Chem. **100**, 114. Limpricht, das. **101**, 291.
[3] Reimer, Ber. **9**, 423. Tiemann, das. **9**, 824; **10**, 63.
[4] Proc. roy. soc. **16**, 156. [5] Ann. Chem. **25**, 17; **27**, 319.

gesetzten Aldols[1] und des zu letzterem in nächster Beziehung stehenden Krotonaldehyds;[2] die Erkenntnis der Konstitution des letzteren wurde dadurch bedeutungsvoll, daß man auf Grund derselben eine Erklärung dieser „*Kondensation*“ und damit ähnlicher Vorgänge fand.

An den Aldehyden lernte man die Eigenart der chemischen Vorgänge kennen, die man jetzt allgemein als Kondensationen zu bezeichnen pflegt. Gerade diese Körperklasse besitzt in hervorragender Weise die Fähigkeit, sich mit Verbindungen gleicher oder anderer Art (z. B. mit Säuren, Ketonen, Aminen u. s. w.) unter Austritt von Wasser zu vereinigen (vergl. S. 310). Die Aldehyde bilden somit ein außerordentlich wichtiges Material zum künstlichen Aufbau organischer Verbindungen. Nach der von A. v. Baeyer zuerst geäußerten Annahme fällt dem Formaldehyd, dem einfachsten Anfangsglied der Aldehyde, eine hervorragende Rolle bei der Bildung von Kohlenhydraten, Säurenu. s. w. in der Pflanze zu.

Die zahlreichen Arbeiten, die es sich zur Aufgabe gemacht haben, derartige in der Vereinigung von Aldehyden mit anderen Körpern unter Wasseraustritt bestehende Reaktionen aufzuklären, können hier nicht einzeln genannt werden; es sei nur hingewiesen auf diejenige von Perkin, welcher die schon erwähnte Kondensation aromatischer Aldehyde mit Fettsäuren kennen lehrte: eine Reaktion, die, wesentlich erweitert, immer noch reiche Früchte einbringt;[3] sodann auf die Untersuchungen von L. Claisen, der die mannigfaltigen Kondensationsvorgänge, deren die Aldehyde sowie die Ketone sich fähig zeigen, systematisch erforscht hat.[4]

Während durch die oben angedeuteten Untersuchungen ein ungemein reiches Material neuer und wichtiger Verbindungen zusammengetragen ist, haben schon seit längerer Zeit die Körper, welche aus Aldehyden (insbesondere aus Benzaldehyd) durch Einwirkung von Ammoniak hervorgehen, und neuerdings die mit Hydroxylamin und Phenyhyldrazin gewonnenen Produkte (s. *Aldoxime* und *Hydrazone*) viele Arbeitskräfte in Bewegung gesetzt.

Die *Thioaldehyde,* schwefelhaltige Analoga der Aldehyde, waren zwar schon frühzeitig beobachtet, sind aber erst seit kurzem durch eingehende Forschungen, namentlich von Baumann, näherer Kenntnis erschlossen worden; es haben sich dabei merkwürdige Isomerieen gezeigt, deren Erklärung auf stereochemischem Wege versucht ist.

---

[1] Wurtz, Comptes rendus **74**, 1361.
[2] Kekulé, Ann. Chem. **162**, 92, 309.
[3] Vergl. Ann. Chem. **216**, 115; **227**, 48 u. s. w.
[4] Vergl. Ann. Chem. **180**, 1; **218**, 121; **223**, 137; **237**, 261. Ber. **21**, 1135 flg.

— An die Entdeckung und allmähliche Erforschung von Aldehydalkoholen, Aldehydsäuren, Oxy- und Amidoaldehyden, sowie der den Aldehyden nahestehenden Acetale sei hier kurz erinnert. Gleich den Aldehyden selbst haben diese Körper zur Synthese zahlreicher wichtiger Verbindungen gedient.

Ketone und Ketonsäuren.

Die Forschungen über die den Aldehyden nahestehenden Ketone haben ebenfalls reiche Ausbeute ergeben. Das einfachste Glied dieser Körperklasse, das *Aceton,* war schon lange bekannt und von vielen untersucht, bis Liebig[1] seine Zusammensetzung mit Sicherheit feststellte. In der weiteren Geschichte der Ketone ist als wichtig zu bezeichnen die Entdeckung der Bildungsweise letzterer aus Säurechloriden und Zinkalkylen,[2] sowie die der Gewinnung von gemischten Ketonen durch Destillation der Kalksalze von zwei Karbonsäuren.[3] Die schon seit langer Zeit beobachtete Entstehung eigentümlicher Produkte aus Aceton: Mesityloxyd, Phoron und Mesitylen fand erst eine befriedigende Erklärung, nachdem ähnliche, auf Kondensation des Acetaldehyds beruhende Vorgänge richtig gedeutet waren. — Die merkwürdige Bildungsweise von Ketonen aus aromatischen Kohlenwasserstoffen und Säurechloriden mit Hilfe des Aluminiumchlorids (Friedel und Crafts),[4] hat zur Erschließung des weiten Gebietes von *fettaromatischen* Ketonen in ausgiebigster Weise gedient. — Gerade die letzteren haben bei Erforschung ihres Verhaltens gegen Oxydationsmittel (insbesondere Kaliumpermanganat) höchst bemerkenswerte Ergebnisse geliefert. Hier sei überhaupt der mannigfachen Untersuchungen gedacht, durch welche die Erkenntnis der Einwirkung von Oxydationsmitteln auf Ketone gefördert worden ist.[5]

Des Überganges von Ketonen in sekundäre Carbinole durch Aufnahme von Wasserstoff ist schon gedacht worden.[6] Als nicht minder bemerkenswert muß die Überführung des Acetons in Pinakon,[7] einen zweisäurigen Alkohol und die des letzteren in Pinakolin hervorgehoben werden; es sind dies Reaktionen, welche auf andere namentlich aromatische Ketone ausgedehnt, zu wichtigen Ergebnissen geführt haben.[8]

---

[1] Ann. Chem. **1**, 223. [2] Freund, das. **118**, 1.

[3] Williamson, das. **81**, 86. [4] Ber. **17**, R. 376.

[5] Vergl. Popoff, Ann. Chem. **161**, 289. Claus, Journ. pr. Chem. (2) **41**, 396; besonders Wagner, das. **44**, 257 (das. Litteratur).

[6] Vergl. S. 369. [7] Fittig, Ann. Chem. **110**, 25; **114**, 54.

[8] Vergl. Zincke in den Ber. Bd. **10** u. **11**.

Die Analogie der Ketone mit den Aldehyden zeigt sich sehr deutlich darin, daß jene ebenfalls Oxime und Hydrazone mit Hydroxylamin, sowie Phenylhydrazin bilden: Körper, deren Erforschung schon wichtige Beobachtungen zu Tage gefördert hat (s. u.).

Ganz neue Gebiete wurden durch die Erforschung der Diketone erschlossen, zu denen das Acetyl- und Benzoylaceton, Acetonylaceton, die Naphtochinone, das Antrachinon und, wie sich aus neuen Beobachtungen ergeben hat, das Benzochinon sowie ähnliche Verbindungen gehören: Körper, deren Natur durch die umfassenden Untersuchungen von Graebe, Liebermann, Fittig, Zincke, Claisen, Paal, Combes und anderen erforscht wurde. Durch die schöne von Claisen[1] aufgefundene Kondensation von Säureestern und Ketonen sind die sogenannten β-Diketone der Erforschung zugänglich geworden. Man hat dieselben von den α-, sowie γ-Diketonen scharf unterscheiden gelernt.

Die seit langer Zeit durch die Untersuchungen von Will und Lerch bekannten, aus dem Kohlenoxydkalium hervorgehenden Säuren, die Krotonsäure, Karboxylsäure und andere, wurden, Dank den schönen Arbeiten von Nietzki,[2] als Verbindungen gekennzeichnet, von denen einige zum Benzochinon in Beziehung stehen, während andere sich von einer fünf Atome Kohlenstoff enthaltenden ringförmigen Verbindung ableiten. Das Dunkel, in welches bis dahin die Konstitution dieser merkwürdigen Körper gehüllt war, lichtete sich infolge der eben erwähnten Untersuchungen; man lernte dieselben als Polychinone kennen.

Die sogenannten Ketonsäuren, von denen einzelne, z. B. die Brenztraubensäure, schon länger bekannt waren, haben in neuer Zeit das Interesse zahlreicher Forscher in Anspruch genommen, und mit Recht: man denke an die schönen, namentlich in synthetischer Hinsicht werthvollen Ergebnisse, die mit dem Acetessigäther,[3] der Lävulinsäure,[4] der Acetondikarbonsäure,[5] Benzoylkarbonsäure,[6] welch' letztere durch ihre Beziehung zum Isatin wichtig geworden ist, und mit anderen ähnlichen Verbindungen erzielt wurden. — Diese Ketonsäuren gewinnen noch ein erhöhtes theoretisches Interesse durch den Umstand, daß sie in ihrem chemischen Verhalten

[1] Ber. **22**, 1009, 3273 und an anderen Stellen.

[2] Ber. **18**, 499 u. 1833; **19**, 293 u. 772.

[3] Vergl. Wislicenus, Ann. Chem. **186**, 161; daselbst Historisches.

[4] Dieselbe wurde durch Conrad's Arbeiten als β-Acetylpropionsäure erkannt. (Ann. Chem. **188**, 223.)

[5] v. Pechmann, Ber. **17**, 2542; Ann. Chem. **261**, 151 flg.

[6] Claisen, Ber. **10**, 430.

zweideutig sind, insofern ihre Konstitution nach einigen Reaktionen die von Hydroxyl, nach anderen die von Karbonylverbindungen ist.[1] Dank der schon mehrfach erwähnten Reaktion von Claisen und W. Wislicenus ist die Synthese von Ketonsäuren in der ausgiebigsten Weise erzielt worden, und diese Verbindungen erregen nach verschiedenen Richtungen hin größtes Interesse; es sei an die Gewinnung des Oxalessigsäure-, des Formylessigsäureesters[2] und an deren merkwürdige Umwandlungen, ferner an die Synthese der Chelidonsäure[3] aus Oxalester und Aceton, der Hydrochelidonsäure und andere erinnert. Nimmt man zu obigen Andeutungen die Thatsache hinzu, daß viele interessante Körper, wie Kampher, Menthon, Dehydracetsäure, Pyronderivate und andere zu den Ketonen gehören, so kann man sich einen Begriff von der Ausdehnung dieses Gebietes und von der Mannigfaltigkeit der hier erzielten Ergebnisse machen.

Kohlenhydrate und Glukoside.

Teils zu den Alkoholen, teils zu den Aldehyden, bzw. Ketonen gehören die in der Natur reichlich vorkommenden und weit verbreiteten Zuckerarten, deren Entdeckung vielfach in frühere Zeit fällt. Wie das praktische Interesse an vielen dieser Körper in außerordentlichem Maße zugenommen hat, so auch das wissenschaftliche durch die fortschreitende Erkenntnis von nahen Beziehungen der Zuckerarten zu Verbindungen, deren Konstitution klargelegt war. Ich erinnere nur an die Überführung von manchen *Hexosen* in Mannit, welch' letzteren man als fünffach hydroxylierten primären Hexylalkohol erkannte, ferner an die Deutung der rationellen Zusammensetzung von Zucker-, Schleim- und Lävulinsäure, die zu den Zuckerarten in näherer oder entfernterer Beziehung stehen, an die Entdeckung von Säureäthern der letzteren und anderes mehr. Durch solche Beobachtungen erhielt die Annahme eine Stütze, daß diejenigen Kohlenhydrate, welche man als *Glukosen* oder besser *Hexosen* zusammenfaßt, aus sechssäurigen Alkoholen abzuleiten seien, denen zwei Atome Wasserstoff entzogen sind, derart, daß dieselben das Formyl der Aldehyde oder das Karbonyl der Ketone enthalten (Baeyer, Fittig, Zincke, V. Meyer).

Um die Erforschung der einzelnen Zuckerarten, ihres chemischen Verhaltens und ihrer Umwandelungsprodukte, haben sich zahlreiche

[1] S. allgem. Teil S. 303 Anm.

[2] Ber. **20**, 2931, 3392. Der sogenannte Formylessigester ist durch die neueren Untersuchungen Claisen's und v. Pechmann's als Oxyakrylsäureester erkannt worden.

[3] Ber. **24**, 111.

Forscher verdient gemacht; von den in neuerer Zeit auf diesem Gebiete besonders thätigen Chemikern seien E. Fischer, Kiliani, v. Lippmann, Salomon, Scheibler, Soxhlet, Tollens[1] genannt. Ganz besonders haben die schönen Untersuchungen E. Fischer's[2] (in den Ber. d. d. chem. Gesellsch. seit etwa neun Jahren veröffentlicht[3]) dazu beigetragen, tiefen Einblick in die Konstitution der Zuckerarten zu gewinnen; sie haben nicht nur die Annahme bestätigt, daß die letzteren teils Aldehydalkohole (*Aldosen*), teils Ketonalkohole (*Ketosen*) sind, sondern auch die Erklärung der so zahlreichen Isomerieen mit Hilfe stereochemischer Anschaungen glücklich angebahnt.

Als ein höchst wichtiges Mittel zur Charakterisierung der einzelnen Zuckerarten erwies sich das Phenylhydrazin (s. S. 312); die daraus mit ersteren gewonnenen *Osazone* dienten erfolgreich zur Umwandelung einzelner Kohlenhydrate in andere. Die Aldehyd- bzw. Ketonnatur derselben wurde gerade durch diese Reaktion, ferner durch die Anlagerung von Cyanwasserstoff (Kiliani, E. Fischer) und durch andere Umwandelungen bestätigt. — Zu all diesen wichtigen Beobachtungen gesellten sich die von Erfolg gekrönten Versuche, einzelne Zuckerarten, zum Teil neue, zum Teil bekannte, künstlich aus einfachen Verbindungen, wie Formaldehyd, Glycerinaldehyd, aufzubauen; so gelang E. Fischer die Synthese von Frucht- und von Traubenzucker.

Daß infolge aller dieser Untersuchungen die Systematik der Kohlenhydrate eine andere, klarere geworden ist, liegt auf der Hand; man hat gelernt, *Monosaccharide* den *Polysacchariden* (wie Rohrzucker, Stärke, Cellulose u. s. w.) gegenüberzustellen und zu den ersteren nicht nur die 6 Atome Kohlenstoff enthaltenden Körper, die *Hexosen (Glukosen)* zu zählen, sondern auch Verbindungen gleichen chemischen Charakters mit weniger (3, 4, 5) oder mehr Kohlenstoffatomen.

---

[1] Vergl. Tollens' *Kurzes Handbuch der Kohlenhydrate* (1888), das allerdings die neuesten, besonders wichtigen Entdeckungen E. Fischer's nicht berücksichtigen konnte.

[2] Emil Fischer (geboren 9. Oktober 1852 zu Enskirchen), Schüler A. Baeyer's, hat die organische Chemie durch ausgezeichnete Arbeiten bereichert, von denen die wichtigsten in der speziellen Geschichte besprochen sind. Seit 1892 wirkt er, als Nachfolger A. W. v. Hofmann's, an der Universität Berlin, nachdem er seit 1885 in Würzburg, zuvor in Erlangen, die Professur für Chemie innegehabt hatte. Seine *„Anleitung zur Darstellung organischer Präparate“* hat sich beim Laboratoriumsunterricht trefflich bewährt.

[3] Eine sehr klare Darstellung der Chemie der Zuckerarten nebst Litteraturangaben findet sich im *Lehrbuch der organ. Chemie* von V. Meyer u. Jacobsen I, S. 876 flg.; es sei darauf verwiesen.

Die Kenntnis der *Polysaccharide*, die man als ätherartige Anhydride der Glukosen betrachtet, ist trot zzahlreicher Arbeiten (z. B. über Stärke, Dextrin u. s. w.) noch recht unvollständig im Vergleich zu den im Gebiete der Monosaccharide gemachten Errungenschaften.

Die mit den Glukosen im engsten Zusammenhange stehenden Glukoside,[1] deren Vorkommen im Pflanzen- und Tierreich das Interesse der bedeutendsten Forscher schon frühzeitig angeregt hat, sind seit der wichtigen Untersuchung von Liebig und Wöhler über das Amygdalin und den denkwürdigen Arbeiten von Piria über das Salicin und Populin häufig Gegenstand bedeutsamer Arbeiten gewesen; es sei nur auf Will's[2] Untersuchung über Myronsäure, auf die von Tiemann und Haarmann über Coniferin, auf die von Will über Äskulin, endlich auf die von Tiemann und de Laire über Iridin, das Glukosid der Veilchenwurzel, hingewiesen: Untersuchungen, durch welche die Natur der aus den genannten Glukosiden hervorgehenden Spaltungsprodukte erkannt und in weiterer Folge der Grund zu einer Auffassung über die chemische Konstitution dieser und anderer, in der Natur höchst verbreiteter Körper gelegt wurde. Die Aussicht, jene Naturprodukte künstlich darzustellen, ist durch die neueste Entdeckung E. Fischer's,[3] der die einfache Gewinnung von Glukosiden der Alkohole kennen gelehrt hat, erheblich näher gerückt worden.

Halogenderivate von Kohlenwasserstoffen und anderen Körpern.

Im Anschluß an die oben zusammengestellten Ergebnisse wichtiger Untersuchungen, durch welche unsere Bekanntschaft mit den Kohlenwasserstoffen, Alkoholen, Karbonsäuren, Aldehyden, Ketonen erheblich bereichert wurde, seien einige Arbeiten namhaft gemacht, welchen

[1] Bezüglich der Quellen darüber vergl. Artikel Glykoside von O. Jacobsen in dem Handwörterbuch der Chemie von A. Ladenburg.

[2] Heinr. Will, geboren 1812, gestorben 1890, kam, nach einer pharmazeutischen Lehrzeit und nach Absolvierung chemischer Studien unter L. Gmelin, mit Liebig in nahe Beziehung, wurde Dozent in Gießen, bei Liebig's Fortgange nach München dessen Nachfolger und entfaltete eine reiche Lehrthätigkeit. Außer zahlreichen trefflichen Experimentalarbeiten, die meist der organischen, zum Teil der analytischen Chemie angehören und die in den Annalen der Chemie erschienen, bleibt sein litterarisches Wirken unvergessen, insbesondere seine Teilnahme an der Herausgabe des Liebig'schen *Jahresberichtes* und der *Annalen*.

[3] Ber. **26**, 2400.

die Erforschung wichtiger Halogenderivate und ähnliche Abkömmlinge jener Verbindungen zu verdanken ist.

Hand in Hand mit den über Kohlenwasserstoffe ausgeführten Arbeiten gingen solche über die Halogen- und Nitroderivate derselben; denn einmal lassen sich diese Abkömmlinge leicht aus den Kohlenwasserstoffen gewinnen, sodann haben zur Darstellung der letzteren häufig gerade ihre Halogenderivate gedient. Die Entstehung von Chlor- und Bromverbindungen aus Kohlenwasserstoffen wurde Gegenstand höchst wichtiger Erörterungen infolge der von Dumas und Laurent ausgeführten und angeregten Untersuchungen über Substitutionsvorgänge, zu deren Erklärung besondere Theorieen aufgestellt wurden; es sei an die ersten in dieser Richtung ausgeführten Versuche über die Einwirkung des Chlors auf Naphtalin, Äthylen, bzw. Äthylenchlorid erinnert.

Neue Betrachtungsweisen machten sich geltend, als mit der Aufstellung einer neuen Theorie der aromatischen Verbindungen der Unterschied zwischen den Wasserstoffatomen des Benzols und der in dieses eingetretenen Radikale erkannt worden war. Diese verschiedene Art der Wasserstoffatome trat gerade den Halogenen gegenüber scharf hervor und wurde durch die Arbeiten von Kekulé, Fittig, Beilstein und anderen klargelegt.[1] Ferner leitete das Studium der merkwürdigen, für die Abkömmlinge des Benzols theoretisch vorausgesehenen Isomerieverhältnisse zu der gründlichen Durchforschung von Halogenderivaten aromatischer Kohlenwasserstoffe.

Wie man bei den ersten Untersuchungen über Substitutionsvorgänge die Chlorierung erforscht hatte, so wandte sich bald die Aufmerksamkeit der Einwirkung von Brom sowie Jod auf organische Verbindungen zu. Die Bedeutung gewisser Agentien (Phosphor, Jodsäure, Quecksilberoxyd) für den günstigen Verlauf der Bromierungen und Jodierungen wurde durch die Arbeiten zahlreicher Forscher erkannt.

In engem Zusammenhange damit stehen die Untersuchungen über die sogenannten Halogenüberträger, zu denen eine große Zahl der Elemente gehört, und zwar solcher, deren Verbindungen mit Halogenen im stande sind, letztere teilweise wieder abzugeben; dadurch erklärt sich eben ihre übertragende Wirkung. Die letztere ist vorzugsweise an aromatischen Kohlenwasserstoffen geprüft worden; ohne auf Einzelheiten eingehen zu können, sei an die durch Loth. Meyer angeregten Untersuchungen[2] von Aronheim, Page, Scheufelen,

[1] Vergl. Ann. Chem. **136**, 301; **137**, 192; **139**, 331.

[2] Vergl, Ann. Chem. **231**, 152 (das. Geschichtliches).

Schwalb und anderen und an die von Willgerodt[1] ausgeführten erinnert. Die ersten Beobachtungen über diesen Gegenstand hat H. Müller im Jahre 1862 gemacht, insofern er die chlorübertragende Wirkung des Jodes bei der Einwirkung von Chlor auf Benzol und Homologe wahrnahm.

Eigentümliche Jod-Sauerstoff-Verbindungen sind neuerdings im Bereiche der aromatischen Körper entdeckt und durch Willgerodt[2] einer-, V. Meyer[3] andererseits untersucht worden. Nach ihrer Zusammensetzung entsprechen dieselben den Nitroso- und Nitroverbindungen und sind nach diesen benannt worden (z. B. Jodoso- und Jodobenzol u. s. w.).

Sehr wichtig sind die zum Teil mit Erfolg gekrönten Versuche gewesen, Gesetzmäßigkeiten, die beim Eintritt der Halogene an Stelle bestimmter Wasserstoffatome wahrscheinlich stattfinden, sicher zu bestimmen. Hier sei an die neuerdings unternommenen systematischen Untersuchungen von V. Meyer und seinen Schülern erinnert.[4] Im Gebiete der aromatischen Verbindungen sind äußerst zahlreiche Arbeiten in der gleichen Richtung ausgeführt worden; es handelte sich dabei um die Frage, welche Wasserstoffatome des Benzols und seiner Homologen, sowie ihrer Abkömmlinge, der Reihe nach durch das Halogen ersetzt werden.

Von weitreichender Bedeutung waren die zahlreichen Untersuchungen über die Vereinigung von Halogenen mit ungesättigten Kohlenwasserstoffen; das erste derartige Beispiel einer Addition hatte das Äthylen geboten. Hier kann es sich nicht darum handeln, alle wichtigen, ähnliche Reaktionen betreffenden Arbeiten namhaft zu machen; es sei aber im allgemeinen bemerkt, daß gerade an das Verhalten solcher Kohlenwasserstoffe zu den Halogenen und Halogenwasserstoffsäuren die Hauptansichten über die Konstitution der ungesättigten Verbindungen angeknüpft haben. Außerdem haben diese Additionsvorgänge eine unerwartet große Bedeutung bei der Erklärung von *Stereoisomerieen* erlangt (vergl. S. 307).

Die Entstehungsweisen von Halogenderivaten der Kohlenwasserstoffe sind typisch, also auch bei anderen Körperklassen, z. B. Säuren, Ketonen u. s. w., anwendbar. Das Gleiche gilt von dem chemischen Verhalten solcher Verbindungen, das zuerst meist an den Halogenderivaten der Kohlenwasserstoffe festgestellt worden ist. Um hier einige Untersuchungen zu nennen, welche schon vor vielen Jahr-

[1] Journ. pr. Chem. (2) **34**, 264; vergl. auch Neumann, Ann. Chem. **241**, 33 (Schwefelsäure als Jodüberträger).

[2] Ber. **25**. 3494; **26**, 357, 1307, 1532. [3] Ber. **25**, 2632; **26**, 1354.

[4] Vergl. V. Meyer u. Fr. Müller Journ. pr. Chem. (2) **46**, 161.

zehnten unsere Kenntnisse gefördert haben, sei erwähnt die Erforforschung und Entdeckung der Trichloressigsäure von Dumas,[1] die des Chlorals[2] von Liebig und Dumas, sowie die der Monochloressigsäure und der Chlorpropionsäure, deren chemisches Verhalten dazu diente, die Konstitution der zugehörigen Oxy- und Amidosäuren aufzuklären. Unmöglich ist es, auch nur die wichtigsten Arbeiten der neueren Zeit namhaft zu machen; nur der glatten Bildung aromatischer Halogenverbindungen aus den entsprechenden Diazo- bzw. Amidokörpern[3] sei kurz gedacht.

Endlich ist hinzuweisen auf die wichtige Rolle, die beim Aufbau organischer Körper die Halogenverbindungen gespielt haben: man denke an die Wechselwirkung der letzteren mit Natrium-Acetessigester, Natriummalonester, Zinkalkylen und an viele andere synthetische Reaktionen. — Organische Fluorverbindungen sind wiederholt Gegenstand von Untersuchungen gewesen, jedoch ist die Kenntnis derselben noch ziemlich beschränkt. Obwohl schon vor nahezu 60 Jahren das Fluormethyl von Dumas und Péligot beschrieben wurde, ist doch erst in neuester Zeit das eingehende Studium der Fluormethane von Moissan, Meslans und anderen aufgenommen worden.

Nitro- und Nitroso-Verbindungen.

Die Bekanntschaft mit Nitroverbindungen wurde durch Mitscherlich's[4] Entdeckung und Untersuchung des Nitrobenzols angebahnt; die Entstehung dieses Körpers aus Benzol und seine Beziehungen zu letzterem traten jedoch erst in helles Licht, als man nach dem Vorgange von Dumas und Gerhardt in dem Nitrobenzol ein Substitutionsprodukt des Benzols zu betrachten begann. Den Halogenen wurde seitdem das Nitryl (NO_2) angereiht. Kaum eine andere Reaktion ist im Bereiche der aromatischen Verbindungen häufiger angewandt worden, als die Einwirkung von Salpetersäure auf dieselben; es sei hier nur erinnert an die Entdeckung des Nitronaphtalins, der Di- und Trinitrobenzole, der Nitroderivate von Benzoësäure, Benzaldehyd, Phenol u. s. w. Die lange Zeit vor dem Nitrobenzol bekannte Pikrinsäure wurde zuerst von Gerhardt als Trinitrophenol gedeutet. Man kann annehmen, daß von allen aromatischen Verbindungen Nitroderivate bekannt oder darstellbar sind. Auf die Geschichte einiger aus den Nitroverbindungen hervorgehenden Körper-

[1] Ann. Chem. **32**, 101.
[2] Ann. Chem. **1**, 189. Ann. Chim. Phys. **56**, 123.
[3] P. Grieß a. a. O. Sandmeyer, Ber. **17**, 1633, 2651; **23**, 1880.
[4] Ann. Chem. **12**, 305.

klassen, z. B. der Amine, Azoverbindungen, welche in der chemischen Technik eine ungeahnte Bedeutung erlangen sollten, ist weiter unten Rücksicht genommen.

Im Bereiche der gesättigten Verbindungen wurden Nitrokörper zuerst im Jahre 1872 bekannt, durch die Entdeckung des Nitromethans[1] (Kolbe) und des Nitroäthans (V. Meyer). Die Bildungsweisen dieser Körper waren besonders geeignet, das Nachdenken der Chemiker anzuregen, da man die Entstehung von Verbindungen anderer Konstitution, nämlich von Äthern der salpetrigen Säure hätte erwarten sollen. Das chemische Verhalten des Nitroäthans und seiner Homologen sorgfältig durchforscht und aufgeklärt zu haben, ist V. Meyer's Verdienst gewesen. Seine ausgezeichneten Untersuchungen[2] haben außerdem zur Auffindung merkwürdiger Verbindungen geführt, zu denen die sogenannten Nitrolsäuren und Nitrole gehören.

Die letztgenannten sind als Repräsentanten zweier Körperklassen erkannt worden, der Isonitroso- und der Nitrosoverbindungen, welche wiederholt, besonders in neuester Zeit, das Interesse der Forscher angeregt haben. Gerade die Arbeiten von V. Meyer und seinen Schülern waren es, durch welche die Konstitution der Isonitrosoverbindungen festgestellt, und insbesondere ihre Bildung aus Körpern, die das Radikal Karbonyl enthalten, durch Einwirkung des Hydroxylamins dargethan wurde. Dank dieser vielseitig anwendbaren klaren Reaktion sind viele früher den Nitrosoverbindungen zugezählte Substanzen als der Reihe von Isomeren zugehörig erkannt worden. Andererseits bot diese Reaktion ein bequemes Mittel dar, zu prüfen, ob Körper das Radikal Karbonyl in bestimmter Bindungsweise enthalten.[3] So konnten aus einfachen Versuchen wertvolle Schlüsse bezüglich der Konstitution ganzer Körperklassen, z. B. der Chinone, gezogen werden.[4]

Die aus Aldehyden und Ketonen mittels Hydroxylamin hervorgehenden Verbindungen, *Aldoxime* und *Ketoxime* genannt, haben durch die merkwürdigen Isomerieen, die sie aufweisen, seit einer Reihe von Jahren die Aufmerksamkeit zahlreicher Forscher (V. Meyer, Beckmann, Behrend, Hantzsch, Auwers und anderer) auf sich

---

[1] Journ. pr. Chem. (2) **5**, 427.

[2] Ann. Chem. **171**, 1; **175**, 88; **180**, 111.

[3] In dem Phenylhydrazin hat E. Fischer ein dem Hydroxylamin analoges, ausgezeichnetes Reagens auf Karbonylverbindungen aufgefunden, welches sich bei Feststellung der Konstitution mancher Körper, z. B. der Zuckerarten, trefflich bewährt hat (vergl. S. 383).

[4] Vergl. S. 381.

gelenkt. Die Versuche mit den isomeren Oximen und das eigentümliche chemische Verhalten letzterer bilden die Grundlage der *Stereochemie des Stickstoffes* (vergl. S. 307). — Nur wenige Chemiker (Claus, Minunni, Nef) haben Gegengründe geltend gemacht und versucht, diese Isomerieen mit Hilfe der Strukturlehre zu erklären.

Analog den Nitroverbindungen sind neuerdings[1] Phosphyl (PO_2) enthaltende organische Körper dargestellt worden, wie ja auch als entsprechend zusammengesetzt die Jodoverbindungen (S. 386) zu betrachten sind.

Entwickelung der Kenntnisse von Schwefelverbindungen.

Eine große Bedeutung für die Entwickelung der Ansichten über die Konstitution organischer Verbindungen, insbesondere über die Sättigungskapazität einer Gruppe von Elementen, haben die Untersuchungen über organische Schwefelverbindungen gehabt. Durch die Erforschung der letzteren wurde die einseitige Anschauung, daß der Schwefel und somit das Selen, wie Tellur, nur zweiwertig wirken könnten, definitiv beseitigt, und der Beweis geliefert, daß diese Grundstoffe auch vier- und sechswertig fungieren.

Die Bekanntschaft mit solchen Körpern, welche den Schwefel in derselben Art gebunden enthalten, wie die Alkohole, Karbonsäuren, Äther u. s. w. den Sauerstoff, wurde durch Zeise's Entdeckung des sogenannten *Merkaptans* vermittelt, dessen wahre Zusammensetzung als eines dem Alkohol entsprechenden Sulfhydrates zuerst Liebig[2] erkannte. Zu dieser Verbindung gesellte sich bald das Schwefeläthyl und die Mehrfach-Schwefelverbindungen des Äthyls, deren Analogie mit den Metallsulfiden unverkennbar war, daher auch sehr bald betont wurde. — Die entsprechend zusammengesetzten Selen- und Tellurverbindungen wurden namentlich durch die Untersuchungen von Löwig[3] und Wöhler[4] bekannt.

Von organischen Säuren, welche Sauerstoff durch Schwefel ersetzt enthalten, war die von Kekulé[5] entdeckte Thiacetsäure die erste, nachdem man schon früher in dem Benzoylsulfid das „Thioanhydrid" einer solchen Säure gekannt hatte. Seitdem ist die Zahl derartiger Säuren, sowie zugehöriger Thioaldehyde, erheblich vergrößert worden. Letztere sind als Analoga der Aldehyde schon oben (S. 379) erwähnt worden. — Auch die der Glykolsäure entsprechende Thihydroessigsäure und Homologe derselben sind insbesondere durch Klason's[6] Arbeiten erforscht worden.

[1] Michaëlis u. Rothe, Ber. **25**, 1747. [2] Ann. Chem. **11**, 2. u. 11.
[3] Pogg. Ann. **37**, 552. [4] Ann. Chem. **35**, 111; **84**, 69.
[5] Das. **90**, 311. [6] Vergl. Ann. Chem. **187**, 113.

Aus vielen der eben erwähnten Verbindungen mit zweiwertigem Schwefel hat man durch kräftige Agenzien Körper darzustellen gelernt, die den Schwefel mit einem höheren Sättigungswert enthalten: Verbindungen, welche der schwefligen Säure und der Schwefelsäure vergleichbar, aus diesen abgeleitet und zum Teil gewonnen werden können. Zu jenen gehören als am längsten bekannt, die *Sulfonsäuren* und die *Sulfone*, von denen die ersten Repräsentanten, die Phenylsulfonsäure und das Diphenylsulfon (Sulfobenzid), von Mitscherlich[1] aus Benzol mittels Schwefelsäure erhalten worden sind. Ein volles Verständnis für diese Verbindungen wurde erst gewonnen, nachdem Kolbe dieselben als Abkömmlinge der Schwefelsäure, resp. ihres Anhydrids gedeutet hatte. Zuvor war die Kenntnis der Sulfonsäuren durch seine Erforschung der Methylsulfonsäure und ihrer Chlorderivate erweitert worden; mit der bedeutsamen Entdeckung[2] der Umwandlung von Sulfhydraten, Disulfiden oder Sulfocyaniden in Sulfonsäuren hatte man eine allgemeine Methode zur Darstellung der letzteren ausfindig gemacht.

Ähnlich wurde später der Weg von den Alkylsulfiden zu den Sulfonen, welche zwei Atome Sauerstoff mehr als jene enthalten, aufgefunden.[3] Auf die Analogie zwischen Sulfonen und Ketonen, sowie Sulfonsäuren und Karbonsäuren hat ebenfalls Kolbe zuerst nachdrücklich hingewiesen. — Den Diketonen reihten sich in neuester Zeit die *Disulfone* und die zwischen beiden stehenden Sulfonketone an, welche insbesondere durch R. Otto's[4] wichtige Untersuchungen unserer Kenntnis näher gebracht wurden. Die den Polykarbonsäuren entsprechenden Di- und Trisulfonsäuren sind schon seit längerer Zeit, zuerst durch die Arbeiten von Hofmann und Buckton[5] bekannt geworden.

Die den Acetalen entsprechenden, statt Sauerstoff Schwefel enthaltenden *Merkaptale* sind von Baumann[6] aus Aldehyden und Merkaptanen gewonnen und mit Erfolg untersucht worden; ebenso die die *Merkaptole*, zu deren Darstellung statt der Aldehyde Ketone dienen. Von den aus den Merkaptolen durch Oxydation hervorgehenden Disulfonen ist das *Sulfonal* als wertvolles Hypnoticum wichtig geworden.

Besonders folgenreich war die Entdeckung der Sulfine von Oefele,[7] weil die Existenz dieser Verbindungen mit der Annahme,

[1] Pogg. Ann. **29**, 231; **31**, 628.
[2] Löwig, Pogg. Ann. **47**, 153. Muspratt, Ann. Chem. **65**, 251.
[3] v. Oefele, Ann. Chem. **132**, 80.
[4] Journ. pr. Chem. (2) **30**, 171, 321 u. **36**, 401.
[5] Ann. Chem. **100**, 133. [6] Vergl. Ann. Chem. **274**, 173. Ber. **26**, 2155.
[7] Ann. Chem. **127**, 370 u. **132**, 82.

das Schwefelatom sei konstant zweiwertig, im Widerspruche stand. In gleichem Sinne bedeutsam erscheint die Erforschung der Sulfoxyde (Saytzeff),[1] sowie die der Sulfinsäuren, deren Entstehungsweise und chemisches Verhalten, insbesondere durch die Untersuchungen von Kalle, Otto, Klason und anderen aufgeklärt wurden. An die merkwürdige Überführung der sulfinsauren Salze in Sulfone,[2] sowie an die der schwefligsauren Salze in Sulfonsäuren[3] mit Hilfe von Alkyljodiden sei noch erinnert, weil man aus diesen Reaktionen Rückschlüsse auf die Konstitution der Sulfinsäuren, resp. der schwefligsauren Salze gezogen hat. Durch Entdeckung und sorgsame Untersuchung der *Thionylamine*[4] hat Michaëlis das Gebiet der Schwefelverbindungen wesentlich bereichert. Selen- und Tellurverbindungen, die obigen Schwefelkörpern entsprechen, sind nur spärlich bekannt.

Organische Stickstoffverbindungen.

Ein außerordentlich weites Gebiet der organischen Chemie wurde erschlossen durch die Entdeckung der stickstoffhaltigen, dem Ammoniak entsprechenden Basen. Mit der Auffindung des Weges von diesem unorganischen Körper zu den letzteren war die Frage nach der chemischen Natur derselben im allgemeinen gelöst. A. W. Hofmann's klassische Untersuchungen[5] über die substituierten Ammoniake und Ammoniumbasen, deren Salze durch Wechselwirkung von Alkyljodüren und Ammoniak entstehen, sind hier in erster Linie zu nennen, da durch sie die wahre Erkenntnis von der Konstitution dieser Körper gewonnen, auch die Systematik derselben begründet wurde. An die Bereicherung, welche durch denselben Forscher dem gleichen Gebiete zu teil geworden war, sei hier kurz erinnert: an seine ausgezeichneten mit dem Jahre 1843 beginnenden Arbeiten[6] über das Anilin und zahlreiche Substitutionsderivate, sowie Additionsprodukte dieser Basen (z. B. das Cyananilin). Diese Untersuchungen enthielten eine Fülle neuer, höchst merkwürdiger Thatsachen, z. B. die Beobachtung über den Einfluß der in das Anilin eintretenden Halogene auf den chemischen Charakter der entstehenden Körper.[7] Auf Grund aller dieser Arbeiten, durch welche die Bekanntschaft mit den aromatischen Basen angebahnt wurde, hat sich die Industrie der Anilinfarbstoffe glänzend entwickelt. In theore-

[1] Ann. Chem. **144**, 148. [2] Otto, Ber. **13**, 1274.
[3] Strecker, Ann. Chem. **148**, 90. [4] Ann. Chem. **274**, 173.
[5] Ann. Chem. **74**, 117; **75**, 356. Vergl. auch S. 254 dieser Schrift.
[6] Ann. Chem. **47**, 37 und in zahlreichen späteren Abhandlungen.
[7] Vergl. Ann. Chem. **53**, 1. Vergl. auch S. 244 dieses Werkes.

tischer Hinsicht waren die Untersuchungen desselben Forschers über die Di- und Triamine, sowie die entsprechenden Ammoniumbasen (aus Äthylenbromid und Ammoniak) besonders wichtig, wie überhaupt Hofmann das Gebiet der organischen Stickstoffverbindungen überall bahnbrechend und aufklärend, wie kein anderer, bearbeitet hat. Seine Beobachtungen über die Entstehung von Substitutionsprodukten des Ammoniaks haben vorzugsweise zur Begründung der sich gegen Ende der vierziger Jahre entwickelnden typischen Auffassung beigetragen (s. Geschichte dieser S. 254 flg.).

Für die Geschichte der organischen Ammoniake war besonders bedeutungsvoll die Beobachtung, daß dieselben aus Nitroverbindungen durch Reduktion entstehen, was zuerst Zinin[1] durch Umwandlung des Nitrobenzols in Amidobenzol gezeigt hat. Diese Reaktion erwies sich als allgemeine Methode höchst brauchbar, diente zur Gewinnung von Di- und Triaminen und wurde seither in unzähligen Fällen mit Erfolg, sowie in größtem technischen Maßstabe ausgeführt, auch auf die viel später bekannt gewordenen Nitroverbindungen der Fettreihe ausgedehnt. — Auch die von Wurtz[2] entdeckte Entstehungsweise primärer Amine aus Cyansäureäthern muß hier als historisch wichtig genannt werden, da auf diese Weise das einfachste organische Ammoniak, das Methylamin, zuerst gewonnen worden ist.

Aus der Fülle von Beobachtungen über das chemische Verhalten der in Rede stehenden Körperklassen können nur einige, welche zur Aufklärung ihrer Konstitution und zur Entdeckung neuer wichtiger Reihen von Verbindungen geführt haben, herausgegriffen werden. Welch' ungeahnte Bedeutung erlangte die schon von Hofmann und anderen studierte Einwirkung von salpetriger Säure auf Amine und ähnliche Körper in der Hand von P. Grieß, der die unter veränderten Bedingungen eintretende Bildung der Diazoverbindungen kennen lehrte und diese in fruchtbarster Weise erforschte. In unmittelbare Beziehung zu den letzteren traten sodann die Azoverbindungen und Hydrazine: Körperklassen, deren Bedeutung eine nähere Besprechung erfordert (s. u.). Die Umwandlung aromatischer Amine in wertvolle Farbstoffe durch Oxydation, von Perkin, A. W. Hofmann und anderen beobachtet, bezeichnete den Anfang einer neuen Ära der chemischen Industrie.

An die durch ähnliche Kondensationsvorgänge bewirkte Überführung der organischen Ammoniake in Chinolin, Akridin, Chinoxalin und andere basische Körper sei nur flüchtig erinnert, da auf diese Reaktionen, insbesondere auf die Pyridin- und Chinolinbasen, sowie

[1] Journ. pr. Chem. **27**, 149. [2] Ann. Chim. Phys. (3) **30**, 443.

ihre Beziehungen zu den Alkaloïden weiter unten Bezug genommen ist.

In der künstlichen Erzeugung stickstoffhaltiger, in der Natur vorkommender Substanzen durch passende Umwandlungen des Ammoniaks oder von Aminen sind große Fortschritte aufzuweisen. — Die wichtigen Forschungen Hofmann's über Senföle ließen die Beziehungen dieser Körperklasse zu den Aminen klar hervortreten und lieferten die festesten Anhaltspunkte zur Erkenntnis der Konstitution derselben.

Das Senföl selbst (aus den Samen des schwarzen Senfes) ließ sich mit allen seinen Eigenschaften aus Allylamin sowohl, wie aus Jodallyl durch Umwandlung in das dem Senföl isomere Schwefelcyanallyl darstellen, welches schon durch Wärmezufuhr sich in jenes umlagert. Hofmann's[1] vergleichende Beobachtungen in Betreff des chemischen Verhaltens von Senfölen und isomeren Schwefelcyanverbindungen ließen keinen Zweifel mehr übrig, wie die Konstitution beider Körperarten aufzufassen sei.

Nachdem die aus der Häringslake isolierte Base als mit dem künstlich gewonnenen Trimethylamin identisch erkannt war, führten weitere Forschungen zur Synthese des physiologisch wichtigen Cholins und Neurins aus Trimethylamin und Äthylenchlorhydrin,[2] sowie zu der des im Rübensaft vorkommenden Betaïns. Wie zur Bildung des letzteren Trimethylamin diente, so ließ sich Methylamin durch Wechselwirkung mit Chloressigsäure in das aus Fleischsaft erhaltene Sarkosin umwandeln, dieses weiter durch Aufnahme der Elemente des Cyanamids in Kreatin überführen: Reaktionen, die klar und deutlich die Konstitution[3] der erzeugten Körper erkennen ließen. Ferner sei an die künstliche Darstellung vieler zu dem Harnstoff in naher Beziehung stehenden Verbindungen erinnert: an die Synthese des Guanidins,[4] sowie der Paraban-, Oxalur-, Barbitursäure,[5] die als Derivate der Harnsäure längere Zeit bekannt waren, ehe sie aus Harnstoff willkürlich erzeugt wurden. Auch die Harnsäure selbst ist nach emsigen Bemühungen neuerdings künstlich dargestellt worden.[6] — Überhaupt erwiesen sich Harnstoff und Guanidin, diese physiologisch bedeutsamen Körper, als höchst geeignet zum Aufbau komplizierter sogen. *kondensierter* Verbindungen; es sei nur an die mit Ketonsäureäthern, Diketonen entstehenden Produkte

[1] Vergl. Ber. **1**, 176 flg. [2] Wurtz, Ann. Chem. Suppl. **6**, 116 u. 197.
[3] Volhard, Ann. Chem. **123**, 261; Jahresber. d. Chem. **1868**, S. 685.
[4] Ann. Chem. **146**, 259.
[5] Ponomareff, Bull. soc. chim. **18**, 97; Grimaux, das. **31**, 146.
[6] Behrend u. Roosen, Ann. Chem. **251**, 235.

erinnert. — Die aus Guanidin mittels organischer Säuren hervorgehenden *Guanamine*,[1] deren Konstitution von Bamberger kürzlich entziffert ist, sowie die merkwürdigen, aus Amidoguanidin[2] dargestellten stickstoffreichen Körper seien hier besonders namhaft gemacht. — Die Säureamide. zu denen Harnstoff und einige der oben erwähnten Verbindungen gehören, sind Hand in Hand mit den Aminbasen durchforscht worden. Hier sei auf die wichtige Umwandlung derselben (mittels Phosphorsäureanhydrid) in Cyanide und an ihre Rückbildung aus diesen hingewiesen, ferner auf das interessante Verhalten der substituierten Amide zu Fünffach-Chlorphosphor, welches, insbesondere von Wallach[3] untersucht, zur Kenntnis eigentümlicher Basen, der Oxaline, geführt hat. — Die eigentümliche Überführung von Amiden in Aminbasen, die ein Atom Kohlenstoff weniger als jene enthalten, lehrte Hofmann[4] kennen, indem er Brom in alkalischer Lösung darauf einwirken ließ. Die den Amiden entsprechenden Thioamide, von Cahours, Hofmann und anderen bearbeitet, haben durch passende Umwandlungen zu anderen stickstoffhaltigen Körpern, z. B. den Amidinen,[5] geleitet, deren Erforschung manche wertvolle Ergebnisse zu Tage gefördert hat. Namentlich sind hier die erschöpfenden Untersuchungen Pinner's[6] zu nennen, der die Amidine aus den höchst reaktionsfähigen Imidoäthern darstellen und ihr chemisches Verhalten gründlichst kennen lehrte.

Durch die Entdeckung und Untersuchung organischer Phosphor-, Antimon- und Arsenverbindungen wurde die Zusammengehörigkeit dieser drei Elemente und ihre Verwandtschaft mit dem Stickstoff aufs klarste bewiesen, so daß hier, wie in anderen Fällen, gerade durch das Studium organischer Körper helles Licht in einzelne Gebiete der unorganischen Chemie fiel. Die *Phosphine* und *Phosphoniumbasen* sind zuerst durch die klassischen Arbeiten A. W. Hofmann's,[7] die entsprechenden Körper der aromatischen Reihe durch die Untersuchungen von Michaëlis[8] unserer Kenntnis in umfassender Weise erschlossen worden. Die organischen Verbindungen des Phosphors wurden danach als Abkömmlinge der bekannten unorganischen, des Dreifach-Wasserstoffphosphors, Jodphosphoniums, resp. des Dreifach- und Fünffach-Chlorphosphors erkannt. — Das

---

[1] Nencki, Ber. **7**, 776 u. 1584. Bamberger, Ber. **25**, 534.
[2] Thiele, Ann. Chem. **273**, 133. [3] Ann. Chem. **184** 1; **214**, 193.
[4] Ber. **15**, 765.
[5] Wallach, Ann. Chem. **184**, 5 u. 91. Bernthsen, das. **184**, 321; **192**, 1.
[6] Vergl. seine Monographie: *Die Imidoäther und ihre Derivate.*
[7] Ber. **4**, 605; **5**, 104; **6**, 306. [8] Vergl. Ann. Chem. **188**, 275.

Studium der organischen Arsen- und Antimonverbindungen, von denen erstere durch die ausgezeichneten Untersuchungen Bunsen's und später durch die von Cahours, Baeyer, Michaelis,[1] letztere durch die von Löwig, Landolt, Michaelis[2] und anderen durchforscht worden sind, führte ebenfalls zu dem Ergebnis, daß die genannten Körper sich von unorganischen Verbindungen derselben Elemente ableiten lassen. Der Einfluß einiger dieser Untersuchungen auf die Entwickelung des Begriffes der Valenz ist schon im allgemeinen Teile gebührend beleuchtet worden.

Das Gebiet der organischen Stickstoffverbindungen ist mit den Körperklassen, deren Geschichte oben kurz besprochen wurde, noch lange nicht erschöpft. Eine Reihe anderer Substanzen darf hier nicht unerwähnt bleiben, da sich durch die Beschäftigung mit ihnen wichtige Vorstellungen über ihre chemische Konstitution entwickelt haben, auch viele derselben zu großer technischer Bedeutung gelangt sind.

Von den Azoverbindungen wurde zuerst das Azobenzol von Mitscherlich,[3] viel später das Azoxybenzol von Zinin[4] und das Hydrazobenzol von A. W. Hofmann[5] entdeckt. Die heute allgemein zur Geltung gelangte Auffassung dieser drei Arten von Azoverbindungen rührt von Erlenmeyer[6] und insbesondere von Kekulé[7] her, welche in dem Azobenzol zwei doppelt gebundene, in dem Oxy- und Hydrazobenzol zwei einfach gebundene Stickstoffatome annahmen. — Große Bedeutung für die Vertiefung unserer Kenntnisse von diesen und ähnlichen Körpern hat ihre leichte Entstehung aus Diazoverbindungen gewonnen. Auf Grund der Untersuchungen von Grieß, Kekulé, V. Meyer, H. Caro, Witt und anderen, welche die Überführung der letzteren in Azoverbindungen lehrten, hat sich ein blühender Industriezweig, die Fabrikation der Azofarbstoffe, entwickelt. Auch die Lehre von der Isomerie ist infolge jener Arbeiten durch eine Fülle wichtiger Beobachtungen bereichert worden. Hierher gehören die merkwürdigen Umlagerungen von Hydrazokörpern in isomere Diamidoderivate des Diphenyls und seiner Homologen, von Diazoamido- in Amidoazoverbindungen. Gerade die Amido- und die Oxyderivate von Azobenzol und Homologen fanden zuerst als Farbstoffe Beachtung. Wichtig für die Erfassung der Beziehungen zwischen Konstitution und Farbstoffcharakter ist die von verschie-

[1] Litteratur s. Ann. Chem. **201**, 184.
[2] Litteratur s. das. **233**, 39; ferner Ber. **27**, 244.
[3] Pogg. Ann. **32**, 324.
[4] Ann. Chem. **85**, 328.
[5] Jahresber. d. Chem. **1863**, S. 424.
[6] Ztschr. Chem. **1863**, S. 678.
[7] Lehrb. d. Chemie **2**, 703.

denen Seiten bevorzugte Ansicht,[1] daß obige Körper als Abkömmlinge des Chinons, resp. Chinonimids zu betrachten seien.

Die durch ihre Reaktionsfähigkeit merkwürdigen Diazoverbindungen sind von Grieß[2] entdeckt und durch eine Reihe ausgezeichneter Arbeiten erforscht worden, welche die wichtigsten zur Charakteristik dieser Körper nötigen Merkmale aufgedeckt haben. Grieß lehrte die Entstehung dieser Substanzen durch Einwirkung von salpetriger Säure auf aromatische Amidoverbindungen: eine Reaktion, welche, früher unter anderen Bedingungen studiert, nicht zur Entdeckung dieser Körper geführt hatte. In den seit 1859 schnell aufeinander folgenden Abhandlungen[3] machte dieser Forscher die chemische Welt mit den Diazoderivaten des Phenols, des Anilins, der Benzoësäure und mit ihren überraschenden Eigenschaften bekannt. — Die theoretische Auffassung, welche bezüglich der Konstitution dieser Körper von den meisten Chemikern gehegt wird, wonach in denselben zwei Atome Stickstoff ebenso miteinander verbunden sind, wie in den Azoverbindungen, hat zuerst Kekulé[4] ausgesprochen. Eine andere Idee, nach welcher das eine Atom Stickstoff fünfwertig, das zweite dreiwertig fungierend angenommen wird, hat Blomstrand[5] geäußert und zu begründen versucht.

Die Existenz von Diazoverbindungen im Gebiete der Fettreihe ist erst in neuerer Zeit durch ausgezeichnete und umfassende Untersuchungen von Curtius[6] über den Diazoessig- und Diazobernsteinäther nachgewiesen worden. Der aus Amidoessigsäureäther und salpetriger Säure entstehende Diazoessigäther zeigt zwar noch Ähnlichkeit mit aromatischen Diazoverbindungen, aber auch manche davon

---

[1] Vergl. Goldschmidt, Ber. **25**, 1324.

[2] Peter Grieß, geboren 1829, gestorben 1888, Schüler Kolbe's, kam als Assistent A. W. Hofmann's nach London, um bald als Chemiker in eine der größten Brauereien Englands (von Allsopp u. Sons in Burton) einzutreten. Obwohl er von da ab (seit 1862) der Technik treu blieb, bereicherte er doch die Chemie, zumal die organische, mit ausgezeichneten wissenschaftlichen Untersuchungen. Die von ihm entdeckten und glänzend bearbeiteten Diazoverbindungen leiteten ihn zu den Azofarbstoffen; er wurde so der Vater dieser großartigen Industrie. Seine sonstigen Arbeiten sind durch Feinheit der Ausführung und Fülle neuer Beobachtungen ausgezeichnet. Von seinem Lebenslauf hat A. W. v. Hofmann ein liebevoll eingehendes Bild gezeichnet, seine wissenschaftlichen Leistungen haben E. Fischer und H. Caro geschildert (vergl. Ber. **24**, Ref. 1007, 1058, I flg.).

[3] Ann. Chem. **113**, 201; **117**, 1; **121**, 257; **137**, 39.

[4] Ztschr. Chem. **1866**, S. 689.

[5] In seiner „Chemie der Jetztzeit" S. 272; vergl. auch Ber. **8**, 51; ferner Strecker, das. **5**, 786.

[6] Journ. pr. Chem. (2) **38**, 401 flg.

abweichende Eigentümlichkeit; seine Fähigkeit, mit anderen Körpern unter Austritt von Stickstoff zusammenzutreten, ist kräftiger entwickelt, als die der aromatischen Verwandten. Der Diazoessigäther ist deshalb zur Synthese von Verbindungen höchst geeignet und dazu auch verwertet worden.

Eine andere Körperklasse, die der sogenannten Hydrazine, welche in nahem Zusammenhange mit den Diazoverbindungen stehen, wurde im Jahre 1875 von E. Fischer entdeckt[1] und sorgfältig durchforscht.[2] Das zuerst aufgefundene Phenylhydrazin hat sich als spezifisches Reagens und als Mittel zum Aufbau kompliziert zusammengesetzter Körper außerordentlich bewährt. Die Beziehungen desselben zu Diazokörpern wurden von Fischer durch seine Entstehung aus Diazoamidobenzol, bzw. aus Diazobenzolchlorid und seine Überführung in Diazobenzolimid klar erwiesen. Auf die Bedeutung des Phenylhydrazins und ähnlicher Basen für Darstellung von *Hydrazonen* und *Osazonen* ist oben schon hingewiesen worden. Auch zur Frage der Stereoisomerie haben solche Körper schon manchen Beitrag geliefert.

Die Entstehung von *Pyrazolon-* und *Indolderivaten*, sowie anderen *kondensierten* Verbindungen mit Hilfe des Phenylhydrazins sei hier erwähnt; schon seit mehreren Jahren wird letzteres zur Gewinnung eines wichtigen Arzneimittels, des Antipyrins, in großem Maßstabe technisch hergestellt. Das einfachste Glied dieser Reihe, das *Hydrazin* selbst, dessen Entdeckung in der Geschichte der unorganischen Chemie erwähnt ist, hat ebenfalls durch seine Fähigkeit, auf Aldehyde, Ketone und ähnliche Verbindungen mit größter Leichtigkeit einzuwirken, zur Bereicherung des Gebietes stickstoffhaltiger Körper erheblich beigetragen (vergl. die Arbeiten von Th. Curtius und einen Schülern).

Mit den Diazoverbindungen sind in neuerer Zeit sehr bemerkenswerte Reaktionen ausgeführt worden, die zu Hydrazonen, bzw. sogen. Formazylderivaten geführt haben; es sei auf die neuesten Untersuchungen, denen man die Aufklärung dieser Reaktionen verdankt, kurz hingewiesen.[3] Auch die Versuche von Pechmann's über Oxydation von Diazokörpern, sowie über die Konstitution der letzteren, sind höchst bemerkenswert.[4]

---

[1] Ber. **8**, 589. [2] Ann. Chem. **190**, 67; **199**, 281; **212**, 316.

[3] v. Pechmann, Ber. **25**, 3175 flg.; **27**, 219. Bamberger, Ber. **25**, 3201, 3539; **26**, 2978. W. Wislicenus, Ber. **25**, 3459.

[4] Ber. **25**, 3505; **26**, 471; **27**, 359. A. Hantzsch sucht in neuester Zeit zu beweisen, daß die von Bamberger, Schraube und anderen beobachteten und erforschten Isodiazokörper Stereoisomere der Diazoverbindungen seien (vergl. Ber. **27**, 1702 flg.).

Das Gebiet der Cyanverbindungen, seit Scheele's Entdeckung der Blausäure Gegenstand emsiger Bearbeitung, hat sich infolge des Zusammenwirkens der namhaftesten Forscher außerordentlich ausgedehnt. Zu der so reichen Gestaltung dieses Teiles der organischen Chemie hat die Fähigkeit der meisten Cyanverbindungen, sich in isomere Körper umzusetzen, sowie mit anderen Substanzen zusammenzutreten und auf diese Weise neue Verbindungen zu liefern, ganz wesentlich beigetragen.

Die Zusammensetzung der Blausäure und vieler Cyanide wurde durch die Arbeiten von Berthollet und Ittner, namentlich durch die klassische Untersuchung Gay-Lussac's, welcher das Cyan selbst entdeckte und dessen Analogie mit den Halogenen erkannte, klar gelegt. — Der letztere war es auch, welcher in dem schon lange bekannten Blutlaugensalz das Radikal *Ferrocyan* annahm, während Berzelius, auf dem Boden des strengen Dualismus stehend, dasselbe als Doppelsalz von Eisencyanür und Cyankalium deutete. Durch die Entdeckung des Ferricyankaliums (L. Gmelin, 1822) und der sogenannten Nitroprusside (Playfair[1]) erweiterten sich die Kenntnisse der kompliziert zusammengesetzten Cyanverbindungen, in welchen nach dem Vorgange Graham's das Radikal *Tricyan* oder *Cyanur* angenommen wird.

Die Schwefelcyanwasserstoffsäure nebst ihren Salzen wurde von Porret entdeckt, sodann von Berzelius untersucht, welcher ihre richtige Zusammensetzung feststellte; das Schwefelcyan zu isolieren gelang Liebig (1829), der weiterhin die merkwürdigen Zersetzungsprodukte[2] des Schwefelcyanammoniums: Mellon, Melam, Melamin und andere kennen lehrte. In neuerer Zeit haben Reynolds, Volhard, Delitzsch und namentlich Klason unsere Kenntnis von diesen Körpern wesentlich gefördert.

Die Cyansäure, deren chemisches Verhalten und Beziehung zu isomeren Verbindungen Gegenstand wichtiger Diskussionen über die Konstitution solcher Körper wurde, hat Wöhler[3] zuerst isoliert; er war es, der bei Untersuchung ihrer Salze zu der so wichtigen Entdeckung der künstlichen Bildung von Harnstoff geführt wurde.[4] — Die Cyanursäure, von Serullas aus dem von ihm aufgefundenen festen Chlorcyan erhalten, wurde von Liebig und Wöhler als mit der Cyansäure gleich zusammengesetzt erkannt. Welchen Einfluß diese Wahrnehmung im Zusammenhange mit der über die Isomerie der beiden Verbindungen mit der Knallsäure auf die Lehre von den

[1] Phil. Transact. **1849**, **2**, 477.
[2] Ann. Chem. **10**, 11.
[3] Pogg. Ann. **15**, 619; **20**, 369.
[4] Vergl. S. 216.

isomeren Körpern gehabt hat, ist im allgemeinen Teil erörtert worden. — Nachdem die Halogenverbindungen des Cyans schon lange Zeit bekannt waren — das Chlorcyan hatte Berthollet beobachtet, das Jodcyan Davy entdeckt — lernte man das Cyanamid, welches für die Synthese organischer Verbindungen große Bedeutung gewinnen sollte,[1] erst im Jahre 1851 durch Cloëz und Cannizzaro[2] kennen.

Dank ihrer Fähigkeit, sich mit anderen Körpern zu vereinigen, haben die Cyanverbindungen im allgemeinen zur Aufschließung und näheren Kenntnis wichtiger Gebiete gedient; hier sei an die Bildung des Guanidins und seiner Abkömmlinge aus Cyanamid resp. Chlorcyan und Ammoniak, sowie Derivaten des letzteren erinnert.[3] Die Neigung des Cyanwasserstoffes, mit Aldehyden oder Ketonen zusammenzutreten, wurde schon erwähnt: die Synthese zahlreicher Oxycarbonsäuren war auf Grund dieses Verhaltens möglich geworden.

Die Verbindungen des Cyans, sowie Schwefelcyans mit organischen Radikalen lieferten durch ihre Mannigfaltigkeit und Umwandlungsfähigkeit ein geradezu unerschöpfliches Material für neue Probleme und Untersuchungen. Die Alkylcyanide oder Nitrile, das Cyanmethyl an der Spitze, stellte zuerst Dumas[4] aus den Ammonsalzen der Fettsäuren mittels Phosphorsäureanhydrid dar; später dienten zu gleichem Zwecke statt der Ammonsalze die Säureamide. Die ungemein wichtige Beziehung der Nitrile zu den Fettsäuren lehrten Kolbe und Frankland[5] durch Überführung der ersteren in diese mittels Kali kennen. Flüchtig sei daran erinnert, wie durch Verallgemeinerung dieser Reaktion eine große Zahl von Karbonsäuren und Abkömmlingen derselben aus einfacheren Verbindungen erzeugt worden ist; bei Gelegenheit der Besprechung solcher Verbindungen wurde schon auf die zu Grunde liegende Reaktion hingewiesen. Die Untersuchung der aus Bittermandelöl und Cyanwasserstoff bei Gegenwart von Salzsäure entstehenden Mandelsäure[6] gab den ersten Anlaß, die unter ähnlichen Bedingungen aus anderen Aldehyden sowie Ketonen hervorgehenden Verbindungen zu studieren. — Das einfachste Nitril der aromatischen Reihe, das Cyanphenyl (*Benzonitril*), wurde zuerst von Fehling[7] beobachtet. Seitdem ist

[1] Vergl. Volhard's, Strecker's, Drechsel's Untersuchungen, namentlich Journ. pr. Chem. (2), **11**, 284.

[2] Comptes rendus **31**, 62.

[3] Vergl. Erlenmeyer, Ann. Chem. **146**, 253. A. W. Hofmann, das. **139**, 111. Ber. **1**, 145 und andere mehr.

[4] Comptes rendus **25**, 383 u. 442.

[5] Ann. Chem. **65**, 269.

[6] Liebig, Ann. Chem. **18**, 319.

[7] Ann. Chem. **49**, 91.

die Zahl der Nitrile außerordentlich vergrößert; von den wichtigen Karbonsäuren kennt man auch die zugehörigen Nitrile. Die aus letzteren hervorgehenden *Amidoxime* (von Tiemann[1] entdeckt) beanspruchen besonderes Interesse. Ferner sind die aus den Nitrilen durch Aufnahme von 1 Molekül eines Alkohols entstehenden *Imidoäther* bemerkenswert, schon durch die Leichtigkeit, mit der sie die so wichtigen und höchst reaktionsfähigen *Amidine* liefern.[2] An die Nitrile schließen sich die den Halogenfettsäuren entsprechenden Cyanverbindungen eng an; gerade die einfachsten Glieder dieser Klasse, wie die Cyankohlensäure, Cyanessigsäure, haben, Dank ihrer Reaktionsfähigkeit, zu wichtigen Umwandelungsprodukten geführt.

Die den Nitrilen isomeren Isocyanüre oder Karbylamine sind gleichzeitig (1867) von Hofmann[3] und von Gautier[4] auf verschiedenen Wegen entdeckt worden, nachdem deren Existenz schon früher von Kolbe vorausgesehen war. Die präzise Feststellung der Ursache von der Isomerie beider Körperarten war ein wichtiger Fortschritt der theoretischen Chemie. — Die bündige Erklärung der ähnlichen Isomerie von Schwefelcyanalkylen und Senfölen, von denen das eigentliche Senföl am frühesten bekannt war, hat man A. W. Hofmann zu verdanken; derselbe fand Mittel und Wege, die Senföle künstlich darzustellen und durch ihre verschiedenen Zersetzungsweisen ihre chemische Konstitution klar zu legen.[5] Insbesondere spiegelte sich in den Umwandelungen die verschiedene Konstitution der Schwefelcyanalkyle im Vergleich mit der von Senfölen. — Im Zusammenhange mit dieser Erkenntnis befestigten sich mehr und mehr die Anschauungen über die analog zusammengesetzten Cyansäure- und Isocyansäureäther; auch hier sind Hofmann's Untersuchungen bahnbrechend gewesen, nachdem die einfachsten Verbindungen dieser Art durch die Arbeiten von Wurtz und Cloëz bekannt geworden waren. — Die Leichtigkeit, mit der die Isocyansäureäther und entsprechenden Senföle die Elemente des Ammoniaks und der Amine assimilieren, führte zu der Entdeckung des weiten Gebietes der substituierten Harnstoffe;[6] die der Bildung dieser Körper zu Grunde liegende Reaktion gestattete durch ihre Einfachheit die Erklärung der hier stattfindenden zahlreichen Isomerieen.

---

[1] Ber. **17**, 126, 1685 u. s. w.

[2] Vergl. Pinner, Ber. **16**, **17**, sowie besonders die Monographie: *Die Imidoäther und ihre Derivate* (Berlin 1892).

[3] Ann. Chem. **144**, 144; **146**, 107. [4] Comptes rendus **65**, 468 u. 862.

[5] Ber. **1**, 26 u. 169; **2**, 116, 452.

[6] Vergl. Wurtz, Ann. Chem. **80**, 346. A. W. Hofmann, das. **53**, 57 und in den folgenden Jahrgängen der Annalen.

Weit größere Schwierigkeiten bot die Frage nach der chemischen Konstitution polymerer Cyanverbindungen dar, deren Zahl seit der Wahrnehmung, daß die Cyanur-, die Knall- und die Cyansäure gleich zusammengesetzt sind, sich außerordentlich vermehrt hat. Erst in neuester Zeit (seit 1884) ist namentlich durch die trefflichen Untersuchungen von A. W. Hofmann und Klason, ferner die von Rathke, Weddige, Bamberger und anderen einige Klarheit über die wahre Konstitution der Cyanur- und Isocyanurverbindungen verbreitet worden. Dabei hat sich herausgestellt, daß die Isocyanursäure, sowie das Isomelamin für sich nicht existenzfähig sind, wohl aber Derivate derselben bestehen. Die schon erwähnte Lehre von den stabilen und labilen Modifikationen[1] entwickelte und befestigte sich wesentlich auf Grund der an jenen polymeren Verbindungen gewonnenen Erfahrungen. — Das Dunkel, welches über andere derartige Körper schwebte, wie über die *Mellon, Melam, Melem* genannten Zersetzungsprodukte des Rhodanammoniums, über die durch Polymerisierung der Nitrile entstehenden Basen, Kyanäthin u. s. w., beginnt zu schwinden und einer allmählichen Erkenntnis ihrer chemischen Konstitution Platz zu machen. Die wahren *Cyanuralkyle* sind durch neuere Untersuchungen von Otto und Voigt, Weddige, Krafft bekannt geworden, während die unmittelbar aus den Nitrilen mittels Natrium (auch Natriumäthylat) hervorgehenden isomeren *Kyanalkine* eine völlig andere Konstitution besitzen. Dieselben sind auf Grund der Arbeiten von E. v. Meyer[2] als *Amidomiazine* (oder Amidopyrimidine) zu betrachten; ihre Bildung ist ein lehrreicher Fall der Polymerisation, die durch die Wanderung von Wasserstoffatomen vermittelt und ermöglicht wird. — Auf einer ähnlichen, nur nicht so weit gehenden Reaktion beruht die Entstehung der *dimolekularen Nitrile*, die nach ihrem Verhalten als *Imidonitrile* zu definieren sind.[3]

Die rationelle Zusammensetzung der Knallsäure und zugehöriger Verbindungen, z. B. Fulminursäure und andere Isomere, ist auf Grund der bahnbrechenden Untersuchungen Liebig's[4] durch die Arbeiten Kekulé's,[5] Schischkoff's[6] und in neuerer Zeit durch die von Steiner, Carstanjen und Ehrenberg,[7] Scholl[8] und anderen dem Verständnis näher gebracht worden, ohne daß jedoch völlige Klarheit hat erreicht werden können.

[1] Vergl. S. 304. [2] Journ. pr. Chem. (2) **39**, 262 und früher.
[3] E. v. Meyer, das. **38**, 336; **39**, 188. [4] Ann. Chem. **26**, 146.
[5] Ann. Chem. **105**, 279. [6] Das. **101**, 213.
[7] Journ. pr. Chem. (2) **25**, 232; **30**, 38. [8] Ber. **23**, 3505.

Geschichtliches über Pyridin und Chinolin.[1]

Ein weites Gebiet von Stickstoffverbindungen, deren Entdeckung zum Teil in die ersten Jahrzehnte unseres Jahrhunderts zurückreicht, ist erst in neuester Zeit erfolgreich bebaut worden: das der Pyridin- und Chinolinbasen, deren Durchforschung mit um so größerem Eifer betrieben wurde, als man erkannte und nachwies, daß zu den Abkömmlingen derselben viele Pflanzenalkaloïde zu zählen sind. Die Untersuchungen von Anderson[2] über die flüchtigen Basen des Knochenöls, die von Williams über ähnliche im Steinkohlentheer enthaltene Körper, sowie die Beobachtung Gerhardt's[3] über die Entstehung von Chinolin aus Chinin stellen die ersten Anfänge dieses jetzt so reich entwickelten Gebietes dar. Die Erforschung desselben nahm einen besonders hohen Aufschwung, nachdem die Ähnlichkeit der Pyridinbasen mit dem Chinolin und eine deutliche Analogie aller dieser Körper mit den aromatischen Verbindungen erkannt worden war. Der erste von Körner herrührende Versuch, die Konstitution des Pyridins und Chinolins zu erklären, dieselben nämlich als Benzol bzw. als Naphtalin zu betrachten, in denen ein Methin durch das dreiwertige Stickstoffatom ersetzt gedacht wird,[4] hatte die fruchtbarsten Folgen. Man prüfte diese Hypothese an den bekannten Thatsachen und sammelte eine große Zahl neuer, welche unschwer mit jener Annahme in Einklang zu bringen waren. Die schon damals kräftig entwickelte Theorie der aromatischen Verbindungen gewährte diesen Bestrebungen einigermaßen sicheren Halt, insbesondere bei der Beurteilung und Sichtung der sich stark mehrenden Isomerieen unter den Abkömmlingen des Pyridins, sowie des Chinolins.

Der mit der oben angedeuteten Hypothese angenommene Zusammenhang des Pyridins und Chinolins mit dem Benzol und Naphtalin wurde durch eine Reihe schöner Untersuchungen klar erwiesen. Hier sei auf die Analogie des Verhaltens von alkylierten Pyridinen gegen Oxydationsmittel mit dem von Alkylderivaten des Benzols hingewiesen. — Die Erforschung dieser Verhältnisse, namentlich die der isomeren Methyl- sowie Äthylpyridine und der daraus hervorgehenden Pyridinmonokarbonsäuren, verdankt man den ausgezeichneten Arbeiten von Weidel, Skraup, Ladenburg, Wischne-

[1] Bezüglich der Quellen vergl. die Monographieen von Metzger, Hesekiel, Calm-Buchka, A. Pictet über diese Basen.

[2] Ann. Chem. Bd. **60**, **70**, **75**, **80**, **84**.

[3] Ann. Chem. **42**, 310. [4] Vergl. S. 300.

gradsky. Ähnlich wie man aus der Zahl der isomeren Substitutionsprodukte des Benzols auf die Zulässigkeit der Hypothese von dessen Konstitution geschlossen hat, so wurde das Gleiche für das Pyridin daraus gefolgert, daß nämlich die theoretisch erwartete Zahl von Methyl- und Karboxylpyridinen, nicht aber eine größere dargestellt werden konnte.

Von den Experimentaluntersuchungen, welche zur weiteren Stütze der obigen Ansicht gedient haben, sind noch die von Königs, Ladenburg, A. W. Hofmann zu nennen, durch welche der Zusammenhang des Pyridins mit dem um 6 Wasserstoffatome reicheren Piperidin klar gelegt wurde. Die Analogie dieses und des Pyridins einerseits mit dem Hexahydrobenzol und Benzol andererseits trat somit deutlich hervor. Als vortreffliches Hilfsmittel zur Reduktion von Pyridinbasen wurde von Ladenburg das Natrium in seiner Wirkung auf die alkoholische Lösung des zu reduzierenden Körpers erkannt und seitdem in zahllosen ähnlichen Fällen mit Erfolg angewandt. Hier sei der glücklichen Überführung des Trimethylencyanids in Piperidin und in Pentamethylendiamin gedacht: letzteres, aus dem genannten Cyanid durch Aufnahme von 8 Atomen Wasserstoff entstanden, wurde als identisch mit einem Leichengift, dem *Kadaverin*, erkannt.

Durch die verschiedenen Bildungsweisen von Pyridinbasen aus einfacher zusammengesetzten Körpern wurde ebenfalls der Einblick in die Konstitution jener gefördert; ich erinnere an die Synthese eines Collidins aus Aldehydammoniak, sowie aus Äthylidenchlorid und Ammoniak, an die eines Chlorpyridins aus Pyrrolkalium und Chloroform, an die Untersuchungen von Hantzsch, welche zur künstlichen Gewinnung des Lutidins führten, an die Bildung des β-Methylpyridins aus Glycerin (Stoehr).

Außerordentlich fruchtbar haben sich die synthetischen Untersuchungen auf dem Gebiete des Chinolins und seiner Abkömmlinge erwiesen; sie dienten namentlich zur Bestätigung der diesen Körpern zugeschriebenen Konstitution, welche übrigens auch aus ihren Zersetzungsweisen gefolgert worden war. Aus der Fülle hierher gehörender Arbeiten seien nur einige herausgegriffen: die von Skraup, welcher, wohl angeregt durch frühere Versuche von Königs und Graebe, den allgemein brauchbaren Weg auffand, aus Glycerin und aromatischen Aminen Chinolin und dessen Abkömmlinge darzustellen, ferner Baeyer's schöne Untersuchungen über die Bildung des Chinolins, Oxychinolins u. s. w. durch Kondensation von o-Amidophenylenverbindungen. Erinnert sei noch an die Synthese des Chinolins und seiner Homologen aus Orthoamidobenzaldehyd und

Aldehyden (Friedländer), sowie aus Anilin und Aldehyd (v. Miller und Döbner). Eng an diese Bildungsweisen schließen sich die von C. Beyer und W. Pfitzinger ausgeführten Synthesen von Homologen des Chinolins, bzw. von Chinolinkarbonsäuren an.

Während durch diese synthetischen Arbeiten die Konstitution des Chinolins klar gelegt wurde, haben andere Versuche den Zusammenhang desselben mit dem Pyridin erwiesen; so erkannte man, daß die durch Oxydation aus Chinolin hervorgehende *Chinolinsäure* eine Pyridindikarbonsäure sei, deren Entstehung der von Benzoldikarbonsäure aus Naphtalin vollkommen analog ist.

Die eingehende Beschäftigung mit den Abkömmlingen des Chinolins führte einmal zu einer systematischen Durcharbeitung des reichen Stoffes; es sei der wertvollen Untersuchungen von Ad. Claus[1] und seinen Schülern über Halogenderivate und Sulfonsäuren des Chinolins gedacht. Sodann gelangte man zur Auffindung von Körpern, die dem letzteren analog konstituiert sind: die Naphtochinoline, das Anthrachinolin gehören hierher. Auch die Entdeckung des Isochinolins und seine Entstehung aus Naphtalinderivaten (Gabriel, Bamberger, Zincke) verdient hier erwähnt zu werden.

In engster Beziehung zu Pyridin und Chinolin — in gleicher Weise, wie diese zu Benzol und Naphtalin — stehen die Basen, welche als Di- und Triazine bezeichnet werden; sie sind in neuester Zeit Gegenstand emsigster Forschungen geworden. Hier seien die von Stoehr und von L. Wolff über *Pyrazin-* und *Piperazin-*Derivate, die von Pinner und anderen über *Pyrimidine* genannt. Die neueren Untersuchungen über Cyanurverbindungen lehrten diese als Abkömmlinge des Triazins kennen. Von den aus Chinolin sich ableitenden stickstoffreichen Verbindungen sind die den Pyrazinen entsprechenden *Chinoxaline* (Hinsberg und andere) und die den Pyrimidinen analogen *Chinazoline* (Weddige, Paal, Widmann und andere) besonders zu nennen. — Die Spezialisierung des Gebietes der organischen Chemie ist derart fortgeschritten, daß ausführliche Werke über Teile derselben erscheinen, die vor kurzem noch unbeachtet waren.[2]

Ein noch höheres Interesse, als mit Auffindung der ebengenannten Körper verbunden war, beansprucht der durch eine Reihe ausgezeichneter Untersuchungen angebahnte Nachweis des innigen Zusammenhanges zwischen Pyridin bzw. Chinolin (auch Isochinolin)

[1] Im Journal f. pr. Chem. vom Jahrg. **1888** an veröffentlicht.

[2] Vergl. das treffliche *Handbuch der stickstoffhaltigen Orthokondensationsprodukte* von O. Kühling (Berlin 1893).

und einigen Pflanzenalkaloïden, deren Konstitution infolge dessen aufgeklärt worden ist. Daß die Alkaloïde Abkömmlinge des Pyridins oder Chinolins seien, hat zuerst Wischnegradsky, sodann Königs ausgesprochen. Zur Stütze dieser Ansicht dient z. B. die Umwandelung des Pyridins in Piperidin, welches ein Spaltungsprodukt des im Pfeffer enthaltenen Alkaloïds Piperin ist, und umgekehrt die des Piperidins in Pyridin, sowie die ganz analoge Überführung von Coniin in Propylpyridin,[1] sogenanntes Conyrin. Dieser wichtigen Erkenntnis folgte bald die weitere,[2] daß dieses Alkaloïd des Schierlings als α-Propylpiperidin, und zwar als die rechtsdrehende Modifikation desselben, anzusprechen ist.

Die von Ladenburg[3] planvoll ausgeführte Synthese des Coniins bestand in der Darstellung von α-Allylpyridin und Umwandelung dieses in α-Propylpiperidin (mittels Natrium), sodann in der Spaltung der letzteren, optisch inaktiven Verbindung in ihre aktiven Komponenten.

Die vollständige Synthese von anderen Pflanzenalkaloïden ist gewiß nur eine Frage der Zeit; der teilweise Aufbau solcher Körper aus ihren Spaltungsprodukten, z. B. des Atropins aus Tropin und Tropasäure (Ladenburg,)[4] des Cocaïns aus Ecgonin, Benzoësäure und Jodmethyl (W. Merck)[5] ist in manchen Fällen gelungen. — Bei den meisten Alkaloïden, wie Nikotin, Piperin, den Opiumalkaloïden, Hydrastin, Chinin und anderen, Strychnin u. s. w. ist man auf die Natur der Spaltungsprodukte angewiesen, aus deren Konstitution Schlüsse auf die der komplizierter zusammengesetzten Alkaloïde zu ziehen sind. Die Fülle wichtiger Thatsachen ist eine zu große, um Einzelheiten hier aufzuführen. In den meisten Fällen lassen die Abbauprodukte nahe Beziehungen der Alkaloïde zu Pyridin oder Chinolin oder Isochinolin, als den stickstoffhaltigen Kernen erkennen.[6]

Der kurze Überblick über einige der zahlreichen, diesem Gebiete zugehörigen Untersuchungen lehrt schon zur Genüge, daß die Erkenntnis von der chemischen Natur und rationellen Zusammensetzung der Pyridin- und Chinolinbasen für die Erschließung der Alkaloïde sehr wichtig geworden ist und gewiß noch reichere Früchte tragen wird.

---

[1] A. W. Hofmann, Ber. **17**, 825.

[2] Vergl. Ladenburg, Ann. Chem. **247**, 80 (1888).

[3] Ber. **22**, 1403. [4] Ann. Chem. **217**, 74. [5] Ber. **18**, 2952.

[6] Bezüglich der reichen Litteratur dieses Gebietes sei auf die treffliche Monographie Pictet's: *Die Pflanzenalkaloïde* u. s. w. (Berlin 1891) verwiesen.

Auch einige stickstofffreie, zu den Alkaloïden in natürlicher Beziehung stehende Verbindungen, welche schon lange bekannt waren, deren Konstitution aber gänzlich verhüllt blieb, sind namentlich durch die neueren Untersuchungen[1] von Ost, Lieben und Haitinger mit dem Pyridin in einen natürlichen Zusammenhang gebracht worden: die Mekon-, Komen- und Pyromekonsäure, sowie die Chelidonsäure. Die bedeutsame Beobachtung, daß diese Verbindungen, zu denen sich ähnlich konstituierte Körper[2] aus Citronensäure und Äpfelsäure gesellen, mittels Ammoniak in Oxypyridinkarbonsäure übergehen, hatte das Dunkel, in welches ihre Konstitution gehüllt war, zu lichten begonnen. Die glücklich gelungene Synthese der Chelidonsäure (Lieben, Claisen)[3] hat diese Frage zur Lösung gebracht.

Pyrrol und analoge Verbindungen.

Eine andere Gruppe von Körpern, deren Repräsentanten das Pyrrol, Furfuran und Thiophen sind, ist in neuer Zeit Gegenstand eifrigsten Forschens geworden, wodurch die Konstitution dieser drei Körper und vieler Abkömmlinge derselben aufgeklärt wurde. Man erkannte die Analogie der genannten Verbindungen, die den gleichen, aus vier Atomen Kohlenstoff und vier Atomen Wasserstoff bestehenden Kern, und zwar im Pyrrol mit Imid (*NH*), im Furfuran mit 1 Atom Sauerstoff und im Thiophen mit 1 Atom Schwefel verbunden, enthalten. Die Ähnlichkeit derselben mit dem Benzol ergab sich bei jedem Schritte vorwärts, besonders überraschend bei der Erforschung des von V. Meyer entdeckten Thiophens und seiner Abkömmlinge. Gerade die Untersuchungen[4] über diese Körperklasse gehören zu den ausgezeichnetsten unserer Zeit.

Die künstliche Bildung von Thiophen aus Bernsteinsäure und Dreifach-Schwefelphosphor,[5] die von Pyrrol aus Succinimid mittels Zinkstaub, die Umwandelung des Pyrrols in wasserstoffreichere Verbindungen, das Pyrrolin, Pyrrolidin (Ciamician), sind besonders wichtige Reaktionen, welche zur Klarlegung der Konstitution von den in Rede stehenden Verbindungen gedient haben. — Das von Runge im Steinkohlentheer beobachtete, von Anderson zuerst isolierte Pyrrol ist nebst der stark angewachsenen Schar von Abkömmlingen in neuer Zeit durch die umfassenden Untersuchungen von

[1] Journal pr. Chemie (2) **27**, 257; **29**, 57. Ber. **16**, 1259.
[2] A. W. Hofmann, Ber. **17**, 2687. v. Pechmann, das. **17**, 936; **19**, 2694.
[3] Wien. Mon. **4**, **5**, **6**. Ber. **24**, 111.
[4] Vergl. S. 301. [5] Ber. **18**, 454.

Ciamician, Dennstedt und anderen näher erforscht worden, nachdem vor längerer Zeit Schwanert[1] die grundlegende Beobachtung über die Entstehung von Pyrrol aus schleimsaurem Ammon gemacht hatte.

Die Arbeiten über das von Limpricht[2] entdeckte Furfuran knüpfen sich schon an die von Scheele bemerkte, von Labillardière als eigentümlich erkannte Brenzschleimsäure an, sowie an deren Aldehyd, das von Döbereiner aufgefundene, von Stenhouse, Fownes und anderen näher erforschte Furfurol. Die Analogie im Verhalten des letzteren mit dem Aldehyd der Benzoësäure wurde namentlich durch die Untersuchungen von Baeyer und E. Fischer,[3] der nahe Zusammenhang der Brenzschleimsäure andererseits mit der Maleinsäure von Hill[4] erwiesen. — Sehr wichtige Beiträge zur Konstitution der in Frage stehenden Körper sind durch Paal's schöne Untersuchungen geliefert worden, durch die er die Entstehung von Abkömmlingen des Furfurans, Thiophens und Pyrrols aus γ-Diketonen und γ-Diketonsäuren kennen lehrte.[5]

Im Bereiche der eigentlich aromatischen Körper, mit denen die eben besprochenen Substanzen in Hinsicht auf ihr chemisches Verhalten große Ähnlichkeit haben, wurde das von Baeyer entdeckte Indol als Analogon des Pyrrols erkannt und zum Angelpunkt wichtiger Arbeiten, welche zur Aufklärung des Zusammenhanges dieses Körpers mit den Verbindungen der Indigogruppe, insbesondere dem Isatin, Oxindol und Dioxindol, führten. Neuerdings sind verschiedene Abkömmlinge des Indols mittels einer von E. Fischer entdeckten Methode aus Phenylhydrazin und Aldehyden resp. Ketonen gewonnen worden.[6] — Als „Furfuran der Naphtalinreihe" bezeichnete Hantzsch[7] das von Fittig und Ebert aus dem Cumarin enthaltene *Cumaron* und bestätigte seine Auffassung durch glückliche Synthesen von Abkömmlingen desselben. — Schon früher war auf die Analogie jener drei Verbindungen, Furfuran, Thiophen und Pyrrol, mit dem Diphenylenoxyd, -sulfid und -imid (Karbazol) hingewiesen worden.

Seit einer Reihe von Jahren ist die Aufmerksamkeit zahlreicher Forscher auf die Untersuchung von Verbindungen gerichtet, die zu Pyrrol und seinen Analogen in ähnlicher Beziehung stehen, wie etwa das Pyrazin und Pyrimidin zu Pyridin oder das Chinazolin zum

---

[1] Ann. Chem. **116**, 278. [2] Ann. Chem. **165**, 281.
[3] Ber. Bd. **10**, **13**. [4] Das. **13**, 734.
[5] Vergl. Paal's darauf bezügliche Monographie (Würzburg 1890).
[6] Ann. Chem. **236**, 116. [7] Ber. **19**, 1290 u. **20**.

Chinolin (vergl. S. 404). Die merkwürdigen *Azole* (Pyrazol, Glyoxalin, Triazol u. s. w.) gehören als Abkömmlinge des Pyrrols hierher und sind durch Untersuchungen von Marckwald, v. Pechmann, Bladin und anderen unserer Kenntnis erschlossen worden. Besonders wichtig sind durch die Forschungen von Knorr und seinen Schülern, ferner von Curtius, v. Rothenburg und anderen das Pyrazolon, Isopyrazolon und ihre Derivate geworden. Die *Thiazole* und *Oxazole*, von dem Thiophen bzw. Furfuran sich ableitend, sind von Hantzsch, Claisen und anderen erforscht worden.

Metallorganische Verbindungen.

Nachdem die Erkenntnis Platz gegriffen hatte, daß außer dem Wasserstoff, Sauerstoff, Stickstoff, Schwefel, den Halogenen, auch das Arsen mit Kohlenstoff in direkte Verbindung treten kann, worauf zuerst Kolbe durch seine Deutung des Kakodyls hingewiesen hatte,[1] wurden Schlag auf Schlag neue Gebiete der organischen Chemie erschlossen. Durch die Entdeckung Frankland's,[2] daß Zink dem Jodmethyl und -äthyl die Alkyle entzieht, um sich mit ihnen zu vereinigen, gelangte man zur Kenntnis metallorganischer Verbindungen, welche — Dank ihrer wunderbaren Reaktionsfähigkeit — dazu bestimmt waren, in ungeahnter Weise die Entwickelung der organischen Chemie, insbesondere ihrer synthetischen Methoden, zu fördern. Mit Hilfe der Zinkalkyle wurden im Laufe der nächsten Zeit viele andere *Organometalle* aufgefunden; es sei nur an die Entdeckung und vielseitige Untersuchung der Zinn-, Quecksilber-, Blei-, Natriumäthylverbindungen, an die des Aluminiums und anderer Elemente erinnert.[3] Zu diesen gehörten diejenigen Nichtmetalle, von welchen organische Verbindungen früher nicht bekannt waren: das Bormethyl und ähnliche von Frankland,[4] ferner die wichtigen Alkylverbindungen des Siliciums, aus deren Zusammensetzung die vollkommene Analogie des letzteren mit dem Kohlenstoff sich ergeben hat. Den zuerst bekannt gewordenen Organometallen der Fettreihe haben sich seit Entdeckung des Phenylquecksilbers mehrere der aromatischen Reihe zugehörende Verbindungen angeschlossen.[5]

---

[1] Vergl. S. 277. [2] Ann. Chem. **71**, 171 (1849).

[3] Vergl. Buckton, Odling, Frankland, Cahours, Ladenburg u. s. w. in den Ann. Chem.

[4] Ann. Chem. **124**, 129; bezüglich aromatischer Borverbindungen s. Michaëlis und andere Ber. **27**, 244 flg.

[5] R. Otto, Ann. Chem. **154**, 93. Vergl. namentlich Michaëlis' Arbeiten über Phosphenylverbindungen u. s. w.

In neuester Zeit ist die Kenntnis von Magnesium-, Wismut-, Thallium-Alkylen erschlossen worden. Der eigentümlichen, den Organometallen anzureihenden Kohlenoxydverbindungen des Nickels, Eisens, Platins wurde schon bei der Geschichte dieser Metalle gedacht.

So unvollständig der obige Bericht über die Entwickelung der speziellen Kenntnisse organischer Verbindungen ist, so lassen sich doch aus demselben die wichtigsten Strömungen erkennen, welche in dem Gebiete der organischen Chemie geherrscht haben und noch maßgebend sind. Die Übersicht der zahllosen, seit 60—70 Jahren untersuchten Körper ist durch die allmählich gewonnenen allgemeinen Gesichtspunkte, die man bei der Klassifizierung derselben und bei der Ableitung ihrer chemischen Konstitution aufgestellt hat, wesentlich erleichtert worden. In erster Linie gehörte dazu die wachsende Erkenntnis, daß ganze Reihen organischer Verbindungen als Abkömmlinge unorganischer aufgefaßt werden können, und die zunehmende Sicherheit in der Erfassung der Konstitution organischer Körper auf Grund der den elementaren Atomen eigentümlichen Sättigungskapazität.

Geschichte der physikalischen Chemie in der neueren Zeit.[1]

Der Einfluß, den einige Teile der Physik auf die Entwickelung chemischer Lehren ausgeübt haben, ist nicht hoch genug anzuschlagen. Durch die Einführung physikalischer Methoden, insbesondere durch Anwendung des Wägens, Messens und Rechnens auf chemische Probleme, wurde die Chemie erst zur exakten Wissenschaft, zur ebenbürtigen Schwester der Physik. Im allgemeinen Teile ist schon die Bedeutung dieser Methoden, so weit ihr Einfluß auf die Richtung des Zeitalters bestimmend eingewirkt hat, gewürdigt worden. — Seit Lavoisier hat die Erkenntnis mehr und mehr Platz gegriffen, daß innige Beziehungen zwischen chemischen und physikalischen Eigenschaften der Körper vorhanden sind. Wie für die Gewichtsverhältnisse der sich zu chemischen Verbindungen vereinigenden Stoffe, so ergaben sich für die Volume der chemisch aufeinander wirkenden Gase gesetzmäßige Relationen (Gay-Lussac, Avogadro). Man bemühte sich ferner, die wichtigsten physikalischen Konstanten der Körper in den verschiedenen Aggregatzuständen, wie spezifisches Gewicht, spezifische Wärme u. s. w. festzustellen, sowie die durch chemische Vorgänge hervorgerufenen Änderungen physikalischer Eigenschaften zu bestimmen; dabei war der Gesichtspunkt leitend, Beziehungen zwischen der chemischen Zusammensetzung und dem physikalischen Verhalten der Körper aufzufinden. Dem Streben, solche Probleme zu lösen, hat die physikalische Chemie ihre Entstehung und allmähliche Ausbildung zu verdanken.

Wenn auch schon Lavoisier im Verein mit ausgezeichneten Physikern, namentlich mit Laplace, an einzelne derartige Aufgaben herantrat, und mehrere Jahrzehnte später Gay-Lussac auf die

---

[1] Bezüglich einzelner Litteraturangaben für diesen und den folgenden Abschnitt sei auf das treffliche Werk von W. Ostwald, *Lehrbuch der allgemeinen Chemie* (I. Auflage 1885/87; II. gänzlich umgearbeitete Auflage, die seit 1890 erscheint, bis jetzt 2 Bände) hingewiesen. Ferner sei als originelles Werk die *Theoretische Chemie* von W. Nernst (1893) genannt, sowie das früher erschienene gleichnamige von Horstmann.

Beziehungen zwischen den Volumen verschiedener Gase und ihrer chemischen Zusammensetzung, Dulong und Petit auf den Zusammenhang zwischen spezifischer Wärme und Atomgewichten von Elementen hingewiesen hatten: systematisch ist das Grenzgebiet zwischen Physik und Chemie erst von Hermann Kopp bebaut worden, mit dessen seit 1840 begonnenen Arbeiten über die Verhältnisse zwischen Atomgewichten und spezifischen Gewichten, über Siedepunktsregelmäßigkeiten und anderes mehr die Entwickelungsgeschichte der physikalischen Chemie innig verwachsen ist. — In den letzten drei Jahrzehnten hat sich in zunehmendem Maße das Interesse tüchtiger Forscher den physikalisch-chemischen Fragen zugewandt, insbesondere solchen, welche den Zusammenhang zwischen thermochemischem, optischem, sowie elektrochemischem Verhalten der Körper mit ihrer chemischen Zusammensetzung betreffen. Einen festeren Halt und geistigen Mittelpunkt haben alle diese Bestrebungen gewonnen durch die von W. Ostwald 1887 ins Leben gerufene, von ihm und van't Hoff herausgegebene *Zeitschrift für physikalische Chemie.*

Auch ein anderes benachbartes Gebiet, das der chemischen Verwandtschaft, ist durch die oben angedeuteten Forschungen und Bestrebungen reich befruchtet worden. Mit Hilfe physikalisch-chemischer Methoden und damit verbundener Rechnung hat man die so alte Frage nach der Ursache und dem Wesen der chemischen Affinität zu lösen begonnen. An die Darlegung der Entwickelung physikalisch-chemischer Forschungen reiht sich daher zweckmäßig die Geschichte der Verwandtschaftslehre. Durchleuchtet werden beide Gebiete von dem Streben, chemische Vorgänge der mathematischen Behandlung zugänglich zu machen.

Das Verhalten der Gase und Dämpfe hat zunächst besonders kräftig zu fruchtbringenden physikalisch-chemischen Untersuchungen angeregt, wohl deshalb, weil in dem elastisch-flüssigen Aggregatzustande die physikalischen Eigenschaften eines Körpers am ungetrübtesten zum Vorschein kommen, also gesetzmäßige Beziehungen der letzteren zu der chemischen Zusammensetzung eines solchen am leichtesten hervortreten.

Dampfdichtebestimmungen.

Die Gesetze von Boyle-Mariotte und von Gay-Lussac, durch welche die Abhängigkeit der Gasvolume von dem Druck und der Temperatur ausgesprochen war, hatten den Boden für die Erkenntnis anderer Beziehungen wohl vorbereitet. Gay-Lussac's schon besprochenes Volumgesetz[1] war die erste reife Frucht, welche ganz besonders der Chemie zu statten kam. — Die Avogadro[2] zu verdankende, aber erst viel später durchgedrungene Erkenntnis von dem innigen Zusammenhange zwischen spezifischem Gewicht der Gase und ihren Molekulargewichten, der Satz von der Proportionalität dieser mit jenem beherrscht noch die chemischen Untersuchungen bis auf den heutigen Tag, insofern diese „Avogadro'sche Regel" als unentbehrliches Mittel zur Bestimmung der Molekulargröße vieler chemischer Verbindungen dient.

In richtiger Würdigung dieses Hilfsmittels hat man nach Vereinfachung und zugleich nach Verfeinerung der zur Bestimmung des spezifischen Gewichtes von Gasen und Dämpfen dienenden Methoden gestrebt. — Dumas war, wie schon erwähnt wurde, der erste, welcher die Wissenschaft mit einer allgemein brauchbaren Methode der Dampfdichtebestimmung[3] beschenkt und mittels derselben große Erfolge erzielt hat. — Einen anderen, gerade umgekehrten Weg als Dumas, welcher direkt das Gewicht eines genau ermittelten Gas- oder Dampfvolums bestimmte, schlugen Gay-Lussac und nach ihm A. W. Hofmann[4] ein, welche das von einer abgewogenen Menge des zu untersuchenden Körpers eingenommene Gasvolum maßen.

Zu diesen Methoden ist neuerdings die von V. Meyer[5] hinzugekommen, welche darauf beruht, daß man die Menge der Luft oder eines indifferenten Gases mißt, welche durch das aus der abgewogenen Menge Substanz entwickelte Dampfvolum verdrängt wird. — Die Verbesserungen, welche diese Bestimmungsweisen seit ihrer Einführung erfahren haben, brauchen hier nicht besprochen zu werden; wohl aber ist darauf hinzuweisen, daß mittels derselben die überaus wichtige Frage nach der relativen Größe der Moleküle und Atome von Elementen sowie Verbindungen in ganz erheblichem Maße gefördert und aufgeklärt worden ist, wie aus einigen Thatsachen zur Genüge erhellt.

Die Bestimmung der spezifischen Gewichte von Dämpfen ist in einigen Fällen das sicherste Mittel gewesen, um zwischen verschiedenen, stöchiometrisch oder auf anderem Wege ermittelten Werten von Elementen ihr richtiges Atomgewicht auszuwählen. Um nur aus neuerer Zeit Thatsachen zu nennen, sei auf die Ableitung der Atomgewichte von Silicium, Beryllium, Thorium, sowie Germanium aus den Dampfdichten ihrer Chloride hingewiesen. — Gestützt auf

[1] Vergl. S. 185. [2] Vergl. S. 186, 252.
[3] Ann. Chim. Phys. **33**, 341. [4] Ber. **1**, 198 (1868).
[5] Ber. **11**, 1867 u. 2253 (1878).

Avogadro's Satz, daß die Dampfdichten den Molekulargewichten der betreffenden Körper proportional sind, hat man aus dem spezifischen Gewicht von vergasten Elementen die überraschendsten Schlüsse auf deren Molekulargröße bei verschiedenen Temperaturen ziehen können. Man denke an die Ergebnisse von Dumas' und Mitscherlich's Untersuchungen[1] über die Dampfdichten des Schwefels, Arsens, Phosphors, Quecksilbers, deren Moleküle eine verschiedene Anzahl Atome enthalten, wie man später nach Wiederbelebung und Anerkennung des Avogadro'schen Satzes aus dem spezifischen Gewicht ihrer Dämpfe geschlossen hat. Ferner seien die wichtigen Versuche von V. Meyer, Nilson und Pettersson über die Dichte von Verbindungen erwähnt, besonders solcher, welche bei wechselnden Temperaturen verschiedenartige Zusammensetzung aufweisen. Das Aluminiumchlorid z. B. hat bei genügend hoher Temperatur das denkbar einfachste Molekulargewicht: $AlCl_3$, bei geringerer das doppelte: Al_2Cl_6, ähnlich das Zinnchlorür ($SnCl_2$, bzw. Sn_2Cl_4) und andere mehr.

Diese wenigen Beispiele mögen zur Erläuterung des Obigen genügen. Die Bedeutung, die man den Ergebnissen von Dampfdichtebestimmungen beilegt, erhellt besonders aus dem Umstande, daß man aus solchen Ermittelungen am sichersten den chemischen Wert der Grundstoffe abzuleiten vermeint. Welche Vorsicht aber da noch erforderlich ist, ergiebt sich aus den schwankenden Zahlenwerten und wird besonders durch das Verhalten des Aluminiumchlorids nahe gelegt, aus dessen Dampfdichte man bis vor kurzem geschlossen hatte, das Aluminium sei vierwertig, obwohl das gesamte Verhalten des Elementes für seine Trivalenz sprach, welche schließlich durch die Bestimmung der normalen Dichte des Dampfes von seinem Chlorid bestätigt worden ist.

Dissoziation.

Aus den Beobachtungen über die sogenannten anomalen Dampfdichten, deren Ursache in der mit steigender Temperatur zunehmenden Zersetzung von Verbindungen erkannt wurde, hat sich die für die physikalische Chemie so wichtige Lehre von der Dissoziation entwickelt, mit welchem Namen jene Zersetzungsweise von H. de St. Claire Deville bezeichnet worden ist. Von ihm rührt die erste, seit 1857[2] begonnene systematische Bearbeitung dieses Gebietes her, welches später von anderen Forschern — ich nenne Debray, Cahours, Wurtz, Horstmann, Isambert,

[1] Vergl. S. 194. [2] Vergl. Comptes rendus **45**, 857.

A. Naumann — zum Gegenstande wichtiger Untersuchungen gemacht wurde. Die letzteren beschränkten sich nicht nur auf die Fälle sogenannter anormaler Dampfdichten, sondern umfaßten alle mit zunehmender Temperatur stufenweise fortschreitenden Zersetzungen von chemischen Verbindungen. — Von besonderer Wichtigkeit hat sich neuerdings die Annahme einer Dissoziation aller Elektrolyte in Lösungen erwiesen (s. u.).

Verflüssigung der Gase.

Die Erforschung des Überganges von Gasen und Dämpfen in den flüssigen, bzw. festen Aggregatzustand hat zu überaus wichtigen Arbeiten Anlaß gegeben. Man erinnere sich der umfassenden Versuche Faraday's[1] über die Verflüssigung von Gasen, welche damals für nicht verdichtbar galten, insbesondere der überraschenden Ergebnisse neuerer Untersuchungen von R. Pictet und Cailletet,[2] Wroblevsky und Olzevsky,[3] welche gezeigt haben, daß kein Gas der gemeinsamen Wirkung genügend hohen Druckes und starker Abkühlung widersteht. Man lernte so den Stickstoff, Wasser- und Sauerstoff, das Ozon in flüssiger und fester Form kennen, ja man konnte die Siedetemperaturen derselben bestimmen: durchweg Entdeckungen von großer Bedeutung.

Andrews[4] hatte schon früher die Bedingungen des Flüssigkeitszustandes eines Gases zum Gegenstande gründlicher Forschung gemacht und dabei die so wichtigen Begriffe der kritischen Temperatur und des kritischen Druckes festgestellt, nachdem einige Jahre zuvor von Mendelejeff[5] grundlegende Beobachtungen darüber mitgeteilt worden waren.

Über das Verhalten von Gasen zu Flüssigkeiten haben die in das erste Dezennium unseres Jahrhunderts fallenden Versuche von Henry und von Dalton Aufklärung gebracht, insofern sie die Abhängigkeit der Absorption von Gasen, bzw. Gasgemengen von dem darauf lastenden Druck feststellten, welches Gesetz durch Bunsen's klassische Untersuchungen[6] bestätigt wurde.

---

[1] Philos. Transact. f. **1823**, 160; **1845**, 1.
[2] Comptes rendus **85**, 1213 (1877).
[3] Ann. Phys. N. F. **20**, 243 und andere.
[4] Pogg. Ann. Ergänz.-Bd. **5**, 64 (1871).
[5] Ann. Chem. **119**, 11.
[6] Ann. Chem. **93**, 1 (1855).

Kinetische Gastheorie.

Die gründliche Erforschung der Gase, insbesondere ihres physikalischen Verhaltens, hat zur Aufstellung einer Theorie geführt, durch welche die mannigfaltigen Erscheinungen der Gase, ihr Verhalten bei Druck- und Temperaturänderungen, die spezifische Wärme, Diffusion, Reibung derselben unter gemeinsamem Gesichtspunkt zusammengefaßt und befriedigend erklärt werden. Diese „kinetische Gastheorie" ist, nachdem ähnliche Ideen über die Natur der Gase schon in früherer Zeit von D. Bernouilli (1738), Herapath, Joule geäußert waren, erst von Krönig, und namentlich von Clausius (1857), sodann von Maxwell ausgebildet und zur Geltung gebracht, später von v. d. Waals und anderen noch erweitert worden. Man kann dieselbe als eine wichtige Frucht der mechanischen Wärmetheorie bezeichnen.[1]

Spektralanalyse.

Von besonders tief eingreifender Bedeutung für die physikalische Chemie erwiesen sich die Untersuchungen über das optische Verhalten der Gase und Dämpfe im glühenden Zustande. Aus ganz unscheinbaren, nicht zusammenhängenden Beobachtungen von Marggraf, Scheele, Herschel und anderen über das Licht der durch Salze gefärbten Flammen hat sich die Spektralanalyse entwickelt. Zwar hatten schon verschiedene Physiker, wie Talbot, Miller, Swan, das Spektrum solcher Flammen untersucht; aber erst nachdem G. Kirchhoff[2] im Jahre 1860 den wichtigen Satz ausgesprochen und bewiesen hatte, daß jeder glühende Körper die Lichtstrahlen in demselben Verhältnis aussendet, in welchem er sie absorbiert, ist die Spektralanalyse von R. Bunsen und G. Kirchhoff als wichtige Disziplin ausgebildet worden; ihre Bedeutung für die analytische Chemie wurde schon gewürdigt.

Der erweiterten Anwendung der Spektralanalyse zur Ermittelung der Zusammensetzung von Himmelskörpern, somit der festeren Begründung einer Astrophysik, sei hier nur kurz gedacht. — Für die allgemeine Chemie scheinen die Bestrebungen, harmonische Verhältnisse der Spektrallinien und Beziehungen dieser zu den Atomgewichten der Körper aufzufinden, welche solche Linien liefern, manche Anhaltspunkte zu versprechen, wie die Arbeiten von Maxwell, Balmer,

[1] Bezüglich der Entwickelung obiger Theorie sei auf O. E. Meyer's Werk: *Die kinetische Theorie der Gase* (Breslau 1877) verwiesen.

[2] Pogg. Ann. **109**, 275.

Stoney, Soret, Lecoq de Boisbaudran erkennen lassen.[1] — Eine vollständige Theorie der den Gasen eigentümlichen Spektralerscheinungen ist, trotzdem es an ausgezeichneten grundlegenden Arbeiten nicht fehlt, noch der Zukunft vorbehalten.

Atomvolume fester und flüssiger Körper.

Das Streben, Beziehungen zwischen physikalischen Eigenschaften fester und flüssiger Körper und deren chemischen Zusammensetzung festzustellen, wird durch zahlreiche Arbeiten bekundet, von denen einige hervorragende hier zu nennen sind. — Das spezifische Gewicht von Elementen und Verbindungen ist als besonders wichtige Konstante, nach früheren Anläufen von Dumas, Herapath, Karsten, Boullay, Ammermüller, zuerst in umfassender Weise von H. Kopp mit der atomistischen Zusammensetzung der untersuchten Stoffe in Zusammenhang gebracht worden. Durch Feststellung der Atomvolume oder spezifischen Volume der letzteren gelang es diesem Forscher, manche Regelmäßigkeiten aufzufinden, namentlich die den Atomen der in Verbindungen fungierenden Elemente zukommenden spezifischen Volume zu ermitteln; damit aber war die Möglichkeit gegeben, das Atomvolum komplizierter Verbindungen zu berechnen.[2]

Neuere, ähnliche Ziele verfolgende Arbeiten haben zumeist an Kopp's Grundsätze angeknüpft; sie enthalten manche neue Gesichtspunkte und haben mehrfach zu Modifikationen der von ihm ermittelten Werte geführt; es seien die neueren Untersuchungen von Thorpe, Lossen, Staedel, R. Schiff genannt. — Der früher angenommene Satz, daß die Atomvolume der Elemente in ihren Verbindungen meist unveränderlich seien, ist durch die späteren Arbeiten stark erschüttert worden und kann nicht mehr aufrecht erhalten werden. — Von den zahlreichen Versuchen, die Volumverhältnisse fester Verbindungen mit deren atomistischen Zusammensetzung in Beziehung zu bringen, sind außer denen H. Kopp's noch die von Schroeder bemerkenswert, welcher in der Annahme von Volumeinheiten, sogenannte *Steren*, chemisch ähnlicher Elemente den Schlüssel zur Lösung der vorliegenden Frage gefunden zu haben vermeinte (Lehre vom *Parallelosterismus*). — Auch hier muß man eingestehen, von der Erkenntnis eines die Atomvolume fester oder

[1] Vergl. Ostwald's Lehrbuch, 2. Aufl. I. S. 260 flg.

[2] Vergl. Kopp's bahnbrechende Untersuchungen Ann. Chem. **41**, 79, ferner **96**, 153 und 303. Kopp's letzte Arbeit behandelt die *Molekularvolume von Flüssigkeiten*, Ann. Chem. **250**, 1 flg.

flüssiger Körper beherrschenden Gesetzes noch fern zu sein, während bei Gasen die so einfachen gesetzmäßigen Beziehungen zwischen spezifischem Gewicht und Zusammensetzung frühzeitig klargelegt worden sind.[1]

Siedepunktsregelmäßigkeiten.[2]

Auf Beziehungen zwischen der Siedetemperatur und der Zusammensetzung namentlich organischer Verbindungen haben ebenfalls zuerst H. Kopp's klassische Untersuchungen[3] hingewiesen, insofern er aus seinen Versuchen folgerte, daß gleichen Unterschieden in der Zusammensetzung organischer Körper annähernd gleiche Differenzen der Siedepunkte entsprechen. Wenn auch diese vermeintliche Gesetzmäßigkeit sich nur im Bereiche einiger Körpergruppen als zutreffend, für andere Reihen als unzulässig erwies, so war doch durch jene Arbeiten Kopp's ein kräftiger Anstoß gegeben, nach thatsächlichen, durch Zahlen auszudrückenden Beziehungen zwischen Siedepunkt und chemischer Zusammensetzung zu suchen.

Die Frage, in welcher Weise die verschiedenartige chemische Konstitution isomerer und chemisch ähnlicher Körper auf die Siedetemperatur der letzteren Einfluß ausübt, tauchte auf und wurde schon von Kopp[4] einer Prüfung unterworfen. Durch spätere, weiter ausgedehnte Forschungen — ich erinnere nur an die[5] von Linnemann, Schorlemmer, Zincke, Naumann und andere — sind zahlreiche Regelmäßigkeiten aufgedeckt worden, ohne daß übrigens ein Gesetz, welches die Abhängigkeit des Kochpunktes von der chemischen Konstitution präcis ausspricht, hätte aufgefunden werden können: genug, daß ein bestimmter Zusammenhang zwischen beiden festgestellt ist. — Vielleicht werden weniger die Regelmäßigkeiten, als die zuweilen wahrgenommenen anomalen Verhältnisse, wie die Abnahme der Siedetemperatur mit steigendem Molekulargewicht, z. B. bei Glykolen, einigen Chlorverbindungen u. s. w., zu einer näheren Erkenntnis des gesuchten inneren Zusammenhanges leiten. — Von größerem Erfolge waren die Bemühungen, die Abhängigkeit des Dampfdruckes flüssiger Körper von der Temperatur durch be-

[1] Vergl. S. 185, 412.

[2] Bezüglich der Litteratur vergl. Artikel *Siedepunkt* in Fehling's Handwörterbuch von Nernst und Hesse.

[3] Ann. Chem. **41**, 86 u. 169; **55**, 166 und andere mehr.

[4] Ann. Chem. **50**, 142 u. **96**, 1 flg.

[5] Vergl. A. Naumann, Allgem. u. physikal. Chemie (1877) S. 553 flg. Ostwald, Lehrbuch d. allgem. Chemie. 2. Aufl. I. S. 330 flg.

stimmte Formeln festzustellen; dazu gehören die von Dühring, Winkelmann, Ramsay und Young gegebenen Regeln.

Man hat ferner eifrigst gesucht, regelmäßige Beziehungen zwischen den Temperaturen, bei denen feste Körper in den flüssigen Zustand übergehen, und deren Zusammensetzung zu entdecken; das früher beliebte unsichere Tasten ist von geringem Werte gewesen. Wichtiger sind die Untersuchungen, welche die Bestimmung der Schmelz- und Erstarrungswärmen zum Gegenstande haben, z. B. die von Pettersson und Nilson, sowie die Spekulationen und Versuche über die Beeinflussung der Schmelzpunkte durch den Druck (Bunsen, W. Thomson).

Spezifische Wärme fester Körper.

Zu den wichtigsten Errungenschaften der physikalischen Chemie gehören die Arbeiten über die spezifische Wärme von Elementen, sowie Verbindungen; dadurch wurde die Abhängigkeit dieser physikalischen Eigenschaft von der atomistischen Zusammensetzung festgestellt. Erinnert sei an den Dulong-Petit'schen Satz von der annähernden Gleichheit der Atomwärmen starrer Elemente, dessen Bedeutung für die Entwickelung der Atomlehre schon im allgemeinen Teile gewürdigt worden ist,[1] ferner an die Erweiterung dieses Satzes durch Neumann, an die Vertiefung desselben durch Regnault's klassische Arbeiten, sowie durch die von H. Kopp, Weber und anderen, welche den Beweis lieferten, daß die spezifische Wärme mit der Temperatur, bei der sie bestimmt wird, veränderlich ist. — Wurde auch das Vertrauen, das man in die Anwendbarkeit der Dulong-Petit'schen Regel gesetzt hatte, durch die starken Unregelmäßigkeiten bei einigen Elementen erschüttert, so zeigte sich doch in vielen Fällen die Brauchbarkeit, ja der hohe Wert des Prinzips, welches, wie Berzelius voraussah, „die Grundlage einer der schönsten Seiten der chemischen Theorieen“ ausgemacht hat. — Die Erforschung der spezifischen Wärme von Flüssigkeiten hat nicht zu allgemeinen Schlußfolgerungen geleitet, wie solche sich aus der spezifischen Wärme fester Körper ergaben.

---

[1] Vergl. S. 189.

Optisches Verhalten fester und flüssiger Körper.

Eine lange Reihe ausgezeichneter Experimentaluntersuchungen ist durch das Bestreben angeregt worden, Beziehungen zwischen dem optischen Verhalten fester und flüssiger Stoffe und deren chemischer Zusammensetzung aufzufinden. — Über die Lichtbrechung und ihren Zusammenhang mit der Konstitution, insbesondere organischer Verbindungen, haben nach früheren Arbeiten von Becquerel, Cahours, Deville die wichtigen Forschungen von Gladstone und Dale, Landolt, Brühl, Kanonnikoff und anderen wertvolle Aufschlüsse gebracht.[1]

Durch Feststellung der den einzelnen Atomen der Elemente innerhalb ihrer Verbindungen zukommenden Refraktionsäquivalente ist es gelungen, stöchiometrische Regelmäßigkeiten der Lichtbrechung aufzudecken. — Besonders hohes Interesse hat der Nachweis zu beanspruchen, daß die verschiedenartige Funktion oder Bindungsweise der Elemente, namentlich des Kohlenstoffes, von maßgebendem Einfluß auf die Molekularrefraktion ist. Kennt man die letztere genau, so sind Rückschlüsse aus dem Lichtbrechungsververmögen auf die Konstitution zulässig. Insbesondere zur Lösung der Frage nach der Konstitution des Benzols hat man solche Folgerungen zu verwerten gesucht. Auch die große Klasse der Ketoverbindungen ist in optischer Richtung durchforscht worden, um die ungewisse Konstitution derselben eindeutig zu bestimmen.[2]

Auf die Bedeutung der an Krystallen zu beobachtenden Lichtbrechungsverhältnisse für die Krystallographie, insbesondere auf die grundlegenden Arbeiten Brewster's und Fresnel's, kann hier nur flüchtig hingewiesen werden.

Eine andere optische Eigenschaft mancher Körper, namentlich organischer, hat gerade in neuester Zeit das Interesse der Chemiker stark erregt: die Cirkularpolarisation, welche man in nahe Beziehung zu der chemischen Konstitution der betreffenden Körper zu bringen versucht hat. — Nach den ersten denkwürdigen Untersuchungen von Arago, Biot und Seebeck blieb die Beobachtung, daß einige Stoffe, sei es im festen oder flüssigen Zustande, die Polarisationsebene des Lichtes zu drehen vermögen, eine lediglich für die Physik wichtige Thatsache. Erst durch Pasteur's

---

[1] Litteratur darüber s. Landolt u. Börnstein, *Physik.-Chem. Tabellen* S. 220; sodann Ostwald, Lehrbuch I, 415 flg. (2. Aufl.).

[2] Vergl. insbesondere die neuesten Untersuchungen von Brühl, Journ. pr. Chem. (2) Bd. 49 u. 50.

schöne Arbeiten[1] über die optisch aktiven Weinsäuren und über die daraus hervorgehende inaktive Traubensäure wurden Beziehungen der optischen Aktivität zur Krystallform aufgefunden und solche zur chemischen Zusammensetzung angebahnt.

Dem Streben, über die letztere Frage Aufklärung zu erhalten, ist die gleichzeitig im Jahre 1874 von Lebel[2] und van't Hoff[3] aufgestellte Theorie entsprungen, der die Hypothese zu Grunde liegt, daß die Ursache der Aktivität in einem *asymmetrischen* Kohlenstoffatom (oder auch mehreren) zu suchen sei, d. h. in einem solchen, welches mit vier verschiedenen Atomen oder Radikalen verbunden ist. Bestätigt sich diese Annahme vollkommen — für dieselbe spricht die Thatsache, daß in allen optisch aktiven Verbindungen, deren Konstitution man genügend genau festgestellt hat, ein *asymmetrisches* Kohlenstoffatom nachgewiesen ist —, dann hat man das Recht, von der Erkenntnis eines inneren Zusammenhanges jener physikalischen Eigenschaft mit der chemischen Konstitution zu reden.

Auf van't Hoff's räumliche Vorstellung von der Verteilung der vier Valenzen des als Tetraëder gedachten Kohlenstoffatomes und auf die Erweiterung dieser Hypothese durch J. Wislicenus, der mittels derselben die Konstitution und Bildung geometrischer Isomeren, z. B. der Fumar- und Maleïnsäure, der Krotonsäuren, sowie Abkömmlinge derselben, sowie deren chemisches Verhalten zu erklären versucht hat, sei hier noch einmal kurz hingewiesen.[4] Sehr schnell haben sich solche Spekulationen fruchtbar gezeigt, insofern sie auf neue, bis dahin übersehene Verhältnisse hinführten.

Im Anschluß an das über Cirkularpolarisation Gesagte sei hier noch der Untersuchungen über die durch einen Magnet bewirkte Drehung der Polarisationsebene kurz gedacht, weil auch hierbei stöchiometrische Regelmäßigkeiten, d. h. Beziehungen der magnetischen Cirkularpolarisation zu der chemischen Konstitution, durch die sorgfältigen Arbeiten Perkin's[5] zu Tage getreten sind.

---

[1] Comptes rendus **23**, 535 (1848); **29**, 297; **31**, 480.
[2] Bull. soc. chim. (2) **22**, 337. [3] Bull. soc. chim. (2) **23**, 295.
[4] Vergl. S. 305.
[5] Journ. pr. Chem. (2) **31**, 481; **32**, 523. Vergl. Ostwald's Lehrbuch I, S. 501 flg.

Diffusion und ähnliches.

Die unter der Bezeichnung „Kapillarität“ zusammengefaßten Eigenschaften von Flüssigkeiten, sowie die Reibung[1] und Diffusion flüssiger, bzw. gelöster Körper, haben zu zahlreichen wertvollen Untersuchungen Anlaß gegeben. Man darf die Hoffnung hegen, daß durch genaue Messung der diesen Eigenschaften zukommenden Konstanten Material zur Bestimmung der Molekulargröße flüssiger Körper gewonnen werden wird, welche Aufgabe bis jetzt nur unvollkommen gelöst ist. Erwähnt seien die Arbeiten über Kapillaritätserscheinungen von Quincke, Mendelejeff, Wilhelmy, Volkmann, R. Schiff, Traube, welche einen Zusammenhang der Kapillarität mit der chemischen Zusammensetzung außer Zweifel gestellt haben.

Zur Erforschung der Flüssigkeitsreibung und der Diffusion haben insbesondere Graham's denkwürdige Untersuchungen[2] einen wichtigen Anstoß gegeben; auch hierbei ergaben sich Beziehungen zwischen diesen Erscheinungen und der chemischen Zusammensetzung. Seine aus dem Verhalten der Körper bei der Diffusion abgeleitete Unterscheidung der Stoffe in Krystalloïde und Kolloïde sei kurz erwähnt. — Die für die Physiologie so wichtigen Arbeiten über die mit der Diffusion verwandten Osmose von Jolly, C. Ludwig, Pfeffer, Brücke mögen hier andeutungsweise erwähnt werden. Die von Pfeffer gemachten Beobachtungen über den *osmotischen Druck* sind von großer Bedeutung für die Theorie der Lösungen geworden (s. u.).

Theorie der Lösungen.[3] — Elektrolytische Dissoziation.

Seit etwa 10 Jahren haben mehrere hervorragende Forscher, die der physikalischen Chemie ihre Kräfte widmen, sich mit der Frage nach dem Wesen der Lösungen erfolgreich beschäftigt; insbesondere van't Hoff, Arrhenius, Ostwald, Fr. Kohlrausch, Planck und andere können hier genannt werden. Von grundlegender Bedeutung war hier die Ansicht, daß in höchst verdünnten Lösungen die Stoffe einen Zustand annehmen, der dem der Gase ähnlich sei: der von van't Hoff aufgestellte und zuerst scharf begründete Satz, daß der

[1] Geschichtliches über innere Reibung, sowie eine elegante Methode zur Bestimmung derselben findet man Ostwald, Lehrbuch I, 550 (2. Aufl.).

[2] Ann. Chem. Bd. **77**, **80**, **123**.

[3] Über die geschichtliche Entwickelung dieser Spekulationen s. Ostwald's *Lehrbuch*, sowie Nernst's *Theoretische Chemie*, ferner van't Hoff, Ber. **27**, 6 flg., Horstmann in *Naturwissensch. Rundschau* **1892**, 465 flg.

osmotische Druck von Lösungen (z. B. Zucker in Wasser) ebenso groß ist, wie der Druck, den die gleiche Menge des gelösten Körpers ausüben würde, wenn sich derselbe als Gas in dem Raume befände, den die Lösung einnimmt.

Ähnliche Beziehungen, wie sie bei Bestimmung des osmotischen Druckes hervorgetreten waren, hatten sich ergeben, als von verschiedenen Forschern (Blagden, Rüdorff, de Coppet, Raoult[1]) die Abhängigkeit des Erstarrungspunktes der Lösungen von der Konzentration und der Natur des gelösten Stoffes festgestellt wurde, sowie die Verminderung des Dampfdruckes, bezw. die Erhöhung der Siedetemperatur von Lösungen als bedingt durch die relative Menge des gelösten Körpers erkannt wurde.

Für die Bestimmung der Molekulargewichte von Körpern in Lösung waren die obigen Gesetzmäßigkeiten, die aus dem van't Hoff'schen Satze auch theoretisch abzuleiten waren, von größtem Werte. Aus ihnen wurde sofort gefolgert, daß äquimolekulare Lösungen (also solche, die in gleichen Raumteilen des Lösungsmittels die Stoffe im Verhältnis ihrer Molekulargewichte gelöst enthalten) den gleichen osmotischen Druck, Erstarrungspunkt, sowie den gleichen Dampfdruck, bzw. denselben Siedepunkt besitzen. — Dank der Leichtigkeit, mit der insbesondere der Gefrier- und der Siedepunkt zu bestimmen sind, haben sich schnell Methoden finden lassen, die, jetzt in allen Laboratorien eingebürgert, dazu dienen, das Molekulargewicht gelöster Körper zu ermitteln.

Um die praktische Gestaltung und die wissenschaftliche Prüfung solcher Methoden hat sich namentlich E. Beckmann verdient gemacht; außer ihm sind verschiedene Forscher — ich nenne Raoult, Auwers, Eykmann — bemüht gewesen, das Verfahren der Molekulargewichtsbestimmung möglichst für alle Fälle anwendbar zu machen.

Von ganz besonderer Bedeutung waren die Folgerungen, die sich ergaben, als die wässerigen Lösungen von Salzen (sowie Säuren und Basen) auf ihren osmotischen Druck, Gefrierpunkt, Siedetemperatur im Lichte der oben dargelegten Anschauungen geprüft wurden. Die starken Abweichungen, welche dabei hervortraten, fanden ihre einfache Erklärung durch die Annahme, dass solche Stoffe in stark verdünnten Lösungen sich im Zustande weitgehender *Dissoziation* befinden. Damit stehen im Einklange die zahlreichen Beobachtungen über die elektrische Leitfähigkeit solcher Lösungen. Arrhenius

[1] Raoult war wohl der erste, der die Bedeutung solcher Gesetzmäßigkeiten für die Bestimmung des Molekulargewichts gelöster Körper betonte (vergl. Ann. Chim. Phys. (6) 2, 92).

hatte zuerst dieses Verhalten der gelösten Elektrolyte durch die Annahme der *elektrolytischen Dissoziation* zu erklären versucht, wonach alle Elektrolyte in wässeriger Lösung eine je nach Verdünnung und ihrer Natur verschieden starke Dissoziation in ihre Ionen erfahren. Trotzdem diese Hypothese von vielen Seiten bekämpft worden ist und gerade dem Chemiker Vorstellungen aufdrängt, die ihm fremdartig erscheinen, so muß man doch ihre eminente Brauchbarkeit zur Erklärung zahlloser chemischer Prozesse anerkennen. Insbesondere für die Elektrochemie und die Verwandtschaftslehre ist die Dissoziationshypothese von größter Bedeutung.

Elektrolyse flüssiger oder gelöster Körper.

Die Bedeutung der ersten, diesen Gegenstand betreffenden Arbeiten für die Entwickelung der elektrochemischen Theorie ist schon im allgemeinen Teile kurz dargelegt worden.[1] Die frühzeitig angenommenen Beziehungen zwischen Elektricität und chemischen Vorgängen erhielten die schönste Bestätigung durch das von Faraday entdeckte Gesetz der *fixen elektrolytischen Aktion*, wonach das gleiche Quantum Elektricität beim Durchgang durch verschiedene Elektrolyte äquivalente Mengen der analogen Stoffe an den beiden Polen abscheidet.[2] Dieses Gesetz wurde von Berzelius lebhaft bestritten, weil für ihn dasselbe zu bedeuten schien, daß alle durch den Strom aus Verbindungen abgeschiedenen Komponenten dieser durch gleich große Verwandtschaft zusammengehalten seien. — Spätere Experimentaluntersuchungen haben die Gültigkeit dieses Gesetzes in vollem Umfange bestätigt und lassen eine definitive Lösung der so wichtigen Frage nach den chemischen Äquivalenten, und somit nach der wahren Sättigungskapazität der Grundstoffe erhoffen; es sei an Renault's[3] wichtige Versuche über die verschiedenen „elektrolytischen Äquivalente“ eines und desselben Elementes, je nach den Verbindungen, in denen dasselbe enthalten ist, erinnert.

An der Hand solcher und anderer Beobachtungen, sowie mit Hilfe der obigen Vorstellungen von dem Wesen der Lösungen ist der Vorgang der Elektrolyse selbst klarer geworden, insofern man die innigen Wechselbeziehungen zwischen chemischer und elektrischer Energie erkannt hat. Im Lichte dieser geläuterten Auffassung erscheint das Faraday'sche Gesetz als Ausdruck der Thatsache, daß die gleiche Elektricitätsmenge zum Durchgang durch verschiedene Elektrolyte äquivalenter Mengen der Ionen bedarf. Die elektrische

[1] Vergl. S. 197 flg. [2] Vergl. S. 196.
[3] Ann. Chim. Phys. (4) 11, 137.

Leitungsfähigkeit ist nebst ihren Beziehungen zu physikalischen Eigenschaften, sowie zur chemischen Zusammensetzung, häufig zum Gegenstande von Untersuchungen gemacht worden; es seien die von Hittorff, G. Wiedemann, Fr. Kohlrausch, Lenz, Long, W. Ostwald erwähnt. Insbesondere haben die neuen Forschungen des zuletzt Genannten, sowie von Walden und anderen Schülern Ostwald's höchst wichtige Beziehungen zwischen der Leitungsfähigkeit von Säuren und deren Affinität, Basen gegenüber, ergeben. Die Elektrochemie ist durch die Bearbeitung des Problems der *elektrolytischen Dissoziation* in ungeahnter Weise gefördert worden; es ist nicht zu bezweifeln, daß nicht nur die theoretische Chemie, sondern auch die Elektrotechnik von diesen Forschungen reichen Nutzen gezogen hat und noch ziehen wird.

Auch den Magnetismus hat man mit chemischen Verhältnissen der betreffenden Stoffe in Zusammenhang zu bringen versucht. Die Untersuchungen von Plücker und namentlich von G. Wiedemann[1] haben in der That zu einigen regelmäßigen Beziehungen zwischen der Intensität des Magnetismus von Verbindungen und ihrer chemischen Natur hingeleitet.

Isomorphie und ähnliches.

Von großer Bedeutung für die Entwickelung chemischer Lehren ist die Erforschung des Zusammenhanges zwischen der Form fester Körper und der chemischen Zusammensetzung letzterer gewesen. Die Ausbildung der Krystallographie kam zunächst der Mineralogie zu statten, aber in ihrem Gefolge wurde die Isomorphie entdeckt, welche — wie schon im allgemeinen Teile auszuführen war[2] — großen Einfluß auf die Atomlehre ausgeübt hat. Das Verdienst von E. Mitscherlich, der selbst seinem Freunde G. Rose viel zu verdanken hatte, sei hier nochmals in Erinnerung gebracht. Mitscherlich beseitigte die irrigen Vorstellungen, nach denen die Krystallgestalt einem Körper durch Beimischung geringer Mengen anderer Stoffe aufgezwängt werde, und legte unwiderleglich den Zusammenhang zwischen Krystallform und Zusammensetzung der Stoffe klar. — Seine und Berzelius' Folgerung, daß bei wahrer Isomorphie mehrerer Körper auch die chemische Konstitution der letzteren bekannt sei, sobald man nur die eines derselben kenne, weil die gleiche Krystallgestalt „mechanische Folge der Gleichheit in der atomistischen Konstitution ist“: diese Folgerung wurde bald durch entgegenstehende

[1] Pogg. Ann. **127**, 1; **135**, 177. [2] Vergl. S. 191.

Beobachtungen erschüttert. Man lernte die Isomorphie ungleich konstituierter, dagegen die Heteromorphie analoger, ja gleich zusammengesetzter Körper kennen; Mitscherlich selbst reihte seiner glänzenden Entdeckung der Isomorphie die der *Dimorphie*, resp. *Polymorphie* an, Scherer lehrte Fälle der sogenannten *polymeren Isomorphie* kennen, welche zeigten, daß elementare Atome durch Atomgruppen ohne Änderung der Krystallform vertreten werden können.

Solche und andere Thatsachen haben zur Folge gehabt, daß man zur Einsicht gelangte, die Isomorphie sei als Mittel zur Erkennung der chemischen Konstitution nur mit großer Vorsicht anzuwenden, da sonst Fehlschlüsse unvermeidlich sind. — Auf die späteren Untersuchungen von H. Kopp über die Beziehungen zwischen Isomorphie und Atomvolum, auf die von Schrauf, Pasteur und anderen über die Erscheinungen des *Isogonismus* sei hier flüchtig hingewiesen. — P. Groth[1] hat die Frage, welche Änderungen der Krystallform durch Substitution einzelner Atome mittels anderer Atome oder Radikale eintreten, bei einigen Gruppen organischer Verbindungen systematisch bearbeitet. Die Erscheinung der einseitigen Änderung von Krystallformen infolge obiger Substitution bezeichnet derselbe als *Morphotropie*. Die Erforschung dieses neu aufgeschlossenen Gebietes wird noch manche Arbeit erheischen. Von neueren Forschungen seien die von Retgers in der *Zeitschrift für physikalische Chemie* veröffentlichten namhaft gemacht; abgesehen von eigenen trefflichen Leistungen sind darin auch die anderer Forscher, wie Dufet, Bodländer, Wyrouboff beleuchtet.

Mit der Polymorphie, der Thatsache, daß dieselbe chemische Substanz in verschiedenen Formen auftreten kann, steht die sogenannte *Allotropie* von Elementen und Verbindungen mutmaßlich in nahem Zusammenhange. Ein gewichtiger Unterschied zwischen beiden Arten von Erscheinungen liegt wohl darin, daß in letzterem Falle außer den physikalischen Verschiedenheiten auch chemische hervortreten. Auf die Entdeckung einzelner besonders wichtiger „allotroper Modifikationen“ von Elementen ist schon in der Geschichte dieser hingewiesen.[2] Hier sei noch bemerkt, daß als ein wesentlicher Fortschritt auf diesem Gebiete die Erforschung der physikalischen Konstanten solcher Allotropieen, z. B. der spezifischen Wärme, Verbrennungswärme, Atomvolum u. s. w. zu begrüßen ist.[3]

Im allgemeinen neigt man sich der Auffassung zu, für die Erscheinung der Allotropie dieselbe Ursache anzunehmen, welche der Polymerie zu Grunde liegt, also jene durch die Voraussetzung zu

[1] Pogg. Ann. **141**, 31. [2] Vergl. S. 343, 344.
[3] Vergl. die Arbeiten von Hittorff, Lemoine und anderen.

erklären, daß eine verschiedene Anzahl Atome zu ungleichartigen Molekülen zusammengetreten ist; für Sauerstoff und Ozon konnte, wie schon bemerkt, die Molekulargröße festgestellt und dadurch die Verschiedenheit gedeutet werden.

Thermochemie.

Die Wärmemengen, welche bei chemischen Vorgängen, und zwar infolge dieser, erzeugt werden, hat man frühzeitig zu bestimmen angefangen in der Meinung, damit ein Maß für die bei jenen Prozessen thätige Verwandtschaft zu gewinnen. Aber die älteren Bemühungen von Laplace und Lavoisier, von Davy, Rumford und anderen blieben unvollkommen, weil die Methoden zur Ermittelung der Wärmemengen zu ungenau waren.

Die Thermochemie wurde erst seit der exakten Messung der mit chemischen Vorgängen verbundenen Wärmetönungen begründet. Von früheren Untersuchungen sind namentlich die von Favre und Silbermann über Verbrennungswärmen zu nennen, weil diese Forscher das Kalorimeter ganz wesentlich verbessert haben. Sodann ist an die fast vergessenen Arbeiten von G. H. Heß [1] nachdrücklich zu erinnern, der im Jahre 1840 auf Grund von Beobachtungen das außerordentlich wichtige Prinzip von der *Konstanz der Wärmesummen* und damit eine Anwendung des ersten Satzes der mechanischen Wärmetheorie auf chemische Vorgänge schon lehrte, ehe diese Theorie selbst aufgestellt war.

Durch dieses Prinzip von Heß [2] wird festgestellt, daß die einem chemischen Vorgange entsprechende Wärmeentwickelung stets dieselbe ist, ob der Vorgang auf einmal oder in beliebig vielen und beliebig getrennten Abteilungen verläuft. — Dieser Satz bildet, in Verbindung mit dem, 50 Jahre früher von Lavoisier und Laplace deduktiv abgeleiteten Prinzip, nach welchem zur Zersetzung einer Verbindung in ihre Bestandteile ebenso viel Wärme verbraucht, als

[1] W. Ostwald hat das Verdienst gehabt, in seinem Lehrbuch der allgemeinen Chemie (1. Auflage) Bd. II, S. 9 auf die Leistungen des Petersburger Chemikers Heß, als des Begründers der Thermochemie, mit Nachdruck hinzuweisen. Ostwald spricht sich darüber a. a. O. S. 12 treffend wie folgt aus: „Es wiederholt sich an ihm das Schicksal J. B. Richter's, dessen Bedeutung für die Stöchiometrie lange Zeit übersehen wurde. Heß selbst hat demselben seinerzeit (Journ. pr. Chem. **24**, 420) die gebührende Stellung angewiesen, indem er die durch Berzelius verschuldete Verwechselung Richter's mit Wenzel zurechtstellte. Jetzt ist es wiederum nötig, daß demjenigen, der einem falsch beurteilten und ungenügend gekannten Forscher verspätete Gerechtigkeit hat widerfahren lassen, derselbe Liebesdienst erwiesen werde."

[2] Pogg. Ann. **50**, 385 (1840).

bei ihrer Bildung aus letzteren erzeugt wird, die Grundlage der Thermochemie.

Seitdem die Auffassung der Wärme, als einer Bewegung, in der mechanischen Theorie ihren sicheren Ausdruck gefunden, seitdem insbesondere der Begriff der *Energie* sich entwickelt hat, erscheinen jene Prinzipien als selbstverständliche Folgerungen der Theorie. — Die erste bewußte Anwendung der mechanischen Wärmetheorie auf thermochemische Prozesse geschah durch Jul. Thomsen,[1] welcher es sich zur Aufgabe gemacht hat, die wichtigsten chemischen Vorgänge, wie Salzbildung, Oxydation und Reduktion, Verbrennung organischer Körper, thermochemisch zu durchforschen. Ihm verdankt dieses Gebiet eine außerordentliche Bereicherung durch die Ausbildung guter Methoden und durch die systematische Untersuchung zahlreicher chemischer Prozesse. — Außer ihm haben Berthelot[2] und seit 1879 ganz besonders F. Stohmann[3] im Verein mit Schülern der Thermochemie eine große Zahl wichtigster Beobachtungen zugeführt und zur Verfeinerung der kalorimetrischen Methoden erheblich beigetragen.

Die Bestrebungen dieser Forscher gingen vorzugsweise darauf hinaus, Beziehungen zwischen den thermochemischen Werten, die,

---

[1] Julius Thomsen, zu Kopenhagen 1826 geboren, wo er als Professor der Chemie an der Universität wirkt, hat sich seit 1852 dem Auf- und Ausbau der Thermochemie mit vollster Hingabe gewidmet. Seine in vielen Abhandlungen zerstreuten umfassenden Versuche sind von ihm neuerdings unter dem Titel: *Thermochemische Untersuchungen* (4 Bände) herausgegeben.

[2] M. P. E. Berthelot, 1827 zu Paris geboren, daselbst Professor am *Collège de France*, kurze Zeit Unterrichtsminister, hat sich zuerst durch seine schönen, bereits erwähnten Untersuchungen: *Sur les combinaisons de la glycérine avec les acides* bekannt gemacht. Bald richtete er sein Augenmerk auf die Synthese organischer Verbindungen, welche bis dahin noch wenig gepflegt war. In einem umfangreichen Werke: *Chimie organique fondée sur la synthèse* (1860) legte er seine darüber angestellten Beobachtungen und Erörterungen nieder. — Später wandte er sich mit seiner ganzen Kraft der experimentellen Lösung thermochemischer Probleme zu, welche in seinem zweibändigen Werke: *Mécanique chimique fondée sur la thermochimie* (1879) zusammengefaßt sind. — Auch eine Reihe verdienter historischer Werke, die insbesondere die Entwickelung der Alchemie und die ältesten mittelalterlichen Dokumente chemischen Wissens behandeln, hat der rührige Forscher veröffentlicht (vergl. S. 21 Note).

[3] Vergl. seine im Journ. pr. Chemie seit 1879 bis in die neueste Zeit in häufiger Folge veröffentlichten Arbeiten. — Friedrich Stohmann, geboren 1832, wirkt in Leipzig als Professor der Agrikulturchemie, nachdem er früher in Braunschweig und Halle in gleicher Richtung thätig war. Durch seine zahlreichen und gründlichen Werke (*Handbuch der Zuckerfabrikation*, *Stärkefabrikation*, Herausgabe des *Encyklop. Handbuches der technischen Chemie* und andere) hat sich Stohmann große Verdienste erworben.

auf Molekulargewichte der reagierenden Stoffe berechnet, als *Molekularwärmen* bezeichnet werden, und zwischen der chemischen Konstitution derselben Körper zu entdecken. Namentlich die Verbrennungswärmen haben derartigen Spekulationen reiche Nahrung gewährt. Wenn auch Regelmäßigkeiten verschiedener Art, z. B. in den Verbrennungs- resp. Bildungswärmen homologer und anderer Reihen, hervortraten, so ist doch große Vorsicht beim Rückschließen auf die Konstitution aus den Wärmewerten dringend erforderlich; dies hat vor kurzem J. W. Brühl[1] durch eine Kritik solcher Bemühungen scharf nachgewiesen. Der allzu großen Ausdehnung und Überschätzung der aus thermochemischen Versuchen gezogenen Folgerungen ist dadurch eine heilsame Schranke gesetzt worden, nachdem schon früher die irrtümliche Meinung, daß in den bei der Bildung oder Zersetzung chemischer Verbindungen statthabenden Wärmetönungen ein *absolutes* Maß der Affinität gegeben sei, durch eine nüchterne Beurteilung beseitigt worden war. — Trotz dieser Mißerfolge werden gewiß die thermochemischen Arbeiten wichtige unentbehrliche Bausteine der künftigen vervollkommneten Affinitätslehre bilden. Die Ergebnisse der Forschungen Stohmann's, z. B. über die Bildungswärmen der verschiedenen Hydrierungsprodukte des Benzols, versprechen in der That Licht in die Konstitution derselben zu werfen.

Photochemie.

Der an sich gedrängte Bericht über die Entwickelung der physikalischen Chemie würde unvollständig sein, wenn die chemischen Wirkungen des Lichtes unerwähnt blieben. Das letztere, eine besondere Form der strahlenden Energie, giebt bekanntlich den Anstoß zu mancherlei chemischen Vorgängen, von denen der großartige, in den Pflanzen sich vollziehende Assimilationsprozeß am frühesten die Aufmerksamkeit der Chemiker erregt hat. Die nähere Erforschung dieses schon gegen Ende des vorigen Jahrhunderts beobachteten Vorganges gehört erst der in neuerer Zeit entwickelten Pflanzenphysiologie an.

Die ersten oberflächlichen Beobachtungen über die Wirkung des Lichtes auf Silberverbindungen wurden schon zu Beginn des vorigen Jahrhunderts von Schultze gemacht; Boyle hatte zwar die Schwärzung des Chlorsilbers bemerkt, dieselbe aber dem Einfluß der Luft zugeschrieben. Den Grundversuch, welcher die Photochemie ins Leben rief, hat Scheele, hier wie in anderen Fragen bahnbrechend, ausgeführt, indem er die Wirkung des Sonnenspektrums auf mit

[1] Journ. pr. Chemie (2) **35**, 181 u. 209.

Chlorsilber überzogenes Papier studierte; er hat festgestellt, daß der Effekt im violetten Teile am frühesten beginnt und am kräftigsten ist. Erinnert sei an die Versuche Ritter's, welcher die Wirkung der ultravioletten Strahlen wahrnahm, und insbesondere an die epochemachenden Entdeckungen Daguerre's und Talbot's, welche seit etwa 1839 durch die ihnen nach vielen Anläufen gelungene Fixierung der Lichtbilder die sich großartig entwickelnde Photographie ins Leben gerufen haben.[1]

Die Grundlage der messenden Photochemie, der sogenannten Aktinometrie, wurde durch die denkwürdigen Untersuchungen[2] von Bunsen und Roscoe geschaffen, nachdem schon früher Draper[3] wichtige Versuche in ähnlicher Richtung angestellt hatte. Durch die genannten Forscher und andere, z. B. H. W. Vogel, wurden die Gesetze, denen die aktinischen Lichtstrahlen unterworfen sind, festgestellt. Besonders merkwürdig waren die Ergebnisse der Beobachtungen über die Absorption chemisch wirksamer Strahlen und über die photochemische Induktion, mit welchem Namen Bunsen und Roscoe den Vorgang bezeichneten, durch den die lichtempfindliche Substanz in den Zustand versetzt wird, daß sie proportional der Lichtstärke Zersetzung erfährt. — Im Anschluß an die obigen Arbeiten seien noch die bemerkenswerten Versuche von Tyndall über lichtempfindliche Dämpfe und Gase erwähnt, in deren Zersetzung die Wirkung des Lichtes zum Ausdruck gelangt.

Die Erscheinungen, über deren Erforschung auf den letzten Blättern berichtet wurde, gehören eigentlich schon dem Gebiete der Verwandtschaftslehre an, der die Aufgabe gestellt ist, die chemischen Vorgänge, also Bildung und Zerlegung chemischer Verbindungen, als Wirkungen bestimmter, zu messender Kräfte zu erkennen. Von

[1] Über die Entwickelung der Photographie (vergl. Schiendl's Werk: *Geschichte der Photographie*, Wien, Hartleben) mögen folgende Angaben gemacht werden: Mit Daguerre hatte sich zu gemeinsamer Arbeit Nièpce verbunden, welcher aber die Vervollkommnung des Verfahrens der „Daguerreotypie“ nicht mehr erlebte. Talbot ersetzte die jodierten Silberplatten Daguerre's durch lichtempfindliches Papier. Von weiteren Fortschritten der Photographie seien erwähnt: Die Herstellung von Negativbildern auf Glas, sowie Anwendung von Bindemitteln für Chlorsilber, z. B. Eiweiß und Kollodium (Nièpce de St. Victor, der Neffe von oben genanntem, und Lepray seit 1847), die Vervielfältigung photographischer Bilder durch Druck mittels der sogenannten Photolithographie, Heliographie, Phototypie, welche Verfahren durch die großartigen Leistungen der Autotypie (Meisenbach) und Heliotypie (Obernetter) überholt sind; endlich die Herstellung besonders lichtempfindlicher Platten (Bromgelatine und andere), überhaupt die Einführung des sogenannten Trockenverfahrens.

[2] Pogg. Ann. **100**, 43 (1857) u. **117**, 531.

[3] Philos. Magazine f. 1843.

solchem Endziel ist dieser wichtige Teil der Wissenschaft allerdings noch ziemlich weit entfernt; die Entwickelung der Affinitätslehre, die im folgenden kurz dargelegt ist, läßt aber erkennen, daß eifrig an der Lösung der schwierigen, hier zu behandelnden Probleme gearbeitet wird.

Entwickelung der Verwandtschaftslehre seit Bergman.

In einem besonderen Abschnitte wurden schon die früheren Bestrebungen erörtert, die auf die Erkenntnis der Affinitätserscheinungen gerichtet waren. Durch die meisten, seit Boyle über die Frage angestellten Spekulationen zog sich die Annahme, daß die sogenannte chemische Verwandtschaftskraft mit der allgemeinen Schwerkraft im Grunde gleich sei; nur dadurch, daß die erstere in sehr kleinen Entfernungen wirke, wobei die Form der Stoffteilchen in Betracht komme, sollten Unterschiede zwischen beiden Kräften zu Tage treten. — Die Versuche, die Verwandtschaft von Körpern zu einander zu bestimmen, blieben damals sehr unvollkommen, da man unter willkürlichen Umständen, ohne Berücksichtigung physikalischer Bedingungen, die relative Stärke der Affinität qualitativ zu ermitteln suchte. Diese Periode ist durch die Aufstellung der „Verwandtschaftstafeln“ charakterisiert.[1]

Bergman's Lehre von der chemischen Verwandtschaft und seine Bestimmungen der letzteren gehören noch zum Teil dieser Entwickelungsstufe an, wenn er auch den Einfluß der Temperatur auf die von ihm untersuchten Erscheinungen mehr in Rücksicht zog, als seine Vorgänger. — Die eigentliche Reaktion gegen die ganz empirische Auffassung der letzteren machte sich in dem Auftreten Berthollet's geltend, dessen *statique chimique* ein Protest gegen die Nichtachtung physikalischer Umstände bei chemischen Vorgängen war.

Bergman's Verwandtschaftslehre.[2]

Obwohl die Arbeiten dieses Forschers dem phlogistischen Zeitalter angehören, so ist doch seine Verwandtschaftslehre zweckmäßig erst in diesem Abschnitte zu besprechen, damit sie besser mit der von Berthollet verglichen oder vielmehr in Gegensatz zu derselben gebracht werden kann. Auch hat sich Bergman's Auffassung, richtiger vielleicht Bezeichnungsweise der Affinitätserscheinungen, derart eingebürgert, daß sie sich, wenigstens in Bruchstücken, bis jetzt in manchen Lehrbüchern beibehalten findet.

[1] Vergl. S. 120.
[2] Vergl. Bergman's Opuscula phys. et chem. III, 291 (1783).

Der Hauptsatz seiner Lehre besagt, daß die Größe der Verwandtschaft zweier, chemisch aufeinander einwirkender Stoffe unter gleichen Bedingungen konstant, also von der Menge der beiden unabhängig sei. Als Ursache der Verwandtschaft nahm Bergman die allgemeine Schwerkraft an, welche aber durch die Gestalt und Stellung der kleinsten Teilchen reagierender Stoffe stark modifiziert werde. Teils aus seinen Spekulationen über die Affinität, teils aus der unrichtig ermittelten Zusammensetzung von Neutralsalzen zog er irrige Folgerungen über die Größe der Verwandtschaft von Basen zu Säuren und umgekehrt; er stellte nämlich den Satz auf, daß eine Säure zu derjenigen Base die stärkste Verwandtschaft besitze, von der sie die größte Menge sättige, um ein neutrales Salz zu bilden. Berthollet folgerte, wie hier gleich erwähnt sei, gerade das Umgekehrte aus seiner Annahme, daß bei chemischen Vorgängen die Massenwirkung ins Spiel trete. — Bemerkenswert ist, daß Bergman die Unmöglichkeit erkannte, absolute Affinitätsbestimmungen auszuführen, daß er aber die relativen, wie sie durch Feststellung der Zersetzung von Verbindungen durch andere geliefert und in Verwandtschaftstafeln zusammengestellt werden, mit Einsetzung seiner ganzen Kraft zu vervollkommnen bestrebt war.

Berthollet's Verwandtschaftslehre.

Gegen Bergman's Ideen, insbesondere gegen die Annahme, die Affinität sei unabhängig von der Masse der aufeinander wirkenden Körper, erhob Berthollet lebhaften Widerspruch. Wie Bergman, von der Hypothese ausgehend, daß die Affinität mit der Schwerkraft gleich sei, hob er als unabweisbaren Schluß hervor, daß die Wirkungen der chemischen Verwandtschaft, gleich denen der allgemeinen Anziehung, den Massen der reagierenden Stoffe proportional sein müssen. Die weiteren Folgerungen dieses Grundsatzes entwickelte er mit mustergültiger Klarheit in seinem schon mehrfach erwähnten Werke: *Essai de statique chimique.*

Diese Ansichten Berthollet's haben damals nicht die ihnen gebührende Anerkennung gefunden, hauptsächlich wohl deshalb, weil ihr Urheber durch die aus ihnen abgeleiteten, zu weit getriebenen Folgerungen sich mit den klar erwiesenen Thatsachen der Chemie in Widerspruch brachte. Sein Grundsatz der Abhängigkeit chemischer Wirkungen von der Masse der dabei beteiligten Stoffe führte ihn dazu, den chemischen Effekt eines Körpers als Produkt seiner Affinität und Masse zu betrachten. Daraus folgerte er weiter, daß das Zustandekommen und die Zusammensetzung von chemischen Verbindungen wesentlich von den vorhandenen Massen der sie bildenden Körper abhänge. Dem entsprechend müssen sich zwei Stoffe nach stetig veränderlichen Verhältnissen verbinden. Mit dieser Konsequenz befand sich Berthollet auf einem bedenklichen Abwege.

Wenn auch hier Berthollet zu weit gegangen war, so hat er doch nach anderer Richtung durch eine vorsichtigere Anwendung seines Grundprinzipes die Affinitätslehre derart vertieft und ihren wahren Zielen entgegengeführt, daß seine Fehler wohl vergessen werden können. Er wies zuerst mit aller Schärfe darauf hin, daß die absolute Größe der chemischen Affinität deshalb nicht bestimmt werden könne, weil auf die letztere die physikalischen Eigenschaften der sich bei chemischen Vorgängen bildenden oder zersetzenden Körper von höchstem Einfluß sein müssen, derart, daß die Affinität in ihrer Größe durch jene wesentlich bedingt ist. — Solche bestimmende, einander entgegengesetzte Eigenschaften sind nach ihm die *Kohäsion,* d. i. die Anziehung der kleinsten Teilchen derselben Substanz, und die *Elasticität,* d. i. das Bestreben der Teilchen, einen möglichst großen Raum einzunehmen. In der Schwerlöslichkeit von Körpern erblickte nun Berthollet ein Maß für die Kohäsion, in der Flüchtigkeit ein solches für die Elasticität, und erklärte mittels solcher Vorstellungen in überzeugender Weise die chemischen Umsetzungen, bei denen Ausscheidung eines Niederschlages oder Entweichen von Gas, bzw. Dampf, eines Körpers für den Verlauf der Reaktion maßgebend waren. Er sprach es geradezu aus, daß eine vollständige Umsetzung von Stoffen nur dann erfolgen könne, wenn Kohäsion oder Elasticität ins Spiel kommen, niemals allein durch die Wirkung der Verwandtschaft. Hiermit waren ganz neue Gesichtspunkte gegeben, welche in späterer Zeit reiche Früchte getragen haben.

Verdrängung von Berthollet's Ansichten durch andere Lehren.

Der Nutzen, welcher zuerst durch Berthollet's Auffassung geschaffen wurde, bestand in der Erkenntnis von der Unbrauchbarkeit der Verwandtschaftstafeln, soweit diese über die relative Affinität von Körpern Aufschluß geben sollten. Der wichtige Grundgedanke seiner Verwandtschaftslehre, daß die chemische Wirkung eines Stoffes seiner Masse proportional und deshalb durch das Produkt aus dieser und der Affinität, d. i. eines noch zu ermittelnden Faktors, auszudrücken sei, leitete Berthollet zu Folgerungen, die mit schon bekannten und mit zahlreichen damals von Proust klargelegten Thatsachen im Widerspruche standen. Der Streit zwischen beiden Forschern, welcher sich um die Frage drehte, ob chemische Verbindungen nach wenigen sich sprungweise ändernden oder nach stetig wechselnden Verhältnissen zusammengesetzt sind, ist schon im allgemeinen Teile besprochen worden.[1]

Berthollet hatte bei Aufstellung seiner Theorie die damals bekannten stöchiometrischen Verhältnisse nicht gebührend berücksichtigt oder nicht genügend gekannt. Gerade dem Umstande, daß er sein Prinzip von der Massenwirkung zu weit ausdehnte und zum Ausgangspunkt weitest gehender Folgerungen machte, ist es zuzuschreiben, daß seine durch ihre Klarheit so einleuchtenden Grundsätze in Mißkredit kamen, ja, für ganz unrichtig galten. So konnte die Lehre Bergman's, welche, auf falschen Voraussetzungen beruhend, ihren Begründer ebenfalls zu irrigen Schlußfolgerungen leiten mußte, trotzdem lange Zeit die Oberhand behalten, zumal da man sie besser mit der Atomtheorie in Einklang zu bringen vermochte. Die Wiederbelebung der Berthollet'schen Prinzipien war der neuesten Zeit vorbehalten, nachdem zuvor vereinzelte Experimentaluntersuchungen Beweisgründe für deren Richtigkeit erbracht hatten (s. u.).

Nach jener Niederlage Berthollet's nahm die sich kräftig entwickelnde Atomtheorie das Hauptinteresse der Chemiker in Anspruch; mit ihrem Ausbau Hand in Hand ging die Ausbildung elektrochemischer Lehren, durch welche die Elektricität mit der, Affinität genannten Kraft in nächsten Zasammenhang gebracht werden sollte.

Die Verwandtschaftslehre suchte nun ihr Heil in der Ausbildung der Elektrochemie; die Theorie von Berzelius brachte die von Berthollet in Vergessenheit. Daß man in diesem Streben zu weit ging, weiß man jetzt, nachdem erfolgreiche Anläufe zur Klarlegung der zwischen Affinität und Elektrochemie thatsächlich vorhandenen Beziehungen gemacht worden sind.

Die damaligen Bemühungen konnten nur die qualitativen Unterschiede der Verwandtschaft von heterogenen Körpern erkennen lassen; in der That gipfelten die elektrochemischen Theorieen in dem Nachweise einer Analogie des elektrischen und des chemischen Gegensatzes. Das Faraday'sche *Gesetz der fixen elektrolytischen Aktion*, durch welches die quantitative Seite elektrolytischer Vorgänge beleuchtet wurde, brachte noch keinerlei Aufschluß über die relative Affinitätsgröße der fraglichen Körper.

Die Schicksale der bedeutendsten elektrochemischen Theorie, der von Berzelius, sind schon dargelegt worden. Der geistvolle Versuch Blomstrand's[2], dieselbe neu zu beleben, hat zwar gezeigt, wie wert-

[1] Vergl. S. 161.

[2] Vergl. sein Werk: *Die Chemie der Jetztzeit* (1869).

voll sie zur Erklärung chemischer Prozesse und zur Deutung der Konstitution von Verbindungen ist; aber das Eindringen in das dunkle Gebiet der Affinitätserscheinungen konnte dadurch zu jener Zeit nicht wesentlich gefördert werden.

Neue Aussichten eröffneten sich der chemischen Verwandtschaftslehre durch die gründliche Erforschung thermochemischer Vorgänge, auf deren Bedeutung für die physikalische Chemie schon hingewiesen wurde. Aber auch hier machte sich, wie bei der Anwendung elektrochemischer Vorstellungen auf Affinitätsprobleme, bald eine starke Überschätzung des Wertes von thermochemischen Bestimmungen geltend; glaubte doch selbst J. Thomsen, lange Zeit der namhafteste Forscher auf diesem Gebiete, daß die bei chemischen Reaktionen, insbesondere bei der Bildung oder Zersetzung von Verbindungen, zu messenden Wärmetönungen ein absolutes Maß der Affinitätsgröße seien: nach seiner Meinung sollte sich also die Affinitätskraft vollständig in meßbare Wärme umsetzen.

Wenn sich auch die Unzulänglichkeit der Thermochemie für die Lösung von Verwandtschaftsproblemen gezeigt hat, so soll doch die gegenwärtige und zukünftige Bedeutung dieser Disziplin nicht verkannt werden. Im Gegenteil! Durch die vorsichtige Anwendung der thermodynamischen Prinzipien auf chemische Prozesse und durch die Deutung dieser mittels jener sind der Verwandtschaftslehre schon große Vorteile zugefallen.

Wiederbelebung der Lehren Berthollet's.

Den mächtigsten Anstoß zu gedeihlicher Fortentwickelung erhielt die Affinitätslehre durch die Neubelebung von Berthollet's Theorie. In vollem Umfange und mit reichen Hilfsmitteln geschah dies durch die im Jahre 1867 erschienene Arbeit zweier skandinavischer Forscher, Guldberg und Waage.

Schon mehrere Jahre zuvor war durch die wichtigen Arbeiten H. Rose's die Massenwirkung des Wassers bei vielen Reaktionen, z. B. der Zersetzung der Alkalisulfide, des Kaliumbisulfates, der Bildung basischer Salze, auf das Klarste erwiesen worden. Ferner wandte sich die Aufmerksamkeit ausgezeichneter Forscher, wie Rose, Malaguti, Gladstone und andere, dem Studium der Wechselzersetzung zweier Salze zu, seien diese löslich oder eines davon unlöslich. Auf verschiedenem Wege suchte man die relative Affinität der einzelnen Stoffe zu ermitteln und somit ein Problem zu lösen, welches Berthollet theoretisch vorgezeichnet hatte.

Die Ideen des letzteren erhielten endlich durch die überaus wichtigen Untersuchungen von Berthelot und Péan de St. Gilles[1] über die Bildung zusammengesetzter Äther resp. Äthersäuren aus einem Alkohol und einer Säure eine gute experimentelle Grundlage. Bei späteren theoretischen Betrachtungen konnten diese und die neueren wertvollen Versuche von Menschutkin,[2] welche Aufschluß gaben über das zwischen den verschiedenen Stoffen waltende chemische Gleichgewicht und über die Reaktionsgeschwindigkeit, mit Erfolg zur Prüfung und Bestätigung der Richtigkeit von Berthollet's Grundsätzen verwertet werden.

Insbesondere die Beobachtungen über das chemische Gleichgewicht bei *reciproken* Vorgängen trugen zur Einbürgerung jener Lehren Berthollet's bei; auch meinte man aus den dabei gewonnenen Zahlenwerten die relative Affinität der beteiligten Körper am sichersten ableiten zu können. Bezüglich der Vorstellung, die man sich von derartigen Gleichgewichtszuständen machte, hat lange Zeit die Meinung vorgeherrscht, daß ein statisches Gleichgewicht angenommen werden müsse. Ein Umschwung dieser Gedankenrichtung bereitete sich durch die von Williamson[3] schon im Jahre 1851 geäußerte und begründete Idee vor, welche einige Jahre darauf unabhängig von genanntem Forscher auch von Clausius eingeschlagen wurde: die Idee, daß die Atome der Körper nicht nur während chemischer Reaktionen, sondern auch im scheinbaren Ruhezustande sich in Bewegung befinden. An Stelle des statischen Gleichgewichtes soll demnach ein dynamisches treten, also ein Gleichgewicht der entgegengesetzten Vorgänge. — In neuerer Zeit hat Pfaundler in geistvoller Weise solche Spekulationen benutzt, um Dissoziationserscheinungen, sowie überhaupt reciproke Vorgänge zu erklären.

Wenn auch schon Williamson hervorhob, daß seine Spekulationen mit den Prinzipien Berthollet's im Einklange seien, so fehlte es doch an einer genügend sicheren und breiten Grundlage, auf der jene damals weiter entwickelt werden konnten. Eine solche Basis für den Aufbau der Verwandtschaftslehre wurde durch die oben erwähnten Arbeiten von Guldberg und Waage[4] geschaffen, welche, unmittelbar an die Anschauungen Berthollet's anknüpfend, diese neu belebten und ihre Übereinstimmung mit den Thatsachen erwiesen.

[1] Ann. Chim. Phys. (3) **65, 66, 68.**

[2] Vergl. Ann. Chem. **195.** Journ. pr. Chem. (2) Bd. **25, 26, 29.**

[3] Ann. Chem. **77**, 37.

[4] „Etudes sur les affinités chimiques“ 1867; deutsch im Journ. pr. Chemie (2) **19**, 69 veröffentlicht.

In Übereinstimmung mit Berthollet setzen die beiden eben genannten Forscher die chemische Wirkung eines Stoffes seiner *wirksamen Menge* proportional; letztere ist durch die in der Raumeinheit enthaltene Menge gegeben. Die Intensität der Wechselwirkung zweier Stoffe wird nach ihnen durch das Produkt der wirksamen Mengen derselben ausgedrückt; jedoch muß noch ein Koëffizient ermittelt werden, welcher die Abhängigkeit der Reaktion von der Natur der beteiligten Stoffe, sowie von der Temperatur und anderen Umständen ausspricht. — Mit Hilfe solcher Voraussetzungen lassen sich die Beziehungen zwischen den Mengen der reagierenden Körper und ihren Wirkungen mathematisch ableiten. Auch sind daraus wichtige Folgerungen bezüglich der Reaktionsgeschwindigkeit und des chemischen Gleichgewichtes gezogen und mit dem Experimente in genügender Übereinstimmung befunden worden.

Neueste Entwickelung der Affinitätslehre.

Die von Guldberg und Waage auf Grund der Berthollet'schen Prinzipien aufgestellte Theorie hat außerordentlich anregend gewirkt. Besonders sind Versuche, die spezifischen Affinitätskoëffizienten verschiedener Körper, namentlich der Säuren und Basen, zu bestimmen, mit Erfolg in Angriff genommen worden; es galt, mit diesen experimentell ermittelten Konstanten die Probe auf die Richtigkeit der Guldberg-Waage'schen Theorie anzustellen. — Von den darauf hinzielenden Arbeiten seien insbesondere die von Ostwald[1] genannt, welcher die Teilungsverhältnisse von je einer Base unter mehrere im Überschuß vorhandene Säuren auf sinnreiche Weise nach verschiedenen Methoden, volumetrischen und optischen, bestimmte und daraus die betreffenden spezifischen Affinitätskoëffizienten ableitete. — Schon früher hatte J. Thomsen[2] dasselbe Problem auf thermochemischem Wege zu lösen versucht.

In den letzten Jahren hat Ostwald[3] die Feststellung der Affinitätskoëffizienten von Säuren aus Reaktionen abzuleiten versucht, welche unter dem Einfluß jener Säuren mit meßbarer Geschwindigkeit verlaufen: z. B. Zersetzung von Acetamid, von essigsaurem Methyl, Inversion des Rohrzuckers. Auch hier zeigte sich hinreichende Übereinstimmung zwischen den Ergebnissen der Versuche und der Berechnung. — Endlich sei auf die merkwürdigen, schon besprochenen Beziehungen hingewiesen, welche von Arrhenius, sowie von Ostwald zwischen den Affinitätskoëffizienten, bzw. der chemischen

[1] Im Journ. f. pr. Chemie seit dem Jahre 1877 veröffentlicht.
[2] Pogg. Ann. **138**, 575. [3] Vergl. Journ. pr. Chem. **1884**, **1885**.

Reaktionsfähigkeit von Säuren und Basen, und zwischen dem elektrischen Leitungsvermögen derselben in verdünnten Lösungen aufgefunden worden sind. Auf die chemischen Verhältnisse, insbesondere die Konstitution der chemischen Verbindungen, werfen Ostwald's Untersuchungen[1] besonders deshalb ein überraschend neues Licht, weil sich gezeigt hat, daß die Affinitätskoëffizienten von Körpern sich in bestimmtem Sinne mit der Zusammensetzung der letzteren ändern. Dabei hat sich herausgestellt, daß die Stellung oder Funktion der Atome von bestimmendem Einfluß auf jene Koëffizienten ist; am schärfsten tritt dies wichtige Faktum bei isomeren Verbindungen hervor (z. B. bei den Oxybenzoësäuren, Chlorpropionsäuren und anderen). Ferner ist als allgemeines Ergebnis dieser und damit zusammenhängender Forschungen der Satz zu bezeichnen, daß die den Säuren eigentümlichen chemischen Wirkungen auf die der Wasserstoffionen, die spezifischen Wirkungen der Basen auf die der Hydroxylionen zurückzuführen sind.

Die Grenzen, welche diesem kurzen Berichte über die Entwickelung der Affinitätslehre gesteckt sind, würden weit überschritten werden, sollten die Ergebnisse anderer, selbst bedeutsamer Untersuchungen dargelegt werden. Erwähnt seien schließlich nur die älteren Arbeiten von Wilhelmy, die zur besseren Erkenntnis der Reaktionsgeschwindigkeit beigetragen haben, sowie die neueren von Menschutkin, van't Hoff, Horstmann und anderen, durch welche mit Erfolg die Bedingungen des chemischen Gleichgewichtes bei verschiedenen Reaktionen ermittelt worden sind.

Die Vorstellung, daß die kleinsten Massenteilchen nicht nur der chemisch reagierenden, sondern auch der im Gleichgewicht befindlichen Systeme von Stoffen in Bewegung sind, ist in die neue Affinitätslehre als unentlehrlich aufgenommen worden. Durch die klare Auffassung der verschiedenen Energieformen, insbesondere der Beziehungen der chemischen Energie zu den übrigen Energie-Arten, der elektrischen, thermischen u. s. w., wird dieses Gebiet mehr und mehr aufgeschlossen werden.[2] Das hohe Ziel der Verwandtschaftslehre beteht darin, die Chemie zu einem Teil der angewandten Mechanik zu gestalten: ein Ziel, welches schon von Berthollet und von Laplace als das höchste bezeichnet worden ist.

[1] Vergl. Journ. pr. Chemie (2) **32**, 300 und die betreffenden Arbeiten in der Zeitschr. f. physik. Chemie.

[2] Vergl. die geistvolle Behandlung der Energetik in Ostwald's *Lehrbuch der allg. Chemie* (2. Aufl.) Bd. II.

Zur Geschichte der mineralogischen Chemie während der letzten hundert Jahre.[1]

Die Mineralogie hat sich erst zum Range einer Wissenschaft erhoben, seitdem sie in der Chemie die unentbehrliche Hilfsdisziplin erkannte, mittels welcher vor allem die chemische Zusammensetzung der Mineralien festgestellt werden konnte. Zwar hat noch in diesem Jahrhundert der um die „Mineralphysik“ hochverdiente Mohs[2] den chemischen Charakteren der Mineralien fast alle Bedeutung abgesprochen, aber das von ihm aufgestellte System wurde nur von wenigen Forschern vorübergehend angenommen. Der Nutzen, welcher der Mineralogie durch die Anwendung chemischer Hilfsmittel erwuchs, war so augenfällig, daß man der letzteren gar nicht mehr entraten konnte. Durch die emsige Arbeit von Mineralogen und Chemikern ist die Mineralchemie auf ihre heutige Höhe gebracht worden. Das schöne Ziel, den zwischen den physikalischen und chemischen Eigenschaften der einzelnen Mineralien bestehenden Zusammenhang klarzulegen, ist seit den Arbeiten eines Berzelius, Mitscherlich, G. und H. Rose und anderer für die Mineralchemiker unverrückt das gleiche geblieben.

Die ersten schwachen Anläufe zur Erkenntnis der chemischen Zusammensetzung von Mineralien wurden im 17. und in der ersten Hälfte des 18. Jahrhunderts gemacht, ohne jedoch über die ober-

---

[1] Vergl. Kopp, Geschichte der Chemie II, 84 flg. v. Kobell, Geschichte der Mineralogie (1650—1860), namentlich S. 303 flg.

[2] Mohs hat den Grundsatz aufgestellt, daß ein Mineraloge nur auf die naturhistorischen Eigenschaften der Mineralien, also Krystallform, spezifisches Gewicht, Härte u. s. w. Rücksicht nehmen müsse. Wird das chemische Verhalten derselben in Betracht gezogen, so überschreitet die Mineralogie ihre gesetzlichen Grenzen, wie Mohs ausdrücklich hervorhebt, und verwickelt sich in Schwierigkeiten. Dieser Verzicht auf das wichtigste Hilfsmittel mineralogischer Forschung ist gewiß charakteristisch. Mit Recht hat Berzelius einen solchen Mineralogen mit einem Manne verglichen, welcher sich weigert, im Dunkeln eine Leuchte zu benutzen, weil er dann mehr sehen würde, als er unbedingt braucht.

flächliche Beobachtung einiger qualitativer Reaktionen hinauszuführen. In die zweite Hälfte des vorigen Jahrhunderts fielen dagegen wichtige Vorarbeiten, welche zur Begründung der Mineralogie als einer Wissenschaft wesentlich beigetragen haben. Die Mineralchemie hatte ihre ausgezeichneten Vertreter in Bergman, wenig später in Klaproth und Vauquelin, deren Verdienste um die Ausführung der Analyse unorganischer Körper schon gewürdigt worden sind.[1] Der chemischen Erforschung von Mineralien lagen damals zahlreiche Forscher nach dem Vorbilde jener ob; es seien nur Lampadius, Buchholz, Wiegleb, Westrumb, Valentin Rose d. j., Kirwan, Gadolin, Ekeberg genannt.

Daß die Einführung des Lötrohres in die Mineralogie durch Cronstedt und dann durch Gahn, Bergman, Rinmann, später namentlich Berzelius, der Mineralanalyse außerordentlich zu statten gekommen ist und für dieselbe noch immer große Bedeutung hat, mag hier noch einmal betont werden.[2]

Schon vor und gleichzeitig mit der allmählichen Ausbildung einer Mineralchemie hatten Romé de l'Isle, Werner, Hauy, auch Bergman, die Krystallographie als eine wesentliche Hilfsdisziplin der Mineralogie erkannt und gepflegt. Namentlich durch Hauy wurde auf diesem Gebiete außerordentliches geleistet; er führte die verschiedenen Krystallformen auf wenige Grundformen zurück und nahm bei der Einteilung der Mineralien Rücksicht auf die chemischen Eigenschaften neben den physikalischen. Daß er dabei allzu deduktiv verfuhr, lehrt uns sein bekanntes Prinzip, daß verschiedener Krystallgestalt ungleiche chemische Zusammensetzung entsprechen solle.

Die in jene Zeit fallenden Versuche, die Mineralien zu klassifizieren, lassen meist das Bestreben erkennen, außer dem physikalischen Verhalten derselben das chemische mit heranzuziehen. Hatte das letztere in Cronstedt's, Hauy's und namentlich Werner's Systematik nur untergeordnete Bedeutung, so wurde es dagegen von Bergman[3] in hervorragender Weise als wesentliches Hilfsmittel zur Einteilung der Mineralien verwertet, soweit dies bei den damaligen chemischen Kenntnissen möglich war. Von den Mineralogen jener Zeit huldigten nur wenige den von Bergman vertretenen Grundsätzen; die meisten wandten sich dem System Werner's zu, in dem der Mineralchemie nur ein bescheidenes Plätzchen angewiesen war.

---

[1] Vergl. S. 325 flg. [2] Vergl. S. 326.
[3] In seiner *Sciagraphia regni mineralis* u. s. w. 1782.

Neues Leben begann für die mineralogische Chemie mit dem Eingreifen von Berzelius in dieses Gebiet. Gestützt auf seine umfassenden Arbeiten, welche die genaue Ermittelung der Zusammensetzung von natürlichen Mineralien und künstlichen unorganischen Verbindungen zum Gegenstande hatten, konnte er den Beweis führen, daß die Lehre von den chemischen Proportionen und somit die Atomtheorie in vollem Umfange auch für die Mineralkörper gültig sei.[1] Er zuerst erklärte diese durchweg für „chemische Verbindungen". Damit aber war ihm Anlaß gegeben, dieselben ebenso zu klassifizieren, wie die künstlich erzeugten zusammengesetzten Körper, und so entstand sein chemisches System,[2] durch das er seiner Ansicht, die Mineralogie solle nur einen Teil der Chemie oder einen Anhang zu ihr bilden, sichtbaren Ausdruck geben wollte. Die Reihenfolge der Mineralien im System wurde durch die Stellung ihrer elektropositiven Bestandteile in der Spannungsreihe bestimmt. Zehn Jahre später[3] änderte Berzelius sein Einteilungsprinzip, insofern er die elektronegativen Bestandteile als maßgebend betrachtete und nach ihnen die Mineralien anordnete. Als Hauptklassen schied er voneinander nicht oxydierte und oxydierte Körper; auf diese beiden verteilte er die mineralischen Substanzen in außerordentlich übersichtlicher Weise. Alle früheren Versuche, die Mineralien nach chemischen Grundsätzen zu ordnen, wurden durch Berzelius' System in Vergessenheit gebracht.

Auf die Ausbildung dieses letzteren, dessen Grundzüge sich in späteren Klassifizierungen wiederfinden, hat die Beobachtung von N. Fuchs, daß in Mineralien gewisse Stoffe einander vertreten können, und namentlich die Erweiterung dieser Lehre durch Mitscherlich's Entdeckung der Isomorphie den allergrößten Einfluß ausgeübt.[4] Die bis dahin gewonnenen Resultate von Mineralanalysen erschienen nun unter ganz neuen Gesichtspunkten und wurden in vielen Fällen durchsichtig. Der Krystallgestalt in ihrem Zusammenhange mit der chemischen Zusammensetzung wurde eine hohe, vielleicht zu große Bedeutung beigemessen. Die Überschätzung zeigte sich bald, als Mitscherlich die ersten Fälle von Dimorphie kennen lehrte, welche sich später zur Tri- und Polymorphie erweiterte. Das Prinzip Hauy's, daß mit ungleicher Krystallform verschiedene chemische Zusammensetzung Hand in Hand gehe, war dadurch gestürzt. Trotz des Widerstandes dieses ausgezeichneten

---

[1] Vergl. S. 177. [2] Schweigger's Journ. Bd. **11**, **12** (1814).
[3] Leonhard's Zeitschrift für Mineralogie Bd. 1.
[4] Vergl. S. 191.

Forschers hielt die Lehre vom Isomorphismus triumphierend ihren Einzug in die Mineralogie.

Die mancherlei Systeme der letzteren, welche nach Berzelius, also nach dem Jahre 1824, aufgestellt worden sind, zeigen fast durchweg das Streben, die Einteilung der Mineralien auf Grund ihrer chemischen Zusammensetzung vorzunehmen; dabei wird den physikalischen Eigenschaften jener eine mehr oder weniger große Bedeutung beigelegt. Neben der auf rein chemischen Grundlagen beruhenden Klassifikation der Mineralkörper von G. Rose seien die gemischten Systeme von Beudant, C. F. Naumann und Hausmann als die bekanntesten namhaft gemacht.

Die Nomenklatur der Mineralien hat mit der streng wissenschaftlichen Erforschung dieser ganz und gar nicht gleichen Schritt gehalten. Das empirische Prinzip waltet noch vor, wie sich in der Benennung nach Entdeckern, Fundorten, physikalischen Eigenschaften u. s. w. zeigt, statt durch die Bezeichnung die chemische Zusammensetzung auszudrücken oder wenigstens anzudeuten.

Ihre jetzige Blüte verdankt die Mineralogie der mächtigen Entwickelung der Mineralchemie. Berzelius und seine Schüler — es seien Chr. Gmelin, Mitscherlich, Wöhler, H. und G. Rose, Svanberg, Mosander genannt — haben den Grund und Boden, der von Bergman, Klaproth, Vauquelin und anderen vorbereitet war, erst völlig aufgeschlossen und urbar gemacht. Welche Fülle von neuen Methoden zum Aufschließen der Mineralien und zur Trennung ihrer einzelnen Bestandteile geschaffen worden ist, kann hier nicht im einzelnen dargelegt werden. Das fast unerschöpfliche Reich der Mineralindividuen ist seither von zahlreichen Forschern chemisch untersucht worden. Zu der am nächsten liegenden Aufgabe, die empirische Zusammensetzung festzustellen, ist die weitere und höhere getreten, die chemische Konstitution der Mineralien zu erforschen. Insbesondere die Silikate in ihrer außerordentlichen Mannigfaltigkeit haben immer von neuem zu wichtigen Arbeiten angeregt.[1]

[1] Es hat nicht an Versuchen gefehlt, die neueren chemischen Ansichten, welche bezüglich der Konstitution organischer Verbindungen gewonnen sind, auf unorganische, speziell auf Mineralien anzuwenden. Wurtz war wohl der erste, welcher die von ihm entdeckten Polyäthylenalkohole mit den Polykieselsäuren verglich. Daß solche Versuche, die Struktur der kompliziertesten Silikate zu ermitteln, leicht über das Ziel hinausgehen und daher häufig unfruchtbar bleiben, beruht darauf, daß die zur Erkennung der Konstitution organischer Verbindungen angewandten Methoden im Gebiete der unorganischen meist nicht verwertbar sind.

Die Grenzen dieses kurzen Berichtes über die Entwickelung der mineralogischen Chemie würden weit überschritten werden, sollten die Verdienste, welche sich Männer wie Stromeyer, Th. Scheerer, Rammelsberg,[1] Bunsen und andere um dieselbe erworben haben, selbst nur an einigen Beispielen hervorgehoben werden. Von Chemikern, welche sich seit Berzelius um die Förderung der mineralogischen Chemie verdient gemacht haben, seien außer den obigen noch genannt: Blomstrand, v. Bonsdorff, Deville, O. L. Erdmann, v. Hauer, Hermann, Jannasch, Marignac, Th. Petersen, Th. Richter, Sandberger, Smith und Brush, Streng, Th. Thomson, Cl. Winkler, denen noch viele andere angereiht werden könnten.

Künstliche Bildung von Mineralien.[2] — Anfänge der geologischen Chemie.

Zu der naturgemäß älteren analytischen Richtung, welche bei der Erforschung der Mineralien eingeschlagen worden ist, hat sich in neuerer Zeit eine synthetische gesellt, durch welche die mineralogische Chemie außerordentlich reichen Zuwachs an neuen Thatsachen gewonnen und sich zur geologischen Chemie erweitert hat. Das Streben, die natürliche Entstehung der Mineralien durch die unter verschiedenen Bedingungen willkürlich hervorgerufene Bildung solcher künstlich nachzuahmen und zu erklären, ist die Triebfeder zu denkwürdigen Versuchen gewesen, über die in großen Zügen hier berichtet werden soll.

Seitdem Berzelius die Mineralien als chemische Verbindungen definiert hatte, deren Zusammensetzung von den gleichen Gesetzen abhänge, wie die der künstlich dargestellten Verbindungen, drängte sich das Problem, die Mineralkörper aus ihren Komponenten willkürlich zu bereiten, fast von selbst auf. Doch vergingen noch mehrere Jahrzehnte, in denen durch die verbesserten analytischen Methoden die Mineralchemie ausgebildet wurde, ehe man die Synthese der

[1] C. Rammelsberg, 1813 zu Berlin geboren, wo er seit 1840 teils an der Gewerbeakademie, teils an der Universität thätig war, hat seit 1874 die Leitung des II. chemischen Laboratoriums an letzterer bis vor einigen Jahren innegehabt. — Seine Untersuchungen, welche die unorganische, speziell die mineralogische Chemie bereichert haben, sind meist in Poggendorff's Annalen veröffentlicht. Großes Verdienst erwarb sich Rammelsberg durch Herausgabe seines *Handbuches der Mineralchemie* (2. Aufl. 1875), sowie der *Krystallographisch-physikalischen Chemie* (1881/82).

[2] Vergl. *Die künstlich dargestellten Mineralien* u. s. w. von C. W. C. Fuchs (Haarlem 1872). *Synthèse des mineraux et des roches* von Fouqué u. Michel Levy (Paris 1882).

Mineralien zielbewußt in Angriff nahm. Nur vereinzelte Beobachtungen über künstliche Bildung solcher, z. B. die des Kalkspates und Arragonites (G. Rose) und einige von Gay-Lussac, Berthier und Mitscherlich angestellte Versuche sind in der ersten Hälfte unseres Jahrhunderts zu verzeichnen;[1] die glänzende Entwickelung dieses Zweiges der mineralogischen resp. geologischen Chemie beginnt erst seit 1851 mit den denkwürdigen Arbeiten von Ebelmen, Durocher, Daubrée, Sénarmont. Diese Forscher haben eine Reihe von Methoden ausgebildet, die zum Teil unter ähnlichen Bedingungen, wie sie in der Natur gegeben sind, zur Entstehung von Mineralien führten. Daß man mit einiger Vorsicht aus diesen Bildungsweisen auf die natürlichen Vorgänge schloß, war berechtigt; jedenfalls konnten Hypothesen, welche zur Erklärung der Entstehung von Mineralien und Gesteinen aufgestellt waren, auf ihre Zulässigkeit geprüft werden. Damit aber erhielt die Geologie eine festere Stütze; in der Chemie erwuchs ihr eine äußerst wertvolle Hilfswissenschaft.[2]

Hier sei auf die schönen, ganz neue Aussichten eröffnenden Untersuchungen von R. Bunsen[3] über die geologischen Verhältnisse Islands, insbesondere über die Geysire, sowie über die Bildung vulkanischer Gesteine, ferner auf die Arbeiten G. Bischof's[4] hingewiesen, welch' letzterer unermüdlich für die chemische Geologie thätig war.

Aus der stattlichen Reihe von Forschern, welche auf dem von den oben Genannten betretenen Wege weiter fortschritten, insbesondere neue Bildungsweisen von Mineralien auffanden, seien H. St. Cl. Deville und Troost, Becquerel, Debray, Hautefeuille, Wöhler, Rammelsberg, namentlich Fouqué und Michel Lévy hervorgehoben. In neuester Zeit haben noch Friedel und Sarasin, sowie Moissan wichtige Synthesen von Mineralien kennen gelehrt.

Die Hauptbegründer der synthetischen Richtung bei mineralogisch-geologischen Forschungen gehören der französischen Nation an, und so spricht man mit Recht von einer *französischen Schule* auf

[1] Die früheste hierher gehörende Beobachtung ist wohl die von James Hall über die Umwandelung von Kreide in Marmor gewesen (1801).

[2] Über den Nutzen der Chemie für die Geologie hat sich schon Sénarmont wie folgt sehr bezeichnend ausgesprochen: „C'est à la chimie minéralogique, que la géologie doit l'utile contrôle expérimental de ces conceptions rationelles. Les minéraux cristallisés ont, en effet, une origine toute chimique, et c'est l'expérience chimique, qui doit servir d'appui à la géologie, si elle veut faire un pas de plus dans l'étude des roches, qui en sont composées."

[3] Ann. Chem. **62**, 1; **65**, 70.

[4] Vergl. dessen *Lehrbuch der chemischen Geologie*.

diesem Gebiete, welche noch jetzt in den letztgenannten Männern ihre Hauptvertreter anerkennt.[1]

Die von denselben beobachteten Entstehungsweisen der Mineralien sind sehr verschiedenartige: teils auf nassem, teils auf feurigflüssigem Wege sich vollziehende Prozesse. Um einige der wichtigeren Methoden namhaft zu machen, sei erinnert an die Entstehung mancher Naturprodukte durch langsame Umsetzung zweier Salze in Lösung, z. B. Bildung von Quarz und Kalkspat aus Gyps und kieselsaurem Kali u. s. w., an die Ausscheidung von künstlichen Mineralien aus Lösungen: Bildung von Gyps, von Kalkspat und Arragonit je nach den herrschenden Bedingungen, und an die Zersetzung von Körpern durch Wasser unter erhöhtem Druck: Bildung von Quarz, Wollastonit, Apophyllit u. s. w., endlich an die Entstehung zahlreicher Mineralien durch Schmelz- und Glühprozesse, wie solche in ähnlicher Weise die vulkanischen Vorgänge aufweisen: Bildung von Tridymit, von Olivin und anderen Silikaten.

Die Synthese zahlreicher Sulfide des Kupfers, Eisens, Zinks, Cadmiums, teils auf trockenem, teils auf nassem Wege, verdient ebenfalls erwähnt zu werden; endlich auch die künstliche Bildung von Edelsteinen, z. B. des *Rubins* (Fremy), des *Diamantes*, den Moissan durch passende Akühlung von höchst erhitztem Kohleeisen erhielt.

Da die Natur in ihren Werkstätten sich nur selten belauschen läßt, so sind die zahlreichen, mit Erfolg gekrönten, die natürlichen Prozesse nachahmenden Versuche über die Bildung von Mineralien von hervorragendster Bedeutung für die Erklärung der Naturprozesse. Durch den häufig geführten Nachweis, daß ein und dasselbe Mineral oder Gestein auf verschiedenste Art, auf nassem wie auf feurig-flüssigem Wege künstlich gewonnen werden kann, ist die früher beliebte einseitige Auffassung geologischer Vorgänge fast unmöglich geworden. — Die Synthese von Mineralien und Gesteinen hat das schon lange bestehende Band zwischen Mineralogie und Chemie noch fester geschlungen.

---

[1] Fouqué und Michel Levy erblicken den Grund dieser Bevorzugung ihrer Nation „in der Natur des Volkscharakters". Ihre Begründung dieser Annahme (S. 5 des Werkes: Synthèse des minéraux u. s. w.) ist so charakteristisch und naiv, daß sie hier Platz finden möge: „Notre génie national répugne à l'idée d'accumuler un trop grand nombre de faits scientifiques, sans les coordonner, et si cette tendance nous entraine quelquefois à des hypothèses hasardées, elle a, d'autre part, le mérite, de nous induire aux expériences synthétiques."

Entwickelung der
Agrikulturchemie und der physiologischen Chemie.

Die Geschichte dieser Zweige der Chemie ist in hervorragender Weise mit den Leistungen Liebig's verknüpft, über die schon im allgemeinen Teile kurz berichtet wurde. Zwar hat dieser geniale Forscher manche Vorgänger gehabt, welche einzelne für die Pflanzen- und Tierphysiologie wichtige chemische Thatsachen ermittelt haben; aber er war es, der zuerst mit weitem Blick bekannte und namentlich eigene neue Beobachtungen unter gemeinsamen Gesichtspunkten vereinigte. Die Ideen eines Palissy über die Notwendigkeit der Mineralsubstanzen für das Leben der Pflanzen,[1] die Untersuchungen, welche Malpighi und Mariotte gegen Ende des 17. Jahrhunderts zu bestimmten Ansichten über die Ernährung der Pflanzen durch die Blätter und den Boden führten, die den Stoffwechsel der Pflanzen und Tiere kühn erfassenden Spekulationen Lavoisier's,[2] seine Überzeugung, daß der Prozeß des Lebens sich aus einer Reihe chemischer Vorgänge zusammensetze, endlich die Arbeiten von Fourcroy, Vauquelin, Proust, Berzelius, Chevreul über Produkte des Tierkörpers: alle diese und noch andere Leistungen haben zur Befruchtung des Grundes und Bodens gedient, auf dem Liebig das Gebäude der Chemie in ihrer Anwendung auf Agrikultur, Physiologie und Pathologie errichtete.

Besonders eng verwachsen sind diese Zweige der Chemie mit der organischen; denn in erster Linie handelt es sich darum, Verbindungen organischer Natur zu isolieren und ihre Zusammensetzung festzustellen. Als weitere Aufgabe kommt dazu, die Rolle solcher Stoffe in den Organismen zu erkennen. Ganz besonders wichtige Bereicherungen hat die Pflanzen-, sowie Tierphysiologie der Chemie in Fragen der Ernährung zu verdanken.

---

[1] Vergl. S. 79.

[2] Dieselben sind in einem 1792 verfaßten, 1860 veröffentlichten Schriftstück niedergelegt (im IV. Bd. der *Oeuvres de Lavoisier*).

Agrikulturchemie und Pflanzenphysiologie.[1]

Die schon gegen Ende des vorigen und zu Anfang dieses Jahrhunderts ausgeführten physiologisch-chemischen Arbeiten von Priestley, Ingen-Houss, Senebier, Th. de Saussure hatten zu manchen wichtigen Ergebnissen bezüglich der Ernährung der Pflanzen geführt. Aus den Analysen der Pflanzenaschen sollte, so könnte man jetzt denken, ein deutlicher Zusammenhang der Pflanze mit dem Boden ersichtlich gewesen sein. Die von jenen Forschern wahrgenommene Zersetzung der Kohlensäure durch die Blätter hätte, so sollte man ferner meinen, zu der Erkenntnis leiten müssen, daß die Quelle für die organischen Stoffe der Pflanze zum größten Teil in der Kohlensäure gegeben sei. Ebenso hätte die frühzeitige Beobachtung, daß Ammoniaksalze dem Gedeihen der Vegetabilien sehr förderlich sind,[2] eine Erklärung dadurch finden sollen, daß man in dem Ammoniak dasjenige Nahrungsmittel erkannte, welches die stickstoffhaltigen Bestandteile der Pflanze liefert.

Diese naheliegenden, jetzt selbstverständlich scheinenden Folgerungen wurden jedoch nicht gezogen, vielmehr suchte man, ohne Rücksicht zu nehmen auf die Ergebnisse jener älteren grundlegenden Arbeiten, dem Humus die Bedeutung eines allgemeinen Nährmittels für die Pflanzen zuzuweisen. Damit wurde der Ernährungsprozeß der letzteren gänzlich verkannt; die Pflanzen sollten sich nach dieser Irrlehre, den Tieren analog, mit organischen Materien ernähren. Albrecht Thaer[3] war in Deutschland, Mathieu de Dombasle in Frankreich Hauptvertreter dieser Annahme, welche Jahrzehnte lang die Agrikulturchemie beherrscht hat. Nach ihnen wirken die unorganischen Salze, deren Bedeutung nicht völlig in Abrede zu stellen war, nur als Reizmittel, nicht als solche Stoffe, welche für den Aufbau der Pflanze unbedingt notwendig sind.[4] Ja! Thaer hat

[1] Litteratur (außer den weiter unten citierten Werken und Abhandlungen): *Geschichte der Botanik* von J. Sachs. *Lehrbuch der Pflanzenphysiologie* von Pfeffer. *Lehrbuch der Agrikulturchemie* von W. Knop. *Chimie et Physiologie appliquées à l'agriculture* u. s. w. von L. Grandeau. *Neues Handwörterbuch der Chemie.* Bd. II, S. 119 u. 1012.

[2] Schon gegen Ende des vorigen Jahrhunderts hatte Nic. Leblanc auf diese Bedeutung der Ammonsalze hingewiesen.

[3] Vergl. sein Werk: *Grundsätze der rationellen Landwirtschaft.* Selbst einer der Begründer der Lehre von der Pflanzenernährung, Saussure, verfiel dem Irrtum der Humustheorie.

[4] Dem um die Botanik hoch verdienten Sprengel haben einige das Verdienst zugeschrieben, die Unentbehrlichkeit der Aschenbestandteile für die Pflanzen erwiesen zu haben; doch ist dies nicht zutreffend.

die Neubildung von Erden in den Pflanzen für möglich gehalten. Er folgte bei dieser Annahme der Meinung Schrader's, welcher schon im Jahre 1800 auf Grund von Versuchen die Erzeugung der Aschenbestandteile der Pflanzen durch die vitalen Kräfte dieser bewiesen zu haben glaubte.[1]

Dieser Periode unwissenschaftlicher Versuche, die Ernährungsprozesse der Pflanzen zu erklären, bereitete Liebig ein jähes Ende durch die kritische Vernichtung der Lehre vom Humus. Im Jahre 1840 trat er, gestützt auf zahlreiche eigene und von seinen Schülern ausgeführte Untersuchungen, sowie anknüpfend an frühere Arbeiten in seinem Werke: *Die Chemie in ihrer Anwendung auf Agrikultur und Physiologie*[2] gegen die willkürlichen Axiome der Humustheorie auf und entzog denselben den bisher behaupteten festen Boden. Folgende Sätze Liebig's sind die Quintessenz seiner Lehre; sie enthalten schon das vollständige Programm der seit jener Zeit geschaffenen rationellen Agrikulturchemie: „Die Nahrungsmittel aller grünen Gewächse sind unorganische Substanzen.“ — „Die Pflanze lebt von Kohlensäure, Ammoniak (Salpetersäure), Wasser, Phosphorsäure, Schwefelsäure, Kieselsäure, Kalk, Bittererde, Kali, Eisen; manche bedürfen Kochsalz.“ — „Der Mist, die Exkremente der Tiere und Menschen wirken nicht durch ihre organischen Elemente auf das Pflanzenleben ein, sondern indirekt durch die Produkte ihres Fäulnis- und Verwesungsprozesses, infolge also des Überganges ihres Kohlenstoffes in Kohlensäure und ihres Stickstoffes in Ammoniak oder Salpetersäure. Der organische Dünger, welcher aus Teilen oder Überresten von Pflanzen und Tieren besteht, läßt sich ersetzen durch die unorganischen Verbindungen, in welche er in dem Boden zerfällt.“[3] Aus diesen Sätzen zog Liebig den zwingenden Schluß, daß dem Boden das, was ihm die Kultur von Pflanzen entzogen hat, wieder erstattet werden muß, wenn die Erschöpfung desselben verhütet werden soll.

An dem weiteren Ausbau dieser folgenreichen Lehre, deren Sieg über das alte System bald ein vollständiger war, haben sich außer Liebig selbst hervorragende Schüler desselben beteiligt. Ja, fast alle Agrikulturchemiker sind seitdem unmittelbar oder mittelbar aus

[1] Diese irrtümliche Meinung wurde zuerst von Th. de Saussure, sodann von H. Davy mit gewichtigen Gründen bekämpft.

[2] Dieses Werk war durch die „Britisch association for the advancement of science“ angeregt worden.

[3] Hier sei an Liebigs von Erfolg gekrönten Versuch erinnert, den er in der Nähe von Gießen im großen ausführte: ein sandiges Terrain wurde mit Hilfe der Mineraldüngung in einen blühenden Garten verwandelt.

Liebig's Schule hervorgegangen. — Boussingault[1] hat unabhängig gleiche Ziele erstrebt; sein Verdienst, Versuche über Ernährung von Pflanzen nach neuen Methoden angestellt zu haben, sei hier besonders hervorgehoben. — Auch die großartigen, Jahrzehnte lang durchgeführten Kulturversuche von Lawes und Gilbert verdienen hier besonders namhaft gemacht zu werden.

Durch zielbewußte Untersuchungen wurden zunächst die chemischen Verhältnisse des *Bodens* aufgeklärt, der ja die Hauptmenge der eigentlich mineralischen Nährstoffe der Pflanze zuführt. Dahin gehört die Erforschung der Verwitterungsprozesse von Gesteinen, durch welche Vorgänge die Ackerkrume gebildet wird. Die Rolle der dabei wirksamen Faktoren, des Wassers, der Kohlensäure, des Sauerstoffes, sowie die Thatsache, daß der freie Stickstoff nicht direkt zur Ernährung der Pflanzen dient,[2] lehrten Arbeiten von Liebig, Boussingault, Déherain, Dietrich und anderen kennen. Durch den Verwitterungsprozeß erlangen erst die der Pflanze notwendigen unorganischen Stoffe die Beschaffenheit, in der sie von jener aufgenommen werden können. Hier sei an die wertvollen über die Zusammensetzung verschiedener Böden angestellten Untersuchungen von E. Wolff, Henneberg, W. Knop, F. Stohmann, Zöller, Lehmann, Nobbe und anderen erinnert und an die sich daran schließenden grundlegenden Versuche über die Ernährung von Pflanzen in indifferentem Boden oder in Salzlösungen: *trockene Kulturen und Wasserkulturen.* An der Hand dieser Methoden sind die wichtigsten Ernährungsfragen entschieden worden.

Durch alle diese Untersuchungen war die Unentbehrlichkeit der in der Asche von Pflanzen sich findenden Substanzen als der wahren Nährstoffe unzweideutig bewiesen. Aber nicht nur die Art, auch die Form, in welcher die im Boden enthaltenen Stoffe zur Ernährung dienen, sowie ihr Verhalten zu den übrigen Bodenbestandteilen, wurde als bedeutsam, ja maßgebend erkannt.

---

[1] J. B. Boussingault, 1802 geboren, 1886 gestorben, ist zuerst durch seine kühnen Reisen in Südamerika bekannt geworden, wo er seine vielseitigen Kenntnisse glänzend verwerten konnte. Nach Frankreich zurückgekehrt, widmete er sich mehr und mehr agrikulturchemischen Fragen, die er teils in Experimentaluntersuchungen, teils in größeren Werken: *Économie rurale, Agronomie, chimie agricole et physiologie* (1864) behandelte.

[2] In neuerer Zeit ist durch die Untersuchungen von Hellriegel und Wilfarth (1888), Frank, Schlösing und anderen die Assimilierung des atmosphärischen Stickstoffes durch gewisse Pflanzen unter Mitwirkung (*Symbiose*) von Mikroorganismen erwiesen worden; letztere spielen auch bei der Bildung von Nitraten (*Nitrifikation*) eine wichtige Rolle.

Von Liebig wurde ferner eine Reihe wichtiger Untersuchungen über die Absorption der mineralischen Pflanzennährstoffe durch verschiedene Böden angeregt; es seien die von Henneberg und Stohmann, von Peters, Knop, Zöller genannt; auch für die Lehre von der Düngerwirkung waren alle diese Beobachtungen von großer Bedeutung.

Trotz der zahlreichen neuen Thatsachen, welche durch die oben erwähnten und andere Arbeiten zur Kenntnis gelangten, sind die Fundamente der Lehre Liebig's unverrückt dieselben geblieben, die er in seinem bahnbrechenden Werke (1840) begründet hatte. In großen Zügen war von ihm die Ernährung der Pflanzen durch die Atmosphärilien und die Bodenbestandteile klar erkannt worden. Darauf basierte er seine Lehren vom rationellen Feldbau, welche schon die reichsten Früchte getragen haben, und an deren Ausarbeitung Männer der Wissenschaft und Praxis noch thätig sind.

Entwickelung der Phytochemie.

Nachdem die Bedeutung der verschiedenen unorganischen Substanzen für das Leben der Pflanze erkannt war, drängte sich der physiologisch-chemischen Forschung als unabweisbares Problem die Frage auf, wie und in welchen Phasen sich die Bildung der organischen Stoffe aus der Kohlensäure, dem Ammoniak und dem Wasser vollziehe. Die zu lösende Aufgabe besteht darin, die in den verschiedenen Organen der Pflanzen enthaltenen chemischen Verbindungen zu isolieren, und ihre Konstitution sowie ihre physiologisch-chemischen Beziehungen zu einander festzustellen: eine großartige Arbeit, mit der seit geraumer Zeit namhafte Forscher beschäftigt sind.

Der Übergang der Kohlensäure in organische Verbindungen unter Beihilfe des Wassers und des Lichtes, jener in seinen äußeren Umrissen schon von Saussure[1] und anderen richtig erkannte Prozeß

[1] Vergl. seine *Recherches chimiques sur la végétation* (1804). — Vor Saussure hatte Ingen-Houss die Assimilierung von Kohlensäure und Wasser durch die Blätter beobachtet, aber, in der Phlogistontheorie befangen, die Entstehung des Sauerstoffes aus der Kohlensäure nicht erkannt. Dieses Verhältnis wurde erst durch Senebier klar, zur Gewißheit erhoben durch Saussure's meisterhafte Versuche, durch welche die Bilanz zwischen aufgenommenen und abgegebenen Stoffen annähernd ermittelt wurde. Daß parallel diesem Assimilierungsprozeß der umgekehrte Vorgang: eine Atmung von Sauerstoff und Ausgabe von Kohlensäure in verschiedenen Pflanzenteilen stattfindet, hat Ingen-Houss, schärfer noch Saussure erkannt. Dieser, nach ihm Dutrochet und andere, beobachteten die mit der Atmung verbundene Wärmeerzeugung in Pflanzen und stellten so eine bemerkenswerte Analogie zwischen den Vorgängen innerhalb des Tier- und des Pflanzenkörpers fest.

der Assimilation des Kohlenstoffes ist naturgemäß Gegenstand zahlreicher Forschungen gewesen. So haben neuere Untersuchungen von Lommel, Pfeffer, N. J. C. Müller, Engelmann und anderen über die Beschaffenheit der dabei wirksamen Lichtstrahlen Aufklärung gebracht. Ferner sind wichtige Arbeiten über das Chlorophyll ausgeführt worden, über dessen Rolle bei der Assimilierung des Kohlenstoffes die Ansichten der Forscher, z. B. Sachs, Pringsheim und anderen, auseinander gehen. Noch immer hat aber bei der Beantwortung der Frage, welche organische Verbindung zuerst aus der Kohlensäure hervorgeht, und welche weiteren Zwischenprodukte bis zur Bildung der Stärke, der Cellulose, des Eiweißes u. s. w. auftreten, die Spekulation ziemlich freies Spiel.

Die von Ad. Baeyer entwickelte Ansicht, daß durch Reduktion aus Kohlensäure Formaldehyd erzeugt werde, der dann durch mannigfache Kondensation Kohlehydrate liefern soll, hat durch Versuche im Laboratorium (O. Loew, Bockorny, E. Fischer und andere) eine gewisse Bestätigung erhalten. Mit solcher Annahme ist jedenfalls der einfachste Weg gefunden, und die Bildung komplizierter Verbindungen aus der den Pflanzen zugeführten Kohlensäure erklärt.

Die in großer Mannigfaltigkeit von den Pflanzen erzeugten Stoffe sind namentlich seit Liebig's anregendem Wirken Gegenstand eifriger Forschungen gewesen; parallel der Zoochemie hat sich insbesondere seit Ende der vierziger Jahre die Phytochemie entwickelt. An Rochleder's in chemischer Hinsicht so wichtigen Untersuchungen auf diesem Gebiete über das Kaffeïn, verschiedene Glukoside, Gerbsäuren[1] und andere Pflanzenstoffe, sei vorübergehend erinnert. — Ganz besonders richtete sich die Aufmerksamkeit der Phytochemiker auf die in den Pflanzen sich bildenden stickstoffhaltigen Verbindungen, zunächst die Eiweißstoffe, sodann auf die daraus durch Spaltung hervorgehenden Körper. Die ersteren wurden, nachdem Mulder auf ihre Ähnlichkeit mit dem tierischen Eiweiß hingewiesen hatte, durch die Arbeiten von Liebig und seinen Schülern, namentlich durch die ausgezeichneten, bis in die neueste Zeit reichenden Untersuchungen Ritthausen's erforscht. Die Hoffnung, aus der Natur von Spaltungsprodukten der Eiweißkörper, namentlich von verschiedenen Amidosäuren, wie Leucin, Asparagin, Glutaminsäure und anderen, auf die chemische Konstitution jener Schlüsse zu ziehen, ist zwar nicht in Erfüllung gegangen, aber in pflanzenphysiologischer Hinsicht sind

[1] Welche Bedeutung neuerdings den Gerbsäuren in pflanzenphysiologischer Hinsicht zuerkannt wird, ergiebt sich aus der Monographie von Kraus, *Grundlinien zu einer Physiologie des Gerbstoffes* (1889).

durch die Untersuchungen über die bei der Keimung von Samen und bei anderen Prozessen sich bildenden stickstoffhaltigen Verbindungen wertvolle Vorarbeiten für den künftigen Ausbau der Pflanzenphysiologie gewonnen worden.[1]

Noch viele andere, Stickstoff enthaltende pflanzliche Produkte haben die Aufmerksamkeit ebenso sehr der Chemiker wie der Physiologen erregt, z. B. einige Glukoside, wie Myronsäure, Amygdalin, und besonders die große Klasse der Alkaloïde: Verbindungen, deren Bedeutung für die Chemie schon gewürdigt wurde.

Die Kohlenhydrate in ihrer Bedeutung für das pflanzliche Leben sind gleichfalls nach ihren chemischen sowie physiologischen Beziehungen zu einander durchforscht worden, aber auch hier fehlt noch vielfach das Band zwischen den einzelnen Produkten. Zu erinnern ist an die grundlegenden, physiologisch wichtigen Untersuchungen von Brücke, Nägeli, Sachs über die Stärke, die Vorstufen derselben, z. B. Dextrose, und den Zusammenhang der Stärkebildung mit der Thätigkeit des Chlorophylls, an die zahlreichen Arbeiten über Zuckerarten, insbesondere Dextrose und Rohrzucker, dessen technisch wichtiges Vorkommen im Rübensaft eine vollständige Chemie des letzteren hervorgerufen hat; ferner an die mühsamen Forschungen, durch welche die Aufklärung der chemischen Natur der Glukoside und ihres eigentümlichen Verhaltens zu Fermenten angestrebt wurde. Die wichtigsten Untersuchungen über pflanzliche Fette, über ätherische Öle und andere Verbindungen gehören im wesentlichen der speziellen organischen Chemie an und sind in der Geschichte dieser berührt worden.

Entwickelung der Zoochemie.[2]

Die physiologische Chemie des Tierkörpers, die *Zoochemie*, hat seit den grundlegenden Untersuchungen von Fourcroy und Vauquelin, Chevreul, Berzelius und anderen außerordentliche Fortschritte gemacht. Von der Erforschung der chemischen Bestandteile tierischer Organe, Sekrete u. s. w. schritt man weiter zu der ungleich schwierigeren Frage, unter welchen Bedingungen jene Stoffe sich im Organismus bilden, und in welchen gegenseitigen Beziehungen dieselben zu einander stehen. Durch die darauf bezüglichen chemi-

[1] Vergl. die Untersuchungen von E. Schulze und anderen.

[2] Das weitschichtige Quellenmaterial der physiologisch-chemischen Untersuchungen findet man in dem *Lehrbuch der physiologischen Chemie* von Hoppe-Seyler (vergl. auch Bunge's *Lehrbuch der physiologischen und pathologischen Chemie*). Nur bei einigen Arbeiten sind Citate gegeben.

schen Arbeiten bildete sich die Tierphysiologie erst zu der Wissenschaft aus, als welche sie heute dasteht. Ganz besonders gilt dies von dem so wichtigen Gebiet der Ernährung, überhaupt von der Lehre des Gesamtstoffwechsels, der sich im Tierkörper vollzieht. Durch die chemischen Forschungen ist das früher herrschende Dunkel verscheucht worden, in dem so manche irrige Meinungen groß gezogen wurden.

An dem Aufbau der Zoochemie, soweit diese die Erkenntnis der den Tierkörper zusammensetzenden Stoffe erstrebte, haben seit Veröffentlichung der oben erwähnten Arbeiten die namhaftesten Physiologen und Chemiker mitgewirkt. Von den zahlreichen trefflichen Untersuchungen dieser Art können nur wenige flüchtig berührt werden. Es sei zunächst auf die über Bestandteile der Knochen von Bibra, Mulder, Fremy und Heintz hingewiesen, durch welche die wahre Zusammensetzung jener festgestellt wurde. Die Arbeiten Schmiedeberg's beginnen das Dunkel zu lichten, das über den in den Knorpelgeweben enthaltenen Körpern schwebt.

Die Natur der Eiweißstoffe ist namentlich, seitdem Mulder ähnliche Körper in den Pflanzen nachgewiesen hatte, und Liebig mit seinen Schülern die Zusammensetzung derselben zu erforschen bestrebt war, Gegenstand zahlreicher wichtiger Untersuchungen gewesen, welche freilich noch nicht zu dem einen Ziele: zur Erkenntnis der wahren Konstitution dieser Körper geführt haben. Um einige wichtige Arbeiten darüber herauszuheben, seien die von Brücke, Kühne, Hammarsten, Hoppe-Seyler, Lehmann, A. Schmidt, Drechsel, Harnack, Nencki, Schützenberger namhaft gemacht. — Dem Physiologen erscheint die Frage, wie sich die Eiweißstoffe im Tierkörper verhalten, welche Wandlungen sie insbesondere bei der Verdauung erfahren u. s. w., wichtiger, als die nach der rationellen Zusammensetzung derselben. Arbeiten, welche solche Fragen der Physiologie zu beantworten suchen, sind weiter unten zu nennen.

Die wichtigsten Untersuchungen, durch welche die Zusammensetzung der Fette allmählich, aber endgültig aufgeklärt wurde, sind schon erwähnt worden.[1] Über die Rolle der Fette beim Stoffwechsel haben erst neuere Arbeiten genügenden Aufschluß gewährt, ebenso über die Bedeutung der Kohlenhydrate.[2] Das pathologische Auftreten der genannten Körper hat auch die Chemiker lebhaft beschäftigt, die durch den sicheren Nachweis von Zucker, Eiweißstoffen u. s. w. dem Arzte häufig die Diagnose von Krankheiten erleichtert, ja er-

[1] Vergl. S. 371.

[2] Bezüglich der chemischen Bedeutung der Kohlenhydrate vergl. S. 382 flg.

möglicht haben. — Wie in allen Gebieten der Chemie, so haben sich auch in dem der physiologischen und pathologischen als wertvolles unentbehrliches Werkzeug besondere Methoden einer zoochemischen Analyse ausgebildet.

Die Untersuchungen, die sich die Aufklärung der in dem Tierorganismus stattfindenden chemischen Prozesse und damit die Erforschung der das Leben bedingenden oder begleitenden Vorgänge zur Aufgabe stellten, sind fast unübersehbar. — Die jetzigen Kenntnisse von den verschiedenartigen Flüssigkeiten des Tierkörpers, welche für jene Prozesse bedeutungsvoll sind, wurden durch mühsame Arbeiten angebahnt und errungen. Um einige von diesen zu nennen, möge zunächst hingewiesen werden auf die wichtigsten Untersuchungen über die bei der Verdauung mitwirkenden Sekrete. Kurz sei der klassischen Arbeiten von C. Ludwig, Brücke, Cl. Bernard gedacht, durch die der Nachweis geliefert wurde, daß die Sekretionen aus Drüsen als chemische Vorgänge aufzufassen seien. -- Die Bedeutung des Speichels für die Verdauung wurde durch die chemische Untersuchung desselben erkannt; seit der von Leuchs 1831 gemachten Entdeckung des darin enthaltenen Fermentes, *Ptyalin*, welches die Fähigkeit hat, Stärke in Zucker zu verwandeln, ist die Chemie des Speichels durch neuere Arbeiten von O. Nasse, C. Ludwig, Brücke, Herter und anderen erheblich bereichert worden.

Viele ausgezeichnete Forscher haben sich mit der Untersuchung des Magensaftes und seiner Wirkungen beschäftigt; durch die Bemühungen von C. Schmidt, Bidder, Beaumont, Frerichs, Lehmann, v. Wittich und anderen wurde die Zusammensetzung dieses Sekretes, namentlich die eigentümliche Natur des darin enthaltenen Fermentes, *Pepsin*, festgestellt. Die überaus wichtige Rolle des letzteren bei der Verdauung von Eiweißstoffen, welche dadurch in *Peptone* übergehen, wurde durch die Arbeiten von Lehmann, Hofmeister, Henninger, in neuester Zeit wesentlich durch die von Neumeister, Kühne und Chittenden aufgeklärt.

Zur Kenntnis des Pankreassaftes und seiner durch die Anwesenheit eigentümlicher Fermente bedingten kräftigen Wirkungen beim Verdauungsprozeß haben die Untersuchungen von W. Kühne, Hüfner und anderen erheblich beigetragen.

Die Chemie der Galle endlich, begründet durch die denkwürdigen Arbeiten Strecker's[1] über die Gallensäuren und deren Spaltungsprodukte, ist durch die Forschungen von Städeler, Frerichs, Gorup-Besanez, Maly und anderen weiter ausgebaut worden.

---

[1] Ann. Chem. Bd. 61, 65, 67, 70.

Die Kenntnisse von der chemischen Zusammensetzung des Blutes, seinen einzelnen, schwierig voneinander zu scheidenden Gemengteilen und von deren chemischem Verhalten, sind durch außerordentlich mühsame Untersuchungen zu der jetzigen Vollständigkeit gediehen, die übrigens von der Vollkommenheit noch weit entfernt ist. Hier ist zu erinnern an die bahnbrechenden Arbeiten von Al. Schmidt über die Ursachen der Gerinnung des Blutes, an die von C. Schmidt, Hoppe-Seyler, Hüfner, Preyer und anderen über Hämoglobin, sowie Oxyhämoglobin und deren Verhalten zu Gasen, an die erfolgreiche Anwendung des Spektroskopes hierbei, ferner an die denkwürdigen Untersuchungen, durch welche die Zusammensetzung der Blutgase, insbesondere deren Verschiedenheit im arteriellen und venösen Blute endgültig festgestellt wurde. Besonders ist das Verdienst C. Ludwig's hervorzuheben, dessen mit seinen Schülern seit 1858 ausgeführte Versuche die früheren von Magnus, sowie L. Meyer an Genauigkeit weit übertrafen.

Von größter Bedeutung für die Erkenntnis des Gesamtstoffwechsels waren die zahlreichen Arbeiten, durch welche die quantitativen Verhältnisse der Ein- und Ausatmungsluft exakt ermittelt worden sind; man denke an die im großartigen Maßstabe mit Respirationsapparaten seit 1862 ausgeführten Versuche von Pettenkofer, Regnault und Reiset, an die wichtigen Beobachtungen über den Einfluß der Muskelarbeit auf den Verbrauch von Sauerstoff und auf die Ausgabe von Kohlensäure (C. Ludwig, Pettenkofer und Voit).

Die überaus zahlreichen Untersuchungen über die im Blutserum vorkommenden Stoffe, über die unorganischen Bestandteile des Blutes, sowie über pathologische Veränderungen des letzteren können, selbst in wenigen Beispielen, nicht namhaft gemacht werden.

Die Milch ist seit den älteren Untersuchungen von Chevreul, Lerch, Heintz und anderen, durch welche die wesentlichen Bestandteile derselben ermittelt wurden, Gegenstand häufiger Forschung gewesen. Besondere Aufmerksamkeit richtete sich in den neueren Arbeiten auf den Vorgang der Gerinnung, sowie auf die Veränderungen der Milch im Organismus, auf die Natur der in ihr enthaltenen verschiedenartigen Eiweißstoffe und anderes mehr; es sei an die ausgezeichneten Untersuchungen von Soxhlet, Hammarsten, Hoppe-Seyler, insbesondere Lehmann, erinnert.

Treffliche chemische und physiologische Untersuchungen sind über das Sekret der Nieren, den Harn, ausgeführt worden. Einmal sei hingewiesen auf die in chemischer Hinsicht so bedeutsamen Beobachtungen über die künstliche Bildung des Harnstoffes, über Harnsäure und ihre mannigfaltigen Umwandelungsprodukte, deren Synthese gelungen ist.[1] Sodann denke man an die physiologisch sowie pathologisch wichtigen Untersuchungen über die Ausscheidung des Harnstoffes in ihren Beziehungen zum Stoffwechsel (Liebig, Voit, Bischoff, Fick, Wislicenus), ferner an die Arbeiten über die Bildung von Hippursäure (Wöhler, Liebig, Dessaignes, Meissner), von Äther-Schwefelsäuren der Phenole (Baumann), von Zucker, Eiweiß, von Glykuronsäure, Kynurensäure, Indol und deren Ausscheidung mit dem Harn.

Die Entstehungsweise dieser und anderer Körper zu erklären, welche teils unter normalen, teils unter pathologischen Verhältnissen auftreten, ist seit längerer Zeit als eine wichtige Aufgabe der physiologischen Chemie erkannt worden. Auf Grund der zahlreichen Beobachtungen hat sich ein systematischer Gang der Harnanalyse[2] entwickelt, welcher täglich dem praktischen Arzte zu statten kommt; denn dieser vermag aus dem Auftreten oder Anhäufen gewisser Stoffe in dem Urin die Krankheiten sicherer zu erkennen, als aus anderen Anzeichen.

Die mit besonderen Schwierigkeiten verknüpften Arbeiten über die chemische Zusammensetzung des Fleisches[3] können nur flüchtig berührt werden. Liebig's für jene Zeit mustergültige Untersuchungen über „die Bestandteile der Flüssigkeiten des Fleisches"[4] und die sich anschließenden seiner Schüler, Schloßberger, Scherer, Strecker, Städeler, bahnten späteren Arbeiten, welche noch höhere Ziele anstrebten, den Weg; auf die Beobachtungen von Helmholtz, Ranke, Brücke und anderen über den Einfluß der Muskelarbeit auf die chemischen Vorgänge, welche sich in den Muskeln abspielen, sei kurz hingewiesen: Beobachtungen, zu denen Liebig's geistvolle, weitausschauende Spekulationen die erste Anregung gegeben haben mögen. Die wichtige Rolle, die bei diesen wie anderen Prozessen, z. B. den in der Leber sich vollziehenden, dem Glykogen zufällt, wurde durch ausgezeichnete Untersuchungen von Brücke, Cl. Bernard, Külz, v. Mering, Voit und andere erforscht.

Auf Grund des reichen Materials von Thatsachen, die, wie oben kurz berichtet, über die chemische Zusammensetzung und physio-

[1] Vergl. Geschichte der organischen Chemie S. 393.

[2] Vergl. das Werk von Neubauer u. Vogel: *Anleitung zur Analyse des Harns.*

[3] Zur Orientierung diene Falk's Werk: Das Fleisch (1880).

[4] Ann. Chem. **62**, 257.

logische Bedeutung einzelner Teile des Tierorganismus gesammelt worden sind, ist die Lehre von dem Gesamtstoffwechsel des Tierkörpers kräftig entwickelt und im einzelnen ausgebaut worden. Schon seit langer Zeit war als ein besonders wichtiges Problem erkannt: die Gesetze der Ernährung von Tieren festzustellen. Liebig gab den mächtigen Anstoß zu einer ersten, wennschon nicht vollkommenen Lösung dieser Frage vom chemischen Standpunkte aus.

Sein Verdienst um die Entwickelung der Lehre vom Stoffwechsel erscheint besonders groß, wenn man sich erinnert, wie irrig die Meinungen von Physiologen über chemische Vorgänge im Tierkörper waren, bevor er in dem grundlegenden Werke: *Die Tierchemie oder die organische Chemie in ihrer Anwendung auf Physiologie und Pathologie* (1842) seine Ansichten über die Ernährung und andere physiologische Prozesse aufstellte und begründete. Die namhaftesten Physiologen jener Zeit, ein Tiedemann, Burdach und andere, waren von dem Nutzen der Chemie keineswegs fest überzeugt; sie nahmen zur Erklärung der Vorgänge im Organismus ihre Zuflucht zu Lebenskräften, ja manche wiesen geradezu die Hilfe der Chemie zurück. Liebig war es, der die Aufgaben der Physiologie und die Hilfsmittel dieser besser erkannte; sein gewichtiges Wort, dieselbe müsse sich die Methoden der Physik und Chemie aneignen, wurde bald beherzigt. Und welch anderer Geist drang nun in die Physiologie ein!

Des gewaltigen Einflusses von Liebig auf die Entwickelung der Lehre vom Stoffwechsel ist schon öfters gedacht worden. Hier seien nur die Hauptfolgerungen seiner umfassenden Arbeiten und geistvollen Spekulationen kurz zusammengestellt. Er versuchte die verschiedene Bedeutung der Nahrungsmittel für den Tierkörper festzustellen, insofern er die Eiweißstoffe als *plastische*, wesentlich dem Aufbau der Gewebe dienende Verbindungen, sowie als Quelle der Muskelkraft, die Fette und Kohlenhydrate aber als *respiratorische*, hauptsächlich die Erzeugung der tierischen Wärme bedingende Stoffe definierte. Überhaupt rührt von ihm die erste scharfe Unterscheidung der Nahrungsstoffe voneinander und von den Genußmitteln her. Die Bestimmung des Wertes der ersteren wurde von ihm auf Grund experimenteller Arbeiten mit Erfolg versucht.

Die mächtige Wirkung seiner Ideen über die Ernährung und den Gesamtstoffwechsel zeigte sich während der folgenden Jahre, in den durch Liebig's Anregung entstandenen trefflichen Arbeiten von Bidder und Schmidt, Bischoff, Voit, Pettenkofer, Frerichs und anderen. Mit Hilfe verbesserter Methoden, namentlich mittels großer Respirationsapparate, wurden Liebig's Ansichten einer scharfen Prüfung unterzogen und erfuhren manche Berichtigung, insbesondere bezüglich der Rolle des Eiweißes und der Fettbildung. Aber in wesentlichen Punkten hatte er das richtige getroffen. Zur Aufklärung der Funktionen und Wirkungen einzelner Nahrungsstoffe im Tierkörper haben ganz besonders die ausgezeichneten Untersuchungen,[1] welche Voit und Pettenkofer, sowie ihre Schüler — es seien Ranke, Forster, Rubner, Falck, Fr. Hofmann, Renk genannt — über die Ernährung und somit den Stoffwechsel ausgeführt haben. — Eine wichtige Folgerung dieser Arbeiten, die Annahme, daß Fett aus Eiweißstoffen gebildet werde, ist neuerdings von Pflüger,[2] als der Begründung entbehrend, bestritten worden. Damit im Zusammenhange gelangt dieser ausgezeichnete Physiologe zu dem Satze, daß nicht die Kohlenhydrate und Fette, sondern Eiweiß die Quelle der Muskelkraft sei.

Auf diesem so intensiv bearbeiteten Gebiete der physiologischen Chemie berühren sich die Aufgaben der letzteren so nahe mit denen der Gesundheitslehre, daß die beiden Disziplinen hier zusammenfließen. Die Hygiene erscheint recht eigentlich als ein Zweig der Chemie, von der sie die wertvollsten Hilfsmittel zu ihrer Entwickelung und Kräftigung erhalten hat. Auf die infolge davon stetig zunehmende Ausbildung der so wichtigen Nahrungs- und Genußmittel-Analyse wurde in der Geschichte der analytischen Chemie schon hingewiesen.[3]

Entwickelung der Ansichten über Gärungs- und Fäulnisprozesse.[4]

Für die Hygiene, wie für die physiologische und pathologische Chemie im weitesten Sinne, haben die verschiedenartigen Vorgänge, welche durch Fermente angeregt und bedingt werden, eine so einschneidende Bedeutung erlangt, daß hier der Platz ist, die Entwickelung, welche unsere Kenntnisse von den Gärungs- und Fäulnisprozessen in der neueren Zeit aufweisen, kurz zu betrachten.

Schon lange hatte die geistige Gärung die Aufmerksamkeit der Chemiker auf sich gezogen; Lavoisier war der erste, der die zwei Hauptprodukte dieses Prozesses, Alkohol und Kohlensäure, als aus dem Zucker hervorgegangen, erkannte; auch suchte er quanti-

[1] Dieselben sind meist in der Zeitschr. f. Biologie veröffentlicht worden.
[2] Pflüger's Archiv f. Physiologie u. s. w. **41**, 229.
[3] Vergl. S. 337.
[4] Litteratur: Handwörterbuch der Chemie; Artikel: Fermente, Gärung. A. Mayer, Lehrb. d. Gärungschemie. Schützenberger, Gärungserscheinungen.

tative Beziehungen zwischen dem letzteren und jenen beiden zu ermitteln. Über die Ursache des Zerfalles von Zucker bei Gegenwart von Hefe wurden damals noch keine haltbaren Ansichten geäußert. Bevor die Erkenntnis gewonnen war, daß die Hefe aus lebenden Zellen besteht, erwarb sich die mechanisch-chemische Gärungstheorie[1] Liebig's, der im Jahre 1839 die alkoholische Gärung, sowie andere ähnliche Prozesse von einem gemeinsamen Gesichtspunkte zu erklären versuchte, zahlreiche Anhänger. Er betrachtete nämlich die Fermente im allgemeinen als leicht zersetzliche Körper, von denen der Anstoß zum Zerfall der gärungsfähigen Stoffe ausgeht: eine Ansicht, welche an die lange vorher von Stahl und von Willis ausgesprochene erinnert; denn auch diese nahmen eine Übertragung der Bewegung von gärenden Teilchen auf eine größere Menge anderer an. — Einige Forscher hatten sich begnügt, der Hefe eine „katalytische“ Kraft beizulegen, also ein Wort für den fehlenden Begriff einzusetzen.

Kurz vor der Aufstellung von Liebig's Theorie war die wichtige Entdeckung gleichzeitig und unabhängig von verschiedenen Forschern, Cagniard de Latour, Schwann, Kützing, gemacht worden, die Hefe bestehe aus niederen, sich fortpflanzenden Organismen. Aus den umfassenden Versuchen von Pasteur[2] ergab sich die volle Richtigkeit jener Beobachtungen. Die vitalistische Theorie der Gärung, deren Anerkennung durch die große Autorität Liebig's verzögert worden war, erwies sich als notwendige Folge, wonach von der Lebensthätigkeit des Hefepilzes die Zersetzung des Zuckers durch Gärung abhängig war.

Mit Erfolg wurden nun andere Gärungsprozesse von dem neu gewonnenen Standpunkte aus untersucht und auch bei diesen niedere Organismen als Ursache jener Vorgänge aufgefunden. Es sei gleich hier erinnert an die trefflichen, physiologisch wie chemisch wichtigen Untersuchungen von Pasteur über die Essig- und Milchsäuregärung, an die Entdeckung von Spaltpilzen, welche verschiedenartige Gärungen hervorrufen, an die Arbeiten von anderen Forschern, wie Rees, de Bary, Brefeld, A. Mayer, Fitz und anderen, welche die Lebensbedingungen, insbesondere die Ernährung der organisierten Fermente, namentlich der Hefe und ihren Zusammenhang mit der Gärung, sowie die Produkte der letzteren[3] festzustellen strebten.

---

[1] Vergl. Ann. Chem. **30**, 250 u. 363.

[2] Vergl. dessen zusammenfassende Werke: *Études sur la bière — sur le vin — sur le vinaigre.*

[3] C. Schmidt hat zuerst Bernsteinsäure, Pasteur außerdem Glycerin unter den Produkten der geistigen Gärung aufgefunden. Den verschiedenen, im

Ganz besonders hohe Bedeutung haben die in großartigem Umfange ausgeführten Arbeiten E. Chr. Hansen's zu beanspruchen: Forschungen, welche namentlich der Technik der Gärungsprozesse in ungeahnter Weise Nutzen gebracht haben und noch immer bringen.[1]

Nach lebhaften Diskussionen hat man sich jetzt über die wichtigsten streitigen Punkte geeinigt, über welche die Ansichten der einzelnen Forscher früher weit auseinander gingen. Man nimmt ein doppeltes Wachstum der Hefe an, einmal unter Zutritt von Sauerstoff, in welchem Falle keine Gärung erfolgt, sodann unter Abschluß des Sauerstoffes, wobei Gärung erregt wird.[2]

Der Unterschied zwischen organisierten und ungeformten Fermenten, sogenannten *Enzymen*, war namentlich infolge der Arbeiten von Pasteur scharf erkannt worden. Dank den außerordentlich wichtigen Funktionen der Enzyme im Tier- und Pflanzenkörper haben namhafte Physiologen und Chemiker denselben ihre vollste Aufmerksamkeit gewidmet, ohne jedoch eine befriedigende Theorie der Wirkung solcher Fermente bisher aufstellen zu können; es sei auf die Arbeiten von Nasse, Hüfner, Traube, Hoppe-Seyler, Nencki, Al. Schmidt, Wurtz hingewiesen.

Die Fäulniserscheinungen, welche von Liebig den Gärungsvorgängen an die Seite gestellt waren, da nach ihm beide durch ähnliche mechanisch-chemische Ursachen hervorgebracht werden, gewannen durch die Wahrnehmung, daß damit eigentümliche Organismen in nächstem Zusammenhange stehen, ein erhöhtes physiologisches Interesse. Auch hier sind zuerst die Untersuchungen von Pasteur, sodann die von Nencki, Hoppe-Seyler und anderen zu nennen. Die chemische Erforschung der Fäulnisprodukte hat zu bemerkenswerten Resultaten geführt, die auch für den Chemiker von hoher Bedeutung sind. An die stickstoffhaltigen Verbindungen, welche der Zersetzung tierischer Eiweißstoffe durch Fäulnis ihre

---

Fuselöl enthaltenen Alkoholen wurde erst in neuerer Zeit gebührende Aufmerksamkeit gewidmet; man erkannte sie als Produkte von *Nebengärungen*.

[1] Vergl. Hansen, *Untersuchungen aus der Praxis der Gärungsindustrie* (München 1890).

[2] Liebig hat sich der vitalistischen Gärungstheorie gegenüber stets ablehnend verhalten; wenn er auch die organisierte Natur der Hefe nicht bestreiten konnte, so gab er doch nicht zu, daß die letztere selbst durch ihre Lebensprozesse die Gärung errege. Vielmehr nahm er in der Hefe ein eiweißartiges Ferment an, welches beim Absterben dieser die Zersetzung des Zuckers in Alkohol und Kohlensäure herbeiführen sollte. — Der Versuch Nägeli's, die Gärungserscheinungen zu erklären, kann als eine Vermittelung zwischen der vitalistischen und mechanischen Theorie angesehen werden (vergl. seine *Theorie der Gärung*, 1879).

Entstehung verdanken, knüpfte sich das Hauptinteresse an; es sei hier die Auffindung verschiedener Amidosäuren, des Indols und seiner Homologen, dann aber besonders die der sogenannten *Ptomaïne*[1] in Erinnerung gebracht. Die Entstehung dieser starken Gifte, die wegen ihrer Ähnlichkeit mit den Pflanzenalkaloïden auch als *Leichenalkaloïde* bezeichnet worden sind, ist für den gerichtlichen Chemiker, wie schon oben hervorgehoben wurde,[2] von der größten praktischen Bedeutung, da thatsächlich Verwechselungen der Ptomaïne mit wahren Alkaloïden infolge der ähnlichen Reaktionen beider vorgekommen sind. Der italienische Toxikologe Selmi war der erste, welcher die wichtige Rolle dieser Fäulnisbasen in forensischer Hinsicht klar erkannte; er gab denselben den seitdem eingebürgten Namen: *Ptomaïne.*

Nach ihm haben sich Otto, Husemann, Dragendorff, Kobert, Brieger und andere um die Erweiterung unserer Kenntnisse von diesen Stoffen verdient gemacht. Namentlich dem letztgenannten, sowie Nencki, Étard, Gautier, ferner Guareschi und Mosso gelang es, verschiedene Ptomaïne chemisch zu charakterisieren. Die Konstitution einiger wurde neuerdings festgestellt; hier sei noch an die schöne Synthese des *Cadaverins,*[3] sowie des *Putrescins* erinnert, welche sich als Penta- bzw. Tetramethylendiamin herausgestellt haben.

Beziehungen der Chemie zur Pathologie und Heilkunde.

Für den Pathologen haben die Fäulniserscheinungen das allergrößte Interesse, weil solche Vorgänge vielen Krankheiten zu Grunde liegen. Dem entsprechend hat sich mit der wachsenden Erkenntnis der Ursachen solcher Prozesse eine innigere Verbindung zwischen Chemie und Pathologie hergestellt, derart, daß die letztere die Unterstützung der ersteren nicht mehr entbehren kann. Der Nutzen der Chemie hat sich nicht nur bei der Erforschung von Fäulnisprodukten gezeigt, dieselbe hat auch die feineren Hilfsmittel zur Erkennung und Unterscheidung der Unheil stiftenden Bakterien auffinden gelehrt und somit eine neue Disziplin, die *Bakteriologie,* begründen helfen, auf deren Entwickelung hier nicht einzugehen ist.

Vor allem war es der Chemie vorbehalten, auf Heilmittel gegen derartige, durch Mikroorganismen hervorgerufene pathologische Vorgänge die Aufmerksamkeit der Ärzte zu lenken. Die großartigen

[1] Zur Geschichte derselben vergl. Beckurts, *Ausmittelung giftiger Alkaloïde* (Archiv Pharm. **1886**, S. 1041).
[2] Vergl. S. 336. [3] Vergl. S. 403.

Erfolge, welche auf dem Gebiete der inneren Medizin, sowie der Chirurgie durch die Anwendung **antiseptischer Mittel**, ferner in der Technik mittels ähnlich wirkender Stoffe behufs Konservierung von Nahrungs- und Genußmitteln erzielt worden sind, können nur flüchtig angedeutet werden. Man wird in der Annahme nicht fehlgehen, daß das seit alter Zeit geübte Verfahren des Räucherns von Fleisch, sowie des Theerens von Holz, die Aufmerksamkeit der in dem Theer enthaltenen Karbolsäure zuwandte, deren antiseptische Wirkung in der Lister'schen Wundbehandlung zu mächtiger Geltung und schönsten Erfolgen gekommen ist. Die Entdeckung der gärungs- und fäulniswidrigen Kraft der Salicylsäure (H. Kolbe) hat ihren Keim in der Idee gehabt, dieselbe sei geneigt, beim Durchgange durch den Organismus in Karbolsäure und Kohlensäure zu zerfallen. In dem letzten Jahrzehnt hat die Chemie eine Fülle neuer antiseptisch wirkender Substanzen kennen gelehrt, die mehr oder weniger in der ärztlichen und hygienischen Praxis Anwendung gefunden haben; meist sind es Körper, die dem Phenol chemisch nahe stehen, so die homologen Kresole, das Thymol, deren Sulfon- und Karbonsäuren, Jodderivate von Phenol-(Oxychinolin-)sulfonsäuren und andere mehr. Die von verschiedenen Forschern gemachte Annahme, daß die gärungs- und fäulniswidrigen Substanzen durch die Fällung, also chemische Veränderung der zu Zersetzungen geneigten Eiweißkörper wirken, ist vielleicht geeignet, in befriedigender Weise die Rolle jener Antiseptica zu erklären.

Die naheliegende Frage, welch' großen Nutzen die Chemie in neuerer Zeit der Medizin durch Bereicherung ihres Arzneischatzes[1] gebracht hat, kann nur ganz oberflächlich berührt werden, da die nähere Behandlung des Gegenstandes den Rahmen dieses Werkes überschreiten würde. Ganz anders verhielt es sich in früheren Zeitabschnitten mit der Geschichte der Heilmittel; denn in dem iatrochemischen sowie dem phlogistischen Zeitalter fiel die letztere mit der Geschichte der Chemie wesentlich zusammen, während jetzt ganz andere Hauptziele der chemischen Forschung gesteckt sind.

Um an einige besonders wichtige Dienste, die der Heilkunde von der Chemie geleistet sind, zu erinnern, sei die segensreiche Einführung der betäubenden und schlafbringenden Mittel: Chloroform, Äther, Stickoxydul, Chloral, Bromkalium, Sulfonal erwähnt. Als

[1] Das Werk von H. Thoms: *Die Arzneimittel der organischen Chemie* giebt eine treffliche Übersicht der in unheimlichem Maße angewachsenen künstlichen Heilmittel. Vergl. auch die Berichte von Beckurts über *pharmazeutische Chemie* im *Jahrbuch der Chemie*, Jahrgang I—III.

Anästhetica sind im Laufe der letzten Jahre zahlreiche chemische Verbindungen in Vorschlag gebracht worden, doch haben sie sich neben Chloroform und Äther nicht einzubürgern vermocht. Das Gleiche gilt von den Schlafmitteln; seit langer Zeit bekannte Substanzen, wie Urethan, Paraldehyd, Acetophenon und andere sind als *Hypnotica* empfohlen, kommen jedoch neben Sulfonal, Cloral nicht in Betracht.

Ferner denke man an die folgenreichen Bemühungen, an Stelle der von der Natur gespendeten fieberwidrigen oder schmerzstillenden Medikamente künstlich bereitete zu setzen, z. B. antipyretische Mittel, wie Salicylsäure, Acetanilid, Phenacetin, Antipyrin und andere an Stelle des Chinins. Daß mit der Erkenntnis, die Alkaloïde seien Abkömmlinge des Pyridins oder Chinolins, die schon lange vorhandenen Bestrebungen, jene Naturprodukte künstlich darzustellen, festeren Boden gewonnen haben, wurde oben erörtert.[1]

Beziehungen der Chemie zur Pharmazie.

Mit der schnell zunehmenden Bereicherung des Arzneischatzes sind auch die Aufgaben, die an den Pharmazeuten herantreten, in hohem Maße gewachsen. Derselbe muß, wenn er den Anforderungen, die an ihn gestellt werden, gerecht werden will, mit vielseitigen und gründlichen chemischen Kenntnissen ausgerüstet sein. Die Entwickelung der pharmazeutischen Chemie in neuerer Zeit fällt großenteils mit der Ausbildung einzelner Zweige der reinen wie der angewandten Chemie zusammen. Diejenigen Entdeckungen im Bereiche der unorganischen und organischen Körper, welche für die Pharmazie wichtig waren, sind auch für die Chemie von großem Werte gewesen.[2]

Auf dem Gebiete der analytischen Chemie sehen wir den strebsamen, wissenschaftlich gebildeten Apotheker gleiche Ziele verfolgen wie den Chemiker. Bei der Prüfung und Untersuchung der offizinellen Droguen, sowie der Nahrungs- und Genußmittel, endlich in gerichtlich-chemischen Fällen muß derselbe die erprobten analytischen Methoden gründlich kennen und beherrschen.[3]

Die pharmazeutische Chemie ist also aufs innigste mit der Chemie verschmolzen; die Grundlagen haben beide gemein. Zum Beweis sehe man nur die zahlreichen neueren Lehrbücher der pharmazeutischen Chemie an, welche nach ihrem Inhalte denen der reinen Chemie sehr ähnlich und in ihrer Anordnung fast gleich sind. H. Kopp

[1] Vergl. S. 404 flg. [2] Vergl. Geschichte der reinen Chemie S. 339 flg.
[3] Vergl. S. 336, 337.

sprach sich schon im Jahre 1844 (Gesch. d. Chemie **II**, 119) darüber sehr zutreffend, wie folgt aus: „Immer mehr entfernte sich seit dem Ende des vorigen Jahrhunderts die pharmazeutische Chemie von der Richtung, die sie noch im Anfange desselben befolgt hatte, wo sie von den Forschungen der rein wissenschaftlichen Chemie nur die Resultate entlehnte, welche mit der Anfertigung von Arzneien im nächsten Zusammenhang stehen. Immer mehr verknüpfte sich die pharmazeutische Chemie mit der rein wissenschaftlichen; die Lehrbücher für die ersten, die früher nur Sammlungen empirischer Vorschriften gewesen waren, nahmen den Charakter gediegen wissenschaftlicher Werke an, und die zunächst für Pharmazie gegründeten Zeitschriften wurden zu wichtigen Sammlungen für die reine Chemie.“

Am Ende des vorigen und zu Anfang dieses Jahrhunderts war das Verhältnis der Chemie zur Pharmazie ein anderes; denn damals war letztere eine *alma mater* für jene, während sich jetzt die gegenseitigen Beziehungen beider umgekehrt haben; heute genießt die Pharmazie die Früchte der mächtig entwickelten Chemie. In früheren Zeiten bot das Studium der Pharmazie in der That das einzige Mittel dar, zugleich das der reinen Chemie zu betreiben; daher die namhaftesten Chemiker zu Ende des vorigen Jahrhunderts und bis tief in das unserige hinein aus der Schule der Offizinen hervorgingen. Man denke an Scheele, Rouelle, Klaproth, Vauquelin, Liebig, H. Rose und viele andere.

Von großem Nutzen für die Ausbildung der Chemiker, die zugleich der Apothekerkunst ihre Kräfte widmen wollten, sind die seit Ende des vorigen Jahrhunderts ins Leben getretenen pharmazeutischen Institute gewesen, in denen strebsamen jungen Männern ein systematischer Unterricht zu teil wurde. Insbesondere sei hier die Lehranstalt von Trommsdorff in Erfurt (gegründet 1795) genannt. — Auch an guten Lehr- und Handbüchern der pharmazeutischen Chemie fehlte es schon damals nicht; Hagen's Apothekerkunst (1778), Göttling's Handbuch der Pharmazie (1800), Hermbstädt's und Trommsdorff's, sowie Westrumb's und Buchholz' Handbücher mögen hier genannt werden.

Eine geschichtliche Darlegung, wie sich die Pharmazie im Zusammenhange mit der Chemie in unserem Jahrhundert entwickelt hat, kann aus den oben angeführten Gründen unterbleiben.

Geschichte der technischen Chemie in den letzten hundert Jahren.[1]

Die großartige Entwickelung der chemischen Großindustrie, überhaupt aller Zweige der chemischen Technologie in unserem Jahrhundert erklärt sich aus dem starken Anwachsen chemischer Kenntnisse und aus deren rationellen Anwendung auf technische Prozesse. So wurden diese vom Geiste wissenschaftlicher Forschung durchleuchtet, und neue Industriezweige durch exakte Untersuchungen begründet. Die Geschichte der technischen Chemie bietet eine fortlaufende Reihe von Beispielen dar für diese Befruchtung der Praxis durch die Theorie. Aber auch umgekehrt gaben Fragen, die aus der Technik hervorgingen, Anregung zu Arbeiten, die gerade der reinen Chemie großen Nutzen brachten.

Erst mit der Entwickelung der analytischen Chemie, welche den sicheren Einblick in die Zusammensetzung der Anfangs-, Zwischen- und der Endprodukte von technischen Prozessen vermittelte, waren die großen Fortschritte der chemischen Technologie möglich. Seit Beginn unseres Jahrhunderts haben sich allmählich Untersuchungsmethoden ausgebildet, welche, den Bedürfnissen des technischen Chemikers mehr und mehr angepaßt, als die wichtigsten Werkzeuge zum Ausbau der chemischen Technik gedient haben und noch dienen. Auf manche dieser Methoden ist in der Geschichte der analytischen Chemie schon hingewiesen worden.[2] — Hier sei auch an den Nutzen erinnert, den dieselben für die Bedürfnisse des täglichen Lebens haben. In zahlreichen Laboratorien wird die Prüfung und Untersuchung der Nahrungs- und Genußmittel ausgeführt; die darauf bezüglichen Methoden sind lediglich aus chemischen Versuchen hervorgegangen. Insbesondere gilt dies von der Analyse des Wassers,

---

[1] Litteratur: Wagner's Jahresberichte und Lehrbuch der Technologie. A. W. Hofmann's Bericht über die Entwickelung der chemischen Industrie u. s. w. (1875, 1877). Karmarsch, Geschichte der Technologie u. s. w., sowie die auf folgender Seite genannten Lehrbücher.

[2] Vergl. S. 330, 332, 337.

die in hygienischer wie in gewerblicher Hinsicht gleich wichtig ist. Hingewiesen sei auf die Bedeutung, welche die Feststellung der chemischen Beschaffenheit des Wassers für dessen Benutzung in der Technik hat; die verschiedenen Reinigungsverfahren, durch die dasselbe zu vielen Zwecken erst brauchbar wird, gründen sich auf rationelle chemische Versuche und analytische Beobachtungen. Einen weiteren Nutzen hat, wie gleich hier bemerkt sei, die Wasseranalyse dadurch gestiftet, daß sie die künstliche Nachbildung von Mineralwässern ermöglichte und so eine große Industrie ins Leben rief; man erinnere sich der verdienstlichen und nachhaltigen Leistungen von F. A. Struve (seit 1820).

Im folgenden sollen vorzugsweise diejenigen Arbeiten namhaft gemacht werden, durch die bedeutende Neuerungen in die chemische Technologie eingeführt, ja teilweise ganz neue Gebiete dieser erschlossen wurden.

In welchem Grade durch das Erblühen der chemischen Industrie der Nationalwohlstand, insbesondere in Deutschland, England, Frankreich, der Schweiz, Belgien gehoben worden ist, läßt sich kaum bemessen. Man denke an die Bedeutung der Theerfarbenindustrie für Deutschland, welche allein durch wissenschaftlich-chemische Arbeiten begründet wurde. Dieselbe illustriert in schönster Weise das Prinzip der Stoffveredelung, insofern ein früher lästiges und fast wertloses Abfallprodukt, der Theer, durch chemische Prozesse zu einer Fülle wertvoller Stoffe umgearbeitet wird. Ein Gleiches zeigt überhaupt die Entwickelung der chemischen Großindustrie in den genannten Ländern; überall sucht man die einzelnen chemischen Prozesse durch Ausnutzung aller Nebenprodukte auf die höchste Stufe zu heben. Ein besonders treffendes Beispiel bietet die heutige Sodaindustrie dar, in der zwei miteinander konkurrierende Prozesse sich hoher Blüte erfreuen, weil sie alle Hilfsmittel rationeller chemischer Forschung zu ihrer Weiterentwickelung aufgeboten haben. — Fast alle Zweige der chemischen Industrie können zu ähnlichen Betrachtungen Anlaß geben.

Hier möge noch auf die Entwickelung des technischen Unterrichts[1] hingewiesen werden, als eines ganz wesentlichen Mittels, welches zur Hebung der chemischen Industrie in hervorragender Weise beigetragen hat. Die *technischen Hochschulen* gehören zumeist unserem Jahrhundert an: Die schon im Jahre 1794 gegründete *École poly-*

[1] Vergl. das historisch, kritisch und statistisch treffliche Werk von Egon Zöller: *Die Universitäten und technischen Hochschulen* (Berlin 1891).

technique (zuerst *École centrale des travaux publics*), sowie die deutschen, österreichischen und anderen technischen Lehranstalten, deren Begründung mit der Errichtung des Wiener polytechnischen Institutes (1815) und der Berliner Gewerbeakademie (1821 als *technische Schule* ins Leben getreten) begonnen hat. Die chemischen Laboratorien dieser und ähnlicher Unterrichtsanstalten in Dresden, Darmstadt, Hannover, Stuttgart, München, Zürich und andere haben als Förderungsmittel der chemischen Industrie eine stets zunehmende Bedeutung erlangt.

Die technisch-chemische Litteratur ist aus unscheinbaren Anfängen hervorgegangen; es sei nur an Hermbstädt's für jene Zeit verdienstliche Werke über Färberei, Bleicherei, Brennerei und andere Industriezweige (1820 flg.) erinnert. Seit etwa fünfzig Jahren sind mächtige Fortschritte zu verzeichnen: in trefflichen Encyklopädien und Handbüchern — ich nenne die von Prechtl und Karmarsch, Muspratt-Stohmann-Kerl, Bolley —, sowie in Lehrbüchern der chemischen Technologie, z. B. denen von Dumas, Payen, Knapp, Wagner, Ost, sind die Resultate der Theorie und Praxis zusammengestellt. Periodisch erscheinende Zeitschriften, sowie Jahresberichte[1] sorgen dafür, daß die Ergebnisse der chemisch-technischen Forschungen schnell bekannt werden. Auf solche Weise bleibt die chemische Industrie fortdauernd mit der Wissenschaft in enger Verbindung.

Fortschritte der Metallurgie.[2]

Wenn auch schon im phlogistischen Zeitalter die Gewinnung des Eisens und Stahles Gegenstand chemischer Arbeiten war, durch welche das gegenseitige Verhältnis von Gußeisen, Stabeisen und Stahl einigermaßen klar gelegt wurde, so blieb doch der neueren Zeit eine Reihe von Fragen zu beantworten übrig. Durch Verbesserung der Analyse gelang es, die verschiedenen Verunreinigungen des Eisens, wie Silicium, Phosphor, Schwefel, Arsen zu erkennen und ihren Einfluß auf die Beschaffenheit desselben festzustellen. — Der Hochofenprozeß wurde durch ausgezeichnete Untersuchungen von Gruner, Tunner, L. Rinmann und anderen aufgeklärt; namentlich trug zur Erklärung der sich dabei abspielenden Vorgänge die zuerst von

---

[1] Es sei nur an Dingler's polytechn. Journal und Wagner's jetzt von F. Fischer herausgegebene Jahresberichte, sowie an neue technisch-chemische Zeitschriften, Repertorien, Jahrbücher erinnert.

[2] Vergl. die Werke über Metallurgie von B. Kerl, Stölzel, Balling und andere.

Bunsen[1] und Playfair ausgeführte Analyse der Gichtgase bei. Auch die Ermittelung der Zusammensetzung des Roheisens, der Nachweis, daß eine chemische Verbindung von Eisen und Kohlenstoff existiert, war der Aufstellung einer Theorie des Hochofenprozesses förderlich. — Aus der klaren Erkenntnis der Beziehungen zwischen Eisen und Stahl ist das Bessemer-Verfahren der Stahlbereitung (1856) hervorgegangen, bei dessen Ausbildung die chemische Untersuchung der in verschiedenen Phasen desselben entstandenen Produkte wesentliche Dienste geleistet hat.

Man denke an das mit dem *Bessemer*prozeß kombinierte, seit etwa 1878 mit Erfolg eingeführte Verfahren der Entphosphorung des Eisens von Thomas und Gilchrist; über diesen Prozeß haben analytische Untersuchungen, wie die von Finkener,[2] wichtige Aufschlüsse gebracht, während andererseits wissenschaftliche Versuche die Verwertung der Phosphorsäure, welche in den bei diesem Prozeß abfallenden Schlacken, *Thomasschlacken,* angehäuft ist, für die Landwirtschaft angebahnt haben (A. Frank, P. Wagner und andere). Durch diese Bemühungen der Chemiker hat also der Hüttenmann sowie der Landwirt außerordentlich gewonnen. — Es sei noch der sinnreichen Anwendung des Spektroskopes zur Untersuchung der Bessemerflamme behufs Ermittelung der Endreaktion gedacht.[3] — Auch die Einführung des *Martin*prozesses verdient hier erwähnt zu werden.

Wie man darauf ausgeht, Abfallprodukte zu verwerten, das hat nicht nur obiger *Thomas*prozeß, sondern auch die erfolgreiche Verarbeitung der möglichst entschwefelten Kiesabbrände auf Eisen glänzend gelehrt.[4] — Das Bestreben, keinerlei wertvollen Stoff zu verlieren, zeigte sich auch in dem aus chemischen Versuchen entwickelten Verfahren, Kupfer aus Kiesen zu gewinnen, deren Schwefel zuvor größtenteils nutzbar gemacht ist.

Die Metallurgie des Nickels entwickelte sich im großen Stile seit der rationellen Gewinnung von Neusilber, das den Chinesen schon lange bekannt war und zur Herstellung von Gerätschaften diente, namentlich seit Benutzung des Nickels zu Scheidemünzen, also im Deutschen Reich seit 1873. — An die bemerkenswerten Versuche, dieses Metall als Kohlenoxydverbindung aus den Erzen zu gewinnen und daraus unter Regenerierung des Kohlenoxydes zu isolieren, sei flüchtig erinnert.[5]

[1] Vergl. Pogg. Ann. **46**, 193.
[2] Vergl. Wagner's Jahresber. **1863**, S. 136.
[3] Roscoe, Dingl. Journ. **169**, 155.
[4] Gossage, Chem. Centralbl. **1860**, S. 783.
[5] Mond, Mon. scient. **1892**, S. 785.

Die Bereitung des Silbers erfuhr mancherlei Verbesserungen — es seien Augustin's Verfahren und der Pattinson-, sowie der Parkes-Prozeß erwähnt —, wie auch die des Goldes durch gute Extraktions- und Scheidungsmethoden vervollkommnet wurden, z. B. durch d'Arcet's, Plattner's und anderer Verfahren. — Die Technologie des Platins erhielt die wichtigste Bereicherung durch die Versuche von Deville (1852) und Debray (1857) über das Schmelzen großer Mengen dieses Metalles, sowie durch deren verbesserte Methode seiner Gewinnung.

Von größter Bedeutung erwies sich die Galvanoplastik, welche die Abscheidung dünner Metallüberzüge mit Hilfe der Elektricität ermöglichte. Die grundlegende Beobachtung in dieser Richtung machte de la Rive im Jahre 1836; bald darauf (1839) veröffentlichte Jacobi, etwas später Spencer das Verfahren, aus dem sich die heutige, auf hoher Stufe stehende Galvanoplastik entwickelt hat. Des Anteiles, den Werner Siemens an der Entwickelung der letzteren gehabt hat, sei kurz gedacht.

Von den in diesem Jahrhundert entdeckten Metallen ist das Aluminium durch H. Deville's[1] emsige und erfolgreiche Bemühungen zuerst der Technik zugänglich gemacht worden, ferner das Magnesium, zu dessen Gewinnung der Staßfurter Karnallit als geeignetes Material erkannt wurde. Die Methoden der Bereitung dieser Metalle haben sich aus den Arbeiten der Entdecker derselben entwickelt.[2]

Die Anwendung der Elektricität[3] zur Gewinnung von Metallen aus ihren chemischen Verbindungen, also die *Elektrometallurgie*, hat in neuester Zeit sehr große Fortschritte aufzuweisen: so bei der Bereitung von Kupfer, Zink, Gold, insbesondere von Aluminium. — Natrium, dessen mächtige Affinität früher zur Isolierung von Aluminium sowie Magnesium verwertet wurde, ehe diese Metalle durch Elektrolyse bereitet wurden, ist demgemäß in seiner Bedeutung zurückgegangen; vielleicht wird diese dem Natrium wieder zu teil, wenn das daraus erzeugte Natriumsuperoxyd — wie es scheint — technische Verwendung finden sollte.

Auf die im Laufe dieses Jahrhunderts vorgenommenen Verbesserungen bei der Herstellung von Legierungen aller Art sei kurz

---

[1] Comptes rendus Bd. **38, 39, 40.**

[2] Vergl. Geschichte der reinen Chemie.

[3] Vergl. E. Gerland's Bericht in Chem. Zeitg. **1893** No. 30; auch Cl. Winkler, das. **1892** No. 22. Insbesondere Borchers, *Elektrometallurgie* (1891).

hingewiesen: so von verschiedenen Gemischen aus Kupfer und Zink resp. Zinn: *schmiedbares Messing, Similor, Chrysokalk* und andere mehr, von Aluminium und Kupfer, *Aluminiumbronze,* von mannigfachen Zinnlegierungen, Amalgamen, sowie von Letternmetall, zu dessen Bereitung früher nur Antimon und Blei, jetzt außerdem auch Zinn genommen wird.

Die Herstellung von Metallverbindungen hat in diesem Jahrhundert eine außerordentlich vielseitige Gestaltung angenommen; in erster Linie ist hier der Mineralfarben zu gedenken. Die wichtigste Verbesserung in der Gewinnung von Bleiweiß rührt von Thénard (1801) her, nachdem grundlegende Beobachtungen von Scheele vorausgegangen waren. Das Zinkweiß, versuchsweise schon von Courtois gegen Ende des vorigen Jahrhunderts fabriziert, wurde erst um 1840 durch Leclaire zu Ansehen gebracht und Gegenstand großer Produktion. Die Einführung von Chromfarben, insbesondere des als Emailfarbe sehr geschätzten Chromgrüns und Chromrots, gehört erst unserem Jahrhundert an. Das lange Zeit beliebte Schweinfurter Grün, eine Doppelverbindung von arsenig- und essigsaurem Kupferoxyd, wurde von Sattler 1814 entdeckt, später aber infolge seiner Giftigkeit durch andere Farben verdrängt. — Die ausgedehnte Anwendung mancher, früher nur in bescheidenem Maße bereiteter Metallsalze zu neuen Zwecken, z. B. des salpetersauren Silbers in der Photographie, des gelben und roten Blutlaugensalzes in der Färberei, hat die Entstehung ganz neuer Fabrikationszweige zur Folge gehabt. Fast von jedem in der Natur reichlich vorkommenden Metalle hat die Technik Salze für ihre Zwecke zu benutzen verstanden: so Zinnchlorür und Zinnchlorid, Aluminium-, Eisen-, Mangansalze in der Färberei, Quecksilber-, Wismut-, Antimon- und Zinkverbindungen, sowie viele andere vorzugsweise in der Pharmazie.

Entwickelung der chemischen Grofsindustrie.

Die chemische Großindustrie ist ein Kind der neuen Zeit; ihre Entwickelung geht Hand in Hand mit der Ausbildung der reinen Chemie; die als Grundlage jener zu betrachtende Fabrikation der Schwefelsäure und die der Soda, an welche sich die Bereitung der Salzsäure, des Chlorkalkes, der Salpetersäure, des chlorsauren Kalis, die Fabrikation von Kalisalzen und andere technische Prozesse naturgemäß anschließen, gelangten erst zu kräftigster Blüte, als durch chemische Forschungen die einzelnen Prozesse erklärt und die für letztere günstigsten Bedingungen ermittelt waren. Insbesondere die

Einführung leicht zu handhabender analytischer Methoden in die Praxis hat dieser den reichsten Nutzen gebracht.

Die Fabrikation der Schwefelsäure[1] hatte schon zu Beginn dieses Jahrhunderts wichtige praktische Neuerungen aufzuweisen, wie die Regulierung des Zutrittes von Wasserdampf und den durch Holker eingeführten kontinuierlichen Betrieb. Der erste Versuch, den merkwürdigen chemischen Prozeß der Bildung von Schwefelsäure aus schwefliger Säure, Luft, Wasser und Salpetergas zu erklären, wurde von Clément und Desormes[2] gemacht; sie erkannten die wichtige Rolle des Stickoxydes. Spätere Untersuchungen von Péligot, namentlich die von Cl. Winkler,[3] R. Weber,[4] Lunge, Schertel und anderen, haben zur Aufklärung der zwischen obengenannten Agentien sich vollziehenden Vorgänge gedient und für die fabrikmäßige Bereitung der Schwefelsäure nützliche Folgen gehabt, insofern z. B. gewisse Bedingungen, unter denen Störungen eintraten, genau ermittelt wurden. — Eine regelmäßige Kontrolle des Schwefelsäurebetriebes durch Analyse der Röstgase ermöglicht zu haben, ist das Verdienst von Reich gewesen, und seitdem Cl. Winkler die technische Gasanalyse ins Leben gerufen hat, sind Untersuchungen der Kammergase die Regel. — Wie nützlich für die Fabrikation der Schwefelsäure Beobachtungen über das chemische Verhalten der salpetrigen Säure zu schwefliger und Schwefelsäure gewesen ist, das hat die dadurch veranlaßte Einführung der nach den Erfindern genannten Gay-Lussac- und Glover-Türme deutlich gelehrt, durch welche der ganze Schwefelsäurebetrieb zu einem rationellen gestaltet wurde.

Hat auf solche Weise die wissenschaftliche Chemie sich der Technik nutzbringend erwiesen, so ist auch diese der ersteren dankbar gewesen; denn manche wichtige Entdeckungen — ich erinnere an die des Selens und des Thalliums — sind mit ihrer Hilfe ermöglicht, und höchst wertvolle Untersuchungen, z. B. über die Oxydationsstufen des Stickstoffes (Lunge), durch technische Fragen veranlaßt worden.

Die Bereitung von wasserfreier Schwefelsäure aus Sauerstoff und schwefliger Säure, früher nur in kleinstem Maßstabe als Vorlesungsversuch gezeigt, hat Cl. Winkler[5] auf Grund ausgezeichneter chemischer Untersuchungen in die Technik eingeführt und damit ein für manche Zweige der chemischen Industrie wichtiges

[1] Vergl. Lunge, Handbuch der Sodaindustrie.
[2] Ann. de Chimie **59**, 329. [3] Vergl. Hofmann's Bericht u. s. w. **1**, 282.
[4] Journ. pr. Chem. **85**, 423. Pogg. Ann. **127**, 543.
[5] Wagner's Jahresber. f. **1879** u. **1884**.

Agens zugänglich gemacht. — Die schweflige Säure, vor kurzem fast ausschließlich zur Bereitung von Schwefelsäure dienend, hat neuerdings ausgedehnteste Anwendung zur Herstellung von sogenannter *Sulfit-Cellulose* gefunden. Ferner wird dieselbe in großem Maßstabe zum Bleichen von Wolle, Seide, auch zur Kälteerzeugung gebraucht. Diese vielseitige Verwertung der schwefligen Säure ist um so wichtiger, als man dieselbe früher beim Abrösten von Schwefelmetallen in die Luft gehen und so großen Schaden anrichten ließ.

Sodaindustrie. — Die Umwandlung des in der Natur reichlich vorkommenden Steinsalzes in Soda bildet die Grundlage dieser mächtigen Industrie, deren Geschichte mit dem Beginne des neuen chemischen Zeitalters anhebt. Nicolas Leblanc[1] gelang zuerst in praktisch durchführbarer Weise die Überführung des Steinsalzes in Soda mit Hilfe des daraus erzeugten schwefelsauren Natrons, welches Zwischenprodukt schon Malherbe und de la Metherie einige Zeit früher zu gleichem Zwecke, jedoch ohne greifbaren Erfolg, zu benutzen versucht hatten. Auf Grund seiner im kleinen Maßstabe ausgeführten Versuche konnte Leblanc im Jahre 1791 die erste Sodafabrik in Betrieb setzen. Politische und andere Umstände verzögerten die Entwickelung der Sodaindustrie bis nach Wegräumung mancher Hindernisse (namentlich nach Aufhebung der hohen Salzsteuer) dieselbe zuerst in England seit 1823 durch Muspratt zu vollster Blüte gelangte.

Die Vorteile, welche der Fabrikation von Soda durch chemische Untersuchungen erwuchsen, sind unschätzbar gewesen und lassen sich in diesem kurzen Überblick nicht im einzelnen aufzählen. Die einfachen analytischen Methoden, welche über die Zusammensetzung der Roh-, Zwischen- und Endprodukte Aufschluß gaben, waren für die Regelung des Sodabetriebes von größtem Werte und sind es noch immer. Die Entstehung der Soda aus dem Sulfat durch Schmelzen mit Kohle und Kalkstein ist durch gediegene chemische Untersuchungen[2] aufgeklärt worden, derart, daß nach mehreren verunglückten spekulativen Versuchen von Dumas und anderen eine Theorie jenes Schmelzprozesses aufgestellt werden konnte.

[1] Dieser merkwürdige Mann, 1742 (nicht, wie gewöhnlich angegeben, 1753) geboren, hat die Früchte seiner großartigen Arbeit nicht eingeheimst; er ist in bitterer Armut gestorben, durch Verzweiflung in den Tod getrieben (1806). Neuerdings ist zu seinem Andenken ein Standbild in seiner Vaterstadt (Issodun) errichtet worden.

[2] Vergl. Dubrunfaut, Wagn. Jahresber. **1864**, S. 177; namentlich Kolb, das. **1866**, S. 136 flg.; Scheurer-Kestner, das. **1864**, S. 173.

Wissenschaftliche Untersuchungen waren es auch, die den Anstoß zu wichtigen Verbesserungen der Sodafabrikation gaben; es sei an das schöne, gewiß lebensfähige Verfahren von Hargreaves und Robinson erinnert, Sulfat mit Umgehung der Bereitung von Schwefelsäure darzustellen, ferner an die Einführung der rotierenden Sodaöfen und anderes mehr. Auf Laboratoriumsversuche gründeten sich insbesondere manche so wichtige Verfahren, die lästigen Sodarückstände zu verwerten und zugleich unschädlich zu machen. Hier muß auf die Arbeiten von Guckelberger, Mond, Schaffner und Helbig hingewiesen werden, die mit Erfolg Reaktionen, die früher nur im kleinen ausgeführt waren, ins große übersetzten. Den größten Fortschritt auf diesem speziellen Gebiete zeigt das höchst einfache Verfahren von Chance,[1] durch das die nahezu vollständige Wiedergewinnung des Schwefels aus den Rückständen ermöglicht wird. Durch diesen Prozeß wird vielleicht die durch den *Ammoniaksodaprozeß* stark bedrohte Existenz des Leblanc'schen Sodaverfahrens wieder für einige Zeit gefestigt werden.

Aus rein chemischen Beobachtungen ist die unstreitig wichtigste Neuerung im Gebiete der Sodaindustrie hervorgegangen: die Umwandelung des Chlornatriums in kohlensaures Natron ohne Vermittelung des schwefelsauren Natrons, die Fabrikation der sogenannten Ammoniaksoda.[2] So einfach die ihr zu Grunde liegende Reaktion ist, so galt es doch, die Bedingungen, unter denen sie am besten zustande kommt, genauer festzustellen, was trotz der Arbeiten ausgezeichneter Forscher erst in neuerer Zeit E. Solvay in vollstem Maße gelungen ist. In dem Maße, als die Produktion von Ammoniaksoda stark zugenommen hat, ist auch der Bedarf an Ammoniak in der Technik ein größerer geworden. In gleichem Sinne wirkte die mächtige Entwickelung der Industrie von künstlichem Dünger. Die Folge war eine intensivere Verarbeitung der ammoniakhaltigen Gaswasser, sowie der Versuch, aus Brennstoffen, unter gleichzeitiger Verwertung ihrer Heizkraft, den darin enthaltenen Stickstoff als Ammoniak zu gewinnen:[3] auch hier erkennt man ein Ineinandergreifen der verschiedensten Industriezweige, mächtig gefördert durch die Hilfsmittel wissenschaftlicher Forschung.

Jetzt hat die Gewinnung von *Ammoniaksoda* eine derartige Höhe erreicht, daß die Fabrikation der *Leblancsoda* stark beeinträchtigt ist. Wird das von vielen Chemikern angestrebte Problem gelöst, aus den

[1] Vergl. Wagner's Jahresber. **1888**, S. 388.
[2] Zur Geschichte dieser vergl. Hofmann's Bericht I, 445 flg.
[3] Vergl. Mond, Chem. Zeitg. **1889**, Nr. 80 u. 82.

Abfallprodukten des Ammoniak-Sodaprozesses Salzsäure oder Chlor nutzbar zu machen, dann ist das Fortbestehen des Leblanc-Verfahrens kaum denkbar. Die zahlreichen Patente und daraufhin im großen ausgeführten Prozesse von Weldon-Péchiney, Solvay und anderen zeigen, daß man mit fieberhaftem Eifer der Lösung dieser wichtigen Frage zustrebt.

Auf die Fabrikation der beim Leblanc'schen Prozeß unvermeidlichen Salzsäure[1] haben chemische Arbeiten einen weniger tiefgreifenden Einfluß ausgeübt, wenn auch gewiß Laboratoriumsversuche über die Kondensation derselben mittels Wasser, über die Befreiung derselben von Beimengungen u. s. w. zu gewichtigen Verbesserungen Anlaß gegeben haben.

Die Bereitung von Chlorkalk, zu der die größten Mengen Salzsäure erfordert werden, hat aus wissenschaftlichen Forschungen reichen Nutzen gezogen, ja sie ist durch solche überhaupt angeregt worden. Berthollet's Arbeiten über die bleichende Kraft des Chlors und der Chloralkalien gaben Anlaß zur Fabrikation der unter dem Namen *Eau de Javelle* bekannten Bleichflüssigkeit. Die Darstellung von Chlorkalk führte zuerst Tennant 1799 in England ein. — Das schöne (seit 1867) geübte Verfahren von Weldon,[2] bestehend in Regenerierung des zur Gewinnung des Chlors nötigen Mangansuperoxydes aus den früher wertlosen Chlorrückständen (Manganlaugen), hat sich aus rationell angestellten Laboratoriumsversuchen erfolgreich entwickelt. Mit der Ausbildung desselben ging eine reiche Ernte wissenschaftlicher Ergebnisse Hand in Hand. — Das bedeutsame Verfahren der Chlorbereitung von Deacon,[3] auf direkte Überführung des Salzsäuregases in Chlor mittels Luft sich gründend, ist ebenfalls aus kleinen Beobachtungen hervorgegangen. Die dabei stattfindende merkwürdige Wirkung eines Kupfersalzes auf das Gemisch von Chlorwasserstoff und Luft harrt noch immer der streng wissenschaftlichen Erklärung.

Der Chlorkalk selbst hat den Gegenstand zahlreicher trefflicher Untersuchungen gebildet, welche die Konstitution desselben aufzuklären bezweckten. Wohl giebt es kaum eine andere so einfach zusammengesetzte Verbindung, über deren chemische Natur man trotz eifrigster Bemühungen noch immer keinen sicheren Aufschluß hat.[4]

---

[1] Als Kuriosum sei erwähnt, daß die jetzt so billige, zeitweise fast wertlose Salzsäure früher, nach Glauber's Angabe, die kostbarste Mineralsäure gewesen ist.

[2] Vergl. Weldon, Chem. News **1870** (Septbr.).

[3] Vergl. Journ. chem. soc. **1872**, S. 725.

[4] Vergl. Gesch. der unorganischen Chemie S. 359.

Dem schon länger bekannten Chlor haben sich die beiden anderen Halogene, Jod und Brom, mit der Zeit als technisch wichtige Produkte an die Seite gestellt, wenn sie auch, ihrem spärlicheren Vorkommen und ihrer nicht so ausgedehnten Verwendung entsprechend, in viel geringerem Maße erzeugt werden, als das Chlor. Ihre Fabrikation stützte sich von Anfang an auf die wissenschaftlichen Arbeiten von Gay-Lussac und Balard. Nur auf Grund chemischer Beobachtungen konnte das Jod aus früher wertlosen Mutterlaugen, z. B. des Chilisalpeters, der aufgeschlossenen Phosphorite, produziert werden. Das Brom der Technik zugänglich gemacht zu haben, ist das Verdienst von A. Frank[1] gewesen, der die Staßfurter Abraumsalze zur Gewinnung dieses Körpers verwandte. Daß große Mengen von beiden Halogenen, namentlich von Brom (in Verbindung mit Silber) jetzt in der Photographie verbraucht werden, ist bekannt.

Neben der Schwefel- und Salzsäure spielt in der chemischen Großindustrie die Salpetersäure eine wichtige Rolle, zumal seitdem mit ihrer Hilfe die Technik der Sprengstoffe sich großartig entwickelt hat. Das Kalisalz derselben, seit alten Zeiten bekannt und geschätzt, ist noch immer unentbehrlicher Hauptgemengteil des Schießpulvers. Seit Erschließung eines billigeren salpetersauren Salzes, des Chili- oder Natronsalpeters, stellte man die Säure selbst aus diesem nach dem altbekannten Verfahren mittels Schwefelsäure her; der neueste Fortschritt ist durch den Kunstgriff, die Salpetersäure im Vakuum abzudestillieren, herbeigeführt (Valentiner). Andererseits war man darauf bedacht, den Natronsalpeter in das wertvollere Kalisalz umzuwandeln, was durch Wechselzersetzung des salpetersauren Salzes mit Chlorkalium am besten gelungen ist. Dies chemisch so einfache Verfahren konnte sich erst gedeihlich entwickeln, nachdem die reichen Kalisalzlager in Staßfurt der Technik erschlossen waren. Die Verarbeitung derselben war möglich durch sorgfältigste chemische Untersuchungen,[2] durch welche die Zusammensetzung der Salze, ihre Scheidung und Reindarstellung kennen gelehrt wurde. — Die großen bei Staßfurt vorkommenden Mengen von Chlorkalium gaben den Chemikern Anlaß, das Leblanc'sche Sodaverfahren mit letzterem Salze auszuführen und auf diese Weise kohlensaures Kali, sogenannte *Mineralpotasche,* zu gewinnen (H. Grüneberg, 1861). An die großartige Verwertung der Staßfurter Kalisalze (Chlorkalium, Karnallit, Kainit) zur Herstellung von künstlichem Dünger sei hier flüchtig

[1] Vergl. Hofmann's Bericht u. s. w. 1, 127.
[2] Vergl. A. Frank, das. 1, 351; ferner Pfeiffer, Kaliindustrie (1887).

erinnert; es hat sich so Hand in Hand mit der gesteigerten Fabrikation von Superphosphat und von Ammonsalzen, sowie der Verwendung des Natronsalpeters, eine neue große Industrie entwickelt.

Die Geschichte des Schießpulvers, insbesondere der Explosivkörper,[1] darf hier um so weniger übergangen werden, als die Entdeckung und Verwertung der letzteren eng mit der jeweiligen Entwickelung der reinen Chemie zusammenhängen. Daß dem Schießpulver ähnliche Gemische schon den Chinesen und Sarazenen zu Feuerwerkszwecken gedient haben, ist bekannt; zum Treiben von Projektilen wurde dasselbe in Europa seit Anfang des 14. Jahrhunderts benutzt. Aber fünf Jahrhunderte vergingen, ehe die beim Abbrennen des Pulvers sich vollziehenden chemischen Vorgänge einigermaßen richtig erkannt wurden. Daß die Wirkung desselben durch Entwickelung von Gas zu erklären sei, hatte zwar schon van Helmont ausgesprochen, jedoch erst durch die genauen Untersuchungen von Bunsen und Schischkoff[2] über die Zusammensetzung der Pulvergase und des Rückstandes wurde der Grund gelegt zu einer Theorie der Verbrennung des Pulvers. Die späteren Arbeiten von Linck, Karolyi, Abel und Noble, Debus und anderen trugen zum Ausbau derselben bei.

Die Explosivkörper, durch welche die moderne Sprengtechnik geschaffen worden ist, sind sämtlich erst durch wissenschaftliche chemische Untersuchungen der Praxis zugänglich gemacht worden. Hier sei an die epochemachende Entdeckung der Schießbaumwolle (Schönbein und R. Böttger, J. Otto, 1846) erinnert. Die chemische Natur und Wirkungsweise derselben beim Verbrennen wurden durch mühevolle Arbeiten von Lenk, Karolyi, Heeren, Abel und andere klargelegt. — Das vielberufene Nitroglycerin oder Sprengöl war als ein von Sobrero entdecktes chemisches Präparat schon 15 Jahre lang bekannt, bis es auf Grund von Nobel's Versuchen seit 1862 als Sprengmittel ausgedehnte Anwendung fand. Die sorgfältigen Untersuchungen von Abel, E. Kopp, Champion über seine Bildungsweisen und sein chemisches Verhalten haben der Technik des Sprengöls und der damit hergestellten Präparate, Dynamit u. s. w., reichen Nutzen gebracht. Seit 1888 ist ein gewaltiger Fortschritt dadurch erzielt worden, daß die früher nur als Sprengmittel brauchbaren zuletzt genannten Stoffe, das Nitroglycerin und die Schießwolle, durch *„Gelatinieren“* in einen Zustand gebracht werden, der

[1] Vergl. Lepsius' Vortrag: *Das alte und das neue Pulver* in den Verhandlungen der Gesellsch. Dtschr. Naturforscher zu Halle 1891, S. 17 flg.

[2] Pogg. Ann **102**, 53.

sie zur Verwendung in Feuerwaffen geeignet macht. Das sogenannte *rauchlose Pulver*, je nach seiner Bereitung von sehr verschiedener Beschaffenheit, gehört hierher. Durch chemische Versuche ist es gelungen, solches Pulver von bestimmtem ballistischen Wert darzustellen. Hier liegen die von der Chemie zu friedlichen und zu kriegerischen Zwecken geleisteten Dienste nahe beisammen. — Auf die schon erwähnten ausgezeichneten Untersuchungen von Liebig und anderen Forschern über knallsaure Salze, wodurch die Fabrikation des Knallquecksilbers und seine höchst wichtige Benutzung zur Herstellung von Zündern ermöglicht wurde, sei nochmals hingewiesen.

Die Industrie der Zündwaren hat ihre großartige Entwickelung ebenfalls der näheren Bekanntschaft mit chemischen Präparaten und Vorgängen zu verdanken. Welcher Fortschritt von den sogenannten chemischen Feuerzeugen (1807): Hölzchen, die mit einem Gemisch von chlorsaurem Kali und Schwefel zubereitet waren und durch Eintauchen in Schwefelsäure entflammt wurden, zu den Reibzündhölzern! Die mit Phosphor hergestellten kamen um das Jahr 1833 auf (Romer in Wien, Moldenhauer in Darmstadt), und erfuhren manche Verbesserung, die wichtigste nach der Entdeckung des amorphen nicht giftigen Phosphors, der seit 1848 verschiedenartige Anwendung, sei es in der Reibmasse oder der Reibfläche (schwedische Zündhölzer), fand. Im Zusammenhange damit wurde der Phosphor, im vorigen Jahrhundert noch ein chemisches Kuriosum, seit etwa 50 Jahren massenhaft produziert; das Scheele'sche Verfahren seiner Darstellung war schon von Nicolas (1778) verbessert worden und erfuhr in neuerer Zeit manche wesentliche Modifikation, z. B. durch Fleck.

Mit der Entwickelung der Sodaindustrie ging Hand in Hand die gedeihliche Entfaltung anderer Zweige der chemischen Industrie, in erster Linie die der Seifenfabrikation. Um sich den Einfluß der chemischen Forschung auf die letztere klar zu machen, hat man sich die grundlegenden Arbeiten Chevreul's[1] zu vergegenwärtigen. Die durch dieselben angebahnte Erkenntnis von der chemischen

[1] M. E. Chevreul, geboren 1786, gestorben 1889, war in verschiedenen Stellungen zu Paris, zuletzt als Direktor der Färbereien und Professor der auf Färberei angewandten Chemie an der berühmten Gobelins-Manufaktur thätig. Außer seinen klassischen *Récherches sur les corps gras d'origine animale* hat er mancherlei Arbeiten physiologisch-chemischer Natur über Farbstoffe, Leichenwachs (*adipocire*) und andere, veröffentlicht.

Natur der Fette wurde durch spätere Untersuchungen, namentlich die von Heintz und Berthelot, vervollständigt, durch welche die Fette als neutrale Glycerinäther verschiedener Fettsäuren endgültig erkannt wurden.[1] — Die Fabrikation der Stearinkerzen und des Glycerins, wichtiger Faktoren unseres gewerblichen und geselligen Lebens, kann als reife Frucht jener Arbeiten bezeichnet werden, neben denen die von A. de Milly, dem Begründer der Stearinindustrie, von Melsens und Frémy besonders zu nennen sind.

In engem Zusammenhange mit der Sodaindustrie steht ferner die Fabrikation des Ultramarins, sowie des Glases. Das erstere, recht eigentlich ein Produkt chemischer Versuche, im Jahre 1828 von Chr. Gmelin und etwa gleichzeitig von Guimet entdeckt, hat zu zahlreichen wissenschaftlichen Arbeiten[2] Anlaß gegeben, durch die zwar die Herstellung der verschiedenen Ultramarinsorten wesentlich verbessert, auch der Chemismus einzelner Teile des Brennprozesses aufgeklärt wurde, welche aber zu einer abschließenden Ansicht über die chemische Natur des Ultramarins nicht geführt haben. Noch immer steht die eine Annahme, daß Ultramarin eine bestimmte chemische Verbindung sei, der anderen Meinung gegenüber, nach der dasselbe eine den Gläsern ähnliche Mischung sein soll. Die neueste Arbeit von F. Knapp[3] hat begonnen, das Dunkel zu lichten, welches die Ursache der Färbung von Ultramarin verhüllte.

Die Glasbereitung, welche schon in alter Zeit durch Empirie auf eine hohe Stufe der Entwickelung gelangt war, hat von der chemischen Forschung noch viel gelernt. Unserem Jahrhundert gehört die Herstellung von Glaubersalzglas, die Verbesserung des Flint- und Krystallglases an. Ferner sei an die Fortschritte erinnert, welche die Versilberung des Glases durch Liebig und die Glasmalerei durch die Herstellung neuer Mineralfarben gemacht haben. Die chemische Ursache der Färbung von Gläsern wurde durch Untersuchungen von Wöhler, Knapp, Ebell, M. Müller und anderen aufgeklärt. Durch chemische Arbeiten endlich fand die Kunst, Edelsteine nachzuahmen, überhaupt neue Glassorten herzustellen, regste Unterstützung. — Die chemischen Vorgänge bei der *Bildung* von Glas waren häufig Gegenstand wichtiger Untersuchungen,[4] welche

[1] Vergl. S. 371.

[2] Es sei auf die Arbeiten von Leykauf, Büchner, R. Hoffmann, Knapp, Guckelberger hingewiesen.

[3] Journ. pr. Chemie (2) **38**, 48.

[4] Pelouze, Ann. Chim. Phys. (4) **10**, 184. R. Weber, Wagn. Jahresber. **1863**, S. 391. Benrath, das. **1871**, S. 398. Vergl. auch das Werk Benrath's: „*Glasfabrikation*", 1875.

zu verschiedenem Ergebnis geführt haben bezüglich der Frage, ob dasselbe eine wahre chemische Verbindung sei oder nicht. — In neuester Zeit sehen wir die Glasfabrikation mit Hilfe der Analyse wissenschaftliche und zugleich eminent praktische Erfolge[1] erringen.

Das schon von Agricola, Glauber und anderen gekannte Wasserglas wurde durch die Arbeiten von Fuchs (1818) der Technik zugänglich gemacht und hat seitdem in verschiedenster Weise Nutzanwendung gefunden, z. B. zum Imprägnieren von Holz, zur Herstellung von Kitten, zur Befestigung von Farben auf Wänden (*Stereochromie*).

Thonindustrie. — Wichtige praktische Neuerungen auf diesem von altersher bebauten Gebiete knüpfen sich an die Namen Wedgwood, Littler, Sadler und andere. Durch chemische Untersuchungen über das Wesen der feuerfesten Thone, über die Beziehungen zwischen deren Zusammensetzung und ihrem Verhalten bei hohen Temperaturen haben sich C. Bischof,[2] Richters[3] und in neuester Zeit Seger[4] verdient gemacht. Die Arbeiten derselben zeigen den Weg an, wie man die zur Herstellung der Thonwaren nötigen Massen rationell verbessern kann, haben also der Praxis großen Nutzen gebracht. Auch bezüglich der Glasuren und der einzubrennenden Farben hat die Keramik den Laboratoriumsarbeiten tüchtiger Chemiker viel zu verdanken.

Die Bereitung und Anwendung des Mörtels, namentlich des hydraulischen *Cements*, sind gleichfalls durch gediegene chemische Untersuchungen gefördert worden, durch welche auch das vielumworbene Problem, die Erhärtung desselben chemisch zu erklären, seiner Lösung nähergeführt wurde. Die Ursache dieser Haupteigenschaft der verschiedenen Cemente auszumitteln, war der Zweck zahlreicher Arbeiten; außer denen von Winkler und Feichtinger seien besonders die von Michaëlis,[5] F. Schott,[6] Fr. Knapp[7] und Michel[8] namhaft gemacht. — Die ältere Auffassung des Erhärtungsvorganges (von Fuchs), wonach dieser in der allmählichen Bildung eines Calciumsilikates besteht, mußte als ungenügend aufgegeben werden; aber eine endgültige Lösung der Frage, eine vollständige Theorie der Erhärtung, ist immer noch nicht gegeben.

---

[1] Vergl. die Untersuchungen von Schott, Mylius, R. Weber, Förster und anderen.

[2] Dingler's Journ. Bd. **159**, **194**, **198**, **200**.

[3] Das. **191**, 150. [4] Das. **228**, 70.

[5] Vergl. seine Schrift: *Die hydraulischen Mörtel* u. s. w. (Leipzig 1869).

[6] Dingler's Journ. **202**, 434; **209**, 130. [7] Das. **202**, 513.

[8] Journ. pr. Chemie (2) **33**, 548.

Die Fortschritte der Papierfabrikation können nur unvollständig hier aufgezählt werden, zumal dieselben zum großen Teil der mechanischen Technologie angehören. Die Versuche, mittels chemischer Agentien vegetabilische Rohstoffe, namentlich Holz und Stroh, zur Herstellung von Papier geeignet zu machen, waren seit dem Jahre 1846 von Erfolg begleitet. Zuerst fand man in dem Ätznatron das Mittel, die Cellulose aus jenen Stoffen darzustellen; neuerdings hat sich die Lösung von schwefligsaurem Kalk in schwefliger Säure auf das vorteilhafteste bewährt, um den Holzzellstoff möglichst von den inkrustierenden Stoffen zu befreien. Das Verfahren zur Gewinnung solcher *Sulfitcellulose* ist aus den chemischen Untersuchungen von Tilghman und namentlich von Al. Mitscherlich hervorgegangen.

Ein Problem, welches von vielen Seiten in Angriff genommen ist: die Umwandelung der Cellulose in Rohrzucker, harrt noch der Lösung. Wenn diese einmal in großem Maßstabe gelingen sollte, dann würde damit eine gewaltige Revolution im Gebiete der landwirtschaftlichen Gewerbe und im gesamten Leben eintreten.

Die Fabrikation und Weiterverarbeitung eines anderen vegetabilischen Rohstoffes, der Stärke, hat ebenfalls aus chemischen Untersuchungen große Vorteile gezogen. Der Umwandelungsprozeß, dem die Stärke durch Behandelung mit Säuren unterliegt, ist erst in neuester Zeit einigermaßen aufgeklärt worden; es seien die Arbeiten von Märcker, Musculus, O'Sullivan, Payen, Brown und Héron, Salomon, Allihn und anderen erwähnt. — Die erste Beobachtung über die Bildung von Stärkezucker rührt von Kirchhoff (1811) her; aus derselben ist ein wichtiger Industriezweig emporgewachsen. — Als Zwischenprodukte sind die als Ersatz für natürliche Gummiarten dienenden Dextrine frühzeitig erkannt und verwertet worden.

Die Rübenzuckerindustrie[1] hat sich aus den in kleinem Maßstabe von tüchtigen Chemikern angestellten Versuchen großartig entfaltet. Die von Marggraf im Jahre 1747 gemachte Entdeckung, daß Zucker in dem Rübensafte enthalten sei, war zu jener Zeit einer gewerblichen Ausnutzung noch nicht fähig. Achard, ein Schüler Marggraf's, sowie in zweiter Linie Hermbstädt, Lampadius und andere griffen Ende des vorigen Jahrhunderts das Problem, aus

[1] Vergl. Stohmann, *Zuckerfabrikation* (1893). Vergl. auch E. O. v. Lippmann's *Geschichte des Zuckers*.

Rüben Zucker im großen zu gewinnen, wieder auf; auch gelang es ihnen, ein Verfahren auszuarbeiten, das während der Zeit der Kontinentalsperre in zahlreichen Fabriken ausgeübt wurde. Die letzteren konnten sich jedoch nicht lange halten, da die Fabrikation des Zuckers eine sehr unvollkommene und die Ausbeute an Zucker sehr gering war. Erst seit 1825 datiert der Aufschwung der Rübenzuckerfabrikation, deren Entwickelung durch verschiedene Faktoren, nicht zum geringsten durch die Verwertung chemischer Kenntnisse, bedingt gewesen ist. Man denke an die Ausbildung der saccharimetrischen Methoden, die entweder auf chemischen oder auf physikalischen Wegen bezweckten, den Gehalt des Rübensaftes an Zucker zu ermitteln, ferner an die Verbesserung des Läuterungsverfahrens, der *Scheidung* und *Saturation*, an die Verwertung, „*Entzuckerung*" der Melasse und anderes mehr. Die Gewinnung des in letzterer enthaltenen Zuckers durch das Strontianverfahren z. B. beruht auf gründlichster Kenntnis des chemischen Verhaltens verschiedener Strontiansaccharate u. s. w. — Die Filtration des geläuterten Saftes durch Knochenkohle wurde zuerst von Figuier (1811), dann von Derosne (1812) empfohlen und als wesentlicher Teil der Zuckerfabrikation lange Zeit beibehalten. Die bedeutsame Einrichtung der Vakuumpfannen datiert seit 1813 (Howard) und hat mancherlei Verbesserungen erfahren. Das besonders zweckmäßige Diffusionsverfahren zur Gewinnung von Rübensaft, 1866 von J. Roberts (in Seelowitz, Mähren) erfunden, hat sich von Österreich aus rasch verbreitet. — Die Osmose, zur Entzuckerung der Melasse zuerst von Dubrunfaut (1863) in die Technik eingeführt, hat sich aus physikalisch-chemischen Versuchen entwickelt. Überall zeigt sich der Nutzen der rationellen Forschung.

Auf den Nutzen, den die Agrikulturchemie für diesen Industriezweig dadurch gehabt hat, daß sie durch rationelle Untersuchung des Bodens, Düngers u. s. w. die günstigsten Bedingungen zum Gedeihen zuckerreicher Rüben ermittelte, sei noch kurz hingewiesen. Kaum ein anderes Gebiet der chemischen Technik weist so innige Wechselbeziehungen mit der Landwirtschaft auf, als gerade die Rübenzuckerindustrie. — Die Fabrikation „künstlicher Dünger" hat durch gewaltige Entwickelung des Rübenbaues einen mächtigen Anstoß erhalten. — Endlich ist auch der rein wissenschaftlichen Chemie aus der sorgfältigen Erforschung des Rübensaftes [1] mancher Nutzen erwachsen (vergl. v. Lippmann's Untersuchungen). — Das als Ersatz für Rohrzucker bestimmte Saccharin, ein aus dem Toluol des Theers dargestellter, schwefelhaltiger Süßstoff (*Benzoesäuresulfinid*), ist ein Beispiel dafür, wie man auf allen Gebieten der chemischen Technik bemüht ist, Naturprodukte nachzuahmen, ja sie durch wirksamere Substanzen zu ersetzen.

Gärungsgewerbe.[1]

Die verschiedenen Gärungsgewerbe sind in ihrer Entwickelung durch chemische Untersuchungen außerordentlich gefördert worden; zugleich wurde auf Grund der letzteren das Wesen der Gärungsprozesse in helles Licht gesetzt. An Stelle der von Berzelius und Mitscherlich vertretenen Kontakttheorie, welche nur eine mangelhafte Umschreibung der Thatsachen, keine Erklärung dieser, war, trat die vitale Gärungslehre von Pasteur. Derselben mußte auch die sogenannte mechanische Theorie Liebig's weichen, während Pasteur's Auffassung bezüglich der Lebensthätigkeit der Hefe durch Untersuchungen anderer Forscher wesentlich modifiziert wurde.[2]

Diese zur Prüfung oder Begründung theoretischer Ansichten unternommenen und durchgeführten Arbeiten haben auf die Praxis der Gärungsgewerbe bestimmenden Einfluss geübt, insofern auf Grund der durch dieselben gewonnenen Kenntnisse die Gärungsprozesse sicherer als früher geleitet werden können.

Augenfällig ist der Nutzen der Analyse gewesen in ihrer Anwendung auf gegorene Getränke, aus deren chemischen Beschaffenheit auf Mängel bei der Bereitung derselben geschlossen werden kann. Die Erkenntnis von der normalen Zusammensetzung des Weines und Bieres hat rationelle Vorschläge zu Verbesserungen dieser Getränke veranlaßt. Eine Aufzählung auch nur der bedeutsamsten Neuerungen[3] auf diesem Gebiete kann nicht versucht werden; manche derselben knüpfen sich wieder an den Namen Pasteur an.

Die Spiritusfabrikation verdient hier als besonders wichtiger Industriezweig hervorgehoben zu werden, der gerade durch chemische Arbeiten zu einer hohen Entwickelung gediehen ist; die in hohem Maße betriebene Fabrikation von *Alkoholpräparaten* verschiedenster Art steht damit in innigstem Zusammenhange. — Von wichtigen Beobachtungen der neuesten Zeit seien die von Effront über die günstige Wirkung geringer Mengen Flußsäure auf den Verlauf der Gärung hervorgehoben.

[1] Vergl. von neuester Litteratur: Hansen, *Praxis der Gärungsindustrie*; Jörgensen, *Mikroorganismen der Gärungsindustrie*; Märcker, *Spiritusindustrie*.

[2] Vergl. Gesch. der physiol. Chemie S. 459.

[3] Vergl. besonders Pasteur's, Hansen's, sowie Jörgensen's Werke.

Die Erkenntnis, daß die Bildungsweise von Essigsäure aus Alkohol auf der Oxydation des letzteren beruhe, bildete die Grundlage der sich in unmittelbarem Anschluß an die Arbeiten Döbereiner's entwickelnden *Schnellessigfabrikation,*[1] wie andererseits die fabrikmäßige Bereitung von Holzessigsäure, Methylalkohol, Aceton u. s. w. aus den chemischen Untersuchungen über die Destillationsprodukte des Holzes hervorging.

Anilinfarben und ähnliche Farbstoffe.[2]

Den Nutzen der wissenschaftlichen chemischen Untersuchungen illustriert keine andere Industrie besser, als die des Steinkohlentheeres, dessen Verarbeitung und damit Hand in Hand gehende Veredelung eine Fülle von geistigen Kräften in Bewegung gesetzt haben und noch fortdauernd in Atem erhalten. Hier zeigte sich deutlich, daß rein chemische Arbeiten die notwendige Vorbedingung zur Entwickelung eines jeden einzelnen Zweiges der gesamten Theerfarbenindustrie gewesen sind. In keinem anderen Gebiete der chemischen Technik sind so viele zielbewußte Entdeckungen gemacht worden, als in dem der künstlichen Farbstoffe.

Aus der großen Zahl wichtiger Untersuchungen, durch welche diese Industrie gefördert worden ist, seien nur die hervorragendsten namhaft gemacht,[3] deren Einfluß auf die Gestaltung dieses Teiles der chemischen Technologie unbestreitbar gewesen ist. Dies gilt von A. W. Hofmann's klassischen Arbeiten über das Anilin und seine Abkömmlinge, über Rosanilin, die Base des Fuchsins, und seine Derivate, ferner von der denkwürdigen Untersuchung E. und O. Fischer's über Pararosanilin und Rosanilin, durch welche die Konstitution dieser Körper festgestellt wurde. — Von welch' tiefgreifender Bedeutung für die Praxis die Versuche von Coupier und Rosenstiehl über die Toluidine waren, das ist genugsam bekannt; aber auch für die Wissenschaft entsprangen daraus wichtige Ergebnisse. Es sei

---

[1] Dieselbe wurde zuerst von Schüzenbach (Freiburg) 1823, sodann von Wagenmann (Berlin) 1824 ausgeführt.

[2] Vergl. besonders Nietzki, *Chemie der organischen Farbstoffe* (1889), G. Schultz, *Chemie des Steinkohlentheers* u. s. w. (1886—1890), R. Möhlau's Werk über Farbstoffe (1890), sowie die höchst verdienstlichen halbjährlichen Berichte von H. Erdmann über die Fortschritte der Farbenindustrie u. s. w. (in der „*Chem. Industrie*" veröffentlicht). Die außerordentlich große litterarische Produktion auf diesem Gebiete läßt dessen hohe Bedeutung erkennen.

[3] Bezüglich einzelner Quellenangaben siehe Geschichte der organischen Chemie, sowie die in voriger Note citierten Werke, endlich den wichtigen Vortrag Caro's über die Entwickelung der Theerfarbenindustrie (Ber. **25**, R. 955).

ferner an die schöne Entdeckung grüner Farbstoffe aus Bittermandelöl und Benzotrichlorid (O. Fischer, Döbner 1877) erinnert, sowie an den Nachweis, daß diese Körper gleich dem Rosanilin und dem Aurin sich von dem Triphenylmethan ableiten. — Nicht vergessen sei, daß für die Entwickelung der Anilinfarbenindustrie die schon vor 40 Jahren ausgeführten Arbeiten Mansfield's[1] grundlegend gewesen sind; denn durch sie wurde die Gewinnung des Benzols und seiner Homologen aus dem Steinkohlentheer, sowie die des Nitrobenzols im großen Maßstabe ermöglicht. — Der erste, technisch bereitete Anilinfarbstoff ist das von Perkin 1856 aus Anilin mittels Kaliumbichromat und Schwefelsäure gewonnene Violet gewesen. A. W. Hofmann beobachtete 1858 die Bildung von Anilinrot, das kurz darauf Verguin (in Lyon) auf anderem Wege fabrizierte und als Fuchsin in den Handel brachte. Diesem Farbstoff folgten bald das Anilinblau, Anilinviolet, Anilingrün, welche Körper Hofmann als Abkömmlinge des Fuchsins erkannte. Von großer praktischer Bedeutung war die Entdeckung des Methylviolets (Lauth), sowie des Anilinschwarz (Lightfoot 1863). — Während die Konstitution des letzteren noch immer in Dunkel gehüllt ist, hat sich die der anderen Anilinfarbstoffe, insbesondere seit der Untersuchung E. und O. Fischer's (s. oben), mehr und mehr aufgeklärt. Hand in Hand mit solcher Erkenntnis sind neue wichtige Bildungsweisen von Rosanilinfarbstoffen entdeckt und ausgebildet worden (es sei an die Verwendung von Formaldehyd, Carbonylchlorid zur Synthese von Fuchsin, Methylviolet und ähnlichen Körpern erinnert).

Besonders reiche Früchte trug die chemische Forschung im Bereiche der Alizarinindustrie, die sich früher lediglich auf ein Naturprodukt, den Krapp, stützte, dann aber durch die von Gräbe und Liebermann (1869) ausgeführte Synthese des Alizarins aus Anthracen auf diesen letzteren im Theer enthaltenen Körper hingeleitet wurde, derart, daß jetzt der wegen seiner Echtheit geschätzte Farbstoff ausschließlich daraus bereitet wird. In der That sind die noch vor 20 Jahren blühenden Krapppflanzungen Südfrankreichs und Algiers so gut wie völlig verschwunden. Neben diesem praktischen Erfolg darf der wissenschaftliche, welcher in der Ermittelung der chemischen Konstitution des Alizarins und ähnlicher Körper besteht, nicht übersehen werden.

Die Ad. Baeyer gelungene Überführung der Phtalsäure in Farbstoffe war einmal von praktischer Bedeutung, da im Anschluß

[1] Journ. Chem. soc. 1, 244; 8, 110. Mansfield wurde ein Opfer seiner Arbeiten.

daran die schönen Eosinfarbstoffe von Caro aufgefunden wurden, sodann erwies sie sich auch in rein wissenschaftlicher Hinsicht als eine fruchtbare Entdeckung, da durch die Aufklärung der Konstitution dieser *Phtaleïne* sich über andere Gebiete Licht verbreitete. —

Aus den denkwürdigen Arbeiten von P. Grieß (über Diazoverbindungen), denen sich die von anderen Forschern, namentlich von Caro, Nietzki, Witt anschlossen, entwickelte sich die Fabrikation der Azofarbstoffe, deren Bildungsweise und Konstitution so klar gelegt wurde, daß man mit Hilfe typischer Reaktionen eine unabsehbare Reihe wertvoller Farbprodukte darstellen konnte. — Der erste Azofarbstoff kam schon 1864 als Anilingelb in den Handel, ohne daß seine wahre Konstitution damals bekannt wurde. Erst seit 1876 datiert die gewaltige Entwickelung dieser Industrie; rasch aufeinander folgten das Chrysoïdin, die Tropäoline, meist gelb und orange färbende Körper, denen sich die durch Echtheit ausgezeichneten roten Farbstoffe: Ponceaux, Echtrot, weiterhin die Scharlachfarben (Biebricher-Croceïn-Scharlach) anschlossen. — Die bedeutendste Entdeckung neuerer Zeit in diesem Gebiete ist die der *„substantiven Baumwollfarbstoffe“* aus Benzidin und ähnlichen Körpern gewesen (1884 Bötticher und andere); es seien Kongorot, Chrysamin genannt. — Die Fülle der zu den Azoverbindungen gehörenden Farbstoffe erhellt aus der Angabe, daß mehr als 150 verschiedene derartige Körper von verschiedensten Nüancen in den Handel gebracht werden.

Von großer praktischer und theoretischer Bedeutung sind die chemischen Untersuchungen über die in der neuesten Zeit aufgekommenen geschätzten Farbstoffe, das Methylenblau und die Saffranine, gewesen, deren rationelle Zusammensetzung durch Bernthsen einerseits, Nietzki und Witt andererseits erforscht wurde. Das Endziel so vieler Arbeiten über diese organischen Farbkörper: die Beziehungen letzterer zu Substanzen, von denen sie sich ungezwungen ableiten lassen, aufzufinden, ist in den dargelegten Fällen erreicht worden. So sind das Rosanilin, Aurin und zahlreiche ähnliche Verbindungen als Abkömmlinge des Triphenylmethans, die Azofarbstoffe als solche des Azobenzols und Azonaphtalins, das Alizarin, Purpurin und andere als Derivate des Anthrachinons erkannt worden; das Methylenblau leitet sich von dem Thiodiphenylamin, die Saffranine von dem Phenazin ab. — In ähnlicher Weise sind die Indophenole und Indamine, die Eurhodole und Eurhodine, die Rhodamine und andere mehr Derivate bestimmter chemischer Verbindungen, die selbst nicht Farbstoffe sind, solche aber durch Eintritt gewisser Atomgruppen werden. Das von derartigen Erfahrungen ausgehende Bemühen einiger Forscher (Witt, Nietzki, Armstrong und andere), Beziehungen zwischen der chemischen Konstitution von Farbkörpern und deren färbenden Eigenschaften aufzufinden, sei hier erwähnt; auf den Wert einer gut begründeten Theorie können diese Spekulationen keinen Anspruch machen.

Auch an das besonders wertvolle durch Echtheit ausgezeichnete Indigblau ist die chemische Forschung mit der Frage nach seiner chemischen Konstitution herangetreten. A. Baeyer hat Mittel und Wege gefunden, dasselbe künstlich durch Aufbau aus einfacheren, dem Theer entstammenden Körpern zu gewinnen, und hat so seine Konstitution entziffert; aber die Zeit, die bisher bekannt gewordenen Synthesen des Indigos mit Erfolg in der Praxis auszuführen, also technisch zu verwerten, ist noch nicht gekommen.

Färberei.

Das Wesen der Prozesse, durch welche die Farbstoffe auf der vegetabilischen oder tierischen Faser fixiert werden, ist durch die klare Erkenntnis von der chemischen Natur der Farbkörper wesentlich gefördert worden; dennoch aber mangelt es noch in einigen Fällen an einer sicheren Erklärung der Wirkungsweise der Fasern, sowie verschiedener Beizen. Den ersten, wenn schon sehr unvollkommenen Versuch, darüber ins klare zu kommen, hat Macquer 1795 gemacht. Die seit langer Zeit in der Färberei herrschende Empirie ist allmählich, dank der vordringenden chemischen Forschung, einer klareren Einsicht in die Vorgänge der Applikation von Farbstoffen auf Geweben u. s. w. gewichen. Es sei nur an die Versuche Knecht's erinnert, wonach die Fixierung von Farbstoffen durch die Wollfaser aus der chemischen Natur letzterer abzuleiten ist.

In Bezug auf die Verwendung der vor Entdeckung der Theerfarbstoffe wichtigsten Farbkörper sei bemerkt, daß in Europa die schon längere Zeit bekannte Benutzung des Indigos seit der ersten, die des Krapprots seit der zweiten Hälfte des vorigen Jahrhunderts, die der Pikrinsäure seit Beginn dieses Jahrhunderts in Schwung kam. Die Farbholzextrakte, deren Verbrauch noch immer sehr bedeutend ist, gelangten um das Jahr 1840, der Farbstoff der Gelbbeeren etwa 1848 zu Ansehen. Flüchtig erwähnt seien die Fortschritte in der Anwendung von Metallfarben, z. B. Berlinerblau, Chromgelb, Chromorange und anderen mehr in der Färberei.

Die Gerberei, deren Prozesse bis vor kurzem (etwa 1860) fast nur empirisch betrieben wurden, ist durch die Untersuchungen von

Knapp, Eittner, Böttinger und anderen einer wissenschaftlichen Behandlung zugänglich gemacht worden. Die Gerberei verdient auch von seiten der Chemie ein reges Interesse, weil sie ja, nach Knapp's Ausspruch, einen speziellen Fall der Färberei darstellt, mit der sie manche Analogie aufweist. Theoretisch wichtig in chemischer wie pflanzenphysiologischer Hinsicht sind die Untersuchungen über verschiedene Gerbsäuren gewesen. Von bedeutsam praktischen Neuerungen, welche dem Eindringen chemischer Forschung in diesen Industriezweig zu verdanken sind, sei die Mineralgerbung genannt (Knapp und andere). Eine umfassende Theorie der verschiedenen Gerbprozesse konnte bislang noch nicht aufgestellt werden.

Chemische Präparate. — Aus unscheinbaren Anfängen, die in der Nebenarbeit einiger Apotheken wurzeln, hat sich auf dem Grund und Boden wissenschaftlicher Forschungen eine mächtige Industrie, die der chemischen Präparate, entwickelt,[1] welche letzteren teils der unorganischen, teils der organischen Chemie angehören. Man denke nur an die Steigerung der Produktion von Silbersalzen, Jod und Brom zur Verwendung in der Photographie und zu anderen Zwecken, an die Darstellung zahlloser anderer Metallsalze, an das Aufkommen neuer Präparate, wie Wasserstoff- und Natriumsuperoxyd u. s. w. Immer noch vermehrt sich die stattliche Reihe von Präparaten auf unorganischem Gebiete, und immer sind es wissenschaftliche Arbeiten gewesen, welche die Einführung jener Stoffe in die Technik ermöglicht haben.

Noch glänzender hat sich die Industrie der organischen Präparate gestaltet. Welche Mannigfaltigkeit in Bezug auf Menge der verschiedenen Verbindungen und auf deren Verwendung weisen z. B. die *Alkoholpräparate* auf! Die zahlreichen Alkohole selbst, ihre Äther und Ester, sodann Chloroform, Chloral, Jodoform, Aldehyd und andere mehr, alle greifen auf nachhaltigste Weise in die Gebiete der Technik und der Heilkunde ein. — Sodann sei an die *Phenole*: Karbolsäure und die Kresole, Hydrochinon, Brenzkatechin, Resorcin, Pyrogallol und andere erinnert, die nebst vielen Abkömmlingen in der Medizin, der Photographie, zur Desinfektion u. s. w. zunehmende Verwendung gefunden haben.

Die Technik der *organischen Säuren,* von denen die Essigsäure schon oben erwähnt ist, zeigt ebenfalls das Bild fortschreitender Entwickelung: viele in der Natur vorkommende Verbindungen dieser

[1] Über die wissenschaftliche Bedeutung dieses Industriezweiges, sowie überhaupt der chemischen Technik vergl. H. Wichelhaus' *Wirtschaftliche Bedeutung chemischer Arbeiten* (1893).

Art werden künstlich im großen bereitet. Die Methoden ihrer Gewinnung sind aus wissenschaftlichen Untersuchungen hervorgegangen; man denke an die Fabrikation der Oxalsäure aus Holz mittels Alkalien (Gay-Lussac 1829), an die von Salicylsäure aus Phenol (H. Kolbe, R. Schmitt), an die technische Darstellung von Benzoësäure aus Toluol, Phtalsäure aus Naphtalin, Zimmtsäure aus Benzaldehyd.

Die Gewinnung von Aldehyden ist ebenfalls die Frucht wissenschaftlicher Arbeit gewesen. Während einige dieser Körper, wie Benzaldehyd, für die Industrie der Farbstoffe bedeutungsvoll sind, haben andere, wie Vanillin, Piperonal, die der Riechstoffe bereichert. Hier sei der für die letzteren wichtigen *ätherischen Öle* gedacht, deren technische Bereitung durch die Arbeiten von Wallach, Semmler, Tiemann, Bertram und anderen eine festere Grundlage gewonnen hat. — Und welcher Fortschritt ist im Gebiete der Pflanzenalkaloïde angebahnt worden durch rationelle Forschungen! Wie kräftig sind dadurch die Bestrebungen, ähnlich wie Chinin, Morphin, Atropin wirkende Stoffe künstlich zu gewinnen, angeregt worden![1]

Zur Herstellung vieler organischer Präparate dient der Steinkohlentheer, der als reiche Fundgrube technisch wichtiger Körper mehr und mehr gewürdigt wurde; früher ein lästiges Nebenprodukt, ist derselbe jetzt den anderen Produkten der Steinkohlendestillation mindestens ebenbürtig. Die Erzeugung von Ammoniak und Ammoniaksalzen aus dem Gaswasser ist durch sorgsame chemische Untersuchung des letzteren zu einer durchaus rationellen geworden und bildet einen wichtigen Faktor der Industrie. Infolge des starken, stetig zunehmenden Verbrauches von Ammoniaksalzen ist man, wie schon erwähnt, mehr und mehr darauf bedacht, das bei der Verkokung, sowie der Verbrennung von Steinkohlen gebildete Ammoniak nutzbar zu machen, welches bisher meist in die Luft entwich. In großartiger Weise hat in jüngster Zeit L. Mond (in Northwich) es unternommen, durch sinnreiche Konstruktion von Apparaten Brennstoffe nicht nur zum Heizen zu verwenden, sondern zugleich das dabei entstehende Ammoniak zu gewinnen. — Die Fabrikation des Leuchtgases hat sich mehr empirisch entwickelt, so daß sie durch die neueren Untersuchungen über die chemische Natur desselben weniger beeinflußt worden ist, als andere Industriezweige; aber auch hier haben sich die Hilfsmittel, welche die Gasanalyse darbietet, trefflich bewährt.

[1] Vergl. S. 405, 462.

Beleuchtungsstoffe.

Der große Einfluß, den die chemischen Forschungen auf die Technik von anderen Beleuchtungsstoffen ausgeübt haben, tritt bei der Fabrikation der Stearinsäure aus tierischen Fetten hervor und ist schon oben angedeutet worden.[1] Um auch die flüssige, in der Natur stark verbreitete Ölsäure zur Erzeugung von Kerzen verwenden zu können, hat man die schon lange bekannte Reaktion ihrer Umwandelung in feste Palmitinsäure mittels Ätzkali ins große zu übersetzen versucht. — Die in Deutschland, sowie in Schottland blühende Paraffinindustrie[2] mit ihren wertvollen Nebenprodukten hat ebenfalls der Chemie viel zu verdanken. Die letztere hat aber auf diesem Felde, sowie im Gebiete der Petroleumindustrie noch mannigfache Aufgaben zu lösen, mit denen namhafte Forscher beschäftigt sind; es sei nur an die neuesten Arbeiten von Markownikoff, Beilstein, Engler über die chemische Beschaffenheit des Erdöles erinnert. Durch solche Untersuchungen ist die Frage nach der Entstehung des Erdöles ihrer Lösung näher gerückt worden. — Bezüglich theoretischer Fragen, welche die Beleuchtungstechnik angehen, wie die nach der Ursache des Leuchtens und Nichtleuchtens von Flammen, sei auf das Seite 358 Gesagte verwiesen.

Heizstoffe.

Daß für die Technik der Brennstoffe, die auf Grund analytischer Arbeiten gewonnenen Kenntnisse der Zusammensetzung derselben, ihrer Verbrennungsprodukte, sowie des sonstigen chemischen Verhaltens, von größter Bedeutung gewesen sind, liegt auf der Hand. Die große Zahl wichtiger derartiger Untersuchungen kann hier nicht vollständig namhaft gemacht werden, aber erinnert sei an die grundlegenden Arbeiten von E. Richters und F. Muck,[3] an die Verbesserung der Rauchgasanalyse,[4] die einen Rückschluß auf den Gang der Verbrennung gestattet, an die rationellen, durch chemische Untersuchungen angebahnten Neuerungen im Gebiete des Feuerungswesens (Generatoren und Regeneratoren, deren Geschichte mit den Namen Aubertot, Thomas, Laurens, namentlich Siemens ver-

[1] Vergl. S. 476.

[2] Das Paraffin, von Reichenbach 1830 im Holztheer entdeckt, wird jetzt aus Braunkohlen oder bituminösen Schiefern gewonnen.

[3] Vergl. Muck, *Grundzüge und Ziele der Steinkohlenchemie* (2. Auflage, 1891).

[4] Vergl. Winkler's und Hempel's Werke über technische Gasanalyse, auch S. 332 dieses Werkes.

bunden ist). Sowohl als Heiz- wie als Beleuchtungsstoff ist schon jetzt von großer Bedeutung das *Wassergas* (aus Wasserdampf und glühenden Kohlen erzeugt), und sicher wird es in Zukunft eine noch wichtigere Rolle spielen. Die Technik desselben ist recht eigentlich aus Versuchen im kleinen hervorgegangen.

Die Spekulationen über die Entstehung der Kohlenlager und über deren noch stattfindende Metamorphosen haben durch die Arbeiten über die Zusammensetzung der Kohlen und der in ihnen eingeschlossenen Gase manche Stütze erhalten. Chemische Untersuchungen waren es vornehmlich, durch welche die Mittel zur Verringerung der durch Schlagwetter drohenden Gefahren angezeigt worden sind (Davy's Sicherheitslampe u. s. w.). Bis in die neueste Zeit reichen die Versuche und eifrigsten Bemühungen namhafter Techniker und Chemiker, auf diesem Gebiete zu raten und zu helfen. Die Thätigkeit der „Schlagwetterkommissionen", welche sich diesen Fragen mit großer Hingebung gewidmet haben, steht in frischem Andenken.

Wie aus obiger Zusammenstellung hervorgeht, hat die chemische Forschung allen Zweigen der auf chemische Prozesse angewiesenen Technik überreichen Nutzen gebracht und die letztere dadurch veredelt, daß sie dieselbe unausgesetzt mit wissenschaftlichem Geiste durchleuchtete. — Hier bewährt sich auf das glänzendste Bacon's Wort: *Scientia est potentia.*

Zur Entwickelung des chemischen Unterrichtes im 19. Jahrhundert, namentlich in Deutschland.[1]

Zu Beginn unseres Jahrhunderts herrschte ein empfindlicher Mangel an den Hilfsmitteln, welche seit einigen Jahrzehnten im reichsten Maße denen zur Verfügung stehen, die sich dem Studium der Chemie widmen. Unterrichtslaboratorien gab es so gut wie gar nicht. In Vorlesungen über Physik, Mineralogie, Anatomie wurde der Chemie ein kümmerliches Plätzchen angewiesen. Zwar waren an verschiedenen Hochschulen Lehrstühle für Chemie begründet worden, jedoch vereinigte sich gewöhnlich der Lehrauftrag für die letztere mit denen für eines der oben genannten Fächer, derart, daß die Chemie in den Hintergrund gedrängt wurde. Die chemische Litteratur endlich war noch arm an Werken, die den jeweiligen Stand der Wissenschaft zusammenfaßten oder über die neuesten Fortschritte derselben fortlaufend Bericht erstatteten.

Frankreich, in welchem Lande sich gegen das Ende des 18. Jahrhunderts die Erkenntnis Bahn gebrochen hatte, daß der naturwissenschaftliche Unterricht mit Aufbietung aller möglichen Mittel gehoben werden müsse, wies dementsprechend in Bezug auf die Entwickelung des chemischen Studiums vor den übrigen Ländern einen großen Vorsprung auf. Während früher nur in Offizinen Gelegenheit zu praktisch-chemischen Übungen gegeben war und daselbst nur nach Rezepten, nicht nach wissenschaftlicher Methode gearbeitet wurde, hatte Vauquelin in seinem allerdings kleinen Laboratorium einen Unterrichtskurs für junge, strebsame Leute eingerichtet. Fourcroy, der schon früher für die Hebung des naturwissenschaftlichen Unterrichtes außerordentlich viel geleistet hatte, trug durch seine glänzenden Vorträge[2] wesentlich dazu bei, der Chemie als Lehrfach

---

[1] Außer den auf folgenden Seiten genannten Werken vergl. das S. 465 citierte Werk von E. Zöller, sowie Wallach's Aufsatz in Lexis' *Die deutschen Universitäten* (1893) II, S. 35.

[2] Vergl. die lebhafte Schilderung von Pariset, Höfer's *Histoire* u. s. w. II, S. 557.

eine würdige Stellung zu verschaffen. Gay-Lussac und Thénard wirkten seit Ende des ersten Jahrzehntes als Lehrer in ihren Laboratorien, welche aber räumlich außerordentlich beschränkt waren. Erst durch Liebig's eingreifende Thätigkeit gestaltete sich der chemische Unterricht im wesentlichen so, wie er heute an Hochschulen erteilt wird.[1]

Die Bedeutung von Experimentalvorlesungen über Chemie, durch welche der Studierende in die letztere eingeführt werden soll, für die richtige Erkenntnis des Wesens chemischer Vorgänge war schon vor längerer Zeit, namentlich in Frankreich, erkannt worden.[2] An deutschen Hochschulen fehlte in den ersten Dezennien unseres Jahrhunderts auch dieses Hilfsmittel des Unterrichtes fast gänzlich, herrschte doch die sogenannte Naturphilosophie derart, daß die Entwickelung der exakten Naturforschung arg verkümmerte. Die Chemie insbesondere wollte man von jener Seite gar nicht als Wissenschaft anerkennen; sie wurde zu einer *Experimentierkunst* degradiert.

Infolge von Davy's Bemühungen, die durch ein ungewöhnliches Talent im Ersinnen und Ausführen von Experimenten unterstützt wurden, sowie durch Gay-Lussac's und Thenard's ausgezeichnete Vorträge, mag sich zu Beginn dieses Jahrhunderts allmählich der Sinn für Vorlesungen, deren Inhalt durch erläuternde Versuche an Klarheit gewinnen sollte, entwickelt haben. Liebig hat in der ihm eigenen anschaulichen Weise den Eindruck geschildert, den die Vorträge von Gay-Lussac und Thénard auf ihn, den achtzehnjährigen Jüngling, gemacht haben; man erkennt daraus, daß einmal „die mathematische Methode, die jede Aufgabe womöglich in eine Gleichung verwandelt“, sodann bei großer Klarheit der Sprache „die Meisterschaft in der experimentalen Beweisführung“ den genannten Vorträgen unbeschreiblichen Reiz verliehen.

Bekannt ist, daß die Vorträge von Marcet in London es waren, welche Berzelius im Jahre 1812 bewogen, die bisher auch von ihm geübte alte Unterrichtsmethode aufzugeben und an der Hand von Experimenten die Studierenden in die chemische Wissenschaft einzuführen; sein Erfolg war durchschlagend. Auf das, was sodann

---

[1] Vergl. weiter unten und O. L. Erdmann's wenig gekannte, aber sehr beachtenswerte Schrift: „Über das Studium der Chemie“ (1861). Wie Liebig seinem Lehrer Gay-Lussac, mit dem er als Jüngling zusammen arbeiten konnte, zu Danke verpflichtet war, hat er sehr schön ausgesprochen (Ber. **23**, Reff. S. 824).

[2] Vergl. Rouelle's Wirken S. 102 Anm.

Liebig, Wöhler, Bunsen, Kolbe, namentlich A. W. Hofmann, durch Ersinnen neuer Vorlesungsversuche geleistet haben, braucht hier nur kurz hingewiesen zu werden. Ihre und anderer Experimente haben sich überall, wo Chemie anschaulich gelehrt wird, eingebürgert.

Der praktische Unterricht in dem chemischen Laboratorium ist so, wie er heutzutage meist geleitet und durchgeführt wird, von Liebig zur Entwickelung gebracht worden. Dadurch, daß nach seinem Vorgange in den Laboratorien nach und nach eine auf streng wissenschaftlicher Grundlage ruhende Lehrmethode eingeführt ist, wurde das wirksamste Gegengewicht geschaffen gegen die damals noch, zumal in Deutchland, herrschende naturphilosophische Richtung, welche gerade Liebig am lebhaftesten bekämpfte, da er den unheilvollen Einfluß derselben an sich selbst zu erfahren gehabt hatte.[1] Er hob zuerst mit allem Nachdrucke hervor, daß der Schwerpunkt des chemischen Studiums nicht in den Vorlesungen, sondern in den praktischen Arbeiten liege. Mit welcher Energie und welchen Opfern er diesen Grundsatz bethätigt hat, ist bekannt.[2] Vor ihm hat zwar Berzelius in seinem Laboratorium einzelne, meist ältere Schüler unterrichtet, und diese haben die Lehren des Meisters weiter getragen, aber die eigentliche Ausbildung des systematischen chemischen Unterrichtes verdankt man Liebig. Er hat die Reihenfolge der einzelnen Abschnitte desselben in mustergültiger Weise vorgeschrieben: die schrittweise Erlernung der qualitativen, dann der quantitativen Analyse,[3] die Übungen zur Darstellung von Präparaten und schließlich die ersten Anläufe zu selbständigen Untersuchungen.

Liebig's Laboratorium war die Pflanzstätte, von der seit Ende des dritten Dezenniums das hellste Licht ausstrahlte. Er hat zuerst den Grundsatz ausgesprochen und seinen Schülern gegenüber bethätigt, daß die letzteren, seien sie Pharmazeuten, Techniker, Mineralogen oder Physiologen, die Fähigkeit erlangen sollen, chemische Fragen sachgemäß zu behandeln, überhaupt chemisch denken zu lernen. Dank der gewaltigen, von ihm ausgehenden Anregung wußte er innerhalb der bescheidenen Räume seines Laboratoriums

---

[1] Vergl. S. 226.

[2] Vergl. Kolbe's Erinnerungsschrift (Journ. pr. Chemie [2] 8, 435 flg.). Vergl. auch Weihrich's S. 227 citierte Schrift.

[3] In dauernder Erinnerung wird die Mitwirkung und Anregung bleiben, die von Rem. Fresenius, zuerst als Assistenten Liebig's, bei der Schaffung des systematischen Ganges der analytischen Operationen ausging (vergl. S. 329). Auch Will's bleibendes Verdienst sei hier betont.

eine Schule zu gründen, die in den folgenden Jahrzehnten der gesamten Chemie ihr Gepräge erteilt hat und in ihren fernsten Ausläufern noch heute segensreich nachwirkt. Die Eigenart desselben als großen Lehrers bestand nach Kolbe[1] darin, daß „Liebig seine Schüler zum Selbstdenken anzuregen und ihnen, indem sie seine Ideen ausführten, den Geist der Wissenschaft einzuimpfen verstand."

Die namhaftesten Lehrer der Chemie — es seien zunächst Wöhler, Bunsen, Erdmann, Kolbe und A. W. Hofmann genannt — haben gleichzeitig mit Liebig oder nach seinem Wirken sich die wesentlichen Grundsätze seiner Unterrichtsmethode zu eigen gemacht manches Neue hinzugefügt und auf diese Weise fruchtbar gewirkt. Die Prinzipien des chemischen Unterrichtes sind jetzt die gleichen in den Laboratorien der deutschen Universitäten, wie technischen Hochschulen.

Nach dem Vorbilde des Gießener Laboratoriums wurden im Laufe der nächsten Jahrzehnte an den deutschen Hochschulen zahlreiche Unterrichtslaboratorien gegründet, über die namentlich in Bezug auf die Zeit ihrer Entstehung einige Angaben am Platze sind. Wie mangelhaft es in Österreich und Preußen noch um das Jahr 1840 in dieser Hinsicht bestellt war, das hat Liebig in seinen beiden Aufsätzen: *Über den Zustand der Chemie in Österreich*[2] *und in Preußen*[3] grell beleuchtet. Selbst in Berlin gab es bis dahin keine Gelegenheit, Chemie praktisch zu erlernen. H. Rose, sowie Mitscherlich waren kaum im stande, einen regelrechten Laboratoriumsunterricht zu erteilen, da ihnen nur die bescheidensten Räume und Mittel zu Gebote standen.[4] Ebenso schlimm stand es an den übrigen Hochschulen Preußens.

Bevor sich dieser traurige Zustand der Chemie änderte, waren andere deutsche Hochschulen mit der Gründung von Unterrichtslaboratorien vorgegangen: so Göttingen, wo Wöhler in den dreißiger Jahren ein solches einrichtete, welches später, 1860, umgebaut und erweitert wurde, ferner Marburg, wo Bunsen seit 1840 ein regelmäßiges chemisches Praktikum einrichtete. Das von Erdmann[5]

---

[1] In seinem Werke: „Das chemische Laboratorium der Universität Marburg u. s. w." S. 26. In dieser Schrift sind die Grundsätze der Liebig'schen Unterrichtsmethode ganz besonders klar ausgesprochen.

[2] Ann. Chem. **25**, 339. [3] Das. **34**, 97 u. 355.

[4] Vergl. auch A. W. Hofmann's *Chemische Erinnerungen aus der Berliner Vergangenheit* (1882).

[5] Otto Linné Erdmann, geboren 1804 in Dresden, gestorben 1869 als Professor der Chemie zu Leipzig, wo er seit 1827, insbesondere seit Einrichtung des von ihm eingerichteten Laboratoriums, eine außerordentlich frucht-

zu Leipzig 1843 ins Leben gerufene chemische Laboratorium galt lange Zeit als Muster eines gut eingerichteten Institutes. — Erst in den fünfziger Jahren folgten Heidelberg, Karlsruhe, Breslau, Greifswald, Königsberg mit zeitgemäß und zweckentsprechend ausgestatteten chemischen Laboratorien.

Eine neue Ära in der Geschichte der chemischen Institute begann um die Mitte der sechziger Jahre, als fast gleichzeitig die großen Laboratorien in Bonn und Berlin[2] nach A. W. Hofmann's Angaben erbaut wurden (vollendet 1867), denen das in Leipzig, nach Kolbe's Plänen errichtete, sich im Jahre 1868 anschloß. — Seitdem sind die Erfahrungen, die während des Baues und der mehrjährigen Benutzung dieser Arbeitsstätten gemacht waren, vielfach bei der Anlage neuer, zum Teil noch großartigerer Institute verwertet worden. Von deutschen Laboratorien an Universitäten und technischen Hochschulen seien folgende namhaft gemacht: Aachen 1870, Dresden 1875, München 1877, Berliner technische Hochschule 1879, Kiel 1880, Straßburg 1885, Göttingen 1888, Heidelberg 1892, Halle 1894.

Unter den zahlreichen Universitätslehrern, die seit etwa 1860 besonders tiefgreifenden Einfluß ausgeübt haben, seien außer Kekulé und v. Baeyer, die besonders große Erfolge aufzuweisen haben, Claus, Erlenmeyer, E. Fischer, Fittig, Ladenburg, Loth. und Victor Meyer, Strecker, Wislicenus genannt. — Auch in Österreich sind in den letzten zwei Jahrzehnten ausgezeichnete Laboratorien entstanden, so namentlich in Graz, Pest und Wien.

Die übrigen Länder Europas haben in der Errichtung chemischer Lehranstalten nicht gleichen Schritt mit Deutschland gehalten. In Frankreich gab es zwar, wie schon erwähnt, einzelne Laboratorien, in denen zu Beginn dieses Jahrhunderts ein Gay-Lussac, Thénard, Dulong, Chevreul und andere ihre Arbeiten ausführten; aber die Gelegenheit, chemischen Unterricht zu genießen, war sehr beschränkt, da jene Institute vom Staate nur mit geringfügigen Mitteln unter-

---

bare Thätigkeit entwickelt hat. Seine reichen Erfahrungen und die sich daraus ergebenden Gesichtspunkte legte er in der beherzigenswerten kleinen Schrift: *Über das Studium der Chemie* (1861) nieder. Schriftstellerisch war Erdmann sehr thätig; auf sein *Lehrbuch der Chemie*, seinen *Grundriſs der Warenkunde* möge hingewiesen werden. Von ihm wurde 1828 das *Journal für technische und ökonomische Chemie* gegründet, aus dem 1834 das *Journal für praktische Chemie* hervorging. — Seine zahlreichen Experimentaluntersuchungen haben sowohl das Gebiet der Mineralkörper, als das der Kohlenstoffverbindungen, sowie die chemische Technologie erheblich bereichert.

[1] Berlin war bis dahin ohne ein größeres Unterrichtslaboratorium gewesen.

stützt wurden.[1] Auch die Anstrengungen, die in den dreißiger Jahren Dumas, Pélouze, später Wurtz, Gerhardt und andere machten, Unterrichtslaboratorien zu gründen, waren von geringem Erfolg, weil diese Männer auf ihre eigenen Mittel angewiesen waren.

Diese Verhältnisse haben erst in neuerer Zeit begonnen sich zu ändern, nachdem Wurtz, in seinem 1869 an den Unterrichtsminister erstatteten Berichte[2] über die Laboratorien Deutschlands, auf die Notwendigkeit nachdrücklich hingewiesen hatte, gut eingerichtete Laboratorien zum Zwecke des chemischen Unterrichtes zu erbauen. Nach seinem Zeugnis gab es damals (1869) nur ein derartiges, mit den notwendigsten Hilfsmitteln ausgestattetes chemisches Institut, das der *École normale supérieure*, welches unter Leitung von H. St. Cl. Deville stand. Übrigens hatte im Jahre 1864 E. Fremy,[3] bekannt durch seine Arbeiten im Gebiete der unorganischen und technischen Chemie, ein Laboratorium eingerichtet; über die Grundsätze des chemischen Unterrichtes, der darin erteilt wurde, hat Fremy sich in der Einleitung zu seiner Encyklopädie der Chemie ausführlich geäußert.

In England hat man ebenfalls erst in neuerer Zeit dem Mangel an gut ausgerüsteten geräumigen Unterrichtslaboratorien abzuhelfen begonnen. Die Erkenntnis, daß das gründliche wissenschaftliche Studium der Chemie der heimischen Industrie reiche Früchte bringen müsse, hat als kräftiger Hebel gedient und wirkt seit kurzem noch lebhafter, als bisher. Das erste, wennschon sehr kleine Laboratorium in England, welches jungen Männern Gelegenheit gab, sich praktisch mit Chemie zu beschäftigen, ist das von Thomas Thomson[4] in Glasgow errichtete gewesen (1817). Nach der Gründung des *College of chemistry* (1845), das unter A. W. Hofmann's Leitung rasch emporblühte, erhielt England allmählich gut eingerichtete Laboratorien, in denen wesentlich nach den Grundsätzen der deutschen Schule unterrichtet wurde. — Die Schweiz, Holland, Belgien, Italien, Rußland, die skandinavischen Länder, insbesondere Nordamerika, sie alle besitzen jetzt chemische Lehranstalten, deren Einrichtung und Ausstattung den gesteigerten Anforderungen der Neuzeit entsprechen.

Der Drang nach Spezialisierung der Chemie und damit erzielter Arbeitsteilung hat sich auch bei der Anlage von solchen Labora-

---

[1] Deshalb waren auch die Honorare, welche ein Laborant zu zahlen hatte, fast unerschwinglich: für einen achtmonatlichen Kurs 1500 Franks.

[2] „*Les hautes études pratiques dans les universités allemandes* (1870).

[3] Fremy ist im Jahre 1894, 80 Jahre alt, in Paris gestorben.

[4] Vergl. S. 167.

torien geltend gemacht, die ganz bestimmten Zwecken dienen sollen. So sind Institute ins Leben gerufen worden, in denen chemisch-physikalische, agrikulturchemische, technologische, physiologisch-chemische, pharmakologische und hygienische Untersuchungen ausgeführt werden. Welch reiche Gelegenheit zur Durchführung und Vollendung des chemischen Studiums im Vergleich zu der wenige Jahrzehnte hinter uns liegenden Zeit!

Die Verbesserungen, welche beim Bau von Laboratorien in den letzten Dezennien angestrebt und erzielt worden sind, betreffen einmal solche Einrichtungen, durch die eine reichliche Zufuhr von Luft und Licht ermöglicht wird. Sodann hat man die Hilfsmittel zur Ausführung chemischer Operationen zu vermehren und verfeinern verstanden; es sei nur erinnert an die Verdrängung des Kohlenfeuers durch Gas, wobei besonders Bunsen's und des von ihm konstruierten Brenners zu gedenken ist. Und welche Verbesserungen haben die Gerätschaften des Chemikers in letzter Zeit erfahren! Die feinen Wagen, die Filtrier- und Destilliervorrichtungen, die Apparate, denen die Wärmezufuhr obliegt, die Vorrichtungen zum Erhitzen unter Druck, die verschiedenen Meßapparate und anderes mehr.[1] Welche Erleichterungen sind bezüglich der Herstellung von Präparaten geschaffen worden, teils durch verbesserte Vorschriften, teils durch die Möglichkeit, jene in tadellosem Zustande käuflich zu beziehen! Man denke an die noch vor 60—70 Jahren waltende Schwierigkeit, die darin bestand, daß selbst die einfachsten Reagentien mühsam dargestellt werden mußten. Berzelius z. B. war gezwungen, sich das Blutlaugensalz, die reinen Mineralsäuren, den Spiritus zum Brennen und anderes mehr selbst zu bereiten; wie einfach war überhaupt sein Laboratorium eingerichtet![2] Die geringfügigsten Hilfsmittel, auf

[1] Folgende Einzelheiten mögen hier in Erinnerung gebracht werden: Die Einführung der Wasserluftpumpen durch Bunsen (1868), der Wasserstrahlpumpen (Arzberger, Zulkowsky und andere) zum Filtrieren und Evakuieren; die Destillation unter stark vermindertem Druck (Dittmar-Anschütz). — Das Abdestillieren war durch Einführung der Liebig'schen Kühler verbessert worden. Des Rückflußkühlers scheinen sich zuerst Kolbe und Frankland (1847) bedient zu haben. — Das Wasserbad, dem Berzelius eine handliche Form gegeben hatte, erfuhr durch Vorrichtungen, welche die Einhaltung eines konstanten Niveaus ermöglichten, ganz wesentliche Verbesserungen durch Fresenius, Bunsen, Kekulé und andere. — Auch der Gasregulatoren zur Erzielung gleichmäßiger Temperaturen sei gedacht, wobei wiederum in erster Linie Bunsen zu nennen ist. — Die Anwendung von Kautschukröhren u. s. w. scheint erst durch Berzelius allgemein geworden zu sein. — Auf die erste Benutzung zugeschmolzener Röhren zur Erzielung von chemischen Reaktionen unter Druck stößt man in Wöhler-Liebig's Untersuchung über Harnsäurederivate.

[2] Vergl. Wöhler's Schilderung desselben Ber. 15, 3139.

die man jetzt selbstverständlich Anspruch macht, fehlten damals gänzlich.

Chemische Litteratur.

Auch die durch Lehr- und Handbücher, sowie durch Zeitschriften dargebotenen Hilfsmittel zum Studium der Chemie haben sich in neuerer Zeit gewaltig vermehrt. Für die Lehrbücher blieb noch lange Lavoisier's *Traité de chimie* ein Vorbild, nach welchem eine Reihe von Werken modelliert wurde; es sei an die Lehrbücher von Girtanner, Gren und Thomson erinnert. Das große Lehrbuch der Chemie von Berzelius übte namentlich, seitdem es durch Übersetzungen in andere Sprachen weitere Verbreitung gefunden, einen außerordentlich großen Einfluß aus und hat zur Ausbreitung chemischer Kenntnisse ungemein viel beigetragen.

Dieses großartig angelegte und durchgeführte Werk war vielfach maßgebend in Bezug auf die Anordnung des reichen chemischen Stoffes in den zunächst erschienenen Lehrbüchern. — Von diesen mögen hier einige genannt werden: Thénard's *Traité de chimie élémentaire,* Mitscherlich's *Lehrbuch der Chemie,* Liebig's *Organische Chemie,* Wöhler's *Grundriß der Chemie*, aus dem sich das stark verbreitete gleichnamige Werk von R. Fittig entwickelt hat, Regnault's *Cours élémentaire de chimie,* auf Grund dessen Strecker sein „Kurzes Lehrbuch der Chemie" verfaßte, Graham's *Elements of chemistry,* aus der das große Werk Otto's hervorging, dessen organisch chemischer Teil von H. Kolbe bearbeitet wurde, während H. Kopp den theoretischen, Buff und Zamminer den physikalisch-chemischen verfaßt haben. — Gerhardt's *Traité de chimie organique* (1853—1856), als Lehrbuch der Typentheorie bekannt, hat zur Verbreitung der letzteren kräftig beigetragen, wie das Werk von Kekulé, welches bald nach der Ausgabe des letzten Bandes von Gerhardt's *Traité* zu erscheinen anfing, zum Ausbau der typischen Auffassung und mit dem zweiten Bande zur Stärkung der Annahme von der Bindungsweise der Atome, also der Strukturlehre, diente. — Von den zahlreichen, seitdem herausgegebenen Lehrbüchern der Chemie auch nur einige zu nennen, erscheint unzweckmäßig, da sie, der neuesten Zeit angehörend, bekannt genug sind. — Eine fühlbare Lücke ist neuerdings durch die trefflichen Lehrbücher der theoretischen, bezw. physikalischen Chemie von W. Ostwald und von Horstmann ausgefüllt worden. Die *„modernen Theorieen"* L. Meyer's haben zur Belebung des Interesses für theoretische Chemie erheblich beigetragen. — Auf Lehrbücher der technischen, der physiologischen Chemie wurde schon oben hingewiesen.

An Encyklopädieen der Chemie hat es seit dem wohlgelungenen Versuche Liebig's, in Gemeinschaft mit Wöhler und Poggendorff das *Handwörterbuch der reinen und angewandten Chemie* herauszugeben (seit 1837), ebenfalls nicht gemangelt. Dazu gehören die nach ähnlichem Plane entstandenen französischen und englischen Handwörterbücher: *Dictionnaire de chimie pure et appliquée* von Wurtz und das entsprechende englische Werk von Watts. Ferner sei die von Frémy angeregte Herausgabe der *Encyclopédie de chimie* in Erinnerung gebracht; endlich ist des von Ladenburg herausgegebenen *Handwörterbuches der Chemie* rühmend zu gedenken.

Von Handbüchern der Chemie, welche den Übergang von den eigentlichen Lehrbüchern zu den Encyklopädieen bilden, hat das von L. Gmelin durch seine gleichmäßige Gründlichkeit die gerechte Bewunderung der Zeitgenossen erregt. In dem neuerdings erschienenen, schon in dritter Auflage wiederkehrenden *Handbuch der organischen Chemie* von Beilstein ist das jetzt ungeheuer angewachsene. stetig zunehmende Material, mit meisterhafter Sorgfalt gesichtet, dargeboten. Auf dem Gebiete der unorganischen Chemie sucht das Handbuch von Dammer in ähnlicher Weise den weitschichtigen Stoff zu bewältigen.

Größten Einfluß auf die Ausbreitung und Vertiefung der chemischen Kenntnisse haben insbesondere seit Beginn dieses Jahrhunderts die sich mehrenden periodischen Schriften ausgeübt. Über den Stand dieser Art von Litteratur gegen Ende des vorigen Jahrhunderts ist schon kurz berichtet worden.[1] In Deutschland fanden die wichtigsten chemischen Untersuchungen seit dem dritten Dezennium unseres Jahrhunderts in Poggendorff's *Annalen der Physik und Chemie* und in den von Liebig zuerst allein, später mit Wöhler herausgegebenen *Annalen der Chemie und Pharmazie*[2] Aufnahme. Namentlich die letzteren wurden bald der Tummelplatz für die experimentell und spekulativ behandelten chemischen Tagesfragen. Keiner war auch berufener, in diese tief einzugreifen, als Liebig.

In Frankreich erfreuten sich die ehrwürdigen *Annales de Chimie*, von Lavoisier, Fourcroy, Berthollet im Revolutionsjahre 1789 gegründet, der größten Anerkennung. Sie erscheinen seit 1816 als *Annales de Chimie et de Physique*, wurden zuerst von Gay-Lussac und Arago herausgegeben und haben fast alle hervorragenden Experimentaluntersuchungen französischer Chemiker in sich aufge-

[1] Vergl. S. 152 u. 155.

[2] Bis zum Jahre 1839 führten dieselben den Titel: *Annalen der Pharmazie.*

nommen. Die von der *Académie française* seit 1835 wöchentlich herausgegebenen *Comptes rendus* enthalten unter den zahlreichen Abhandlungen verhältnismäßig nur wenige und kurze Berichte über chemische Versuche.

In England waren während der ersten vier Jahrzehnte dieses Jahrhunderts teils die Schriften gelehrter Gesellschaften, z. B. *Philosophical Transactions* und andere, teils neu gegründete Zeitschriften, wie Nicholson's *Philosophical Journal,* Thomson's, später Phillips' *Annals of philosophy,* dazu bestimmt, die Abhandlungen chemischen Inhaltes aufzunehmen. Seit den vierziger Jahren ist das *Journal of the chemical society* das Hauptorgan wissenschaftlich chemischer Interessen.

Auch die übrigen Länder Europas, sowie Nordamerika blieben nicht mit der Gründung von Zeitschriften zurück; in dem Maße, als die Chemie daselbst eine bleibende Stätte fand, kamen Journale aller Art zur Erscheinung. Meist standen und stehen dieselben noch im Zusammenhange mit gelehrten Korporationen: Akademieen und chemischen Gesellschaften: so in Österreich, Italien, Holland, Belgien, Schweiz, Rußland, Rumänien, in den skandinavischen Ländern, endlich in Nordamerika.

In Deutschland, welches dank den sich blühend entwickelnden Unterrichtsverhältnissen zu einem Brennpunkt chemischer Interessen wurde, kamen zu den oben erwähnten älteren manche neue Zeitschriften, welche sich die Veröffentlichung rein chemischer Abhandlumgen zur Aufgabe stellten. Es sei an das von O. L. Erdmann ins Leben gerufene *Journal für praktische Chemie* (seit 1870 von Kolbe, seit 1885 von E. v. Meyer herausgegeben) erinnert, namentlich an die seit Begründung der deutschen chemischen Gesellschaft zu Berlin erscheinenden *Berichte* der letzteren, welche in sich alles, was auf dem Gebiete der Chemie geleistet wird, teils in Originalmitteilungen, teils in Referaten zu vereinigen und wieder zu geben streben. Auch der *kritischen Zeitschrift,* später *Zeitschrift für Chemie,* für die Kekulé, Erlenmeyer, Fittig, Beilstein und andere wirkten, sei hier gedacht, um so mehr, als dieselbe durch kritische Aufsätze über chemische Streitfragen häufig zur Klärung dieser beigetragen hat. Ferner ist das *Chemische Centralblatt* als ein über alle Einzelgebiete der Chemie referierendes Organ zu nennen.

Noch zu erwähnen sind die Jahresberichte über die Fortschritte der Chemie und verwandter Wissenszweige. Einzig in ihrer Art stehen die von Berzelius verfaßten Berichte (1821—1847) da; sie sind für den, welcher die Entwickelung der Chemie in diesen

Jahren eingehend verfolgen will, unentbehrlich. Die von Liebig im Verein mit anderen Forschern in Angriff genommene, insbesondere die jetzt noch bestehende Fortsetzung, läßt sich mit jenem Anfange deshalb nicht vergleichen, weil die neuen Jahresberichte sich lediglich auf referierende Thätigkeit beschränkt haben. Das *Jahrbuch der Chemie,* seit 1891 von R. Meyer im Verein mit Fachgenossen herausgegeben, bezweckt, Berichte über die wichtigsten Fortschritte der reinen und angewandten Chemie kurz und schnell zu liefern.

Die Kritik, deren Nutzen als Ferment und als Korrektiv niemand leugnen wird, scheint in der chemischen Litteratur der neuesten Zeit, bis auf wenige Ausnahmen, abhanden gekommen zu sein, oder schlummert wenigstens. Es ist wohl sicher, daß die kritische Schärfe, welche Berzelius und Liebig, später Kolbe, gegenüber den in der chemischen Forschung zuweilen aufgetretenen Mängeln geltend machten, nicht zersetzend, sondern läuternd gewirkt hat, auch dann, wenn die von jenen Männern ausgehenden Angriffe einen stark polemischen Beigeschmack hatten und von den Angegriffenen als persönliche bezeichnet wurden.

Auf den Wert des genauen Studiums guter Originalabhandlungen haben die großen Lehrer der Chemie häufig hingewiesen. Solche Experimentalarbeiten bieten die beste Gelegenheit dar, in den Gedankengang der Verfasser einzudringen; sie stärken also den historischen Sinn und regen zugleich naturgemäß zur Kritik, sowie zur Nacheiferung an. Daher sind dieselben als ausgezeichnete litterarische Hilfsmittel bei dem Studium der Chemie zu betrachten. Auch in formaler Hinsicht ist ihre Wirkung hoch anzuschlagen. — Erdmann sagt darüber in seinem schon zitierten Schriftchen S. 60 treffend: „Mit der Wissenschaft lernt, bei der Benutzung dieser Quellen, der Studierende zugleich von dem Meister der Wissenschaft die geeignete Form der Darstellung wissenschaftlicher Resultate, die Kunst, das Wesentliche vom Unwesentlichen zu scheiden, das Wesentliche gedrängt und doch so vollständig darzulegen, daß kein für die Beurteilung erforderliches Element fehlt.“

A. Namenregister.

B. Sachregister.

LEHRBUCH

der

DARSTELLENDEN GEOMETRIE

von

Dr. Karl Rohn, Professor der Mathematik an der Königl. Sächs. Technischen Hochschule zu Dresden,

und

Dr. Erwin Papperitz, Professor der Mathematik und darstellenden Geometrie an der Königl. Sächs. Berg-Akademie.

In zwei Bänden.

Erster Band.

Mit zahlreichen Figuren im Text.

gr. 8. 1893. geh. Preis 11 *M*, eleg. gebunden 12 *M*.

In diesem Werke wird die darstellende Geometrie im Anschluß an die geometrischen Schulkenntnisse, vom Einfachsten zum Allgemeineren und Schwierigeren fortschreitend, entwickelt. Durch gegen 350 in den Text aufgenommene Figuren wird das Verständnis wesentlich erleichtert. Alles ist so klar und einfach entwickelt, daß das Buch Jedem, der sich über die darstellende Geometrie unterrichten will, nicht warm genug empfohlen werden kann.

Der zweite Band soll 1895 erscheinen.

Druck von Metzger & Wittig in Leipzig.

FSC
www.fsc.org
MIX
Papier | Fördert gute Waldnutzung
FSC® C083411

Kolibri 360 GmbH
Ferdinand-Jühlke-Straße 7
99095 Erfurt, Deutschland
produktsicherheit@kolibri360.de